Winfried Storhas

Bioreaktoren und periphere Einrichtungen

Ein Leitfaden für die Hochschulausbildung,
für Hersteller und Anwender

Aus dem Programm
Biotechnologie/Chemie

P. Kunz
Umweltbioverfahrenstechnik

K. Schügerl (Hrsg.)
Analytische Methoden in der Biotechnologie

Th. Scheper
Bioanalytik

H. Krischner, B. Koppelhuber-Bitschnau
Röntgenstrukturanalyse und Rietveldmethode
Eine Einführung

F. Oehme
Chemische Sensoren

A. Heintz, G. A. Reinhardt
Chemie und Umwelt

Vieweg

Winfried Storhas

Bioreaktoren und periphere Einrichtungen

Ein Leitfaden für die Hochschulausbildung, für Hersteller und Anwender

Mit 250 Abbildungen und 57 Tabellen

Prof. Dipl.-Ing. Winfried Storhas
Fachhochschule für Technik
Speyerer Str. 4
68163 Mannheim

Druck und buchbinderische Verarbeitung: Lengericher Handelsdruckerei, Lengerich
Gedruckt auf säurefreiem Papier

ISBN 978-3-642-63422-2   ISBN 978-3-642-57973-8 (eBook)
DOI 10.1007/978-3-642-57973-8

Vorwort

Die Biotechnologie ist und bleibt kurz- und mittelfristig hinsichtlich moderner Produktsynthesen eine Schlüsseltechnologie, auch wenn sich ihr Wachstum bisher weniger an den zum Teil zu euphorischen Prognosen ausrichtete, sondern sich vielmehr den ihr eigenen Wachstumsgeschwindigkeiten anpaßte. Die zunehmende Bedeutung wird bestehen bleiben und unter diesem Aspekt sind auch *Bioreaktoren*, deren richtige Auswahl und Einsatz von höchster Wichtigkeit.

Bioreaktoren sind Apparate, in denen die biotechnologischen Reaktionen geführt werden. In der Literatur wurden zahlreiche Varianten dieser Reaktoren bereits beschrieben. Ergänzend zu diesen Veröffentlichungen erschien es erforderlich, neben den Reaktoren auch deren Aufgabenspektrum, die erforderlichen peripheren Einrichtungen, Sterilkonstruktionen und Steriltechnik sowie die Auswahl von Bioreaktoren aus der Sicht der Praxis zu beschreiben. Das vorliegende Buch stellt ergänzende Zusammenhänge zu vorhandenen Literaturstellen dar und versucht vor allen Dingen den Aspekt der *Praxis* zu berücksichtigen. Das Buch baut auf Vorlesungen für Biotechnologen an der Fachhochschule für Technik in Mannheim auf.

Über eine einführende Betrachtung einiger wichtiger Besonderheiten der biotechnologischen Reaktion wird zu Fragestellungen nach den Aufgaben eines *Bioreaktors,* und wie er sie erfüllen kann, hingeführt. Die Differenzierung der Aufgaben erfolgt in Primäraufgaben, wie Homogenisieren, Suspendieren und Dispergieren, sowie in Sekundäraufgaben, repräsentiert durch das Problem mechanischer Belastungen („Scherbeanspruchungen"), Besonderheiten der biotechnologischen Reaktion (Raum-Zeit-Ausbeuten, Reaktionsenthalpien) bis hin zum Mediumsverhalten (Schaum, Rheologie). Die Problemstellungen sollen dabei nicht nur diskutiert, sondern auch praktische Hilfestellungen zur Beurteilung vorliegender Situationen gegeben werden.

Die Darstellung der Entwicklung und die Systematisierung der *Bioreaktoren* zeigt auf, wie eine Evolution der *Bioreaktoren* hätte stattfinden können. Ausgehend vom „Urvater", dem Gärbottich, wird eine evolutionäre Entwicklung bis hin zu den modernen Ausführungen dargestellt.

Der *Bioreaktor* ist das Zentrum der Bioverfahrenstechnik, er beherbergt die Stoffumwandlung, die Reaktion, dennoch ist er ohne das passende Umfeld nicht funktionsfähig. Deshalb werden alle notwendigen Peripherieausrüstungen angesprochen.

Die Qualität eines *Bioreaktors* wird neben seinem makroskopischen Verhalten wesentlich durch seine Konstruktionsdetails und auch Nebenaggregate bestimmt, die ihn zu einem mehr oder weniger zuverlässigen Aggregat werden lassen. Die Frage nach den Details der Sterilkonstruktionen, nach den Möglichkeiten der Dichttechnik, auch im Hinblick auf die biologische Sicherheit, und der Oberflächengestaltung sind ebenso wichtig wie die richtige Auswahl der Armaturen, der Antriebsart und -anordnung sowie der passenden Nebenaggregate (Pumpen, mechanische Schaumzerstörer, Zuluftbefeuchter, Sterilfilter) bis hin zur mechanischen und statischen Auslegung (Druckbehälterverordnung) von *Bioreaktoren*.

Ohne funktionierende Steriltechnik kann ein *Bioreaktor* nicht arbeiten. Dabei ist unter Steriltechnik eine möglichst ausgeglichene Symbiose zwischen Sterilkonstruktionen, Sterilhandling und sachgerechten Sterilisationsprozessen zu verstehen. Sachgerechte Sterilisationsprozesse beinhalten nicht nur möglichst effektives Inaktivieren von störenden Fremdkeimen (Sterilisationskriterium) mittels eines geeigneten Verfahrens, sondern auch den Einbezug der Mediumsschädigung (Mediumskriterium) und die Optimierung dieser gegenläufigen Effekte. Der Aufwand „Steriltechnik" richtet sich auch nach dem vorliegenden Kontaminationspotential, das es von Fall zu Fall zu beurteilen gilt.

Zu den Kriterien, die die Auswahl von *Bioreaktoren* bestimmen, gehören die möglichen Betriebsweisen. Diese werden durch die Reaktion, die Mikroorganismen und auch durch eine Risikoabschätzung bestimmt. Ebenso sind Fragen zur notwendigen und möglichen Instrumentierung sowie Automatisierung eines *Bioreaktors* anzustellen. Vor allem wird dabei so manches Meßsignal kritisch hinsichtlich seiner Verwertbarkeit hinterfragt.

Die Vielzahl der Möglichkeiten, die durch die Reaktortypen, die Peripheriegestaltung, die Konstruktionsmerkmale, die Steriltechnik und die Betriebsweisen gegeben sind, macht es nicht leicht, im Einzelfall für einen Prozeß das optimale System zu wählen. Eine Auswahlmatrix, zusammengestellt aus allen Kriterien, hilft dabei zielsicher den bzw. die geeigneten *Bioreaktoren* auszuwählen.

„*Bioreaktoren*" ist ein Leitfaden für die praxisbezogene Hochschulausbildung, für Hersteller und für Anwender oder solche, die es werden wollen. „*Bioreaktoren*" schlägt somit eine Brücke zwischen der Theorie, der Grundlagenforschung und der praxisbezogenen Entwicklung bis hin zur industriellen Anwendung.

Bei der Erstellung dieses Buches war ich auch auf Unterstützung angewiesen. Mein Dank gilt besonders meiner Frau Anna für ihr Verständnis und ihre Unterstützung sowie allen, die durch Anregungen, Hinweise und Korrekturen bei der Gestaltung dieses Buches mitgewirkt haben. Insbesondere möchte ich Herrn M. Claus, Herrn H. v. Schlik, Herrn Dr. J. Büchs, Herrn Dr. J. Meyer (BASF AG Ludwigshafen), Herrn Prof. Dr. H. Trasch, Herrn Dipl. Ing. (FH) D. Große (FHT Mannheim) und nicht zuletzt Frau Dr. A. Schulz (Friedr. Vieweg & Sohn Verlag) danken.

Altleinigen, März 1994   Winfried Storhas

Inhaltsverzeichnis

Formelzeichenerklärung

Formelzeichen	Bezeichnung	Dimension
A	Amplitude	mm
A	Fläche	m^2
A	Konstante	-
A	Wärmeaustauschfläche	m^2
A_K	Kondensatoberfläche	m^2
A_M	Membranfläche	m^2
Ar	Archimedeszahl (Gl. 3.18)	-
A_V	äußere Oberfläche (Verlustoberfläche)	m^2
a	allgemeine Variable	-
a	Exponent	-
a	Stoffaustauschfläche, spezifisch (Gl. 2.54 und Gl. 2.76)	m^{-1}
B	Belastungskennzahl durch Antischaummittel (Gl. 2.149)	-
Bo	Bodensteinzahl (Gl. 6.77)	-
BST	Betriebsstunden pro Jahr	$h \cdot a^{-1}$
b	allgemeine Variable	-
b	Exponent	-
b	Rührerblattbreite	m
b_S	Breite des Stromstörers	m
C	dimensionslose Konzentration (Gl. 6.35)	-
C	Konstante	-
c	Exponent	-
c	Konzentration	$mol \cdot m^{-3}$
$\bar{c}$	Mittelwert der Konzentration	$mol \cdot m^{-3}$
c_0	Anfangskonzentration	$mol \cdot m^{-3}$
c_{pL}	Wärmekapazität der Luft	$kJ \cdot kg^{-1} \cdot K^{-1}$
c_t	Konzentration zur Zeit t	$mol \cdot m^{-3}$
c_W	Widerstandsbeiwert	-
c_L^*	Konzentration an PG flüssigkeitsseitig im Gleichgew.	$mol \cdot m^{-3}$
D	Diffusionskoeffizient	$m^2 \cdot s^{-1}$
D	Durchmesser der nominal größten Pore	m
D	Reaktordurchmesser (Kesseldurchmesser)	m
D	Schergeschwindigkeit, Scherrate (du/dx; dv/dy; dw/dz)	s^{-1}
D	Verdünnungsrate	h^{-1}
D_{ad}	adäquater Durchmesser	m
Da_I	Damköhlerzahl der ersten Art (Gl. 6.78)	-
D_{ax}	axialer Diffusionskoeffizient	$m^2 \cdot s^{-1}$
De	Deborahzahl (Gl. 2.88)	-
d	Durchmesser, allgemein	m
d_{Bi}	Durchmesser der Blase i	m
d_M	Membrandurchmesser	m
DO	Gelöstsauerstoff	%
d_P	Partikeldurchmesser	m
d_R	Rührerdurchmesser	m
E	Ereigniskennziffer (Gl. 2.122)	-
E(t)	Dichtefunktion	s^{-1}

Formelzeichen	Bezeichnung	Dimension
E_a	Aktivierungsenergie	$J \cdot mol^{-1}$
E_P	potentielle Energie (einer Blase)	J
e	Exzentrizität bei Schüttlern	m
F	Kraft	N
$F(t)$	Summenfunktion	-
f	Frequenz	s^{-1}
$f(V)$	Faktor als Funktion des Volumens	-
F_A	Auftriebskraft	N
f_E	Faktor für Einbauten	-
f_F	Schaumfaktor	-
f_G	Faktor für den Gas-hold-up	-
f_K	Kontaminationsfaktor	-
f_{KZ}	Koaleszenzfaktor	-
Fr	Froude-Zahl (Gl. 2.22; 3.20)	-
f_R	Verhältnis Kessel-; Rührerdurchmesser; d_R/D	-
f_S	Schlankheitsgrad; H/D	-
g	Erdbeschleunigung	$m \cdot s^{-2}$
H	Höhe der Flüssigkeitssäule im Reaktor	m
H_i	Höhe, Tiefe	m
H_{O_2}	Henrykoeffizient für Sauerstoff	$bar \cdot l \cdot mol^{-1}$
Δh_R	Abstand der Rührer zueinander	m
h	Höhe, Strecke allgemein	m
h^*	Höhe des vorgespannten O-Ringes	m
h_B	Rührerabstand vom Kesselboden	m
K	Kapazität	$t \cdot a^{-1}$; jato
K	Konsistenzfaktor	$Pa \cdot s$
K	Konstante	-
K	Konstante für Membrancharakterisierung	-
K_i	Inhibierungsfaktor	$g \cdot l^{-1}$
k	Wärmedurchgangkoeffizient	$W \cdot m^{-2} \cdot K$
$k, k(T)$	Reaktionsgeschwindigkeitskonstante $= f(T)$	f (Ordnung)
k_0	Arrheniuskonstante	s^{-1}
$k_0(T)$	Reaktionsgeschwindigkeitskonst. 0. Ordn.	$mol \cdot m^{-3} \cdot s^{-1}$
K_1	Kostenfaktor für 1 Reaktor	-
$k_1(T)$	Reaktionsgeschwindigkeitskonst. 1. Ordn.	s^{-1}
$k_2(T)$	Reaktionsgeschwindigkeitskonst. 2. Ordn.	$m^3 \cdot mol^{-1} \cdot s^{-1}$
$k_3(T)$	Reaktionsgeschwindigkeitskonst. 3. Ordn.	$m^6 \cdot mol^{-2} \cdot s^{-1}$
k_i	Stofftransportkoeffizient für Komponente i	$m \cdot s^{-1}$
k_L	Stofftransportkoeffizient flüssigkeitsseitig	$m \cdot s^{-1}$
$k_L \cdot a$	spezifischer Sauerstofftransportkoeffizient	s^{-1}
K_n	Kostenfaktor für n Reaktoren	-
K_{O_2}	Gleichgewichtskonstante für Sauerstoff; $X_{O_2}^*/Y_{O_2}^*$	-
K_S	Sättigungskonstante	$g \cdot l^{-1}$
k_S	Reaktionsgeschwindigkeitskonstante für S	$(m^3)^{n-1} \cdot mol^{1-n} \cdot s^{-1}$
L	Länge der Dichtung	m
L	Maßstab der Hauptströmung	m

Formelzeichen	Bezeichnung	Dimension
L	Membrandicke	m
L*	Breite der Liniendichtung	m
L_M	Membranlänge	m
l	Länge, allgemein; mittlere Weglänge	m
l_m	Meßstrecke für die Rauhtiefe	m
M	Mischgüte (Gl. 2.33)	-
M	Molmasse	$g \cdot mol^{-1}$
M	Moment (Drehmoment)	Nm
M, M%	Mediumskriterium	-;%
$\dot{m}$	Massenstrom	$kg \cdot s^{-1}$
$\dot{m}_L$	Massenstrom der Luft	$kg \cdot s^{-1}$
m	Fließindex	-
m Δm	Massendifferenz	g
m_F	Masse des Schaumes	kg
N	Endkeimzahl, absolut	-
N'', N_0''	abs. End-, Anfangskeimzahl, labile Keime	-
N_0	Anfangskeimzahl, absolut	-
Ne	Leistungskennziffer, Newtonzahl (Gl. 2.16)	-
NTU	Number of Transfer Units (Abb. 3-46)	-
n	Anzahl der Blasen	-
n	Anzahl der Reaktoren	-
n	Drehzahl	min^{-1}
n	Drehzahl (Schüttlerfrequenz)	s^{-1}
n	Reaktionsordnung	-
n	Variable für eine Menge	-
$n \cdot \Theta$	Mischzeitcharakteristik	-
n_L	Loschmidtsche Zahl = $6{,}02295 \cdot 10^{23}$	mol^{-1}
n_G^0	Teilchenzahl auf Normzustand bezogen	-
N', N_0'	abs. End-, Anfangskeimzahl, resistente Keime	-
OTR	Sauerstoff-Transfer-Rate	$mol \cdot m^{-3} \cdot s^{-1}$
P	Leistung	W
P	Produktkonzentration	$g \cdot l^{-1}$
P(E)	relative Häufigkeit, statistische Wahrscheinlichkeit	-
P, p	Wahrscheinlichkeit	-
P/V	Leistungseintrag, spezifisch ($V = V_{R,L}$)	$kW \cdot m^{-3}$
p	Druck, allgemein	bar
Δp	Druckverlust	bar
Δp_{TM}	transmembrane Druckdifferenz	bar
p_0	Druck am Eingang (Hohlfaser)	$bar; N \cdot m^{-2}$
p_a	Druck am Ausgang (Hohlfaser)	$bar; N \cdot m^{-2}$
p_D	Dampfdruck	bar
p_e	effektiver Druck (absolut)	bar
P_G	Leistungseintrag durch Gas	W
p_{ges}	Gesamtdruck	bar
p_i	Innendruck	$bar; N \cdot m^{-2}$
P_L	Leistung durch Flüssigkeitsstrom	W

Formelzeichen	Bezeichnung	Dimension
p_L	Luftdruck	bar
p_{O_2}	Sauerstoffpartialdruck	bar
p_o	Druck, oben	bar; $N \cdot m^{-2}$
P_R	Rührerleistung	W
p_u	Druck, unten	bar; $N \cdot m^{-2}$
p_z	Druck im Zellraum	bar; $N \cdot m^{-2}$
Q	Begasungskennzahl (Gl. 2.32)	-
Q_{CO_2}	Kohlendioxidbildung	mol
Q_{O_2}	Sauerstoffverbrauch	mol
$\dot{Q}$	Wärmestrom	$J \cdot s^{-1}$
$\dot{Q}_E$	Wärmestrom durch Einsatzstoffe	$J \cdot s^{-1}$
$\dot{Q}_G$	Wärmestrom durch den Gasstrom	$J \cdot s^{-1}$
$\dot{Q}_K$	Kühlmittelwärmestrom	$J \cdot s^{-1}$
$\dot{Q}_M$	Wärmestrom durch mechanische Energie	$J \cdot s^{-1}$
$\dot{Q}_P$	Wärmestrom durch Pumpenergie	$J \cdot s^{-1}$
$\dot{Q}_R$	Reaktionswärmestrom	$J \cdot s^{-1}$
$\dot{Q}_S$	Speicherwärmestrom	$J \cdot s^{-1}$
$\dot{Q}_V$	Verlustwärmestrom	$J \cdot s^{-1}$
q	Begasungsrate	vvm
q	Wärmemenge	J
R	allgemeine Gaskonstante = 8,314	$J \cdot mol^{-1} \cdot K^{-1}$
R	Rückhalterate (Gl. 7.44)	-
R_a	Rauhtiefe, arithmetische	μm
Re	Reynoldzahl (Gl. 2.21; Gl. 2.127)	-
RQ	Respirationsquotient (Gl. 8.9)	-
R_t	Rauhtiefe, absolute	μm
R_z	Rauhtiefe, gemittelte	μm
r	Radius	m
r	Reaktionsgeschwindigkeit	$mol \cdot m^{-3} \cdot s^{-1}$
r	Verdämpfungswärme	$kJ \cdot kg^{-1}$
r_S	Reaktionsgeschwindigkeit - Substratabbau	$mol \cdot m^{-3} \cdot s^{-1}$
r_X	Reaktionsgeschwindigkeit - Biomassebildung	$g \cdot m^{-3} \cdot s^{-1}$
RZA_B	Brutto-Raum-Zeit-Ausbeute	$g \cdot l^{-1} \cdot h^{-1}$
RZA_N	Netto-Raum-Zeit-Ausbeute	$g \cdot l^{-1} \cdot h^{-1}$
r	Radius	m
S	Sterilisationskriterium, Sterilitätskriterium	-
S	Stoffgrößenkennzahl	-
S	Substratkonzentration	$mol \cdot m^{-3}$; $g \cdot l$
s, ds	Strecke, Streckendifferential	m
T	Temperatur	$°C$; K
ΔT_L	Temperaturdifferenz der Luft	K

Formelzeichen	Bezeichnung	Dimension
ΔT_m	mittlere Temperaturdifferenz	K
t	Zeit, allgemein	s
t_A	Auflösezeit	s
t_F	Fermentationsdauer, Verweilzeit, Reaktionszeit	h
t_R	Rüstzeit	h
U	Umfang	m
u	Geschwindigkeit (x-Richtung)	$m \cdot s^{-1}$
u	innere Energie	J
u_G	Gasleerrohrgeschwindigkeit	$m \cdot s^{-1}$
u_r	Aufstiegsgeschwindigkeit von Blasen	$m \cdot s^{-1}$
V	Volumen, allgemein - Kleinmaßstab	m^3
V*	Volumen im Großmaßstab	m^3
V_B	Blasenvolumen	m^3
V_F	Schaumvolumen	m^3
v_L	Lockerungsgeschwindigkeit	$m \cdot s^{-1}$
$V_{R,L}$	Flüssig-Reaktionsvolumen (Abb. 2-32)	m^3
$V_{R,N}$	Netto-Reaktionsvolumen	m^3
VSP	Vorspannung eines O-Ringes	%
$\dot{V}$	Volumenstrom, allgemein	$m^3 \cdot s^{-1}$
v	Geschwindigkeit (y-Richtung)	$m \cdot s^{-1}$
We	Weberzahl (Gl. 2.55)	-
w	Strömungsgeschwindigkeit (z-Richtung)	$m \cdot s^{-1}$
w_f	Austragsgeschwindigkeit	$m \cdot s^{-1}$
w_G	Gasgeschwindigkeit	$m \cdot s^{-1}$
$w_{G,0}$	Gaseintrittsgeschwindigkeit	$m \cdot s^{-1}$
X	Keimdichte, Zellmasse	$ml^{-1}; g \cdot l^{-1}$
X	Molenverhältnis (flüssigkeitsseitig)	-
X_0	Anfangskeimdichte	ml^{-1}
x	Achsenrichtung	m
x_{60}, x_{40}	Wasserbeladung der Luft	$g \cdot g^{-1}$
Y_{O2}	Molenbruch des Sauerstoffes (gasseitig)	$mol \cdot mol^{-1}$
Y_{O2}^{α}	Sauerstoffmolenbruch am Eingang	$mol \cdot mol^{-1}$
Y_{O2}^{ω}	Sauerstoffmolenbruch am Ausgang	$mol \cdot mol^{-1}$
y	Achsenrichtung, Längenkoordinate	m
z	Achsenrichtung	m
z	Anzahl der Rührer, der Stromstörer	-

griechische Buchstaben

ε	Leistung, spezifische	$W \cdot kg^{-1}$
ε_L	Lückengrad: Lückenvolumen/Gesamtvolumen	-
ε_t	turbulenter Ausgleichskoeffizient des Impulses	$m^2 \cdot s^{-1}$
Γ	Konz. oberflächenaktiver Substanzen	$mol \cdot m^{-3}$
η	Mikrowirbel, Kolmogorow-Wirbel-Durchmesser	m

Formelzeichen	Bezeichnung	Dimension
η	Viskosität, dynamische	$Pa \cdot s$
φ_G	Gasvolumenanteil, spezifischer	-
φ_L	Liquidvolumenanteil	-
φ_S	Sphärizitätsgrad	-
φ_V	Volumenanteil	-
κ	Isentropenexponent	-
κ	Leitfähigkeit	$mS \cdot cm^{-1}$
Λ	Makrowirbel	m
λ	Widerstandbeiwert der Rohrströmung	-
λ^*	charakteristische Relaxationszeit	s
ν	Laufvariable	-
ν	Viskosität, kinematische	$m^2 \cdot s^{-1}$
ν_i	stöchiometrischer Faktor der Komponente i	-
Θ	Benetzungswinkel	Grad
Θ	dimensionslose Zeit	-
Θ	Mischzeit (-dauer)	s
ρ	Dichte	$g \cdot l^{-1}$
σ	Normalspannung	$N \cdot m^{-2}$
σ	Oberflächenspannung	$N \cdot m^{-1}$
σ	Standardabweichung	-
σ^2	Varianz	-
Ω	Omegazahl (Gl. 3-19)	-
μ	spezifische Wachstumsgeschwindigkeit	h^{-1}
Δ	Differenz	-
$\vec{\phi}_{D,i}$	vektorieller spez. Molenstrom (Diffusion)	$mol \cdot m^{-2} \cdot s^{-1}$
$\vec{\phi}_{K,i}$	vektorieller spez. Molenstrom (Konvektion)	$mol \cdot m^{-2} \cdot s^{-1}$
τ	dimensionslose Zeit	-
τ	mittlere, hydraulische Verweilzeit	s
τ	Schubspannung	$N \cdot m^{-2}$
τ	Schubspannung	$N \cdot m^{-2}$
τ_l	molekulare Impulsstromdichte	$N \cdot m^{-2}$
τ_t	turbulente Impulsstromdichte	$N \cdot m^{-2}$
∇	Naplaoperator: $\partial/\partial x + \partial/\partial y + \partial/\partial z$	m^{-1}

Indices

*	Gleichgewicht, Großmaßstab
0	Anfang, Eintritt (wG,0), unbegast
1,2	Konstantenzuordnung, -differenzierung, Meßpunktzuordnung
1,2	unten, oben (ein, aus)
95	95% vom Endwert
A	Auflösung
A	Auftrieb
A, B	Komponentenbezeichnung
B	Blase
B	brutto
BS	Blase-Sauter
b	begast
D	Düse
E	Expansion
F	Fermentation; Reaktion, Schaum
f	Auswaschpunkt
G	Gas, Gewicht
G,h	Gas-hold-up
g	gesamt
i	allgemeine Komponente, Laufvariable
K	Kinematisch, Kontamination, kinetisch, Kondensat
krit	kritisch
KZ	Koaleszenz
L	Liquid (Fluid), Lockerungspunkt
M	Membran, Mittelwert
m	mittel
max	Maximum; Maximal
N	netto
n	Normalbedingungen (T = 273 K; p = 1013 mbar)
O2	Sauerstoff
o	oben
P	Partikel, potentiell
PS	Partikel-Sauter
R	Reaktor, Rührer, Reaktion, Rüst
rep	repräsentativ
S	Schlankheit, Solid, Sphärizität, Substrat, Stromstörer
Σ	Summe; gesamt
TM	Transmembran
t	turbulent
u	unten
ÜP	Überflütungspunkt
ü	Überflutung
V	Volumen, Verluste
W	Widerstand
α	Eingangswert
ω	Ausgangswert
∞	unendlich (Endwert)

Abkürzungen

ADP	Adenindiphosphat
ATP	Adenintriphosphat
bbA	behandlungsbedürftiges Abwasser
BIR	Bioreaktor
BP	Bubble-Point
BTEX	Benzol, Toluol, Xylol
DO	Gelöstsauerstoff (disolved oxygen)
EPDM	Ethylen-Propylen-Kautschuk
FF	Forward-Flow
FIC	Fluß (Mengenstrom)-Anzeige-Regelung
FID	Flammenionisationsdetektor
GLRD	Gleitringdichtung
Inter-MIG	Interferenz-Mehrstufen-Impuls-Gegenstromrührer
jato	Jahrestonnen; Tonnen pro Jahr
LIC	Level (Stand)-Anzeige-Regelung
M	Motor
MIG	Mehrstufen-Impuls-Gegenstromrührer
MKW	Mineralöl-Kohlen-Wasserstoffe
NAD	Nicotinamid-adenin-dinucleotid
NADH	reduziertes NAD
OD	Optische Dichte
PAK	Polycyclische, aromatische Kohlenwasserstoffe
PG	Phasengrenzfläche, Phasengrenze
PI	Druckanzeige
PIC	Druck-Anzeige-Regelung
PTFE	Poly-Tetra-Fluor-Ethylen
PVDF	Poly-Vinyliden-Di-Fluorid
QIC	Qualitätsmerkmal-Anzeige-Regelung (z.B. pH, pO_2 etc.)
SCP	Einzellerprotein
SR	Scheibenrührer
TI	Temperaturanzeige
TIC	Temperatur-Anzeige-Regelung
TIS	Temperatur-Anzeige-Schaltung
TNF	Tumor Necrose Factor
TOC	Gesamtkohlenwasserstoff
tPA	tissue Plasminogen Activator
Viton	Fluorkarbon-Kautschuk
VSP	Vorspannung (der O-Ringdichtung)
vvm	Volumen (Gas) pro Volumen (Liquid) pro Minute
WIC	Gewicht-Anzeige-Regelung

1 Reaktoren allgemein

1.1 Einleitung

Die Chemie hat das Ziel, Stoffumwandlungen durchzuführen. Die Aufgabe besteht im einfachsten Fall darin, aus einem Edukt A ein Produkt B zu gewinnen (Abb. 1-1). Häufiger ist aber der Fall, daß mehrere Stoffe miteinander zu einem neuen Stoff reagieren, daß also aus A + B → C wird. Dabei ist es wünschenswert, eine möglichst hohe Produktveredelung zu erreichen, d.h., aus niederwertigen Edukten hochwertige Produkte zu bekommen. Das Mittel, mit dem solche Stoffumwandlungen durchgeführt werden, ist die chemische Reaktion. Sie läuft entweder spontan von selbst ab, d.h., den miteinander zu reagierenden Stoffen genügt der bloße Kontakt und die Stoffumwandlung geht vonstatten, oder aber dieser bloße Kontakt reicht nicht aus, die Reaktion muß unterstützt bzw. eingeleitet werden. Der erforderliche Energiehub, die Lieferung der Aktivierungsenergie, kann entweder durch Energiezufuhr (Wärme) oder durch Katalysatoren als Hilfsmittel bereitgestellt werden. Diese Hilfsmittel katalysieren Reaktionen bzw. Stoffumwandlungen, indem sie die Aktivierungsenergie durch Bildung instabiler Komplexe mit den Substratmolekülen reduzieren [3]. Katalysatoren können Substanzen aller Aggregatszustände sein. Liegen sie gleichverteilt und in der gleichen stofflichen Phase im Reaktionsgemisch vor, so spricht man von einer homogenen Katalyse (gelöste Stoffe), sind sie nicht gelöst (suspendierte oder dispergierte Stoffe), so handelt es sich um eine heterogene Katalyse.

Um diese gewünschten Stoffumwandlungen gezielt und sicher durchführen zu können, benötigt man einen „geschlossenen Rahmen" (z.B. ein Reaktionsgefäß mit Zusatzeinrichtungen), der all die Bedingungen bieten kann, welche von der Stoffumwandlung gefordert werden. Einen solchen „geschlossenen Rahmen" nennt man Reaktor, weil in ihm die Reaktion (Stoffumwandlung) ablaufen kann (Abb. 1-1).

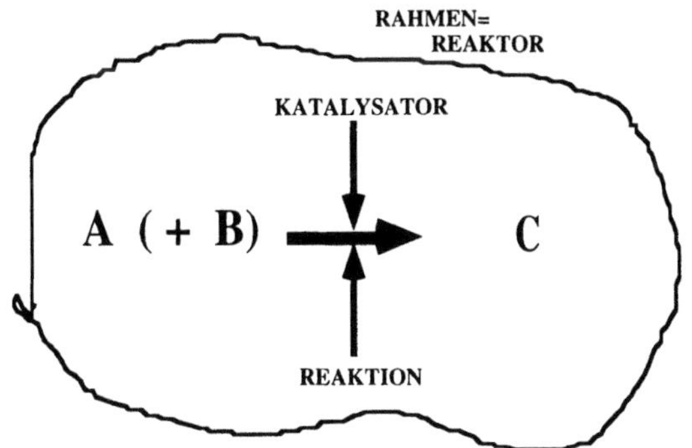

Abb. 1-1 Von der Reaktion zum Reaktor. Der Reaktor muß den Rahmen für eine Reaktion liefern, d.h., er muß die geforderten Bedingungen bereitstellen und einhalten können.

Je nach Komplexizität der Reaktion sind die gestellten Bedingungen an den Reaktor mehr oder weniger umfangreich und aufwendig zu erfüllen. Die wichtigste Bedingung ist die Notwendigkeit, alle Reaktionspartner, und auch Hilfsmittel (Katalysatoren), je nach Reaktionsordnung in ausreichender Menge fortwährend zusammenzuführen. Des weiteren müssen bestimmte Milieubedingungen ständig kontrolliert und eingehalten werden. Dazu gehören Parameter wie die Temperatur, der Druck und bestimmte Stoffkonzentrationen. Um die Temperatur ständig auf dem gewünschten Wert halten zu können, ist es erforderlich, daß der Reaktor den auftretenden Wärmestrom transportieren kann.

Zusammenfassend kann festgestellt werden, daß ein Reaktor den von der (oder den) Reaktion(en) geforderten Stoff- und Wärmestrom beherrschen und sämtliche milieubestimmenden Parameter kontrollieren und notfalls korrigieren muß. Darüberhinaus spielen aber auch noch systembezogene und sicherheitsrelevante Überlegungen eine wichtige Rolle, welche das Aussehen eines Reaktors mitbestimmen können. Zu den systembezogenen Bedingungen gehören Sonderanforderungen wie Scherbeanspruchungen, Drucke und Druckdifferenzen, Mischzeiten und, speziell im Falle eines Bioreaktors, die Steriltechnik.

1.2 Bioreaktion und Bioreaktor

Die Biotechnologie bietet dem Chemiker ein zusätzliches Werkzeug, um Stoffumwandlungen durchführen zu können. In diesem Fall handelt es sich aber immer um eine katalysierte Reaktion, wobei lebende oder tote Mikroorganismen oder aber Teile und Substanzen aus Mikroorganismen (Enzyme) den Katalysator darstellen (Abb. 1-2), der die erwünschte Absenkung der Aktivierungsenergie bewirkt (Abb. 1-3).

Im Vergleich zu chemischen Reaktionen bzw. Verfahren fallen bei biotechnologischen Verfahren besonders folgende Merkmale auf:

- Geringe Raumzeitausbeuten ($\rightarrow$ große Reaktionsvolumina)
- Geringe Stoff- (Produkt-) Konzentrationen (in der Regel)
- Hohe Prozeßwärmen pro gebildeter Produktmenge
- Hohe Gefahr von Prozeßstörung durch mikrobielle Kontamination
- Milde Bedingungen (Temperatur, Druck, Milieu, d.h., Stoffkonzentrationen)
- Hohe Spezifität (Spezialprodukte, Veredlungsprodukte)
- In jedem Fall katalysiert (Mikroorganismus, Enzym, d.h., niedrige Aktivierungsenergie)
- Ausgeprägte Stereoselektivität

Die Gegenüberstellung einiger Verfahren, die sowohl mittels einer chemischen Reaktion, als auch einer biologischen Reaktion zum Ziel führen, zeigt einige dieser Unterschiede deutlich auf wie sie beispielhaft in Tabelle 1-1 aufgeführt sind [1]. Am Beispiel des Essigsäureverfahrens beträgt das Verhältnis der Raumzeitausbeuten 400:1, das bedeutet, daß bei gleicher zu produzierender Menge der Bioreaktor bzw. das Reaktionsvolumen 400-mal größer sein müßte als der Chemiereaktor. Im Falle der Ethanolherstellung liegt immerhin noch der Faktor 100 dazwischen. Die Endkonzentrationen liegen bei der Essigsäureproduktion bei etwa 50 w% (Chemie) und 13 w% (Biologie) sowie beim Ethanolprozeß bei 75 w% (Chemie) bzw. 5,4 w% bei biologischen Standardverfahren.

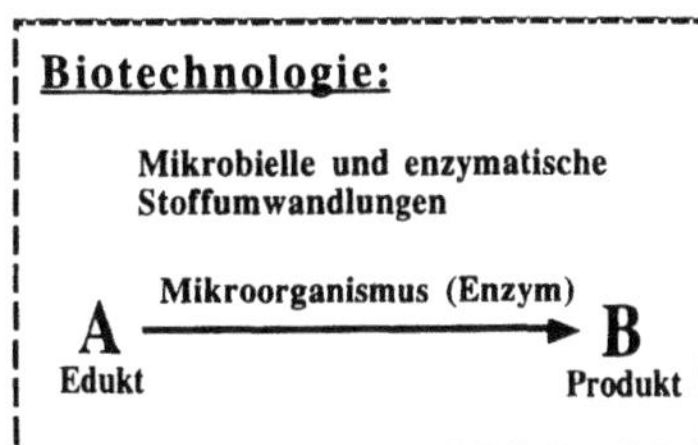

Abb. 1-2 Mikrobielle Stoffumwandlung. Die mikrobielle Stoffumwandlung ist in jedem Fall katalysiert. Das kann entweder durch lebende oder abgetötete Mikroorganismen, aber auch durch Enzyme erfolgen. Liegen dabei die Enzyme in gelöster Form vor (nicht immobilisiert), dann fallen sie unter die homogene Katalyse.

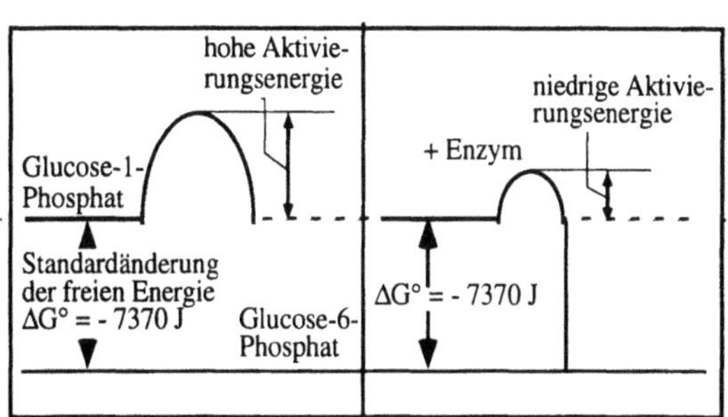

Abb. 1-3 Erniedrigung der Aktivierungsenergie durch einen Katalysator (z.B. Enzym). In Gegenwart des Enzyms erhöht sich die Anzahl der Moleküle, die eine genügend hohe innere Energie besitzen, um reagieren zu können [3].

Die Tatsache, daß biologische Reaktionen pro erzeugter Menge Produkt eine höhere Wärmeabgabe zur Folge haben als chemische Reaktionen (8300/2300 kJ/kg (Essig), 1100/500 kJ/kg (Ethanol)), mag oberflächlich betrachtet zunächst erstaunen. Die Situation entschärft sich, wenn man den zeitlichen Wärmeanfall berücksichtigt. Aufgrund der geringeren Raumzeitausbeute (RZA) ist der zeitliche Wärmeanfall bei der biologischen Reaktion wesentlich niedriger. Allerdings ergibt sich erneut eine Umkehrung des Problems, wenn man berücksichtigt, daß im Falle des Bioreaktors bei immer größer werdenden Reaktionsvolumina die zur Verfügung stehende Wärmeaustauschfläche im Verhältnis zum Volumen immer kleiner wird, was bei Bioreaktoren häufig ein Problem darstellen kann (vgl. dazu Seite 10 bis 11 und Abschnitt 2.1.6, Seite 58ff.).

Betrachtet man die Parameter Temperatur und Druck, so stellt man fest, daß die biologische Reaktion bei sehr milden Bedingungen (33 °C, 1 bar) abläuft, während die chemische Reaktion eine hohe Temperatur (200 - 300 °C) und einen hohen Druck (37 - 700 bar) erfordert. Das spricht für eine Nutzung der Biotechnologie, denn milde Bedingungen bedeuten gleichzeitig mehr Sicherheit.

Bezüglich Reaktionsmedien ist zu beachten, daß die Anwendung von Mikroorganismen und Enzymen die Reaktionsführung in wässriger Phase erlaubt und in der Regel auch voraussetzt.

Diese Unterschiede haben natürlich auch Konsequenzen auf die Gestaltung von Bioreaktoren. Die geringen Raumzeitausbeuten bedeuten in der Regel, daß die Reaktoren sehr groß werden müssen, um geforderte Produktmengen produzieren zu können.

Tabelle 1-1 Gegenüberstellung chemischer und biotechnologischer Verfahren zur Herstellung von Essigsäure und Ethanol [1].

Parameter	Essigsäure chemisch	Gäressig biotechnol.	SCP biotechnol.	Ethanol biotechnol. batch Normaldruck	Ethanol biotechnol. kontinuierl. Vakuum	Ethanol chemisch
Gasart	CO	Luft	Luft	(Luft)	(Sauerstoff)	H_2O/C_2H_4
Katalysator	Cobalt/Iod Rhodium/Iod	Acetobacter Acetigenum	z.B.Methy-lomonas Clora	Saccharomy-ces Cerevisiae	Saccharo-myces Cerevisiae	Phosphor-säure
Ausbeute %	96 - 97	90 - 92	85 - 90	89 - 92	97 - 99	97
Prozeßwärme kJ/kg	2300	8300	25000	1100	1100	500
Endkonzentr. %	45/64 (20% Ester)	13	1,5 -2	5,4	(33)	75
Temperatur °C	250/200	33	40	30	35	275
Druck bar	700/37	1	1,3	1	0,14	69
RZA g/l h	400	1	5	1	54 (80)	91 -101

Das Nettoreaktionsvolumen in m^3 eines Reaktors läßt sich durch folgende Gleichung berechnen:

$$V_{R,N} = \frac{K}{BST \cdot RZA_B} \tag{1.1}$$

darin bedeuten   K   die Kapazität der Anlage $\frac{kg\ Produkt}{a\ (Jahr)}$

                 RZA_B Bruttoraumzeitausbeute $\frac{kg}{m^3\ h}$

                 BST   Jahresbetriebsstunden $\frac{h}{a}$

$$RZA_B = RZA_N \frac{t_F}{t_F + t_R} \tag{1.2}$$

darin bedeuten RZA_N Nettoraumzeitausbeute $\frac{kg}{m^3\ h}$

$$RZA_N = \frac{P}{t_F} \qquad (1.3)$$

t_F Fermentationsdauer, Verweilzeit   h

t_R Rüstzeit (Vor-, Nachbereitung)   h

P   Produktkonzentration $\frac{g}{l}$

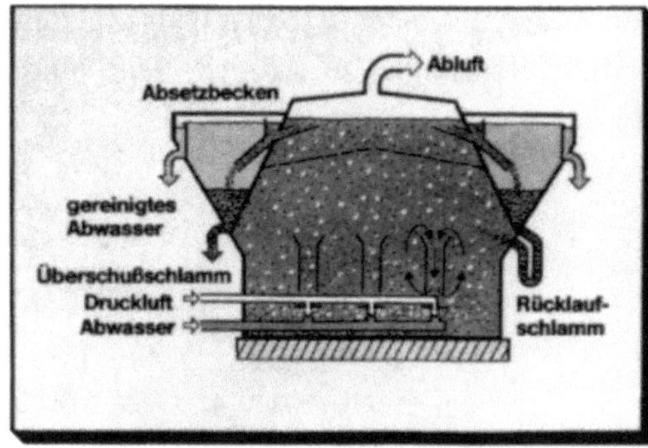

Abb. 1-4 Abwasserreinigung am Beispiel eines aeroben Belebtschlammverfahrens (Turmbiologie) [2].

Die Jahresbetriebsstunden kann man folgendermaßen abschätzen:

24 h x 365,25 =	8766 h =	Maximum
=	8000 h	häufig für problemlose Anlagen
=	7200 h	aufwendigere Wartung
<	7000 h	aufwendig + Validierungsbedarf

Mit Gleichung (1.1) und den Zahlenwerten aus Tabelle 1-1 lassen sich für die Herstellung von 5000 t/a (Tonnen pro Jahr) Essigsäure bei 8000 Betriebsstunden im Jahr für den Chemiereaktor ein Nettoreaktionsvolumen von $V_{R,N,chem.}$=1,6 m³ und für den Bioreaktor von $V_{R,N,biot.}$= 625 m³ errechnen. Für die Herstellung von 10.000 t/a Ethanol in 7200 Betriebsstunden pro Jahr erfordert das chemische Verfahren ein Nettoreaktionsvolumen von $V_{R,N,chem.}$=14 m³ und der Bioreaktor beim Normaldruckverfahren muß ein Volumen von $V_{R,N,biot.}$= 1400 m³ erhalten, während das Vakuumverfahren mit $V_{R,N,biot.}$= 17 m³ auskommt.

Es sei an dieser Stelle schon darauf hingewiesen, daß das Nettoreaktionsvolumen durch eine Reihe von Faktoren noch auf das Bruttoreaktionsvolumen umgerechnet werden muß (vgl. Abschnitt 9.1).

Wegen des großen Reaktionsvolumens bei Bioreaktoren liegt die Frage nahe, wo die Obergrenze der Größe von Reaktoren liegt. Läßt man bei dieser Betrachtung Kläranlagen außer Acht (Abb. 1-4, Kläranlagen können ein Reaktionsvolumen bis zu 300000 m³ haben), so mißt der derzeit größte Bioreaktor der Welt 1500 m³ (3000 m³ brutto, Abb. 1-5). Der Reaktor wurde von der Firma ICI ursprünglich zum Zwecke der Single Cell Protein-(SCP)-Produktion aus Methanol errichtet (Einzellerprotein). Es handelt sich um einen Airliftreaktor, d.h., die zur Erfüllung aller Transportaufgaben benötigte Energie wird alleine mit der Begasungsluft eingetragen (vgl. Abschnitt 3.1).

Dieser Gigant ist aber einmalig in der Welt und dürfte so schnell keine Nachahmer finden. In der Regel sind je nach Aufgabenstellung und Kontaminationsgefahr Reaktorgrößen von einigen hundert Kubikmetern (300 - 400 m^3) für Standardaufgaben noch technisch sicher beherrschbar. Sind dagegen Sonderaufgaben wie der Umgang mit Zellkulturen oder auch besondere Sicherheitsanforderungen zu erfüllen, dann sind Reaktorgrößen von etwa 20 m^3 die obere Grenze.

Abb. 1-5 ICI-SCP-Reaktor (Originalfoto der Firma ICI, Billingham, England).
Der ICI-Single Cell Reaktor besitzt bei einem Gesamtvolumen von 3000 m^3 ein Reaktionsvolumen von 1500 m^3. Der Reaktor ist 70 m hoch und 10 m breit im Durchmesser. Für den ursprünglich Zweck der Einzeller-Proteinherstellung wird er nicht mehr eingesetzt.

Der zweite Unterschied zwischen biologischen und chemischen Reaktionen, der auch zugleich einen weiteren Nachteil von Bioreaktionen darstellt, ist die milieubedingte geringe Konzentration an Substanzen und damit sehr häufig auch an Produkten. Zu hohe Produktkonzentrationen würden sehr oft zu einer sogenannten Produkthemmung führen, d.h., das gebildete Produkt bringt ab einer gewissen Konzentration die Reaktion zum Erliegen oder beeinträchtigt sie zumindest so sehr, daß sie nur unbefriedigend abläuft. Gelingt es nicht, das Produkt während der Reaktion immer wieder zu entfernen oder zu neutralisieren, dann muß es aus einer sehr dünnen wäßrigen Lösung aufgearbeitet werden. Dies wiederum führt zu sehr großen Aufarbeitungseinheiten und damit hohen Kosten. In einigen Fällen, wie nachfolgend beispielhaft gezeigt wird, können jedoch praktikable Lösungen gefunden werden.

Bei der Umsetzung von Glucose zu Ethanol (der sog. alkoholischen Gärung) läuft der Prozeß, wenn man den entstandenen Alkohol nicht gleichzeitig abtrennt, nur bis zu einer bestimmten Produktkonzentration und kommt dann zum Erliegen. Die Reaktion wird also durch das entstehende Produkt gehemmt und schließlich ganz unterdrückt. Je nach verwendetem Mikroorganismus liegt diese erreichbare Endkonzentration zwischen 5 vol.% und ca. 13 vol.%. Eine Möglichkeit, diesen Fall zu umgehen, besteht hier darin, den höheren Dampfdruck von Ethanol auszunutzen: Bei einer Reaktionstemperatur um 35 °C kann das Produkt kontinuierlich abgedampft werden, wenn man im Vakuum arbeitet (Abb. 1-6). Die Reaktion kann durch diesen „Trick" immer unter optimalen Milieubedingungen gefahren werden, was zu den höheren Raumzeitausbeuten (RZA; $\frac{g}{l\cdot h}$) führt, und der Reaktor kann wesentlich kleiner ausgeführt werden.

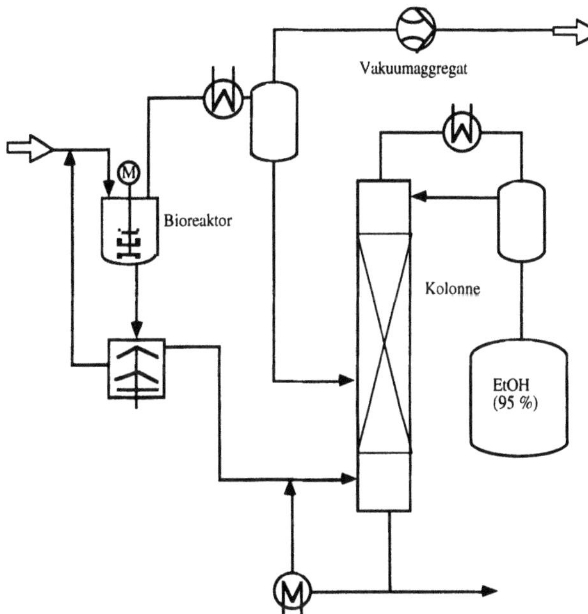

Abb. 1-6 Ethanolherstellung über das Vakuumverfahren. Um die inhibierende Wirkung des entstehenden Alkohols auf die Reaktion zu verhindern, wird durch Anlegen eines Vakuums unter gleichzeitiger Nutzung der Reaktionswärme das Ethanol abgedampft (destilliert). In der nachgeschalteten Destillationskolonne werden die vordestillierten Ströme den entsprechenden Böden zugeleitet und man erhält letztendlich azeotropes Ethanol (95 vol.% bei p_n).

Der Bioreaktor wirkt bei dieser Fahrweise, aus Sicht der Destillation, wie ein Kolonnensumpf und stellt gleichzeitig einen theoretischen Boden dar. Demnach erhält man in der Dampfphase am Fermenterkopf eine Ethanolkonzentration, die dem y_A-Wert in Abb. 1-7 entspricht, wenn in der Flüssigkeit im Bioreaktor die Konzentration x_A herrscht. Verbessern kann man die Reinigung, indem eine Kolonne auf den Bioreaktor aufgesetzt, oder eben, wie in Abb. 1-6 gezeigt, eine Kolonne nachgeschaltet wird. Dadurch ist es möglich, eine Ethanolreinheit bis zum azeotropen Punkt, d.h., bei Normaldruck bis 95vol.%, zu erreichen.

Bei der energetischen Betrachtung der Gärung beträgt die Änderung der freien Energie 234 kJ/mol Glucose, wobei der Mikroorganismus 142 kJ/mol für den Energiehaushalt benötigt. Dadurch werden die restlichen 92 kJ/mol in das Medium abgegeben und für die Destillation verfügbar. 92 kJ/mol Glucose bedeuten gleichzeitig etwa 1000 kJ/kg Ethanol, und da die Verdampfungswärme von Ethanol etwa 900 kJ/kg beträgt, würde die freiwerdende Reaktionswärme alleine zum Verdampfen des Ethanols ausreichen, wenn sie komplett genutzt werden könnte.

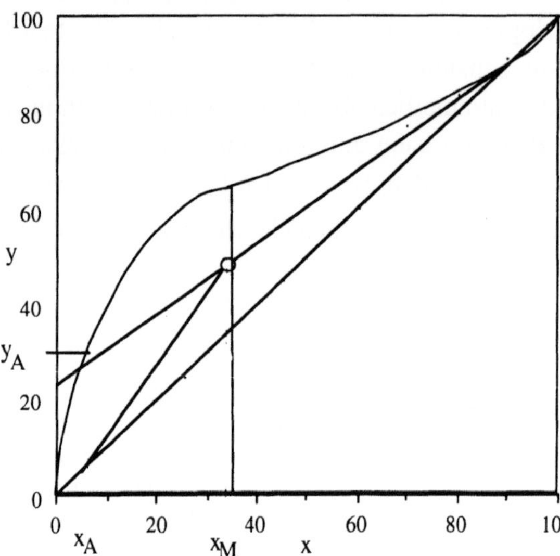

Abb. 1-7 Gleichgewichts-diagramm eines Wasser-Ethanol-Zweistoffgemisches. Dabei ist y_A das Molverhältnis des Leichtersieders in der Dampfphase und x_A das Verhältnis in der Flüssigkeitsphase.

Eine Vakuumfahrweise kann aber nur bei anaeroben oder mikroaeroben Prozessen, also Prozessen, die keinen oder nur sehr wenig Sauerstoff benötigen, durchgeführt werden, weil sich im Vakuum der Stofftransfer durch die Verringerung des Sauerstoffpartialdruckes und damit der Sättigungskonzentration erheblich verschlechtert. Für den Sauerstofftransport (OTR; $\frac{mol}{l \cdot s}$) gilt nämlich der Zusammenhang nach Gleichung 2.70

$$OTR = k_L a \cdot (c_L{}^* - c_L) \,,$$

worin k_L [m/s] die Stofftransportgeschwindigkeit, a [m²/m³] die spezifische Stoffaustauschfläche, $c_L{}^*$ [mol/l] die Sauerstoffsättigungskonzentration an der Phasengrenzfläche und c_L [mol/l] die Sauerstoffgelöstkonzentration in der Flüssigkeit ist. Die Sättigungskonzentration c* ist eine Funktion des Sauerstoffpartialdruckes. Sie hängt über die Stoffkonstante H_{O_2} (Henry-Koeffizient) $\frac{bar \cdot l}{mol}$ mit dem Partialdruck zusammen:

$$c_L{}^* = \frac{p_{O_2}}{H_{O_2}} = \frac{p \cdot Y_{O_2}}{H_{O_2}} \tag{1.4}$$

mit p [bar] als Gesamtsystemdruck und Y_{O_2} als Sauerstoffmolenbruch. Würde also im Vakuum eine Sauerstoffversorgung durchgeführt, dann müßte dies bei verkleinertem treibendem Konzentrationsgefälle $\Delta c = c_L{}^* - c_L$ (vgl. Gleichung 2.70) geschehen. Es käme zu einem verringerten Sauerstofftransport (vgl. Kapitel 2.1.5).

Häufig haben Stoffumsetzungen mit Mikroorganismen das Ziel, organische Säuren zu gewinnen. In diesen Fällen würde mit zunehmender Reaktionsdauer durch die ständige Entstehung von Säure das Medium immer saurer. Dadurch verschlechtern sich die Milieubedingungen für die Mikroorganismen und die Reaktion kommt zum Stillstand. Gibt man nun aber eine Base zum Reaktionsgemisch, dann reagiert die entstehende Säure sofort mit der Base zum entsprechenden Salz (Abb. 1-8).

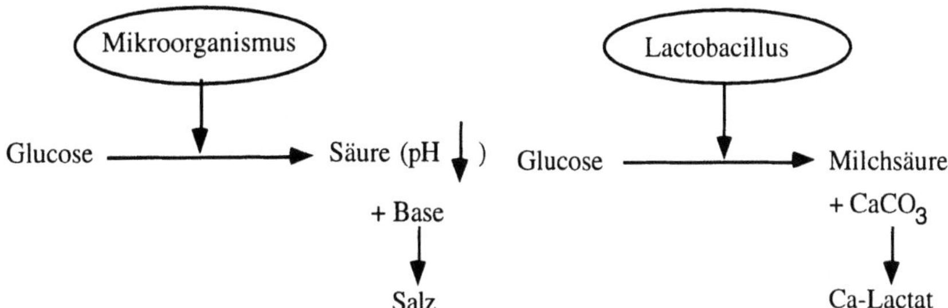

Abb. 1-8 Neutralisation einer Säure allgemein.

Abb. 1-9 Neutralisation der Milchsäure mit Calciumcarbonat.

In der Regel muß die Base über eine pH-Messung gesteuert in den Reaktor gegeben werden, weil sonst ein zu hoher pH-Wert auftreten würde. Eine einfache Möglichkeit bietet häufig Calciumcarbonat (CaCO3), das im Medium keine hemmende Wirkung auf die Reaktion zeigt, weil es nur in geringen Mengen gelöst ist. Damit kann es in ausreichender Menge vorgelegt werden. Die verbrauchte Menge löst sich sukzessive aus dem Feststoff nach. Am Beispiel der Milchsäuregärung läßt sich zeigen, wie dieser Mechanismus abläuft (Abb. 1-9).

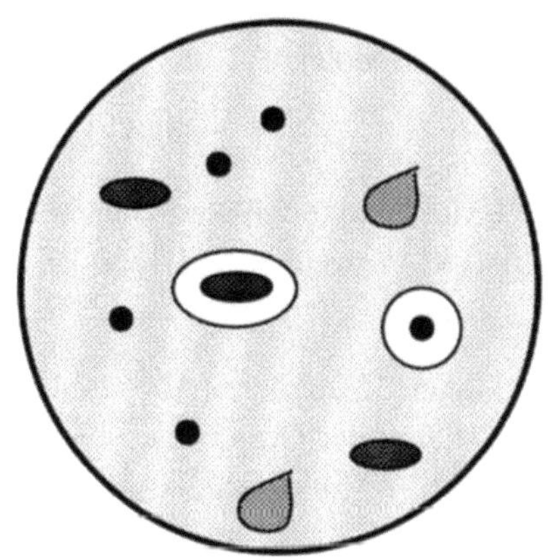

Abb. 1-10 Das in den Agar eingearbeitete Calciumcarbonat macht das Material trübe, gleichzeitig steht stets das Calciumcarbonat für die Neutralisation von entstandenen Säuren zur Verfügung. Bildet eine Kolonie eine Säure, so kann dies am klaren Hof um die Kolonie herum erkannt werden, weil das aufgelöste Calciumcarbonat den Agar wieder klar erscheinen läßt.

Aus Glucose entsteht mit Hilfe eines geeigneten Mikroorganismus (Lactobazillus) Milchsäure. Diese wiederum reagiert sofort mit dem vorhandenen Calciumcarbonat zum Calciumsalz der Milchsäure (Calciumlactat), CO_2 und Wasser werden dabei freigesetzt. Einen besonderen Vorteil bietet dieses System auf der Agarplatte. Dort wird das Calciumcarbonat in den Agar eingearbeitet und steht somit stets für die Neutralisation von gebildeten Säuren zur Verfügung. Gleichzeitig erkennt man die säurebildenden Kolonien an dem klaren Hof um die Kolonie herum (Abb. 1-10).

Wie schon gezeigt, erstaunt es doch immer wieder, welch große Wärmeströme bei biologischen Reaktionen auftreten und damit beherrscht werden müssen. So beträgt bei einem speziellen SCP-Verfahren (vgl. oben, Abb. 1-5) die zu bewegenden Wärmemenge $210 \, kW/m^3$ [4]. Woher kommt diese Wärme?

Um den Stoffwechsel aufrechterhalten zu können, benötigen die Organismen Energie. Diese Energie gewinnen die Mikroorganismen, indem sie energiereiche Verbindungen zu energiearmen Verbindungen abbauen. Einen Teil der freiwerdenden Energie nutzen sie dann zur Erzeugung notwendiger Energieträger, wie zum Beispiel der Co-Enzyme ATP aus ADP oder NADH aus NAD, die ihrerseits wiederum für Synthesereaktionen im gesamten Metabolismus (Stoffwechsel) zur Verfügung stehen. Somit werden Energiepotentiale von Einsatzstoffen genutzt, um Syntheseprodukte aufbauen zu können, die nach der Reaktion einen Teil der freigewordenen Energie tragen. Die Differenz zwischen freigewordener Energie und im Produkt fixierter Energie wird ins Medium abgegeben und muß somit abgeführt werden. Im Grunde genommen wird bei jedem physikalischen oder chemischen Prozeß Wärme aus der Umgebung aufgenommen oder an sie abgegeben. Glucose z.B. hat über ihre komplexe Struktur viel potentielle Energie gebunden, die beim Abbau zu den einfacheren Verbindungen z.T. freigesetzt wird (Differenz der potentiellen Energie der Ausgangsstoffe zur der der Endprodukte). Am Beispiel der ethanolischen Gärung, wo die Änderung der freien Energie $\Delta G° = - 234 \, kJ$ ausmacht, werden innerhalb der Reaktion 142 kJ verwendet und 92 kJ in das Medium abgegeben. Bei der reinen Verbrennung (Oxidation) von Glucose lautet die Summengleichung für die vollständige aerobe Oxidation von einem Molekül

$$C_6H_{12}O_6 + 36{\cdot}P + 36{\cdot}ADP + 6{\cdot}O_2 \rightarrow 6{\cdot}CO_2 + 42{\cdot}H_2O + 36{\cdot}ATP + 2880 \, kJ. \quad (1.5)$$

Da die freie Energie der Glucoseoxidation 2880 kJ/Mol beträgt und die Synthese eines jeden ATP-Moleküls 30 kJ erfordert, werden 1080 kJ verwendet und 1800 kJ, also 62%, in das Medium abgegeben [3].

Ein weiteres Beispiel ist die Umsetzung von Glucose zu Milchsäure (Abb. 1-11): Bei dieser Reaktion würden 200 kJ/mol frei werden. Da aber der Organismus aus dieser Reaktion die Energie bezieht, um aus 2 Molekülen ADP 2 Moleküle ATP aufzubauen, wozu pro Mol ATP 30 kJ benötigt werden, gelangen in das Medium nur 140 kJ pro Mol Glucose.

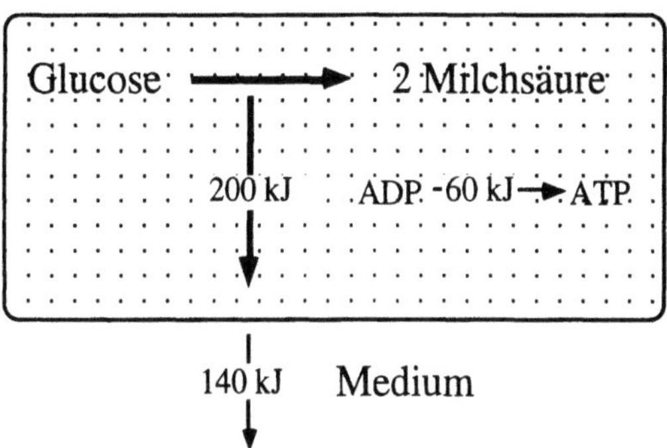

Abb. 1-11 Prozeßwärme am Beispiel der Milchsäuregärung.
An diesem Beispiel wird ersichtlich, daß lediglich 15 % der nutzbaren Energie reaktionsintern genutzt und die verbliebenen 85% in das Medium ausgeschieden werden.

Die Problematik der Wärmeabfuhr aus Bioreaktoren wird im wesentlichen dadurch verschärft, daß die Wärmeaustauschfläche bei immer größer werdenden Reaktionsvolumen nur quadratisch mit der linearen Ausdehnung des Reaktors ansteigt, das Volumen dagegen mit der dritten Potenz der linearen Ausdehnung zunimmt. Dadurch gestaltet sich das Verhältnis von Fläche zu Volumen mit zunehmender Reaktorgröße zum Zweck der Wärmeabfuhr immer ungünstiger.

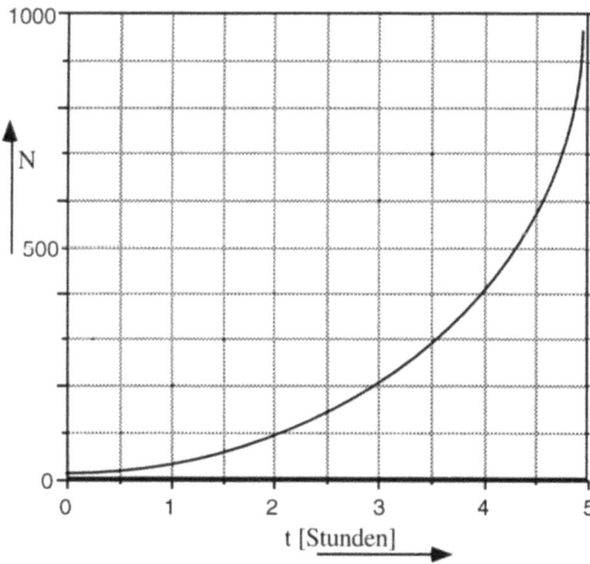

Abb. 1-12 Kinetik klonalen Wachstums bei unlimitierten Verhältnissen. Diese Darstellung zeigt sehr deutlich, wie schnell eine Kontamination von nur einem Fremdkeim zu einer nicht mehr behebbaren Störung heranwachsen kann.

Reaktionen, die in gewünschter Weise ablaufen sollen, vertragen in der Regel keine zusätzlichen Verunreinigungen (Kontaminationen). Wird ein chemisches Reaktionsgemisch geringfügig durch eine Fremdsubstanz kontaminiert, so kann man in der Regel davon ausgehen, daß diese Verunreinigung die Reaktion nicht stört und sich nicht vermehrt. Bei biologischen Reaktionen ist das Problem viel kritischer, denn wenn in diesem Fall eine Kontamination durch einen Fremdkeim stattgefunden hat, dann kann sich dieser Keim vermehren und den vorhergesagten Reaktionsverlauf unmöglich machen. Welche dramatische Vermehrung von einem Keim bei unlimitiertem Wachstum ausgehen kann, zeigt Abb. 1-12. Das exponentielle Wachstum führt auch bei geringen Ausgangskeimzahlen sehr schnell zu immens hohen Zellzahlen.

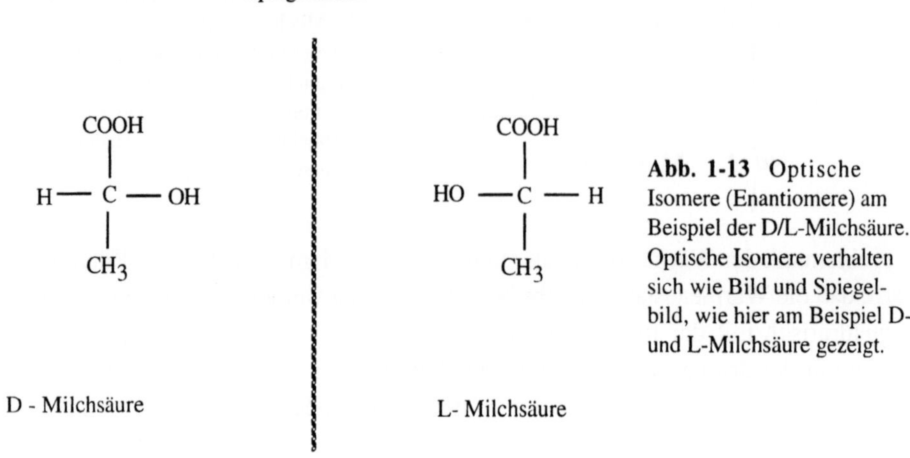

Abb. 1-13 Optische Isomere (Enantiomere) am Beispiel der D/L-Milchsäure. Optische Isomere verhalten sich wie Bild und Spiegelbild, wie hier am Beispiel D- und L-Milchsäure gezeigt.

Bisher konnten eigentlich nur wenige vorteilhafte Dinge über biologische Reaktionen genannt werden. Warum sind sie aber dennoch für uns von großem Interesse? Zum einen machen die milden Bedingungen (Temperatur, Druck, Chemikalien) eine biologische Reaktion vor allem unter dem Aspekt der Sicherheit interessant, und zum anderen ist es die hohe Selektivität solcher Reaktionen. Es gibt Fälle, wo die gewünschte Stoffumsetzung über chemische Reaktionen nicht möglich ist oder nur sehr mühselig über viele Reaktionsstufen bewerkstelligt werden kann. Ein typisches Beispiel sind Steroidreaktionen oder die Herstellung von optisch aktiven Substanzen (Abb. 1-13). Solche Substanzen können auf chemischem Wege häufig nur gewonnen werden, indem der Reaktion, die zu einem racemischen Gemisch führt (d.h., beide Enantiomere liegen im Verhältnis 50:50 vor), eine äußerst aufwendige Aufarbeitung (Enantiomerentrennung) angeschlossen wird. Mikroorganismen können solche Reaktionen beliebig exakt und rein ausführen, so daß in diesem Fall der bessere und elegantere Weg über eine biologische Reaktion führt.

Weitere Vorteile biologischer Reaktionen sind:

- Gewinnung natürlicher Substanzen (Nahrungsmittel)
- Zugang zu körpereigenen Proteinen (Pharma)
- Gezielte Steuermöglichkeit über Gentechnologie
- Veredlung von Nahrungsmitteln oder Abfällen

Stoffe, die aus natürlichen Substanzen mit Hilfe biologischer Reaktionen gewonnen werden, sind als *natürliche Stoffe* zu bezeichnen. Solche Stoffe, wie es z.B. Riech- und Aromastoffe sowie Vitamine sind, finden großes Interesse in der Nahrungsmittelindustrie (vor allem in den USA). Diese Substanzen können zum Teil aus Lebensmittelabfällen hergestellt werden. Beispielsweise werden manche Ester von Carbonsäuren gerne als Aromastoffe verwendet. Der Ausgangsstoff ist dabei der jeweilige Fusel-alkohol. Auch das Pfirsicharoma γ-Decalacton kann aus Ölabfällen hergestellt werden.

In jüngster Zeit sind Inhaltsstoffe des menschlichen Blutes als sehr wertvolle Sub-stanzen für gewisse Steuermechanismen des Immunsystems erkannt worden. Solche Substanzen sind z.B. tPA (tissue Plasminogen Activator) zur gezielten Auflösung von Blutgerinseln bei Herzinfarkt oder TNF (Tumor Necrose Factor) zur Bekämpfung von Tumoren. Wenn bei einer dieser Störungen im menschlichen Körper zu wenig der betreffenden Substanzen vorhanden ist, dann könnte durch Zugabe einer dieser Substanzen von außen die Störung gezielter bekämpft werden. Die Substanz muß aber identisch mit dem menschlichen Protein sein, da sie sonst vom Immunsystem abgelehnt wird. Solche identischen Moleküle können mit Hilfe von Mikroorganismen hergestellt werden, was einen großen Vorteil für die Medizin darstellt. Das moderne Arbeitsmittel „Gentechnik" eröffnet viele neue Möglichkeiten, gezielt Katalysatoren zu schaffen, mit denen spezielle Reaktionen durchgeführt werden können.

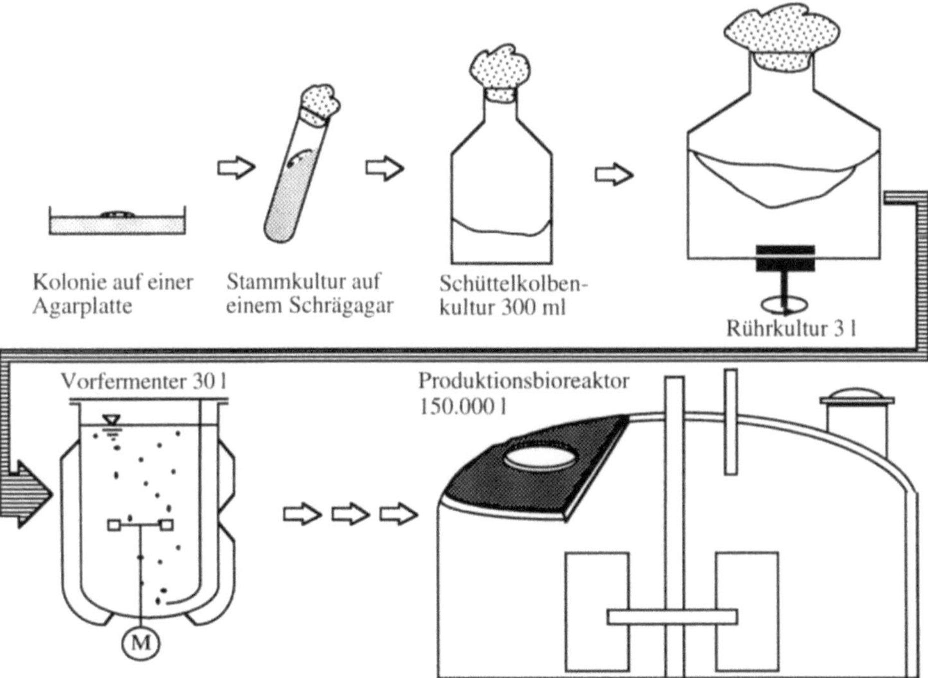

Abb. 1-14 Von der Kolonie zum Großbioreaktor [2]. Jede biotechnologische Produktion beginnt im Kleinmaßstab. Für jeden nächstfolgenden Maßstab muß dann das erforderliche Inoculum bereitge-stellt werden. In der Regel beträgt das Verhältnis der Maßstäbe 1:10. Die Pfeile zwischen dem 30 l- und dem 150.000 l-Maßstab sollen noch weitere Zwischenstufen andeuten.

Es gibt also doch eine Reihe von sehr wertvollen Vorteilen, die der Biotechnologie einen sicheren Platz neben der Chemie einräumen. Damit ist es auch notwendig, für die entsprechenden biologischen Reaktionen die passenden Bioreaktoren zur Verfügung zu stellen. Dabei ist noch zu beachten, daß im Produktionsverfahren auf dem Weg bis zum Produktionsbioreaktor eine Reihe von kleineren Vorfermentern für die Zellanzucht notwendig ist (Abb. 1-14) [2]. Der Prozeß beginnt immer mit einer einzelnen Reinkultur (Kolonie) auf der Agarplatte und setzt sich dann über mehr oder weniger viele Vorkulturfermenter bis hin zum Hauptbioreaktor fort. In den Vorfermentern wird praktisch das Startkatalysatormaterial (Inoculum) des nachfolgenden Bioreaktors bereitgestellt. Sind noch keine exakten Angaben bekannt, wählt man in der Regel das Volumenverhältnis 1:10.

Schlußbemerkung zum Kapitel 1:

Das Ziel, bestimmte Stoffumwandlungen durchführen zu können, erfordert das Mittel „Reaktion". Um die von der Reaktion geforderten Rahmenbedingungen bieten zu können, benötigt man einen geeigneten Reaktor, der im Bereich der Biotechnologie „Fermenter" oder richtiger „Bioreaktor" genannt wird. Die wichtigsten Bedingungen und Aufgaben, die ein Reaktor zu erfüllen hat, sind, Stoff- und Wärmetransportvorgänge zu beherrschen, die geforderten Milieubedingungen exakt einzuhalten, der Sicherheit Rechnung zu tragen und Sonderaufgaben (wie Scherraten, Druck, Mischzeiten und Steriltechnik) zu erfüllen.

2 Aufgaben eines Bioreaktors

2.1 Primäraufgaben

Die erstrangige Aufgabe eines Reaktors besteht darin, den Prozeß der Stoffumwandlung (die Reaktion) zu „beherbergen" und die Randbedingungen der Reaktion zu erfüllen. Welche Leistung bzw. Arbeit hat nun ein solcher Bioreaktor zu erbringen, um seine Aufgaben erfüllen zu können?

Eine Stoffumwandlung wurde im Labor im kleinen Maßstab in Schüttelkolben oder kleinen Standardreaktoren (Laborbioreaktoren) ausgearbeitet. Im nächsten Schritt kommt auf den Bioreaktor die Aufgabe zu, die Produktion einer gewünschten Substanz möglichst wirtschaftlich durchzuführen. Anders ausgedrückt, die Zielsetzung besteht darin, die Laborergebnisse optimal auf den Produktionsmaßstab zu übertragen.

Um Laborergebnisse übertragen zu können, muß zunächst bekannt sein, welche Primäranforderungen das System, die Reaktion, an den Reaktor stellt. Man unterscheidet dabei die Primäraufgaben Homogenisieren, Suspendieren, Dispergieren sowie Stoff- und Wärmetransport [5]. Diese Primäraufgaben können in eine Reihenfolge (Rang) hinsichtlich aufzuwendender Energie eingeordnet werden (Abb. 2-1).

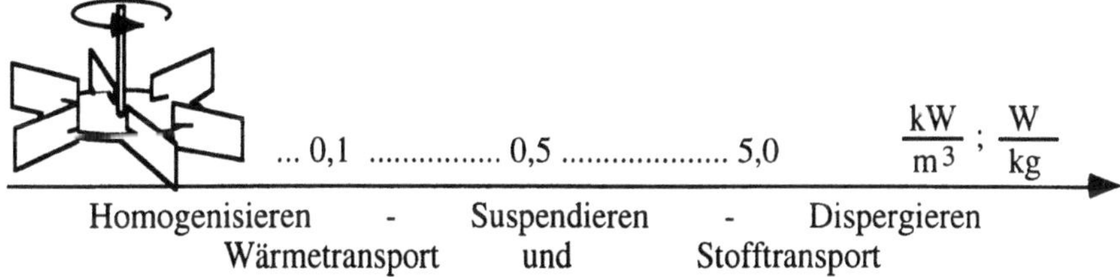

Abb. 2-1 Der Energie- bzw. Leistungsaufwand ($\frac{P}{V}$; ε) steigt mit der Aufgabe, die der Reaktor zu erfüllen hat. Niederrangige Aufgaben werden miterfüllt.

In der Regel ist in einem Reaktor mehr als eine Aufgabe gleichzeitig zu erfüllen, wobei die Erfüllung einer höherrangigen Aufgabe die Erfüllung der niederrangigen Aufgaben bedingt. Etwa 80 % aller Rühraufgaben sind den beiden Grundoperationen Homogenisieren und Suspendieren zuzuordnen.

2.1.1 Leistungsberechnungen für Bioreaktoren

2.1.1.1 Pneumatischer Leistungseintrag in Bioreaktoren

Der Leistungseintrag für pneumatisch betriebene Bioreaktoren erfolgt über den Vordruck des Gases. Die Expansionsarbeit, die im Bioreaktor pro Zeiteinheit abgegeben wird, entspricht der eingetragenen Leistung. Geht man davon aus, daß aufgrund der großen Oberfläche das Gas beim Eintreten in den Reaktor spontan die Mediumstemperatur annimmt, so kann von einer isothermen Expansion ausgegangen werden. Die Leistung einer isothermen Expansion läßt sich berechnen durch (vgl. Abb. 2-2)

$$P_{G,E} = -\int_{Pu}^{Po} \dot{V} \cdot dp = -\frac{\dot{m}_G \cdot R \cdot T}{M} \cdot \int_{Pu}^{Po} \frac{dp}{p} = \frac{\dot{m}_G \cdot R \cdot T}{M} \ln \frac{p_u}{p_o} \ . \tag{2.1}$$

Das gleiche Ergebnis kann erreicht werden, wenn eine Differentialbetrachtung angestellt wird (Abb. 2-2). Ein differentiell kleiner Leistungseintrag resultiert aus einem Kraftaufwand pro Zeit und einer differentiell kleinen Strecke. Die Kraft ändert sich mit der Ausdehnung der Gasblase während des Aufstiegs. In biotechnologischen Systemen wird der Sauerstoff aus der Blase für die Versorgung der Mikroorganismen benötigt. Gleichzeitig entstehen aber auch gasförmige Metabolite, überwiegend Kohlendioxid (CO_2). Häufig ist der Respirationsquotient (vgl. Abschnitt 8.1.6, Gleichung 8.9) RQ = 1,0, d.h., es entsteht so viel Kohlendioxid wie Sauerstoff verbraucht wird. Dadurch bleibt die Teilchenmenge in der Gasblase konstant. Es wird weiter angenommen, daß die mittlere Molmasse konstant bleibt. Unter diesen Randbedingungen ergibt sich folgender Ansatz:

$$dP_{G,P} = \frac{F_A - F_G}{t} \cdot dz \ . \tag{2.2}$$

Da sich die Dichte von Gas und Flüssigkeit um den Faktor 1000 unterscheiden, kann die Gewichtskraft vernachlässigt werden. Man erhält für die örtliche Auftriebsenergie

$$\frac{F_A - F_G}{t} \approx \dot{V}_G \cdot \rho_L \cdot g \tag{2.3}$$

und mit der allgemeinen Gasgleichung

$$V_G = \frac{V_{G,n} \cdot p_n}{p} \frac{T}{T_n} \tag{2.4}$$

sowie dem örtlichen Druck

$$p = p_o + \rho_L \cdot g \cdot (H-z) \tag{2.5}$$

wird der differentielle örtliche potentielle Leistungseintrag

$$dP_{G,P} = \frac{\dot{V}_{G,n} \cdot p_n \cdot \rho_L \cdot g \cdot \frac{T}{T_n}}{p_o + \rho_L \cdot g \cdot (H-z)} \cdot dz \tag{2.6}$$

und schließlich nach Integration

$$P_{G,P} = \dot{V}_n \cdot p_n \cdot \rho_L \cdot g \cdot \frac{T}{T_n} \int_{z=0}^{z=H} \frac{dz}{p_o + \rho_L \cdot g \cdot (H-z)} = \dot{V}_{G,n} \cdot p_n \cdot \frac{T}{T_n} \cdot \ln \frac{p_o + \rho_L \cdot g \cdot H}{p_o} \ . \tag{2.7}$$

Als weiteres trägt das Gas kinetische Energie pro Zeit ein. Diese ergibt sich aus der Differenz zwischen Eintritts- und Austrittsleistung. Wenn man näherungsweise die Gasleerrohrgeschwindigkeit für die Austrittsgeschwindigkeit nimmt, so erhält man

$$P_{G,K} = \frac{\dot{m}_G}{2} \cdot (w_{G,0}^2 - u_G^2) \ . \tag{2.8}$$

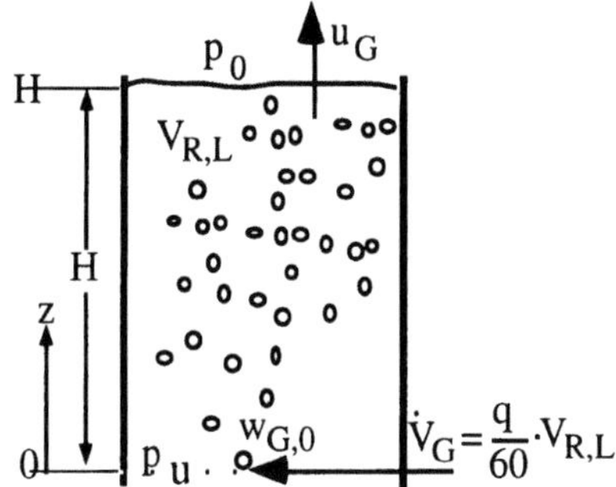

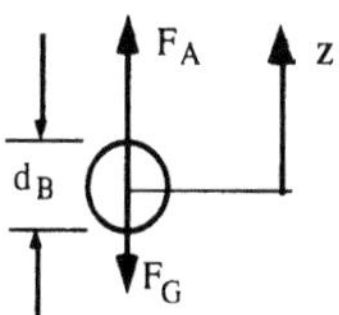

Abb. 2-2 Leistungseintrag über den Vordruck des Gases durch Expansionsarbeit und kinetische Energie. Die Gewichtskraft ist im Vergleich zur Auftriebskraft vernachlässigbar klein, weil sich die Dichten um den Faktor 1000 unterscheiden.

Dem Gas steht weiterhin auf dem Weg nach oben der Druck der Gassäule entgegen. Der daraus resultierende Druckverlust beträgt $\Delta p = \rho_G \cdot g \cdot H$ und vermindert den Gesamtleistungseintrag. Damit erhält man exakt:

$$P_G = \dot{V}_{G,n} \cdot p_n \cdot \frac{T}{T_n} \cdot \ln \frac{p_0 + \rho_L \cdot g \cdot H}{p_0} - \dot{V}_G \cdot \rho_G \cdot g \cdot H + \frac{\dot{m}_G}{2} \cdot (w_{G,0}^2 - u_G^2) \tag{2.8a}$$

bzw.

$$P_G = \dot{m}_G \cdot \left[R \cdot T \cdot \ln \frac{p_0 + \rho_L \cdot g \cdot H}{p_0} - g \cdot H + \frac{1}{2} (w_{G,0}^2 - u_G^2) \right] \ . \tag{2.8b}$$

Da die Gasleerrohrgeschwindigkeit viel kleiner als die Gaseintrittsgeschwindigkeit ist, ist dieser Anteil vernachlässigbar. Aber auch der kinetische Anteil insgesamt ist wie der Druckverlustterm aufgrund der geringen Dichte des Gases an der Gesamtleistung in der Regel unbedeutend klein. Außerdem läßt sich für Verhältnisse mit $p_u/p_0 < 2$ näherungsweise für die Gasdichte ein konstanter Wert annehmen. Damit kann vereinfachend für den Gasleistungseintrag

$$P_G \approx \dot{V}_G \cdot \rho_L \cdot g \cdot H \tag{2.9}$$

und für den auf die Masse bezogenen spezifischen Leistungseintrag mit Gleichung 2.109

$$\varepsilon_G = u_G \cdot g \tag{2.10}$$

geschrieben werden.

2.1.1.2 Hydraulischer Leistungseintrag in Bioreaktoren

Bei hydraulisch betriebenen Bioreaktoren ist eine Pumpe integriert. Die Pumpe trägt die Leistung

$$P_L = \dot{V}_L \cdot \Delta p \tag{2.11}$$

in das System ein. Kann die Reaktion (das System) diese Leistung komplett nutzen, so entspricht das gleichzeitig dem Leistungseintrag. Häufig kann aber in der Reaktion nur ein kinetischer Anteil genutzt werden, dann beschränkt sich der Leistungseintrag auf

$$P_{L,K} = \frac{\dot{m}_L}{2} \cdot w_{L,0}^2 \; , \tag{2.12}$$

wobei $w_{L,0}$ die Geschwindigkeit ist, mit der der Flüssigkeitsstrahl in den Reaktionsraum strömt.

2.1.1.3 Rührwerksbioreaktoren

2.1.1.3.1 Leistungsberechnung für Rührwerksbioreaktoren

Rührwerksreaktoren stellen auch in der Biotechnologie die am häufigsten eingesetzten Reaktoren dar. Im begasten Bioreaktor steht zunächst auch die pneumatische Leistung zur Verfügung. Meist ist dieser Leistungseintrag nicht ausreichend und muß durch Rührwerksleistung (P_R) ergänzt werden. Bei der Betrachtung von Ergebnissen in Bioreaktoren wird häufig nur die Rührwerksleistung verwendet. In der Regel ist die pneumatische Leistung im Vergleich zur Rührwerksleistung auch sehr klein, aber bei niedrigen Drehzahlen (kleines P_R) in der Nähe des Überflutungspunktes kann der pneumatische Anteil merklich sein und muß berücksichtigt werden.

Die Leistung eines Rührwerkes läßt sich durch folgende Vorstellung beschreiben [5]:

Betrachtet man ein Rührwerk als ein Pumpaggregat, das den Volumenstrom $\dot{V}$ [m³/s] entgegen eines Druckverlustes (Summe aus hydrostatischer Höhe und aller Druckverluste durch Reibung) Δp [N/m²] fördert, dann erhält man für die Leistung P_R [W] des Rührwerkes den Zusammenhang nach Gleichung 2.11 $P_R = \dot{V} \cdot \Delta p$. Aus der Strömungslehre ist bekannt, daß der Druckverlust proportional mit der Strömungsgeschwindigkeit im Quadrat einhergeht, also

$$\Delta p \sim \rho_L \cdot w^2 \quad \text{oder} \quad \Delta p \sim \rho_L \cdot (n \cdot d_R)^2. \tag{2.13a,b}$$

Für den Volumenstrom läßt sich der proportionale Ansatz [5]

$$\dot{V} \sim n \cdot d_R^3 \tag{2.14}$$

formulieren. Damit erhält man für die Leistung

$$P_R \sim \rho_L \cdot n^3 \cdot d_R^5 \quad \text{oder} \quad P/V \sim \rho_L \cdot n^3 \cdot d_R^2 \ . \tag{2.15a,b}$$

Die Proportionalitätskonstante bezeichnet man als Newtonzahl Ne, die dadurch mit Gleichung 2.15a wie folgt definiert ist:

$$Ne = \frac{P_R}{\rho_L \cdot n^3 \cdot d_R^5} \ . \tag{2.16a}$$

Für Gleichung 2.15b nimmt die Newtonzahl einen anderen Wert an. Sie enthält in diesem Fall noch die Faktoren der Volumenberechnung mit dem Rührerdurchmesser d_R. Dadurch stehen beide Newtonzahlen wie folgt zueinander:

$$Ne^* = Ne \, \frac{\pi \cdot f_R^3}{4 \cdot f_S} \ . \tag{2.16b}$$

Werden Gleichung 2.11 und 2.15a verglichen, so findet man den Zusammenhang

$$\dot{V} \, \Delta p \sim \rho_L \cdot n^3 \cdot d_R^5 \tag{2.17}$$

und damit

$$Ne = \frac{P_R}{\dot{V} \cdot \Delta p} \ . \tag{2.18}$$

Nach Gleichung 2.18 drückt die Newtonzahl das Verhältnis der eingetragenen Leistung zur abgegebenen hydraulischen Leistung aus. Demnach setzen Rührwerke mit kleinen Newtonzahlen, wie der Propellerrührer, die eingetragene Leistung effektiver in hydraulische Leistung um, als Rührwerke mit großen Newtonzahlen (Scheibenrührer). Rührwerke mit kleinen Newtonzahlen setzen also die eingetragene Leistung vorzugsweise in Förderleistung um, während Rührwerke mit großen Newtonzahlen geringere Förderströme erzielen, mehr Leistung quasi direkt dissipieren.

Bleibt bei den Versuchen das Medium immer gleich und werden auch die Geometrien von Reaktor, Reaktoreinbauten und Rührwerk nicht verändert, dann kann die Energiedissipation $P_R/V_{R,L}$ im turbulenten Bereich alleine durch die Rührerdrehzahl zum Ausdruck gebracht werden:

$$P_R/V_{R,L} \sim n^3 \ . \tag{2.19}$$

Damit können die Ergebnisse sowohl der Mischzeit als auch des Sauerstofftransportes über n^3 aufgetragen werden, ohne die Leistung messen zu müssen, denn der Zusammenhang ist tendenziell in allen Maßstäben der gleiche. Das gilt allerdings nur, wenn auch die Newtonzahl Ne unverändert bleibt. Das ist jedoch bei unterschiedlichen Be gasungsraten nicht der Fall (Abb. 2-7 und 2-3), so daß die Veränderung berücksichtigt werden muß (vgl. Gleichung 2.27 bis 2.30; Tabelle 2-1).

Die Primäraufgaben, die ein Reaktor zu erfüllen hat, lassen sich in dünnen wässrigen Systemen durch die Leistungsdichte erbringen. Bei Rührwerksreaktoren kann die Leistung durch die in den Gleichungen 2.11 und 2.13 bis 2.16 hergeleitete bekannte Beziehung berechnet werden:

$$P_R = Ne \cdot \rho_L \cdot n^3 \cdot d_R^5 \quad . \tag{2.20}$$

Die Proportionalitätskonstante, die Newtonzahl Ne (Leistungskennzahl), ist neben der Geometrie (Rührerform, der geometrischen Anordnung von Stromstörern und Rührwerken) auch von den allgemein die Strömung charakterisierenden Kennzahlen, also von der Reynoldszahl (beides ist aus Abb. 2-4 ersichtlich), der Froude-Zahl (Gleichung 2.22; Abb. 2-3) sowie von der Begasungsrate q (Abb. 2-7; 2-3) abhängig. Den Einfluß der Begasungskennzahl und der Froudezahl auf die Newtonzahl zeigt Abb. 2-3. Es ist zu erkennen, daß der Leistungsabfall umso mehr von der Gasbelastung abhängt, je höher die Froudezahl ist. Da die Froudezahl das Verhältnis aus Trägheitskraft zu Schwerkraft ist, verliert die Schwerkraft mit steigender Froudezahl ihren Einfluß, die Trombenbildung läßt nach und damit auch der Einfluß auf die Newtonzahl. Bei Reynoldszahlen Re < 300 sowie in gerührten Behältern mit Stromstörern (bewehrter Reaktor; vgl. Gleichung 2.26) entsteht praktisch keine Trombe, d.h., die Froudezahl beeinflußt in diesen Fällen den Newtonwert nicht.

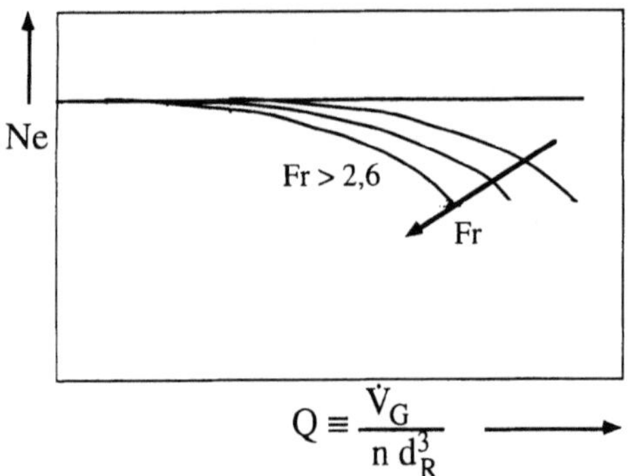

Abb. 2-3 Abhängigkeit der Newtonzahl von der Froudezahl. Die Froudezahl verstärkt mit zunehmender Größe den Einfluß der Begasungskennzahl (Gleichung 2.32) auf die Newtonzahl. Da die Froudezahl das Verhältnis von Trägheitskraft zu Schwerkraft darstellt, verliert die Schwerkraft mit zunehmender Froudezahl an Einfluß, die Neigung zur Trombenbildung läßt nach und damit auch der Einfluß der Froudezahl auf die Newtonzahl.

Die Reynoldszahl und die Froudezahl sind in diesem Fall folgendermaßen definiert (vgl. Gleichung 2.127):

$$Re \equiv \frac{n \cdot d_R^2 \cdot \rho_L}{\eta} \tag{2.21}$$

und

$$Fr \equiv \frac{n^2 \cdot d_R}{g} \quad . \tag{2.22}$$

Der Newtonwert hängt somit bei gegebener Geometrie im unbegasten System nur noch von der Reynoldszahl ab, wobei folgende charakteristische Bereiche festzustellen sind:

a) Der Bereich der schleichenden Strömung

Dieser Bereich tritt bei kleinen Reynoldszahlen auf, wo die Zähigkeitskräfte dominieren. Der Newtonwert fällt in diesem Bereich mit zunehmender Reynoldszahl nach folgendem Gesetz ab:

$$Ne \sim Re^{-1}. \tag{2.23}$$

b) Turbulenter Bereich: $Re > 10^4$

In diesem Bereich sind die Reynoldszahlen im allgemeinen größer $Re > 10^4$. Hier spielt die Auswirkung der Zähigkeitskräfte auf den Leistungsbedarf des Rührers nur eine untergeordnete Rolle, d.h., der Newtonwert ist bei den meisten Rührern nahezu konstant (vgl. Abb. 2-4). Es gilt also:

$$Ne = const.$$

c) Übergangsbereich laminar/ turbulent

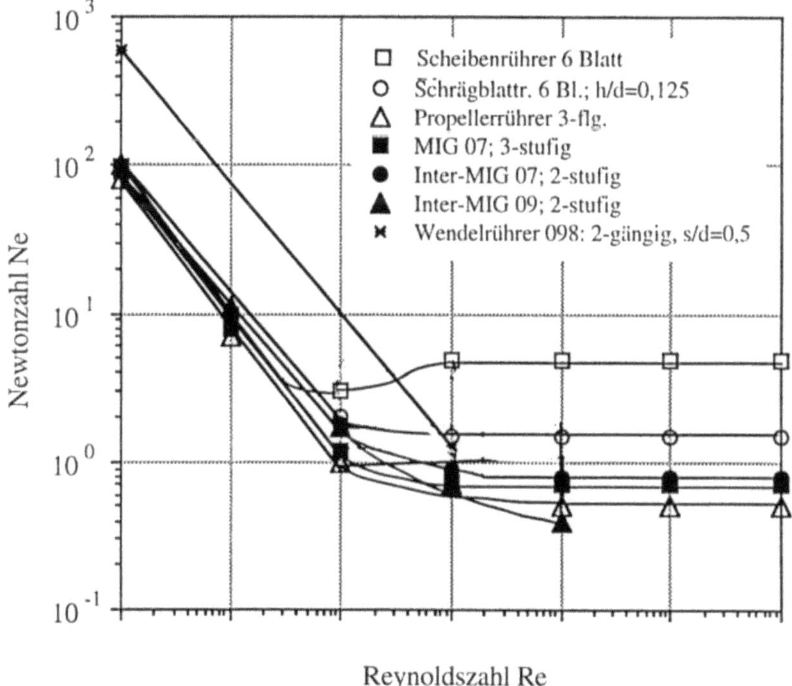

Abb. 2-4 Abhängigkeit der Newtonzahl im nichtbegasten Reaktor von der Reynoldszahl für verschiedene Rührwerke [6].

Zwischen den Bereichen der schleichenden Bewegung und der turbulenten Strömung liegt das sogenannte Übergangsgebiet, in welchem der Abfall des Newtonwertes mit zunehmender Reynoldszahl immer schwächer wird. Ein allgemeines Gesetz für alle Rührertypen ist in diesem Bereich nicht vorhanden [6].

Die Newtonzahl läßt sich für einen voll bewehrten Rührkessel (vgl. Gleichung 2.26) mit der Gleichung [106]

$$Ne = 9{,}74 \cdot z^{0{,}495} \cdot \left(\frac{b}{d_R}\right)^{1{,}33 \cdot z^{-0{,}108}} \tag{2.24}$$

oder [108]

$$Ne = 3{,}6 \cdot \left(\frac{d_R}{D}\right)^{0{,}95} \cdot \left(\frac{b}{D}\right)^{0{,}75} \cdot z^{0{,}8} \text{ beschreiben.} \tag{2.25}$$

berechnen. Ein Rührkessel gilt als voll bewehrt, wenn der Zusammenhang [105]

$$\frac{z_S \cdot b_S}{D} \geq 0{,}4 \tag{2.26}$$

erfüllt ist [105].

Um die Begasung für die Leistungsberechnung zu berücksichtigen, wird eine Newtonzahl mit Begasung Ne_b eingeführt. In der Literatur gibt es einige Berechnungsvorschläge für die begaste Newtonzahl Ne_b. In Tabelle 2-1 sind einige Vorschläge und deren Gültigkeitsbereiche zusammengestellt. Mit einer handlichen Gleichung, die für 2-stufige Scheibenrührer auch sehr brauchbare Ergebnisse liefert, läßt sich Ne_b wie folgt ermitteln [11]:

$$Ne_b = Ne_0 \frac{1}{\sqrt{1 + 490 \dfrac{u_G}{\sqrt{g \cdot D}}}} \cdot \tag{2.27}$$

Setzt man für u_G Gleichung 2.108 ein, so erhält man

$$Ne_b = Ne_0 \frac{1}{\sqrt{1 + 8{,}17 \cdot q \cdot f_S \sqrt{\dfrac{D}{g}}}} \cdot \tag{2.28}$$

In Gleichung 2.27 bedeuten Ne_0 die Newtonzahl im unbegasten Zustand, u_G die Gasleerrohrgeschwindigkeit [m/s] und D der Kesseldurchmesser [m]. Somit kann für die Energiedichte $P_R/V_{R,L}$ folgender Proportionalzusammenhang formuliert werden:

$$\frac{P_R}{V_{R,L}} \sim n^3 \frac{1}{\sqrt{1 + 490 \cdot \dfrac{u_G}{\sqrt{g \cdot D}}}} \sim f(P/V) \tag{2.29}$$

bzw. wieder mit Gleichung 2.108

$$\frac{P_R}{V_{R,L}} \sim n^3 \frac{1}{\sqrt{1 + 8,17 \cdot q \cdot f_S \sqrt{\dfrac{D}{g}}}} \qquad (2.30)$$

Tabelle 2-1 Berechnungsvorschläge zur Ermittlung der begasten Newtonzahl für Rührwerksreaktoren.

Formeln	Gültigkeitsbereich	Lit.
$\dfrac{Ne_b}{Ne_0} = \dfrac{1}{\sqrt{1 + 750 \cdot \dfrac{u_G}{\sqrt{g \cdot D}}}}$	Wasser; $D = 0{,}4 - 7$ m; $\dfrac{d_R}{D} = 0{,}3 - 0{,}4$ $Re > Re_{krit}$	[11]
$\dfrac{Ne_b}{Ne_0} = \dfrac{1}{\sqrt{1 + 490 \cdot \dfrac{u_G}{\sqrt{g \cdot D}}}}$	Wasser; 2 Scheibenrührer; $\dfrac{\Delta h_R}{d_R} > 1$ $D = 0{,}4 - 0{,}9$ m; $\dfrac{d_R}{D} = 0{,}3 - 0{,}4$; $Re > Re_{krit}$	[11]
$\dfrac{Ne_b}{Ne_0} = \dfrac{1}{\sqrt{1 + 375 \cdot \dfrac{u_G}{\sqrt{g \cdot D}}}}$	Wasser; 3 Scheibenrührer; $D = 0{,}4 - 0{,}9$; $\dfrac{d_R}{D} = 0{,}3 - 0{,}4$; $Re > Re_{krit}$	[11]
$\dfrac{Ne_b}{Ne_0} = \dfrac{1}{\sqrt{1 + 470 \cdot \dfrac{u_G}{\sqrt{g \cdot D}}}}$	ummantelter Scheibenrührer; $Re > Re_{krit}$	[11]
$\dfrac{Ne_b}{Ne_0} = \dfrac{1}{\sqrt{1 + 22 \cdot (\dfrac{\varphi_G}{\varphi_L} + 0{,}43 \cdot Q)}}$	Wasser, Öl, Sirup, Kulturmedium; Scheibenrührer; $D = 0{,}4 - 7$ m; $\dfrac{d_R}{D} = 0{,}3 - 0{,}4$; $Re > Re_{krit}$	[11]
$Ne_b = z \cdot \dfrac{Ne_0 + 187 \cdot Q \cdot Fr^{-0,32} \cdot (\dfrac{d_R}{D})^{1,53} - 4{,}6 \cdot Q^{1,25}}{1 + 136 \cdot Q \cdot (\dfrac{d_R}{D})^{1,14}}$	$Re > 10^4$; $Fr \leq 0{,}07 \, (\dfrac{D}{d_R})^3$; $0{,}2 \leq \dfrac{d_R}{D} \leq 0{,}42$; $\dfrac{\Delta h_R}{d_R} > 0{,}75$	[94]
$\dfrac{Ne_b}{Ne_0} = 1 + \dfrac{1}{(3{,}9 \cdot Re^{0,12} + 6 \cdot 10^{-2} \cdot Re^{3,45}) \cdot 6{,}25 \cdot Q^3}$	$Q < 0{,}05$; $800 \leq Re \leq 10^4$	[94]
$\dfrac{Ne_b}{Ne_0} = \dfrac{1}{\sqrt{1 + 70 \cdot Fr_{\ddot{u}} \cdot \dfrac{d_R}{D}}}$	kurz vor Überflutung; $Fr_{\ddot{u}} = \dfrac{n_{\ddot{u}}^2 \cdot d^2}{g \cdot (D - d_R)}$	[96]

In den meisten Rührwerksbioreaktoren werden aufgrund des großen Schlankheitsgrades mehrere Rührer installiert. Der klassische Bioreaktor ist ein 3-stufiger Scheibenrührerreaktor. Großflächige Rührer, wie der Kreuzbalkenrührer, der Inter-MIG- und der MIG-Rührer (vgl. Abb. 3-14 und 3-15), werden immer mehrstufig (3 bis 7 Stufen) eingesetzt. Im Falle eines mehrstufigen Rührwerkes hängt die Newtonzahl, wie in Tabelle 2-1 schon angemerkt, auch noch vom Abstand der einzelnen Rührer zueinander ab. Sind sie zu nahe beieinander, dann beeinflussen sich beide Elemente. Sind sie weit genug auseinander, so wirkt jeder Rührer eigenständig. Für einen 2-stufigen Scheibenrührer ($V = 2,5$ m^3; $f_S = 1.35$; $f_R = 0,33$) konnte im unbegasten Fall gezeigt werden [104], daß bei zu geringem Abstand $\frac{\Delta h_R}{d_R} < 1$ (vgl. Abb. 3-53) beide sich beeinflussen und somit nicht voll wirksam arbeiten können. Die Newtonzahl verändert sich im Vergleich zum 1-stufigen Rührwerk kaum. Wird der Abstand aber vergrößert , so zeigt sich ab einem Verhältnis von > 1 ein schneller Anstieg der Newtonzahl, bis sie schließlich für $\frac{\Delta h_R}{d_R} > 2$ den doppelten Wert im Vergleich zum 1-stufigen Rührwerk annimmt. Diese Tendenz konnte in verschiedenen Maßstäben und auch Medien gezeigt werden [104]. Es empfiehlt sich also, Scheibenrührer im Abstand $\frac{\Delta h_R}{d_R} > 1,5$ anzuordnen.

Diese Untersuchungen zeigen aber auch, daß in den Gleichungen 2.24 und 2.25 der Exponent für die Rühreranzahl z kritisch zu sehen ist; er hängt vom Abstand Δh_R ab.

2.1.1.3.2 Strömungszustände in einem Rührwerksbioreaktor

Da der Rührwerksbioreaktor der am häufigsten anzutreffende Reaktortyp in der Biotechnologie ist, erscheint es sinnvoll, erst einmal grundsätzliche Überlegungen hinsichtlich einiger vorkommender Strömungszustände anzustellen.

Wird Flüssigkeit in einem Behälter (Reaktor) ohne zusätzliche Einbauten durch ein zentrisch angeordnetes Rührwerk bewegt, so kommt es bald zu einer Rotationsströmung um die Behälterachse. Diese Strömung ist dadurch gekennzeichnet, daß zur Mitte hin die Geschwindigkeit immer schneller wird und die Flüssigkeit sich nach unten zieht. Die Form der nach unten ausgebildeten Einschnürung nennt man Trombe (Abb. 2-5). Dieser Effekt kann schon beim Umrühren einer Tasse Tee beobachtet werden. Da sich der rotierenden Flüssigkeit außer der inneren Reibung sonst kein Widerstand entgegenstemmt, ist der mögliche Leistungseintrag auch bei hoher Drehzahl nur sehr gering. Damit in einen Bioreaktor ausreichend Leistung eingetragen werden kann, müssen Stromstörer installiert sein, um die Rotation des Mediums zu verhindern. Bei Reynoldszahlen $Re < 300$ sowie in gerührten Behältern mit Stromstörern entsteht praktisch keine Trombe.

Alle aeroben Prozesse benötigen Sauerstoff, der meist über die Zugabe von Luft bereitgestellt wird. Der Bioreaktor muß also in der Lage sein, dieses Mehrphasensystem zu beherrschen. Bei konstanter Begasungsrate q durchläuft ein Rührwerksreaktor mit zunehmender Drehzahl die folgenden Gas-Flüssig-Strömungszustände (flow regime map

[99]) Überfluten - Pfropfenströmung des Gases - Gasrezirkulation im unteren Teil des Reaktors - Gasrezirkulation im gesamten Reaktor - Ansaugen des Gases von der Flüssigkeitsoberfläche (Abb. 2-6). Mit zunehmender Reaktorgröße sind die beiden rechten Zustände immer unwahrscheinlicher.

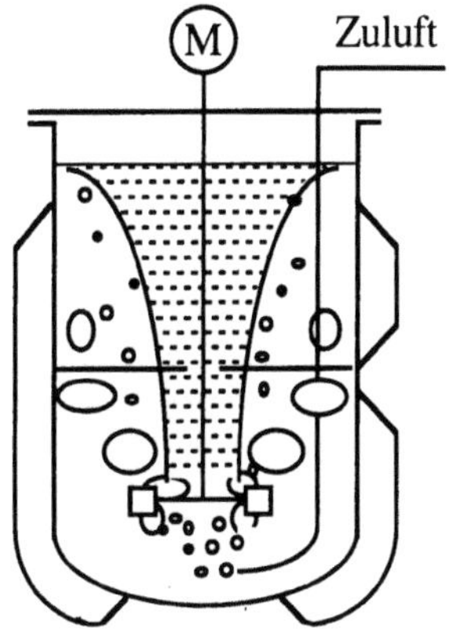

Abb. 2-5 Ausbildung einer Trombe in einem nicht-bewehrten Rührbehälter (keine Stromstörer, Abschnitt 5.1.3). Dadurch ist der Bioreaktor in seiner Leistungsfähigkeit enorm eingeschränkt. Deshalb ist es wichtig festzuhalten: Damit in einen Bioreaktor ausreichend Leistung eingetragen werden kann, müssen Stromstörer installiert sein, um die Rotation des Mediums zu verhindern.

Neben dem unerwünschten Zustand des Überflutens sollte auch das andere Extrem, das „Ansaugen aus der Oberfläche" nicht auftreten. Beim Durchlaufen der Gas-Flüssig-Strömungszustände ändert sich auch ständig das Verhältnis vom Leistungseintrag mit und ohne Begasung (gestrichelte Linie in Abb. 2-7). Die Drehzahl steht in der Begasungskennzahl im Nenner (Gleichung 2.32), so daß sich in Abb. 2-7 die niedrigen Drehzahlen auf der gestrichelten Linie rechts befinden. Ist das System am Beginn der Beobachtung im überfluteten Zustand (vgl. Abb. 2-9 und 2-6 links), so nimmt mit zunehmender Drehzahl bei konstant gehaltenem Gasstrom die Leistungsaufnahme bis zum Punkt $n = n_{\ddot{u}}$ ab. Eine weitere Steigerung der Drehzahl führt zu gesteigerter Leistungsaufnahme bis zum Punkt n_R, dann setzt eine stark vermehrte Rezyklisierung mit beginnender Selbstbegasung ein, die Leistungsaufnahme fällt dadurch ab.

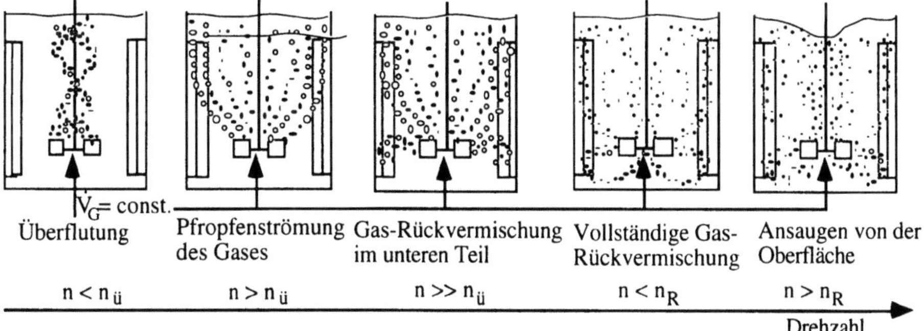

Abb. 2-6 Leitet man einen bestimmten Gasstrom in einen Rührwerksbioreaktor und fährt von der niedrigsten Drehzahl hoch, so durchläuft der Reaktor die Gas-Flüssig-Strömungszustände (flow regime map [99]) Überflutung - Pfropfenströmung des Gases - Gasrezirkulierung im unteren Teil - Gasrezirkulierung im gesamten Reaktor - Gasansaugung von der Oberfläche. Mit zunehmender Reaktorgröße werden die beiden rechten Zustände immer unwahrscheinlicher.

In Abb. 2-6 sind die eben beschriebenen Phasen von links nach rechts dargestellt. Bei konstant gehaltener Drehzahl in einem Rührwerksbioreaktor nimmt die Leistungsaufnahme mit steigender Begasungsintensität stetig ab. Dieser Zusammenhang ist in Abb. 2-7 durch die durchgezogene Linie gegeben. Die Maßstabsabhängigkeit dieser Strömungszustände ist stets zu beachten.

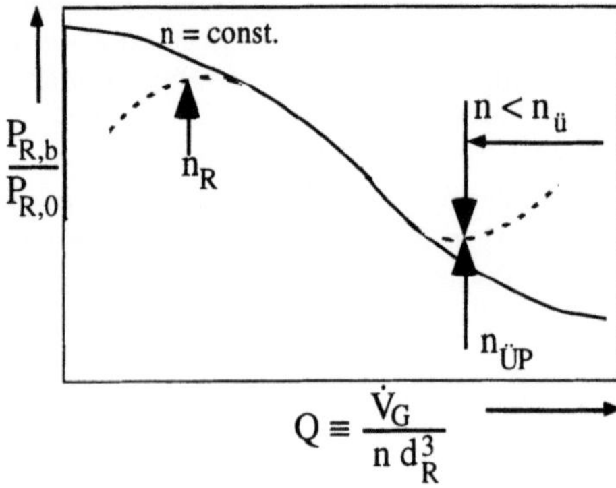

Abb. 2-7 Abhängigkeit der Newtonzahl von der Begasungsrate [11]: Ist bei gegebener Begasungsrate die Drehzahl kleiner $n_{\ddot{u}}$, so befindet sich das Rührwerk im überfluteten Zustand. Das Verhältnis der Leistungsaufnahme $P_{R,b}/P_{R,0}$ nimmt im überfluteten Zustand wieder zu, ohne daß diese Leistungssteigerung zur Gasdispergierung genutzt werden könnte. Bei zu hoher Drehzahl ($n > n_R$) beginnt die Selbstbegasung von der Oberfläche, das Leistungsverhältnis nimmt wieder ab.

Der Grund, warum sich die Newtonzahl mit zunehmender Begasungsrate verkleinert, läßt sich dadurch erklären, daß mit zunehmendem Gas-hold-up (Gasmengenanteil, Gleichung 2.77 bis 2.81) sich die „scheinbare" Dichte verringert. Dies könnte natürlich in der Dichte ρ_L selbst zum Ausdruck gebracht werden, doch ein weiterer Aspekt ist die Ausbildung und Ansammlung von großen Gasblasen in den Unterdruckzonen des Rührblattes (Abb. 2-8).

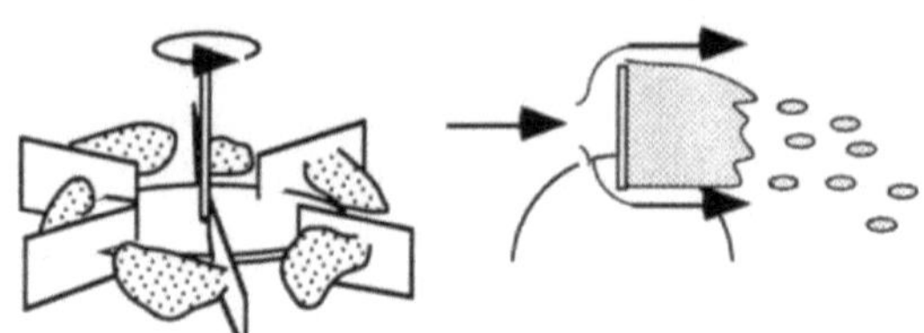

Abb. 2-8 Ausbildung von Cavities im Unterdruckbereich der Rührerblätter am Beispiel eines Scheibenrührers. Im nicht überfluteten Bereich bilden sich hinter dem Rührerblatt Gaspolster, die aufgrund der herrschenden Schubspannungen in Blasen zerfallen und nach außen transportiert werden.

Die Überflutungsgrenzdrehzahl läßt sich durch die Gleichung 2.31

$$n_{\ddot{u}} = 0{,}42 \cdot \left(\frac{g \cdot \dot{V}_G}{d_R^4}\right)^{1/3} \cdot \left(\frac{D}{d_R}\right)^{1,14} \tag{2.31}$$

abschätzen [11]. Weitere Gleichungen zum Überflutungspunkt sind in Tabelle 2-2 aufgeführt. Der Überflutungszustand ist dadurch gekennzeichnet, daß bei konstant gehaltener Drehzahl mit zunehmender Begasungsrate die Leistungsaufnahme zunächst abfällt, bis im Überflutungspunkt wieder eine Zunahme verzeichnet werden kann (Abb. 2-7 und 2-9). Das Rührwerk kann die Gasblasen wegen zu geringer Radialgeschwindigkeit der Flüssigkeit nicht mehr aus dem Rührerbereich fördern. Statt dessen werden die Gasblasen gebündelt und steigen undispergiert auf (Abb. 2-9). Dieser Zustand ist unwirtschaftlich, weil bei zunehmender Leistungsaufnahme kleinere Stoffübergangswerte erzielt werden (vgl. Abb. 3-18).

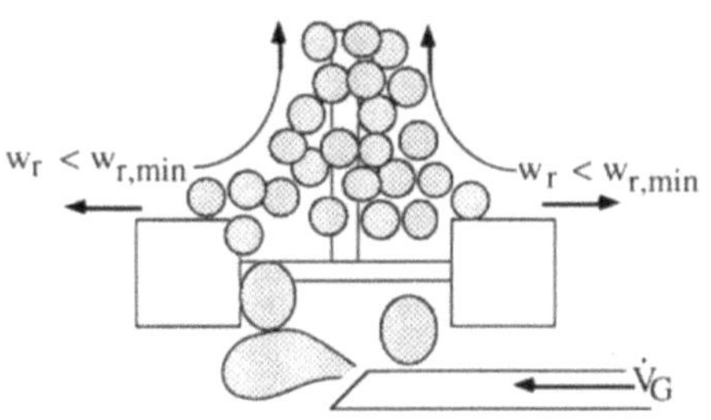

Abb. 2-9 Zustand des Überflutens eines Rührwerkes. Aufgrund der zu geringen Radialgeschwindigkeit kann das Gas nicht in die Dispersionszone des Rührers gefördert werden. Dadurch können die Blasen kaum dispergiert werden. Die Effektivität des Sauerstofftransportes ist sehr gering. Der Reaktor verhält sich wie eine reine Blasensäule [18]. Die Blasen steigen somit am Rührwerksschaft auf.

Zur allgemeinen Darstellung des Überflutungszustandes (Abb. 2-7 und 2-3) wird eine dimensionslose Begasungskennzahl Q gebildet. Sie ist wie folgt definiert:

$$Q = \frac{\dot{V}_G}{n \cdot d_R^3} \quad . \tag{2.32}$$

Tabelle 2-2 Korrelationsgleichungen zur Berechnung des Überflutungspunktes für Rührwerke.

Gleichung	Gültigkeitsbereich	Lit.
$Q_{max} = k \cdot Fr^\alpha \cdot \left(\frac{d_R}{D}\right)^\beta$ $Fr \equiv \dfrac{n^2 \cdot d_R}{g}; \quad Q_{max} = \dfrac{q_{max} \cdot V_{R,L}}{n \cdot d_R^3}$	allgemeine Vorhersage $10 < k < 25;\ 0,5 \leq \alpha \leq 1,5;$ $2 \leq \beta \leq 3,5$	[18]
$Q_{max} = \dfrac{0,21 \cdot Fr^{2,1} \cdot d_R/D}{[(d_R/D)^{-1} - 2,04]^{1,3}} + \dfrac{0,14 \cdot Fr^{7,54} \cdot d_R/D}{[(d_R/D)^{-1} - 2,25]^{1,5}}$		[94]
$Q_{max} = 20,5 \cdot Fr \cdot \left(\frac{d_R}{D}\right)^{3,45}$	Übergang vom dispergierten in den überfluteten Zustand (Drosselung des Gases, n = const.)	[11]
$Q_{max} = 13,6 \cdot Fr \cdot \left(\frac{d_R}{D}\right)^{3,43}$	Übergang vom überfluteten in den dispergierten Zustand (Anfahrvorgang, $\dot{V}_G$= const.)	[11]
$\dfrac{Q_{max}}{Fr} \cdot \left(\frac{D}{3 \cdot d_R}\right)^{3,3} = 0,11 \cdot \left(\frac{g \cdot d_R^2 \cdot \rho_L}{\sigma}\right)^{0,15}$		[11]
$\dfrac{Fr}{Q_{max}} \cdot \left(\frac{d_R}{D}\right)^3 \cdot \dfrac{P_b}{P_0} \cdot Ne_0 = 0,25 - 0,4 \cdot Q$	$\dfrac{P_b}{P_0} \cdot Ne_0 = Ne_b$	[11]

Der Überflutungszustand kann durch mehrere Korrelationsgleichungen vorausberechnet werden. In Tabelle 2-2 sind einige angegeben.

Werden zwei Scheibenrührer eingesetzt, so ist für das Überflutungsverhalten der Abstand Δh_R zueinander wichtig. Sind die Rührer zu nahe beieinander, überflutet das Rührwerk wesentlich früher. Erst ab einem Abstand von $\dfrac{\Delta h_R}{d_R} > 2$, wo beide Rührer eigenständig arbeiten können, läßt sich dieselbe Menge Gas dispergieren wie mit einem Scheibenrührer [104] (vgl. Abb. 3-53).

2.1.2 Homogenisieren

Diese Grundaufgabe wird am häufigsten mit dem allgemeinen Begriff „Rühren" in Verbindung gebracht [6]. Homogenisieren bedeutet in der Verfahrenstechnik jedoch per Definition lediglich das Vermischen von mehreren ineinander löslichen Flüssigkeiten zum Zwecke des Konzentrations- oder Temperaturausgleiches [5]. Die Forderung, Homogenisieraufgaben alleine zu erfüllen, treten in der Praxis am häufigsten in Lager- und Pufferbehältern auf, bei denen über einen längeren Zeitraum eine konstante Produktqualität gewährleistet werden muß. Auch bei Neutralisationsreaktionen, wie sie beispielsweise in der Biotechnologie sehr häufig auftreten, spielt die erforderliche Neutralisationszeit eine wichtige Rolle, damit die optimalen Milieubedingungen möglichst schnell wieder hergestellt sind (vgl. Abschnitt 1.2).

2.1.2.1 Darstellung der Homogenisierung

Mit der Grundaufgabe „Homogenisieren" ist immer die Mischzeit (gleichbedeutend mit Homogenisierzeit) verbunden. Das ist die Zeit, in der der Reaktor einen vorgegebenen Homogenisierungsgrad, oder auch Mischgüte, erzielt. Hierbei ist zu beachten, daß irgendeine Angabe über die Mischzeit ohne Angabe des Homogenisierungsgrades, der Mischgüte, unsinnig ist [6]. Die Mischzeit bzw. Homogenisierungszeit ist die Zeit, die die Homogenisierung zum Erlangen eines vorgegebenen Homogenisierungsgrades bzw. einer gewünschten Mischgüte benötigt. Um eine vergleichende Meßgröße zu haben, wird häufig die 95 %-Mischgüte verwendet, d.h., es wird die Zeit (Mischzeit) ermittelt, die erforderlich ist, um 95 % eines erwarteten oder extrapolierten Endwertes zu erreichen. Allgemein ist die Mischgüte wie folgt definiert:

$$M(t) = \frac{c_0 - c(t)}{c_0 - c_\infty} \quad . \tag{2.33}$$

M(t) ist die Mischgüte, die nach der Zeit t erreicht wurde. Dann wäre

$$M_X = \frac{c_0 - X \cdot c_\infty}{c_0 - c_\infty} \tag{2.34}$$

die Mischgüte, die der erreichten Konzentration $c_X = X \cdot c_\infty$ entspräche und schließlich ist dann die Mischzeit Θ_X die Zeit, in der die Mischgüte M_X erreicht werden kann.

Diese Mischzeit kann dimensionslos auch als Mischzeitcharakteristik $(n \cdot \Theta)_X$ dargestellt werden (Abb. 2-10).

In Gleichung 2.33 stellt t die Zeit dar, die benötigt wird, um eine gewisse „Homogenität c" zu erreichen. Diese „Homogenität" ist aber nicht als gleichmäßige Konzentration zu verstehen, sondern als integraler Wert der vorliegenden Inhomogenitäten des trägen Meßwertaufnehmers (Abb. 2-12, 2-13). Dieser registriert ständige Schwankungen, präsentiert aber eine geglättete (gedämpfte) Anzeige (Abb. 2-13).

Sollen unterschiedliche Mischgüten miteinander verglichen werden, so kann das über die Umrechnung der mischgütebezogenen Mischcharakteristik geschehen (Gleichung 2.35) [6]:

$$\frac{(n \cdot \Theta)_X}{(n \cdot \Theta)_{95}} = 1 + 0{,}56 \cdot \lg \frac{0{,}05}{1 - X} \ . \tag{2.35}$$

Die Berechnung von Mischzeiten erfolgt mit Hilfe der sogenannten Mischzeitcharakteristik, in der die dimensionslose Mischzeit ($n \cdot \Theta$, das Produkt aus Drehzahl und Mischzeit), die auch Durchmischungskennzahl genannt wird, für ein vorgegebenes Mischsystem über der Reynoldszahl aufgetragen wird (Abb. 2-11).

Die Durchmischungskennzahl ist dabei im turbulenten Bereich $n \cdot \Theta$ = konstant. Im laminaren Bereich ist mit Ausnahme des Wendel- und Schneckenrührers (Abschnitt 3.4.1, Abb. 3-15) ein stetiger Abfall der Durchmischungskennzahl mit zunehmender Reynoldszahl festzustellen [5]. Der Verlauf ähnelt dem der Newtonzahl (Abb. 2-4).

Für die Mischzeitcharakteristik wurden empirisch folgende Gleichungen gefunden [86]:

$$\text{unbegast:} \quad n \cdot \Theta = 0{,}76 \cdot \left(\frac{H}{D}\right)^{0{,}6} \cdot \left(\frac{D}{d_R}\right)^{2{,}7} \tag{2.36}$$

$$\text{begast:} \quad n \cdot \Theta = 0{,}76 \cdot Ne_b^{-0{,}45} \left(\frac{H}{D}\right)^{0{,}6} \cdot \left(\frac{D}{d_R}\right)^{2{,}7} \tag{2.37}$$

Die zunächst empirisch gefundene Beziehung 2.36 konnte durch eine einfache Modellvorstellung interpretiert werden [86]. Ausgehend von der Annahme, daß sich vom Scheibenrührer zwei Zirkulationsströmungen (je eine nach oben und unten) einstellen (vgl. Abb. 2-10), lassen sich die dazugehörigen Zirkulationswege angeben:

$$(1): \ D + 2 \cdot H - 2{,}5 \cdot d_R \tag{2.38}$$

$$(2): \ D + 1{,}5 \cdot d_R \tag{2.39}$$

Vom jeweiligen Zirkulationsweg ist der Weg durch die Rührerzone abzuziehen ($-d_R/2$). Aus beiden Wegen läßt sich ein mittlerer Zirkulationsweg ermitteln:

$$\frac{(1) + (2)}{2} = D + H - 0{,}5 \cdot d_R \ . \tag{2.40}$$

Sind die Volumenströme der Zirkulationsströmung gleich groß wie der durch die Rührerebene, so folgt

$$C_1 \cdot n \cdot d_R^3 = C_2 \cdot \bar{v} \cdot D^2 \tag{2.41}$$

und somit für die Zirkulationszeit (Weg/$\bar{v}$)

$$\Theta = C \frac{(1 + \frac{H}{D} - 0,5 \cdot \frac{d_R}{D}) \cdot D^3}{n \cdot d_R^3} \qquad . \tag{2.42}$$

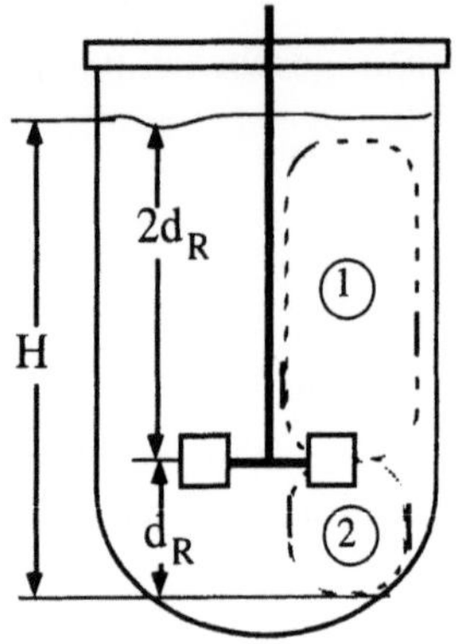

Abb. 2-10 Zirkulationsmodell in einem 1-stufigen Scheibenrührerreaktor [86]. Die Strömung wird in eine untere (2) und obere (1) Zirkulation aufgeteilt. Die Strecken können nach Gleichung 2.38 bzw. 2.39 berechnet werden (vgl. Abb. 2-X39).

Stellt man den Klammerausdruck in Gleichung 2.42 durch eine Potenzreihe

$$n \cdot \Theta = 1,64 \cdot \left(\frac{H}{D}\right)^{0,6} \cdot \left(\frac{D}{d_R}\right)^{0,1} \tag{2.43}$$

dar, so findet man in Übereinstimmung mit der empirisch gefundenen Gleichung 2.36

$$\text{unbegast:} \quad n \cdot \Theta = C \cdot \left(\frac{H}{D}\right)^{0,6} \cdot \left(\frac{D}{d_R}\right)^{3,1} \qquad . \tag{2.44}$$

Die Homogenisierzeitbestimmung (Mischzeitbestimmung) kann mit Hilfe von Entfärbungsmethoden, z.B. mit Jod/Natriumthiosulfat und Stärke als Indikator durchgeführt werden. Dabei wird der Überschuß der zugegebenen Reaktionskomponente auf die gewünschte Mischgüte abgestimmt [6], um der langsamen Geschwindigkeit dieser Reaktion Rechnung zu tragen. Eine andere Entfärbungsmethode ist mit Phenolphtalein durchführbar. Dabei wird mit Säure (1N HCl, 5 ml/l) die Entfärbung und mit Lauge (1N NaOH) die Einfärbung durchgeführt. Eine weitere Methode ist die Neutralisationsreaktion (Laugen- oder Säurezugabe) . Dabei ist zu beachten, daß nur die Ergebnisse gleicher Methoden und auch geometrischer Anordnungen (Zugabeort, Plazierung der Sonde) miteinander verglichen werden. Um die Pufferwirkung zu umgehen, muß bei der Neutralisationsmethode entionisiertes Wasser verwendet werden. Dabei ist allerdings die pH-Sonde genauestens zu beobachten (vgl. Abschnitt 8.1.2), denn verarmt die Membran zu sehr an K^+-Ionen, muß sie von Zeit zu Zeit in eine KCl-Lösung getaucht werden, um sie wieder mit Ionen anzureichern oder aber man stellt den Elektrolyt unter Druck, was bei sterilisierbaren Sonden einfach möglich ist. Eine weitere Möglichkeit bietet die Zugabe von KCl in das Medium [9]. Mit dem System KOH und HCl kann der Kaliummangel umgangen werden.

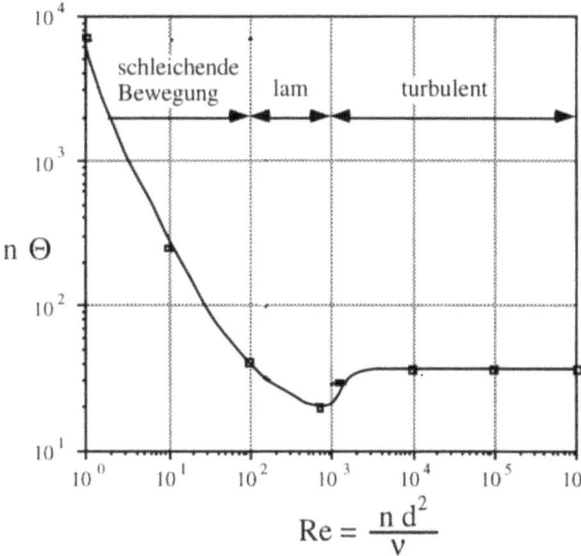

$$Re = \frac{n\,d^2}{\nu}$$

Abb. 2-11 Mischzeitcharakteristik:
Im laminaren Bereich ist mit Ausnahme des Wendel- und Schnekkenrührers (vgl. dazu Abschnitt 3.4.1, Abb. 3-15) ein stetiger Abfall der Durchmischungskennzahl mit zunehmender Reynoldszahl festzustellen. Im turbulenten Feld ist der Wert konstant.

Die Mischzeitbestimmung wird immer nur in eine Richtung, vorzugsweise von pH 5 bis pH 9, also um den neutralen Punkt, durchgeführt. Unterschiedliche Startwerte, aber auch Meßbereiche, ergeben meist abweichende Ergebnisse. Ursache dafür ist die unterschiedliche Sondenansprechzeit (vgl. Abschnitt 8.1). Die Neutralisation mit Säure führt zu längeren Mischzeiten, also zu mit der Laugenneutralisation nicht vergleichbaren Ergebnissen.

Nach Zugabe von Lauge sollte die pH-Anzeige stark schwankende Bewegungen nach oben und unten vollführen, da die Sonde mal mit kaum verdünntem, dann wieder mit reinem Wasser und immer stärker vermischten Laugenschwaden in Berührung kommt, bis die Anzeige mit immer kleinerer Amplitude um den Endwert schwankt (Abb. 2-12; Abb. 2-13). Hat die Schwankung die 5 %-Annäherung an den Endwert erreicht, dann ist die angestrebte 95 %-Mischgüte erreicht (Abb. 2-13a). Würde die Aufzeichnung gemäß Abb. 2-13a verlaufen, sind die Gleichungen 2.33 und 2.34 nicht gültig.

In Wirklichkeit besitzt die Messung eine gewisse Trägheit, so daß sich die Anzeige nach einer Anfangsverzögerung asymptotisch gemäß einer Exponentialfunktion dem Endwert nähert (Abb. 2-13 b). Die Mischzeit ist dann die Zeit, in der 95 % vom Endwert erreicht werden. Zur Ermittlung der Mischzeit muß die Verzögerungszeit eliminiert und ein reines Exponentialverhalten berücksichtigt werden (Abb. 2-13 b).

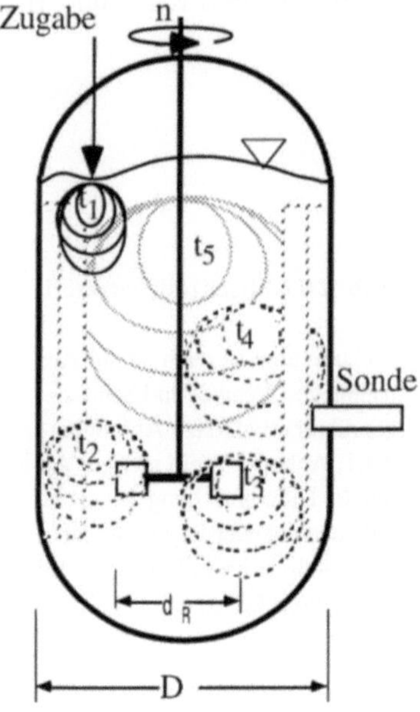

Abb. 2-12 Zeitliche Verteilung einer örtlichen Zugabe in einem Reaktor:
Nach der Zugabe, z.B. auf die Oberfläche eines Reaktionsgemisches (Zeit t_1), wird sich die Substanz erst „allmählich" verteilen (Zeit t_1 bis t_5), so daß der Meßwertaufnehmer, die Sonde, mal hochkonzentrierte Lösungsschwaden, dann wieder Schwaden ohne diese Komponente und schließlich wieder mehr oder weniger konzentrierte Schwaden zu „sehen" bekommt. Dadurch müßte die Sonde stark schwankende Signale liefern. Da das Meßsignal bis zur Anzeige einer gewissen Trägheit unterworfen ist, werden diese Schwankungen unterdrückt, und es erscheint eine geglättete Exponentialkurve mit Anfangsverzögerung (Abb. 2-13).

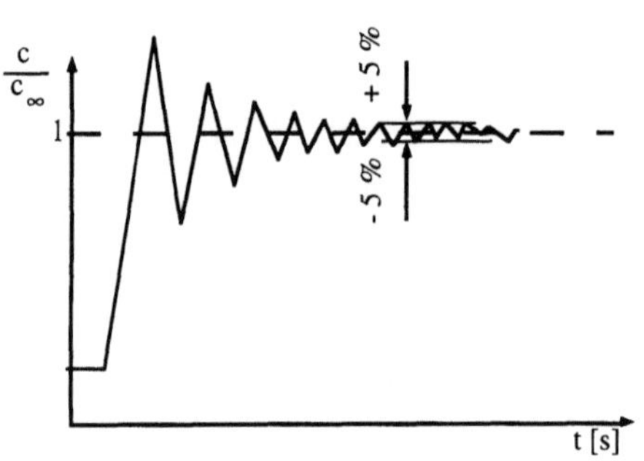

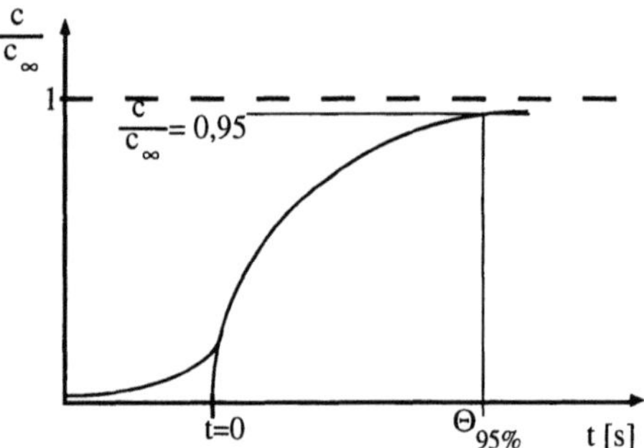

Abb. 2-13: Mischzeitverlauf a) ohne-   b) mit Trägheitseffekten (vgl. Abschnitt 8).

Die Frage nach dem maßstabsabhängigen Aufwand für ein Mischergebnis führt zum Leistungseintrag und nicht zur Drehzahl eines Rührwerkes. Häufig werden in der Literatur Ergebnisse in Abhängigkeit von Drehzahlen angegeben. Diese Angabe hat selten Relevanz und ist nicht aussagekräftig. Es soll hier als wichtiger Aspekt festgehalten werden: Drehzahlangaben sind nie aussagekräftig! Die Energiedissipation, d.h., die pro Zeit und Volumen eingetragene Energie, ist die allein allgemeingültige Größe! Deshalb trägt man die Ergebnisse über die eingetragene (aufgewandte) Leistungsdichte, also den Arbeitsaufwand pro Zeiteinheit und Volumen, auf $\left(\frac{P}{V}\right)$.

2.1.2.2 Versuchsergebnisse zur Mischzeitbestimmung

Im Falle eines begasten Bioreaktors können Meßergebnisse statt über $P_R/V_{R,L}$ auch stellvertretend über den rechten Ausdruck der Gleichung 2.29 bzw. 2.30 aufgetragen werden.

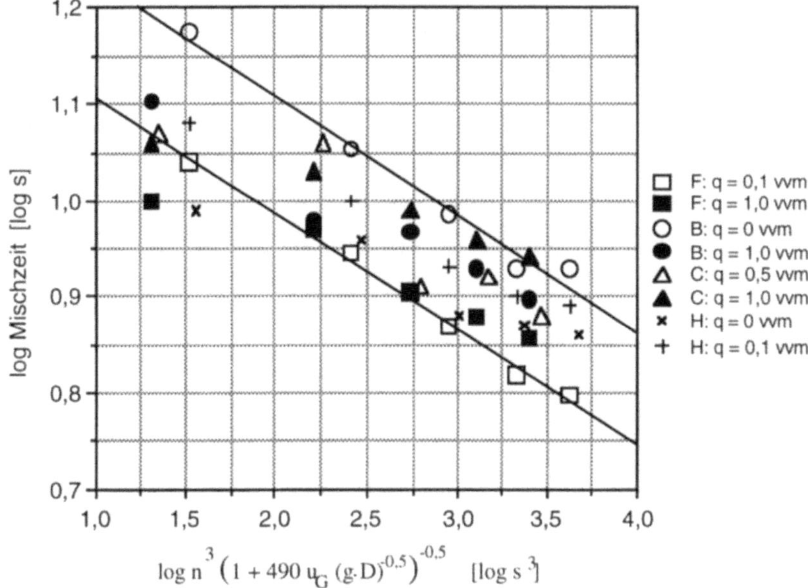

Abb. 2-14 Ergebnisse zur Mischzeitbestimmung durch die Neutralisationsmethode mit Natronlauge in einem 10 l-Bioreaktor [10]. Meßergebnisse der Gruppen B, C, F und H.

In Abb. 2-14 sind Versuchsergebnisse der Neutralisationsmethode mit Natronlauge in einem 10 l-Bioreaktor über die der Leistungsdichte proportionalen Größe gemäß Gleichung 2.29 bzw. 2.30 aufgetragen [10]. Die Meßwerte, die bei Begasungsraten zwischen q = 0 und q = 1,0 vvm sowie Drehzahlen zwischen n = 200 und n = 1000 min^{-1} aufgenommen wurden, schwanken weniger als ± 10% um den Mittelwert. Es läßt sich daraus der mathematische Ansatz

$$\Theta_{95} = 19{,}6 \cdot \left[f(P_R/V_{R,L})\right]^{-0,123} \tag{2.45}$$

gewinnen.

Für den turbulenten Bereich ist andererseits gezeigt worden [5] (Abb. 2-15), daß praktisch alle Rührorgane auch in unterschiedlichen Reaktorgrößen hinsichtlich des minimalen Leistungsaufwandes für vorgegebene Mischzeiten durch die folgende Beziehung zusammengefaßt werden können:

$$\frac{P_{R,min} \cdot \Theta^3}{\rho_L \cdot D^5} = 300. \tag{2.46}$$

Die minimal erforderliche Homogenisierleistung $P_{R,min}$ stellt einen orientierenden Grenzwert dar. Diese ist bei gleichbleibender Mischzeit extrem vom Maßstab abhängig (vgl. Abschnitt 9.3).

Aus Gleichung 2.46 kann der Zusammenhang $\Theta_{95} \sim \left[(P_R/V_{R,L})\right]^{-0,33}$ gefunden werden. Demnach nutzt der 10 l-Bioreaktor, der den Ergebnissen für Gleichung 2.45 zugrunde liegt, die Leistungsdissipation wesentlich schwächer zur Homogenisierung. Ein Effekt, der den typischen Dispergierrührer „Scheibenrührer" auszeichnet (vgl. dazu auch Gleichung 2.18).

In Abb. 2-15 ist das Mischverhalten einiger Rührorgane zusammengestellt [5]. Es zeigt sich, daß im turbulenten Bereich die Ergebnisse aller Rührwerke im doppeltlogarithmischen Diagramm auf einer Geraden liegen. Daraus folgt, unabhängig vom Rührertyp hängt das Mischergebnis, zumindest im wässrigen, niederviskosen System (vgl. Tabelle 2-11) und ohne Begasung, lediglich vom spezifischen Leistungseintrag ab. Ein Scheibenrührer ist im Vergleich nicht aufgeführt.

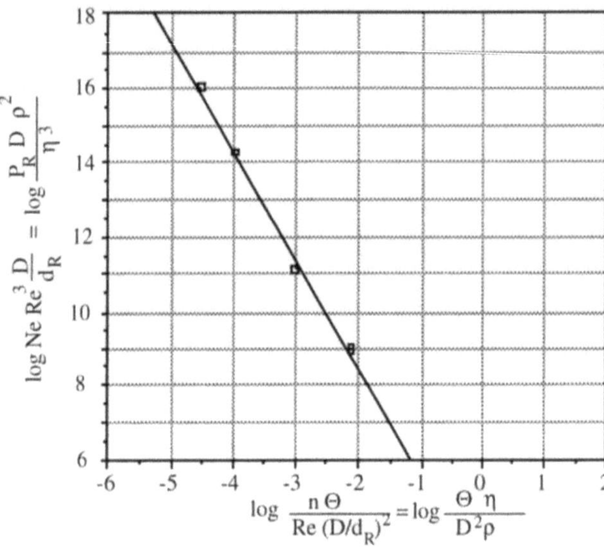

Abb. 2-15 Mischzeitverhalten von verschiedenen Rührorganen: Propeller-, Blatt-, Gitter-, Schrägblatt-, Inter-MIG-Rührer (vgl. Abschnitt 3.4.1, Abb. 3-14, 3-15, 3-16 und 3-19) [6]. Um eine gewünschte Mischgüte in einer bestimmten Zeit zu erreichen, muß, maßstabsabhängig unabhängig vom Rührertyp nur eine Mindestleistung in den Reaktor eingetragen werden.

Die bisher aufgezeigten Daten lassen den Schluß zu, daß alle Mischorgane hinsichtlich ihres Homogenisierverhaltens gleichwertig sind. Dies trifft allerdings nur für den turbulenten Fall zu. Im laminaren Bereich, also beim Homogenisieren von hochviskosen Flüssigkeitssystemen, ergibt sich ein differenzierter Sachverhalt. Hier muß zunächst geklärt werden, ob es sich um eine Newtonsche oder Nicht-Newtonsche Flüssigkeit handelt. Bei strukturviskosen Flüssigkeiten (Abschnitt 2.2.3) kann die Gesamtmischzeit gegenüber der konvektiven Mischzeit bis zu einem Faktor 10 größer sein [6]. Im Falle laminarer Strömung, wie sie in hochviskosen Systemen häufig zu erwarten ist, ist die Auswahl des geeigneten Mischsystems von entscheidender Bedeutung.

2.1.3 Suspendieren

Die biotechnologische Reaktion ist immer katalysiert und mit Ausnahme der Katalyse mit gelösten Enzymen handelt es sich zusätzlich immer um heterogen katalysierte Reaktionen. Das bedeutet im Detail, daß die Feststoffe (Katalysatoren, Mikroorganismen) möglichst gleichmäßig im Reaktionsgemisch verteilt werden müssen. Die Aufgabe, die in diesem Zusammenhang der Bioreaktor zu erfüllen hat, nennt man Suspendieren.

Beim Suspendieren von Feststoffen, was in Bioreaktoren immer als Aufgabe zu erfüllen ist (Mikroorganismen, immobilisierte Enzyme, Carrier), werden in der Mischtechnik zwei Fälle unterschieden (Abb. 2-16) [6]:

a) Aufwirbeln des Feststoffes
b) Homogenes Verteilen des Feststoffes

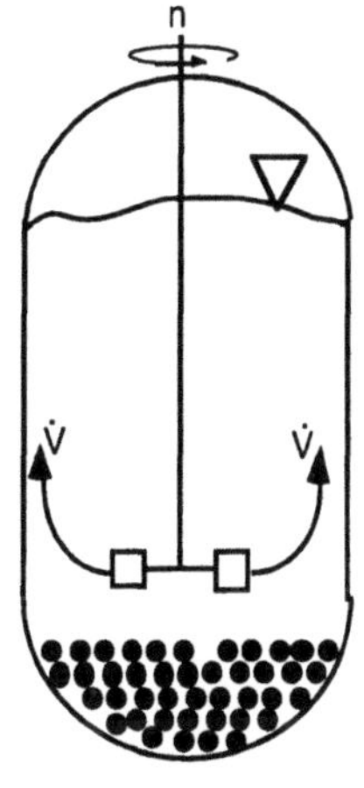
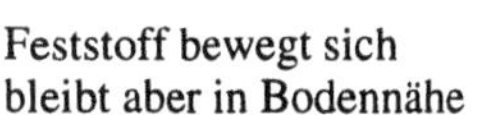
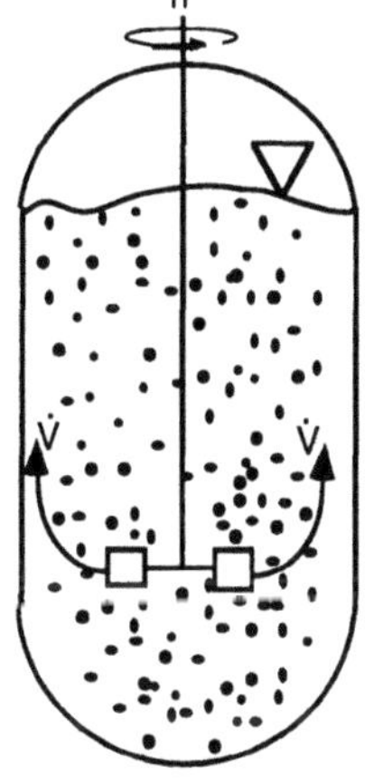

Abb. 2-16 Suspendieraufgabe:
a) Aufwirbeln des Feststoffes, meist im Zusammenhang mit Lösevorgängen, z.B. kristalline Glucose, Sojamehl usw.
b) homogenes Verteilen des Feststoffes (Kristallisation oder feststoffkatalytische Reaktion, z.B. in der Biotechnologie Mikroorganismen oder Carrier bzw. immobilisierte Enzyme).

Feststoff bewegt sich bleibt aber in Bodennähe

Feststoff ist gleichmäßig im Reaktor verteilt

Der Aufwand, der beim Suspendieren zu betreiben ist, richtet sich nach dem zu suspendierenden Feststoff, d.h., nach dessen Partikelgröße, dessen Dichtedifferenz zur umgebenden Flüssigkeit und auch dessen Konzentration. Erreicht werden kann das Ziel, eine homogene Suspension herzustellen, indem in das System mindestens die erforderliche Energie eingebracht wird, die das Absinken der Feststoffpartikel verhindert. Es muß also dem Bestreben der Partikel, sich absetzen zu wollen, entgegengewirkt werden. Die treibende Gewichts- bzw. Massenkraft muß also durch Reibungs- bzw. Widerstandskräfte über entsprechende Anströmgeschwindigkeiten die Sinkgeschwindigkeit aufgehoben werden. Das dazugehörige Kräftegleichgewicht an einem kugelförmigen Einzelpartikel läßt sich, wie in Abb. 2-17 gezeigt, aufstellen:

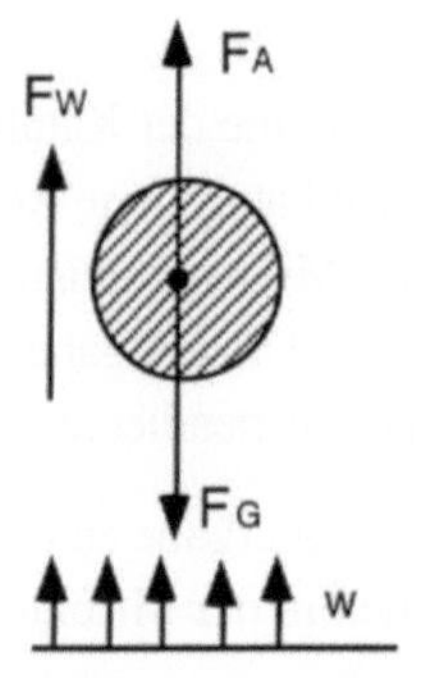

Abb. 2-17 Kräftebilanz
an einem kugelförmigen
Partikel.

Auftriebskraft:

$$F_A = \frac{d_P^3 \cdot \pi}{6}\, \rho_L\, g \qquad (2.47)$$

Gewichtskraft:

$$F_G = \frac{d_P^3 \cdot \pi}{6}\, \rho_S \cdot g \qquad (2.48)$$

Widerstandskraft:

$$F_W = \frac{d_P^2 \cdot \pi}{4}\, \rho_L \cdot c_W \cdot \frac{w^2}{2} \qquad (2.49)$$

$$F_A + F_W = F_G \qquad (2.50)$$

Aus dieser Kräftebilanz berechnet sich eine notwendige Anströmgeschwindigkeit, damit ein Einzelpartikel in Schwebe gehalten werden kann:

$$w = \sqrt{\frac{4}{3} \cdot \frac{d_P \cdot g \cdot \Delta\rho}{c_W \cdot \rho_L}} \qquad (2.51)$$

Für starre Körper und laminare Strömungsverhältnisse kann für den Widerstandsbeiwert nach Stokes

$$c_W = \frac{24}{Re} \qquad (2.52)$$

geschrieben werden. Berechnungsgleichungen zur Ermittlung der erforderlichen Mindestdispergierleistung findet man in der Literatur [5, 8, 11, 86, 96, 101].

2.1.4 Dispergieren

Die Aufgabe der gleichmäßigen Verteilung von in sich löslichen Flüssigkeiten nennt man Homogenisieren, die von Feststoffen in Flüssigkeiten Suspendieren und das Verteilen von nicht- bzw. schwerlöslichen Flüssigkeiten oder Gasen in Flüssigkeiten Dispergieren [117]. Da das Dispergieren von Gas (Luft bzw. Sauerstoff) im Zusammenhang mit dem Sauerstofftransport im Bioreaktor eine ganz besondere Bedeutung hat, wird dieses Dispergierproblem getrennt in Abschnitt 2.1.5 behandelt.

In wässrigen Fermentationslösungen werden häufig Öle eingesetzt. Diese Substanzen werden in der Regel zudem sehr schnell veratmet. Somit besteht die Notwendigkeit, die geringlösliche Substanz in möglichst kleinen Tröpfchen gleichmäßig im Reaktor zu verteilen, damit über eine große Phasengrenze ein ausreichend guter Stofftransport er reicht werden kann. Abb. 2-18 zeigt eine durch Dispergieren hergestellte Öl-Wasseremulsion.

Beim Dispergieren stellt die erzielbare Phasengrenzfläche den für den Stoffaustausch wesentlichen Parameter dar. Rührwerke mit hoher Newtonzahl, wie z.B. der Scheibenrührer, eignen sich für Dispergieraufgaben besonders (vgl. Gleichung 2.18). In Reaktoren können in Bereichen geringerer Turbulenz dispergierte Tropfen miteinander zusammenstoßen, und es kann Koaleszenz stattfinden. Die koaleszierten Tropfen können im Wirkungsbereich des Rührers erneut zerteilt werden, bis sich ein Gleichgewicht zwischen koaleszierenden und dispergierenden Tropfen einstellt. Das Gleichgewicht zwischen diesen beiden Phänomenen führt zu einer charakteristischen Tropfengrößenverteilung (vgl. Abb. 2-19 und 2-20). Im allgemeinen benutzt man zur Erfassung dieser statistischen Verteilung den sogenannten Sauterdurchmesser. Er stellt das oberflächengewichtete Verhältnis aus Tropfenvolumen und Tropfenoberfläche dar [17]:

$$d_{PS} = \frac{\Sigma\, n_i \cdot d_i^3}{\Sigma\, n_i \cdot d_i^2} \; . \tag{2.53}$$

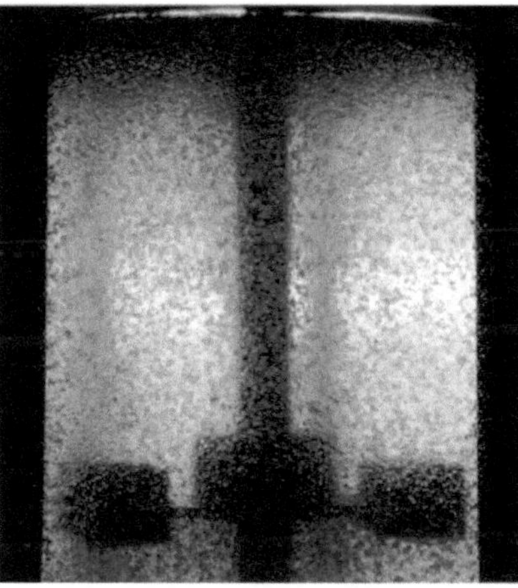

Abb. 2-18 Ein in Wasser dispergiertes Öl. Dieses System wird Emulsion genannt. Entmischt sich das System auch im Stillstand nicht mehr, so handelt es sich um eine stabile Emulsion. Stabile Emulsionen kann man auch durch Zugabe von Stabilisatoren (Dispergierhilfen, Emulgatoren) erreichen.

Mit Gleichung 2.53 kann die spezifische Stoffaustauschfläche berechnet werden:

$$a = \frac{6 \cdot \varphi_P}{d_{PS}} \; . \tag{2.54}$$

φ_P stellt den Volumenanteil der dispersen Phase dar (vgl. Gleichung 2.83).

Im Strömungsfeld des Rührers wird ein Tropfen einer dauernd wechselnden Druckverteilung unterworfen, die zur Zerteilung des Tropfens führt. Dieser Prozeß läuft so lange ab, bis ein kleinster Maximaltropfendurchmesser d_{min} erreicht ist (Gaußverteilung), ab dem eine weitere Zerteilung unwahrscheinlich wird. Die der Zerteilung entgegen wir kende Kraft ist die Oberflächenspannung, die zerteilende ist die Trägheitskraft. Daraus läßt sich die dimensionslose Weber-Kennzahl bilden [17]:

$$We = \frac{v^2 \cdot d_{P,max} \cdot \rho}{\sigma} \ . \tag{2.55}$$

Die Geschwindigkeit v läßt sich durch die „turbulente Schwankungsgeschwindigkeit" u ersetzen (vgl. Gleichung 2.126, Abschnitt 2.2.1):

$$v^2 = u^2 = C \ (\varepsilon \cdot d_{P,max})^{2/3} \ . \tag{2.56}$$

Wird für die spezifische Leistung $\varepsilon \sim n^3 \ d_R^2$ eingeführt, dann erhält man für den maximalen Tropfendurchmesser

$$d_{P,max} \sim \left(\frac{\sigma}{\rho \cdot n^2 \cdot d_R^3}\right)^{0,6} \tag{2.57}$$

bzw. mit We_R als der mit dem Rührerdurchmesser gebildeten Weber-Zahl

$$d_{P,max} = C \ (We_R)^{-0,6} \ . \tag{2.58}$$

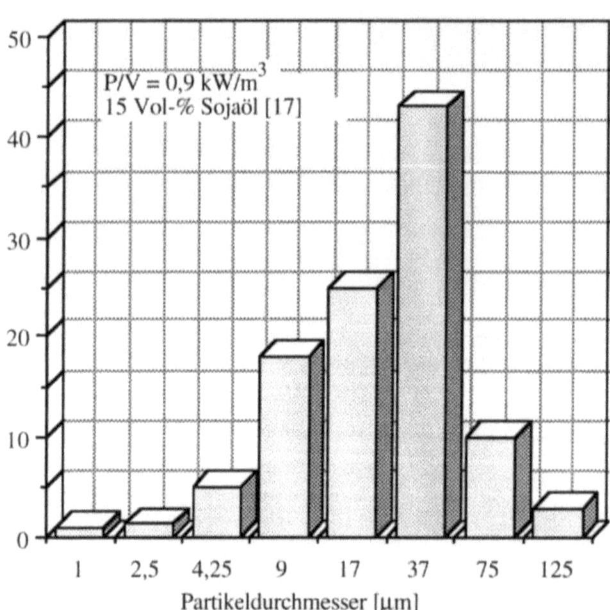

Abb. 2-19 Tropfengrössenverteilung bei der Dispergierung von Sojaöl in Wasser bei einem Leistungseintrag von $P_R = 0,9$ kW/m³ [17].

Andererseits findet man in der Literatur häufig, daß bei vorgegebenen Stoffbedingungen die mittlere Größe d_P der Tröpfchen, ausgedrückt durch den Durchmesser eines kugelförmigen Teilchens, ausschließlich über die spezifische Leistung des Rührers gesteuert wird. In diesem Zusammenhang wurde für den maximalen Tropfendurchmesser folgender Zusammenhang gefunden [6]:

$$d_{P,max} \sim \left(\frac{P_R}{V_{R,L}}\right)^{-0,4} . \tag{2.59}$$

Den Einfluß der spezifischen Leistung auf die Tropfengrößenverteilung zeigen die Abb. 2-19 und 2-20 [17]. Dort ist für das Beispiel Sojaöl/Wasser die Tropfengrößenverteilung einmal bei 0,9 kW/m^3 und dann mit 3,5 kW/m^3 aufgenommen. Der Tropfendurchmesser verkleinert sich mit höherer Leistung deutlich.

Für das System Wasser-Sojaöl (15 vol.%) und ein Fermentationsmedium mit Sojaöl ergab sich für den Sauterdurchmesser der Zusammenhang [17]

$$d_{PS} = C \cdot \left(\frac{P}{V}\right)^{-0,18} , \tag{2.60}$$

dagegen findet man in der Literatur sonst meist den Exponenten -0,4 (Gleichung 2.59). Ein verkleinerter Exponent kann durch ein gehemmtes Koaleszenzverhalten erklärt werden.

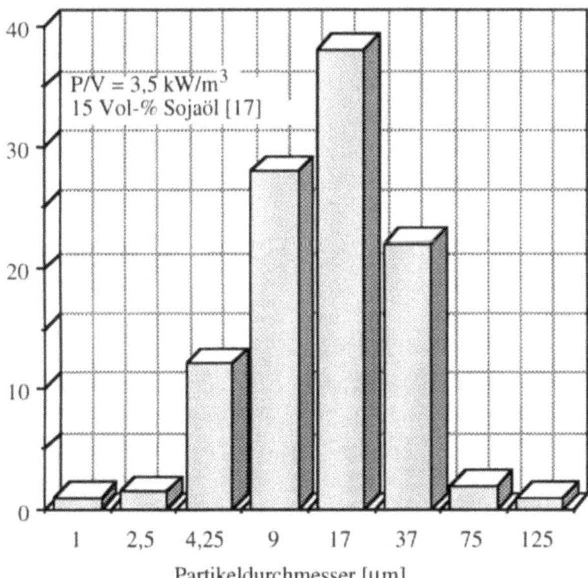

Abb. 2-20 Tropfengrößenverteilung von dispergiertem Sojaöl in Wasser bei einem Leistungseintrag von 3,5 kW/m^3 [17] .

Neben dem spezifischen Leistungseintrag hängt der Sauterdurchmesser auch vom Volumenanteil der dispersen Phase ab. Formt man einen dimensionlosen Sauterdurchmesser mit Hilfe des Rührerdurchmessers, so läßt sich der allgemeine Ansatz

$$\frac{d_{PS}}{d_R} = C_1 \cdot \left(We_R\right)^{-0,6} (1 + C_2 \cdot \varphi_{Öl}) \tag{2.62}$$

formulieren. In Tabelle 2-3 sind Literaturwerte für die Konstanten C_1 und C_2 angegeben.

Tabelle 2-3 Verschiedene Werte der Konstanten in Gleichung 2.62 [17].

disperse Phase	Konstante C_1	Konstante C_1	Literatur
Toluol, Chlorbenzol	0,06	9	[26]
Isooktan,Tetrachlorkohlenstoff	0,058	5,4	[27]
Gasöl	0,024	3,4	[28]
-	0,047	2,5	[29]
Sojaöl	0,022	2,47	[17]

Werden dem Medium oberflächenaktive Substanzen zugegeben wie z.B. Emulgatoren (Tween 80) oder Antischaummittel, dann verändert sich die Tropfendurchmesserverteilung; die Tendenz geht zu kleineren Durchmessern. Die Ursache hierfür ist eine Hemmung der Koaleszenz.

Aus Gleichung 2.83 ist ersichtlich, daß die spezifische Stoffaustauschfläche reziprok proportional dem Durchmesser der Blasen ist. Das gilt analog auch im Falle der Tropfenverteilung. Demzufolge erhält man mit Gleichung 2.54 und 2.60

$$a = 3840 \left(\frac{P}{V}\right)^{0,18}.$$

(2.62)

Die Proportionalitätskonstante wurde im System Wasser-Sojaöl (15 vol.%) gefunden [17].

Die Dispergieraufgabe erfordert im Vergleich zu Homogenisier- oder Suspendieraufgaben meist einen erheblich höheren Leistungsaufwand, so daß der Reaktor nach dieser Aufgabe ausgerichtet sein muß. Damit sind die anderen Aufgaben miterfüllt (Abb. 2-1).

2.1.5 Sauerstofftransferrate (OTR)

Alle aeroben Fermentationsprozesse müssen mit Sauerstoff versorgt werden. Das erfolgt, indem der Sauerstofftransport aus der Gasphase (Gasblase, meist Luft) in das Medium sichergestellt wird.

Bei dieser Grundaufgabe besteht die Aufgabe des Mischsystems darin, mit Hilfe der von ihm erzeugten Schubspannungen den eingeleiteten Gasstrom in Blasen zu zerteilen (Dispergierung). Dadurch erzielt man eine hohe phasenbezogene Stoffaustauschfläche a (vgl. Gleichung 2.76 und 2.83), die für den Stofftransport Gas/Flüssigkeit von Bedeutung ist.

Die Feststellung, daß in dünnen wässrigen Systemen zur Erfüllung von bestimmten
Aufgaben nur die Leistungsdichte maßgebend ist, muß im Falle des Sauerstoffüberganges durch die Gasleerrohrgeschwindigkeit u_G ergänzt werden (vgl. Gleichung 2.84).

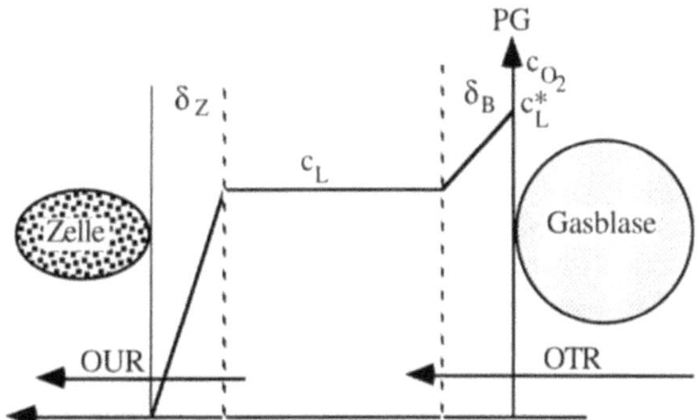

Abb. 2-21 Der Weg des Sauerstoffes von der Gasblase bis zur Zelle. An der Phasengrenze (PG) herrscht im Gleichgewicht die Sättigungskonzentration des Sauerstoffes c_L^*. Der Sauerstofftransport erfolgt dann über die beiden laminaren Grenzschichten (δ_B, δ_Z) und die Flüssigkeit zur Zelle.

Den in einer Fermentation von den Zellen aufgenommenen Sauerstoff bezeichnet man
mit OUR (Oxigen Uptake Rate, Sauerstoffaufnahmerate). Liegt keine Limitierung vor,
so ist der Bedarf gedeckt. Um diesen Bedarf erfüllen zu können, muß auf der anderen
Seite ein ebensogroßer Stofftransfer vorliegen. Diesen Wert nennt man OTR (Oxigen
Transfer Rate, Sauerstofftransferrate; Abb. 2-21).

2.1.5.1 Modelle für den Stofftransport

In der Ingenieurtechnik liegt das Bestreben vor, gemachte phänomenologische Beobachtungen mathematisch zu beschreiben. Da in der Regel die realen physikalischen Abläufe nicht im Detail bekannt, oder aber viel zu kompliziert sind, versucht man mit Modellvorstellungen die Beobachtung zu deuten und daraus eine Modelltheorie abzuleiten,
die möglichst zutreffend die beobachtbaren Effekte berechnen oder voraussagen läßt.

Für den Stoffdurchgang an Phasengrenzen, hier am Beispiel des Überganges von der
Gasphase über die Phasengrenze (PG) Gas-Flüssigkeit zur Flüssigkeitsphase, gibt es
eine Reihe von Vorschlägen. Die beiden bekannten Modelltheorien sind die Zweifilmtheorie und das Penetrationsmodell. Jedes Modell kann nur den Anspruch erheben, die
Realität möglichst nahe zu treffen, nicht aber, die Gegebenheiten vollständig zu erfassen.

Das Penetrationsmodell (Penetrationshypothese) [8] geht von der Vorstellung aus, daß
die Kontaktzeiten zwischen dem Gas und der Flüssigkeit nur sehr kurz sind. Ferner
liegt die Annahme zugrunde, daß sich ein kleines Flüssigkeitselement wie ein fester
Körper verhält, d.h., die Scherkräfte bewirken keinen Einfluß auf die Filmoberfläche.
Vor und nach dem Kontakt des Flüssigkeitsteilchens mit dem Gas verschwindet es sofort wieder in der Flüssigkeitstiefe und vermischt sich dort spontan. Somit besagt die
Penetrationshypothese, daß das Gas im Verlauf sehr kurzer Berührungszeiten in ein

Flüssigkeitselement eindringt; der Diffusionsprozeß ist instationär (Abb. 2-22). Es gibt eine Verweilzeitverteilung. Aus diesem Grund ist dieses Modell häufig nur zur Beschreibung des Stofftransportes in laminaren Strömungen geeignet.

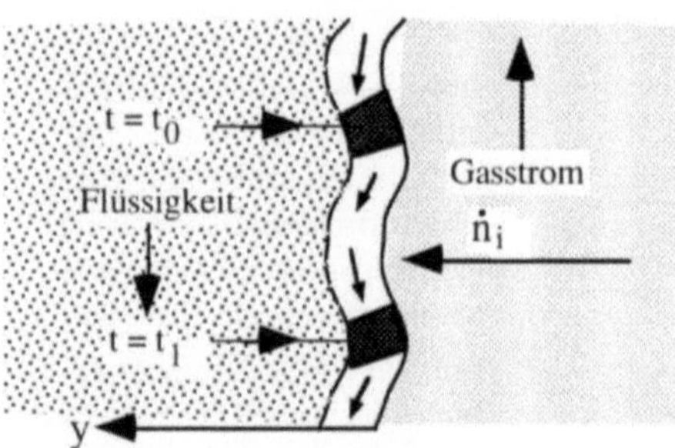

Abb. 2-22 Erklärungen zur Penetrationshypothese [8]. Zwischen Gas und Flüssigkeiten gibt es nur sehr kurze Kontaktzeiten. Das kleine Flüssigkeitselement verhält sich wie ein Festkörper, die Scherkräfte bewirken somit keinen Einfluß auf die Oberfläche. Vor und nach dem Kontakt des Flüssigkeitselementes mit dem Gas verschwindet es wieder in der Flüssigkeitstiefe und vermischt sich spontan. Der Diffusionsprozeß ist instationär.

Die Zweifilmtheorie (Abb. 2-23) postuliert laminar strömende bzw. stagnante Filme auf beiden Seiten der Phasengrenze, die experimentell nicht nachweisbar sind. Wegen der einfachen mathematischen Darstellung und der dennoch brauchbaren Ergebnisse, findet dieses Modell jedoch breite Anwendung und soll deshalb näher beschrieben werden.

Der Zweifilmtheorie liegen die Annahmen zugrunde, daß auf jeder Seite der Grenzfläche ein dünner Film existiert, durch den der Stofftransport ausschließlich per Diffusion erfolgt (Abb. 2-23). Desweiteren soll sich an der Phasengrenzfläche die übergehende Komponente (im vorliegenden Fall der Sauerstoff) im Gleichgewicht mit der jeweiligen Phase befinden. Für die Phasenkerne wird angenommen, daß durch vollständige Durchmischung die Konzentration konstant bleibt. Der Gesamtwiderstand soll sich auf die laminaren Schichten zu beiden Seiten der Phasengrenze beschränken. Der Stofftransport erfolgt per Diffusion durch die laminaren Grenzschichten und in der Phasengrenze findet weder Speicherung noch eine Reaktion statt. Daraus ergibt sich aus der Modellvorstellung, daß z.B. auf der Flüssigkeitsseite eine direkte Proportionalität des Stoffübergangskoeffizienten zum Diffusionskoeffizienten $D_{O_2,L}$ und zum reziproken Wert der flüssigkeitsseitigen laminaren Grenzschichtdicke δ_L besteht:

$$k_{O_2,L} \sim \frac{D_{O_2,L}}{\delta_L} \; . \tag{2.63}$$

Der Stoffübergang aus der Gas- in die Flüssigkeitsphase läßt sich mit der allgemeinen Stoffaustauschgleichung (z.B. flüssigkeitsseitig) formulieren:

$$\dot{n} = k_{O_2,L} \cdot a \, (c^*_{O_2,L} - c_{O_2,L}) \; . \tag{2.64}$$

Analog läßt sich für die Gasseite schreiben:

$$OTR = \dot{n} = \frac{k_{O_2,G} \cdot a}{R \cdot T} \, (p_{O_2,G} - p^*_{O_2,G}) \, , \tag{2.65}$$

wobei in diesem Fall mit Hilfe der allgemeinen Gasgleichung

$$p \cdot V = n \cdot R \cdot T \tag{2.66}$$

bzw.

$$\frac{n}{V} = c = \frac{p}{R \cdot T} \tag{2.67}$$

die Konzentration c $[\frac{mol}{m^3}]$ durch den Druck dargestellt werden kann. Für die Gesamtbetrachtung gilt dann schließlich

$$OTR = k_{O_2} \cdot a \; (\frac{p_{O_2,G}}{R \cdot T} - c_{O_2,L}) \; . \tag{2.68}$$

Der Gesamtstoffdurchgangswiderstand $1/k_{O_2}$ addiert sich aus den Einzelwiderständen, wie es analog auch für den Wärmedurchgang oder die elektrische Leitung bekannt ist. Es gilt demnach

$$\frac{1}{k_{O_2}} = \frac{1}{k_{O_2,G}} + \frac{1}{k_{O_2,L}} \; . \tag{2.69}$$

Der Stofftransportwiderstand für Sauerstoff liegt in der Regel nahezu ausschließlich in der Flüssigkeitsphase. Der Stoffübergangskoeffizient auf der Gasseite ist um mehrere Zehnerpotenzen größer als der auf der Flüssigkeitsseite. Daraus folgt, daß $p_{O_2,G} \approx p^*_{O_2,G}$ gilt und der Stofftransport bzw. die Sauerstofftransferrate alleine durch $k_{O_2,L} \cdot a$ $(c^*_{O_2,L} - c_{O_2,L})$ beschrieben wird. Aus diesem Grund hat sich für den Sauerstofftransport eine vereinfachte Schreibweise, also Gleichung 2.70, eingebürgert. Die Sauerstofftransferrate (OTR: Oxigen-Transfer-Rate) läßt sich somit durch folgenden Zusammenhang ausdrücken:

$$OTR = k_L \cdot a \cdot (c_L^* - c_L). \tag{2.70}$$

Die Zweifilmtheorie setzt den Gleichgewichtszustand an der Phasengrenze voraus. Dadurch läßt sich die Sättigungskonzentration mit Gleichung 1.4 nach dem Henryschen Gesetz berechnen:

$$c_L^* = \frac{p^*_{O2,G}}{H_{O_2}} \approx \frac{p_{O2,G}}{H_{O_2}} \; .$$

Der lineare Zusammenhang im Henryschen Gesetz gilt nur im Bereich niedriger Konzentrationen. Mit dieser Betrachtung läßt sich Gleichung 2.70 auch durch 2.71 ersetzen:

$$OTR = k_L \cdot a \cdot (\frac{p_{O2,G}}{H_{O_2}} - c_L). \tag{2.71}$$

Für den Bioreaktor können die Gleichungen 2.70 und 2.71 nur angewandt werden, wenn eine ideal durchmischte Gasphase vorliegt. Das kann aber in dünnflüssigen Medien nur bis Reaktorgrößen von 100 bis 200 Litern erreicht werden [100]. In diesem idealen Fall ist der Sauerstoffpartialdruck $p_{O_2,G}$ gleich dem, der im Abgas gemessen wird. Liegt dagegen keine Rückvermischung der Gasphase vor (Pfropfenströmung; vgl. Abb. 6-18), so wird das logarithmische Konzentrationsgefälle (Gleichung 2.72 und 2.74) herangezogen [21]:

$$(c_L^* - c_L) = \frac{(c_{L,u}^* - c_{L,u}) - (c_{L,o}^* - c_{L,o})}{\ln \dfrac{c_{L,u}^* - c_{L,u}}{c_{L,o}^* - c_{L,o}}} \quad . \tag{2.72}$$

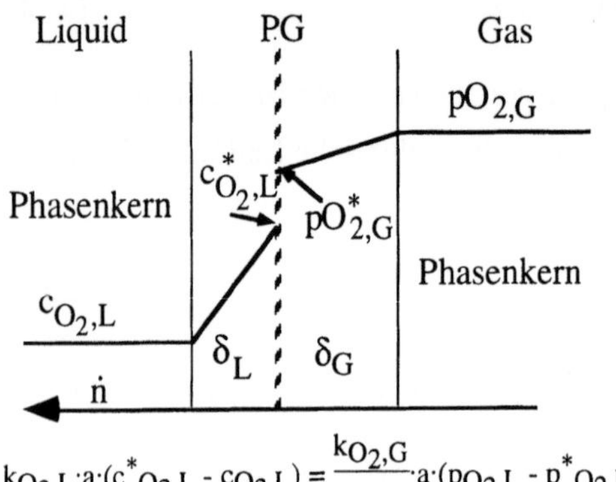

Abb. 2-23 Sauerstofftransport im Zweifilm-Modell: Auf dem Weg von der Gasphase in die Flüssigkeitsphase hat der Sauerstoff zwei Widerstände zu überwinden. Zum einen den gasseitigen und zum anderen den flüssigkeitsseitigen. Der gasseitige Widerstand ist in der Regel in diesem Fall im Vergleich zum flüssigkeitsseitigen Widerstand vernachlässigbar klein, so daß der Gaspartialdruck in der Gasphase und an der gasseitigen Phasengrenzfläche nahezu gleich ist. Die Dicken der laminaren Grenzschicht liegen in der Größenordnung $\delta_G \approx 0{,}1 \ldots 1{,}0$ mm bzw. $\delta_L \approx 0{,}01 \ldots 0{,}1$ mm.

In Gleichung 2.70 ist k_L der Stoffdurchgangskoeffizient [m/s], a die spezifische Stoffaustauschfläche [m²/m³] und $(c_L^* - c_L) = \Delta c$ die Differenz zwischen der Sauerstoffkonzentration an der Phasengrenze und in der Flüssigkeit [mol/m³]. Der Index „L" beim Stoffdurchgangskoeffizienten deutet auf den alleinigen Einfluß des Widerstandes auf der Flüssigkeitsseite (Liquid) hin. Für die Gelöstkonzentration an Sauerstoff findet man für den Reaktor mit vollkommener Rückvermischung mit dem gemessenen Sauerstoffpartialdruck pO_2 (in % zum 100 %-Eichwert) und dem Druck p_0 im Gasraum des Reaktors (vgl. Abschnitt 8.1.4)

$$c_L = \frac{p_0 + \rho_L \cdot g \cdot H/2}{H_{O_2}} \left(\frac{pO_2}{100} Y_{O_2}^{\alpha} \right) \tag{2.73}$$

und für die Verhältnisse mit Pfropfenströmung der Gasphase mit dem örtlich gemessenen Sauerstoffpartialdruck $pO_{2,x}$ und dem örtlichen Gesamtdruck p_x

$$c_{L,x} = \frac{p_x}{H_{O_2}} \left(\frac{pO_{2,x}}{100} Y_{O_2}^{x} \right) \quad . \tag{2.74}$$

Es sind Ansätze zur Berechnung der Löslichkeit von Sauerstoff in Medien (c_L^*) gemacht worden [123]. Aufgrund der komplexen Zusammensetzungen technischer Medien reichen diese Verfahren lediglich zum Abschätzen der Werte. Die Löslichkeit von

Sauerstoff läßt sich mit der Katalyse-Methode [124] bestimmen. Meist lassen sich in Biomedien Henrykoeffizienten von 900 bis 1300 $\frac{bar \cdot l}{mol}$ angeben. Gelegentlich weichen diese Werte in realen Biomedien erheblich nach oben davon ab (> Faktor 5 von den genannten Werten), dabei wurde auch ein eindeutiger Zusammenhang mit der Ionenstärke im Medium gefunden [75]. Verändert sich die Leitfähigkeit während des Prozesses, so wirkt sich das auch auf den Henrykoeffizienten aus. Mit zunehmender Leitfähigkeit nimmt der Henrykoeffizient bis zu einem Minimum ab und steigt dann stark an. In einem speziellen Fermentationsmedium konnte der Zusammenhang durch ein Polynom dargestellt werden [75]:

$$H_{O_2} = \frac{1}{0{,}0943 + 0{,}0318 \cdot \kappa - 3{,}451 \cdot 10^{-3} \cdot \kappa^2} \, , \qquad (2.75)$$

mit der Leitfähigkeit κ in $mS \cdot cm^{-1}$.

Wie aus den vorangegangenen Gleichungen ersichtlich ist, benutzt man zur Stoffübergangsbeschreibung nicht die absolute Stoffaustauschfläche, sondern die auf das Reaktionsflüssigkeitsvolumen $V_{R,L}$ bezogene spezifische Stoffaustauschfläche a. Diese läßt sich im Falle einheitlicher Blasen aus der Oberfläche einer Einzelblase und der Anzahl der Blasen n berechnen:

$$a = \frac{d_B^2 \, \pi}{V_{R,L}} \, n \, . \qquad (2.76)$$

Tabelle 2-4 Berechnungsgleichungen für den Sauterdurchmesser d_{BS}.

Gleichung	Gültigkeitsbereich	Lit.
$d_{BS} = C \cdot \left(\dfrac{\sigma}{g \cdot \rho_L}\right)^{3/8} \left(\dfrac{v_L}{u_G}\right)^{1/4}$ $C = 2{,}5$ - koaleszierend $C = 1{,}5$ - koaleszenzgehemmt	Blasensäule: u_G Airlift: $u_G = \dfrac{\dot{V}_G - \dot{V}_L}{A}$	[11]
$d_{BS} = 1{,}4 \cdot \left(\dfrac{\sigma}{\rho_L}\right)^{0,6} \cdot \varepsilon_D^{-0,4} \cdot f_1(\varphi_G) \cdot f_1\left(\dfrac{A_f}{l_D}\right)$	Scheibenrührer: $\varepsilon_D = \dfrac{0{,}5 \cdot u^3}{d_R}$ Düse: $A_2/A_1 = 0{,}25$; $\varepsilon_D = \dfrac{0{,}2 \cdot w_D^3}{d_D}$ Lochplatte: $w_D = \dfrac{\dot{V}_G - \dot{V}_G}{A_D}$	[11]
$d_{BS} = 142 \dfrac{\sigma^{0,6} \cdot \varphi_G^{0,65}}{\varphi_G^{0,2}} \left(\dfrac{P_R}{V_{R,L}}\right)^{-0,4} \left(\dfrac{\eta_G}{\eta_L}\right)^{1/4}$		[97]

Da in der Praxis keine einheitliche Blasengröße vorliegt, verwendet man statt d_B den Sauterdurchmesser d_{BS} analog Gleichung 2.53. Berechnungsgleichungen für d_{BS} sind in Tabelle 2-4 angegeben.

Die Anzahl der Blasen berechnet sich aus dem Gas-hold-up $V_{G,h}$ und dem durchschnittlichen Einzelblasenvolumen V_B bzw. Durchmesser d_B zu

$$n = \frac{V_{G,h}}{V_B} = \frac{6\,V_{G,h}}{d_B^3\,\pi} \; . \tag{2.77}$$

Mit dem relativen Gasgehalt φ_G, der definiert ist als

$$\varphi_G = \frac{V_{G,h}}{V_{R,L} + V_{G,h}} \; , \tag{2.78}$$

kann schließlich für den Gas-hold-up (Gasvolumen)

$$V_{G,h} = \frac{\varphi_G \cdot V_{R,L}}{1 - \varphi_G} \tag{2.79}$$

geschrieben werden. Zur Berechnung des relativen Gasgehaltes findet man in der Literatur eine Reihe von Gleichungen (vgl. Tabelle 2-5). Allgemein läßt sich formulieren:

$$\varphi_G = \varepsilon_R^a \cdot u_G^b \; . \tag{2.80}$$

Der Exponent a hängt vom Rührertyp ab und liegt zwischen 0,15 und 0,25, während der Exponent b mediumsabhängig ist und mit zunehmender Viskosität von 0,5 auf 0,3 sinkt.

Gleichung 2.81 stellt für Rührwerksreaktoren (SR; $d_R/D = 0{,}36$; $d_R = 0{,}4$ m; $\varepsilon = 0{,}1$ ... 10 W/kg; 1n Na_2SO_2) eine sehr handliche Version dar [vereinfachte Form aus 11]:

$$\varphi_G = \sqrt{\varepsilon_R^{0,5} \cdot u_G} \cdot f_{KZ} \; . \tag{2.81}$$

Der Faktor f_{KZ} berücksichtigt das Koaleszenzverhalten des Mediums. Er liegt für reines Wasser bei 1,0 und für stark tensidhaltige sowie hochviskose Medien, wo absolute Koaleszenzhemmung vorliegt, bei 1,5. Weitere Berechnungsgleichungen sind in Tabelle 2-5 zusammengestellt. Der maximale Wert wird mit $\varphi_G = 0{,}3$ ... 0,4 angegeben [101].

Damit wird die Blasenmenge

$$n = \frac{6 \cdot \varphi_G \cdot V_{R,L}}{d_B^3 \cdot \pi \cdot (1 - \varphi_G)} \tag{2.82}$$

und die spezifische Stoffaustauschfläche (vgl. Gleichung 2.54)

$$a = \frac{6 \cdot \varphi_G}{d_B \cdot (1 - \varphi_G)} \; \text{bzw.} \; \frac{6 \cdot \varphi_G}{d_{BS} \cdot (1 - \varphi_G)} \; . \tag{2.83}$$

Wird die erforderliche Leistung durch kleine Rührwerke in ein kleineres Volumen eingetragen, so nimmt die örtliche Energiedichte zu und dadurch analog zu den Gleichungen 2.59 bis 2.62 der Blasendurchmesser ab. Aus Gleichung 2.83 kann demnach gefolgert werden, daß durch örtlich höhere Energiedichten letztendlich größere spezifische Primärstoffaustauschflächen erzielt werden und damit der Stofftransport verbessert wird, solange das Koaleszenzverhalten gehemmt ist (vgl. Abschnitt 3.4.2, Abb. 3-22).

Für die spezifische Stofftransportgeschwindigkeit wurde empirisch folgender Zusammenhang gefunden:

$$k_L a \ \sim \left(\frac{P_R}{V_{R,L}}\right)^a \cdot u_G{}^b. \tag{2.84}$$

Tabelle 2-5 Berechnungsgleichungen für den spezifischen Gasgehalt φ_G.

Gleichung	Gültigkeitsbereich	Lit.
$\varphi_G = 0,11 \cdot u_G{}^{0,36} \cdot (\varphi \cdot \eta)^{-}$ $0,056 \cdot \left(\dfrac{P_{R,b} + P_{G,E}}{V_{R,L}}\right)^{0,27}$	koaleszenzfördernde (nicht schäumende) Flüssigk.; $P_{R,b} = 0,83 \cdot \left[\dfrac{P_R{}^2 \cdot n \cdot d_R{}^2}{\dot{V}^{0,56}}\right]^{0,45}$ $\dfrac{P_{G,E}}{V_{R,L}} = \dfrac{\rho_G \cdot \dot{V} \cdot R \cdot T}{M_G \cdot V_{R,L}} \cdot \ln\dfrac{p_u}{p_o}$	[98]
$\varphi_G = 0,005 \cdot u_G{}^{0,36} \cdot \left(\dfrac{P_{R,b} + P_{G,E}}{V_{R,L}}\right)^{0,57}$	koaleszenzgehemmt (schäumende) Flüssigk; $P_{R,b} = 0,69 \cdot \left[\dfrac{P_R{}^2 \cdot n \cdot d_R{}^2}{\dot{V}^{0,56}}\right]^{0,45}$; $[] < 2 \cdot 10^3$; $P_{R,b} = 1,88 \cdot []$; $[] \geq 2 \cdot 10^3$; $300 < n < 3000 \ \text{min}^{-1}$; $0,02 < \varphi_G <$ $0,25$; $10^2 < \left(\dfrac{P_{R,b} + P_{G,E}}{V_{R,L}}\right) < 10^4$	[98]
$\varphi_G = 0,48 \cdot (\varepsilon_R)^{0,19} \cdot u_G{}^{0,42}$	Scheibenrührer $(0,36)$; $d_R = 0,4 \ldots 7$ m; $\varepsilon_R = 0,1 \ldots 10$ W/kg; Wasser	[11]
$\varphi_G = 33,81 \cdot \left(\dfrac{P_R}{V_{R,L}}\right)^{0,45} \cdot u_G{}^{0,53}$	$17,6 < u_G < 91,5$ m/h; $400 < u_S < 800 \ \text{s}^{-1}$; $260 < P_R/V_{R,L} < 2580$ W/m^3	[11]

Die Exponenten in Gleichung 2.84 weisen die Fähigkeit eines Rührsystemes aus, in wie weit es den spezifischen Leistungseintrag (a) und den Luftstrom (b) in Sauerstofftransferleistung umsetzt. Jeweils hohe Werte für a bzw. b bedeuten einen guten Wirkungsgrad (vgl. Abschnitt 3.4.2). Ein Modell [12] schlägt vor, die Exponenten mitein ander zu koppeln. Dabei ist a + b ≈ 1. Über die Gültigkeit dieses Modells besteht keine uneingeschränkte Zustimmung.

Für die Blasensäule läßt sich der Zusammenhang [21]

$$k_L \cdot a \ = C \cdot q \cdot \left(\frac{H}{0,8} \right)^{0,8} \tag{2.85}$$

angeben.

In Gleichung 2.84 sind die beiden Parameter P/V und u_G nicht vollkommen entkoppelt zu betrachten. Der Leistungseintrag, und damit in einem gegebenen System die Drehzahl, darf bei einer bestimmten Begasungsrate nicht unter einen Mindestwert sinken (Gleichung 2.31), denn sonst kommt das Rührsystem in eine Situation, wo es überfordert ist, das Gas noch zu dispergieren. Es wird überflutet (Abb. 2-6 und 2-9).

Die Gleichung 2.84 zur Berechnung des spezifischen Sauerstofftransportkoeffizienten kann erweitert und vorteilhaft als dimensionsloser Gleichungstyp dargestellt werden [12]:

$$\frac{k_L \cdot a}{u_G} \left(\frac{v^2}{g} \right)^{1/3} \ = C \cdot \left(\frac{P_R}{V_{R,L} \cdot u_G \cdot \rho \cdot g} \right)^a . \tag{2.86}$$

Der Exponent a und die Konstante C in Gleichung 2.86 sind stoffsystemabhängig (vgl. Tabelle 2-6). Es ergeben sich unterschiedliche Werte für Newtonsche und Nicht-Newtonsche, koaleszierende und nicht koaleszierende Fluide. Auch die Oberflächenspannung oder das Diffusionsverhalten können von Bedeutung sein. Diese Tatsache ist durch die Gleichung 2.87 zum Ausdruck gebracht [22]:

$$\frac{k_L \cdot a \cdot d_R^2}{D_L} = 0,06 \cdot Re^{1,5} \cdot Fr^{0,19} \cdot Sc_{rep}^{0,5} \cdot \left(\frac{\eta \cdot u_G}{\sigma} \right)^{0,6} \cdot \left(\frac{n \cdot d_R}{u_G} \right)^{0,32} \cdot \left(1 + 2 \cdot De^{0,5} \right)^{-0,67} . \tag{2.87}$$

In Gleichung 2.87 wird zusätzlich ein mögliches elastisches Verhalten von Fermentationsbrühen durch die charakteristische Relaxationszeit (λ^*) in Form der Deborah-Zahl (De) berücksichtigt. Die Deborah-Zahl ist wie folgt definiert:

$$De = \frac{\text{biologische Relaxationszeit}}{\text{Zeit der Änderungsintervalle der Umgebung}} = \lambda^* \cdot n. \tag{2.88}$$

Sie gibt eine Antwort darauf, in welchem Verhältnis die zellinternen Regulationsvorgänge hinsichtlich ihrer Zeitkonstanten zu den Zirkulations- und Mischzeiten des Mediums liegen. Ist es dieselbe Größenordnung, so sind Inhomogenitäten im Reaktor störend für das System.

Die Abhängigkeit des Stoffübergangskoeffizienten vom spezifischen Leistungseintrag ist bei nicht-koaleszierenden Systemen deutlich höher als bei koaleszierenden Systemen. Gleichzeitig nimmt dabei der Einfluß der Gasleerrohrgeschwindigkeit ab (vgl. Abschnitt 3.4.2). In Tabelle 2-6 sind noch weitere Korrelationsgleichungen für den Stoffübergang angegeben.

Bei aeroben Fermentationen, in denen als Substrat eine zweite flüssige Phase eingesetzt wird, z.B. Pflanzenöle oder Kohlenwasserstoffe, ist der Einfluß dieser Phase auf die Stoffübergangszahl von großer Bedeutung. In diesen Systemen kann der Sauerstoff auf unterschiedlichen Wegen aus dem Gas zur Zelle gelangen. Die möglichen Stofftransportwege sind in Abb. 2-24 dargestellt.

a) Die Zelle nimmt den Sauerstoff direkt aus der Gasblase durch Adsorption an der Gasoberfläche auf. Geschieht dies zu intensiv, würde im System ein merklicher Flotationseffekt auftreten (vgl. Abschnitt 3.6 und 4.3), der die Zellen aus dem Reaktionsgemisch entfernt.

b) Der Sauerstoff wird von der Gasblase durch das wässerige Medium zur Zelle befördert. Das ist der Fall, wenn nur eine flüssige Phase vorliegt.

c) Der Sauerstoff wird von der Gasblase durch die wässerige-, die dispergierte flüssige- und wiederum durch die wässrige Phase transportiert. Das Öl tritt dabei mit der Gasphase nicht in Wechselwirkung. Da sich im Öl weitaus mehr Sauerstoff löst als in Wasser, könnten die Öltröpfchen als Sauerstoffreservoir genutzt werden.

d) Der Sauerstoff wird von der Gasblase durch das Öl und die wässerige Phase befördert.

e) Der Sauerstoff wird von der Gasblase durch die 2. flüssige Phase transportiert.

Welchen Weg der Sauerstoff von der Gasblase zur Zelle tatsächlich zurücklegt, läßt sich nicht mit Sicherheit sagen. Nimmt man für eine Emulsion an, daß sich die Gasblasen teilweise mit einem Ölfilm umgeben und die Mikroorganismen eine gewisse Affinität zum Öl besitzen, so würden alle gezeigten Stofftransportwege in entsprechenden Anteilen zur Sauerstoffversorgung der Mikroorganismen beitragen.

Ein wichtiger Oberflächeneffekt ist in diesem Zusammenhang die Ausbreitung des Öls an der Phasengrenze Gas/Wasser. Diese Spreitungserscheinung, die insbesondere bei pflanzlichen Ölen bzw. Fettsäuren auf Wasseroberflächen zu beobachten ist, kann durch den Spreitungskoeffizienten (Sp) beschrieben werden und ist folgendermaßen definiert [17, 24]:

$$Sp = \sigma_{WG} - (\sigma_{OG} + \sigma_{OW}) \ . \tag{2.88}$$

Mit σ ist in Gleichung 2.85 jeweils die Oberflächenspannung zwischen den einzelnen Phasengrenzen Wasser/Gas (WG), Öl/Gas (OG) und Öl/Wasser (OW) benannt. Bei positivem Spreitungskoeffizienten spreitet das Öl auf der Wasseroberfläche, wobei bei ausreichend langer Zeit und großer Oberfläche sich auch monomolekulare Schichten ausbilden können. Bei negativem Spreitungskoeffizienten werden linsenartige Tropfen an der Wasseroberfläche gebildet. Eine anschauliche Darstellung dieses Effektes bei den dispergierten Gasblasen soll Abb. 2-25 geben.

Tabelle 2-6 Korrelationsgleichungen für den $k_L a$-Wert.

Gleichung	Gültigkeitsbereich	Lit.
$$k_L \cdot a = C \cdot q \cdot \left(\frac{H}{0,8}\right)^{0,8}$$	Blasensäule; Gleichung 2.85	[21]
$$k_L \cdot a = A \cdot \left(\frac{P}{V_{R,L}}\right)^a \cdot u_G^{\ b}$$	Rührwerksreaktor Gleichung 2.84	
$$k_L \cdot a = 0,026 \cdot \left(\frac{P_R}{V_{R,L}}\right)^{0,4} \cdot u_G^{\ 0,5}$$	koaleszierendes Medium	[94]
$$k_L \cdot a = 0,002 \cdot \left(F(P;V_{R,L})\right)^{0,7} \cdot u_G^{\ 0,3}$$		[94]
$$k_L \cdot a \cdot \left(\frac{v}{g^2}\right)^{1/3} = \frac{9,8 \cdot 10^{-5} \cdot \left[\frac{P_R}{V_{R,L} \cdot \rho_L \cdot (g^4 \cdot v)^{1/3}}\right]^a}{\left(B^{-b} + 0,81 \cdot 10^{-0,65/B}\right)^{1,05}}$$	$$B \equiv \frac{\dot{V}_G/D^2}{(g \cdot v)^{1/3}}$$	[94]
$$\frac{k_L \cdot a}{u_G} = \left(\frac{v^2}{g}\right)^{1/3} = 9,3 \cdot 10^{-5} \cdot \left[\frac{P_R}{V_{R,L} \cdot \rho_L \cdot g \cdot u_G}\right]^{0,7}$$	$V_{R,L} = 2 - 4400\ \text{l}$ $u_G = 0,0023 - 0,05\ \text{m/s}$	[86]
$$k_L \cdot a \left(\frac{v}{g^2}\right)^{1/3} = f\left[\frac{P_R}{V_{R,L} \cdot \rho_L \cdot (g4 \cdot v)^{1/3}}, \frac{u_G}{(g \cdot v)^{1/3}}, Sc, \sigma^*, S_i\right]$$	$Sc = \dfrac{v}{D}$ - Schmidtzahl $\sigma^* = \dfrac{\sigma}{\rho_L \cdot (g \cdot v^4)^{1/3}}$ S_i - Stoffkennzahl	[12]
$$k_L \cdot a \left(\frac{v}{g^2}\right)^{1/3} = A \left[\frac{P_R}{V_{R,L} \cdot \rho_L \cdot (g^4 \cdot v)^{1/3}}\right]^a \left[\frac{u_G}{(g \cdot v)^{1/3}}\right]^b$$	Wasser, wässrige Salzlösungen, Rührwerksreaktor	[12]
$$k_L \cdot a \left(\frac{v}{g^2}\right)^{1/3} = C \left[\frac{P_R}{V_{R,L} \cdot \rho_L \cdot g \cdot u_G}\right]^a$$	Wasser, wässrige Salzlösungen; $b \approx 1 - a$	[12]

Medium	$C \cdot 10^5$	a	η	u_G	$P_R/V_{R,L}$
	-	-	[mPa·s]	[m/h]	[kW/m³]
Wasser	7,6	0,43	1	2,4 - 64	0,01 - 16,3
wässrige Salzlösungen 6,7 g/l	7,2	0,68	1	4,2 - 17	0,15 - 16
wässrige Salzlösungen 16-36 g/l	8,3	0,71	1	4,3 - 64	0,23 - 18
wässrige Glucoselösung	9,0	0,7	12 – 267	-	-
Hirsebrei	2,65	0,7	1,3 – 70	7 - 28	0,23 - 2,2
wässrige CMC-Lösung	36	0,55	16 – 1500	8 - 68	0,06 - 6,2

m = 0,4 bis 0,82 (Gl. 2.151)

Im Vergleich zu Messungen im System Wasser/Luft findet man bei Systemen mit positiven Spreitungskoeffizienten größere und bei negativem Spreitungskoeffizienten kleinere Stoffübergangswerte [24]. Erklärt wird der Effekt dadurch, daß sich der Ölfilm im Falle des positiven Spreitungskoeffizienten an der Gas/Wassergrenzfläche wie oberflächenaktive Substanzen verhält und dadurch die spezifische Gas/Wasser-Grenzfläche er höht wird. Diese Aussagen bei negativem Spreitungskoeffizienten finden in der Literatur aber keineswegs uneingeschränkte Unterstützung [29, 17], während bei positivem Spreitungskoeffizienten Übereinstimmung herrscht. Möglicherweise kommen bei negativem Spreitungskoeffizienten noch andere Effekte zum Tragen, wie z.B. die Änderung des k_L-Wertes und die Tropfengrößenverteilung [17].

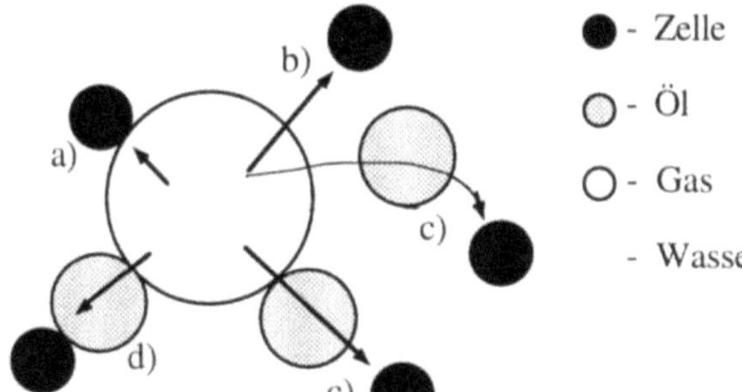

Abb. 2-24 Mögliche Sauerstofftransportwege in einem System mit zwei flüssigen Phasen [23].

Bei der Formulierung instationärer Stoffbilanzen für Sauerstoff in Systemen mit zwei flüssigen Phasen ergeben sich die Gleichungen aus der jeweils zugrunde gelegten Modellvorstellung [25]. Legt man die in Abb. 2-26 gezeigte Modellvorstellung zugrunde, so erhält man für die Sauerstoffbilanz in der Flüssigkeitsphase

$$\frac{dc_L}{dt} = k_L \cdot a \, (c_L{}^* - c_L) - \frac{\varphi_{\text{Öl}}}{\varphi_L} \frac{dc_{\text{Öl}}}{dt} \quad . \tag{2.90}$$

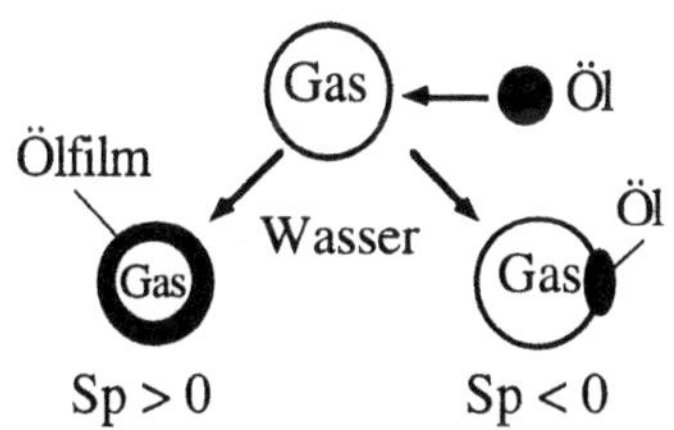

Abb. 2-25 Verhalten des Öltropfens an der Phasengrenze zwischen Gasblase und Wasser [23].

Der insgesamt eingetragene Sauerstoff ergibt sich demnach aus der Änderung der Gelöstsauerstoffkonzentration in der Ölphase. Unter der Voraussetzung, daß sich zwischen Öl und Wasser sehr rasch ein Gleichgewicht bezüglich der Sauerstoffkonzentration einstellt, kann die Änderung der Sauerstoffkonzentration in der Ölphase unter Verwendung des Henryschen Gesetzes substituiert werden:

$$c_L = \frac{H_{O_2}}{R \cdot T} c_{\text{Öl}} \quad . \tag{2.91}$$

Man erhält damit folgende Differentialgleichung:

$$\frac{dc_L}{dt} \left(1 + \frac{\varphi_{\text{Öl}}}{\varphi_L} \frac{H_{O_2}}{R \cdot T} \right) = k_L \cdot a \, (c_L{}^* - c_L) \quad . \tag{2.92}$$

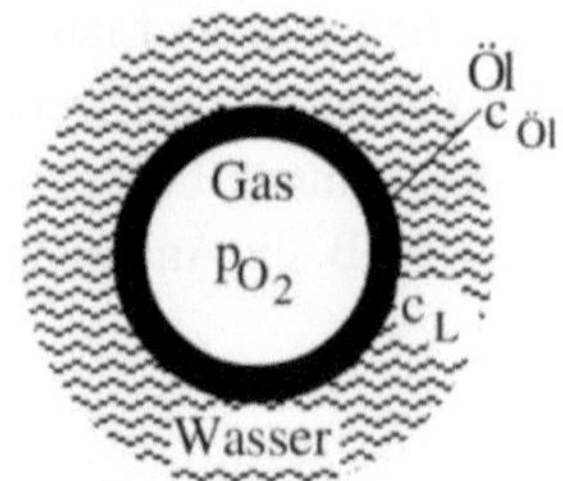

Abb. 2-26 Modellvorstellung und Massenbilanz des Sauerstoffes im Mehrphasensystem (Wasser - Öl - Sauerstoff). Es handelt sich dabei um ein System mit positivem Spreitungskoeffizienten (z.B. Sojaöl - Wasser - Luft [17]).

Gleichung 2.92 bringt zum Ausdruck, daß bei Verwendung der dynamischen Methode (vgl. Abschnitt 2.1.5.2) zur Bestimmung des $k_L a$-Wertes der gemessene Wert noch mit dem Klammerausdruck auf der linken Seite der Gleichung 2.92 multipliziert werden muß, also tatsächlich ein größerer Wert vorliegt.

Zur Berechnung des $k_L a$-Wertes muß im Mehrphasensystem der Ansatz nach Gleichung 2.84 erweitert werden. Für das System Wasser/Sojaöl wurde in diesem Zusammenhang die Korrelation

$$k_L \cdot a = 1{,}03 \cdot 10^{-4} \left(\frac{P}{V}\right)^{0,28} \cdot u_G^{\,0,24} \cdot \eta_{rep}^{\,-0,48} \cdot \varphi_{Öl}^{\,0,25} \tag{2.93}$$

gefunden, wobei η_{rep} die repräsentative Viskosität darstellt (vgl. Abschnitt 2.2.3).

2.1.5.2 Experimentelle Bestimmung des $k_L a$-Wertes

Man unterscheidet prinzipiell zwei Methoden zur Messung des spezifischen Sauerstofftransportkoeffizienten, nämlich die statische sowie die dynamische Methode. In Abb. 2-27 ist der statische Fall dargestellt. Wird in diesem Fall eine Mengenbilanz für den Stickstoff durchgeführt, dann erhält man für einen stationären Betriebszustand folgende Bilanzgleichung. Da Stickstoff inert ist, beteiligt er sich nicht an der Reaktion und somit muß er erhalten bleiben. Es gilt:

$$\frac{p^\alpha}{T^\alpha} \dot{V}_G^\alpha \cdot Y_{N_2}^\alpha = \dot{V}_G^\omega \cdot Y_{N_2}^\omega \frac{p^\omega}{T^\omega} \; . \tag{2.94}$$

Mit $\sum_{i=1}^{n} Y_i = 1$ folgt für Y_{N_2} sowohl für Ein- wie Ausgang, wenn außer Stickstoff nur noch Sauerstoff und Kohlendioxid im Gasstrom enthalten sind:

$$Y_{N_2}^i = 1 - Y_{O_2}^i - Y_{CO_2}^i \; . \tag{2.95}$$

Damit kann mit Gleichung 2.94 der Abgasstrom durch den Eingangsstrom ausgedrückt werden:

$$\dot{V}_G^\omega = \frac{p^\alpha \cdot T^\omega}{p^\omega \cdot T^\alpha} \, \dot{V}_G^\alpha \left(\frac{1 - Y_{O_2}^\alpha - Y_{CO_2}^\alpha}{1 - Y_{O_2}^\omega - Y_{CO_2}^\omega} \right). \tag{2.96}$$

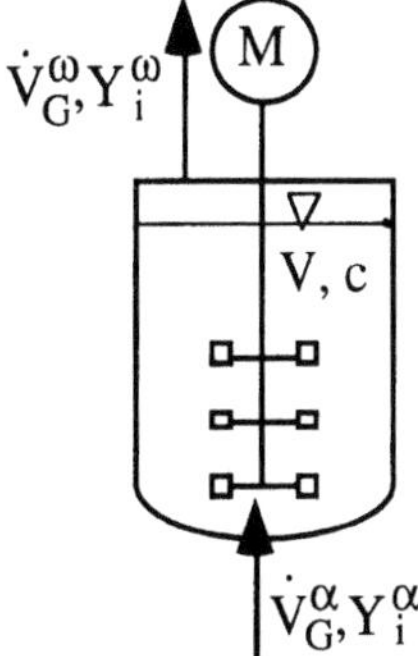

Abb. 2-27 Die Mengenbilanz für den inerten Stickstoff und den Sauerstoff liefert eine Bestimmungsgleichung für die Sauerstofftransferrate OTR und den spezifischen Sauerstofftransferkoeffizienten mit den Gleichungen 2.96, 2.97 und durch Umstellen der Gleichung 2.70:

$$k_L \cdot a = \frac{OTR}{(c_L^* - c_L)}.$$

Die Sauerstoffbilanz bei stationären Bedingungen ($dc_L/dt = 0$) und bezogen auf das Reaktionsvolumen $V_{R,L}$ liefert schließlich die spezifische Sauerstoffaufnahmerate (OTR)

$$OTR = \frac{1}{V_{R,L} \cdot V_{M,n}} \left[\frac{p^\alpha}{T^\alpha} \, \dot{V}_G^\alpha \cdot Y_{O_2}^\alpha - \frac{p^\omega}{T^\omega} \, \dot{V}_G^\omega \cdot Y_{O_2}^\omega \right] \tag{2.97}$$

und mit Gleichung 2.96 die Bestimmungsgleichung für die Sauerstofftransferrate

$$OTR = \frac{1}{V_{R,L} \cdot V_{M,n}} \cdot \dot{V}_G^\alpha \cdot \left[\frac{p^\alpha}{T^\alpha} \, Y_{O_2}^\alpha - \frac{1 - Y_{O_2}^\alpha - Y_{CO_2}^\alpha}{1 - Y_{O_2}^\omega - Y_{CO_2}^\omega} \, \frac{p^\omega}{T^\omega} \, Y_{O_2}^\omega \right]. \tag{2.98}$$

Damit läßt sich nun durch Umstellen der Gleichung 2.70 der spezifische Sauerstofftransportkoeffizient bestimmen (vgl. Abb. 2-27).

Bei der dynamischen Methode wird zunächst der Sauerstoff aus dem Medium verdrängt. Das geschieht vorzugsweise, indem man mit Stickstoff begast, bis die Sauerstoffsonde keine Veränderung mehr nach unten anzeigt; das entspricht dem sogenannten Nullwert (Eichung des Nullpunktes). Danach beginnt man bei bestimmtem Leistungseintrag (Rührerdrehzahl) mit der gewünschten Begasungsrate (Luft) q [vvm] ; bzw. u_G[m/s] Sauerstoff einzutragen. Die Sauerstoffsonde sollte dann ein Signal liefern, dessen Verlauf in Abb. 2-28 dargestellt ist und einer e-Funktion entspricht. Da aber Verzögerungen, hervorgerufen durch den Gas-hold-up, den Diffusionswiderstand durch die Grenzschicht und die Membran der Elektrode sowie die Elektrodenansprechzeit, auftreten, weicht der reale Verlauf in der Anfangsphase vom Verlauf einer e-Funktion ab und gestaltet sich wie in Abb. 2-29 dargestellt.

Vernachlässigt man diese Verzögerungen, dann läßt sich der zeitliche Konzentrationsverlauf durch

$$dc/dt = k_L \cdot a \cdot \Delta c \tag{2.99}$$

beschreiben. Mit $\Delta c = c_\infty - c$ und anschließender Integration läßt sich diese Gleichung in folgende Darstellung umformen:

$$c/c_\infty = 1 - \exp(k_L \cdot a \cdot t) \ . \tag{2.100}$$

Mit dieser Gleichung ist es nun möglich, aus den aufgenommenen Sättigungskurven den $k_L a$-Wert zu berechnen.

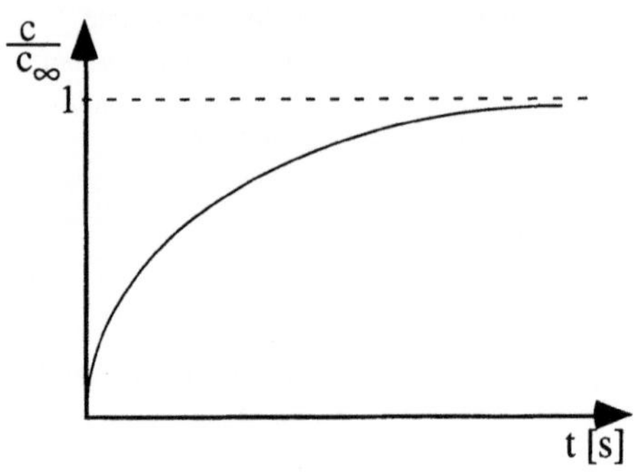

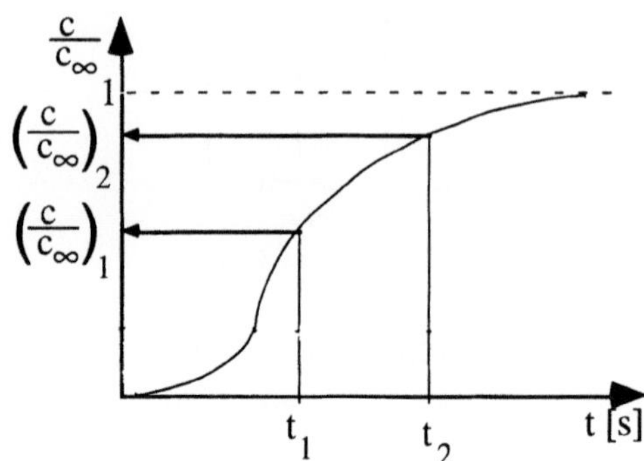

Abb. 2-28 Exponentieller Verlauf.   **Abb. 2-29** Verlauf mit Verzögerung.

Dazu benötigt man zwei Punkte aus der Kurve (Abb. 2-29); z.B. $(c/c_\infty)_1$ und $(c/c_\infty)_2$. Man erhält die beiden Beziehungen

$$(c/c_\infty)_1 = 1 - \exp(k_L \cdot a \cdot t_1) \ , \tag{2.101}$$

$$(c/c_\infty)_2 = 1 - \exp(k_L \cdot a \cdot t_2) \tag{2.102}$$

und durch entsprechende Umformungen erhält man schließlich eine Gleichung zur Berechnung des $k_L a$-Wertes

$$k_L \cdot a = \frac{\ln \dfrac{[1 - (\frac{c}{c_\infty})_1]}{[1 - (\frac{c}{c_\infty})_2]}}{t_2 - t_1} \ . \tag{2.103}$$

Diese einfache Auswertung der dynamischen $k_L \cdot a$-Bestimmungsmethode vernachlässigt die Gasphasen- und Sondendynamik (vgl. Abschnitt 8.1) und zudem setzt sie eine vollkommene Rückvermischung der Gasphase voraus. Diese Methode kann also zumindest bei größeren Reaktoren zu großen Fehlern führen. Die vollständige Beschreibung erfordert Bilanzen der Gasphase, der Flüssigkeitsphase und der Sauerstoffsonde [109].

Neben den beiden erwähnten Methoden zur Bestimmung des Sauerstofftransportes findet vor allem in der chemischen Reaktionstechnik auch die Natriumsulfit-Methode Anwendung. Diese Methode beruht auf der Oxidation von Natriumsulfit durch gelösten Sauerstoff in Gegenwart von 10^{-3} M Cu^{2+}- oder Co^{2+}-Ionen als Katalysator

$$Na_2SO_3 + 1/2\ O_2 \xrightarrow{Co^{2+}} Na_2SO_4 \qquad (2.104)$$

Die Reaktion verläuft sehr schnell. Bei Na-Sulfitüberschuß ist die O_2-Konzentration in Lösung gleich Null und der O_2-Transfer aus der Gasphase in die Lösung der geschwindigkeitsbestimmende Schritt. Nichtumgesetztes Natriumsulfit wird iodometrisch bestimmt. Werden im zeitlichen Abstand zwei Bestimmungen durchgeführt, kann aus der Sulfitabnahme pro Zeiteinheit die Sauerstoffaufnahme berechnet werden. Die Katalysatorkonzentration spielt dabei eine wichtige Rolle. Um den k_La-Wert zu bestimmen, benutzt man niedrige Konzentrationen, weil der Stoffstrom geschwindigkeitsbestimmend ist. Hohe Katalysatorkonzentrationen führen zum reaktionsbestimmenden Zustand [35]. Im biologischen System ist aufgrund des Eingriffes in die Mediumszusammensetzung diese Methode nicht anwendbar.

2.1.5.3 Ergebnisse von k_La-Wertbestimmungen

In Abb. 2-30 sind die Ergebnisse einer k_La-Wertbestimmung von verschiedenen Gruppen in einem 2 l-Bioreaktor, im Medium „Trinkwasser", gemessen nach der dynamischen Methode gegenübergestellt.

Es wurden dabei Begasungsraten zwischen 0,1 und 2 vvm eingestellt. Der k_La-Wert wurde wieder über dem der Leistungdichte proportionalen Wert gemäß Gleichung 2.29 aufgetragen [10].

Aus den gewonnenen Daten läßt sich die Korrelationsgleichung

$$k_La \ = 0,01 \cdot \left(\frac{P_R}{V_{R,L}}\right)^{0,55} \cdot u_G^{0,43} \qquad (2.105)$$

gewinnen. Gleichung 2.105 gibt dem Modellvorschlag [12] recht, denn die Summe der Exponenten a und b ergeben annähernd den Wert 1 (vgl. Gleichung 2.84).

Die sogenannte Sorptionscharakteristik erlaubt, das Stoffübergangsverhalten dimensionslos darzustellen. Die Kurve zeigt, daß die Sauerstofftransferrate nicht vom System, sondern nur vom Leistungseintrag, sowie der Gasleerrohrgeschwindigkeit abhängt (Abb. 2-31).

Die Gasleerrohrgeschwindigkeit, die in den Gleichungen 2.81, 2.84, 2.86, 2.87 und 2.105, sowie in der Abb. 2-31 zur Darstellung des Stoffübergangs benutzt wurde, hat sich in der Verfahrenstechnik als charakteristische Größe im Zusammenhang mit dem Stofftransport erwiesen. Sie ist definiert als Geschwindigkeit, die der Gasstrom durch den leeren Reaktor einnehmen würde. Mathematisch also

$$u_G = \frac{\dot{V}_G}{A} \; . \tag{2.106}$$

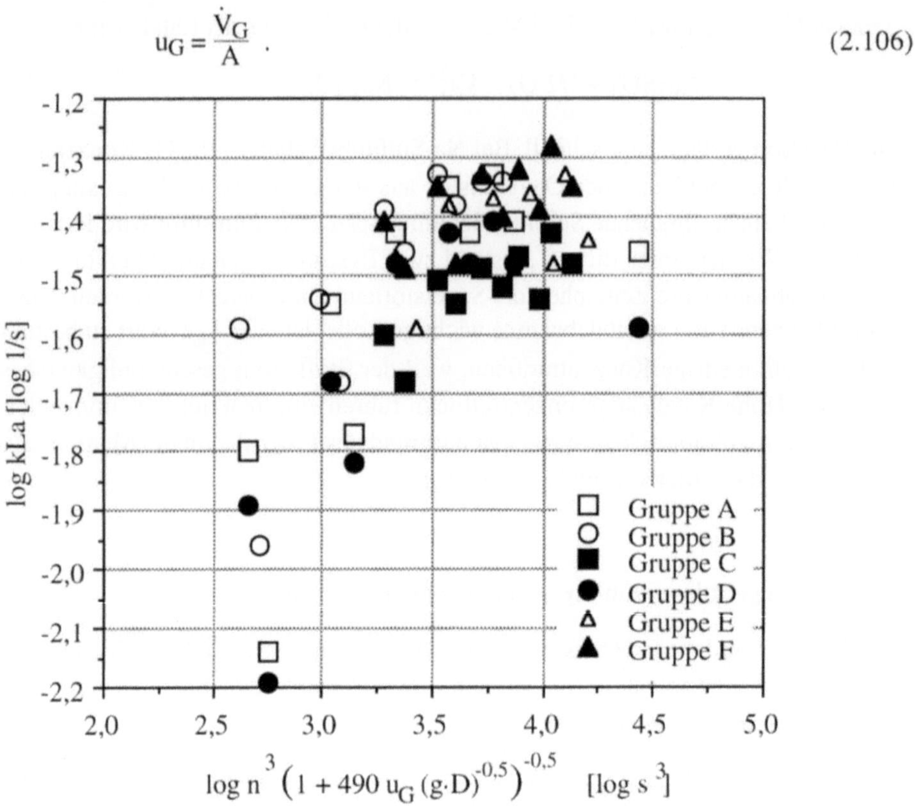

$$\log n^3 \left(1 + 490\, u_G\, (g \cdot D)^{-0,5}\right)^{-0,5} \quad [\log s^{-3}]$$

Abb. 2-30 Ergebnisse der k_La-Wertbestimmung in einem 2 l-Bioreaktor im Medium „Trink-wasser" nach der dynamischen Methode. Die einzelnen Gruppen variierten die Begasungsrate zwischen 0,1 und 2,0 vvm [10].

Betrachtet man den Reaktorinhalt als zylindrischen Körper (Abb. 2-32), so läßt sich weiter formulieren

$$\dot{V}_G = \frac{q}{60} \cdot V_{R,L} = \frac{q}{60} \frac{D^2 \cdot \pi}{4} H = \frac{q}{60} \cdot A \cdot H \tag{2.107}$$

und damit

$$u_G = \frac{q}{60} H = \frac{q}{60} \sqrt[3]{\frac{4 \cdot V_{R,L} \cdot f_S^2}{\pi}} \; . \tag{2.108}$$

Die Gasleerrohrgeschwindigkeit wird auf die gegebenen Bedingungen bezogen. Somit gilt allgemein:

$$u_G = \frac{22,4 \cdot \dot{n} \cdot p_n \cdot T}{A \cdot T_n \cdot p} \; . \tag{2.109}$$

Führt man für den Molstrom (Teilchenstrom) $\dot{n}$ gemäß der allgemeinen Gasgleichung

$$\dot{n} = \frac{\dot{V}_G \cdot p}{R \cdot T} \tag{2.110}$$

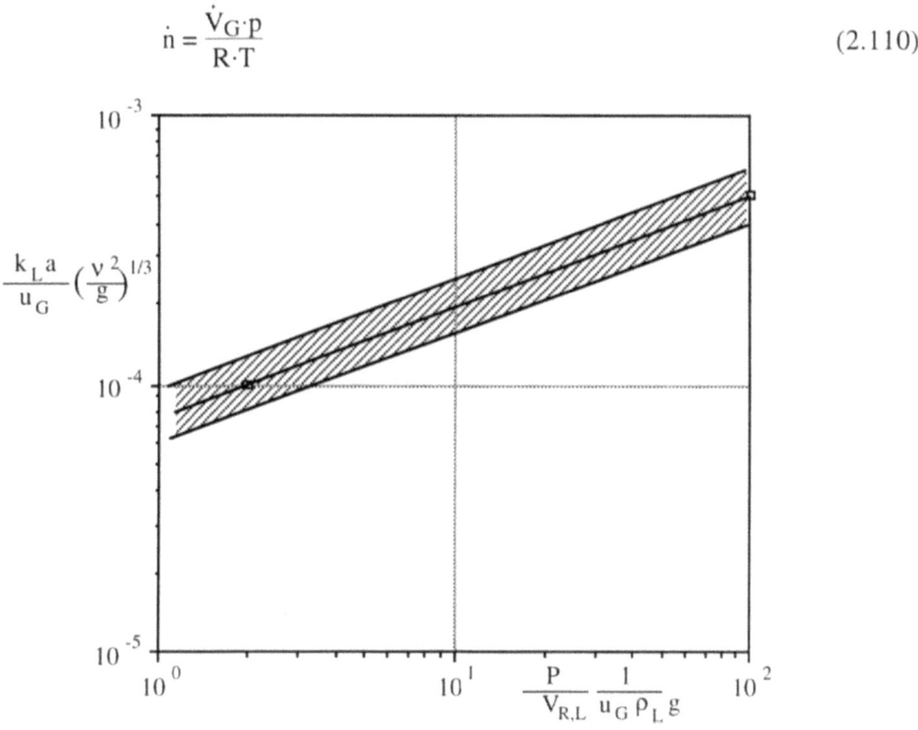

Abb. 2-31 Sorptionscharakteristik [12].

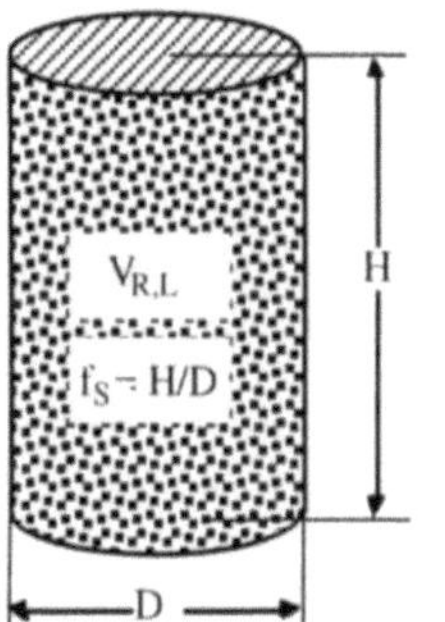

Abb. 2-32 Näherungsweise, zylindrische Darstellung des Flüssig-Reaktionsvolumens $V_{R,L}$. Das Flüssig-Reaktionsvolumen kann wie folgt berechnet werden (vgl. Gleichung 9.2a):

$$V_{R,L} = \frac{K \cdot f_K}{BST \cdot RZA_B \cdot \alpha} \ .$$

ein und faßt die Normbedingungen $T_n = 273$ K und $p_n = 1013$ mbar, die universelle Gaskonstante $R = 8{,}314 \ \frac{J}{mol \cdot K}$, den Zeitumrechnungsfaktor (1/60) sowie das Molvolumen bei Normbedingungen (22,4 m^3/kmol) zu einer Konstante zusammen, so erhält man

$$u_G = 18{,}1 \cdot 10^{-3} \cdot q \cdot \sqrt[3]{V_{R,L} \cdot f_S^2} \ . \tag{2.111}$$

2.1.6 Wärmetransport aus dem Bioreaktor

Aerobe aber auch viele anaerobe biotechnologische Reaktionen laufen stets exotherm ab. Die Reaktionswärme pro gebildeter Produktmenge ist oft sehr hoch (vgl. Abschnitt 1.2; Tabelle 1-1; Abb. 1-11). Die Reaktionswärme $\dot{Q}_R$ läßt sich mit der Reaktionsenthalpie ΔH_R wie folgt berechnen:

$$\dot{Q}_R = \frac{dP}{dt} \cdot (-\Delta H_R) \cdot V_{R,L} = RZA(t) \cdot (-\Delta H_R) \cdot V_{R,L} \,, \qquad (2.112)$$

oder spezifisch

$$\dot{q}_R = \frac{dP}{dt} \cdot (-\Delta H_R) = RZA(t) \cdot (-\Delta H_R) \,, \qquad (2.113)$$

wobei RZA(t) bzw. dP/dt die augenblickliche Raumzeitausbeute bzw. Reaktionsgeschwindigkeit darstellen.

Für aerobe Prozesse, die nicht sauerstofflimitiert sind, läßt sich über den Sauerstoffverbrauch die Reaktionswärme abschätzen. Die abgegebene Wärme beträgt 440 bis 500 kJ pro mol verbrauchtem Sauerstoff.

Neben den Beispielen für Reaktionswärmen biotechnologischer Reaktionen in Tabelle 1-1 sind noch weitere in Tabelle 2-7 aufgeführt [103].

Tabelle 2-7 Daten von verschiedenen Fermentationsprozessen [103].

Produkt	Belüftung [vvh]	Leistung [kW/m^3]	Temperatur [°C]	Wärme $[\frac{MJ}{h \cdot m^3}]$	Dauer [h]
Penicillin G	30	4	25	40	180
Penicillin V	30	4	25	40	180
Streptomycin	30	4	28	37	240
Erythromycin	40	4	34	34	150
Tetracyclin	50	2	28-25	34	170
Vitamin B$_{12}$	10	1		25	96
Amylase	20	2	30-37	30	160
SCP	60	2,5	40	150	kontin.

Der zeitliche Wärmeanfall ist im Vergleich zu chemischen Reaktionen niedrig. Das Wärmetransportproblem entsteht mit steigendem Reaktionsvolumen, da sehr häufig große Reaktoren erforderlich werden. Setzt man geometrische Ähnlichkeit voraus, dann gestaltet sich mit zunehmendem Volumen das Verhältnis von Wärmeaustauschflächen zum Reaktionsvolumen immer ungünstiger. Während die Wärmeentwicklung im Volumen stattfindet, also

$$\dot{Q}_{zu} \sim V_R \sim l^3 \ , \tag{2.114}$$

kann die Wärme nur über Flächen (Reaktormantelflächen) abgeführt werden. Es gilt also

$$\dot{Q}_{ab} \sim A_R \sim l^2 \ . \tag{2.115}$$

Das Verhältnis

$$\frac{\dot{Q}_{ab}}{\dot{Q}_{zu}} \sim \frac{1}{l} \tag{2.116}$$

verschlechtert sich mit dem linearen Maßstabsfaktor. Deshalb müssen in der Regel bei der Maßstabsvergrößerung zusätzliche Wärmeaustauschflächen eingeführt werden (vgl. Abschnitte 5.5 und 9.4).

Um die resultierende Wärmemenge, die letztendlich abgeführt werden muß, zu ermitteln, bedarf es einer Wärmebilanz (vgl. Abschnitt 8.1.8, Abb. 8-7). Diese berücksichtigt neben der Reaktionswärme auch den Energieeintrag (Rührwerk, Begasung, Pumpen,...), Verlustwärmen, Enthalpiedifferenzen zwischen zu- und abfließenden Medien (auch indirekte, wie Kühlmedien und Heizmedien). Die Expansionsleistung des Gases entzieht dabei dem Reaktor Wärme. Die abzuführende resultierende Wärmemenge $\dot{Q}_{ab,res}$ wird über die Wärmeaustauschfläche A abgeführt:

$$\dot{Q}_{ab,res} = k \cdot A \cdot (T_R - T_{KM}) \ . \tag{2.117}$$

Der Wärmedurchgangskoeffizient k (Abb. 2-33)

$$k = \frac{1}{\dfrac{1}{\alpha_R} + \sum \dfrac{\delta}{\lambda} + \dfrac{1}{\alpha_{KM}}} \tag{2.118}$$

kann durch die Strömungsverhältnisse (Wärmeübergangskoeffizient α = f(Re), Gleichungen 2.119 und 2.120) im Reaktor und im Kühlmedium sowie durch Material (Wärmeleitkoeffizient λ) und Wandstärken (δ) in Grenzen beeinflußt werden. Der Einfluß ist aber maßstabsunabhängig. Die Temperaturdifferenz zwischen Reaktionsraum und dem Kühlmedium ist nur in Grenzen veränderbar. Eine Temperaturdifferenz von 10 °C zwischen Reaktionsraum und innerer Wandoberfläche ist ein praktischer Anhaltswert ($T_R - T_{KM}$ = 10 °C; vgl. Abb. 2-33).

Für den Wärmeübergangskoeffizienten α_R läßt sich in Form der Nusseltzahl Nu_R die Korrelationsgleichung 2.119 [12] angeben (gültig für Re = 10 ... 10^5):

$$\mathrm{Nu_R} \equiv \frac{\alpha_R \cdot D}{\delta_R} = C \cdot \mathrm{Re}^{2/3}\, \mathrm{Pr}^{1/3} \left(\frac{\eta_{L,R}}{\eta_{L,RW}}\right)^{0,14} . \tag{2.119}$$

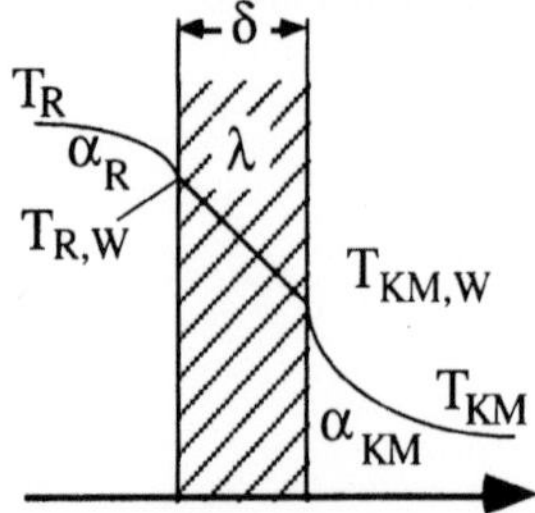

Abb. 2-33 Wärmedurchgang. Dem Wärmetransport aus einem Bioreaktor setzen sich drei Widerstände entgegen. Zunächst erfolgt ein Wärmeübergang vom Mediumskern zur Wärmeaustauschoberfläche, dann eine Wärmeleitung durch die Reaktorwand und letztendlich ein Wärmeübergang von der Außenseite der Wand zum Kühlmedium.

Die Konstante C nimmt Werte zwischen 0,5 und 0,75 an. Der letzte Term in Gleichung 2.119 berücksichtigt die Unterschiede in der dynamischen Viskosität aufgrund des Temperaturunterschiedes zwischen Reaktorkern und Reaktoroberfläche (vgl. Abb. 2-33). Die Wandstärken liegen im mm-Bereich ($\delta \approx 3 \dots 10$ mm) und der Wärmeleitkoeffizient von Stahl (λ) liegt im Bereich von 50 $\frac{W}{m^2 \cdot K}$. Für den Wärmeübergang im Kühlmedium lassen sich ebenfalls Gleichungen angeben (z.B. in Rohren) [107]:

$$\mathrm{Nu} = 0,037 \left[1 + \left(\frac{d}{L}\right)^{2/3}\right] \left[\mathrm{Re}^{0,75} - 180\right] \mathrm{Pr}^{0,42} \left(\frac{\eta_{L,R}}{\eta_{L,RW}}\right)^{0,14} . \tag{2.120}$$

Der Wärmeübergang von kondensierendem Dampf ist um den Faktor 2 bis 3 höher als bei strömender Flüssigkeit.

In der Praxis beeinflussen Beläge und Ablagerungen (Fouling) die Wärmeübertragungssituation oft gewaltig. Zur Abschätzung der vorliegenden Situation verwendet man deshalb häufig Faustwerte für den k-Wert (z.B. 500 bis 1000 $\frac{W}{m^2 \cdot K}$).

2.2 Sekundäraufgaben

Sind nur Primäraufgaben zu erfüllen, so dürften diese bei erforderlicher Energiedissipation immer vom preisgünstigsten Reaktor erfüllt werden können, sofern er in der Lage ist, die erforderliche Energiedissipation $P/V_{R,L}$ aufzubringen (vgl. Abb. 9-3).

Häufig kommen besonders in biotechnischen Prozessen allerdings auch Sekundäraufgaben hinzu, die vom Mikroorganismus und vom Medium geprägt werden und das eigentliche „Kopfzerbrechen" bereiten. Sie sind demnach nicht weniger wichtig als die Primäraufgaben. Die Problematik besteht in der Hauptsache darin, daß solche Größen wie Scherempfindlichkeit, Schaumbildung und veränderliche Stoffdaten (Rheologie) noch nicht richtig bestimmbar sind. Vor allem trifft das auf die Auswahl einer geeigneten Scherrate bzw. Zerkleinerungswirkung zu. Es läßt sich kaum feststellen, wann ein

Mikroorganismus zu wenig und wann zu viel geschert wird. Wie später noch gezeigt werden wird, gibt es durchaus Situationen, wo die Scherung von Mikroorganismen zu positiven Reaktionsergebnissen führen kann. Ist eines dieser angeführten Sekundärprobleme erkannt, so läßt sich der Scherempfindlichkeit u.U. durch die Anpassung geeigneter örtlicher Energiedichten (Abschnitt 2.3), der Schaumbildung durch konstruktive Maßnahmen (Abschnitte 5.3.2 und 3.4.3) und den veränderlichen Stoffdaten durch Anpassung des Reaktors über den gesamten Bereich hinweg begegnen.

Um die Problematik der Sekundäraufgaben, die die eigentlichen reaktorbestimmenden Randbedingungen darstellen, aufzeigen zu können, soll auf diese Punkte noch näher eingegangen werden.

2.2.1 Scherkräfte und Scherraten

Das Hauptproblem bei der Durchführung von technischen Fermentationen im Bioreaktor ist dabei, eine ausreichende Versorgung der Mikroorganismen mit Nährstoffen und Sauerstoff zu gewährleisten. Dafür müssen über entsprechende Einrichtungen hohe Energiedichten in das Nährmedium eingetragen werden, um die notwendigen Stofftransportkoeffizienten zu erreichen (Abschnitt 2.1.5). Die erforderlich hohen Energiedichten, um die physikalischen Voraussetzungen für die Versorgung der Mikroorganismen zu erreichen, lassen sich aber häufig nicht mit der Physiologie der Mikroorganismen in Einklang bringen. Die mechanischen Belastungen der Mikroorganismen können zu Zellschädigungen bis hin zur Zerstörung der Zellen führen, was sich auf den angestrebten Reaktionsverlauf nachteilig auswirken kann.

In der Bioverfahrenstechnik kommt es häufig vor, daß unerwartete Reaktionsverläufe zunächst nicht sofort erklärbar sind. Liegt dann im betreffenden Reaktor noch ein sehr turbulentes „Treiben" vor, weil es vom Stofftransfer so gefordert wird, dann werden nicht selten die „Scherkräfte" als mögliche Ursache für das schlechtere Reaktionsergebnis genannt. Diese globale Aussage kann aber nicht konkret erfaßt werden, und es läßt sich auch so schon sehr schnell einsehen, daß eine einzige Größe, die sogenannte „Scherkraft", wie die Schubspannung in diesem Zusammenhang meist genannt wird (vgl. Gleichungen 2.123, 2.124), als Ursache für die Auswirkung von mechanischen Belastungen auf die Leistungsfähigkeit von Mikroorganismen nicht alleine verantwortlich gemacht werden kann (Abb. 2-34). Vielmehr ist leicht einzusehen, daß es neben der Größe einer Scherkraft von entscheidender Bedeutung ist, wie lange ein Mikroorganismus sich in einem Scherfeld aufhält, wie häufig er in ein solches Feld gerät und welche mechanischen Eigenschaften der Mikroorganismus selbst den Einwirkungen entgegenzusetzen hat, oder ob sogar Reparaturmechanismen existieren. Als weitere Einflußgröße ist das Größenverhältnis der energietragenden und energiedissipierenden Wirbel zum Mikroorganismus erkannt worden. Daraus läßt sich eine Ereigniskennziffer

$$E = \frac{\text{Scherung x Dauer x Häufigkeit}}{\text{Widerstand x (Wirbel-/Partikeldurchmesser)}} \qquad (2.121)$$

bzw.
$$E = \frac{(dw/dx)\cdot(v + \varepsilon_t)\cdot t\cdot f}{\sigma\cdot f(\eta/d_P)} \qquad (2.122)$$

formulieren, die zum Ausdruck bringt, daß nicht allein ein einziger Parameter, die sogenannte „Scherung", verantwortlich für die Auswirkung mechanischer Belastungen auf Mikroorganismen gemacht werden kann.

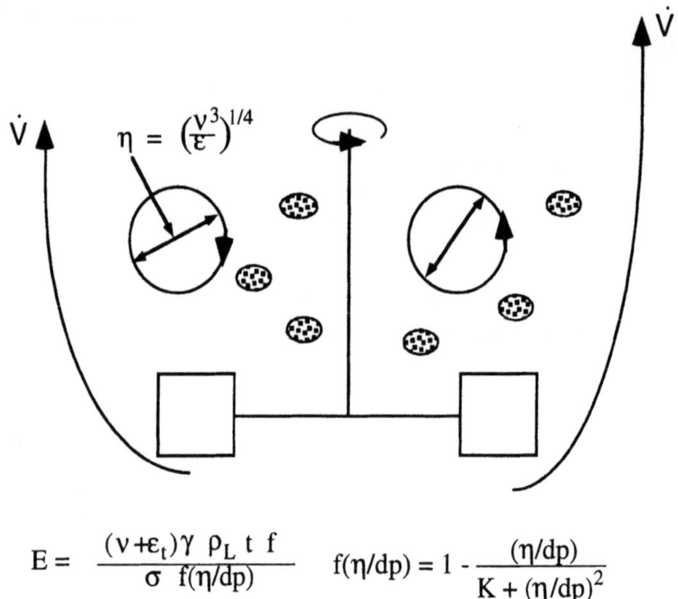

Abb. 2-34 Darstellung der Kolmogorow-Wirbel- und der Zellgröße.

Nach Newton ist die Schubspannung (Scherkraft, molekulare Impulsstromdichte [8]) τ_l für laminare Strömungen wie folgt definiert :

$$\tau_l = v\cdot\rho\cdot\frac{\partial w}{\partial z}\ . \qquad (2.123)$$

Darin bedeuten v den molekularen Ausgleichskoeffizienten des Impulses, $v\cdot\rho$ den molekularen Transportkoeffizienten des Impulses und $\partial w/\partial y$ den Geschwindigkeitsgradienten, die sogenannte Schergeschwindigkeit. Die Gültigkeit des Newtonschen Ansatzes ist auf laminar strömende Fluide und sogenannte Newtonsche Fluide (Abschnitt 2.2.3) beschränkt. Da aber in den überwiegenden Bioprozessen (vielleicht einige wenige hochviskose Systeme ausgenommen) immer turbulente Strömung und in viskosen Systemen nicht-newtonsches Verhalten vorliegt, muß dieser Ansatz auf turbulente Strömungen erweitert werden. Im turbulenten Falle gilt für die Impulsstromdichte:

$$\tau_t = \rho \cdot (\nu + \varepsilon_t) \cdot \frac{\partial w}{\partial z} \ . \tag{2.124}$$

Hierin stellt nun ε_t den turbulenten Ausgleichskoeffizienten des Impulses und $\rho \cdot \varepsilon_t$ den turbulenten Transportkoeffizienten des Impulses dar [8].

Bei hohen Turbulenzen ist der molekulare Ausgleichskoeffizienten des Impulses im Vergleich zum turbulenten Ausgleichskoeffizienten zu vernachlässigen, d.h., um die Größe „Scherkraft" als Beurteilung einer mechanischen Belastung heranziehen zu können, muß der turbulente Transportkoeffizient des Impulses bekannt sein. Die Bestimmung dieses Koeffizienten ist aber weit schwieriger als die Bestimmung von ν. Für den turbulenten Ausgleichskoeffizienten des Impulses existiert folgender Ansatz[8]:

$$\varepsilon_t = l^2 \cdot \left| \frac{dw}{dz} \right| \ . \tag{2.125}$$

Darin ist l die mittlere Weglänge, die die durch Energieeintrag erzeugten Wirbel bis zu ihrem Verschwinden zurücklegen (vgl. Seite 68; Abb. 2-36).

Zu den erkannten Einflußgrößen auf die mechanische Belastung gehört das Größenverhältnis Wirbel/Mikroorganismus. Um den Einfluß dieses Parameters zu veranschaulichen, ist folgende Überlegung nützlich [14]: In einer turbulenten Strömung verstärken Instabilitäten in der Hauptströmung existierende Streuungen und produzieren primäre Wirbel, welche eine Wellenlänge oder eine Abmessung (Durchmesser) besitzen, die ähnlich der der Hauptströmung ist. Die großen primären Wirbel sind ebenso instabil und zerbrechen in kleinere und wieder kleinere Wirbel, bis alle ihre Energie durch Reibungsströmung dissipiert haben (Abb. 2-36).

Ist die Reynoldszahl in der Hauptströmung hoch, dann steckt die gesamte kinetische Energie in den großen Wirbeln, aber nahezu die gesamte Dissipation erfolgt in den kleineren Wirbeln. Wenn der Maßstab der Hauptströmung groß im Vergleich zu dem der energietragenden (-verteilenden) Wirbel mit der Abmessung η ist, dann existiert ein weites Spektrum einer Wechseloszillation oder -wirbel, welche die Energie behalten und deshalb nur wenig der Gesamtenergie dissipieren. Diese Wirbel transferieren kinetische Energie von großen zu kleinen Wirbeln, und weil der Transfer in unterschiedlichen Richtungen erfolgt, geht die Information über die Richtung der großen Wirbel verloren. Daraus kann geschlossen werden, daß alle Wirbel, die kleiner als die primären sind, statistisch komplett unabhängig von ihnen sind. Die einzige verbleibende Information, die die kleinen Wirbel von den großen noch besitzen, ist die Summe der kinetischen Energie, die sie weitergeben.

Wenn die Hauptströmung zeitunabhängig ist, dann lassen sich die statistischen Eigenschaften jeder Oszillation in viel kleineren Maßstäben als der Hauptströmung durch das Verhältnis aus örtlichem Energieeintrag zur Masseneinheit abschätzen. Die Geschwindigkeit eines Punktes in einer turbulenten Flüssigkeit ist normalerweise relativ zu einem fixierten Koordinatensystem definiert. Der Ausschlag der Fluktuation von Komponenten ist definiert als $\bar{u}^2$, $\bar{v}^2$, $\bar{w}^2$. Isotrope Turbulenz ist definiert durch $\bar{u}^2 = \bar{v}^2 = \bar{w}^2$, allerdings sind die meisten praktischen Fälle nicht isotrop, was die mathematische Behandlung komplizierter macht. Für Rührwerksreaktoren kann ab einer Reynoldszahl von Re > 10^4 annähhrend isotrope Turbulenz angenommen werden (bei Begasung muß allerdings n > $n_{ü}$ gelten). In Blasensäulen sind die Verhältnisse noch schwieriger zu erfassen [100].

Kolmogorow umging diese Schwierigkeiten, indem er annahm, daß Isotropie vorliegt, wenn das betrachtete Volumen klein genug im Vergleich zum Maßstab der Hauptströmung L ist. Wenn r_1 und r_2 zwei Punkte in diesem kleinen Volumen sind und r ist der Radiusvektor r_1, r_2, dann kann eine Relativgeschwindigkeit $\bar{u}(r)$ wie folgt definiert werden:

$$\bar{u}^2(r) = \overline{[u(r_1) - u(r_2)]}^2. \qquad (2.126)$$

Alle Wirbel, die viel größer als r sind, tragen nur einen kleinen Teil zu $\bar{u}^2(r)$ bei; deshalb ist $\bar{u}^2(r)$ hauptsächlich durch die kleinen Wirbel bestimmt, welche statistisch gesehen unabhängig von der Hauptströmung sind.

Für r<<L ist $\bar{u}^2(r)$ hauptsächlich eine Funktion der Leistungdichte ε und der kinematischen Viskosität ν. $\bar{u}^2(r)$ ist auch unabhängig von der Richtung des Radiusvektors r für kleine Werte von ν.

Kolomogorow schloß weiter, wenn r viel größer als der Maßstab η der energietragenden Wirbel, aber weiterhin signifikant klein in Bezug auf die Hauptströmung ist, dann ist $\bar{u}^2(r)$ unabhängig von ν und deshalb nur eine Funktion von ε. Der Durchmesser der energiedissipierenden Wirbel η ist definiert als der Maßstab der Wirbel mit Re=1, die ein Maximum an Dissipationseigenschaften besitzen. Anhand der Definition der Reynoldszahl läßt sich dies veranschaulichen:

$$Re = \frac{\text{Trägheitskräfte}}{\text{Reibungskräfte}} = \frac{l \cdot dA \cdot \rho \cdot dw/dt}{\rho \cdot \nu \; dw/dl \cdot dA} = \frac{w \cdot l}{\nu} \; . \qquad (2.127)$$

Über die Dimensionsanalyse erhält man einige einfache Zusammenhänge zwischen $\bar{u}^2(r)$, ε und ν. Für L >> r >> η gilt

$$\bar{u}^2(r) = C_1 \cdot \varepsilon^{2/3} \cdot r^{2/3}. \qquad (2.128)$$

Für r << η, wo die Unabhängigkeit von ν nicht mehr gilt, erhält man

$$\bar{u}^2(r) \; = C_2 \frac{\varepsilon}{\nu} \cdot r^2 \; . \tag{2.129}$$

Ebenso gilt dann

$$\eta = \left(\frac{\nu^3}{\varepsilon}\right)^{1/4}, \tag{2.130}$$

was experimentell bestätigt werden kann [14].

Strömungen in Rührwerksreaktoren sind definitiv nicht isotrop, aber Isotropie der Hauptströmung ist nicht Voraussetzung für eine lokale Isotropie. Kolmogorow machte nur zwei Annahmen für die lokale Isotropie: Eine hohe Reynoldszahl der Hauptströmung (Re $\rightarrow \infty$) und L >> η. Beide Bedingungen treten in Rührwerksbehältern auf, wo Reynoldszahlen von Re > 100.000 üblich sind und L in der Regel sehr groß ist. L ist in etwa gegeben durch die Rührerabmessungen. Für Wasser und einen Energieeintrag von etwa 2 kW pro 1000 Liter (2 W/kg) ergibt sich nach Gleichung 2.130 ein Mittelwert für η von 25 µm. Daraus errechnet sich bereits für einen Rührerdurchmesser von 5 cm, das läge in einem 2 - 5 -Liter-Reaktor bereits vor, ein L/η von 2000. Das wäre groß genug, um lokale Isotropie annehmen zu können.

Scherbelastungen auf Mikroorganismen müssen für biotechnologische Prozesse nicht immer nur nachteilig sein. Pilzkulturen, die myzelartig zu Pellets oder gar zu Klumpen wachsen, laufen schnell Gefahr, daß das Innere dieser Zellverbände mit Sauerstoff und Substrat unterversorgt ist. Das führt u.U. zur Zellyse (Absterben der Zellen) und damit zumindest zu einer Erniedrigung der spezifischen Aktivität und damit zu einer Nebenproduktbildung. In diesen Fällen läßt sich über angemessene Scherbelastungen die Bildung der Pellets steuern und der Prozeß optimieren. Als Beispiel kann die Essigsäureproduktion mit dem Pilz Aspergillus niger angeführt werden. Dieser Prozeß wird über die Entwicklung der Morphologie gesteuert.

Für ein Modell zur Beschreibung der morphologischen Entwicklung von Pilzen als eine Funktion von Scherstreß in Bioreaktoren spielen folgende Elemente eine Rolle [19]: Hyphenwachstumsgeschwindigkeit, Verzweigung der Hyphen, Dispergierung (Abbrechen) der Hyphen infolge von Scherstreß und die Widerstandsfähigkeit der Hyphen (vgl. dazu auch Gleichung 2.122 und Abschnitt 7.5).

Die Wirbel infolge der Turbulenz sind, wie schon gezeigt, verantwortlich für die Dispergierung der unlöslichen Fragmente. Für die Kalkulation der Dispergierkräfte muß eine Unterscheidung zwischen dem Bereich der Trägheitskräfte und dem Bereich der Reibungskräfte gemacht werden. Wenn ein Partikel viel größer als der Kolmogorow-Wirbel ist, dann sind die vorherrschenden Kräfte der Dispergierung die Trägheitskräfte. Bei Partikeln, die viel kleiner als die Kolmogorow-Wirbel sind, bestimmen die Reibungskräfte den Dispersionsprozeß. Der verantwortliche Mechanismus für die

Dispergierung kann somit entweder die Wirkung von dynamischen Drücken, hervorgerufen durch turbulente Wirbel im Trägheitsströmungsfeld, oder Reibungsstreß sein. Welcher Mechanismus muß in Rührwerksbioreaktoren betrachtet werden? Unter der Annahme einer niedrigen Viskosität im Bereich des Rührwerkes (bei Nicht-Ne-Flüssigkeiten wie Pilzsuspensionen) und einem Energieeintrag von 3 W/kg erhält man einen Wirbeldurchmesser η von kleiner als 20 µm. Da die Hyphen mit Abmessungen von 50-500 µm wesentlich größer sind, bewirken die Trägheitskräfte die Dispergierung der Hyphen.

Es kann erwartet werden, daß die Größe der Wirbel, welche für das Brechen der Hyphen verantwortlich sind, in der gleichen Größenordnung wie die der Partikel liegt. Wirbel, die viel kleiner sind als die Partikelgröße, würden nicht genügend Energie besitzen, um die Hyphen brechen zu können. Dagegen können Wirbel, die viel größer sind, die dynamische Druckfluktuation (Trägheitskräfte), die zum Brechen benötigt wird, nicht erzeugen.

Es ist bekannt, daß Zellkulturen sehr sensitiv gegenüber mechanischen Belastungen sind. Deshalb sollte nur so viel Energie eingetragen werden wie gerade zur Homogenisierung (Suspendierung) benötigt wird [26]. Neben den bisher angeführten Schädigungsmechanismen sind natürlich noch die Zusammenstöße zwischen Carriern untereinander bzw. Carrier mit den Rührern und anderen stationären Einbauten (Oberflächen) Ursachen für Zellschädigungen.

Zum Verständnis der einzelnen Kraftfelder sei anhand eines Bilanzelementes (Abb. 2-35) der Navier-Stokessche Ansatz formuliert [16]:

Bilanz in x-Richtung:

$$\rho \cdot (dz \cdot dy) \cdot dx \, \frac{dc_x}{dt} = -\frac{\partial p}{\partial x} \, dx \cdot (dy \cdot dz) - g \cdot \rho \, \frac{\partial h}{\partial x} \, dx \cdot (dy \cdot dz)$$

$$+ \frac{\partial \sigma_x}{\partial x} \, dx \cdot (dy \cdot dz) + \frac{\partial \tau_{yx}}{\partial y} \, dy \cdot (dx \cdot dz) + \frac{\partial \tau_{zx}}{\partial z} \, dz \cdot (dx \cdot dy) \qquad (2.131)$$

Bilanz in y-Richtung:

$$\rho \cdot (dz \cdot dx) \cdot dy \, \frac{dc_y}{dt} = -\frac{\partial p}{\partial y} \, dy \cdot (dz \cdot dx) - g \cdot \rho \, \frac{\partial h}{\partial y} \, dy \cdot (dz \cdot dx)$$

$$+ \frac{\partial \sigma_y}{\partial y} \, dy \cdot (dz \cdot dx) + \frac{\partial \tau_{yx}}{\partial x} \, dx \cdot (dy \cdot dz) + \frac{\partial \tau_{yz}}{\partial z} \, dz \cdot (dx \cdot dy) \qquad (2.132)$$

Bilanz in z-Richtung:

$$\rho \cdot (dx \cdot dy) \cdot dz \, \frac{dc_z}{dt} = -\frac{\partial p}{\partial z} \, dz \cdot (dy \cdot dx) - g \cdot \rho \, \frac{\partial h}{\partial z} \, dz \cdot (dy \cdot dx)$$

$$+ \frac{\partial \sigma_z}{\partial z} \, dz \cdot (dy \cdot dx) + \frac{\partial \tau_{yz}}{\partial y} \, dy \cdot (dx \cdot dz) + \frac{\partial \tau_{xz}}{\partial z} \, dz \cdot (dx \cdot dy) \qquad (2.133)$$

Darin stellt der Term auf der linken Seite des Gleichheitszeichens jeweils die Trägheitskräfte dar, während die Terme rechts der Reihenfolge nach die Druckkräfte, die Schwerkräfte und die dreidimensionalen Reibungskräfte repräsentieren. Dieses besagt, daß die Dispergierkräfte, die infolge der Turbulenz durch die Wirbel hervorgerufen werden müssen, in einen Bereich der Trägheitskräfte und in einen Bereich der Reibungskräfte unterschieden werden. Die Energiedissipation erfolgt also letztendlich stets über diese Wirbel, während sie dabei ihre gesamte Energie in Wärme durch Reibungskräfte abgeben (dissipieren). Wenn demnach ein Partikel viel kleiner ist als die sogenannten Kolmogorow-Wirbel ($\eta \gg d_P$), dann ist nicht davon auszugehen, daß diese Partikel mechanisch beansprucht werden, weil auch keine anderen Wirbel in derselben Größenordnung wie die Partikel existieren. Liegen sie in derselben Größenordnung ($\eta \approx d_P$), dann werden die Reibungskräfte der energiedissipierenden Wirbel starke mechanische Beeinträchtigungen auf die Partikel auswirken können. Diese Reibungskräfte können allerdings Partikeln, die viel größer als Kolmogorow-Wirbel ($\eta \ll d_P$) sind, nichts anhaben, wohl aber die größeren primären Wirbel, in deren fluktuierendem Bewegungsverhalten etwa gleichgroße Partikel merklichen Trägheitskräften (Masse $\ast$ Beschleunigung) ausgesetzt sind. In Abb. 2-36 ist die beschriebene Modellvorstellung der Energiedissipation dargestellt.

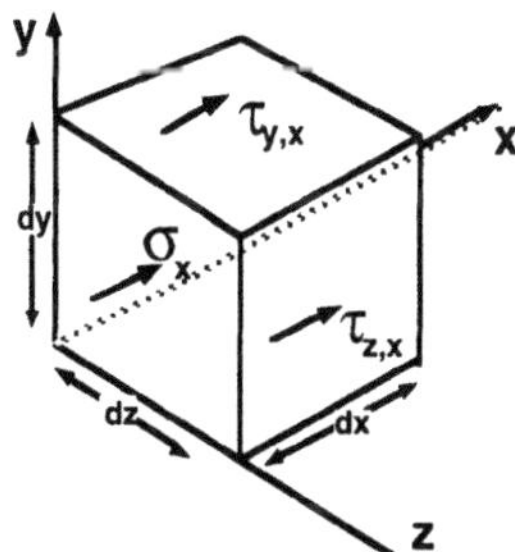

Abb. 2-35 Bilanzelement für die Navier-Stokesschen Gleichungen

Die Abmessungen der größten primär erzeugten Wirbel entsprechen dem Makromaßstab der Turbulenz und werden mit $\Lambda \approx 10^{-1} \ldots 10^{-3}$ m angegeben [100]. Für einen Scheibenrührer (6 Schaufeln) gibt man Abmessungen von $\Lambda \approx 0{,}06 \cdot d_R$ an und für die gesamte Zerfallsstrecke ein Verhältnis von $l/d_R \approx 0{,}75 \ldots 1{,}0$ [100]. In niederviskosen Medien dauert der Zerfall der Primärwirbel in der Wirbelkaskade bis zum turbulenten Mikrowirbel etwa 6 ... 10 Sekunden [100].

Damit besteht die Möglichkeit abzuschätzen, ob eine mechanische Streßsituation vorkommen kann oder ausgeschlossen ist.

Die Mikroorganismen haben folgende größten Längenabmessungen: Bakterien 1...3 µm; Hefen 5...30 µm, Einzelmyzele von Pilzen 10...15 µm, wobei Myzelverbände bis zu Klumpen von mehreren Zentimetern Durchmesser, aber auch zu sehr langen Myzelfäden wachsen können, und tierische Zellen 20...40 μm.

Geht man beispielhaft davon aus, daß in Bioreaktoren zur Erzielung der erforderlichen
Stofftransportvorgänge 1...5 kW/m^3 eingetragen werden müssen, dann ergibt sich aus
der Sicht der mechanischen Belastung folgender Sachverhalt:

- die Energiedichte beträgt 1...5 W/kg (bei $\rho_L = 10^3$ kg/m^3)
  und

- die Viskosität von wasserähnlichen Systemen beträgt 10^{-6}
  m^2/s, damit errechnet sich für den Durchmesser des energiedissipierenden Wirbels

$$\eta = \left(\frac{(10^{-6})^3}{(1...5)}\right)^{1/4} = 21...31 \ \mu m,$$

d.h. also, daß die Wirbel durchaus in die Größenordnung
der Hefen und Pilze kommen und somit mechanischen Streß
auf diese ausüben können, wenn ihre mechanische Eigenstabilität niedrig ist.

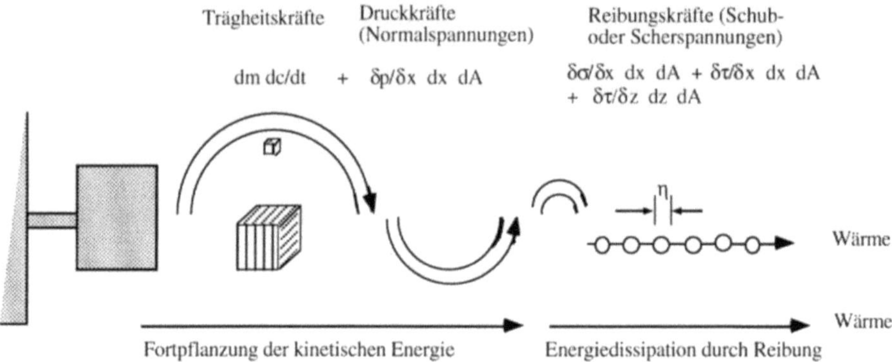

Abb. 2-36 Schematische Abbildung für das Modell der Dispergierkräfte [15].

Für kleinere Einzeller wie Bakterien, liegt eine wesentlich entspanntere Situation vor.
Fragt man nämlich nach einer zulässigen Leistungsdichte bei einer gegebenen maximalen Längenausdehnung von 1 μm, dann erhält man durch Umformen aus Gleichung
2.130

$$\varepsilon = \frac{v^3}{\eta^4} = \frac{(10^{-6})^3}{(10^{-6})^4} = 10^6 \ \frac{W}{kg} \ . \tag{2.134}$$

Eine so hohe Energiedissipation ist in einem Bioreaktor absolut ausgeschlossen. D.h.
also, kleine Einzeller, vor allem Bakterien, sind keiner Streßsituation durch mechanische Belastungen ausgesetzt.

Betrachtet man hochviskose Systeme, wo die Viskosität um den Faktor 1.000 bis 10.000 höher liegen kann (vgl. Abb. 2-42), oder aber auch tierische Zellkulturen, wo der Leistungseintrag etwa bei 10 W/m^3 liegt, dann ergibt sich folgendes Zahlenbeispiel:

- mikrobielles System: die Energiedichte beträgt etwa 5 W/kg ,

- die Viskosität 10^{-2} bis 10^{-3} m^2/s,

   damit ergibt sich für hochviskose Systeme (Biopolymerbildung) ein Wirbeldurchmesser von η = 4.000 ... 20.000 µm,

oder

- Zellkulturtechnik: die Energiedichte beträgt etwa 10^{-2} W/kg

- die Viskosität beträgt etwa 5·10^{-6} m^2/s,

   damit erhalten die energiedissipierenden Wirbel einen Durchmesser von η=350 µm,

d.h., in diesen Fällen sollte kein mechanischer Streß vorliegen, weil die Wirbelabmessungen wesentlich größer sind als die Größe der Mikroorganismen.

Differenziert zu betrachten ist im erstgenannten Beispiel der Sachverhalt, wenn es sich bei Pilzen um Pelletbildung handelt. Diese liegen wiederum in der Größenordnung der energiedissipierenden Wirbel und können in ihrem Wachstum behindert werden, was von Mal zu Mal erwünscht sein kann (Stofftransportbehinderung in einem zu großen Pellet, vgl. oben).

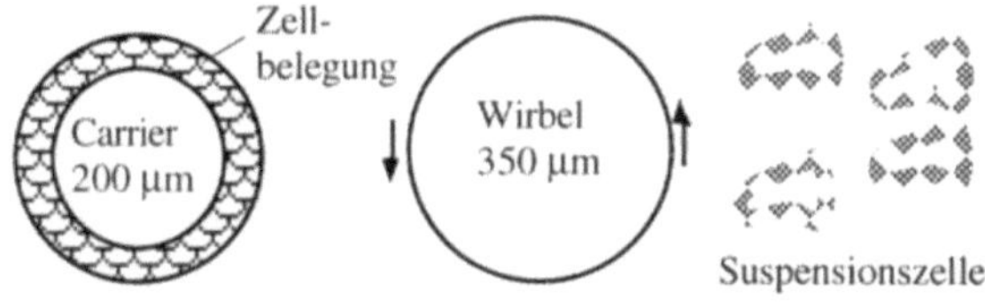

Abb. 2-37 Größenverhältnisse von Suspensionszellen, Carriern und Durchmessern der energiedissipierenden Wirbel.

Wenn festgestellt wurde, daß in Zellkultursuspensionen unter den gegebenen Verhältnissen keine mechanischen Streßsituationen zu erwarten sind, dann stimmt das nur für den Fall einer Suspensionszelle (Abb. 2-37). Werden aber für adhaerente Zellen Microcarriersysteme benutzt, dann läuft man wiederum Gefahr, daß die Zellen einem mechanischen Streß ausgesetzt werden, weil diese Carrier einen Durchmesser von etwa 200 bis 400 µm haben. Die Partikel liegen also in der Größenordnung der energiedissipierenden Wirbel. Die Belastung auf die Zellen läßt sich dadurch veranschaulichen, daß über die auf der Oberfläche der Carrier haftenden Zellen die Beschleunigungskräfte von den Wirbeln auf die Carrier übertragen werden.

Was ist der Hintergrund, wenn nach den Auswirkungen von mechanischen Belastungen auf Mikroorganismen gefragt wird? In erster Linie denkt man dabei immer an die rein mechanische Zerstörung, d.h., das Aufreißen der Membranen. Dieses Aufreißen ist bei relativ kleinen Bakterien, die mit einer kräftigen Membran umhüllt sind, nicht so ohne weiteres möglich. Leichter wird dies bei langfädigen Pilzen und besonders bei tierischen und pflanzlichen Zellen, deren Membran weit weniger stabil ist. Damit wäre neben der „Scherung" auch der weitere Aspekt der Widerstandsfähigkeit der Zellen angesprochen. Das Ereignis, das als Maß für die Auswirkung mechanischer Belastungen herangezogen wird, kann durch unterschiedliche Parameter ausgedrückt werden. Zum einen ist die Extinktion bei 260 nm ein Maß für eine Zellzerstörung, weil dadurch die Zunahme von Nukleinsäuren im Medium erfaßt wird. Ist allerdings im Medium von vorneherein eine entsprechende Menge von Nukleinsäuren vorhanden, dann ist diese Methode kaum anwendbar. Ein aussagekräftiges Maß wäre natürlich die Produktivität. Solange diese Größe schnell und leicht zugänglich ist, sollte sie das „Maß der Dinge" sein. Beim Umgang mit tierischen Zellen ist häufig die Überlebensfähigkeit der Zellen, die Viabilität, die wichtige Größe. Das sind auch Zellen, deren äußeres Bild nicht auf einen Defekt hinweist, die aber nicht mehr lebensfähig sind. Auch die optische Dichte läßt sich als Maß für Auswirkungen der Zellbelastung heranziehen. Allerdings ist es in diesem Fall ähnlich problematisch wie bei der Extinktionsmessung, wenn das Medium die Messung stört.

Mittels einer Dimensionsanalyse lassen sich physikalische Zusammenhänge beschreiben, ohne den kompletten Vorgang zu verstehen [34]. Bezogen auf das hier besprochene System bietet die Ereigniskennziffer (Gleichung 2.122) die Quelle, aus der man die erforderlichen Parameter für die Relevanzliste erhält. Im einzelnen sind das folgende Parameter [7]: Die Dichte ρ, eine Abmessung (z.B. der Rührerdurchmesser d_R), die Drehzahl n, die molekulare Zähigkeit ν, die Leistung P, die Zeit t, die Häufigkeit oder die Frequenz f und das Ereignis E. Aus dieser Relevanzliste formt man eine Kernmatrix, die so viele Parameter enthält wie Grundeinheiten vorhanden sind. In diesem Fall sind es drei. Damit verbleiben für die Restmatrix 5 Parameter, was zu 5 Kennzahlen führen wird (Tabelle 2-8).

Zur Herbeiführung des Gauß-Algorithmus muß die Kernmatrix in die Einheitsmatrix überführt werden. Sinnvollerweise ordnet man in der Matrix die Variablen so an, daß zur Überführung ein Minimum an Linieartransformationen notwendig ist. In der Kernmatrix sollen zusätzlich im wesentlichen hauptsächlich Parameter stehen, die in schon bekannten Kennzahlen häufig auftauchen.

Durch Umformen der gewonnenen Kennzahlen gewinnt man letztendlich folgende 4 Kennzahlen: Die Reynoldszahl Re, die Newtonzahl Ne, eine dimensionslose Zeit τ und die Zielgröße E als dimensionslosen Wert.

Damit kann der allgemeine Ansatz

$$E \sim Re^a \, Ne^{\,b} \, \tau^{\,c}. \tag{2.135}$$

formuliert werden. Untersuchungen mit Pilzkulturen haben gezeigt, daß der mechanische Streß auf Mikroorganismen durch folgenden Zusammenhang beschrieben werden kann [7]:

$$E \sim Re^{0.63} \, Ne^{\,0.69} \, \tau^{\,1.66}. \tag{2.136}$$

Tabelle 2-8 Aus der gewonnenen Relevanzliste, die aufgestellte Kern- und Restmatrix sowie durch eine Lineartransformation gewonnene Einheitsmatrix für die Auswirkung von mechanischen Belastungen auf einen Pilz [7].

	Kernmatrix			Restmatrix				
	ρ	d_R	n	ν	P	t	f	E
M	1	0	0	0	1	0	0	0
L	-3	1	0	2	2	0	0	0
T	0	0	-1	-1	-3	1	-1	0
	Einheitsmatrix			Restmatrix				
M	1	0	0	0	1	0	0	0
3M+L	0	1	0	2	5	0	0	0
-T	0	0	1	1	3	-1	1	0

Darin bedeuten Re die Reynoldszahl, Ne die Leistungskennzahl und τ das Produkt aus Verweilzeit und Häufigkeit, mit der die Mikroorganismen dem mechanischen Streß ausgesetzt sind. Wenn also die Dauer und die Häufigkeit eines Scherereignisses das deutlichste Schädigungspotential besitzen, dann müßte dies auf den Rührwerksbioreaktor übertragen heißen, daß die erforderliche Energie auf möglichst kleinem Volumen mit möglichst wenigen Rührorganen eingetragen wird. Diese Anordnung erniedrigt die Häufigkeit eines Scherereignisses und, wenn es stattfindet, dann ist es schnell vorüber.

Diese Betrachtung ist aber nur teilweise richtig, denn es ist dabei zu berücksichtigen, daß bei kleiner werdendem Rührer die örtliche Energiedichte doch zusehends anwächst und dadurch der Energieterm wieder an Bedeutung gewinnt.

Um nun herauszufinden, was dieses Ergebnis für die Form und Anordnung von Rühraggregaten bedeuten kann, wird die Beziehung für die mathematische Betrachtung etwas vereinfacht und eine Proportionalitätsbetrachtung angestellt. Für Gleichung 2.136 kann auch durch Vereinfachung

$$E \sim [Re \, Ne]^{2/3} \, [\tau]^{15/9} \tag{2.137}$$

geschrieben werden.

Für die Reynoldszahl läßt sich ihre Definition (Gleichung 2.21) einfügen und die dimensionslose Zeit kann modellhaft durch ein Gebiet hoher Scherfelder V_E (vgl. Abb. 2-38) und das Gesamtvolumen $V_{R,L}$ dargestellt werden:

$$\tau \sim d_R^2 \; , \tag{2.138}$$

wobei $V_{R,L}$ vorgegeben ist und gleiche Geometrien gelten.

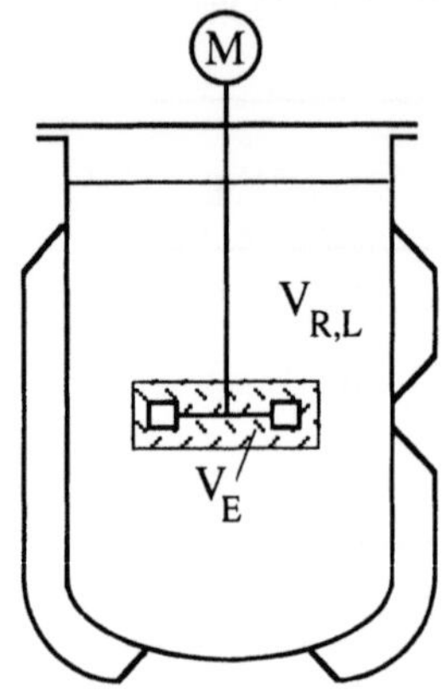

$$\tau \sim \frac{V_E}{V_{R,L}}$$

Abb. 2-38 Darstellung des Ereignisvolumens V_E, in das vorwiegend die Energie dissipiert wird. Das Produkt aus Häufigkeit und Einwirkdauer ist proportional dem Verhältnis des Ereignisvolumens zum Gesamtreaktionsflüssigkeitsvolumen.

Die Leistung P ist wie das Reaktionsvolumen $V_{R,L}$ vorgegeben, weil das System eine bestimmte Leistung zur Erfüllung aller Primäraufgaben fordert. Die Reaktion benötigt zur Herstellung einer gewünschten Produktmenge ein bestimmtes Reaktionsvolumen . Das führt zur Gleichung 2.139

$$E \sim [Ne \cdot d_R^2]^{2/3} \cdot [d_R^2]^{15/9} \; . \tag{2.139}$$

In Gleichung 2.139 gilt die Annahme, daß nur Rührertypen mit gleicher Rührblatthöhe betrachtet werden. Allerdings liefert diese Beziehung immer noch keine klare Aussage, weil ja die Drehzahl mit dem Rührerdurchmesser über den Leistungseintrag gekoppelt ist. Berücksichtigt man auch diesen Sachverhalt und die Beziehungen

$$Ne \sim \frac{1}{n^3 \cdot d_R^5} \; \rightarrow \; n \sim Ne^{-1/3} \cdot d_R^{-5/3} \; , \tag{2.140a,b}$$

dann erhält man schließlich den endgültigen Zusammenhang:

$$E \sim Ne^{0,44} \cdot d_R^{3,56} \; . \tag{2.141}$$

An einem Beispiel läßt sich am ehesten demonstrieren, was dieses Ergebnis aussagt: Setzt man nämlich für zwei Rührertypen die Newtonzahl und den Rührerdurchmesser ein, am Beispiel für den Scheibenrührer und den Inter-MIG-Rührer, dann findet man, daß der Scheibenrührer, bezogen auf das betrachtete Ereignis, merklich schonender (1/6-tel) ist (Tabelle 2-9).

Tabelle 2-9 Ein Inter-MIG- und ein Scheibenrührer im Vergleich bezüglich der mechanischen Belastung auf einen Pilz

Parameter	Inter-MIG	Scheibenrührer
Ne	0,7	5,0
d_R/D	0,7	0,33
E ~	0,24	0,04

Dieses Ergebnis widerspricht den Darstellungen in der Literatur [36], die dem Inter-MIG-Rührer aufgrund der besseren und gleichmäßigeren Aufteilung von Schwankungsgeschwindigkeiten und Energiedissipation ein schonenderes Rührverhalten zuweisen. Allerdings kommt beim Scheibenrührer im Vergleich zu rein bzw. überwiegend axial fördernden Rührorganen noch der Aspekt hinzu, daß es durch die ungerichtete Pumpströmung eher dem Zufall entspricht, wenn ein Mikroorganismus in das Gebiet hoher Scherkräfte kommt. Es ist also wahrscheinlich, daß einige Zellen häufig diese Zonen durchlaufen und andere kaum einmal oder nie. Da aber bereits einmal zerstörte Zellen keine zweite Zerstörung durchmachen können, tragen sie keinen weiteren Beitrag zum Meßwert bei. Es kommt phänomenologisch zu einer scheinbar schonenderen „Behandlung" der Zellen. Dieses Ergebnis kann nicht allgemein übertragen werden. Jedes System muß stets separat untersucht werden.

Die Aussage der Vergleichmäßigung von Schwankungsgeschwindigkeiten kann sichtbar gemacht werden. Wenn man Strömungsaufnahmen in der Umgebung von Rührorganen beobachtet, so kann erkannt werden, daß mit kleinen Einzelrührern im Vergleich zu großen mehrstufigen Rührern örtlich doch merklich mehr Energie eingetragen wird. Bereiten in Systemen die örtlichen Ernergiespitzen Probleme, so haben großflächige mehrstufige Rührer Vorteile (großer Durchmesser) (Abb. 2-39, 2-40) [6]. Örtliche Energiespitzen bedeuten andererseits aber keinesfalls, daß das gleichbedeutend mit mechanischen Streßerscheinungen sein muß.

Wie das oben angeführte Beispiel eines Pilzes zeigt, ist es in diesem Fall zumindest wesentlich entscheidender, wie oft und wie lange der Pilz den Streßspitzen ausgesetzt ist als die Höhe der Streßspitzen selbst. Die optimale Reaktorgestaltung muß demnach im Einzelfall ermittelt werden. Es wird sich aber zeigen, daß der hier gefundene Zusammenhang in der Praxis sehr häufig anzutreffen ist.

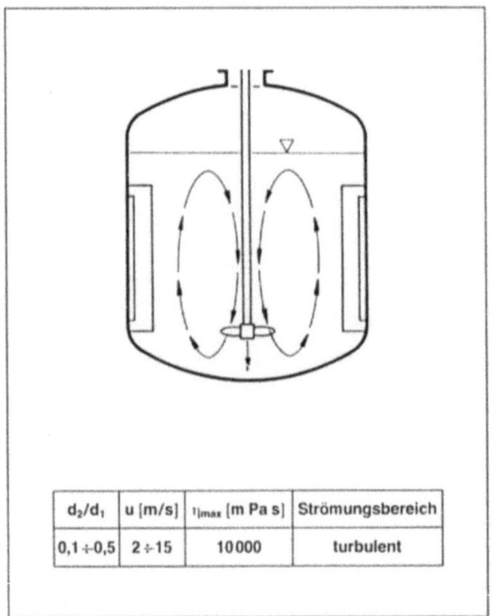

d_2/d_1	u [m/s]	η_{max} [m Pa s]	Strömungsbereich
$0,1 \div 0,5$	$2 \div 15$	10 000	turbulent

Propeller

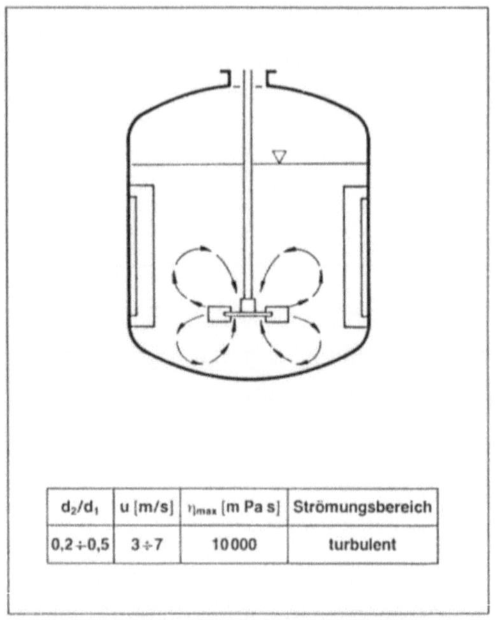

d_2/d_1	u [m/s]	η_{max} [m Pa s]	Strömungsbereich
$0,2 \div 0,5$	$3 \div 7$	10 000	turbulent

Scheibenrührer

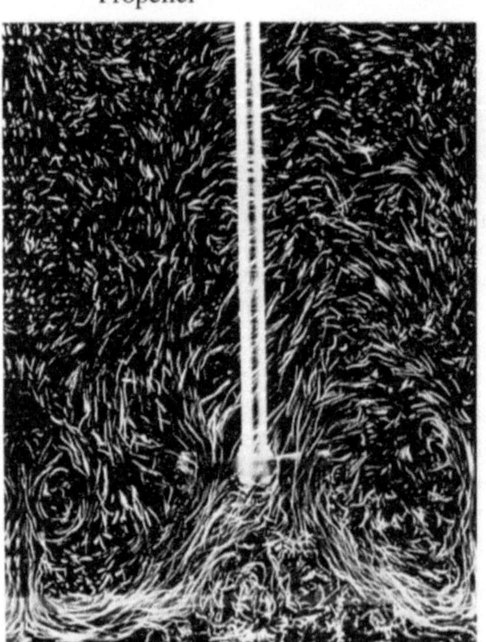

Re = 5 · 10⁴ (turbulent)

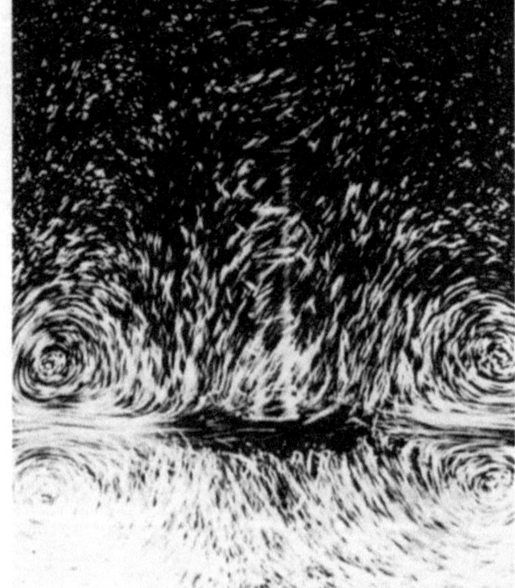

Re = 5 · 10⁴ (turbulent)

Abb. 2-39 Strömungsaufnahmen in der Umgebung von Rührorganen (Lichtschnittverfahren) [6]. $d_2 \triangleq d_R$; $d_1 \triangleq D$.

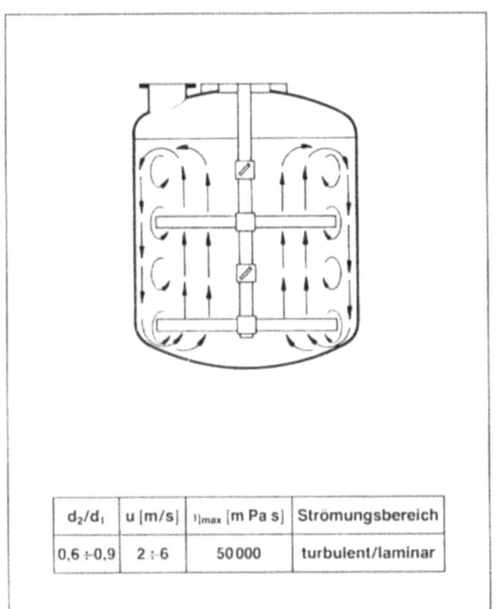

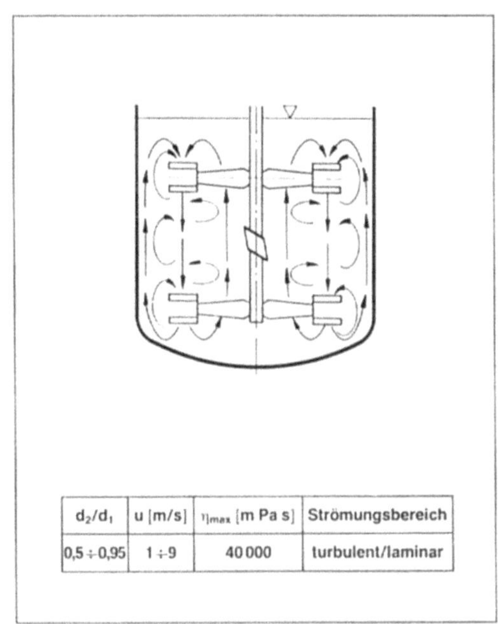

d_2/d_1	u [m/s]	η_{max} [m Pa s]	Strömungsbereich
0,6÷0,9	2÷6	50 000	turbulent/laminar

d_2/d_1	u [m/s]	η_{max} [m Pa s]	Strömungsbereich
0,5÷0,95	1÷9	40 000	turbulent/laminar

Kreuzbalkenrührer (45 °)   INTERMIG

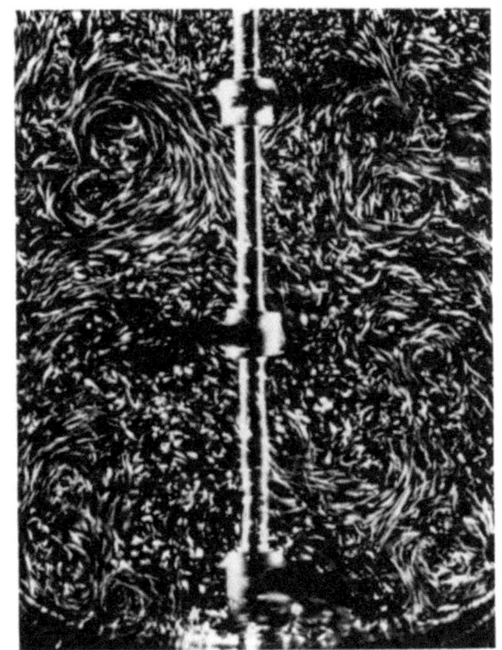

Abb. 2-40 Strömungsaufnahmen in der Umgebung von Rührorganen (Lichtschnittverfahren) [6]. $d_2 \triangleq d_R$; $d_1 \triangleq D$.

2.2.2 Schaumbildung

Aufgrund der oberflächenaktiven Substanzen (Proteine, Eiweißstoffe, Peptide), die bei biotechnologischen Verfahren mehr oder weniger immer in Einsatzstoffen vorzufinden sind oder vom Produktionsstamm als Nebenprodukte (Ramnolipide) ausgeschieden werden, neigen solche Medien häufig zu starkem Schäumen. Der Schaum hat für den Prozeß nur Nachteile. Durch die Schaumentwicklung entsteht eine Flotation der Zellen und fester Substratbestandteile, die somit der Reaktion entzogen werden. Des weiteren nimmt Schaum kostbaren Reaktorraum ein. Er muß beherrscht werden, sonst stellt er ein ständiges Prozeßrisiko dar (Verstopfung der Abgasfilter, Durchgehen des Schaumes). Als einfachstes Gegenmittel benutzt man sogenannte Antischaummittel wie z.B. Siliconöl. Oft sind solche Substanzen für den Prozeß (Reaktion) und auch für die nachfolgende Aufarbeitung (z.B. Membranprozesse) sowie für die Produktqualität nachteilig. Deshalb muß dem Problem mit physikalischen oder mechanischen Methoden begegnet werden, oder die Reaktorkonstruktion kann die Schaumbekämpfung selbst übernehmen. Die dafür geeigneten Reaktoren und die entsprechenden vorhandenen Konstruktionen werden in den Abschnitten 3.4.3 bzw. 5.2 behandelt.

Bei der Beurteilung von Schaum muß zunächst die Frage gestellt werden, um welchen Schaum und um welches Schaumverhalten es sich handelt. Der Schaum und sein Verhalten müßten charakterisiert werden, damit dann die entsprechende Strategie eingeleitet werden kann.

Allgemein gültige Betrachtungen sind sehr schwer, und so muß man sich zunächst noch auf die Betrachtung des speziellen Systems beschränken. Somit sind die meisten Untersuchungsergebnisse nicht auf andere Systeme übertragbar.

Um Schaum allgemein beschreiben und damit Aussagen über die Zerstörbarkeit machen zu können, wird er zunächst charakterisiert. Ein wichtiges Merkmal ist zunächst die Schaumdichte

$$\rho_F = \frac{m_F}{V_F} \; , \tag{2.142}$$

die definiert ist als das Verhältnis von Schaummasse zu Schaumvolumen. Mit Hilfe des Gasanteils [33]

$$\varphi_G = \frac{V_{G,F}}{V_{G,F} + V_{L,F}} \tag{2.143}$$

läßt sich die Schaumdichte wegen $\rho_L \gg \rho_G$ auch näherungsweise durch

$$\rho_F = \rho_L \, (1 - \varphi_G) \tag{2.144}$$

zum Ausdruck bringen.

In biotechnologischen Prozessen wird die Schaumbekämpfung noch wesentlich dadurch beeinflußt, welcher Anteil des Gesamtabgasstromes sich im Schaum befindet, d.h., der Anteil des schaumgebundenen Gases. Dieser Anteil ist definiert als

$$\varphi_{G,F} = \frac{V_{G,F}}{V_G} = \frac{\dot{V}_{G,F}}{\dot{V}_G} \quad . \tag{2.145}$$

Je größer $\varphi_{G,F}$ wird, um so schwieriger wird sich das Problem der Schaumbekämpfung gestalten. Je kleiner $\varphi_{G,F}$ wird, um so entscheidender wird die Wahl der geeigneten mechanischen Bekämpfungssysteme sein. Bei größer werdendem freien Gasanteil wird es immer wichtiger, das freie Gas vom Schaum vor der mechanischen Bekämpfung zu trennen, um die Effektivität der Trennung möglichst hoch zu halten (Abschnitt 5.3.2).

Um die Zerstörbarkeit eines Schaumes beschreiben zu können, benötigt man ein „Paket" von Stoffparametern. Ein Vorschlag [31] geht von der Annahme aus, daß neben den wesentlichen Größen der Dichte, der Viskosität und der Elastizität der Schaumlamellen, die Zerstörbarkeit insbesondere von den physikalischen Eigenschaften des Stoffsystems sowie von der Art und der Menge der oberflächenaktiven Substanzen abhängt. Die Oberflächenkonzentration Γ der oberflächenaktiven Substanzen ist gemäß dem Gibbsschen Satz

$$\Gamma = - \frac{c}{R \cdot T} \frac{d\sigma}{dc} \tag{2.146}$$

durch die Volumenkonzentration c des Schäumers sowie durch die Veränderbarkeit der Oberflächenspannung mit der Konzentration ($d\sigma/dc$) gegeben.

Außer den zu erwartenden Stoffparametern beider Phasen Gas (G) und Flüssigkeit (L) (Dichten ρ_G, ρ_L; Viskositäten η_G, η_L; Diffusionskoeffizient D des Gases in der Flüssigkeit), sowie den schon genannten Parametern können noch nicht bekannte Stoffgrößen S_i einen Einfluß auf die Schaumzerstörbarkeit ausüben, womit dann der vollständige Satz von Stoffgrößen wie folgt zu formulieren wäre [31]:

$$\{\rho_G, \rho_L, \eta_G, \eta_L, D, \sigma_0, (d\sigma/dc)_0, c_0, S_i\} \equiv S_m \quad . \tag{2.147}$$

So schön dieses Modell auch im Ansatz ist, im Detail zeigen sich jedoch die praktischen Probleme. Sowohl die Bestimmung der Schäumerkonzentration als auch der Stoffparameter Viskosität und Oberflächenspannung sind in einem mehrphasigen, technischen System in Abwesenheit von Zellen und/oder festen Partikeln problematisch. In der Praxis ist deshalb eine pragmatischere Vorgehensweise angesagt. Zunächst läßt sich das Schaumverhalten in drei Kategorien einteilen (Abb. 2-41). Handelt es sich um einen Schaum der Kategorie A, so reicht es in der Regel, der Ausdehnung des Schaumes über dem Reaktionsgemisch lediglich ein entsprechendes Volumen (f_F - vgl. Abschnitt 9.1) einzuräumen. Allerdings muß dieser zusätzliche Investitionsaufwand dem Nutzen gegenübergestellt werden.

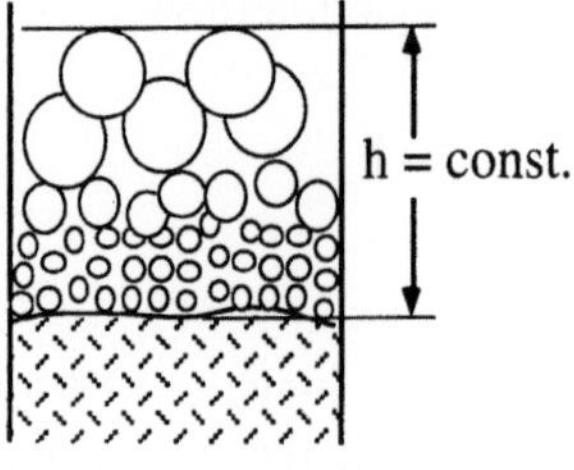

Abb. 2-41 a Schaumkategorie A:
Der Schaum wächst langsam auf der Oberfläche des Reaktionsgemisches auf, wird nach oben hin immer weniger dicht, weil durch die Schwerkraft ein Teil der Flüssigkeit nach unten fließt. Die Schaumblasen werden größer, man erreicht einen stationären Zustand bei $h = h_{stat}$. Die Schaumschicht besteht somit im unteren Teil aus Kugelschaum und im oberen aus Polyederschaum [32]. Dieses Verhalten kann durch höheren Systemdruck gefördert werden.

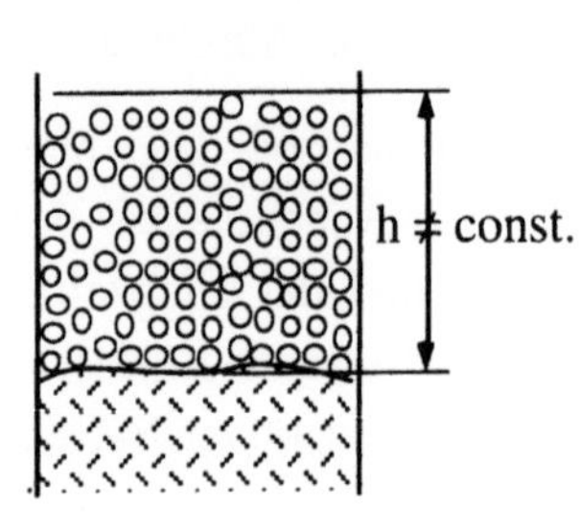

Abb. 2-41 b Schaumkategorie B:
Der Schaum wächst auf der Oberfläche des Reaktionsgemisches auf, ist gleichmäßig dicht (homogen) und stabil, wächst aber kontinuierlich, d.h., es gibt keinen stationären Zustand. Die Stabilität der Blasen wird durch die erwähnten grenzflächenaktiven Stoffe bewirkt, die die Oberflächenspannung senken und sich als zähe Molekülschicht in der Grenzfläche anreichern. Die abgesenkte Grenzflächenspannung zwischen Flüssigkeit und der Luft begünstigt die Schaumbildung, und das Gefüge der Schaumlamellen wird stabilisiert [32]. Dieser Schaum muß in jedem Fall bekämpft werden.

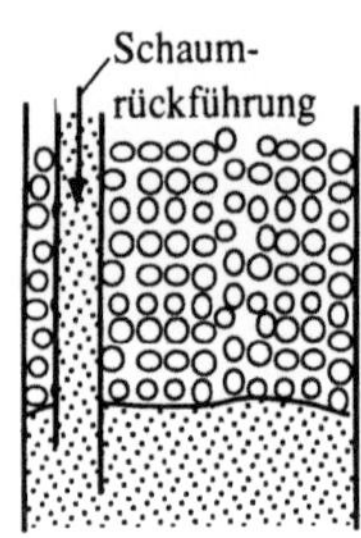

Abb. 2-41 c Schaumkategorie C:
Der Schaum ist ein Sekundärschaum, er entsteht bei der mechanischen Schaumbekämpfung mit Rückführung. Die zurückgeführten „Schaumbruchteile" summieren sich zu feinerem Sekundärschaum auf, der Schaum wird dann wesentlich stabiler, wächst aber langsamer. Der Endzustand kann aber dazu führen, daß der gesamte Reaktorinhalt aus Sekundärschaum besteht. Es ist ein instationärer Zustand möglich.

Schaum der Kategorie B muß immer bekämpft werden. An erster Stelle steht die Frage, ob die Schaumentstehung durch die Reaktorkonstruktion mit verursacht wird: Ist in diesem Zusammenhang der optimale Reaktor ausgewählt worden (vgl. Abschnitt 9.2)? Verursachen spezielle Konstruktionsmerkmale wie die Anordnung der Stromstörer (vgl. Abschnitt 5.2) Oberflächenturbulenzen?

Sind diese Sekundärverursacher berücksichtigt oder sogar ausgeräumt, muß an die Primärbekämpfung gegangen werden. Zunächst wird abgewogen, ob eine alleinige Behandlung mit chemischen Antischaummitteln überhaupt in Frage kommen kann. Ist das möglich, so stehen alle in Tabelle 2-10 aufgeführten Methoden zur Wahl.

Vorzugsweise versucht man, zunächst mit den einfacheren physikalischen Methoden das Problem zu beherrschen. Dazu zählt insbesondere das großflächige Anblasen der Schaumoberfläche mit Dampf. Dabei werden die Schaumblasen sowohl durch Normalspannungskräfte als auch durch Erwärmung verursachte Ausdehnung belastet und zum Teil zum Platzen gebracht.

Tabelle 2-10 Mögliche Methoden zur Schaumbekämpfung (SB).

Methodengruppe - Methode	Wirkungsweise	Ausführung	Grenzen
chemische SB	Anlagerung zwischen Blasen → höhere Oberflächenspannung → Implusion		Verträglichkeit für die Reaktion, Stofftransport, Aufarbeitung, Produktreinheit
- Düsenversprühung	Bekämpfung des bestehenden Schaumes	Düse mit optimalem Sprühwinkel	Schaumtyp
- Injektion in Medium	Unterdrückung der Schaumentstehung	Tauchrohr in günstiger Dispergierposition	Schaumtyp
- Verteilerscheiben [32]	beides und AS-Mittel-minimierung	Rotationslochscheiben	Schaumtyp, (Kosten)
physikalische SB - Dampf aufsprühen - Heißluft aufblasen	Erwärmung → Ausdehnung der Blasen → Verringerung der Obeflächenspannung; kinetische Energie	breitwinklige Düse	Schaumkategorie (nicht stabil, langsam wachsend); Zerstörung der Zellen im Schaum (Verluste!)
- Bestrahlung	Erwärmung → s.o.	Infrarotstrahler	s.o.
- Kesseldruck anheben (alternierend)	Erhöhung des Druckes	Druckregelung	
mechanische SB			
- Abstreifrotor	leichte Scherung, leichter Druck	rotierender Gitterflügel	Schaumkategorie, Schaumwachstums-geschwindkeit; $\varphi_{G,F}$ (Gl. 2.145)
- Reaktorkonstruktion	Einsaugprinzip, Erneuerung der Oberfläche	Umwurfkonstruktion; Strahldüsenkonstr.	Schaumkategorie; Rheologie Medium; $\varphi_{G,F}$
- Zentrifugalabscheider	Zentrifugalkräfte, Scherung, Druck, (Corioliskräfte)	Fundafoam; Foamkill; Röhrenabscheider [31]	Schaumkategorie; Kosten; $\varphi_{G,F}$
- Schaumzyklon	Druck; Vakuum; Zentrifugalkräfte	Pumpe mit Flüssigkeitsstrahler (Vakuumpumpe) und Zyklon	Schaumkategorie; Kosten

Wird die Begasungsluft am Bioreaktor direkt aufbereitet, so empfiehlt es sich, die Luft nicht zu kühlen und einen Teil über die Reaktionsflüssigkeit zu lciten. Dadurch erwärmt sich der Gasraum und dic Schaumblasen werden durch Ausdehnung und Verringerung der Oberflächenspannung zerstört.

Die Bestrahlungsmethode findet kaum Anwendung, weil die Randbedingungen im Bioreaktor für handelsübliche Strahler nicht erfüllt werden können (Sterilität, Temperatur, Druck).

Von der Vielzahl der Möglichkeiten einer mechanischen Schaumbekämpfung muß immer im Einzelfall die spezielle Situation untersucht werden (Wirkungsweisen und Einsatzbereiche, vgl. Abschnitt 5.3.2).

Ist die chemische Schaumbekämpfung nicht vollkommen ausgeschlossen, so bieten sich häufig Kombinationen von einem chemischem Antischaummittel und einer physikalischen bzw. mechanischen Methode an. Die Effektivität des Einsatzes von chemischen Antischaummitteln hängt aber auch von der Art und Weise ihrer Zugabe ab. Zutropfen alleine hat nur dann die gewünschte Wirkung, wenn die Schaumentwicklung unterdrückt werden soll und Homogenisierprobleme nicht gegeben sind (Abschnitt 2.1.2). Schon vorhandener Schaum wird dabei kaum beeinträchtigt, es sei denn, er wird von der Flüssigkeit aus unterwandert. Deshalb wird immer zu unterscheiden sein, welches Ziel verfolgt wird. Soll Schaum gehindert werden weiterzuwachsen, so muß möglichst breitflächig mittels entsprechender Düsen (Abschnitt 5.2) das Antischaummittel aufgesprüht werden. Eine weitere vielversprechende Methode ist ein Verteilersystem mittels einer drehenden Dispergierscheibe [32]. Damit läßt sich eine Steigerung der Effektivität von chemischen Antischaummitteln bis zu 90 % erreichen.

Unter der Annahme, daß das Antischaummittel nicht verstoffwechselt wird, aber die Konzentration sowie die Einwirkdauer belastend auf die Reaktion wirken, läßt sich eine Belastungskennzahl definieren [32]. Ist ΔB_i ein Belastungselement, das sich zwischen zwei Zugabezeitpunkten ergibt, so errechnet sich dieses zu

$$\Delta B_i = c_i \cdot \Delta t_i \ . \tag{2.148}$$

Aufsummiert ergibt sich somit für die Gesamtbelastung

$$B = \sum_{i=1}^{n} c_i \cdot \Delta t_i \ . \tag{2.149}$$

Kleine Belastungszahlen bedeuten nun nicht in jedem Fall, daß weniger Antischaummittel während des gesamten Prozesses verbraucht wurde, sondern vor allem, daß die Hauptmenge des Antischaummittels zu einem relativ späten Zeitpunkt zugegeben wurde. Eventuell läßt sich daraus zum Zwecke der Prozeßoptimierung auf einen etwas früheren Abbruch schließen, wenn unterschiedliche Methoden der Antischaummittel-Zugabe zu verschiedenen Belastungszahlen führen.

Bringt es Vorteile, schon das Entstehen des Schaumes zu behindern, muß das Antischaummittel direkt in das Medium injiziert oder vorgelegt werden. Dabei sind aber alle Nachteile, die Antischaummittel im Medium hinsichtlich Stofftransport, Reaktionsmechanismus und Produktverunreinigung verursachen können, zu beachten [32].

Ein einfaches Rezept, wie dem Schaumproblem zu begegnen ist, läßt sich nicht ausstellen, weil es im Einzelfall immer neben dem speziellen Schaum auch noch auf die Vielzahl anderer Randbedingungen ankommt. Die Übersichtsmatrix in Tabelle 2-11 kann für die Vorgehensweise einer optimalen Schaumbekämpfung hilfreich sein.

Tabelle 2-11 Strategie zur Schaumbekämpfung

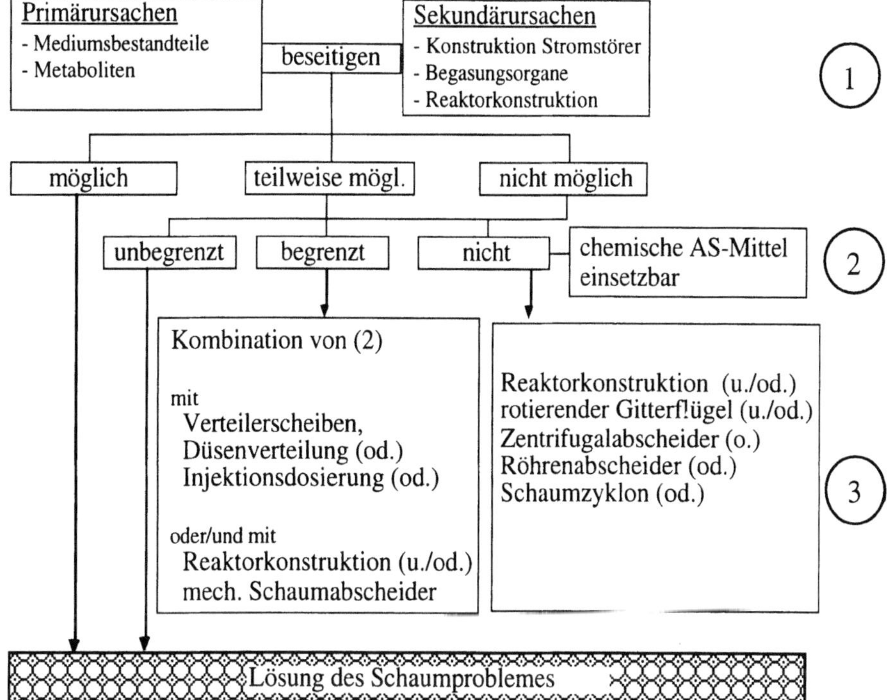

An erster Stelle (1) steht die Frage nach der Beseitigung von Primär- und Sekundärursachen. Ist das nur teilweise oder nicht möglich, so muß im zweiten Schritt (2) nach dem möglichen Einsatz von Antischaummitteln gefragt werden. Das Problem ist gelöst, wenn Antischaummittel unbegrenzt eingesetzt werden kann. Ist allerdings Antischaummittel nur begrenzt anwendbar, so führt nur die kombinierte Bekämpfung (3) zur Lösung. Ist kein Antischaummittel zulässig, so kann nur eine mechanische Schaumbekämpfung (3) zu einer Lösung führen.

2.2.3 Veränderliche Stoffdaten

Wenn man die Anforderungen an einen Reaktor zusammenstellt, so ist dabei zu berücksichtigen, daß sich während einer Batch-Fermentation die Mediumszusammensetzung ändert bzw. die Struktur sowie das gesamte Verhalten sich verändert. Es ist also möglich, daß am Beginn einer Reaktion ein bestimmter Bioreaktortyp bzw. -Konstruktion am besten geeignet wäre, diese aber während des Prozesses an Tauglichkeit verliert. Da man aber nicht für jedes Stadium den optimalen Reaktor bereitstellen kann, trifft die Wahl einen Reaktor, der sowohl am Beginn als auch am Ende leistungsfähig ist. Bei der Myzelbildung des Micromonospora [36] kommt es z. B. während des Prozesses zu einem Viskositätsanstieg bis zu einem Faktor 100 (gemessen bei einer Scherrate von $D = 10 \, s^{-1}$). Dabei ist es einleuchtend, daß es sich in keinem Stadium um den optimalen Reaktor handelt, wohl aber um einen, der in allen Stadien die Reaktion beherrscht.

Besonders bei der Produktion von Biopolymeren, wo zum Ende der Fermentation das Medium durch das gebildete Produkt immer viskoser wird, und bei Pilzfermentationen (Antibiotika), wo der Pilz selbst die Ursache für die hohe Viskosität wird, hat die Veränderung des Mediums während des Prozesses einen erheblichen Einfluß auf die Wahl der Reaktorkonstruktion.

Die Viskosität stellt den herausragenden veränderlichen Stoffparameter dar und bestimmt wesentlich die Auswahl eines Bioreaktors mit (Abschnitt 9.3).

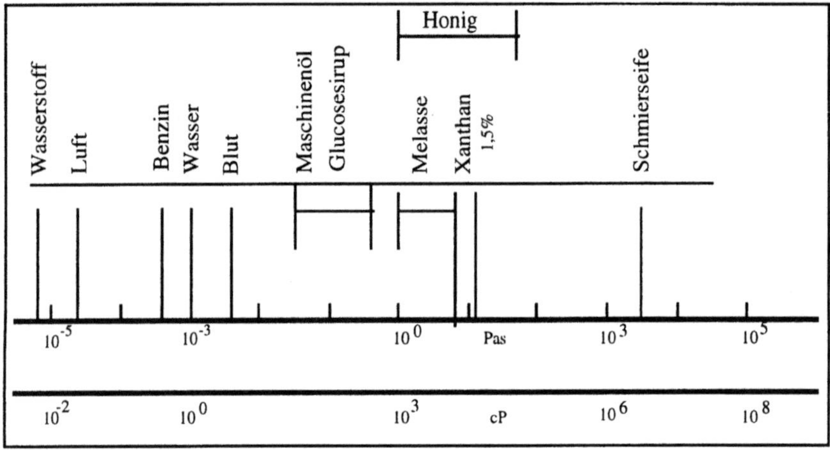

Abb. 2-42 Viskositätswerte einiger bekannter Stoffe und Substanzen (Medien) in der Biotechnologie

Abb. 2-42 stellt einige bekannte Substanzen in ihrer Viskosität gegenüber. Daraus kann erkannt werden, daß manche Medien in der Biotechologie Viskositäten erreichen, die bis um den Faktor 10000 über Wasser liegen. Melasse ist als Glucoselieferant ein häufiger Einsatzstoff und Xanthan gehört zur Produktgruppe der Biopolymere.

Viskositätsangaben bei konstanter Temperatur ohne weitere Hinweise sind nur für Newtonsche Flüssigkeiten ausreichend. Bei biotechnologischen Medien handelt es sich aber häufig um Nicht-Newtonsche Flüssigkeiten. Bei Newtonschen Flüssigkeiten ist die Schubspannung τ proportional der Schergeschwindigkeit, also einem Geschwindigkeitsgradienten. Es gilt demnach:

$$\tau = \eta \, \frac{dw}{dz} \, . \qquad\qquad (2.150)$$

Dabei ist die dynamische Viskosität die Proportionalitätskonstante, die für ein Stoffsystem bei konstanter Temperatur einen festen Wert darstellt. Trägt man in einem Diagramm (Abb. 2-43) Gleichung 2.150 auf, so ergibt sich für τ über dw/dz eine Gerade mit der Steigung η. In der Praxis beobachtet man aber oft ein abweichendes Verhalten. Die häufigsten Formen sind ebenfalls in Abb. 2-43 dargestellt. Für biotechnologische Medien stellt besonders das pseudoplastische Verhalten, die sogenannten strukturviskosen Medien, eine wichtige Variante dar (Tabelle 2-12).

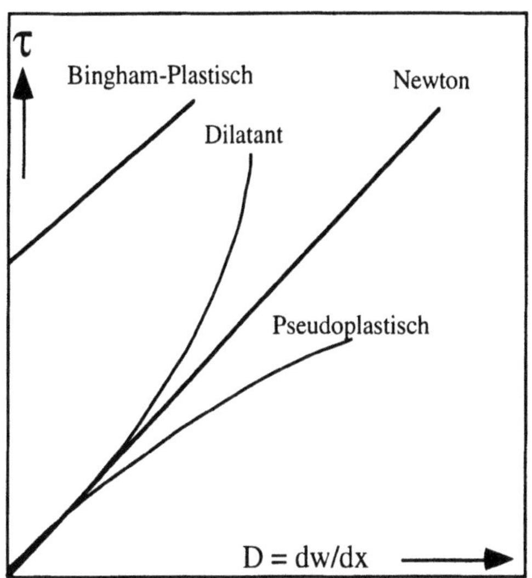

Abb. 2-43 Darstellung der verschiedenen rheologischen Verhaltensweisen von Medien. In der Biotechnologie spielt vor allen Dingen das Newtonsche- und das pseudoplastische Fließverhalten (strukturviskose Medien) eine wichtige Rolle. Zu den pseudoplastischen Medien gehören solche mit Biopolymeren, aber auch Pilzsuspensionen weisen ein solches Fließverhalten auf. Das pseudoplastische Fließverhalten wird durch CMC-Lösungen (Carboxymethylcellulose, Tapetenkleister) für Versuchszwecke häufig simuliert.

Die Darstellung der Beschreibung von Mischvorgängen wurde bisher auf Newtonsche Fluide beschränkt. In diesen dünnflüssigen Systemen sind zur Erfüllung der Primäraufgaben alleine der spezifische Leistungseintrag (P/V) und die Gasleerrohrgeschwindigkeit u_G maßgebend. Bei höheren Viskositäten (Tabelle 2-13) nehmen dann aber auch geometrische Faktoren Einfluß. Um nun auch Rührvorgänge von Nicht-Newtonschen Fluiden beschreiben zu können, bedient man sich der Festlegung einer sogenannten repräsentativen Viskosität η_{rep} bzw. v_{rep}. Man versteht darunter die Viskosität einer gedachten Newtonschen Flüssigkeit, mit der das Rührgefäß gefüllt sein müßte, damit unter sonst gleichen Bedingungen die gleiche Rührleistung erzielt wird. Um eine brauchbare Korrelation von Messungen zu ermöglichen, läßt sich ein allgemeines Konzept für Rührkessel und Blasensäulen einführen [38]. Der Bewegungszustand im Reaktor und damit auch der mittlere repräsentative Scherungsgrad $\bar{D}$ hängen vom spezifischen Leistungseintrag ε ab. Die kinematische Viskosität stellt dabei ebenfalls eine limitierende Größe dar, die Einfluß auf den Strömungszustand hat. Mit dieser Überlegung läßt sich der Ansatz für die spezifische Scherrate und für die repräsentative Viskosität folgendermaßen herleiten [38]:

Tabelle 2-12 Rheologisches Verhalten von Medien; Merkmale, technischer Einsatz und Beispiele [37].

Fließverhalten	Merkmale	Beispiele	technischer Einsatz
pseudoplastisch	scheinbare Viskosität sinkt mit steigender Scherrate.	Lösung/Schmelze makromolekularer plastischer Massen, Kautschuk, Seifenlösung, Schmiermittel.	Penicillin, Biopolymere (Xanthane, Glucane), Glucoamylase.
Bingham	einwirkende Spannung muß Fließgrenze τ_0 überwinden, dann fließt das Fluid.	konz. Spülschlämme, Kreide- und Kalkbrei.	Steroid-Hydroxilierung, Novobiocin, Streptomycin.
dilatant	scheinbare Viskosität steigt mit steigender Scherrate.	wässrige Suspensionen nicht verkleisterter Stärke und Silikate (Kartoffelstärke), wässrige Suspensionen kugelförmiger Partikel (Sand).	Schwingungsmechanik Stoßdämpfung, Kupplungsmechanik.

Ist die Fließkurve durch das Ostwald-de-Waalesche Gesetz beschreibbar, so gilt

$$\eta = K \cdot D^{m-1} \ . \tag{2.151}$$

Der spezifische Gesamtleistungsverbrauch des Gas/Flüssigkeitssystems setzt sich aus den Anteilen des Gases (Näherungsgleichung 2.9 bzw. 2.10) und des Rührwerkes zusammen (Gleichung 2.20):

$$\left(\frac{P}{V_{R,L}}\right) = \left(\frac{P_G}{V_{R,L}}\right) + \left(\frac{P_R}{V_{R,L}}\right) = \frac{q}{60} \cdot \rho_L \cdot g \cdot H + \frac{P_R}{V_{R,L}} \ , \tag{2.152}$$

bzw.

$$\varepsilon = g \cdot u_G + \frac{P_R}{V_{R,L} \cdot \rho_L} \ . \tag{2.153}$$

Für die mittlere Scherrate wird die Beziehung

$$\dot{D} = \left(\frac{P}{V_{R,L} \cdot \rho \cdot \nu}\right) \tag{2.154}$$

angeben [38]. Aus Gleichung 2.129 folgt mit dem Zusammenhang der dynamischen und der kinematischen Viskosität $\eta = \rho \cdot \nu$ Gleichung 2.155

$$D = \left(\frac{\nu \cdot \rho}{K}\right)^{1/(m-1)} \ . \tag{2.155}$$

Setzt man Gleichung 2.154 und Gleichung 2.155 gleich, so folgt

$$\left(\frac{\nu \cdot \rho}{K}\right)^{1/(m-1)} = \left(\frac{P}{V_{R,L} \cdot \rho \cdot \nu}\right)^{1/2} \tag{2.156}$$

und durch entsprechendes Umformen erhält man eine Berechnungsgleichung für die repräsentative Viskosität:

$$v_{rep} = \left(\frac{K}{\rho}\right)^{2/(m+1)} \cdot \left(\frac{P}{V_{R,L} \cdot \rho}\right)^{(m-1)/(m+1)} \quad . \tag{2.157}$$

Tabelle 2-13 Die Erfüllung von Primär- und Sekundäraufgaben in einem Bioreaktor.

	Primär-		Sekundär-
	dünnflüssig $\eta < 0,1$ Pa·s (bei D = 100 s^{-1})	viskos $\eta \geq 0,3$ Pa·s (bei D = 100 s^{-1})	Berücksichtigung von
-aufgaben	Homogenisieren* Suspendieren Dispergieren Wärme- und Stofftransport		Scherung Schaum Fließverhalten Reaktionsrandbedingung
Erfüllung durch	Energiedissipation bzw. Leistungsdichte ($\frac{P}{V}$) (*maßstabsabhängig) Gasleerrohrgeschwindigkeit	Energiedissipation ($\frac{P}{V}$) (Reaktortyp, Geometrie, Rührwerkstyp, Konstruktion) Gasleerrohrgeschwindigkeit, Primärblasenbildung	Konstruktionen Geometrien Reaktortyp Rührwerkstyp

Die Schwierigkeiten in der Praxis, welche für den Sauerstofftransport in viskosen Nicht-Newtonschen Flüssigkeiten entstehen, sind qualitativ einfach zu beschreiben, aber quantitativ schwierig zu lösen. Es können drei Effekte beobachtet werden:

a) Ohne besondere Einrichtungen (vgl. Abschnitt 3.4.1) entstehen nur große bis sehr große Luftblasen mit einer daraus resultierenden kleinen Stoffaustauschfläche.

b) In Bioreaktoren bilden sich stagnierende oder schlecht durchmischte Regionen mit ungenügender mechanischer Durchmischung (vgl. auch Abschnitt 8.3.3 - Plazierung von Sonden im Bioreaktor). Durch Inhomogenitäten entstehen Sauerstoffgradienten im Bioreaktor und in Regionen niedrigerer Viskosität (in strukturviskosen Systemen hervorgerufen durch örtlich höhere Scherraten) bilden aufsteigende Luftblasen Kanäle, die somit sehr schnell für die Reaktion verloren gehen.

c) Zu kleine Luftblasen verbleiben zu lange in der stark koaleszenzgehemmten Flüssigkeit, die Blasen verarmen an Sauerstoff und reichern Metabolite an (z.B. CO_2). Im Extremfall stellen sie einen nassen Schaum ähnlich der Kategorie C (Bild 2-41 c) dar, und sie verändern dadurch ebenfalls die Rheologie.

Schlußbemerkung zum Kapitel 2:

Die Aufgaben eines Reaktors, insbesonders eines Bioreaktors, sind vielfältig. Zunächst sind eine ganze Reihe von Primäraufgaben zu erfüllen. In sich lösliche Flüssigkeiten gleichmäßig zu verteilen sowie für Temperaturausgleich zu sorgen nennt man Homogenisieren, das von Feststoffen Suspendieren und das Verteilen von schwachlöslichen Flüssigkeiten oder Gasen Dispergieren. Eine ganz wesentliche Aufgabe eines Bioreaktors ist, für einen ausreichenden Sauerstofftransfer (OTR) zu sorgen, d.h., dem Begasen kommt in Bioreaktoren eine große Bedeutung zu. Dabei zeigt sich, daß der OTR nicht vom System, sondern nur vom Leistungseintrag sowie der Gasleerrohrgeschwindigkeit abhängt.

Es ist darauf zu achten, daß man irgendwelche Versuchsergebnisse nie mit Drehzahlangaben beschreibt, denn diese sind nicht aussagekräftig!

Neben den Standardaufgaben (Primäraufgaben) sind häufig aber auch Sekundäraufgaben, wie Rücksichtsnahme auf Scherempfindlichkeit, Schaumbildung und veränderliche Stoffdaten zu erfüllen. Besonders die mechanische Belastung ist dabei sehr schwierig „in den Griff" zu bekommen, während es für die Schaumbekämpfung sowohl chemische als auch mechanische Mittel gibt. Die veränderlichen Stoffdaten zwingen häufiger, einen Kompromiß einzugehen, indem ein Reaktor gewählt werden muß, der zwar in keinem Stadium der Reaktion der optimale Reaktor ist, aber die Reaktion über die gesamte Reaktionsdauer beherrscht.

Abschließend sollen die wichtigsten Punkte zum Thema „Aufgaben eines Bioreaktors" zusammengefaßt werden.

o Die Primäraufgaben eines Bioreaktors lassen sich alleine durch Energieeintrag pro Zeit und Reaktionsvolumen und Gasleerrohrgeschwindigkeit (dünnflüssige Medien; Tabelle 2-13) bewerkstelligen.

o Drehzahlangaben allein sind nicht aussagekräftig! Die Energiedissipation ist die allein allgemeingültige Größe.

o Ohne Stromstörer lassen sich nur geringe Energiedichten erreichen

o Eine optimale Anzahl von Stromstörern trägt zum gleichmäßigen Energieeintrag bei!

o Die örtliche Energiedichte läßt sich durch mehrstufige und großflächige Rührwerke reduzieren (gleichmäßigerer Energieeintrag).

3 Entwicklung der Bioreaktoren

In diesem Kapitel soll aufzeigt werden, wie die Evolution der Bioreaktoren hätte stattfinden können, da daraus die Vielfalt der Reaktoren besser erklärbar erscheint. Da aber von Menschen beeinflußte Abläufe selten evolutionär, sondern vielmehr revolutionär vonstatten gehen, war die eigentliche Entwicklung doch etwas anders. Um der Chronistenpflicht gerecht zu werden, wird in Abschnitt 3.8 in einem kurzen Abriß die eigentliche geschichtliche Entwicklung der Bioreaktoren in Europa dargestellt.

Die Geschichte der Biotechnologie (Abb. 3-1) reicht fast 6.000 Jahre zurück. Schon etwa 4.000 vor Chr. wurden biochemische Reaktionen genutzt, um aus Sauerteig Brot herzustellen. Bei diesem Verfahren waren im strengeren Sinne noch keine Reaktoren notwendig. Doch als im Laufe der nächsten 2.000 Jahre dann auch Verfahren zur Bier-, Wein- und Essigherstellung bekannt wurden, waren zugleich auch schon die ersten Bioreaktoren erforderlich. Die damaligen Fermenter, wie Bioreaktoren noch häufig genannt werden, waren natürlich nur sogenannte Gärbottiche, und die Verfahren stellten keine Anforderungen an die Sterilität, so daß die „Fermenterkonstrukteure" der damaligen Zeit wenige Detailprobleme zu lösen hatten.

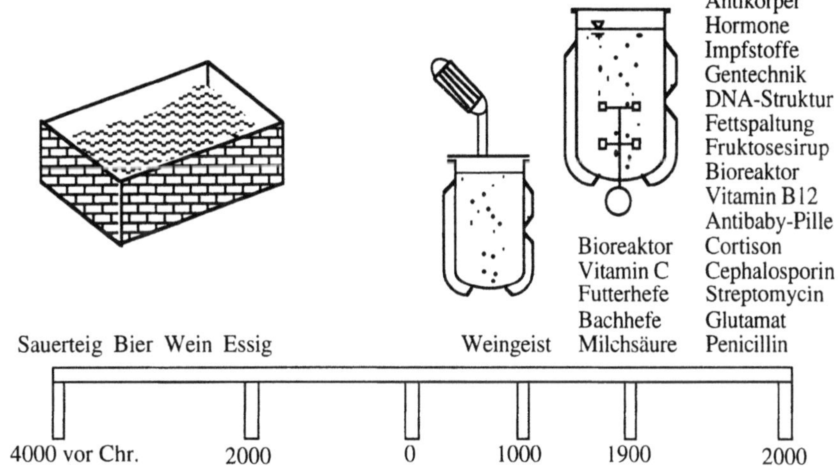

Abb. 3-1 Entwicklung der Biotechnologie vom Altertum bis zur Moderne [2].

Erst als dann Anfang und vor allem in der Mitte des 20. Jahrhunderts immer mehr biotechnologische Prozesse an wirtschaftlicher Bedeutung gewannen, wurden auch hohe Ansprüche an die Steriltechnik (vgl. Kapitel 5 und 6) gestellt. Jetzt waren die Konstrukteure gefordert, Konstruktionen zu schaffen, die den Rahmen für einen steril geführten Prozeß darstellen konnten.

Der Prozeß der Bierherstellung hat sich über Jahrtausende gehalten. Zwar wurden die Apparate immer moderner, und nach und nach hielten auch andere Materialien Einzug, aber dennoch gab es in der Grundkonstruktion keine wesentlichen Veränderungen. Im

Mittelpunkt steht immer noch der Gärbottich als Bioreaktor. Ein wesentlicher Unterschied zur früheren Bierherstellung ist lediglich nach der Reaktion festzustellen. Während früher das Bier nur unvollkommen geklärt bzw. filtriert wurde, wird heute das Bier steril abgefüllt (Sterilfiltration, Kapitel 5 und 6) und ist deshalb auch viel lagerstabiler als in früheren Zeiten. Dennoch kommt dem damaligen unstabilen Bier eine wichtige „Bedeutung" zu [2].

Als im Mittelalter die Mönche während der Fastenzeit stärkeres Bier brauten, um die fehlende Energie über „flüssiges Brot", dem Fastenbier, zu decken, kam dieser Brauch auch dem damaligen Papst zu Ohren. Daraufhin ordnete er an, daß ihm einige Fässer dieses „flüssigen Brotes" vom Alpennordrand nach Rom gebracht werden sollten. Einige Mönche machten sich auch zugleich mit einigen Fässern Gerstensaft in Richtung Süden auf den Weg. Der Weg war damals sehr lang und dauerte mehrere Wochen, so daß das Bier, als sie in Rom ankamen, längst nicht mehr bekömmlich war. Als der Papst dieses verdorbene Bier kostete, meinte er, daß die Leute dieses „Gesöff" ruhig während der Fastenzeit trinken könnten, wenn es ihnen schmecken würde. Und seitdem können wir in der Fastenzeit das köstliche Starkbier genießen [2].

Im ersten und zweiten Kapitel wurde deutlich, daß der Bioreaktor vielfältige Aufgaben hat. Ebenso vielfältig sind die Reaktorkonstruktionen, die seit Anfang unseres Jahrhunderts bis in die heutigen Tage hinein konstruiert und entwickelt wurden.

Die Ursprünge der modernen Bioreaktorentwicklung in Europa findet man in Chemieunternehmen. Dort wurde versucht, in vorhandenen Chemiereaktoren biotechnologische Prozesse zu betreiben. Bald merkte man, daß im Vergleich zu Chemiereaktoren doch einige Modifikationen vorzunehmen sind, um den biotechnologischen Prozeß störungsfrei ablaufen lassen zu können. Die wesentlichste Modifikation war hinsichtlich steriler Betriebsweise vorzunehmen.

3.1 Vom Gärbottich zum Bioreaktor

Jahrtausende kam die Menschheit mit dem einfachen, offenen Gärbottich aus. Die durchzuführenden Reaktionen liefen unter Bedingungen (Milieu: pH, niedrige Temperatur) ab, die es schwer machten, anderen als den gewünschten Mikroorganismen zum „Durchbruch" zu verhelfen. Vor Pasteur wußte noch niemand, wer die wundersamen Helfer waren, die aus der Maische „Bier" bzw. „Wein" werden ließen. So konnte man von „Glück" sprechen, daß die Hefen, die in der Maische unter den gegebenen Bedingungen den Zucker (Glucose) in Alkohol (Ethanol) umwandeln, rein zufällig in das Gemisch gelangten, sonst wären die damaligen Zeitgenossen nicht in den Genuß von Bier und Wein gekommen.

Wenn im Gärbottich schon keine sterilen Bedingungen aufrechterhalten werden mußten, so stellt sich dennoch die Frage, wie die anderen Aufgaben Homogenisieren, Suspendieren und Stofftransfer erfüllt werden konnten? In Kapitel 2 wurde gezeigt, daß diese Aufgaben durch das Eintragen von Leistung pro Volumeneinheit erfüllt werden. Doch wenn man nichts als nur einen leeren Bottich vor sich sieht, dann zweifelt man doch daran, ob und mit was das möglich sein sollte. Sieht man sich aber den Bottich etwas genauer an, dann kann man während des Gärprozesses feststellen, daß sich im gesamten Volumen Gasbläschen bilden und aufsteigen. Dieses Gas ist Kohlendioxid (CO_2) und resultiert aus folgender stöchiometrischen Reaktionsgleichung:

$$\text{Glucose} \quad \rightarrow \quad 2\cdot\text{Ethanol} \quad + \quad 2\cdot\text{Kohlendioxid}$$

$$C_6H_{12}O_6 \rightarrow 2\cdot C_2H_5OH + 2\cdot CO_2 \tag{3.1}$$

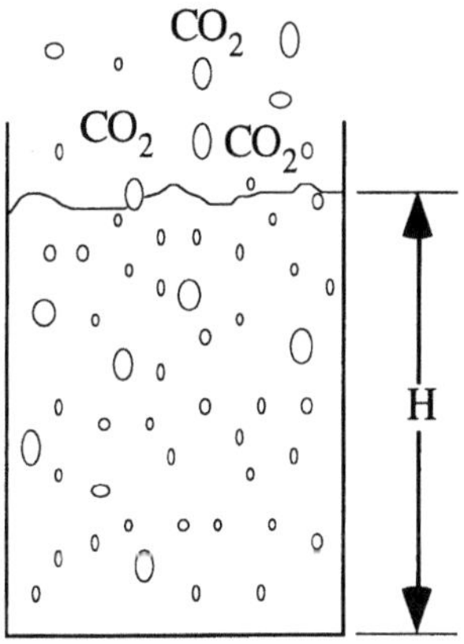

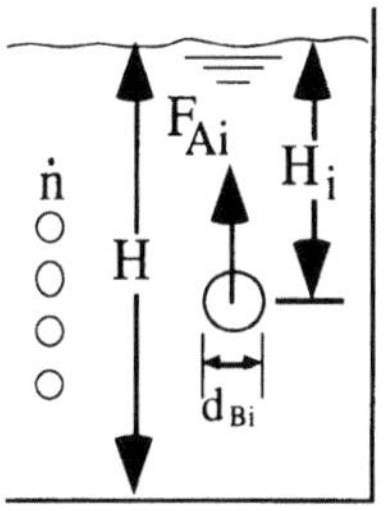

Abb. 3-2 Leistungseintrag durch Selbstbegasung. Die Gesamtleistung entspricht der Summe der Einzelleistungen der Blasen.

Das „Erstaunliche" dabei ist, daß diese Gasbläschen die benötigte Energie in sich tragen, um alle erforderlichen Aufgaben erfüllen zu können. Am Entstehungsort ergibt sich für jedes einzelne Bläschen folgender Sachverhalt: Die Auftriebskraft

$$F_{Ai} = V_{Bi}\cdot\rho_L\cdot g \tag{3.2}$$

stellt zusammen mit der Tiefe H_i das Energiepotential der Blase „i" dar :

$$E_{Pi} = V_{Bi}\cdot\rho_L\cdot g\cdot H_i \quad . \tag{3.3}$$

Die Häufigkeit, mit der dieses Energiepotential pro Volumen- und Zeiteinheit aufgebaut wird (Entstehungsgeschwindigkeit der Blasen), entspricht dem Gesamtleistungseintrag in dem betrachteten Volumen, den diese Blasen zu erbringen vermögen:

$$\left(\frac{P_G}{V_{R,L}}\right) = \frac{\dot{n}}{V_{R,L}} \cdot \Sigma\, V_{Bi}\cdot\rho_L\cdot g\cdot H_i \quad . \tag{3.4}$$

Die Auftriebskraft F_A ist nur bei konstantem Blasendurchmesser über der Höhe konstant. Bei exakter Betrachtung muß die Kompressibilität des Gases bei veränderlichem hydrostatischen Druck berücksichtigt werden, d.h., die aufsteigende Blase dehnt sich aus und erfährt dadurch eine größere Auftriebskraft (vgl. Abschnitt 2.1.1.1).

Geht man von einer absolut homogenen Entstehung der Gasblasen aus, so läßt sich dies mathematisch wie folgt formulieren:

Der Abstand der einzelnen Entstehungsorte ist

$$\Delta H = \frac{H}{n\text{-}1} \ , \tag{3.5}$$

so daß für das gesamte Energiepotential bei einheitlichem Blasendurchmesser

$$E_P = \ V_B{\cdot}\rho_L{\cdot}g{\cdot}\sum_{i=1}^{n}(i\text{-}1){\cdot}\Delta H = V_B{\cdot}\rho_L{\cdot}g{\cdot}\sum_{i=1}^{n}\frac{i\text{-}1}{n\text{-}1}{\cdot}H \tag{3.6}$$

geschrieben werden kann. Nach Gauß läßt sich die Summe auch durch

$$\sum_{i=1}^{n}(i\text{-}1) = \frac{n\text{-}1}{2}\left((n\text{-}1) + 1\right) \tag{3.7}$$

darstellen. Damit ergibt sich für das Gesamtenergiepotential in einem homogenen Gärbottich

$$E_P = \ n{\cdot}V_B{\cdot}\rho_L{\cdot}g{\cdot}\frac{H}{2} \ . \tag{3.8}$$

Die Anzahl der entstehenden Blasen pro Zeiteinheit ergeben zusammen mit deren Volumen den Volumenstrom des Gases, so daß für die Leistungsdichte mit H als mittlerer Tiefe (gemäß Gleichung 3.8) näherungsweise folgende Beziehung angegeben werden kann (vgl. Abschnitt 2.1.1.1):

$$\left(\frac{P_G}{V_{R,L}}\right) = \frac{\dot{V}_G}{V_{R,L}}{\cdot}\rho_L{\cdot}g{\cdot}\frac{H}{2} \ . \tag{3.9}$$

Mit den Reaktionsgeschwindigkeiten, wie sie in Kapitel 1 beispielhaft für die Alkoholgärung angegeben wurden (Tabelle 1-1), läßt sich folgendes Rechenbeispiel angeben: Bei der alkoholischen Gärung wurde eine Raumzeitausbeute von $1\ \frac{kg}{m^3{\cdot}h}$ ermittelt. Dabei ergibt sich aus der Stöchiometrie (Gleichung 3.1) und mit dem Verhältnis der Molmassen von Ethanol und Kohlendioxid sowie der Dichte von CO_2 ein spezifischer Gasvolumenstrom von

$$\frac{\dot{V}_G}{V_{R,L}} = \frac{1}{3600}\frac{44}{46{\cdot}1{,}977} = 1{,}3{\cdot}10^{-4} \ \left[\frac{m^3\ CO_2}{m^3{\cdot}s}\right] \ . \tag{3.10}$$

Nimmt man eine Reaktortiefe von 5 Metern an und geht man weiter davon aus, daß die Gasblasen gleichmäßig (homogen) im gesamten Volumen entstehen, dann beträgt die mittlere Tiefe 2,5 Meter und für die Leistungsdichte ergibt sich P/V = 3,2 (W/m^3). Das ist ein sehr niedriger Wert, doch wenn man berücksichtigt, daß diesem Beispiel die langsamste Reaktion zugrunde liegt und die Leistungsdichte bei der angegebenen schnellen Reaktion um den Faktor 54, also auf P/V = 173 [W/m^3] steigt, dann ist dieser Leistungseintrag durchaus mit üblichen Homogenisieraufgaben zu vergleichen (vgl. Abb. 2-1). Weiterhin kann man aus den angegebenen Gleichungen erkennen, daß der Leistungseintrag proportional zur Reaktorhöhe ist und damit schlanke Reaktoren mehr Energie einzutragen vermögen.

Der Gärbottich ist also befähigt, die Randbedingungen einfacher, aber unsteriler bzw. autosteriler Bioreaktionen zu erfüllen. Zusätzliche Voraussetzungen dabei sind, daß die Reaktion anaerob läuft und Gas (CO_2) als Energiequelle freisetzt.

Das Problem der Wärmeabfuhr ist in Gärbottichen nicht vorhanden, da diese langsamen Prozesse nur geringe Reaktionsenthalpien pro Zeit freisetzen und typischerweise in kühlen Kellern durchgeführt werden.

Wollte man solche Reaktionen unter sterilen Bedingungen durchführen, dann ist es nur noch erforderlich, den Gärbottich mit einem Deckel zu versehen, was zugleich den einfachsten aller Bioreaktoren darstellt (Abb. 3-3).

3.2 Bioreaktoren mit pneumatischem Leistungseintrag

3.2.1 Blasensäulenreaktor

Der geschlossene Gärbottich ist konstruktiv so gestaltet ist, daß er steriltechnisch betrieben werden kann und im Bedarfsfalle noch mit einem Doppelmantel oder einer ähnlichen Einrichtung (Rohrschlangen im Reaktor) zum Abtransport von Reaktionswärmen ausgerüstet ist, und könnte evolutionär gesehen der „Stammvater" aller steril betreibbaren Bioreaktoren sein. Zugleich stellt er das einfachste Prinzip des pneumatisch betriebenen Bioreaktors dar. Pneumatisch betrieben bedeutet, das Gas (hier das Gärungsnebenprodukt CO_2, ist der „Antrieb" bzw. der Energieeintrag zur Vollrichtung der geforderten Arbeit (vgl. Abschnitt 2.1.1.1 und Gleichung 3.9).

In aeroben Reaktionen muß neben den Nährstoffen in jedem Fall noch eine Sauerstoffquelle zur Verfügung stehen. Zu diesem Zweck wird der Bioreaktor meist mit Luft begast (gelegentlich auch mit Sauerstoff angereichert oder selten mit reinem Sauerstoff betrieben). Dieses Gas wird über eine Rohrleitung in der Nähe des Reaktorbodens in richtiger Position zum Dispergierorgan (Rührer) eingeleitet (vgl. Abschnitt 5.1.4). Fügt man in den geschlossenen Gärbottich eine Begasungseinheit hinzu, erhält man quasi direkt den Blasensäulenreaktor.

Zur exakten Berechnung der eingetragenen Leistung in eine Blasensäule muß Gleichung 2.7 und 2.8 herangezogen werden. Näherungsweise kann Gleichung 2.9 bzw. 3.9 benutzt werden, solange $p_u/p_o < 2$ ist.

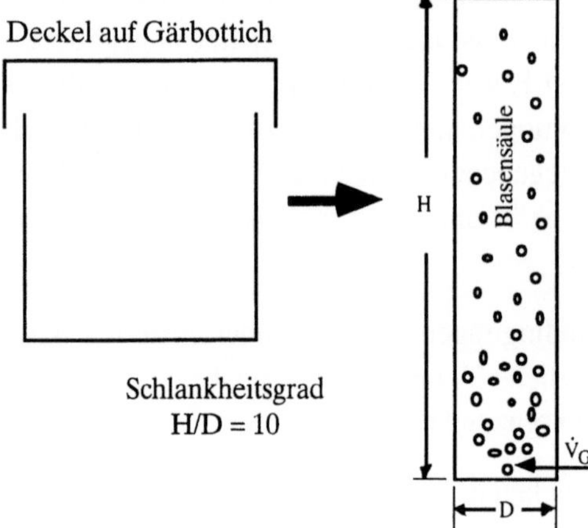

Abb. 3-3 Der Gärbottich stellt den ersten Bioreaktor dar. Weil er offen war, konnte dieser Reaktor allerdings nicht steril betrieben werden. Dadurch, daß man dem Gärbottich einen Deckel verlieh, kam man zum Blasensäulenreaktor. Dieser Reaktortyp ist steriltechnisch konstruierbar und kann damit für steriltechnische Prozesse eingesetzt werden. Blasensäulen besitzen einen hohen Schlankheitsgrad $f_S = H/D$.

Der Blasensäulenreaktor zeichnet sich besonders durch seine konstruktive Einfachheit aus. Darin ist auch sein wesentlicher Vorteil zu sehen, denn er ist dadurch auch preiswert und durch das Fehlen von bewegten Einbauten auch wesentlich weniger störanfällig, als manch komplizierter Reaktor. Aufgrund des einfachen Prinzips sind auch Überlegungen zum Scale-up (Maßstabsübertragung, Kapitel 9) in weiten Bereichen unproblematisch [40].

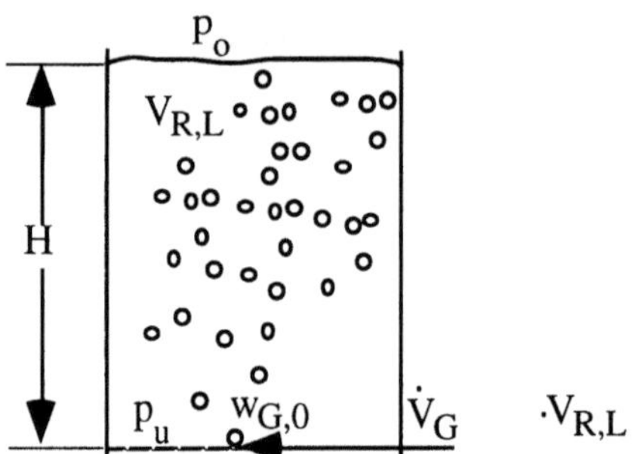

Abb. 3-4 Pneumatischer Leistungseintrag (potentieller Anteil).

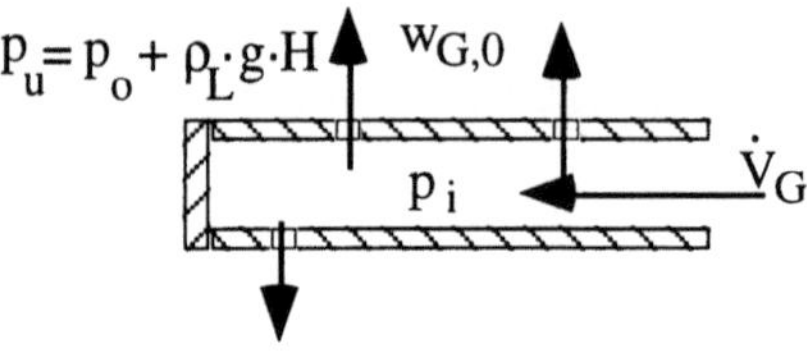

Abb. 3-5 Ausströmgeschwindigkeit des Gases aus dem Begasungsrohr. Die Geschwindigkeit trägt zum kinetischen Term der gesamten pneumatischen Leistung bei (Gleichung 2.8). Erforderlich dazu ist der Druckverlust $\Delta p = p_i - p_u$.

Auch wenn zunächst der Blasensäulenreaktor eine ganze Reihe von Vorteilen zu bieten hat, so ist er mit der Leistungsfähigkeit doch bald an seinen Grenzen angelangt (Kapitel 9). Bei schwierig zu suspendierenden Systemen läßt sich eine Teilsedimentation des Feststoffes nicht ganz verhindern. Sobald die Viskosität zunimmt, ist dieser Reaktortyp zum Scheitern verurteilt. Sollte die Luftversorgung aufgrund des hohen Sauerstoffbedarfs und/oder Leistungsbedarf zu hoch werden, ist die Schaumbildung in biologischen Systemen häufig die reaktorbestimmende Randbedingung, so daß auch hier Blasensäulen ausscheiden.

3.2.2 Blasensäulen mit Einbauten (Airliftreaktor)

Der einfache Blasensäulenreaktor läßt sich durch verschiedene Einbauten in seinem Einsatzspektrum etwas erweitern, auch wenn dabei der Vorteil, billig zu sein, etwas abgeschwächt wird.

Wenn die Suspendierleistung oder/und die Wärmeübertragungsleistung einer Blasensäule den Anforderungen nicht mehr gerecht wird, dann besteht die Möglichkeit sich das „Mammutpumpenprinzip" zunutze zu machen (Abb. 3-6, 3-7). Durch Variation der Konstruktion, wie in Abb. 3-7 dargestellt, läßt sich dieser Effekt auf unterschiedliche Art nutzen [40]. In einer Mammutschlaufe wird die Flüssigkeitsumwälzung dadurch erreicht, indem im Bereich (Rohr, Ringraum) die Dichte der Mischphase geringer ist als die Dichte der Flüssigkeit (oder der Mischphase) im unbegasten Bereich. Je größer der Unterschied der Dichten (bzw. der Gasgehalte) der Phasen und je höher die Säule ist, umso größer ist die Umwälzgeschwindigkeit.

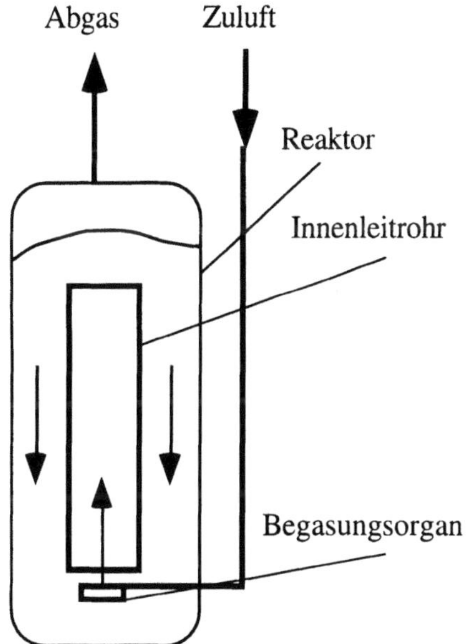

Abb. 3-6 Grundsätzlicher Aufbau eines Airliftreaktors (Mammutpumpe).

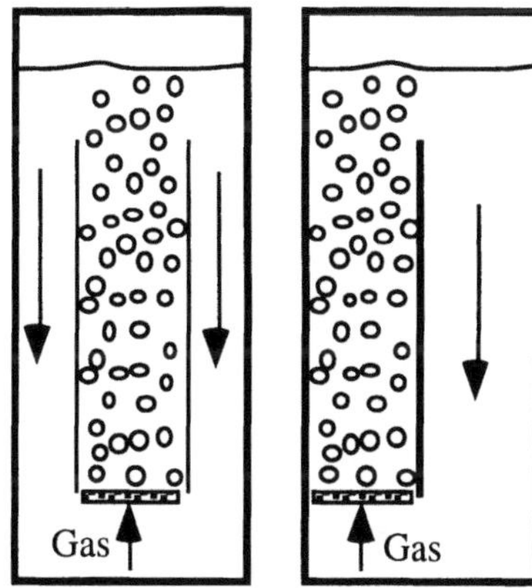

Abb. 3-7 Konstruktionen von Airliftreaktoren. Links mit zentralem Innenleitrohr, rechts mit Trennwand (Blasensäulen mit Mammutpumpenprinzip).

Das Prinzip der Mammutschlaufe kann entweder durch ein Leitrohr (a) oder eine Trennwand (b) als innerer Umlauf verwirklicht werden, oder aber als Außenschlaufe aufgebaut sein (Abb. 3-7). So umgestaltete und mit einer Mammutschlaufe betriebene

Blasensäulenreaktoren nennt man auch Airliftreaktoren, die in der Biotechnologie durchaus Beachtung finden.

Im Airliftbioreaktor ist der Zirkulationsweg der Flüssigkeit festgelegt. Der definierte Flüssigkeitsumlauf führt zu einem geordneten Strömungszustand. Bei regelmäßigem Umlauf der Zellsuspension passiert jede Zelle periodisch alle Reaktorzonen, und deshalb ist die Gesamtwirkung der äußeren Bedingungen auf jede Zelle dieselbe. Das erleichtert Maßstabsübertragungen auch im Vergleich zu Blasensäulen. Ein anderer charakteristischer Parameter ist der große Schlankheitsgrad H/D = f_S (Verhältnis von Höhe zu Durchmesser), der bis zu 10 betragen kann (Abb. 3-3). Dieses Verhältnis wählt man, um die folgenden Eigenschaften zu erzielen: Hohe Ausnutzung des Sauerstoffs der Luft, Steigerung des möglichen Leistungseintrags und dadurch hohe Umlaufgeschwindigkeit, die einen positiven Einfluß auf das Mischen und die Wärmeübertragung hat. In einigen Fällen sollte es auch gelingen, daß schwerer Schaum (hohe Dichte, vgl. Gleichung 2.142 und 2.144) mit in die Schlaufe gerissen wird und sich dadurch die Schaumneigung reduziert.

Das Konstruktionsprinzip des Airliftreaktors läßt sich durch die Variation von Positionierung und Gestaltung des Gaseingabesystems sowie des Gasleitraumes auf unterschiedliche Weise nutzen. Daraus resultiert eine Vielzahl von Varianten mit innerem und äußerem Umlauf [40].

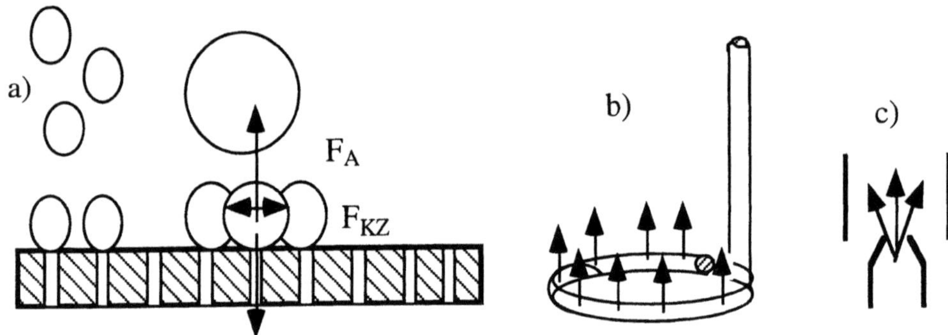

Abb. 3-8 Mögliche Begasungsorgane für eine Blasensäule bzw. für einen Airliftreaktor:
a) Sinterplatte, Lochplatte oder Fritte; b) Begasungsring; c) Begasungsdüse oder Injektordüse.
F_A - Auftriebskraft; F_H - Haftkraft; F_{KZ} - Koaleszenzkraft.

Neben dem „äußeren Erscheinungsbild" ist es bei allen Reaktoren, so auch beim Airliftreaktor, von großer Wichtigkeit, mit welchen Organen die Luft eingetragen wird (Abb. 3-8). Um kleine Blasen und damit eine sehr hohe spezifische Stoffaustauschfläche schon bei der Entstehung der Gasblasen (Primärblasen) vorzugeben, wird als Begasungsorgan meist eine Sinterplatte oder eine Lochplatte eingesetzt. Dabei ist der Lochdurchmesser so zu wählen, daß die Auftriebskraft der gewünschten Blasengröße zur Haftkraft überwiegt, sonst wächst die Blase am Entstehungsort zu groß und koalesziert schon dort mit der Nachbarblase (Abb. 3-8). Die Folge sind relativ große

Blasen und damit kleine spezifische Stoffaustauschflächen, welche die Sauerstofftransferrate (OTR) reduzieren.

Eine weitere Möglichkeit der Gaszuführung ist ein Begasungsring. Dieser besteht praktisch nur aus einem Rohr mit entsprechenden Bohrungen, das zu einem Ring gerollt ist. Auch hier gilt dasselbe für die Größe und den Abstand der Bohrungen wie für die Lochplatte. Bei allen Einrichtungen empfiehlt es sich, am tiefsten Punkt eine Bohrung zu setzen, damit das Zuluftrohr leerlaufen kann (vgl. Abb. 3-5 und Abschnitt 5.2).

3.3 Bioreaktoren mit hydraulischem Leistungseintrag

3.3.1 Prinzipieller Aufbau

Den nächsten Schritt, den die „Evolution der Bioreaktoren" gemacht haben könnte, wäre die Erhöhung des Energiepotentials des Gases durch einen Flüssigkeitsstrahl. Der notwendige Leistungseintrag erfolgt bei diesem Reaktortyp über eine Pumpe (vgl. Abb. 3.9, Gleichung 2.11).

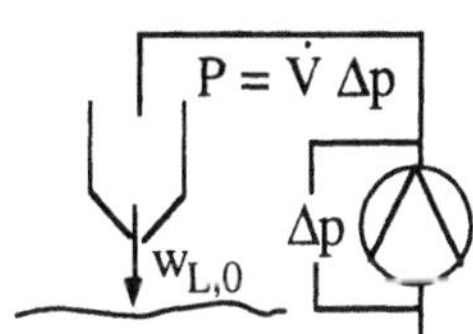

Abb. 3-9 Grundprinzip der Bioreaktoren mit hydraulischem Leistungseintrag. Der Gesamtleistungseintrag erfolgt in der Regel über eine Pumpe und läßt sich nach Gleichung 2.11 berechnen. Ist allerdings nur der kinetische Anteil nutzbar (z.B. Öl- oder Gasdispergierung und Wärmeaustausch), so kann nach Gleichung 2.12 der Leistungseintrag bestimmt werden.

Die einfachste Reaktorkonstruktion diesen Typs ist der Rohrreaktor (vgl. Abb. 3-10). Im Rohrreaktor läßt sich der Zustand ohne Rückvermischung einstellen. Dieser Reaktortyp ist aus reaktionstechnischer Sicht für die Sterilisation sehr wichtig und ist deshalb in jeder kontinuierlich betriebenen Sterilisationsanlage integriert (vgl. Abschnitt 6.5, Abb. 6-16, Haltestrecke). Um das erforderliche Volumen zur Erlangung gewünschter Verweilzeiten für langsam laufende biotechnologische Prozesse unterzubringen, werden Rohrreaktoren häufig sehr lang, so daß sie als einfaches gerades Rohr nicht ausgebildet sein können. Der Rohrdurchmesser ist durch den erforderlichen Turbulenzgrad (z.B. Re > 12000) festgelegt, damit ein entsprechendes Verweilzeitverhalten erreicht wird (vgl. Abschnitt 6.5.2). Die oft sehr langen Rohrstrecken (bis zu einigen 100 Metern) werden dann gebündelt untergebracht. Durch Verwendung von statischen Mischern (Abb. 3-12) in den Rohren kann das Verweilzeitverhalten und damit auch die Rohrlänge beeinflußt werden [102].

Vor allem bei höherviskosen Medien können statische Mischer sich vorteilhaft auf den Reaktionsverlauf auswirken. Strukturviskose Medien werden zudem im Rohrreaktor mit statischen Mischern durchdringend geschert und somit eingehend homogenisiert, dispergiert und suspendiert.

Rohrreaktoren sind schwierig zu be- und entgasen. Sie kommen somit nur für anaerobe bzw. mikroaerobe Prozesse (geringer Sauerstoffbedarf) in Betracht (z.B. Milchsäuregärung ohne Neutralisation [67]).

Um Gas zu- oder abführen zu können, müssen entlang des Rohres Stutzen angebracht werden. Stehende Rohre mit Einbauten (z.B Siebböden, vgl. Abb. 3-11), sogenannte Kolonnen, können ebenso als Reaktoren verwendet werden. Die Einbauten verringern die Rückvermischung und erhöhen die Phasengrenzfläche (Stofftransport). Eine Pumpe sorgt für den Leistungseintrag. Wird Gas zur Versorgung in den unteren Teil des stehenden Rohrreaktors eingeleitet, so trägt es zusätzlich Leistung in das Reaktionsgemisch ein (Gleichung 2.7 und 2.8).

Die Gesamtleistung, die von der Pumpe eingetragen wird, läßt sich nach Gleichung 2.11 angeben. Wenn aber der Leistungsanteil zum Eintauchen des Flüssigkeitsstrahls in das Reaktionsgemisch nicht genutzt werden kann (Dispergierung von Öl oder Gas, Wärmetransport), so bleibt nur noch der kinetische Anteil übrig (Gleichung 2.12).

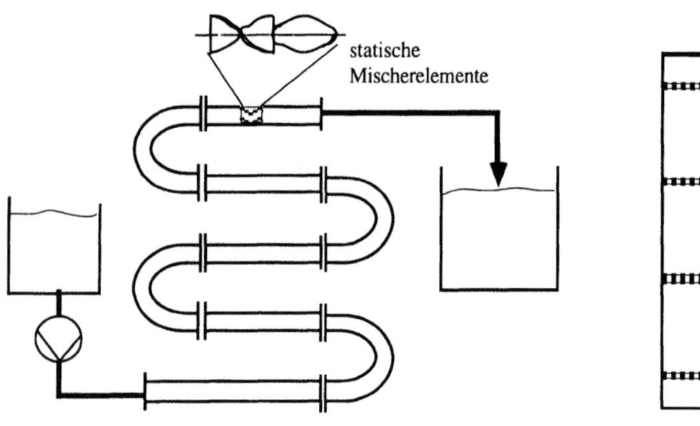

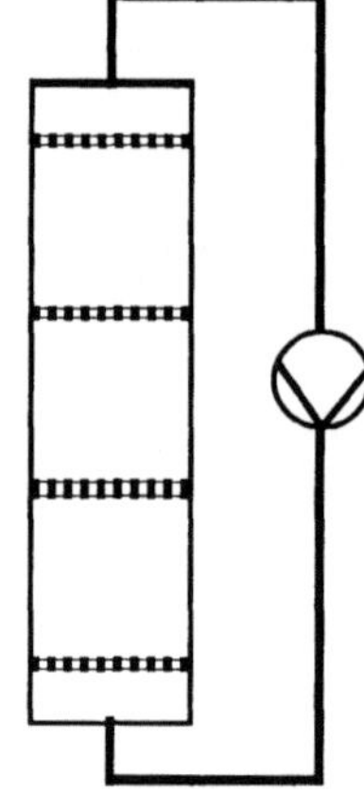

Abb. 3-10 Der prinzipielle Aufbau eines Rohrreaktors. Da die Rohrlänge bis zu einigen 100 Metern betragen kann, müssen die Rohre gebündelt (Schlangenlinie oder Spiralen) verlegt werden, um sie auf einen vertretbaren Raum unterbringen zu können.

Abb. 3-11 Eine erweiterte Form eines Rohrreaktors stellt das senkrecht stehende Rohr mit Einbauten, eine sogenannte Reaktionskolonne, dar.

Zu den Reaktoren, die hydraulisch angetrieben werden, zählen des weiteren der Strahldüsenreaktor (auch Strahlschlaufenreaktor genannt, vgl. Abschnitt 3.3.2), der Wirbelschicht- und Festbettreaktor (vgl. Abschnitt 3.5.2) sowie der Membranreaktor (vgl. Abschnitt 3.5.1).

3.3.2 Strahldüsenreaktor

Der Strahldüsenreaktor (Strahlschlaufenreaktor) nutzt im wesentlichen das kinetische Energiepotential eines Flüssigkeitsstrahles.

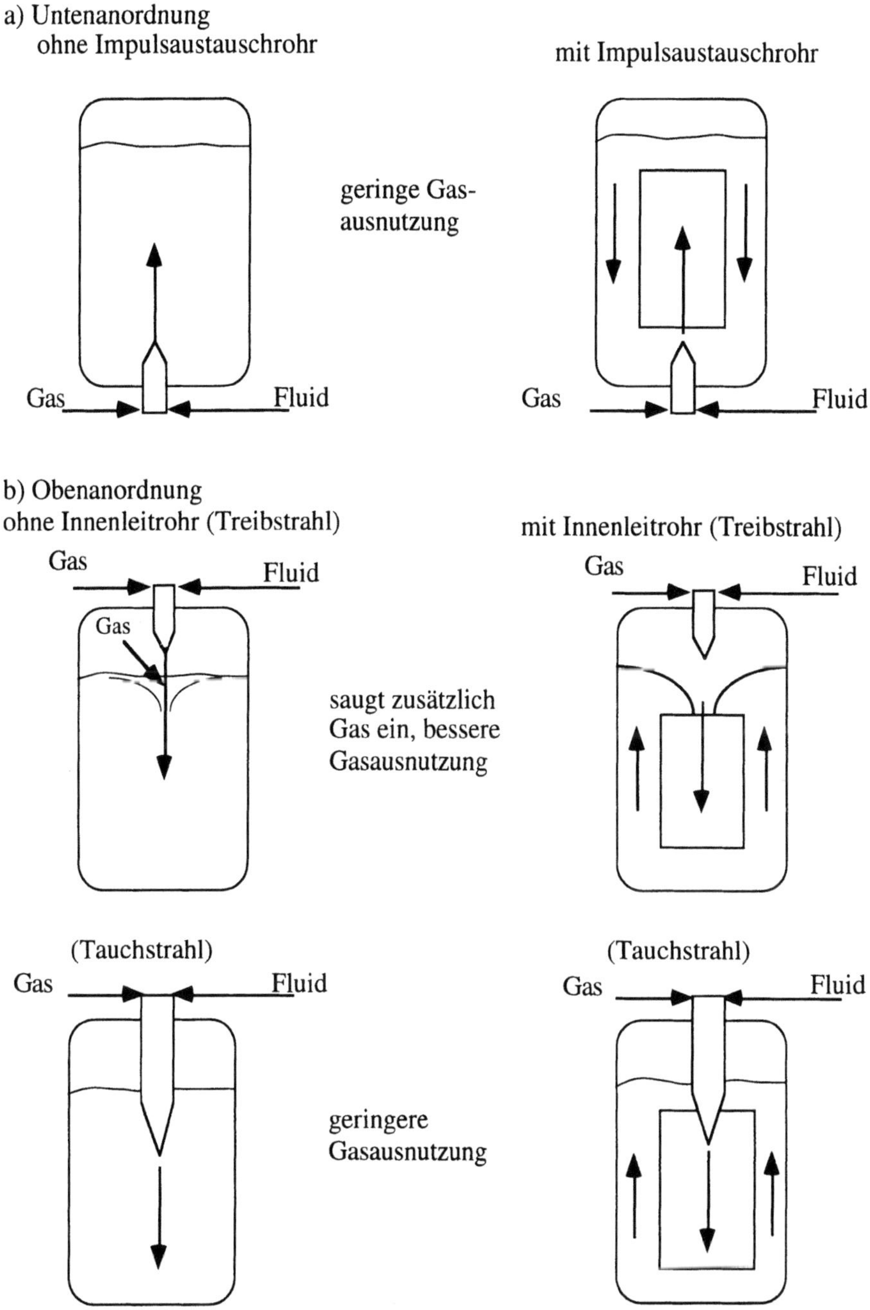

a) Untenanordnung
   ohne Impulsaustauschrohr

mit Impulsaustauschrohr

geringe Gas-
ausnutzung

Gas   Fluid

Gas   Fluid

b) Obenanordnung
ohne Innenleitrohr (Treibstrahl)

mit Innenleitrohr (Treibstrahl)

Gas   Fluid

Gas

saugt zusätzlich
Gas ein, bessere
Gasausnutzung

Gas   Fluid

(Tauchstrahl)

(Tauchstrahl)

Gas   Fluid

geringere
Gasausnutzung

Gas   Fluid

Abb. 3-12 Anordnungsmöglichkeiten der Injektordüse für hydraulisch betriebene Bioreaktoren.

Ein dafür notwendiges Aggregat ist im Airliftreaktor schon eingesetzt worden, nämlich die Düse. Nur wird diese Düse jetzt nicht mehr nur mit Gas, sondern entweder nur mit Flüssigkeit (Einstoffdüse), oder mit Flüssigkeit und Gas (Zweistoffdüse) betrieben. Der Flüssigkeitsstrahl ist befähigt, wesentlich höhere Energien in das Reaktionsgemisch einzutragen und verleiht dem Reaktor ein breiteres Einsatzspektrum (Abb. 3-13) [40].

Die hinzugekommenen Vorteile müssen natürlich irgendwie „erkauft" werden. Im Vergleich zum Airlift ist bei hydraulisch betriebenen Bioreaktoren am Reaktor ein Aggregat mit bewegten Einbauten, die Pumpe, notwendig. Die große Erfahrung mit den verschiedensten Pumpentypen verspricht eine geringe Störanfälligkeit. Doch für Anwendungen im sensiblen Sterilbereich schwindet die Vielfalt der möglichen Pumpen enorm (Abschnitt 5.3.5). Deshalb stellt letztendlich das Pumpaggregat das Hauptproblem des hydraulisch betriebenen Bioreaktors dar.

Für die Anordnung der Injektordüse gibt es mehrere Möglichkeiten, wie sie in Abb. 3-12 dargestellt sind. Zum einen kann die Düse unten oder oben angeordnet sein und mit oder ohne Innenleitrohr arbeiten, zum anderen kann sie als Treibstrahldüse oder Tauchdüse eingesetzt werden. Hieraus ergeben sich wieder eine Vielzahl von Reaktorvarianten, die nur für einen Spezialfall konstruiert werden [40].

Bei der Obenanordnung einer Zweistoffdüse im Strahldüsenreaktor (Abb. 3-13), hat es sich als vorteilhaft erwiesen, am unteren Ende des Impulsaustauschrohres eine Prallplatte zu montieren, um die Strömung umzulenken und dadurch einen gas- und feststofffreien Sumpf auf der Saugseite der Pumpe zu bekommen. Diese Maßnahme erhöht die Leistungsfähigkeit und die Standzeit der Pumpe.

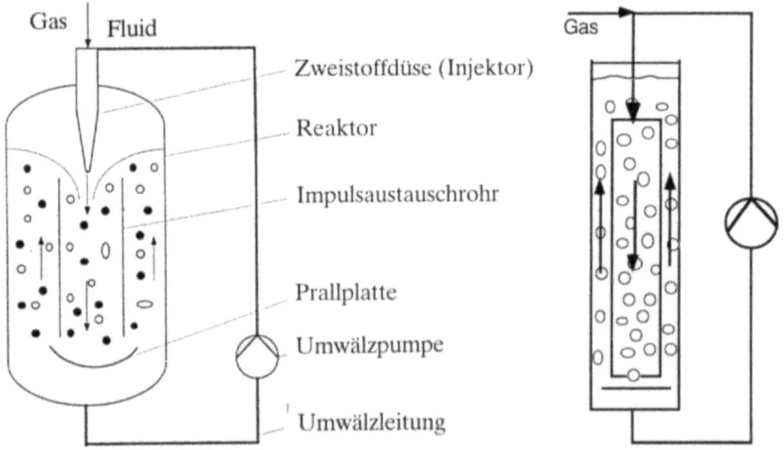

Abb. 3-13 Die Konstruktionsmerkmale des Strahldüsenreaktors.

Der Strahldüsenreaktor besitzt aufgrund seiner hohen Energiedichte die Möglichkeit, örtlich im Anfangsteil des Impulsaustauschrohres sehr hohe Stofftransferraten zu erzielen. Das ist insbesondere für sehr schnelle Reaktionen, wie z.B. chemische Hydrierungen, von Interesse. In der Biotechnologie ist das selten notwendig, so daß sich dieser Reaktor abgesehen von der Abwasserbehandlung noch nicht als Bioreaktor durchsetzen konnte. Die hohe örtliche Energiedichte hat allerdings auch zur Folge, daß dort hohe mechanische Belastungen auftreten. Daher kann nicht jedes biologische System in einem solchen Reaktor betrieben werden. Leistungsdichten, die einzellige Mikroorganismen schädigen könnten, liegen dennoch auch hier nicht vor (vgl. Abschnitt 2.2.1 Gleichung 2.130 und 2.134).

Tabelle 3-1 Gegenüberstellung von Vor- und Nachteilen des Strahldüsenreaktors.

Vorteile	Nachteile
- hohe örtliche Energie, dadurch hohe Sauerstofftransferraten (kleine Primärblasen)	
- hohe Turbulenz, guter Wärmetransport an das Impulsaustauschrohr (Wärmeaustauscher)	- hohe mechanische Belastung in der Düse, im Impulsaustauschrohr und in der Pumpe
- vorteilhaft für schnelle Reaktionen	
- feststofffreies und blasenfreies Ansaugen (Prallplatte), Standzeiterhöhung der Pumpe	- nicht geeignet für hochviskose Systeme
- gute Ausnutzung des Gases durch Selbstansaugung	
- einfache Konstruktion, keine bewegten Teile (bewährte Pumpen kein Problem)	- Steriltechnik im Außenloop (Pumpe, vgl. Kapitel 5) nicht bewährt
- geringes Scale up-Problem (geordnete Fluiddynamik)	

Im einzelnen sind die Vor- und Nachteile des Strahldüsenreaktors in Tabelle 3-1 zusammengefaßt. Die Vorteile überwiegen deutlich, doch aufgrund der hohen mechanischen Belastung auf Mikroorganismen und der noch nicht vollständig bewährten Steriltechnik im Außenloop hat dieser Reaktor im Bereich der Biotechnologie noch wenig Anerkennung gefunden. Für sehr schnelle Reaktionen mit hohem Sauerstoffbedarf sollte er jedoch immer in die Betrachtung mit einbezogen werden.

3.4 Bioreaktoren mit Leistungseintrag durch Rührwerke

3.4.1 Vielfalt der Rührorgane

Ein möglicher nächster Schritt der „Evolution von Bioreaktoren" geht in Richtung komplizierterer Apparate. Fügt man den schon beschriebenen Reaktoren noch bewegte

Einbauten (also Rührwerke) hinzu, dann erhält man den sogenannten Rührwerks-Bioreaktor.

Die Rührwerke lassen sich in drei Grundtypen einordnen. Solche, die bevorzugt tangential, solche die bevorzugt axial und solche die bevorzugt radial fördern (vgl. Abb. 3-14 und Tabelle 3-2). Je nach Rühraufgabe kann der dafür optimale Rührer ausgewählt werden.

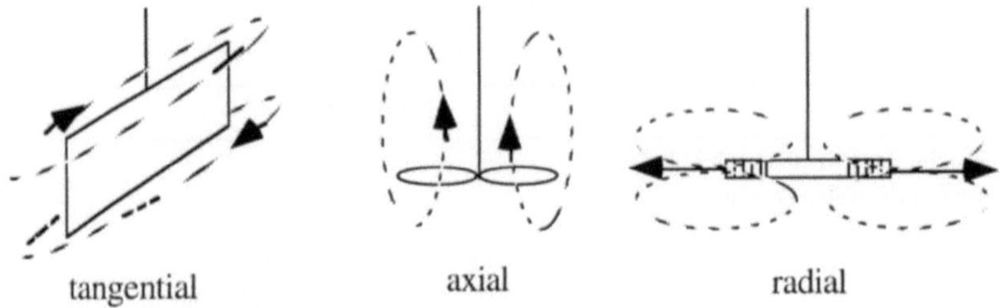

Abb. 3-14 Förderverhalten der Rührwerksgrundtypen.

Die Auswahl des geeigneten Rührwerkes gestaltet sich sehr komplex. In der Abbildung 3-15 sind einige gebräuchliche Rührertypen dargestellt, doch welchen Rührer man für einen Bioreaktor, um ein vorliegendes Problem lösen zu können, wählen soll, ist kritisch zu prüfen. In Abschnitt 2.1 wurde gezeigt, daß es zunächst mal gleichgültig ist, welches Organ ausgewählt wird. Wichtig ist es in erster Linie nur, mit dem Rührorgan die zur Bewerkstelligung der gestellten Aufgaben notwendige Energie pro Zeit einzutragen. Da eine der wesentlichen Aufgaben in Bioreaktoren der Sauerstofftransfer ist, stellt diese Aufgabe auch häufig das Auswahlkriterium dar. Weitere Differenzierungen an die Auswahl des geeigneten Rührertyps werden vom Mikroorganismus und vom Medium gestellt, vor allem bei höheren Viskositäten (Abschnitt 2.2). In Tabelle 3-2 sind einige Rührertypen in ihrem Einsatzspektrum und charakteristischen Daten aufgezeigt. Daraus kann man Informationen über Abmessungen und Anordnungen, Einbauverhältnisse, Primärströmungsrichtung, Umfangsgeschwindigkeit, Leistungskennzahl, Viskositätsbereich und bevorzugte Rühraufgaben entnehmen [6]. Daher ist noch darauf hinzuweisen, daß die angegebenen Werte für die Newtonzahlen streng in Verbindung zu den angegebenen Geometrien zu sehen sind und außerdem nur für den turbulenten sowie unbegasten Zustand gelten (vgl. Abb. 2-4). Unbesehen können diese Werte also lediglich zum Abschätzen des Leistungseintrages bei geometrisch ähnlichen Reaktoren verwendet werden. Der Scheibenrührer hat eine sehr hohe Newtonzahl (Ne = 3,6 bis 4,9) und ist daher der klassische Begasungsrührer, d.h., er ist besonders befähigt, Gasblasen zu dispergieren (Gleichung 2.18). Deshalb ist er in Bioreaktoren auch sehr häufig anzutreffen. Mit zunehmender Viskosität oder auch in scherempfindlichen Systemen zeigt sich der Scheibenrührer mit kleinem Durchmesserverhältnis d_R/D als Schnelläufer zum Zwecke des Homogenisierens und Suspendierens allerdings für reine Homogenisieraufgaben weniger geeignet. In diesen Fällen tut man gut daran, mehr zu großflächigen und mehrstufigen Rührern, wie dem Kreuzbalkenrührer, (seltener) dem Gitterrührer, dem (Inter-)MIG- oder dem Wendelrührer zu tendieren. Allerdings ist hier gleich anzumerken, daß diese Rührer allesamt nicht die optimalen Begasungsrührer sind und somit bei stark sauerstoffbedürftigen Reaktionen ein weiteres Problem zu lösen ist. Lösbar ist dieses Problem häufig durch die Kombination von verschiedenen Rührorganen oder den Einbau spezieller Begasungsorgane (Abb. 3.17).

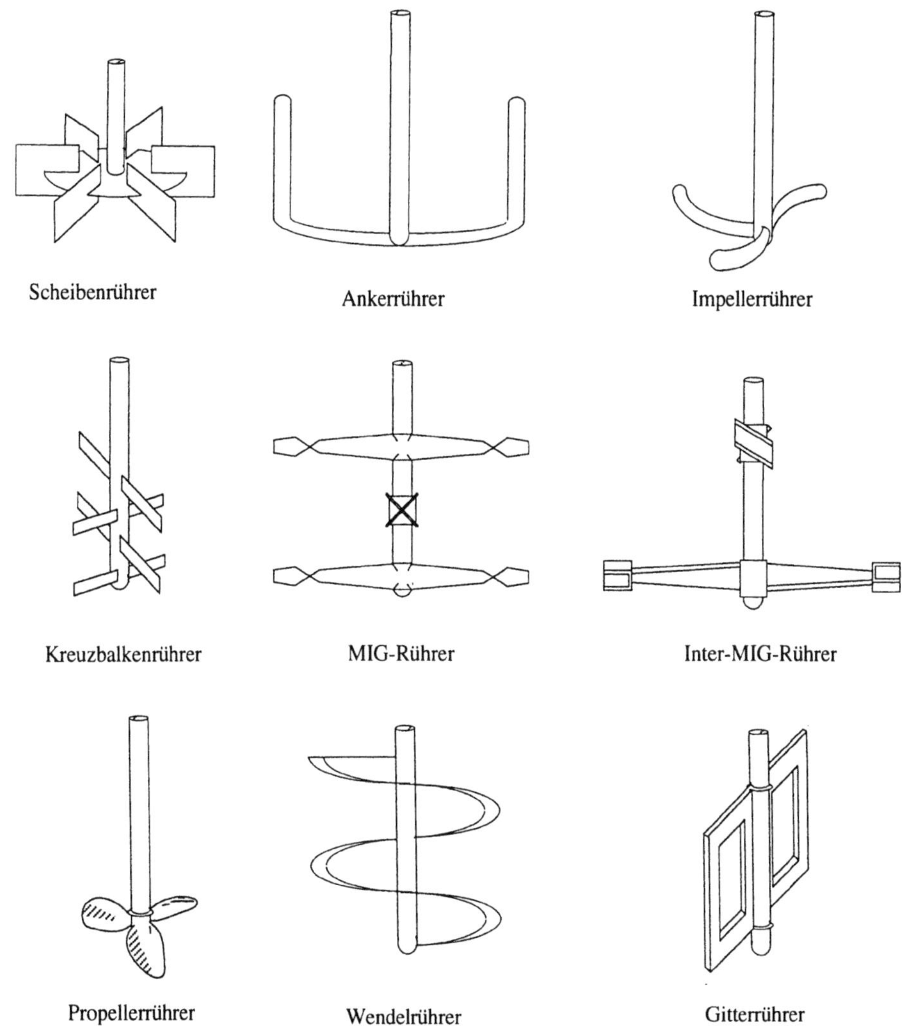

Abb. 3-15 Gebräuchliche Rührertypen für Reaktoren.

Der Ankerrührer findet häufig dort Anwendung, wo der Wärmeübergang an die Kesselwand ein Problem darstellt. Dieser wandgängige Rührer erzeugt speziell in Wandnähe hohe Turbulenzen und erhöht den Wärmetransfer zur Wand und damit zur Wärmeaustauschfläche.

Das Problem, neben einem hohen geforderten Sauerstofftransfer auch noch hochviskose Systeme vorliegen zu haben, ist in der Biotechnologie nicht selten. Man trifft solche Verhältnisse bei der Fermentation von Biopolymeren, wo die gebildeten Produkte die Viskosität im Laufe der Fermentation erheblich erhöhen, und auch in Pilzfermentationen, wie z.B. bei der Penicillinherstellung, wo der Organismus selbst die Erhöhung der Viskosität bewirkt. Wenn durch irgend eine verfahrenstechnische Variante die hohen Viskositäten nicht umgangen werden können, dann sind an die Auswahl des geeigneten Rührorganes höchste Ansprüche gestellt. Die Aufgabe wird dadurch noch erschwert, daß es für solche Problemlösungen viele Erfindungen und Patente gibt, deren Beurteilung aber ohne eigene Versuche Probleme bereitet.

Tabelle 3-2 Abmessungen und Anordnungen, Primärströmungsrichtung, Leistungskennzahl, Viskositätsbereich und bevorzugte Rühraufgaben für gebräuchliche Rührertypen.

Benennung, Kurzbezeichnung	bevorz. geom. Abmessungen	Primärströmung	d_R/D	Ne	η [Pa·s]	Aufgaben
Propeller-Rührer PR	$d_R/D = 0,33$ $b_S/D = 0,1$ $h_B/D = 0,3$	axial	0,1 bis 0,5	3-flg = 0,35 5-flg = 0,85	< 10	Homogenisieren Suspendieren Umwälzen/ Fördern (Umwurfreaktor)
Scheibenrührer SR	$d_R/D = 0,33$ $b_S/D = 0,1$ $h_B/D = 0,3$	radial	0,2 bis 0,5	4,6	< 10	Dispergieren Begasen Homogenisieren Suspendieren
Mehrstufen-Impuls-Gegenstromrührer MIG	$d_R/D = 0,7$ $b_S/D = 0,1$ $h_B/D = 0,16$	axial - radial	0,5 bis 0,95	3-stufig 0,55	< 50	Homogenisieren Suspendieren viskose Medien
Interferenz-Mehr-stufen-Impuls-Gegenstromrührer Inter-MIG	$d_R/D = 0,7$ $b_S/D = 0,1$ $h_B/D = 0,22$	axial-radial	0,5 bis 0,95	2-stufig 0,65	< 40	Homogenisieren Suspendieren viskose Medien
Wendelrührer WR	$d_R/D = 0,9$	axial zwangs-fördernd	0,9 bis 0,95	nur lam.	> 50	Homogenisieren Suspendieren hochviskose Medien
Ankerrührer AR	$d_R/D = 0,9$ $h_B/D = 0,1$	tangential	0,85 bis 0,95	-	< 20	Homogenisieren Suspendieren Wärmeaustausch
Kreuzbalkenrührer KBR	$d_R/D = 0,7$ $b_S/D = 0,1$ $h_B/D = 0,3$	axial	0,5 bis 0,8		<30	Homogenisieren Suspendieren Wärmeaustausch
Gitterrührer GR	$d_R/D = 0,6$ $b_S/D = 0,1$ $h_B/D = 0,3$	tangential	0,5 bis 0,7		<100	Homogenisieren Suspendieren Wärmeaustausch
Impellerrührer IPR	$d_R/D = 0,33$ $b_S/D = 0,1$ $h_B/D = 0,3$	axial	0,1 bis 0,5		< 10	Homogenisieren Suspendieren Wärmeaustausch

Ein dafür angepriesener Rührertyp ist der Helixrührer (Abb. 3-16) [37], der eine Knetwirkung auf das Medium hat. Allerdings muß noch dafür Sorge getragen werden, daß eine ausreichende Begasung gewährleistet wird. Das kann man im Falle des Helixrührers (oder auch anderer Rührer) erreichen, indem man eine mitrotierende Fritte einsetzt oder der Rührer selbst zugleich auch noch Begasungsorgan ist (Abb. 3-17).

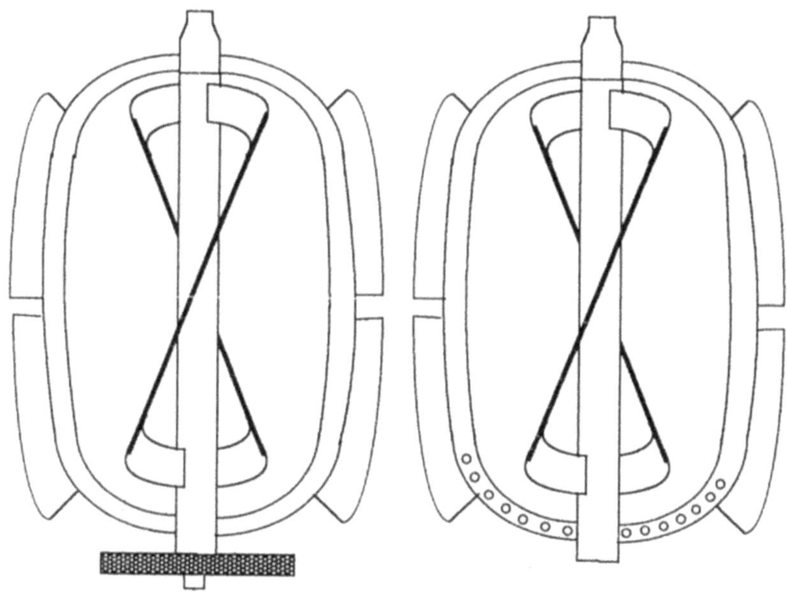

Abb. 3-16 Helixrührer: rotierende Fritte (links); Selbstbegasung (rechts).

Die Rotationsbewegung des Begasungsorganes hat das Ziel, die entstehenden Blasen rechtzeitig vom Entstehungsort abzulösen, damit sie nicht zu groß werden. Das rechtzeitige Ablösen wird dadurch erreicht, indem die Auftriebskraft durch eine Widerstandskraft verstärkt wird (Abb. 3-17).

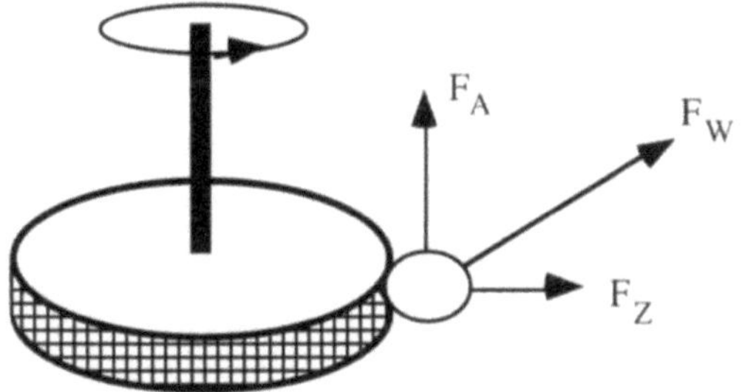

Abb. 3-17 Prinzip einer rotierenden Begasungsfritte: Neben der Auftriebskraft F_A wirkt noch tangential die Widerstandskraft F_W auf die Blase. Die zusätzliche Zentrifugalkraft F_Z ist aufgrund der geringen Dichte des Gases vernachlässigbar.

Beim Helix-Rührer zeigt sich sowohl mit der rotierenden Radialfritte als auch mit dem selbstbegasenden Rührer ein interessanter Effekt [37]: Die Anordnung der inneren Schafeln lassen keine Radialströmung entstehen und bewirken somit eine Bündelung der Blasen in der Mitte, wo sie entlang der Rührerwelle wendelartig aufsteigen (Abb. 3-18). Die Breite des Blasenstranges ist von der Drehzahl abhängig. Je schneller der Rührer dreht, umso mehr zieht sich der Blasenstrang zusammen. Außerdem bildet sich mit zunehmender Drehzahl eine immer tiefer werdende Trombe aus. Durch diesen Effekt bleibt der überwiegende Flüssigkeitsanteil unbegast.

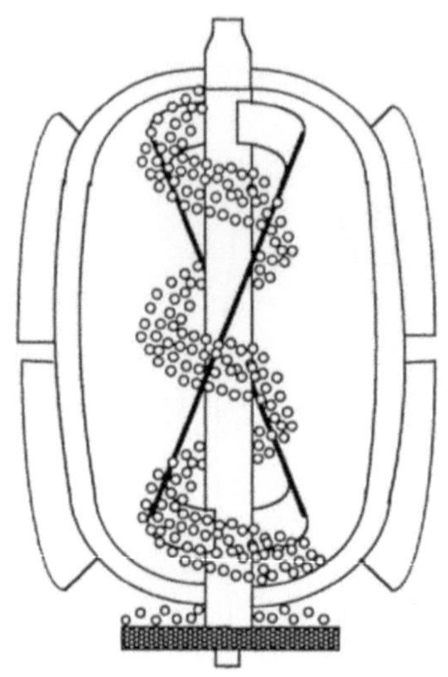

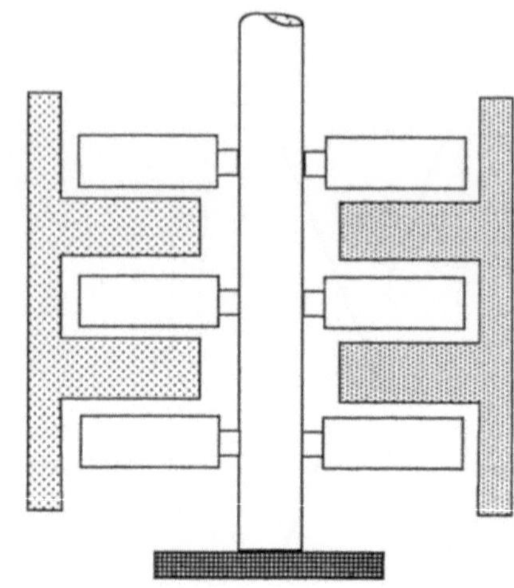

Abb. 3-18 Blasenbewegung am Helixrührer mit rotierender Radialfritte.

Abb. 3-19 Das Rotor-Stator-System mit rotierender Radialfritte.

Ein merklicher Unterschied zwischen beiden Begasungsarten zeigte sich in der Blasengröße. Während mit der Fritte Blasengrößen von 3 bis 5 mm erzeugt wurden, kamen im Falle der Selbstbegasung Blasengrößen von etwa 10 mm zustande [37]. Das ist ein deutlicher Hinweis darauf, daß die höhere Umfangsgeschwindigkeit und damit die Widerstandskräfte der Radialfritte zu zunächst günstigeren Primärblasendurchmessern führen, diese vom Rührwerk aber nicht homogenisiert werden können.

Der Grund für dieses Verhalten ist die fehlende Radialgeschwindigkeit nach außen oberhalb der Fritte, ähnlich der Situation bei der Überflutung (vgl. Abschnitt 2.1.1.3.2, Abb. 2-9). Im Falle des Helixrührers wird der Effekt durch eine falsche Drehrichtung verstärkt.

Eine weitere Möglichkeit, hochviskose Systeme mit Rührorganen auszustatten, ist das Rotor-Stator-System (Abb. 3-19) [37]. Hierbei ist ein ausgeprägtes Stromstörerorgan installiert, in dessen Lücken balkenartige Rührer drehen. Als Begasungsorgan ist wiederum eine Radialfritte zu empfehlen, weil das Rotor-Stator-System nur Homogenisieraufgaben erfüllen kann.

Der Hubstrahlreaktor macht sich den Vorteil der sich ständig erneuernden Grenzflächen zu eigen (Entwicklung der TU Berlin, Abb. 3-20). Das wesentliche Merkmal des Hubstrahlreaktors sind die sich bewegenden Lochscheiben, durch die sowohl die

Flüssigkeit als auch das Gas hindurch müssen. Bei diesen Vorgängen werden hohe Energiedichten erreicht und die Phasengrenzfläche erneuert sich ständig. Der Reaktor arbeitet bei etwa einem Hub (Amplitude) von 100 mm und einer Frequenz von 1Hz. Bisher hat dieser Reaktor nur für die Abwasserbehandlung in kleinem Maßstab Anwendung gefunden.

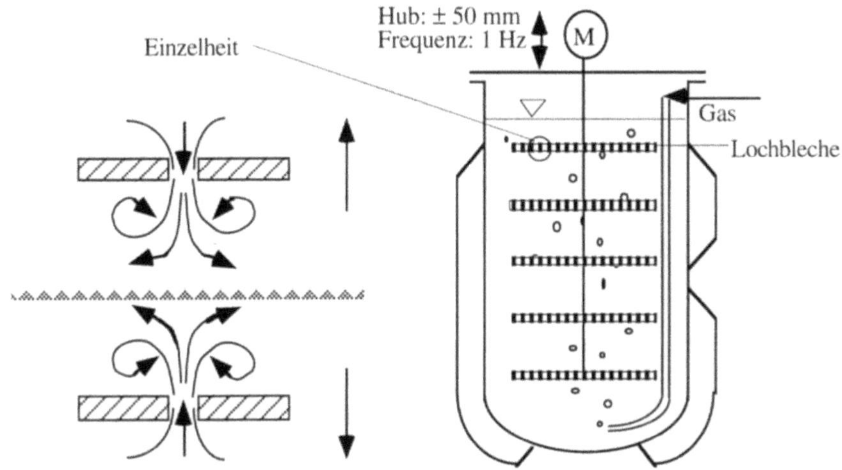

Abb. 3-20 Das Prinzip des Hubstrahlreaktors.

3.4.2 Test der Rührsysteme

Untersuchungen [37] zum Stofftransfer in Wasser und in CMC-Lösungen (Carboxy-Methyl-Cellulose) zeigten, daß bei niederviskosen Medien (Wasser und CMC-Lösung bis 0,5% w/w) die Meßpunkte für alle verschiedenen Rührertypen in der Nähe der Sorptionsgeraden liegen (Abb. 2-31), dagegen kommt es bei höheren Viskositäten zu Abweichungen. Hier macht sich das Nicht-Newtonsche Verhalten bemerkbar, denn in solchen Lösungen hängt die Dispergierung der Gasblasen wesentlich von der Verteilung der Luft und den vom Rührer bewirkten Dispergierkräften zur Erzielung günstiger Primärblasen ab.

Obwohl der Helixrührer für hochviskose Medien konstruiert ist, zeigt er bezüglich des Sauerstofftransportes ein schlechtes Verhalten. Die Ursache dafür ist das Unvermögen, aufgrund der geringen örtlichen Leistungsdichte die notwendige Dispergierenergien aufbringen zu können. Die schon beschriebene Gasströmung, die sich am Schaft nach oben durch den Reaktor schlängelt, ist ein deutlicher Hinweis dafür (Abb. 3-18).

Aus den Abb. 3-21 und 3-22 ist klar erkennbar [37], daß ganz speziell bei hoher, aber auch bei niedriger Begasungsrate (ausgedrückt durch die Gasleerrohrgeschwindigkeit)

im wesentlichen drei Systeme allen anderen Rührorganen bezüglich des Sauer-
stofftransfers (OTR) in viskosen Systemen deutlich überlegen sind. Es handelt sich dabei um folgende Rührer:

- 2 Scheibenrührer (d_R/D=0,55) + rotierende Radialfritte

- 2 Scheibenrührer (d_R/D=0,55) + Begasungsring

- 2 Scheibenrührer (d_R/D=0,35) + rotierende Radialfritte

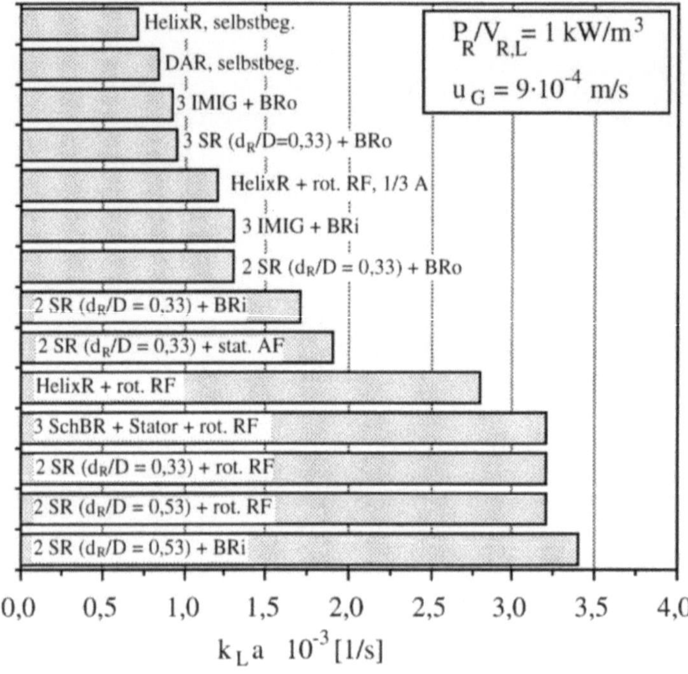

Abb. 3-21 Ergebnisse des Tests von Rührsystemen hinsichtlich des erreichbaren k_La-
Wertes in 1%-iger CMC-Lösung bei einem Leistungseintrag von 1 kW/m^3 und einer
Gasleerrohrgeschwindigkeit von 9·10^{-4} m/s (Abkürzungen vgl. Tabelle 3-3).

Nach Gleichung 2.84 zeigt der Exponent b die Fähigkeit eines Rührsystems den Gasstrom in Stofftransport umzusetzen. Je größer b ist, desto effektiver arbeitet das
System. Demnach arbeitet der kleine, zweistufige Scheibenrührer (d_R/D=0,33) mit
rotierender Radialfritte hinsichtlich der Luftausnutzung am effektivsten (b=0,49). Während der große Scheibenrührer (d_R/D=0,53) mit rotierender Radialfritte unwesentlich
unwirksamer ist (b=0,46), fällt der große Scheibenrührer mit Begasungsring merklich
ab (b=0,22). Folglich weisen alle Systeme mit rotierender Radialfritte einen verbesserten Wirkungsgrad im Vergleich zu anderen Begasungsorganen auf, wie auch der
Helixrührer mit rotierender Radialfritte zeigt (b=0,25). In Abschnitt 2.1.5.1 wurde die
Feststellung getroffen, daß im koaleszenzgehemmten System (hochviskose Systeme

gehören in jedem Fall dazu) der Einfluß der Gasleerrohrgeschwindigkeit auf den Stofftransport abnimmt.

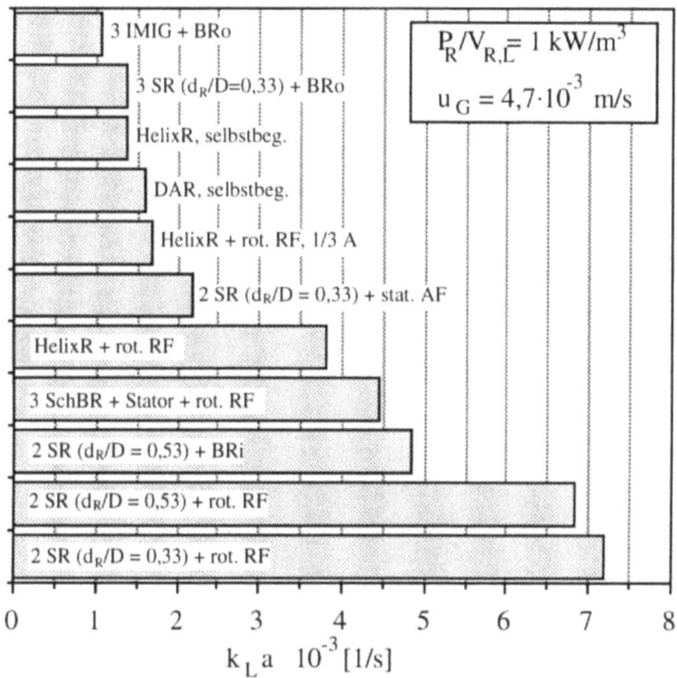

Abb. 3-22 Ergebnisse des Tests von Rührsystemen hinsichtlich des erreichbaren k_La-Wertes in 1%-iger CMC-Lösung bei einem Leistungseintrag von 1 kW/m^3 und einer Gasleerrohrgeschwindigkeit von 4,7·10^{-3} m/s (Abkürzungen vgl. Tabelle 3-3).

Tabelle 3-3 Erläuterungen zu den Abkürzungen in Abb. 3-21 und Abb. 3-22

Abkürzung	Bezeichnung	Bemerkungen
SR	Scheibenrührer	2-stufig; 6-flügelig
SchBR	Schrägblattrührer	3-stufig
HelixR	Helixrührer	
IMIG	Inter-MIG-Rührer	3-stufig
DAR	Doppelankerrührer	
BRi	Begasungsring	unterhalb Rührwerk
rot. RF	rotierende Radialfritte	unterhalb Rührwerk
rot. RF, 1/3 A	rot RF mit nur 1/3 freier Fläche	nur 1/3 porös
stat. AF	statische Axialfritte	unterhalb Rührwerk
BRo	Begasungsrohr	unterhalb Rührwerk
d_R/D	Rührer-/Kesseldurchmesser	

Betrachtet man den Scheibenrührer mit Begasungsring (2SR (d_R/D=0,53); BRi), der in Wasser einen Exponenten b= 0,4 ... 0,5 erreicht, so sieht man die Aussage bestätigt (b=0,22). Die guten Ergebnisse der Scheibenrührer im hochviskosen Medium mit rotierender Radialfritte zeigen allerdings, daß mit entsprechenden Einrichtungen die Effektivität erhalten bleibt.

Die Wirtschaftlichkeit wird im Einzelfall zeigen, ob der bessere k_La-Wert den technischen Aufwand der rotierenden Radialfritte rechtfertigt. Ansonsten wäre das System mit Begasungsring vorzuziehen, weil hier keine zusätzlichen Abdichtungen an einer rotierenden Hohlwelle erforderlich sind. Eine solche Abdichtung würde sicherlich auch Sterilitätsprobleme mit sich führen. Des weiteren ist festzustellen, daß die schneller laufenden kleinen Scheibenrührer entsprechend höhere Scherraten bewirken, wodurch die Primärblasensituation begünstigt wird, aber empfindliche Mikroorganismen geschädigt werden könnten, d.h., diese Ergebnisse enthalten keine Aussage darüber, ob die einzelnen Rührorgane auch bei scherempfindlichen Systemen genauso gut geeignet wären. Das muß im Einzelfall am System getestet werden (vgl. Abschnitt 2.2.1). Des weiteren ist zu vermerken, daß die Untersuchungen im 10 l-Maßstab durchgeführt wurden. Bei der Vergrößerung läuft man Gefahr, zu kleine Blasen zu lange im Medium verweilen, dadurch ausgezehrt werden und somit das treibende Gefälle sinkt.

Im Vergleich zu Abb. 3-22 zeigt Abb. 3-21 wesentlich geringere Unterschiede der einzelnen Rührorgane bezüglich des erreichten k_La-Wertes. Das mag daran liegen, daß gute Dispergiersysteme umso besser wirken können, je optimaler das Gasvolumenstromangebot ist (bei gleichem P_R/$V_{R,L}$; u_{G2}/u_{G1}=5,4). Im k_La-Leistungsvergleich sind insbesondere die beiden Scheibenrührer (2 SR, d_R/D=0,33, rot. RF und 2 SR, d_R/D=0,53, rot. RF), sobald genug Gas angeboten wird, hervorstechend (Abb. 3-22). Das Ergebnis des Scheibenrührers mit dem kleineren Durchmesser verrät, daß die örtliche Energiedissipation für den spezifischen Sauerstofftransportkoeffizienten doch wesentlich ist. Wird also bei sorgfältiger Primärblasenbildung (rotierende Radialfritte und Geometrie) die Leistung möglichst dicht dispergiert, so ergibt das den besten Wirkungsgrad für den Sauerstofftransfer (Abb. 2-39 und Gleichung 2.83).

3.4.3 Einbaupositionen der Rührsysteme

Die vorgestellten Rührsysteme können nun auf die verschiedenste Art und Weise in Kesseln installiert werden. Je nach Aufgabenstellung kann eine mehr oder weniger aufwendige Installation gewählt werden (vgl. Tabelle 3-4). Sind nur einfache Homogenisieraufgaben zu erfüllen, also z.B. Mischen ohne großen Wärmeanfall, dann kann ein Propellerrührer (seltener ein Impellerrührer) seitlich an einen Behälter montiert werden. Diese Installation ist aus verschiedensten Gründen preisgünstig. Zum einen benötigt man keine lange Rührerwelle und zum anderen können die Stromstörer entfallen.

Tabelle 3-4 Einbaupositionen von Rührwerken in Kesseln.

Skizze	Einbauort	Zusatzeinbauten	Rührertyp/ Einsatz	Aufgaben
a	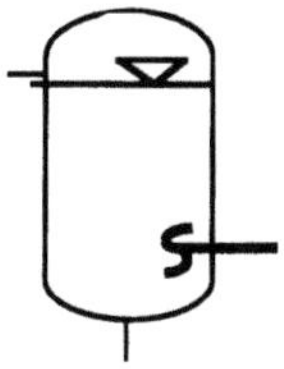 seitlich an der Kesselwand	keine (Stromstörer) notwendig	Propeller, (Impeller)/ Lagertanks (Lebensmittel)	Homogenisieren, (einfache Suspendierarbeiten)
b	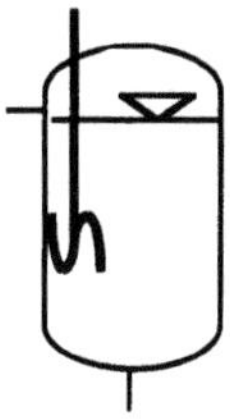 von oben, aber außermittig	keine (Stromstörer) notwendig	Propeller, (Impeller)/ Lagertanks, Ansatztanks	Homogenisieren, Suspendieren
c	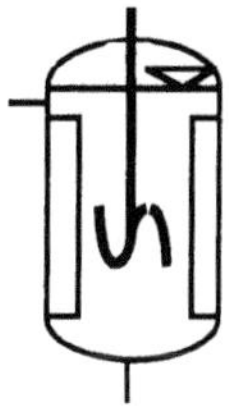 von oben, aber mittig	Stromstörer erforderlich	alle/ Ansatztanks, Puffertanks; Reaktoren	Homogenisieren, Suspendieren, Dispergieren
d	 von unten, aber außermittig	keine (Stromstörer) notwendig	Propeller, (Impeller)/ Lagertanks, Ansatztanks	Homogenisieren, Suspendieren
e	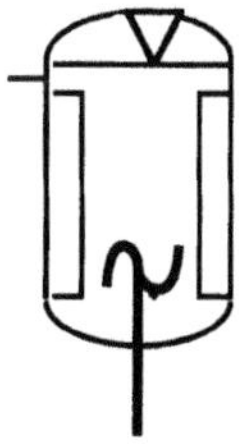 von unten aber mittig	Stromstörer erforderlich	alle/ Ansatztanks, Puffertanks; Reaktoren	Homogenisieren, Suspendieren, Dispergieren

Skizze	Einbauort	Zusatzeinbauten	Rührertyp/ Einsatz	Aufgaben
f	von unten und oben, beide au-ßermittig	keine (Stromstörer) notwendig	Propeller, Scheibenrührer, Kombination/ Ansatztanks, Reaktoren	Homogenisieren, Suspendieren, Dispergieren
g	von unten aber mittig	Innenleitrohr	Propeller/ Reaktoren	Homogenisieren, Suspendieren, Schaumreduzie-rung

Diese Art der Rührerinstallation findet man häufig in der Lebensmittelindustrie bei Lagertanks, z.B. von Milch oder Säften, wo lediglich eine gleichmäßige Temperierung des Produktes über die Zeit angestrebt wird.

Etwas anspruchsvollere Aufgaben - wie das Suspendieren von Feststoffen - bedürfen anderer Installationen. Die Anordnung, wie sie in Tabelle 3-4 b dargestellt ist, erfüllt die Voraussetzungen für diese Aufgabe. Die außermittige Anordnung des Rührorganes hat den Vorteil, daß auch in diesem Fall zur Vermeidung von Tromben keine Stromstörer notwendig werden.

Sind die Aufgaben so anspruchsvoll, daß sie nur noch durch hohe Energiedissipationen bewältigt werden können, dann muß eine Anordnung wie in Tabelle 3-4 c gewählt werden. Durch die mittige Platzierung werden in jedem Fall Stromstörer erforderlich. Mit dieser Anordnung kann wesentlich mehr Energie eingetragen werden. Aus diesen Gründen sind sehr viele Reaktoren mit mittiger Anordnung des Rührwerkes versehen.

Der außermittige Einbau der Rührwerke von unten (Tabelle 3-4 d) ist äqivalent zur Einbauart b zu sehen. Lediglich die kürzere Welle ist hier als Vorteil zu nennen. Dasselbe trifft im Vergleich der beiden Anordnungen c und e zu.

Einen besonderen Effekt - die „freie Turbulenz" - möchte das System , wie es in Tabelle 3-4 f dargestellt ist, erzielen. Unter dem Begriff „freie Turbulenz" im Reaktor versteht man eine turbulente Strömung, die dann entsteht, wenn keine festen Wände vorhanden sind und sich zwei berührende, gegenläufige Strömungen auf einer Strecke begegnen, die lang ist im Verhältnis zu ihrer Querabmessung. In Abb. 3.23 ist die Entstehung einer solchen „freien Turbulenz" dargestellt [41].

An den Trennflächen (Grenzschicht) der beiden entgegengerichteten Strömungen bauen sich durch Verengung und Erweiterung der einzelnen Stromlinien Druckunterschiede auf. Diese bewirken ein Aufrollen der Trennfläche. In der Fortsetzung dieses Vorganges entstehen quer zu den gegenläufigen Hauptströmungen Turbulenzzonen, die nach ihrer Ablösung ausschließlich in effektive Mischleistung umgesetzt werden. Strömungsverluste bzw. Mischeffektverluste, wie sie beim Auftreffen der Strömung z.B. auf Störorgane (Stromstörer) auftreten, sind hierbei nicht vorhanden. Um nun das Wesen der „freien Turbulenz" aufrechtzuerhalten und fortlaufende Mischwirkung zu erzielen, müssen den gegenläufigen Strömungen entsprechende Kräfte aufgezwungen werden, was mit diesem System erreicht werden kann. Die zur Beschleunigung von Mischvorgängen und Verbesserung von Stoffübergangsbedingungen nötige Turbulenz wird zunächst an den Rührorganen durch Wirbelbildung und Sekundärströmung erzeugt. Durch die Gegenläufigkeit der Rührorgane tritt zwischen den beiden Rührern eine Zone „freier Turbulenz" auf [41]. Bewirkt wird sie durch die entstehenden Geschwindigkeitsgradienten und Druckunterschiede zwischen den Stromfäden.

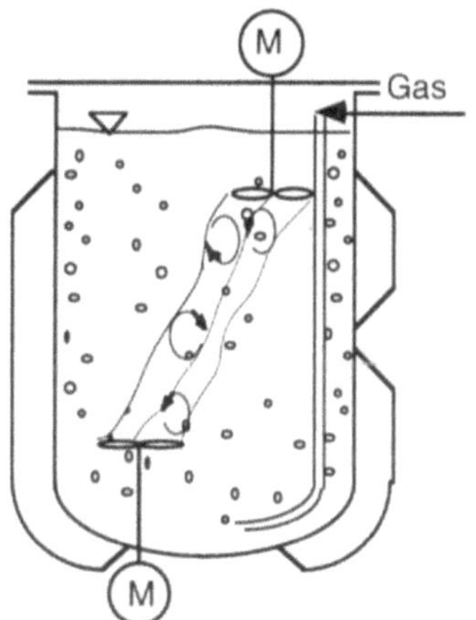

Abb. 3-23 Rührwerksanordnung zur Ausnutzung der freien Turbulenz. Es werden zwei gegenläufige, vorzugsweise axial fördernde Rührwerke (Propellerrührer) eingesetzt. Bei der Entstehung der „freien Turbulenz" rollen sich zwei Stromfäden gegenseitig auf. Begegnen sich Stromfäden mit unterschiedlichen Drücken, so führen diese Druckunterschiede zu intensiver Durchmischung in diesem Bereich.

Die Anordnung, wie sie in Tabelle 3-4 g dargestellt ist, stellt eine Sonderkonstruktion des propellerbetriebenen Reaktors dar. Mit Hilfe eines Innenleitrohres können in diesem Reaktor sehr definierte hydrodynamische Verhältnisse erzeugt werden, die diesem Systeme spezielle Eigenschaften, vor allem zur Schaumkontrolle, verleihen.

Die Strömung, die im Innenleitrohr nach unten und damit außen nach oben gerichtet ist, erzeugt an der Flüssigkeitsoberfläche eine Art Überlaufströmung (Wehrströmung, Abb. 3-24). Da die sich ständig bildende Oberfläche sofort in die Tiefe gerissen wird, können auch die ankommenden Schaumblasen nicht aufwachsen. So ist es nicht möglich, daß Schaum anwächst. Lediglich im Zentrum des Wehres, d.h., am tiefsten Punkt, kann der Schaum aufwachsen. Macht man nun diese Fläche so klein, daß die Schaumbildungsrate mit der Vernichtung im Gleichgewicht steht - d.h., verschiebt man das innere Niveau von h_1 in Richtung h_2, ist es möglich, die Schaumsituation ohne chemische Hilfsmittel zu beherrschen.

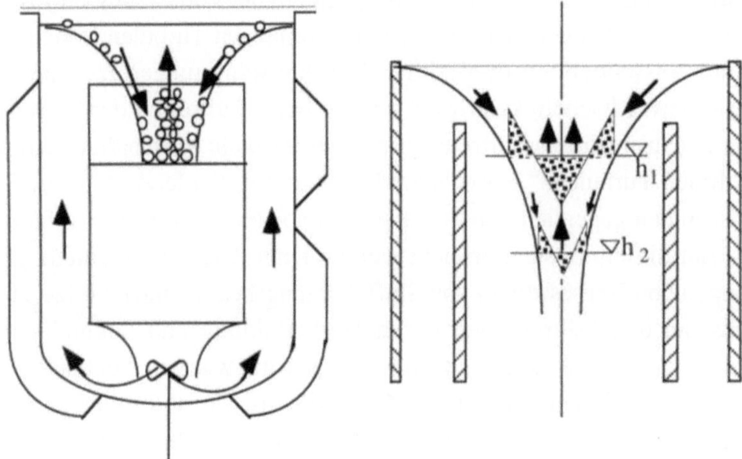

Abb. 3-24 Das Prinzip des Umwurfsystems (Schaumkontrolle).

Die Verhältnisse können einmal durch den Energieeintrag (bei gegebenen Verhältnissen durch die Drehzahl) und zum anderen durch den Füllstand bzw. durch das Nutzvolumen gesteuert werden. Mit zunehmender Drehzahl kann der Wehrstand nach unten gezogen werden, womit sich die mögliche Ausgasfläche immer verkleinert. Sollte bei gegebener maximal möglicher Leistung noch keine Gleichgewichtssituation erreichbar sein, ist es erforderlich, weniger Reaktionsvolumen vom Gesamtreaktionsvolumen zu nutzen.

3.5 Spezialbauarten von Bioreaktoren

3.5.1 Membran-Bioreaktoren

Wenn man die Definition von Reaktoren, wie sie in Kapitel 1 beschrieben wurde, exakt anwendet, so stellt jede Zelle selbst einen höchst komplizierten Bioreaktor, ja sogar eine gesamte Produktionsstätte dar. In Kapitel 2 wurden die Zellen noch als Katalysatoren betrachtet, was sie auch phenomenologisch gesehen bleiben, doch bei genauerem Hinsehen stellt man fest, daß in einer Zelle eine ganze Reihe zusätzlicher Stoffumwandlungen ablaufen. Diese Reaktionen interessieren zwar primär nicht, weil sie nicht direkt die gewünschte Reaktion bewirken, wohl aber notwendige Nebenreaktionen sind, um Erhaltungsaufwand (maintenance) („Katalysatorpflege") zu erfüllen oder Zellwachstum („Katalysatorvermehrung") zu bewirken. Den „äußeren Rahmen" dieser „Minibioreaktoren", also die „Reaktorwand", bildet eine Membran. Dieser Membran kommt die Aufgabe zu, das Reaktionsgemisch zusammenzuhalten und dennoch für den notwendigen Stoffaustausch von Edukten (in die Zelle hinein) und Metaboliten (aus der Zelle heraus) zu sorgen bzw. ihn nicht zu verhindern.

Überall in diesen Zellen oder Zellverbänden spielen die Membranen dieselbe wichtige Rolle. Sie muß die Inhaltsstoffe zusammenhalten und die Ver- und Entsorgung ermöglichen.

Wenn also die Membranreaktoren die natürlichsten aller Bioreaktoren sind, dann bietet es sich doch an, wenn man von einer „Evolution der Bioreaktoren" spricht, doch an diesen Reaktor als die „Keimzelle" dieser Evolution zu denken. Grundsätzlich ist das richtig, doch ein wesentliches Problem von technischen Membranreaktoren ist die Sterilisation. Während die natürlichen Bioreaktoren mit Hilfe eines sehr komplizierten Immunsystems Fremdkeime (Störungen von außen) von sich fernhalten können, müssen technische Bioreaktoren vorzugsweise hitzesterilisiert werden können, da die Realisierung eines „Immunsystems" für technische Reaktoren unmöglich erscheint. Hitzesterilisierbare Membranen sind aber noch nicht sehr lange auf dem Markt, so daß die Erfindung des Bio-Membranreaktors noch auf sich warten ließ.

Im einfachsten Fall ist dem Reaktionsvolumen nur ein Modul mit einer einzigen Flachmembran angegliedert. Sie dient zur Rückhaltung aller notwendigen Bestandteile für die gewünschte Reaktion. Alle auszuschleusenden Substanzen müssen das Reaktorsystem verlassen können (Abb. 3-25).

Ein weitere Möglichkeit die Membran zu nutzen wäre, Katalysatoren (Enzyme, Zellen) auf die Oberfläche zu bringen (immobilisieren) (Abschnitt 3.6) und beim Durchströmen der Membran die Reaktion durchzuführen. Diese Anordnung ist allerdings nur für sehr schnelle Reaktionen realisierbar.

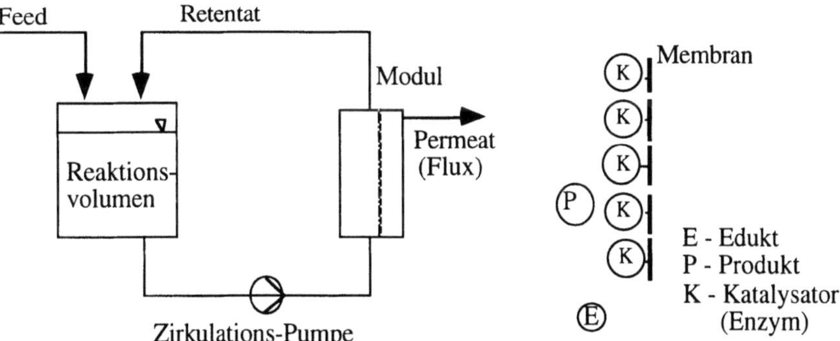

Abb. 3-25 Prinzipieller Aufbau eines Membranbioreaktors.

Wenn die angebotene Fläche einer einzigen Flachmembran nicht ausreichend ist, dann können, wie in Abb. 3-26 dargestellt, Membranstapel Abhilfe schaffen. Dabei kann man in den unterschiedlichen Kammern durch geschickte Auswahl der Membranen

(Porengrößen, Ausschlußgrenzen (cut off)) eine saubere Trennung von Nährlösung (Feedstrom), Zellmaterial und Produktstrom erreichen.

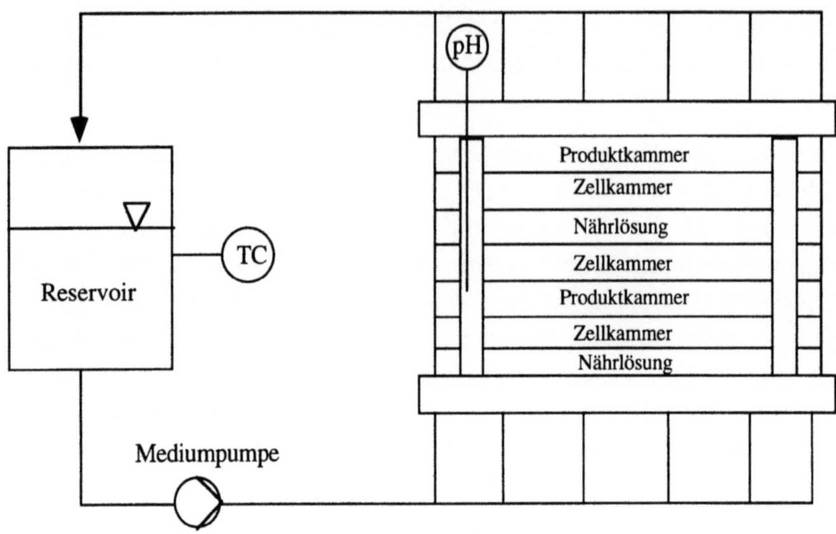

Abb. 3-26 Aufbau eines Membranstapelreaktors.

Die Abdichtung der einzelnen Membranen nach außen erfolgt durch eine umlaufende Dichtung (Abb. 3-27). Damit die einzelnen Kammern angeströmmt werden können, sind den Bohrungen unterschiedlichen Aufgaben zuzuordnen. In der Kammer, in die aus einer Bohrung keine Flüssigkeit strömen soll, erhält die einzelne Bohrung ebenfalls eine umlaufende Dichtung, während die Versorgungsbohrungen keine Dichtung erhalten und somit Flüssigkeit ein- bzw. ausströmen kann.

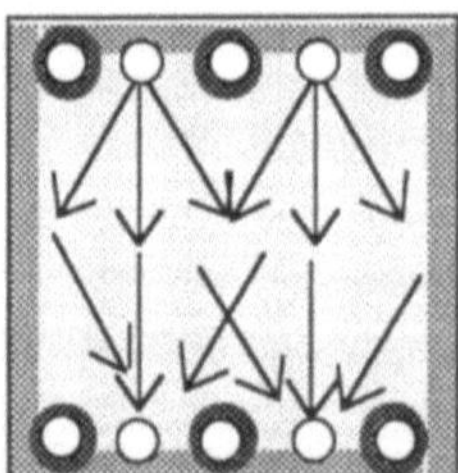

Abb. 3-27 Draufsicht auf eine Flachmembran. Die Abdichtung nach außen erfolgt durch eine umlaufende Dichtung. Die Bohrungen, die nicht für den Suspensionszustrom bzw. Retentatabfluß fungieren, erhalten ebenfalls eine umlaufende Dichtung. Die Ver- und Entsorgungsbohrungen sind nach innen nicht abgedichtet.

Derselbe Reaktortyp läßt sich auch mit dem Einsatz von sogenannten Hollow-Fiber-Modulen erhalten (Abb. 3-28). Diese Module bestehen aus einer Vielzahl von Röhren (Hohlfasern), die in ein Gehäuse eingegossen sind. Hierbei ist eine Trennung von Produktstrom und Feedstrom dann möglich, wenn die Permeatseite geöffnet wird. Bleibt die Permeatseite geschlossen, dann ergibt sich folgender Sachverhalt: Der Permeatstrom ist nur ein Bruchteil (1/10 bis 1/100) des Hauptstroms. Daher ist der Druckverlust im Außenraum (Zellraum) vernachlässigbar, wo sich somit der mittlere Druck p_Z einstellt:

$$p_Z = \frac{p_0 + p_a}{2} \; . \tag{3.11}$$

Dadurch strömt das Medium auf der ersten Hälfte des Moduls in Richtung Außenraum (Zellkammer) und auf der zweiten Hälfte wieder zurück. Somit trifft der Produktstrom mit dem verkleinerten Feedstrom wieder zusammen. Durch mehrmaliges Durchlaufen des Moduls werden die notwendigen Verweilzeiten und damit Umsätze erreicht.

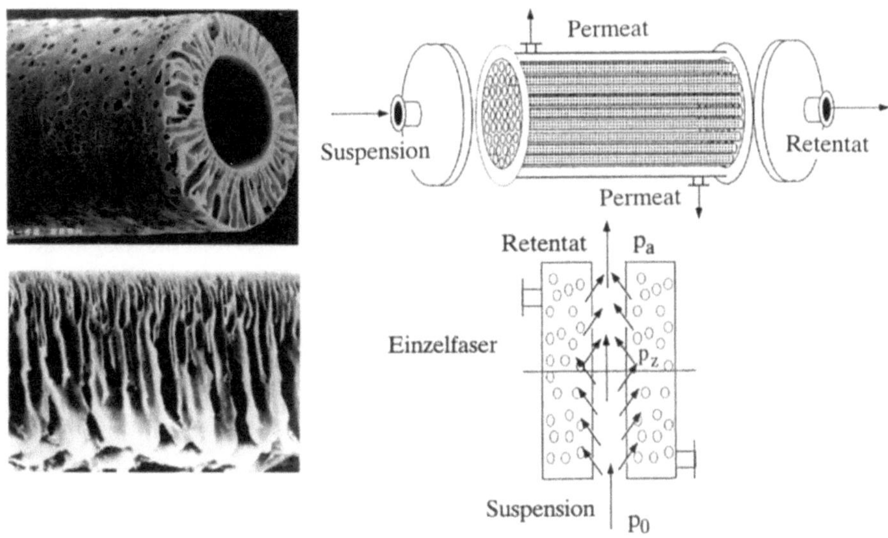

Abb. 3-28 Integrierter Hollow Fiber-Modul in einen Membranreaktor. (Elektronenmikroskopische Aufnahmen Fa. Amicon).

3.5.2 Bettreaktoren

Für Enzymreaktionen müssen Systeme eingesetzt werden, mit denen die Enzyme einfach gehandhabt werden können. In der Regel sind die Enzyme auf Träger fixiert, die somit einfach in Reaktoren eingesetzt und wiederverwendet werden können. Die Fixierung von Enzymen oder auch von Zellen auf Trägern nennt man Immobilisierung. Diese auf Trägern (Carriern) immobilisierten Katalysatoren sind dann wesentlich einfacher einzusetzen, und oft sind Enzyme im immobilisierten Fall auch stabiler. Tabelle 3-5 gibt einen Überblick über Verfahren, Vorteile, funktionelle Gruppen, Bindungsmöglichkeiten und Materialien der Trägerfixierung von Enzymen. In Abb. 3-29 ist die Acylierungsreaktion als Beispiel einer kovalenten Bindung eines Enzymes an einen Träger dargestellt.

Immobilisierte Zellen können in ihrer Leistungsfähigkeit gesteigert werden, wenn man sie vor dem Einsatz noch inkubiert. Dadurch vermehren sich die Zellen und die „Katalysatoren" haben eine höhere Aktivität.

Tabelle 3-5 Charakterisierung der Trägerfixierung von Enzymen.

Vorteile	Verfahren	Gruppen	Bindungen	Materialien
Rückhalten der Enzyme im Prozeß; Stabilisie-rung	Vernetzung; + Adsorption; Einschluß; kovalente Bindung;	Aminogruppen; Carboxyl-gruppen, Mercapto-gruppen,	Acylierungs-, Alkylierungs-, Arylierungs-, Carbamylierungs-reaktion, Amidbildung, Bromcyankopplung, Azokopplungen, Disulfitverknüpfung, anorg. Brückenbil-dungen	poröses Glas, Polydextran, Cellulose (Polysulfon), Agarose, Nylon, Polyvinylalkohol, Vinylcopolymere,

Bei Reaktionen, die nicht stofftransportlimitiert sind, ergibt sich die Möglichkeit durch Erhöhung der Katalysatorkonzentration (Zellen oder Enzyme) die Raumzeitausbeute (RZA) zu erhöhen und damit das notwendige Reaktorvolumen zu verkleinern (Wirtschaftlichkeit). Das ist bei den bisher vorgestellten Bioreaktoren nicht so ohne weiteres möglich. Es besteht aber die Möglichkeit, Immobilisierungssysteme zu verwenden und diese dicht zu packen.

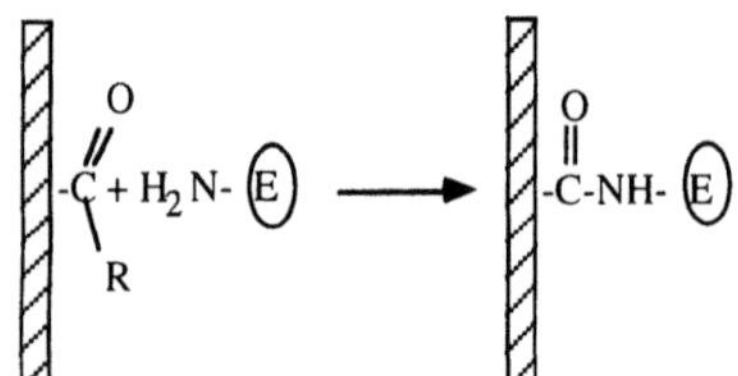

Abb. 3-29 Die Acylierungsreaktion als Beispiel einer kovalenten Bindung eines Enzyms (E) an einen Träger.

Für kontinuierliche und auch diskontinuierliche Reaktionen bieten sich für solche Katalysatorenträger Bettreaktoren an, in denen die Träger entweder wirbelnd (fließend) oder stationär (fest) gehalten werden.

3.5.2.1 Wirbel- (Fließ-)-bett-Reaktoren

Wirbelbettreaktoren (sie werden auch Fließbettreaktoren genannt) bieten für diskontinuierliche und kontinuierliche Prozesse die Voraussetzungen, mit Hilfe von Trägersystemen (Carriern), auf denen Katalysatoren (Zellen oder Enzyme) immobilisiert sind, sehr hohe Zell- bzw. Enzymkonzentrationen einstellen zu können.

Um ein Wirbelbett im Reaktor zu erreichen, müssen die Teilchen der festen Phase ihren Wirbelpunkt durch eine Aufwärtsströmung von Gas oder Flüssigkeit überwinden (Abb. 3-30). Die festen Teilchen schweben also im Reaktor [42].

Um hohe Enzym- oder Zellkonzentrationen zu erreichen, müssen entsprechend hohe Trägerkonzentrationen angewendet werden. Daraus folgen aber ein stärkeres Abtreiben der Zellen, höhere Zähigkeit, Abnahme der Nährstoffkonzentration und das Anwachsen der Produktkonzentration. Unter diesen Bedingungen sind höhere Flüssigkeitsdurchflußmengen und eventuell O_2-Zugaben nötig, um die Nährstofflimitierung und Produktinhibierung zu vermeiden. Die Strömungsgeschwindigkeit kann aber nur so weit gesteigert werden, wie das Fließbett aufrechterhalten werden kann.

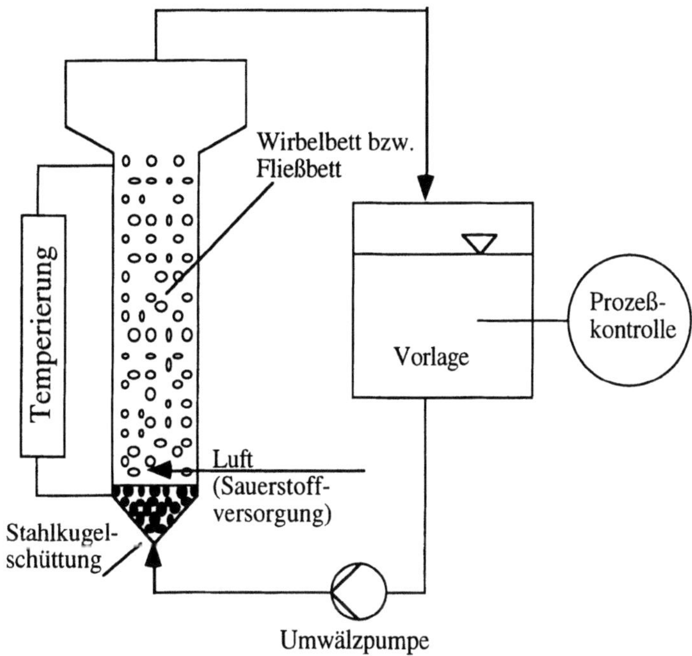

Abb. 3-30 Aufbau eines Wirbelschichtbioreaktors (Fließbettreaktor).

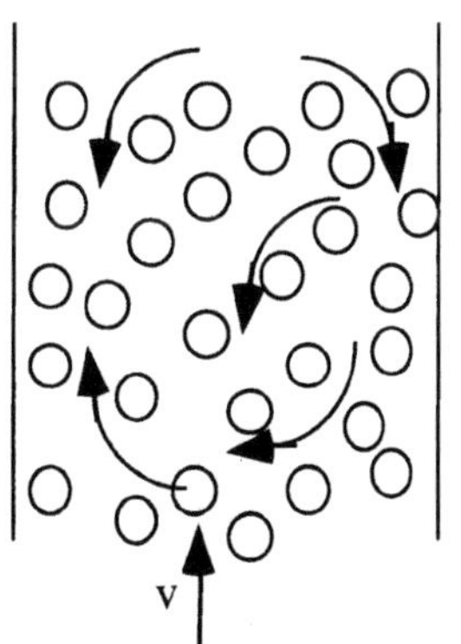

Abb. 3-31 Ausschnitt aus einer Wirbelschicht: Die Wirbelschicht wird mit einer Geschwindigkeit angeströmt, die im leeren „Rohr" (Reaktor) der Geschwindigkeit v entspricht (Leerrohrgeschwindigkeit). Sie liegt zwischen der Lockerungsgeschwindigkeit und der Auswaschgeschwindigkeit. Unterhalb der Auswaschgeschwindigkeit bleibt das Einzelpartikel nicht in Schwebe, d.h., sobald es nicht mehr von Nachbarpartikeln beeinflußt wird beginnt es zu sinken. Gruppieren sich mehrere Partikel zu einem Haufen, so steigt der Strömungswiderstand an dieser Stelle und der Haufen wird wieder aufgewirbelt.

Damit eine möglichst gleichmäßige Anströmung des Reaktors erreicht werden kann, muß die Strömung vergleichmäßigt werden. Das geschieht günstigerweise mit einer vorgeschalteten Kugelpackung, die der Strömung einen Widerstand axial entgegensetzt, so daß der Druckverlust in radialer Richtung bedeutungslos wird. Dies bewirkt die Vergleichmäßigung der Anströmung.

Die Strömungsgeschwindigkeit, mit der man in bzw. durch den Reaktor fahren kann, hängt vom Verhalten der Wirbel- oder Fließschicht ab. Zunächst muß der sogenannte Lockerungspunkt überwunden werden, d.h. das abgesunkene Bett muß angehoben, zumindest in Schwebe gebracht werden (Abb. 3-32a). Aus der Kräftebilanz am Lockerungspunkt erhält man für die mittlere Leerrohrfließgeschwindigkeit der Flüssigkeit folgende Berechnungsgleichungen:

I) Für den laminaren Bereich Re < 1:

$$v_L = \frac{1}{150} \frac{\varphi_S^2 \cdot \varepsilon_L^3}{(1 - \varepsilon_L)} \frac{g \cdot d_P^2 \cdot \Delta\rho}{\rho_L} \qquad (3.12)$$

II) Für den turbulenten Bereich Re > 100:

$$v_L = \sqrt{\frac{1}{1.75} \frac{\varphi_S \cdot \varepsilon_L^3 \cdot g \cdot d_P \cdot \Delta\rho}{\rho}} \qquad (3.13)$$

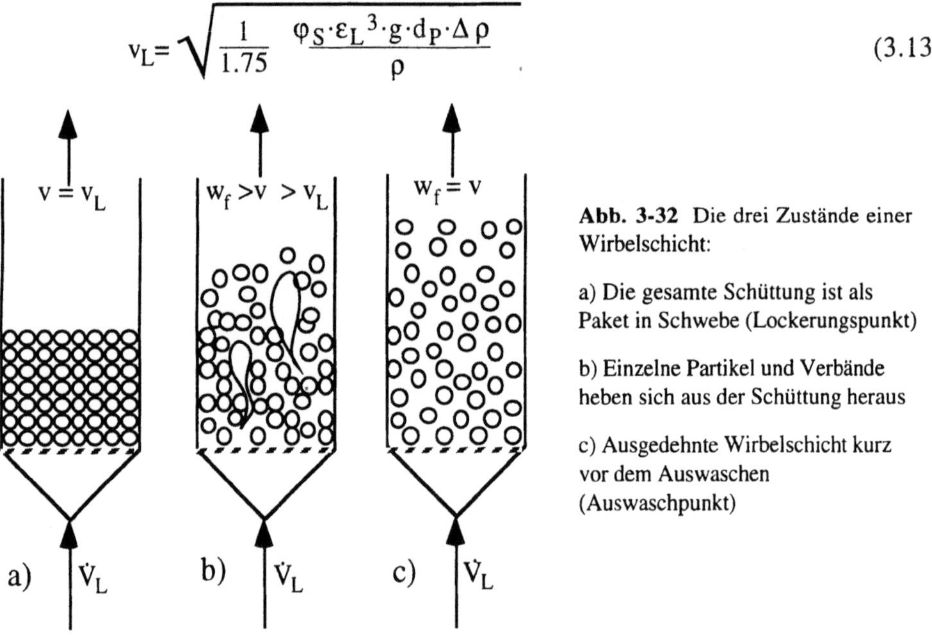

Abb. 3-32 Die drei Zustände einer Wirbelschicht:

a) Die gesamte Schüttung ist als Paket in Schwebe (Lockerungspunkt)

b) Einzelne Partikel und Verbände heben sich aus der Schüttung heraus

c) Ausgedehnte Wirbelschicht kurz vor dem Auswaschen (Auswaschpunkt)

v_L ist die mittlere Leerrohrströmungsgeschwindigkeit, die notwendig ist, um das Bett zu lockern und ist damit die Mindestanströmgeschwindigkeit, mit der das Bett betrieben werden muß. In diesen Gleichungen bedeuten des weiteren φ_S den Sphärizitätsgrad, die als Oberfläche der Kugel gleichen Volumens zur Teilchenoberfläche definiert ist, ε_L - den Lückengrad am Lockerungspunkt, d_P den mittleren Partikeldurchmesser, $\Delta\rho$ die Dichtedifferenz zwischen Partikel und Flüssigkeit und ρ_L die Dichte der Flüssigkeit.

Bei weiterer Steigerung der Anströmgeschwindigkeit lockert sich das Bett noch mehr (Abb. 3-32b) und auch der Turbulenzgrad steigt an.

Der Existenzbereich einer Wirbelschicht liegt zwischen einer minimalen Anströmgeschwindigkeit, der sogenannten Lockerungsgeschwindigkeit v_L, und einer maximalen Geschwindigkeit, bei der die Träger (Partikel) gerade noch nicht aus dem Bett ausgetragen werden (Abb. 3-32c). Für diese Maximalgeschwindigkeit w_f lassen sich folgende Berechnungsgleichungen angeben:

I) Für den laminaren Bereich Re < 1:

$$w_f = \frac{1}{18}\, g\, \frac{\varphi_S^2 \cdot d_P^2 \cdot \Delta\rho}{\rho_L \cdot v} \qquad (3.14)$$

II) Für den turbulenten Bereich Re > 500:

$$w_f = \sqrt{\frac{4}{3}\, \frac{g \cdot \varphi_S \cdot d_P \cdot \Delta\rho}{\rho_L \cdot c_w(\mathrm{Re}_{wf})}} \qquad (3.15)$$

Darin bedeuten c_w den Widerstandsbeiwert, der eine Funktion von $\mathrm{Re}_{wf} = \dfrac{w_f \cdot d_P}{v}$ ist und v die kinematische Viskosität der Flüssigkeit.

Gleichung 3.12 ist identisch mit Gleichung 2.51. Lediglich die Abweichung von der Kugelform ist durch den Sphärizitätsgrad berücksichtigt. Führt man in Gleichung 3.15 den Widerstandsbeiwert für eine laminare Kugelumströmung

$$c_w = \frac{24}{\mathrm{Re}} \qquad (3.16)$$

mit $\qquad \mathrm{Re} = \dfrac{v \cdot d_P}{v} \qquad (3.17)$

ein, so erhält man Gleichung 3.14.

Als maßgebende Kennzahlen für die Wirbelschicht wurden die

Archimedeszahl: $\quad \mathrm{Ar} = \mathrm{Re}^2 \cdot \mathrm{Fr}^{-1}\, \dfrac{\Delta\rho}{\rho_L} = \dfrac{d_P^3 \cdot g}{v^2}\, \dfrac{\Delta\rho}{\rho_L} \qquad (3.18)$

und die Ω-Zahl: $\quad \Omega = \mathrm{Re} \cdot \mathrm{Fr}\, \dfrac{\rho_L}{\Delta\rho} = \dfrac{v^3}{g \cdot v}\, \dfrac{\rho_L}{\Delta\rho} \qquad (3.19)$

mit $\qquad \mathrm{Fr} = \dfrac{v^2}{g \cdot d_P}. \qquad (3.20)$

erkannt [47].

Die Archimedeszahl ist dabei eine reine Funktion von Stoffdaten und keine Funktion der Geschwindigkeit, während die Ω-Zahl von der Geschwindigkeit bestimmt wird und nicht vom Partikeldurchmesser abhängt. Die Froudezahl, die das Verhältnis von Trägheitkräften zur Gewichtskraft darstellt, ist um den Auftriebsterm korrigiert ($\frac{\Delta\rho}{\rho_L}$ bzw. $\frac{\rho_L}{\Delta\rho}$).

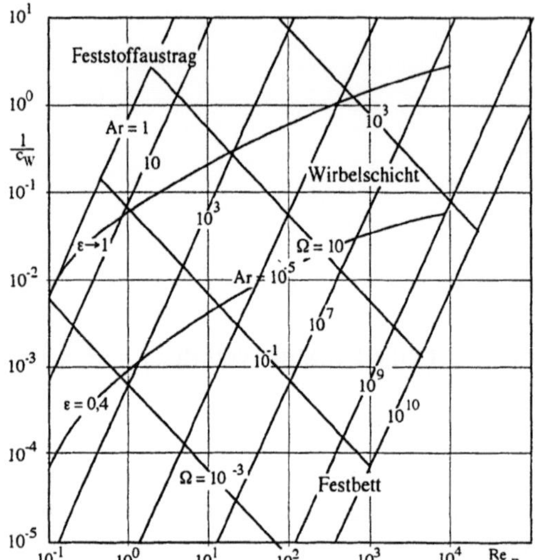

Abb. 3-33 Prinzipdarstellung des Wirbelschichtszustandsdiagramms nach [47]. Aus diesem Diagramm kann man die Arbeitsbereichsgrenzen ablesen. Damit ist es auch möglich festzustellen, in welchen Bereichen die Wirbelschicht betrieben werden kann. Die Archimedeszahl kann direkt aus den Systemparametern ermittelt werden. Für die Bestimmung von Ω ist zunächst nur die mittlere Leerrohrgeschwindigkeit unbekannt. Sie liegt zwischen der Lockerungsgeschwindigkeit v_L und der Austragsgeschwindigkeit w_f.

Diese Zusammenhänge können in einem sogenannten Wirbelschichtzustandsdiagramm dargestellt werden (Abb. 3-33). Aus diesem Diagramm kann man dann die Arbeitsbereichsgrenzen ablesen. Damit ist es auch möglich festzustellen, in welchen Bereichen die Wirbelschicht betrieben werden kann und welche Eingriffsmöglichkeiten bestehen. Die Archimedeszahl kann direkt aus den Systemparametern ermittelt werden. Für die Bestimmung von Ω ist zunächst nur die mittlere Leerrohrgeschwindigkeit unbekannt. Sie liegt zwischen der Lockerungsgeschwindigkeit v_L und der Austragsgeschwindigkeit w_f. Mit den Werten von Ar und Ω bekommt man im Zustandsdiagramm [47] einen Punkt, der im Bereich der Wirbelschicht liegen muß. Über zusätzliche Randbedingungen, wie dem Stoff- und Wärmetransport oder auch mechanischer Streßfaktoren, die alle über die Strömungsgeschwindigkeit gesteuert werden können, kommt man schließlich zum optimalen Arbeitspunkt für das vorliegende System. Aus dem Zustandsdiagramm lassen sich dann noch weitere Informationen ablesen, so z.B. die Re-Zahl und der Widerstandsbeiwert c_w am Einzelpartikel zur Ermittlung des Druckverlustes in der Wirbelschicht, der sich wie folgt berechnen läßt:

$$\Delta p = \frac{3}{4} \frac{\rho_L \cdot v^2 \cdot h}{\varphi_S \cdot d_P} \frac{1-\varepsilon_L}{\varepsilon_L^b} \cdot c_w \,. \tag{3.21}$$

Der Druckverlust ist im Bereich der Wirbelschicht konstant. Zwar erhöht sich mit zunehmender Geschwindigkeit auch die Betthöhe h, aber der Wert für $(1- \varepsilon)/\varepsilon^b$ und auch c_w nehmen ab, so daß Δp nicht beeinflußt wird.

Der Arbeitsbereich der Wirbelschicht läßt sich durch die Archimedeszahl erheblich beeinflussen, d.h., durch eine kleine Dichtedifferenz, Erhöhung der Viskosität oder aber vor allem durch Erniedrigung des mittleren Partikeldurchmessers lassen sich kleine Ar-Zahlen einstellen. Damit wird es möglich, den Arbeitsbereich bis zu einem Faktor 100 zu spreizen. Als Faustwert für die Praxis wird eine Expansion des Bettes um den Faktor 1,7 bis 2,5 angegeben [111].

3.5.2.2 Festbettrektoren

Im Festbettreaktor sind die Träger, auf denen die Zellen oder Enzyme fixiert sind, so eng gepackt, daß sie selbst quasi zu einer Packung geordnet sind. Eine Packung ist durch den Abstand zwischen den Partikeln definiert, bei dem sie sich in ihrer Lage gegenseitig fixieren (immobilisieren). Unter dieser Definition sind auch Zufallspackungen zu verstehen, bei denen die Partikel ihre Lage durch zufällige Anordnung gegenseitig festlegen, die zwar gesetzmäßig, aber nicht regelmäßig ist [43].

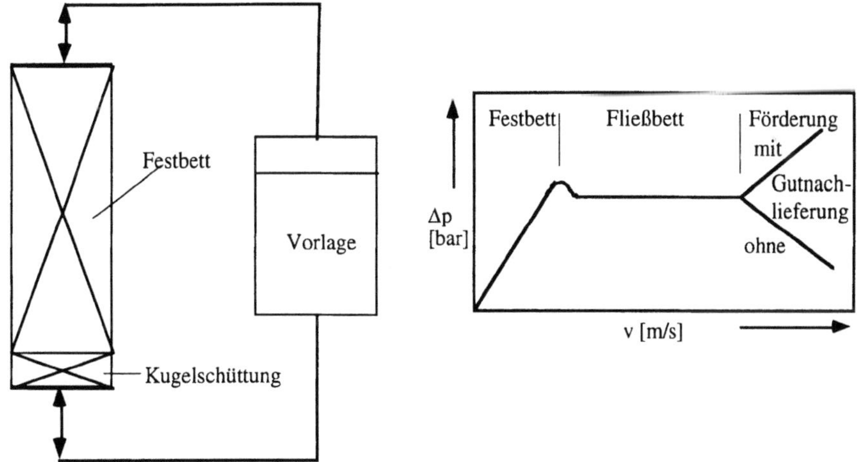

Abb. 3-34 Festbettreaktor; rechts Druckverlustverlauf von einem Festbett mit Übergang zur Wirbelschicht und zur Förderung in Abhängigkeit von der Leerrohrgeschwindigkeit.

Während Wirbelbettreaktoren immer von unten angeströmt werden müssen, können Festbettreaktoren sowohl von unten, als auch von oben angeströmt werden. Strömt man eine Schüttung von unten an, so sieht man mit zunehmender Strömungsgeschwindigkeit eine steigende Druckdifferenz. Steigert man die Geschwindigkeit weiter, so nimmt auch der Druckverlust bis zum sogenannten Lockerungspunkt immer mehr zu. Die Druckdifferenz Δp läßt sich im Lockerungspunkt nach folgender Beziehung berechnen:

$$\Delta p = (1 - \varepsilon_L) \cdot h \cdot \Delta\rho \cdot g + \rho \cdot g \cdot h \, , \qquad\qquad (3.22)$$

Der erste Term in Gleichung 3.22 stellt den Strömungswiderstand dar und der zweite die Überwindung des hydraulischen Druckes. Gleichzeitig bedeutet Gleichung 3.22 den Beginn der Wirbelschicht, d.h., die Schüttung befindet sich in Schwebe (vgl. Abb. 3-32). Ab diesem Punkt bleibt das Bett nicht mehr fest, es beginnt sich zu lockern und geht, wie schon in Abschnitt 3.5.2.1 gezeigt, in das Wirbelbett über. In diesem Bereich ist keine Druckverlustzunahme mehr festzustellen. Die Druckverlustverhältnisse verändern sich erst dann wieder, wenn der Austragspunkt erreicht ist. Das Bett muß auch eine obere Begrenzung in Form eines Gitters o.ä. bekommen, damit das von unten angeströmte Festbett mit höherer Geschwindigkeiten als der Auswaschgeschwindigkeit gefahren werden kann. Die gleichmäßige Verteilung der Flüssigkeit auf die gesamte Bettbreite erfolgt auch hier vorzugsweise durch eine vorgeschaltete Schüttung.

Ein von oben angeströmtes Bett hat den Vorteil, daß es nicht gelockert wird und bei alternierendem Betrieb auch Abriebverluste geringer sind. Allerdings könnte es sich auch zu sehr verdichten (vor allen Dingen bei kompressiblen Trägern) und damit der Druckverlust noch weiter steigen.

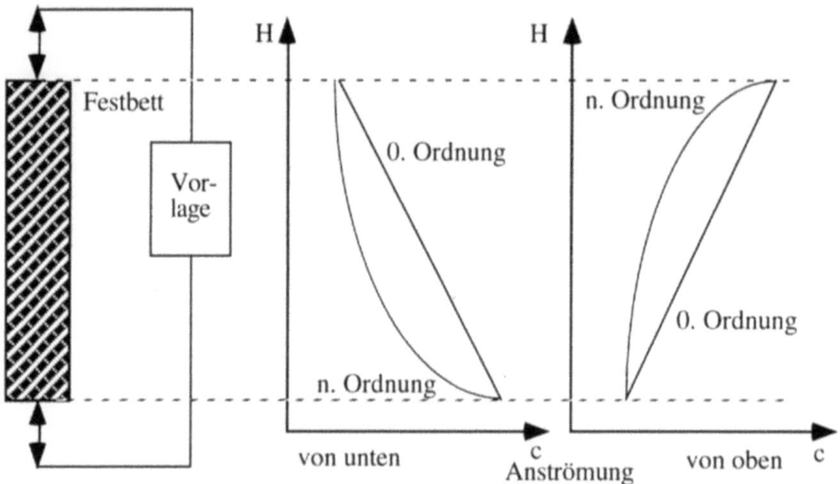

Abb. 3-35 Konzentrationsgradienten beim Festbettreaktor bei Anströmung von unten oder von oben bzw. 0.- oder. n. Reaktionsordnung.

Das Festbett hat gegenüber dem Wirbelbett die Vorteile, daß einerseits die Katalysatoren noch dichter gepackt werden können, d.h., eine zusätzliche Steigerung der Raumzeitausbeute, und andererseits durch die Fixierung Abriebverluste geringer sind. Als Nachteil können sich allerdings Stoff- und Wärmetransportlimitierungen und (vor allem bei schlechten Packungen) Kanalbildungen herausstellen, die zu verschlechterter Ausnutzung der Katalysatorschüttung führen.

Ein weiterer Unterschied des Festbettreaktors zum Wirbelschichtreaktor, der sich sowohl als Vorteil als auch als Nachteil herausstellen kann, sind die sich aufgrund der fehlenden Rückvermischung einstellenden Konzentrationsgradienten. Bei biologischen Reaktionen liegt nahe, daß sich die Abreicherung von Sauerstoff und Substraten nachteilig auswirken müßte, doch im Falle der Sterilisation ist dieser Gradient erwünscht. Der Gradient stellt sich entsprechend der Reaktionsordnung ein. Der allgemeine Ansatz für die Beschreibung einer Reaktionsgeschwindigkeit am Beispiel eines Substratabbaues lautet

$$r_S = \frac{dS}{dt} = - k \cdot S^n \; . \tag{3.23}$$

Die Abhängigkeit der Reaktionsgeschwindigkeit von der Substratkonzentration selbst kommt durch den Exponenten n zum Ausdruck. Dieser stellt die Reaktionsordnung dar. Bei 0. Ordnung ist die Reaktionsgeschwindigkeit unabhängig von der Stoffkonzentration und damit verläuft der Gradient linear. Ist die Reaktionsordnung größer 0, so hängt die Reaktionsgeschwindigkeit von der Stoffkonzentration ab (vgl. Abschnitt 6.4.2.2), so daß anfangs ein schnellerer Abfall zu verzeichnen ist und die Konzentrationsänderung sich entlang der Reaktorhöhe zusehens abschwächt. Es ergibt sich ein gekrümmter Verlauf (Abb. 3-35).

Der Festbettreaktor ist problemlos zu betreiben, hat niedrige Betriebskosten und ist einfach zu vergrößern. Allerdings gestaltet sich die Zellausschleusung sehr schwierig und sein Einsatz ist nicht sehr flexibel.

Die Arbeit, die ein Festbettreaktor zu vollrichten hat, kann er wiederum nur über die Energiedissipation erreichen. Diese läßt sich wie folgt berechnen:

$$\frac{P_L}{V_{R,L}} = \frac{\dot{V}_L}{V_{R,L}} \Delta p = \frac{v}{\sqrt[3]{\dfrac{V_{R,L} \cdot f_S^{2} \cdot 4}{\pi}}} \Delta p \; . \tag{3.24}$$

Der Druckverlust läßt sich aus Gleichung 3.21 bzw. 3.22 bestimmen und v entspricht der Leerrohranströmgeschwindigkeit.

3.6 Bioreaktoren für Zellkulturen [44,45]

Die Begasung adhärenter Säugetierzellkulturen stellt, insbesondere im Hinblick auf das Scale-up, ein nach wie vor ungelöstes Problem dar.Während bei herkömmlichen Pilz-, Hefe- oder Bakterien-Fermentationen der zumeist submers erfolgende Sauerstoffeintrag bei der Maßstabsvergrößerung durch Erhöhen der Begasungsrate oder des Leistungs-eintrages gesteigert werden kann, ist dies bei Zellkulturen nicht so einfach möglich, da Säugetierzellen im Gegensatz zu den üblicherweise in der Biotechnologie eingesetzten Mikroorganismen keine schützende Zellwand besitzen. Die bei hohen Energiedichten auftretenden Scherkräfte würden die Zellen zerstören. Besonders empfindlich sind Microcarrierkulturen (vgl. Abschnitt 2.2.1, Abb. 2-34 und 2-38), bei denen adhärent wachsende Zellen auf Trägerkügelchen kultiviert werden. Hier können bereits die von aufsteigenden Gasblasen ausgelösten Wirbel zu Zellschädigungen führen. Hohe Begasungsraten würden bei den in Zellkulturen üblicherweise verwendeten stark prote-inhaltigen Nährmedien Schaumbildung verursachen.

Häufig beobachtet man auch, daß Zellkulturen anfällig gegenüber zu hohen Sauerstoff-konzentrationen sind. Eine oft angegebene obere Grenze liegt bei einer Gelöstsauer-stoffkonzentration von DO$\leq$50% bezogen auf 1 bar Luft.

Die Zellen haben hydrophile und hydrophobe Enden, so daß sie die Neigung besitzen, sich an Phasengrenzen (Schaumblasen) anzulagern und dadurch mit den Blasen an die Oberfläche flotiert würden (Abb. 3-36).

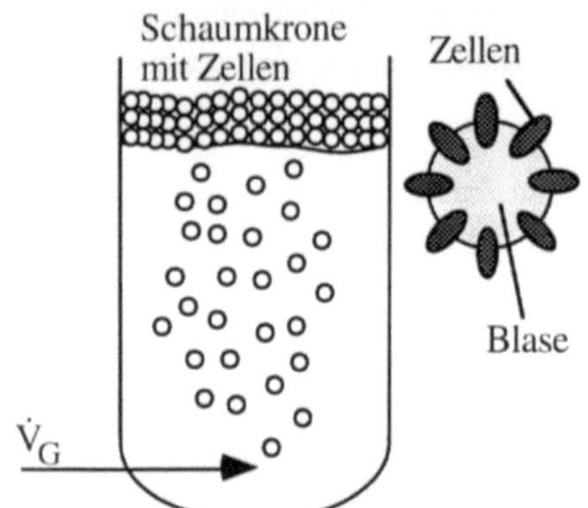

Abb. 3-36 Proteinhaltige Medien führen in der Zellkulturtechnik schnell zu Schaumbildung. Aufgrund hydrophiler und hydrophober Enden lagern sich die Zellen bevorzugt an der Phasen-grenze an und werden dadurch an die Flüssig-keitsoberfläche getragen (flotiert). Die Schaum-krone ist somit mit Zellen angereichert, die für die Reaktion verloren sind.

Der Flotationseffekt hat für Zellkulturen somit folgende Nachteile:

a) an der Phasengrenze kommen die Zellen mit hoher Sauerstoffkonzentra-tion in Kontakt → Zellschädigung möglich,

b) die Zellen befinden sich in der Schaumkrone und sind somit der Reak-tion entzogen → Erniedrigung der Raumzeitausbeute,

c) platzende Blasen können ebenfalls Zellen zerstören.

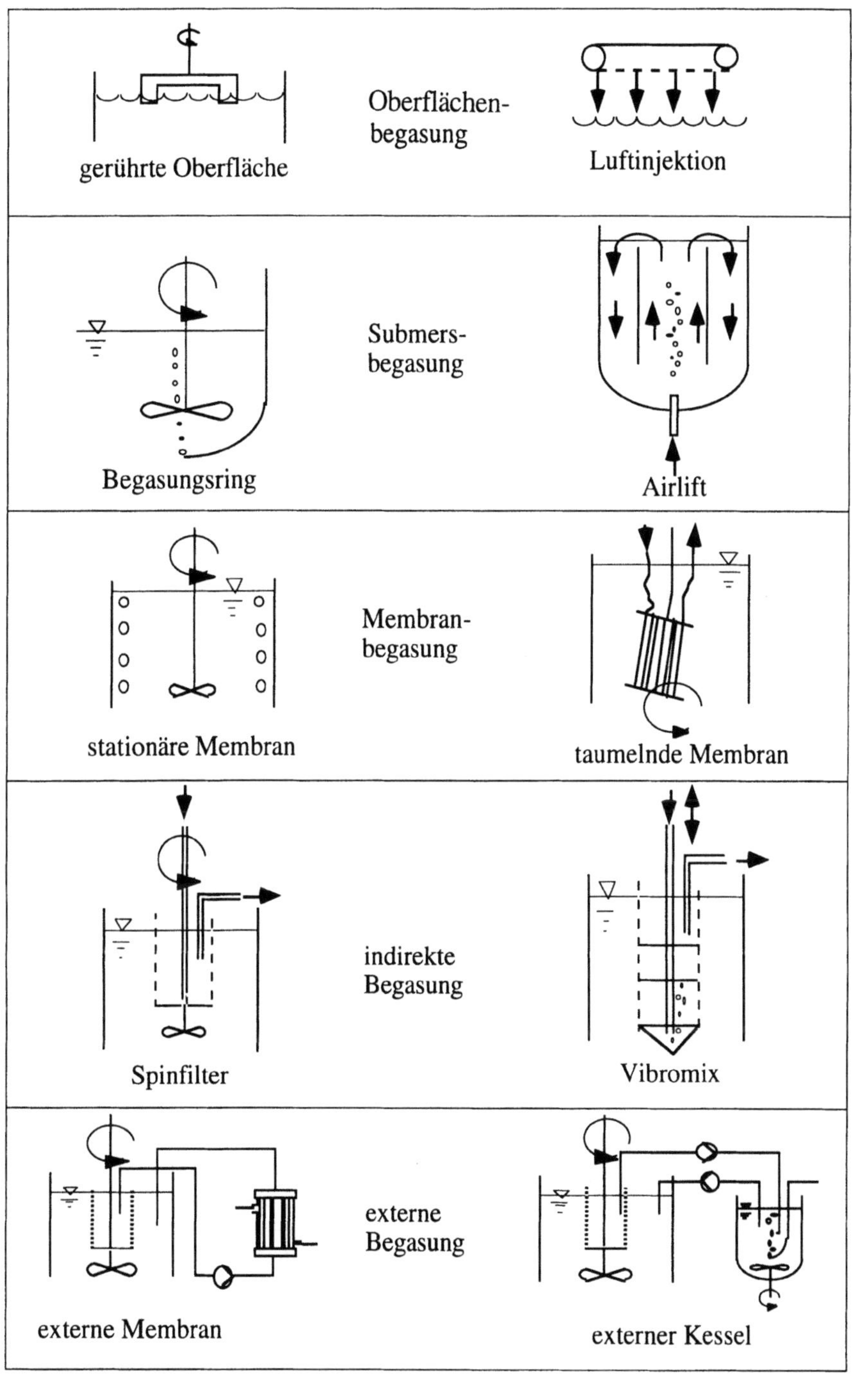

Abb. 3-37 Verschiedene Methoden der Sauerstoffversorgung in der Zellkulturtechnik.

All diese Argumente verlangen entweder nach einer blasenfreien Begasung oder nach einer Submersbegasung, die so eingestellt ist, daß Blasen nicht mehr an der Oberfläche ankommen und dadurch Schaumkronen verhindert werden.

Aus diesen Gründen wurden speziell für den Einsatz in der Zellkulturtechnik eine ganze Reihe von Begasungssystemen entwickelt, die auf unterschiedlichsten Methoden des Sauerstoffeintrags beruhen, und in nur leicht modifizierten Bioreaktorbasismodellen integriert sind (Abb. 3-37). Mit ihnen soll eine schonende und blasenfreie bzw. möglichst schaumfreie Begasung erreicht werden.

Um den Sauerstoffbedarf in einem Bioreaktor decken zu können, muß die von der Begasungsart und dem Maßstab abhängige Sauerstofftransferrate (OTR) nur so groß wie der Sauerstoffbedarf und damit wie die unlimitierte Sauerstoffaufnahmerate (OUR) sein. Bei tierischen Zellen liegt die Sauerstoffbedarfsrate im allgemeinen zwischen 0,05 und 0,5 Millimol pro Liter und Stunde bei 10^6 Zellen/ml (Tabelle 3-5).

Tabelle 3-5 Gemessene Sauerstoffaufnahmeraten für Zellkulturen [44].

OUR $[\frac{mmol}{l\ h}]$ bei 10^6 Zellen/ml		Reaktorgröße
0,12	0,25	200 l
0,11	0,17	20 l
0,19	0,25	10 l
0,05 bis 0,5		sonstige Literaturwerte

Die meisten Begasungssysteme können eine ausreichende Sauerstoffversorgung jedoch nur bis zu einem begrenzten Maßstab gewährleisten, der oft weit unter dem gewünschten Produktionsmaßstab liegt. Deshalb sollen alle Systeme hinsichtlich Scale up-Fähigkeit betrachtet werden.

Bei der Oberflächenbegasung geht man zunächst davon aus, daß allein die glatte Flüssigkeitsoberfläche die Phasengrenze (PG) darstellt (Abb. 3-38).

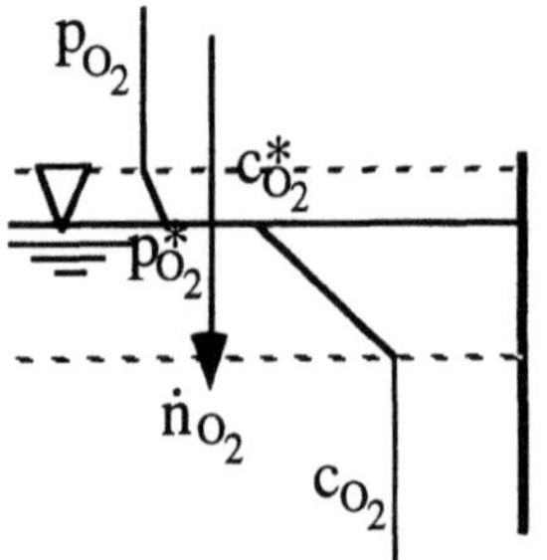

Abb. 3-38 Ideal angenommene Phasengrenzen einer Oberflächenbegasung. Für den Stofftransfer steht alleine die Reaktorquerschnittsfläche zur Verfügung. Dadurch wird mit zunehmendem Volumen bei geometrischer Ähnlichkeit das Verhältnis von Stoffaustauschfläche zum Reaktionsvolumen immer ungünstiger und reicht schon bei kleinen Volumina nicht mehr aus.

Die dazugehörige spezifische Stoffaustauschfläche a läßt sich in diesem Fall durch

$$a = \frac{A}{V_{R,L}}$$

(3.25)

darstellen. Mit $V_{R,L} = A \cdot H$; $\dfrac{H}{D} = f_S$ bzw. $D = \dfrac{H}{f_S}$ folgt für die spezifische Stoffaustauschfläche

$$a = \frac{1}{f_S \cdot D} \;, \tag{3.26}$$

sie ist also reziprok proportional zum Schlankheitsgrad und zum Reaktordurchmesser.

Damit wird mit Gleichung 2.70

$$OTR = k_L \frac{1}{f_S \cdot D} \Delta c \;. \tag{3.27}$$

Durch Aufrauhen der Oberfläche mittels Oberflächenrührer oder Anblasen der Oberfläche kann diese Phasengrenzfläche vergrößert werden. Geht man von dem einfachen Modell aus, daß die Oberfläche in Form von einfachen Sinusschwingungen aufgerauht wird (Abb. 3-39) und nimmt man eine Amplitude y_A von 3 mm sowie eine Wellenlänge λ von 5 mm an, so läßt sich eine Zunahme der Stoffaustauschfläche um 50 bis 60 % abschätzen. Der Effekt hält sich also in Grenzen, weil damit die erreichbare maximale Reaktorgröße von 3,2 auf nur 5 Liter ansteigt.

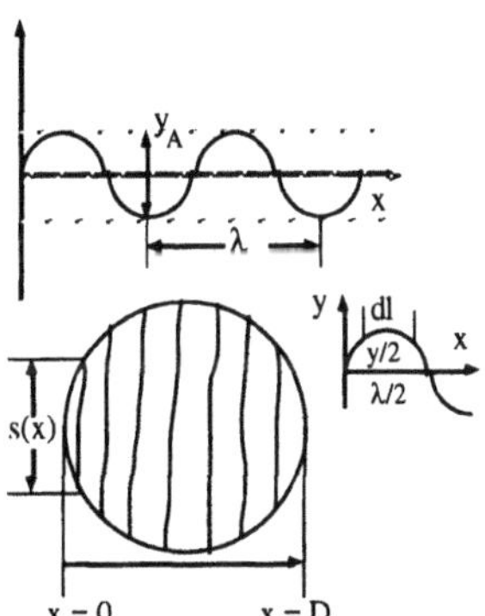

Abb. 3-39 Modell für das Aufrauhen einer Begasungsoberfläche. Durch Anblasen oder Aufrauhen der Oberfläche kann die Stofftransferfläche vergrößert werden. Das ist aber nur begrenzt möglich. Soll dabei Schaumbildung vermieden werden, so kann eine Vergrößerung der Stoffaustauschfläche von höchstens 60 % erreicht werden.

In Abb 3-40 ist der OTR-Wert für Oberflächenbegasung in Abhängigkeit vom Reaktordurchmesser bei gegebener Geometrie (f_S) dargestellt. Berücksichtigt wurde dabei die Begasung sowohl mit Luft als auch mit reinem Sauerstoff. Der Stofftransportkoeffizient liegt in der Größenordnung von $1 - 5 \cdot 10^{-5}$ m/s. Nimmt man einen Sauerstoffverbrauch von 0,2 Millimol pro Liter und Stunde an (vgl. Tabelle 3-5), so entnimmt man dem Diagramm für den Fall, daß mit reinem Sauerstoff begast wird, ein maximal mögliches Reaktorvolumen von ca. 3 l. Wie oben gezeigt wurde, verbessert sich die Situation durch Anblasen der Oberfläche nur unwesentlich.

Der direkten Blasenbegasung wurde bei der Entwicklung von Begasungssystemen kaum noch Bedeutung beigemessen. Die Gründe hierfür wurden eingangs bereits genannt. Dabei kann bei richtiger Vorgehensweise auch diese Methode durchaus in der Zellkulturtechnik angewendet werden. Im Fall der Microcarrierkulturen dann, wenn die

Submersbegasung so eingestellt wird, daß keine oder wenig Blasen an der Oberfläche ankommen.

Tabelle 3-6 Löslichkeitswerte von verschiedenen Gasen in Wasser bei 1013 mbar in mg/kg Wasser [44].

Temperatur °C	25	30	35
Stickstoff	17,43	16,14	14,93
Sauerstoff	39,31	35,86	33,15
Kohlendioxid	1453	1263	1104
Luft	21,66	19,99	18,48
Luft-Sauerstoff	8,23	7,51	6,94

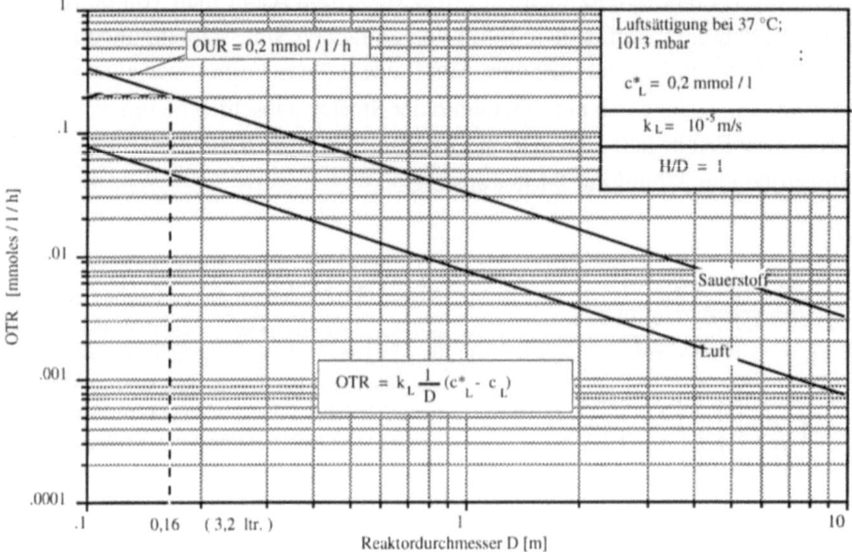

Abb. 3-40 Darstellung der Scale-up-Situation bei der Oberflächenbegasung.

Nimmt man zum Beispiel für die Begasung reinen Sauerstoff anstelle von Luft, so erhöht man zum einen die Sauerstofftransferrate aufgrund des höheren treibenden Konzentrationsgefälles, zum andern verkürzt man damit die Auflösezeit der Gasblasen. Die küzere Auflösezeit liegt an der besseren Löslichkeit des Sauerstoffs (Tabelle 3-6). Von der Reaktorhöhe und dem Ausgangsdurchmesser der Gasblasen hängt es dann ab, ob noch viele Gasblasen an der Oberfläche ankommen und Schaumprobleme verursachen.

Bei der Zielsetzung keine Blasen an der Oberfläche ankommen zu lassen, kann zunächst eine idealisierte Betrachtungsweise angestellt werden. Sie geht davon aus, daß die Modellflüssigkeit Wasser ein unendliches Lösungspotential sowohl für Sauerstoff als auch für Stickstoff (und Luft) besitzt. Damit gilt $c_{O_2,L} = c_{N_2,L} = 0 = $ const. Unter dieser

Randbedingung geht das Auflösen einer Blase mit dem Molstrom aus der Gasblase einher. Es gilt also

$$\frac{p}{R \cdot T} \frac{dV}{dt} = - k_L \cdot A \cdot c_{i,L}^* \quad . \tag{3.28}$$

Der Index „i" steht für Sauerstoff bzw. Stickstoff oder ein entsprechendes Gas (Luft). Für die Volumenveränderung dV kann mit der Blasenoberfläche A und dem Differential des Blasendurchmessers dd_B auch

$$dV = \frac{A}{2} dd_B \tag{3.29}$$

geschrieben werden. Damit wird Gleichung 3.28

$$\frac{1}{2} \frac{p}{R \cdot T} \int_{d_{B,0}}^{0} dd_B = - k_L \cdot c_{i,L}^* \int_0^{t_A} dt \quad . \tag{3.30}$$

Gleichung 3.30 wird integriert, nach der Auflösezeit umgestellt und man erhält

$$t_A = \frac{1}{2} \frac{p \cdot d_{B,0}}{k_L \cdot R \cdot T \cdot c_{i,L}^*} \quad . \tag{3.31}$$

Tabelle 3-7 zeigt für zwei unterschiedliche Blasenanfangsgrößen die nach Gleichung 3.31 berechnete Auflösezeit, die mittlere Aufstiegsgeschwindigkeit sowie die Flüssigkeitshöhe, bei der sich die Blasen gerade aufgelöst haben. Im realen System jedoch läßt sich das Auflösen der Gasblasen, insbesondere von Luftblasen, nicht erreichen. Stickstoff verhält sich in biochemischen Reaktionen inert und sobald die Lösung mit Stickstoff gesättigt ist, versagt das oben angesprochene Modell. Außerdem wird in die Blasen auch im Gegenstrom das gebildete Kohlendioxid und andere gasförmigen Metabolite diffundieren, so daß auch Sauerstoffblasen kaum eine Chance haben, sich vollkommen aufzulösen.

Tabelle 3-7 Charakteristische Daten von aufsteigenden Blasen [44].

Stofftransportkoeffizient $k_L = 10^{-4}$ m/s	Blasendurchmesser [mm]			
	2,0		0,2	
	Luft	Sauerst.	Luft	Sauerst.
Auflösezeit t_A [s]	511	304	51,1	30,4
erf. Höhe H [m]	120	71	1,07	0,64
Aufstiegsgeschw. [m/s]	0,234		0,021	

Um die Bedeutung der Blasengröße hervorzuheben, ist in Abb. 3-43 die für einen bestimmten Gas-hold-up und einen konstanten Blasendurchmesser berechnete Phasengrenzfläche, bezogen auf das Reaktorvolumen, über der Reaktorgröße aufgetragen. Ein 10-fach kleinerer Blasendurchmesser hat demnach eine ca. 100-fach größere Stoffaustauschfläche zur Folge. Zum Vergleich ist die spezifische Phasengrenzfläche für den Fall der reinen Oberflächenbegasung eingetragen. Kleine Blasen haben auch den Vorteil kleiner örtlicher Leistungsdichten, wodurch die Gefahr einer Zellschädigung gemindert wird.

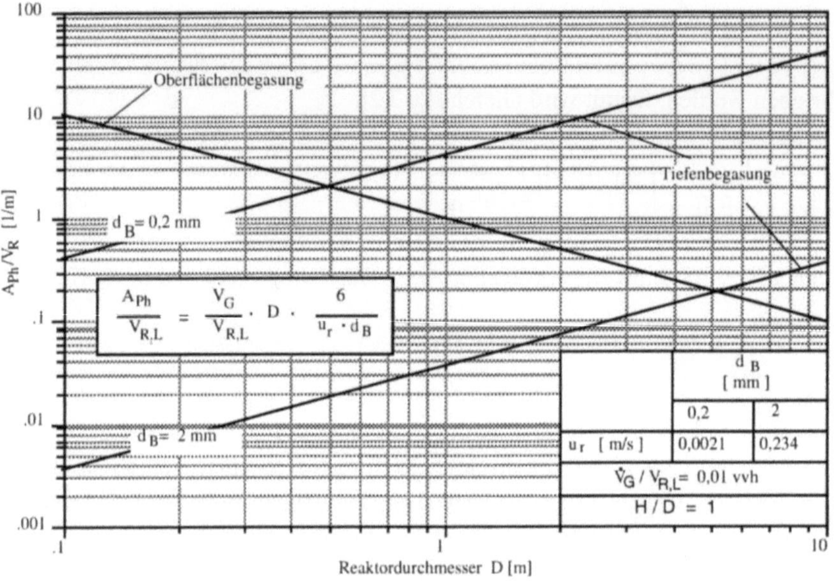

Abb. 3-41 Scale up-Betrachtung der Tiefenbegasung.

Ein großer Vorteil der direkten Blasenbegasung liegt in der problemlos durchführbaren Maßstabsvergrößerung, wie man auch unmittelbar der Abb. 3-41 entnehmen kann. Schwierigkeiten bereitet dagegen die Einstellung eines definierten Blasendurchmessers und die völlige Auflösung der Blasen. Wenn dies allerdings gelänge, wäre hiermit sicherlich eine erfolgversprechende Begasungsmöglichkeit gefunden.

Durch Einsatz von Membranen besteht die Möglichkeit einer blasenfreien Begasung. Der Sauerstoffeintrag erfolgt in diesem Fall über gasdurchlässige Silikonschläuche oder Hohlfasermodule, die unmittelbar in das Fermentationsmedium eintauchen und von Luft, Sauerstoff oder einem Gasgemisch durchströmt werden.

Damit die Begasung auch wirklich blasenfrei erfolgen kann, darf die transmembrane Druckdifferenz Δp_{TM} den kritischen Wert nicht überschreiten (Abb. 3-42, 3-43). Der kritische Wert des transmembranen Druckes ist gleichzeitig der „Bubblepoint", also der Druck, bei dem ideal gesehen die benetzte Membranpore freigeblasen wird (vgl. Abb. 3-44, Abschnitt 5.3.4) und somit die Kapilarkräfte überwunden werden. In diesem Moment geht die diffusive Strömung in den viel größeren konvektiven Strom über (Abb. 3-45). Die kritische Druckdifferenz Δp_{TM} läßt sich wie folgt berechnen:

$$\Delta p_{TM} = \frac{4 \cdot \sigma \cdot \cos \Theta}{D} \ . \tag{3.32}$$

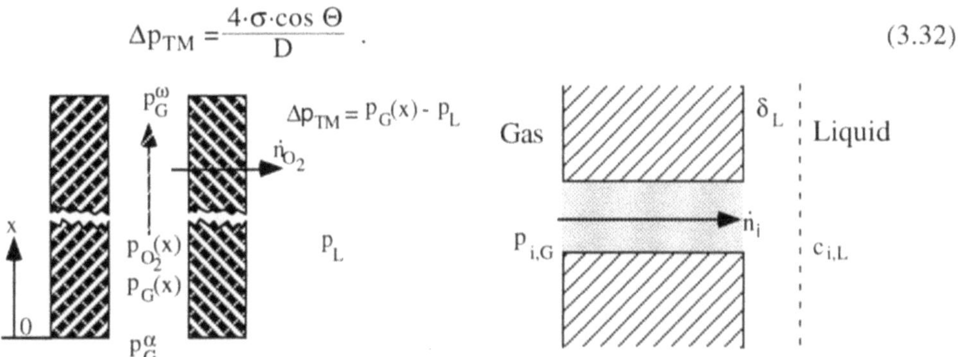

Abb. 3-42 Transmembrane Druckdifferenz.

Abb. 3-43 Stofftransport durch die Membran.

In Gleichung 3.32 stellt σ die Oberflächenspannung, Θ den Benetzungswinkel und D den größten nominalen Porendurchmesser dar.

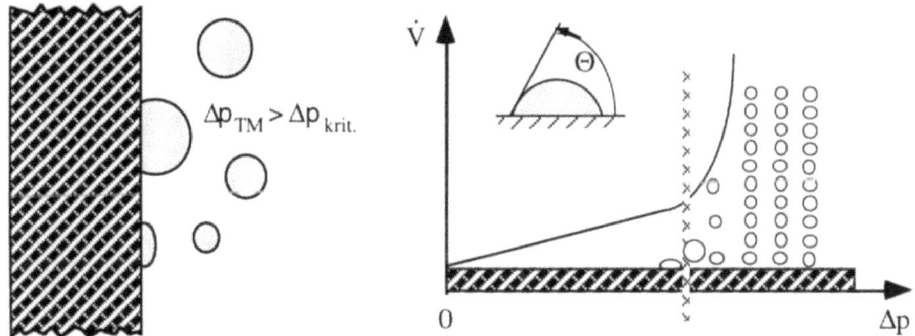

Abb. 3-44 Überschreitung der kritischen transmembranen Druckdifferenz führt zur Blasenbildung.

Abb. 3-45 Überschreitung des Bubblepointpunktes bedeutet „Freiblasen" der nominal größten Pore.

Die Länge der Membran ist dabei nicht beliebig. Mit zunehmender Länge wird die Sauerstoffauszehrung entlang der Membran größer, die mittlere Sauerstofftransferrate nimmt ab. In Abb 3-46 ist hierzu das Verhältnis OTR/OTR$_{max}$ über der dimensionslosen Verweilzeit NTU (Number of Transfer Units) aufgetragen. Dem entgegen wirkt, wie man der Definition des NTU-Wertes sofort entnimmt, eine Erhöhung des Gasvolumenstroms (NTU wird kleiner, OTR wird größer, vgl. auch Abb. 3-47).

Da man davon ausgehen kann, daß in allen Maßstäben die spezifische Sauerstoffversorgung gleich bleibt, also OTR = const. gilt, kann folgende Überlegung angestellt werden:

Für NTU kann man schreiben (Abb. 3-47)

$$NTU \sim \frac{A_M}{\dot{V}_G} \sim \frac{d_M \cdot L_M}{d_M{}^2\, w_G} = \frac{L_M}{d_M\, w_G} \quad . \tag{3.33}$$

Je höher die transmembrane Druckdifferenz ist, um so größer ist der Stofftransport. Also wird man in allen Maßstäben möglichst nahe an $\Delta p_{TM,krit.}$ gehen. Daraus folgt auch Δp_{TM} = const. Aus dieser Randbedingung und dem Druckverlustgesetz erhält man

$$\Delta p \sim \frac{L_M}{d_M}\, w_G{}^2 \tag{3.34}$$

erhält man für die Gasgeschwindigkeit

$$w_G \sim \left(\frac{d_M}{L_M}\right)^{1/2} \tag{3.35}$$

und damit für NTU

$$NTU \sim \left(\frac{L_M}{d_M}\right)^{3/2} \quad . \tag{3.36}$$

Da aber OTR = const. muß nach Abb. 3-46 auch NTU = const. gelten, woraus die Scale-up-Regel

$$\frac{L_M}{d_M} = \text{const.} \tag{3.37}$$

resultiert.

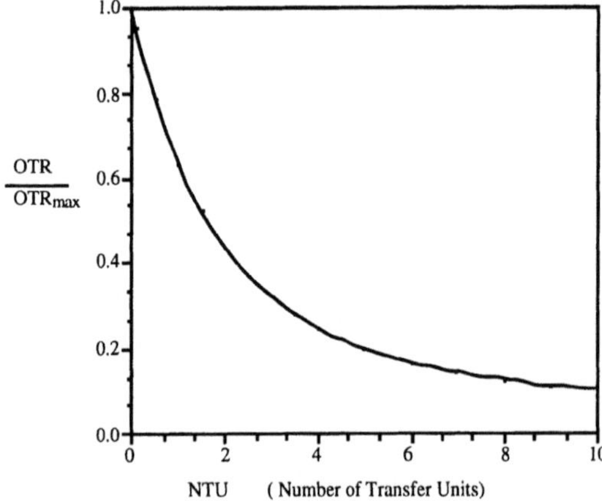

$$\frac{OTR}{OTR_{max}} = \frac{1 - e^{-NTU}}{NTU}$$

$$NTU = f\, \frac{k_L \cdot A_M}{\dot{V}_G}$$

$$f = K_{O_2} \cdot \frac{n_L}{n_G^0}$$

$$f \approx 0{,}025$$

Abb. 3-46 Scale-up-Betrachtung für die Membranbegasung.

Die logische Folge ist die Einteilung der Membran in Segmente. Mit zunehmendem Reaktorvolumen, d.h., mit zunehmendem Bedarf an Membranfläche, steigt aber die Anzahl der Membransegmente und damit die Schwierigkeit, diese im Reaktorraum unterzubringen. Derzeit liegen die maximalen Reaktorvolumina, bei denen die Membranbegasung noch erfolgreich eingesetzt werden kann, bei ca. 500 l.

Eine andere Methode der blasenfreien Begasung ist die externe Begasung. Das Medium wird hierzu aus dem Reaktor herausgepumpt, in einem externen Konditionierungsgefäß oder in einem Membranmodul mit Sauerstoff angereichert und schließlich wieder zurückgeführt. Ein Vorteil hierbei ist, daß zum Beispiel das Begasungsdruckniveau vom Reaktordruck entkoppelt und damit der Sauerstoffeintrag verbessert werden kann. Außerdem treten Schaum- oder Scherkraftprobleme in diesem Fall nicht auf. Schwierigkeiten bereitet dagegen das Auffinden eines geeigneten Zellrückhaltesystems, das bei Umpumpraten von bis zum 2-3-fachen des Reaktorinhalts pro Stunde noch ausreichend lange Standzeiten aufweist, d.h., nicht von Zellen zugesetzt wird. Dieses Problem konnte bisher noch nicht zufriedenstellend gelöst werden.

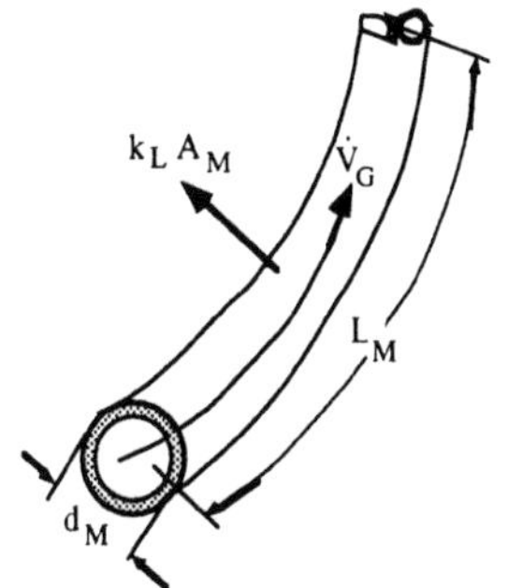

Abb. 3-47 Erläuterung zu NTU (Number of Transfer Units). NTU drückt das Verhältnis von transmembranem Stoffstrom zum Gasstrom durch die Röhre (durch den Schlauch) aus. NTU ist analog dem Stoffübergangskonzept zu sehen, wie es in der Absorptionstechnik Anwendung findet.

Bei neueren Entwicklungen erfolgt die Anreicherung des Mediums mit Sauerstoff durch gewöhnliche Blasenbegasung innerhalb des Reaktors, aber abgetrennt vom eigentlichen Reaktionsraum, in dem sich die Zellen befinden. Dabei wird ein zumeist rotierender oder vibrierender Korb in das Medium eingetaucht (Fibro-Mix). Begast wird über ein zentrales Steigrohr innerhalb des Korbes. Das für die Bespannung verwendete Siebgewebe hat im allgemeinen eine Maschenweite von 10 - 80 μm und erlaubt damit den problemlosen Austausch von sauerstoffreichem und -armen Medium. Gleichzeitig werden, unterstützt durch die Bewegung des Korbes, die Zellen im Reaktionsraum zurückgehalten. Bewährt hat sich diese Art der Begasung insbesondere bei Microcarrierkulturen, während bei Suspensionskulturen das Zuwachsen des Korbgewebes häufig Schwierigkeiten bereitet.

Für ein System, bei dem der Begasungskorb mit einer Frequenz von 50 Hz und einer zwischen 0 und 5mm einstellbaren Amplitude vibriert, sind $k_L a$-Werte gemessen worden [44]. Es wurde für den spezifischen Stoffübergangskoeffizienten $k_L \cdot a$ [h^{-1}] folgender Zusammenhang gefunden:

$$k_L \cdot a = 0{,}37 \, [A^2]^{0,6} \cdot u_G^{\,0,72} \, , \tag{3.38}$$

wobei A^2 (A - Amplitude in mm), ähnlich wie beim Rührwerksreaktor der Rührerdurchmesser (vgl. Gl. 2.156), proportional dem spezifischen Leistungseintrag und die Gasleerrohrgeschwindigkeit auf den mit Sauerstoff zu versorgenden Reaktionsraum bezogen ist.

Einen nur unwesentlichen Einfluß zeigt ein zusätzlich unterhalb des Begasungskorbes installierter Rührer, der lediglich dazu dient, Zellen und Microcarrier zu suspendieren.

Eine Abschätzung des maximal möglichen Reaktorvolumens, bis zu dem dieses System eingesetzt werden kann, ist sehr schwierig, weil die physikalische Beschreibung der Vorgänge in diesem Fall Probleme bereitet. Dies liegt an der Vielzahl der Parameter, die den Begasungsvorgang beeinflussen. Bislang sind ausreichende Erfahrungen erst im 10 l Maßstab vorhanden.

Auch wenn diese Übersicht nicht vollständig sein kann, zeigt sie dennoch deutlich, daß noch viel Entwicklungsarbeit auf dem Gebiet der Begasung adhärenter Säugetierzellkulturen geleistet werden muß. Dabei sind in gleichem Maße sowohl Ingenieure als auch Biologen gefordert.

3.7 Sonderbauarten von Bioreaktoren

3.7.1 Schüttelkolben

Der Schüttelkolben (Abb. 3-48) ist das Standardkultivierungsgefäß in der Mikrobiologie. Dieser einfache Bioreaktor ist sehr preiswert und kann deshalb in großen Stückzahlen eingesetzt werden. Deshalb findet man diesen Reaktor vorzugsweise beim Screening (Stammentwicklung) und der breit angelegten Mediumsoptimierung, wo viele Reaktoren gleichzeitig eingesetzt werden müssen. Wollte man diesen Bioreaktor in das Reaktormuster einordnen, so wäre er ein Reaktor, der durch bewegte Einbauten den erforderlichen Leistungseintrag erfährt. Verfahrenstechnisch sind diese kleinsten Bioreaktoren kaum erforscht. Damit der Kostenvorteil erhalten bleibt, haben Schüttelkolben weder ein spezielles System zur Gasversorgung, noch meß- und regeltechnische Einrichtungen (pH, pO_2, Temperatur ...). Lediglich Schüttelkolben mit und ohne Stromstörer (Einbuchtungen) oder die Art des Verschlusses (Wattestopfen, Schaumstoffstopfen, Metallhaube) sind als Differenzierung üblich (vgl. Abb. 3-48). Dieser Umstand macht es natürlich außerordentlich schwer die gewonnenen Ergebnisse den verantwortlichen Parametern zuzuordnen. Vor allem macht die Übertragung der Ergebnisse in einen Laborbioreaktor Probleme, zumal wenig Ansatzpunkte hinsichtlich Leistungseintrag, Sauerstoffversorgung und Verlauf von verschiedenen Milieubedingungen bekannt sind. Bestimmte Bedingungen einer Fermentation, die für den einen Schüttler optimal sind, lassen sich auf einen anderen Schüttler selten übertragen und schon überhaupt nicht auf Bioreaktoren [35]. Diese Nachteile machen den billigen Schüttelkolben für Scale-up-Betrachtungen unbrauchbar und so manche erfolgversprechende Reaktion läßt sich aus dem Schüttelkolben nicht in wirtschaftlich interessante Maßstäbe übertragen. Ebenso schwierig ist es während des Screeningprozesses die Ursachen für das schlechte Abschneiden vieler Stämme zu finden, womit es manchem Screeningverfahren an Wirtschaftlichkeit mangelt.

Da keine Parameter insitu gemessen werden können, müssen bei der Übertragung in einen Bioreaktor einige Randbedingungen beachtet werden. So z.B. muß die im Medium vorliegende Temperatur abgeschätzt werden. Gemessen kann die Lufttemperatur im Inkubator werden (vgl. Abb 3-48), nicht aber die Mediumstemperatur. Um die Wärme übertragen zu können, ist ein Temperaturgefälle vom Reaktorinnern nach außen erforderlich (vgl. Abschnitt 2.1.6 und Gleichung 2.117). Nimmt man das Beispiel Single-Cell-Protein aus Tabelle 2-7, so liegt eine Reaktionswärme von $150 \frac{MJ}{h \cdot m^3}$ vor.

Bei einer solch hohen Wärmetönung kann der Wärmestrom über den Leistungseintrag vernachlässigt werden. Mit einem inneren Wärmeübergangskoeffizienten von etwa $3500 \frac{W}{m^2 \cdot grd}$ einem äußeren Wärmeübergangskoeffizienten vom Kolben an die Luft von $70 \frac{W}{m^2 \cdot grd}$ und einem Wärmeleitkoeffizienten von $1 \frac{W}{m \cdot grd}$ durch das 1 mm dicke Glas erhält man einen k-Wert von etwa $70 \frac{W}{m^2 \cdot grd}$. Für einen durchschnittlichen Schüttelkolben läßt sich eine spezifische Wärmeaustauschfläche von $\frac{A}{V_{R,L}} \approx 80 \ m^{-1}$ abschätzen, so daß die Temperatur im Vergleich zum Gasraum um 7,5 °C höher sein muß, also statt der im Gasraum angezeigten Temperatur von 35 °C herrschen im Medium 42,5 °C, die im Bioreaktor eingestellt werden müssen.

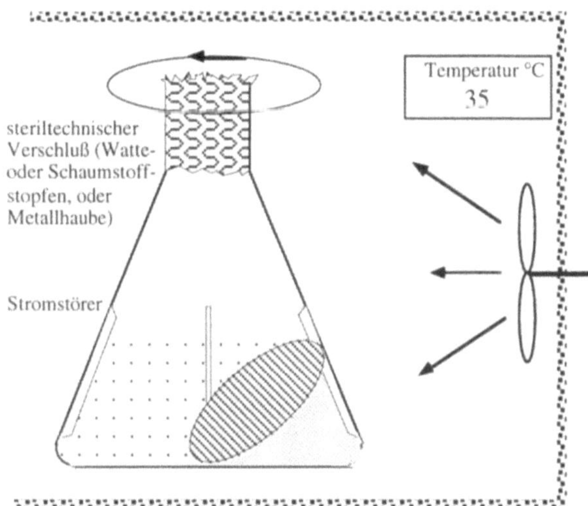

Abb. 3-48 Der Schüttelkolben ist der kleinste Bioreaktor, preiswert und dadurch für Screeningarbeiten unentbehrlich. Er besteht aus Glas und hat als Variation Stromstörer und unterschiedliche Verschlüsse (Watte-, Schaumstoffstopfen oder Metallhaube). Die Größe reicht von wenigen ml bis zu 500 ml. Da er keine meß- und regeltechnischen Einrichtungen besitzt, muß er zumindest temperiert werden. Das geschieht dadurch, daß viele Kolben in einen temperierten Schüttler gestellt werden.

Der Leistungseintrag in Schüttelkolben hängt von der Schüttelfrequenz (Drehzahl n) und von der Auslenkung, der Exzentrizität e, ab. Zusätzlich sind auch Konstruktionsdetails, wie Stromstörer, zu berücksichtigen. Messungen zur Berechnung der Sauerstofftransferrate im Sulfitsystem (vgl. Abschnitt 2.1.5.2) ergaben für Schüttelkolben ohne Stromstörer folgende Korrelationsgleichung [35]:

$$k_L \cdot a = 1{,}6 \cdot 10^{-6} \left[\frac{n \cdot e^{1/3}}{V_{R,L}} \right]^{5/6} . \qquad\qquad (3.39)$$

Die Untersuchungen wurden auf drei verschiedenen Schüttlern mit unterschiedlicher Exzentrizität durchgeführt (Laborschüttler e = 2,5 cm; Schütteltruhe e = 4,2 cm; Industrieschüttler e = 5 cm). In Gleichung 3.39 ist die Drehzahl n in s^{-1}, die Exzentrizität e in m und das Volumen V in m^3 einzusetzen. Die wirksame Stoffaustauschoberfläche ist in Schüttelkolben nicht alleine die Oberfläche der rotierenden Flüssigkeit, sondern auch der Flüssigkeitsfilm auf der Kolbenwand, ist also auch vom Benetzungsverhalten abhängig [109].

Zwischen dem preiswerten Schüttelkolben und den kleinsten Rührwerksbioreaktoren klafft eine Lücke. Verschiedene Hersteller von Bioreaktoren bemühen sich diese Lücke zu schließen. Die Konzeptionen zielen dabei darauf ab, möglichst viele kleine (mehrere 100 ml), einfache Reaktoren aus Glas an ein Meß- und Regelsystem zu koppeln. Jeder Bioreaktor sollte mit einer Temperierung, einer pH- und pO_2-Regelung ausgestattet sein. Die Leistung wird über Magnetrührer (häufig nur Magnetfisch, vgl. Abb. 5-45) eingetragen. Die auf dem Markt befindlichen Systeme müssen noch eine Reihe von Entwicklungsproblemen überwinden [112].

3.7.2 Kleinreaktoren für Zellkulturen

Was die Agarplatte und der Schüttelkolben für die klassische Mikrobiologie ist, stellen die Kleinreaktoren T-Flasche, Roller Bottles und Spinner Flasks für die Zellstrukturtechnik dar. Die T-Flaschen sind rechteckige Flaschen (vgl. Abb. 3-49a), wo adhärente Zellen an der Oberfläche anwachsen, aber auch Suspensionszellen im Kleinmaßstab angezüchtet werden können. T-Flaschen sind mit Agarplatten aus der klassischen Mikrobiologie vergleichbar und sie können ebenfalls steril gehandhabt werden. Die Oberflächen sind vom Hersteller speziell behandelt, wobei die Art der Behandlung meist ein Firmengeheimnis ist. Beim Einsatz von T-Flaschen ist es wichtig dafür zu sorgen, daß ein Gasaustausch stattfinden kann (vgl. Abb. 3-49a). Herkömmliche Systeme bieten nur die Möglichkeit zu diesem Zweck die Verschlußverschraubung leicht zu lösen, modernere Flaschen besitzen eine Membran, über die der Gasaustausch stattfinden kann.

Die Roller Bottles entsprechen im Grunde genommen den T-Flaschen (vgl. Abb. 3-49b). Allerdings ermöglicht man durch ständiges Drehen der runden Flasche, daß die Zellen auf der gesamten inneren Oberfläche aufwachsen können. Damit stellen sie den nächst größeren Reaktor für adhärente Zellen dar. Die Flaschen werden auf rollende Walzen gelegt, wodurch die Drehung erreicht wird. Diese Systeme werden schon als Vollautomaten angeboten. Die Flaschengröße reicht von einigen 100 ml bis zu einigen Litern. Sollte es möglich sein, dieses System auch für die Produktion einzusetzen, dann können die einzelnen Einheiten auch bis zum 10- bis 20-l-Maßstab reichen.

Der nächst größere Reaktor für Suspensionszellen ist die Spinner Flask (vgl. Abb. 3-49c), die allerdings auch für Microcarriersysteme eingesetzt werden können. Dieser Kleinbioreaktor besteht aus einer Glasflasche, einer Möglichkeit zur blasenfreien Begasung (vgl. Abschnitt 3.6) und einer Rühreinrichtung. Die Rühreinrichtung hat dabei die Aufgabe besonders schonend die erforderliche Homogenisierung und Suspendierung (vgl. Abschnitt 2.1.2 und 2.1.3) durchzuführen. Systeme bis zum Maßstab von einigen Litern werden meist magnetisch angetrieben, wobei das Rührsystem in der Flasche aufgehängt ist und durch den in den Teflonrührer eingebrachten Magneten in langsame Drehbewegung versetzt wird. Die Rührerformen sind meist großflächig (paddelartig) gestaltet. Der Leistungseintrag über den Rührer ist äußerst gering (< 0,05 W/kg), dadurch ergeben sich für Suspensionszellen meist Drehzahlen von 20 bis 30 upm und für Microcarriersysteme bis zu 100 upm. Manche Reaktoren bieten auch Rührerantriebe mit wechselweiser Drehzahlen an, d.h., mal links herum und dann rechts herum.

Abb. 3-49 Kleinbioreaktoren für die Zellkulturtechnik: **a)** T-Flasche zum Anzüchten von adhärenten Zellen und Suspensionszellen (Fa. A/SNunc); **b)** Roller Bottles zur Züchtung von adhärenten Zellen; **c)** Spinner Flask zur Züchtung von adhärenten Zellen und Suspensionszellen. (Fa. Tecnomara Deutschland GmbH).

3.7.3 Bioreaktoren zur Kultivierung von Algen

Algen eröffnen interessante Perspektiven für eine Reihe von hochwertigen Substanzen für Medizin, Pharmakologie, Kosmetik und Ernährung [110]. In der Regel handelt es sich dabei um halophile und autotrophe Mikroorganismen, d.h., sie müssen bei hohen Salzkonzentrationen kultiviert werden und benötigen als C-Quelle nur CO_2 sowie Licht als Energie. Einige Algen sind mixotroph, sie benötigen also zur optimalen Kultivierung neben CO_2 noch eine zusätzliche C-Quelle (z.B. Glucose). Der für diese Mikroorganismen erforderliche Reaktor muß eine CO_2- und Lichtversorgung gewährleisten. Aufgrund der hohen Salzkonzentrationen bestehen keine Ansprüche an die Steriltechnik. Es bieten sich Konstruktionen an, die aus Glasplatten oder Glasröhren bestehen und mit künstlichem Licht bestrahlt werden (vgl. Abb. 3-50). Solche geschlossenen Systeme werden auch im Freilandreaktoren eingesetzt (Abb. 3-51), wo die Energieversorgung über die Sonneneinstrahlung erfolgt. Einfachere Freilandreaktoren sind offene Systeme, wobei eine glatte Oberfläche von einem dünnen Flüssigkeitsfilm überströmt wird und die Lichtversorgung ebenfalls durch die Sonneneinstrahlung und die CO_2-Versorgung über die Luft erfolgt.

Abb. 3-50 Bioreaktor für autotrophe und mixotrophe Algen. Die Energieversorgung erfolgt über Lichtröhren, die um den Glasbioreaktor angeordnet sind. Die CO_2-Versorgung erfolgt im Vorlagebehälter über die Luft. (Fa. Bioengineering AG).

Abb. 3-51 Freilandbioreaktor für autotrophe und mixotrophe Algen. Die Glassandwichbauweise ist optimal zur Sonneneinstrahlung ausgerichtet. Die CO_2-Versorgung erfolgt im Vorlagebehälter über die Luft. (Institut für Getreideverarbeitung GmbH).

3.7.4 Bioreaktoren zur Sanierung von kontaminierten Böden

Bodensanierungen werden seit vielen Jahren erfolgreich mit mikrobiologischen Methoden durchgeführt. Mit den modernen Verfahren kann inzwischen jede Bodenart, selbst kontaminierter Bauschutt und bodenähnliche Stoffe, saniert werden. Das Kontaminationsspektrum hat sich sehr ausgeweitet und reicht von MKW´s bis zu einer Vielzahl anderer organischer Verbindungen (BTEX, Phenole, PAK´s), die alle in großen Bodenmengen biologisch abgebaut werden können [125].

Klassisch werden Böden im sogenannten Mietverfahren saniert. Dabei werden die kontaminierten Böden auf eine Fläche aufgebracht und gelegentlich befeuchtet und gewendet.

Bis zu fünfmal schneller können Böden allerdings in Bioreaktoren saniert werden. Im Einsatz sind Feststoffreaktoren und Schlammreaktoren. Der Hauptvorteil der Feststoffreaktoren liegt darin, daß der Boden nicht zu einer Schlämme aufgearbeitet werden muß und daher nach dem Abbauprozeß kein kostenintensives Entwässerungsverfahren mehr notwendig ist. Schlammreaktoren können aber gut reguliert werden, sie weisen geringeren mechanischen Verschleiß auf, haben eine homogene Prozeßmasse und anaerobe Phasen lassen sich leicht einstellen [125].

Abb. 3-52 Bioreaktoren zur Sanierung von kontaminierten Böden: a) TERRANOX-Verfahren; b) „System Gebr. Huber".

Feststoffreaktoren gibt es als Siloreaktor, als voll gekapselte Stahlwannen (TERRANOX-Verfahren [125]; Abb. 3-52) und als Großraumreaktor bis zu 300 m^3 Inhalt (ROTAFERM-Verfahren [125]. Schlammreaktoren gleichen im allgemeinen den entsprechenden Prozeßanlagen der chemischen Industrie.

Wirtschaftliche Verbesserungen kann man bei der Bodensanierung durch die Kombination verschiedener Verfahren erreichen („System Gebr. Huber" [126]; Abb. 3-52). So können Bodenfraktionierung, Bodenwäsche und Biologie derart kombiniert, daß die den einzelnen Verfahren anhaftenden Nachteile durch die Kombination mit dem jeweils anderen Verfahren kompensiert werden. Durch dieses Verfahren wird der aufwendige Schritt der biologischen Sanierung und damit auch die Schadstoffe auf ein möglichst kleines Volumen reduziert, das im wesentlich nur noch aus der feinsten Fraktion besteht.

3.8 Eigentliche Entwicklung der Bioreaktoren

So wie in diesem Kapitel die Entwicklung der Bioreaktoren dargestellt wurde, ist sie in Wirklichkeit nicht abgelaufen. Die ersten Überlegungen Reaktoren für moderne biologische Prozesse bereitzustellen, wurden in europäischen Chemieunternehmen angestellt. Dabei wurde man mit der Frage konfrontiert: „Wie kann man ein Laborverfahren in den technischen Maßstab übertragen"?

Die Ingenieure mußten ausgehend von Chemiereaktoren den Weg zum Bioreaktor suchen. In der Chemie wurden überwiegend Rührreaktoren (Ankerrührer, Impellerrührer, Scheibenrührer) verwendet. Deshalb ist es auch nicht verwunderlich, daß dieser Reaktortyp auch von Beginn an der häufigste Bioreaktor wurde. Als Rührorgan bot sich wegen seiner guten Dispergiereigenschaften der Scheibenrührer an.

Als die Biotechnologie zusehends zur Technologie mit den besten Zukunftsaussichten geriet und Hochschulen sowie Industrie intensiv nach optimaleren Reaktoren suchten, entwickelte sich die vorgestellte Vielfalt der Bioreaktoren.

Bei all dieser turbulenten Entwicklung wurde das Bioreaktorprinzip nicht unwesentlich verändert. Es blieb der Rührwerksbioreaktor der häufigste Apparat für biologische Reaktionen. Die Dechema erarbeitete für Forschungsbioreaktor eine Betreibernorm, in der ein Normbioreaktor vorgeschlagen wurde [48]. Als Reaktorgrößen sind 42-, 300- und 3000 Liter vorgesehen. Als Begründung für diese Norm wurde angegeben: Der biologische Ablauf im Bioreaktor wird im wesentlichen durch Parameter beeinflußt, die den Stofftransport, den Energie- und Wärmeaustausch sowie die mechanischen Einflüsse auf lebende Mikroorganismen bestimmten. Der Einfluß der unterschiedlichen geometrischen Ausbildung eines Reaktors auf diese Parameter ist bisher nicht bekannt. So zeigt die Praxis, daß in verschiedenen Apparaturen gewonnene Fermentations-

Ergebnisse entweder gar nicht oder nur mit erheblichen Schwierigkeiten vergleichbar und übertragbar sind. Die Forderung aber, Fermentationen unter exakt vergleichbaren apparativen Bedingungen an verschiedenen Orten durchführen zu können, besteht allgemein. Dies ist nur dadurch zu erreichen, daß die Bioreaktoren geometrisch gleich gestaltet werden. Dies bezieht sich auf die Abmessungen des Behälters, der Einbauten, der Stutzen und auf die Stutzenstellung. Ferner müssen für die Vergleichbarkeit der Ergebnisse die Material- und Arbeitsbedingungen definiert werden. Diese Aussage ist insbesondere auch innerhalb eines Betriebes wichtig, wo schon bei Laborbioreaktoren ($V > 10 \dots 50$ l) auf die Geometrie (geometrische Ähnlichkeit) geachtet werden muß, um Scale-up-Belangen Rechnung zu tragen.

Man war also bemüht, die Forschungsergebnisse aus allen Bereichen vergleichbar zu gestalten. Somit wurde natürlich die Bioreaktorentwicklung weg vom Rührkessel zusätzlich erschwert. Wie in Kapitel 9 noch gezeigt wird, ist aber der Rührwerksbioreaktor nicht ganz zu unrecht der am häufigsten eingesetzte Bioreaktor, weil er vor allem sehr flexibel einsetzbar ist. Der Rührwerksbioreaktor, wie er auch von der Dechema standardisiert wurde, ist in Abb. 3-53 mit sämtlichen sinnvollen Abmessungen und Anschlüssen dargestellt [48]. Für jeden Rührwerksbioreaktor, der mit anderen Rührwerken ausgestattet ist, müssen die optimalen Abmessungsverhältnis (Abstände der Rührer zueinander, vom Reaktorboden und von der Oberfläche) berücksichtigt werden [6, 120].

Schlußbemerkung zum Kapitel 3:

In einer möglichen evolutionären Entwicklung wurde in diesem Kapitel die Vielfalt der Bioreaktoren dargestellt. Der Gärbottich, der schon einige tausend Jahre betrieben wird, ist dabei der „Urvater" aller Bioreaktoren. Dabei konnte gezeigt werden, daß die für das Betreiben des Reaktors notwendige Energie vom System selbst in Form von freiwerdenden Kohlendioxidbläschen produziert wird.

Wenn dem energetisch autarken Bioreaktor von außen noch zusätzlich Gas hinzugefügt wird, um z.B. Sauerstoff und noch mehr Energie eintragen zu können, dann erhält man pneumatisch betriebene Bioreaktoren, wie Blasensäulenreaktor und Airliftreaktor.

Die Möglichkeit, höhere Energiedichten in das System einzubringen, bieten hydraulisch betriebene Bioreaktoren. Hier wird mittels eines Flüssigkeitsstrahles, der einen wesentlich höheren Impuls besitzt als ein Gasstrom, die Energie eingetragen. Der bekannteste hydraulisch betriebene Reaktor ist der Strahldüsenreaktor.

Der aufwendigste, aber dadurch auch vielseitigste Reaktortyp ist der Rührreaktor. Es gibt für diesen Reaktor eine Vielfalt von Rührorganen, so daß für jedes System das „Passende" gefunden werden kann.

In Tests hat sich aber immer wieder gezeigt, daß in wässerigen Systemen es nur darauf ankommt, die erforderliche Energiedichte einzutragen. Erst an zweiter Stelle kann es notwendig werden, ein besonderes Rührorgan auszuwählen. Das gilt besonders für viskose und scherempfindliche Systeme.

Der Membranreaktor kann als der „natürlichste" aller Reaktoren bezeichnet werden, weil dieses Prinzip in jeder natürlichen Zelle verwirklicht ist. Im Prinzip stellt jede Zelle einen Membranreaktor dar. Sein Einzug in die Technik ließ nur deshalb so lange auf sich warten, weil geeignete Membranmaterialien erst in jüngster Zeit entwickelt wurden. Im Bioreaktor ist nicht nur chemische Beständigkeit gefordert, sondern z.B. auch Sterilisierbarkeit.

Ein zusätzlicher, interessanter Bioreaktor für Trägersysteme ist der Bettreaktor. Sowohl der Wirbel- (bzw. Fließ-)-bettreaktor ganz besonders der Festbettreaktor erlauben eine Verdichtung der Katalysatorkonzentration. Dadurch können die Raumzeitausbeuten doch erheblich erhöht werden. Wenn man sich die in Kapitel 1 dargestellten Reaktordimensionen vor Augen hält, dann erscheint es häufig doch sinnvoll, über Reaktortypen nachzudenken, die ein kleineres Reaktionsvolumen versprechen.

Auch für das Spezialgebiet der Zellkulturtechnologie lassen sich aus dem vorgestellten „Bioreaktorfundus" passende Systeme auswählen. Lediglich den besonderen Umständen der hohen Empfindlichkeit gegen mechanische Belastungen sowie der starken und schädlichen Schaumneigung muß durch besondere Begasungssysteme (eventuell auch Modifikationen) Rechnung getragen werden.

Zu den Sonderbioreaktoren können vor allem die Kleinreaktoren für die klassische Mikrobiologie und die Zellkulturtechnik gezählt werden. Der Schüttelkolben ist der wohl weitverbreiteste Bioreaktor. Wegen seiner Einfachheit (geringe Kosten) wird er für große Reihenuntersuchungen in der klassischen Mikrobiologie in großen Stückzahlen eingesetzt. Für die Zellkulturtechnik erfüllen T-Flaschen, Roller Bottles und Spinner Flasks ähnlich Zwecke. Als weitere Sonderreaktoren wären die Algenbioreaktoren und die Bioreaktoren für die Sanierung von Feststoffen zu zählen. Beide Arbeitsgebiet sind im Bereich der Biotechnologie etabliert und vor allem der biologischen Bodensanierung steht zukünftig noch ein zunehmendes Wachstum bevor.

Die Liste der in diesem Kapitel vorgestellten Bioreaktortypen hat keinen Anspruch auf Vollständigkeit. Es wären noch eine ganze Reihe anderer Reaktoren zu nennen, wie zum Beispiel der „total gefüllte Bioreaktor" (ETH Zürich), der ohnehin nur einen Sonderfall des Umwurfreaktors mit integriertem mechanischem Schaumabscheider darstellt [114], oder der „Schaufelradreaktor" [1] und viele andere mehr. Da aber diese kaum Einzug in die Biotechnologie halten konnten und können, soll auf sie nicht näher eingegangen werden.

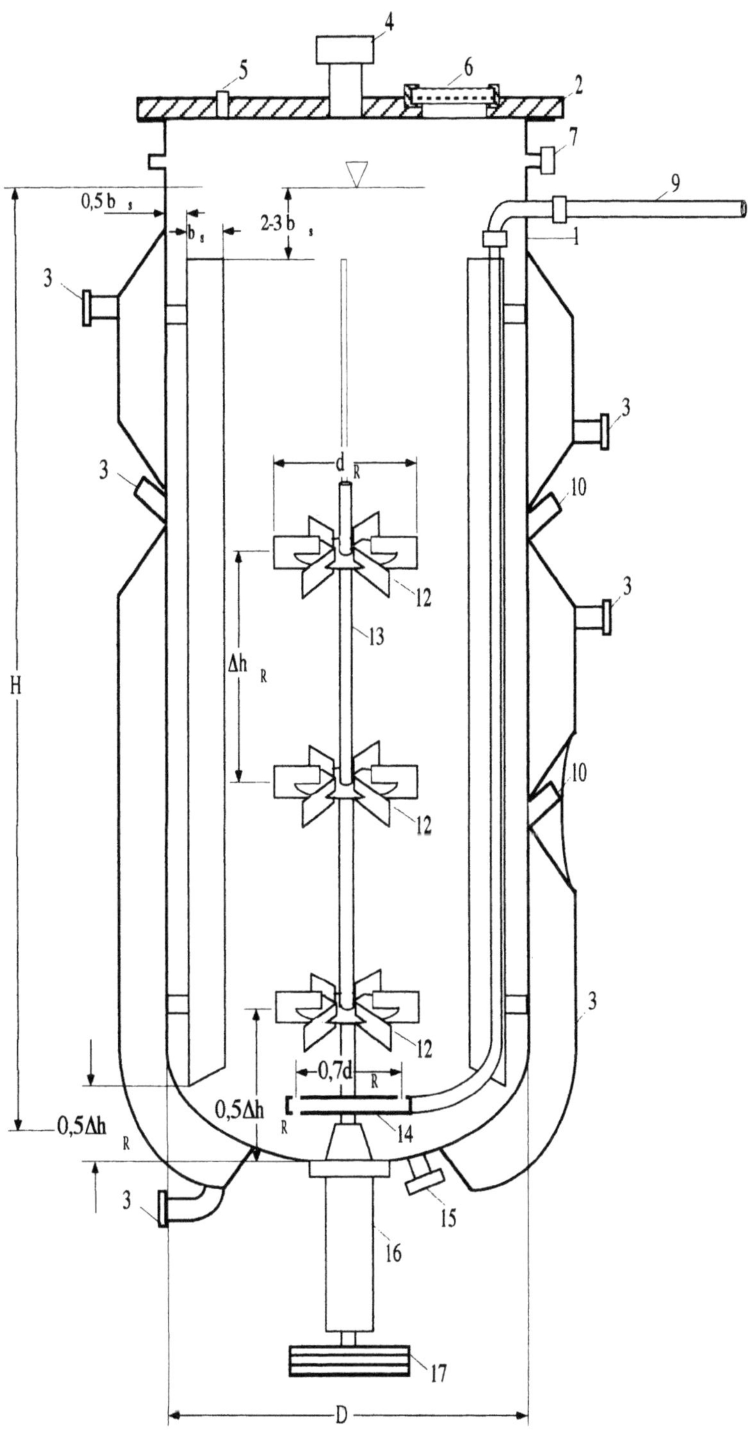

Abb. 3-53 Der Standardbioreaktor mit allen Details.

Tabelle 3-8 Erklärungen und Bemerkungen zu Abb. 3-53.

Lfd Nr	Anzahl	Bezeichnung	Abmessung	Dimension	Bemerkungen
1	1	Reaktorkessel	$A \cdot H$	m^3	Reaktorgrößen 0,005 bis 500.000 l
2	1	Reaktordeckel	D	m	Flachdeckel bis 1000 l-Reaktoren; darüber gewölbter Deckel; ab 10 m^3 nicht mehr geflanscht → Mannloch zum Einstieg
3	z.B. 4	Temperierfläche; Wärmeaustausch	$\approx D \cdot \pi \cdot H$	m^2	Doppelmantel mit Stromführung; Halbrohrschlangen; Spezialkonstruktr.
4	1	Abgasstutzen	$f(V) \cdot \sqrt{V}$	mm	mit Sterilverschraubung; z.B.: f(0,3) = 50; f(500) = 10
5	4 - 10	Normstutzen (Steriltechnik)	19	mm	Manometer, Anstechtechnik, Schaumsonden, Druckaufnehmer
6	2 - 5	Sterilblockflansch	50 - 500	mm	Schauglas, Einfüllöffnung, Mannloch
7	1- 3	Anschluß mit Sterilverschraubung	10 - 50	mm	Zuluftbypaß, Feedanschluß
8	3 - 10	Normstutzen (Steriltechnik)	25	mm	Korrekturmittel, Feed, Sonde
9	1	Begasungsrohr	$f(V) \cdot \sqrt{V}$	mm	mit Sterilverschraubung; f(0,3) - 5; f(500) = 25
10	3 - 8	Normstutzen (Steriltechnik) 1	25	mm	15° schräg, Elektrolytsonden, Probenahme
11	3 - 6	Stromstörer	Abb. 3-53	mm	verschweißt, gesteckt (Steriltechnik)
12	1 - 7	Rührer	d_R	m	siehe Abb. 3-15
13	1	Rührerwelle	Berechnung	mm	Vollwelle oder Hohlwelle
14	1	Begasungsring	Abb. 3-53	mm	Bohrungen 3 - 15 mm
15	1	Bodenablaß (Steriltechnik)		mm	mit Verschraubung
16	1	Lagerung mit Gleitringdichtung	Berechnung	mm	
17	1	Keilriemenscheibe	Berechnung	mm	Motorübersetzung

4 Installation eines Bioreaktors

Der Bioreaktor ist zwar das Herzstück der biotechnologischen Reaktionsstufe, doch längst nicht das allein ausreichende Aggregat. Um eine funktionsfähige Einheit zu bekommen, sind noch eine Reihe von Nebenaggregaten (Abschnitt 5.2), Armaturen und Maschinenelementen (Abschnitt 5.1 und 5.2), Elektro- sowie Meß- und Regeltechnische Einrichtungen (Kapitel 8) und Peripherieeinheiten erforderlich (Abb. 4-1). Der sachgerechten Auswahl und vor allem auch der Installation dieser Einheiten kommt große Bedeutung zu. Der noch so optimal ausgewählte Bioreaktor ist zur Funktionsunfähigkeit verurteilt, wenn das „Umfeld" nicht stimmt.

Zum Reaktor gehört zunächst eine Einheit, die die erforderliche Energie liefert (Antrieb). Dann benötigt er ein sogenanntes „Gehirn", das die Steuerung des Systems übernimmt (Konstanthaltung von Milieuparametern, Dosiermengenregelung, Bilanzierungen). Zur Versorgung mit Sauerstoff ist sowohl eine Zuluft-, wie auch eine Abgasbehandlung vorzusehen. Um im Bedarfsfalle Zellen zurückhalten zu können, ist eine Trenneinheit notwendig und schließlich sind einige Versorgungsapparaturen, wie Korrekturmittel- und Feedvorlagen beizustellen.

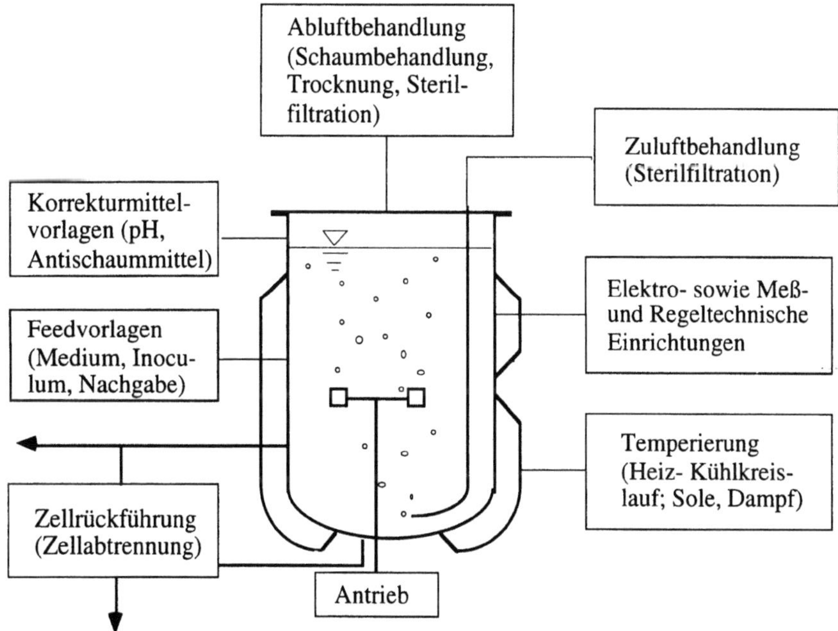

Abb. 4-1 Umfeld eines Bioreaktors.

All diese Einheiten müssen sachgerecht und im Falle des Bioreaktors auch unter besonderer Berücksichtigung der Steriltechnik (Kapitel 5 und Kapitel 6) zusammengefügt (installiert) werden. Nicht erwähnt ist dabei der Vorfermenter, der zu jedem Bioreaktor gehört, weil er selbst für sich wieder eine eigene Einheit darstellt.

Das gesamte Umfeld eines Bioreaktors muß steriltechnisch sicher beherrscht werden. Deshalb ist es sinnvoll, sich die gesamte Einheit in verschiedene, überschaubare Sektionen einzuteilen und diese separat zu betrachten.

4.1 Zuluftsektion

Die Zuluftgruppe hat die wichtige Aufgabe, den Reaktor mit sterilem Gas zu versorgen. Als Gase kommen in der Hauptsache komprimierte Luft als Träger von Sauerstoff zur Versorgung der Mikroorganismen in Betracht sowie Stickstoff zur Verdrängung von Sauerstoff für den Fall, daß mit strikt anaeroben Mikroorganismen gearbeitet wird. Einen weiteren wichtigen Einsatzzweck erfüllt der Stickstoff zur Überlagerung des Reaktionsraumes mit inertem Gas (Abb. 4-2) und zur Eichung der Sauerstoffsonde, um den Nullpunkt einzustellen (Kapitel 8).

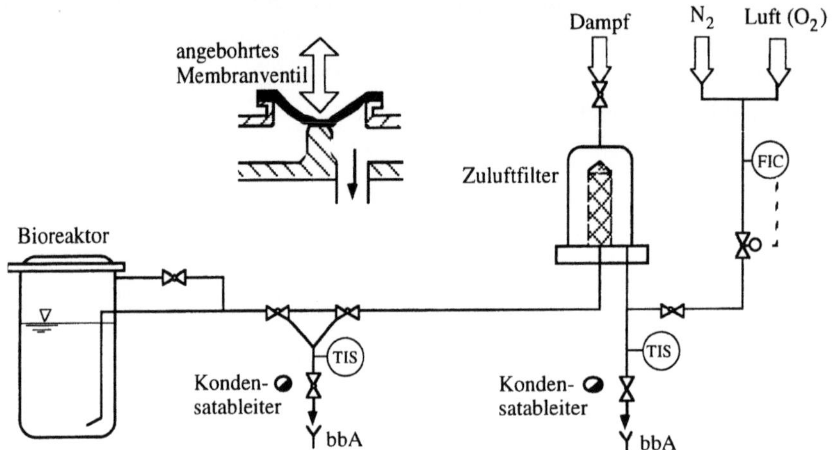

Abb. 4-2 Zuluftsektion: (FIC) - Gasmengenregelung; (TIS) - Temperaturschaltung; bbA - behandlungsbedürftiges Abwasser.

Bei Bedarf kann die Luft noch mit reinem Sauerstoff angereichert werden. Damit erhält man eine höhere Sauerstoffkonzentration im Gas, was den Sättigungswert des Sauerstoffes (c_L*) und damit auch das treibende Gefälle für den Sauerstofftransport erhöht (Erhöhung des OTR, vgl. Kapitel 2, Gleichung 2.70).

Die Gasmengen sind in der Regel bis zu 1 vvm (vvm ist dabei m^3 Gas (Luft) pro m^3 Reaktionsvolumen und pro Minute) auszulegen (Kapitel 5). Geregelt wird die erforderliche Menge über einen FIC (Flow Instrumentation Control), der ein Regelventil ansteuert (Kapitel 8).

Zur Absperrung der Sektion sind Absperrventile erforderlich. Innerhalb des Sterilbereiches, der im Falle der Zuluftsektion durch die Membran des Sterilfilters und durch das reaktornahe Ventil zum bbA (behandlungsbedürftiges Abwasser) abgegrenzt wird, müssen in jedem Falle totraumfreie, vorzugsweise Membranventile (Kapitel 5) verwendet werden. Die beiden Ventile außerhalb des Sterilbereiches können ebenfalls Membranventile, aber auch verschleißfestere Kolbenventile oder Kugelhähne sein.

Die beiden Ventile vor dem bbA können auch die Funktion eines Kondensatableiters übernehmen, weil Kondensatableiter für die hier erforderlichen Zwecke zu unzuverlässig arbeiten. Die Aufgabe eines Kondensatableiters können die Membranventile übernehmen, indem sie periodisch in Zeitabständen bis zu zehn Sekunden kurzzeitig für wenige Zentelsekunden öffnen (takten, Kapitel 8).

Der Dampfanschluß am Filtergehäuse ist für die Sterilisation erforderlich (Kapitel 8).

Um sicher gehen zu können, daß in der gesamten Sektion die geforderten Sterilisationsbedingungen erreicht und aufrechterhalten wurden, ist am Ende der Sektion jeweils ein Temperaturfühler angebracht, der die Temperaturverhältnisse registriert.

Eine Besonderheit bei der Installation einer Zuluftleitung wäre noch zu erwähnen. Da die Zuluftleitung im Reaktor abgetaucht werden muß, um eine optimale Gasverteilung im Reaktor zu bekommen, würde im Falle der Sterilisation des Zuluftrohres aufgrund des herrschenden Überdruckes das Medium aus dem Reaktor herausgedrückt werden. Um dies vermeiden zu können, muß ein Umgang installiert werden, der während der Sterilisation des gefüllten Bioreaktors einen Druckausgleich bewirkt und somit das Leerdrücken des Reaktors verhindert.

4.2 Abgassektion

Die Abgasgruppe ist in weiten Teilen ähnlich installiert wie die Zuluftgruppe (Abb. 4-3). Das Filtergehäuse ist ebenfalls zum Zwecke der Sterilisation mit einem Dampfanschluß versehen, und die Sektion wird auch durch die Membran des Filters sowie durch Absperrventile (Membranventile) abgegrenzt. Das Regelventil im Abgas hat in diesem Fall die Aufgabe einen gewünschten Druck (PIC, Pressure Indication Control) im Reaktor konstant zu halten. Der Umgang um das Regelventil ermöglicht den Einsatz eines präzise regelnden Ventiles über einen größeren Volumenstrombereich (Kapitel 8). Das Regelventil ist also nicht für den gesamten Gasdurchsatzbereich ausgelegt, sondern nur bis zu einem bestimmten Prozentsatz. Soll der Einsatzbereich überschritten werden, muß der Umgang geöffnet werden.

Das Filtergehäuse im Abgas ist so installiert, daß das Gehäuse gerade umgekehrt durchströmt wird. Das hat den Sinn, daß der Sterilbereich so exakt wie möglich eingegrenzt wird. Durch diese Art der Installation gehört nur die Membran und ein O-Ring zur Begrenzung des Sterilbereiches (Ausschnitt Abb. 4-3). Im umgekehrten Fall gehört die Membran zwar ebenso zur Sterilgrenze, aber der Außenraum des Filtergehäuses wird in den Sterilbereich einbezogen und somit gehören das Dampfventil, die Dichtung

der Filterkerze und die Dichtung des Gehäuses zur Begrenzung des Sterilbereiches und
u.U. ist eine Grenze gar nicht mehr exakt zu definieren .

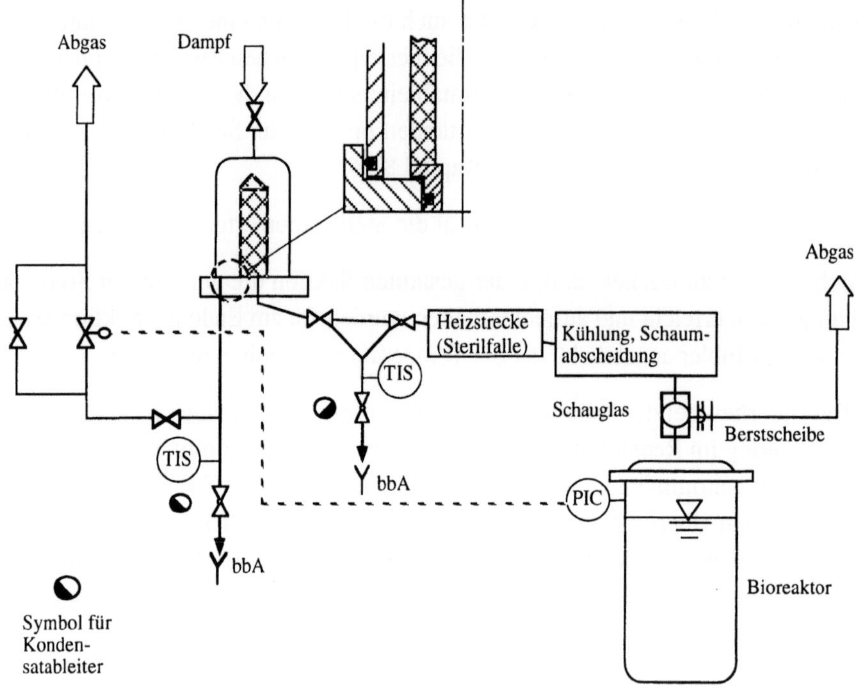

Abb. 4-3 Abgassektion: (TIS) - Temperaturschaltung; (PIC) - Druckregelung; bbA - be-
gandlungsbedürftiges Abwasser.

Im Gegensatz zur Zuluftgruppe hat die Abgassektion noch weitere Aufgaben zu erfül-
len. Zunächst besteht hier sehr elegant und steriltechnisch sauber die Möglichkeit, das
Sicherheitsglied des Reaktors in Form einer Berstscheibe zu installieren, indem es di-
rekt am Anfang des Abgasrohres in Kombination mit einem Schauglas angebracht wird
(Kapitel 5). Diese Installation hat den weiteren Vorteil, daß über das Schauglas die
Berstscheibe visuell zu kontrollieren ist. Des weiteren gibt das Schauglas dem
Betreiber die Möglichkeit den Zustand des Abgasrohres zu verfolgen (Schaum,
Kondensat).

Werden Fermentationen bei höheren Temperaturen (> 40 °C) durchgeführt, dann stört,
insbesondere bei Langzeitfermentationen, der Verlust des Wassers, das mit dem Gas
ausgetragen wird. Nimmt man beispielhaft an, daß ein Reaktor mit einer Begasungsrate
von 1 vvm mit trockener Luft begast und mit einem thermophilen Mikroorganismus bei
60 °C betrieben wird, dann ergeben sich folgende Zusammenhänge (Abb. 4-4):

60 °C-warme Luft kann x_{60} = 158,5 Gramm Wasser pro kg Luft aufnehmen,

das ergibt einen Wasserverlust von 12,3 Litern pro m^3 und Stunde.

Wärmestrom: $\dot{Q} = \dot{m}_L \, [c_{pL} \, \Delta T_L + (x_{60} - x_{20}) \, r]$ (4.1)

$\dot{Q} = 28\ 200\ \text{kJ/m}^3/\text{h}$

Flächenbedarf: $A = \dfrac{\dot{Q}}{k \cdot \Delta T_m} = 0{,}4\ \dfrac{\text{m}^2}{\text{m}^3}$

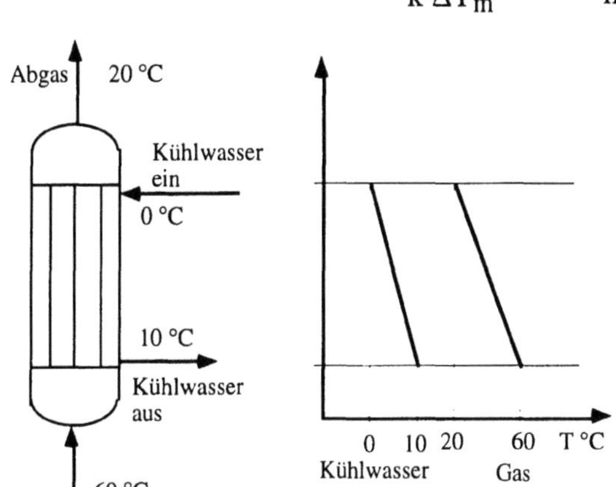

Abb. 4-4 Effekt der Abgaskühlung: 100 % Verlustreduzierung bedeutet Senkung der Abgastemperatur auf Sättigungstemperatur der Zuluft (T = - 40 °C). Realistischer ist eine Reduzierung der Verluste um 90 %, d.h., statt 158,5 g Wasser/kg Luft dürfen nur 15,8 g/kg mitgenommen werden. Damit ist die Austrittstemperatur der Luft festgelegt.

Das würde also bedeuten, daß der Reaktor innerhalb 81 Stunden „trockengelegt" wäre und eine Fermentationsdauer von 81 Stunden ist durchaus ein häufiger Fall. Die Gefahr beim Wasserverlust ist natürlich nicht das „Austrocknen", sondern vielmehr schon vorher die Aufkonzentrierung von Mediumsbestandteilen (jetzt vor allem von Metaboliten und Produkten), so daß mit ungünstigen osmotischen Verhältnissen und damit mit Reaktionshemmung (Produkthemmung) zu rechnen ist.

Verhindert oder zumindest reduziert werden können die Wasserverluste entweder durch Befeuchtung der Zuluft oder durch Kühlung des Abgases, womit man einen Teil der Flüssigkeit zurückgewinnen kann. Eine weitere Möglichkeit wäre die Zugabe von sterilem Wasser über eine Feedvorlage.

Der Zuluftbefeuchter bringt einige Probleme mit der Steriltechnik. Er muß in jedem Fall nach dem Sterilfilter, also im Sterilbereich platziert sein und muß mit sterilem Wasser betrieben werden. Die dabei aufgetretenen Probleme führten dazu, daß der Zuluftbefeuchter nur selten zum Einsatz kommt.

Der Abluftkühler, der in Form eines sauber gearbeiteten Rohrbündelwärmeaustauschers wesentlich weniger steriltechnische Probleme bereitet, findet häufiger bei thermophilen Verfahren Anwendung. Er ist in der Abgasleitung senkrecht über dem Bioreaktor installiert, so daß das auskondensierte Wasser direkt in den Reaktor zurückfließen kann. Welche Wirkung ein solcher Abgaskühler erreichen kann, soll die Fortführung des oben begonnenen Beispiels zeigen (Abb. 4-4).

Eine absolute Vermeidung von Wasserverlusten würde bedeuten, daß die Austrittstemperatur weit in den Minusbereich hinein gebracht werden müßte (exakt - 40 °C). Das ist aber nicht zu erreichen, weil das auskondensierte Wasser schon bei 0 °C beginnt, in Form von Eisschichten aufzuwachsen und den Wärmetransport stark zu behindern. Begnügt man sich dagegen mit einer Reduzierung der Verluste auf 90 % (also 15,8 statt 158,5 H_2O/kg Gas), dann bedeutet das einen Kühlflächenbedarf von etwa 0,4 m^2 pro m^3 Reaktionsvolumen (vgl. Angaben in Abb. 4-4). Der Wassergehalt und die relative Feuchtigkeit der Luft können aus dem Mollier-Diagramm abgelesen werden (vgl. Abb. 4-5).

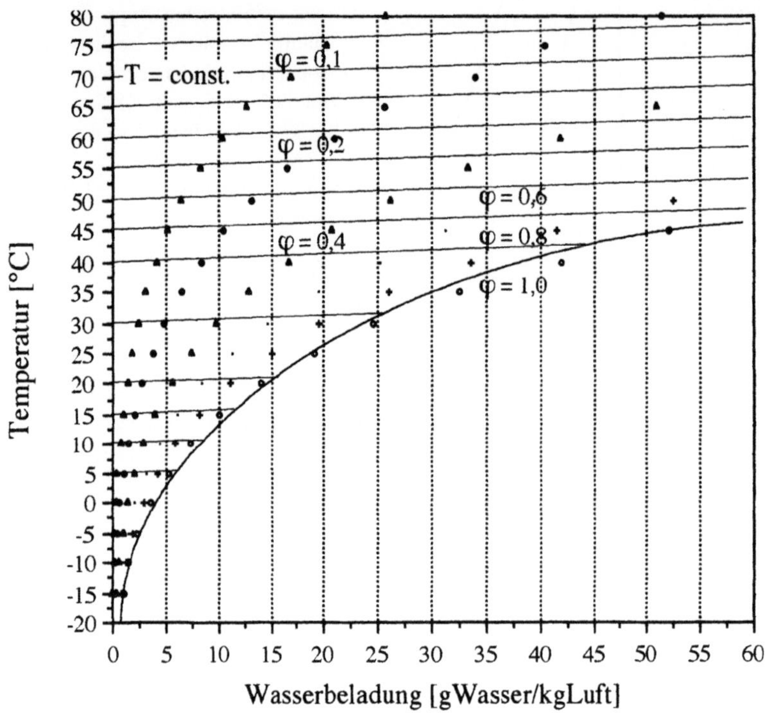

Abb. 4-5　Mollier-Diagramm.

Wie das Beispiel zeigt, ist ein Abluftkühler auch nicht hundertprozentig effektiv. Eine exakte Methode des Wasserverlustausgleiches ist die bilanzierte Zufütterung von sterilem Wasser über eine Feedvorlage. Dabei wird über eine Massenbilanz (Gewichtsmessung, Kapitel 8) gezielt das verlorengegangene Wasser durch Zugabe ersetzt.

Unabhängig von der Behandlung des Abgases, würde es kurz vor dem Sterilfilter nahe dem Taupunkt befeuchtet sein. Um das Abgas vom Sättigungspunkt etwas zu entfernen, es also zu trocknen, wird in die Abgasleitung vor dem Sterilfilter eine Heizstrecke installiert, mit deren Hilfe das Abgas aufgeheizt und damit trockener wird. Das ist für eine störungsfreie Sterilfiltration des Abgases notwendig. Die Heizstrecke hat eine weitere Bezeichnung, sie wird auch „Sterilfalle" genannt, womit gleichzeitig eine weitere Aufgabe angedeutet ist. Sie soll verhindern, daß entlang des Abgasrohres, das über weite Strecken immer feucht sein kann, keine Mikroorganismen aus dem Abgas zurück in den Reaktor wachsen können. Diese Vorsichtsmaßnahme ist in jedem Fall notwendig, wenn der Betreiber ohne Abgassterilfilter arbeiten will und kann, oder durch entsprechende Umstände dazu gezwungen ist.

Biomedien neigen sehr häufig zur Schaumbildung. Sollte die Kontrolle des Schaumes im Reaktor versagen, dann helfen gelegentlich sogenannte mechanische Schaumabscheider (Kapitel 5). Diese werden in das Abgassystem integriert und helfen im Störfalle oder auch im Dauereinsatz den Schaum aus dem Abgas abzuscheiden. Damit läßt sich der Betrieb des Reaktors aufrechterhalten.

4.3 Zellrückführung

Um kontinuierlich fermentieren zu können, müssen häufig die Zellen aus dem Reaktionsstrom herausgeholt und in den Reaktor zurückgeführt werden. Die Zellrückführung dient auch dem Ziel, im Reaktor eine höhere Zellkonzentration und damit günstigere Reaktionsbedingungen zu erreichen (höhere Katalysatordichte) (Abb. 4-6).

Diese Zellrückführung geschieht auf einfachste Weise mittels eines Absetzbeckens. Dort strömt der zellbehaftete Reaktionsstrom unterhalb der Flüssigkeitsoberfläche in das Becken, und aufgrund der Schwerkraft sinken die etwas schwereren Zellen zum Boden des Beckens. Da die Dichteunterschiede nicht sehr groß sind, benötigt man lange Verweilzeiten und damit große Behälter. Eingesetzt wird diese Technologie überwiegend in Abwasserbehandlungsanlagen.

Die Flotation ist eine weitere Möglichkeit der Zellrückführung. Diese Technik macht sich den Sachverhalt zunutze, daß sich Feststoffpartikel bevorzugt an der Phasengrenze „Gas-Flüssig" anlagern (vgl. Abschnitt 3.6, Abb. 3-36). Reichert man nun den Reaktionsstrom unter Druck mit Gas an und entspannt den Strom im Flotationsbehälter, dann entstehen kleine Bläschen, die aufsteigen und auf dem Weg zur Flüssigkeitsoberfläche Feststoffpartikel (Zellen) mitnehmen. Diese reichern sich an der Oberfläche der Flüssigkeit an und können in den Reaktor zurückgeführt werden. Auch dieses Verfahren wird in der Abwasserbehandlung häufig eingesetzt. Dort kann das ohnehin vorhandene gelöste Kohlendioxid zum Flotationseffekt herangezogen werden.

Die natürliche Sedimentation kann in einer Zentrifuge durch die Steigerung der Erdbeschleunigung um den Faktor z (Zentrifugalkraft) erheblich erhöht werden. Zur Zellrückführung wird dieser Effekt häufig durch den Einsatz von Separatoren oder auch Dekantern genutzt.

Der Einsatz von herkömmlichen Filtern zur kontinuierlichen Zellrückführung hat sich
nicht durchgesetzt. Der Grund dürfte der kompressible Filterkuchen sein, der hohe
Filterwiderstände hervorruft. Des weiteren ist die Problematik der Steriltechnik aber
auch des kontinuierlichen Feststoffhandlings anzuführen. Wesentlich günstiger gestaltet sich dabei die Cross-Flow-Filtration, zumal in jüngster Zeit ständig verbesserte und
auch dampfsterilisierbare Membranen erhältlich sind. Es handelt sich hierbei um dieselben Module, wie sie in den Abb. 3-25 bis 3-28 dargestellt sind.

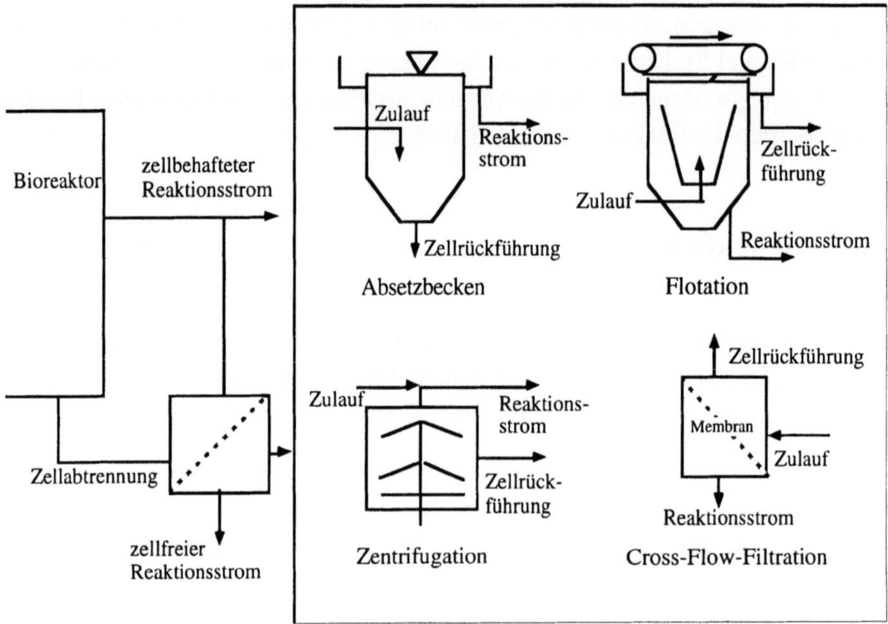

Abb. 4-6 Möglichkeiten zur Zellrückführung.

4.4 Feed- und Korrekturmittelvorlagen

Feed- und Korrekturmittelvorlagen sind Behälter, in denen Medien für die Fermentation vorbehandelt oder vorbereitet, d.h., auch sterilisiert, werden können (Abb. 4-7).
Korrekturmittel sind z.B. Säure und Lauge zur Korrektur von pH-Wertsänderungen
oder chemisches Antischaummittel, um die Schaumentwicklung zu unterdrücken.
Feedvorlagen nehmen Fermentationsmedien auf, die während des Prozesses
zugegeben werden müssen (z.B. Alkohole oder hoch konzentrierte Zuckerlösungen).
Diese Vorlagen sind über 3 er- oder 4 er-Gruppen an den Reaktor angekoppelt. Sie
sind mit einem Rührwerk ausgestattet und ebenfalls nach steriltechnischen
Gesichtspunkten konstruiert. Nur bei Säure- und Laugevorlagen kann man auf ein
Mischorgan verzichten, da in diesem Fall die Vorlagen leer sterilisiert werden und das
autosterile Medium zugegeben wird.

Die Vorlagen sind im Sterilbereich ebenfalls mit Membranventilen ausgerüstet, und zur Beatmung ist ein Sterilfilter installiert.

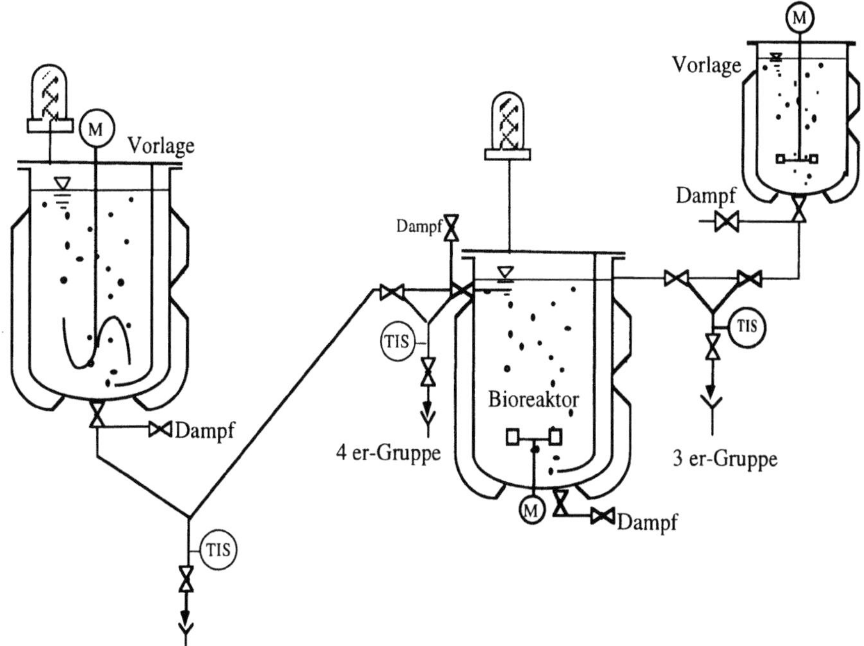

Abb. 4-7 Feed- und Korrekturmittelvorlagen.

4.5 Temperierkreis

Ein Bioreaktor sollte zwischen 0 °C und 140 °C betreibbar sein. Die niedrigen Temperaturen sind notwendig, um Medien „parken" (kühl lagern) zu können, ohne daß eine mikrobielle Änderung vonstatten geht, und die hohen Temperaturen zum Sterilisieren. Diese Forderungen bedeuten, daß sowohl ein potentielles Heizmedium, als auch ein Kühlmittel unter dem Gefrierpunkt erforderlich ist. Eine mögliche Installation, die diese Aufgabenstellung lösen kann, ist in Abb. 4-8 dargestellt.

Am Reaktor ist ein Temperierkreis angebracht. Es sind die Energien „Sole" (-15 °C) und Dampf (16 bar = 200 °C) angeschlossen. Mit dem Dampf wird über einen Wärmeaustauscher indirekt der Temperierkreis geheizt und mit der „Sole" wird dem System die erforderliche Kälte zugeführt. Unter „Sole" versteht man ursprünglich eine Salzlösung, die zusehends durch Gemische aus z.B. Ethylenglycol/Wasser ersetzt wird. Ein Verhältnis von 40:60 läßt Temperaturen bis - 20 °C zu. Das Verhältnis sollte nur so hoch wie nötig eingestellt werden, weil mit zunehmender Ethylenglycolkonzentration die Viskosität steigt und damit der Wärmeübergangskoeffizient sinkt. Eine Umwälzpumpe (in line) wälzt den Inhalt des Temperierkreises ständig um. Damit können die erforderlichen Strömungsgeschwindigkeiten für den Wärmetransport erreicht werden.

Damit beim Hochheizen der Druck nicht zu hoch ansteigt, ist der Zulauf des unter Druck stehenden „Solekreises" immer geöffnet, so daß der Druck im Temperierkreis nicht höher steigen kann als der Druck des „Solekreises" (z.B. 6 bar). Der Druck im Temperierkreis muß immer mindestens so hoch sein, wie der Dampfdruck des Temperiermediums bei 140 °C (p_D = 3,67 bar), da sonst das Medium verdampfen würde. Sollten irgendwelche Störungen dennoch den Druck zu hoch ansteigen lassen, so sorgt ein Sicherheitsventil dafür, daß der zulässige Druck nicht überschritten wird.

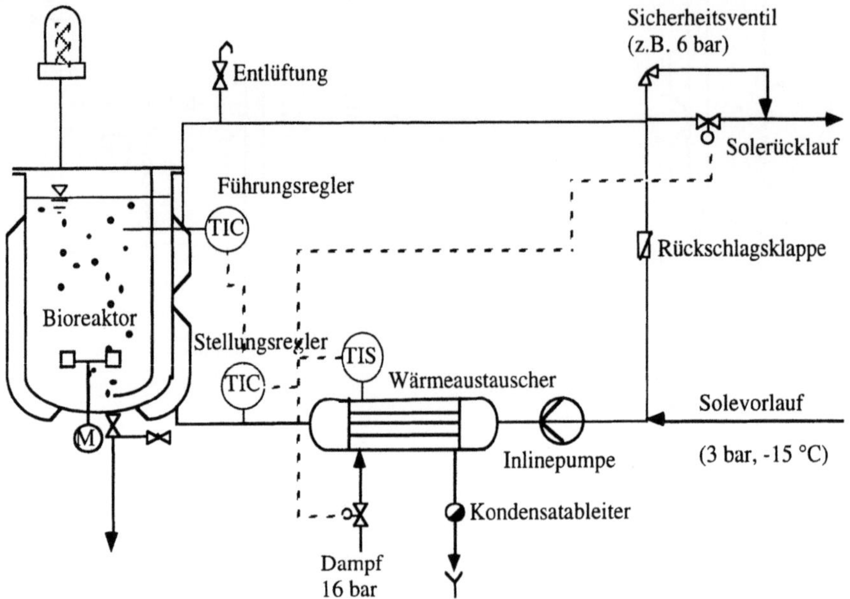

Abb. 4-8 Temperierkreis an einem Bioreaktor.

Zwischen „Solevorlauf" und „Solerücklauf" muß eine Rückschlagsklappe platziert sein, da es sonst zu einer Kurzschlußströmung kommt und der Temperierkreis damit versagt.

4.6 Komplette Bioreaktoranlage

Im Abschnitt 8.3.4 sind in einem kompletten Schema alle Sektionen rund um den Bioreaktor dargestellt (Abb. 8-19). Es läßt sich aus diesem Bild sehr deutlich erkennen, daß ein Bioreaktor ein sehr komplexes Gebilde darstellt und somit sehr sorgfältig installiert werden muß, um ihn sicher betreiben zu können.

Bei der Installation einer Bioreaktoranlage sollte angestrebt werden, daß alle Verbindungen so fest wie möglich angebracht werden. Der Idealzustand wäre, alle Verbindungen in Edelstahlrohren und fest automatenverschweißt (unter Schutzgas) auszuführen (Kapitel 5). Moderne Meßgeräte (z.B. Ultraschall, Endoskop) erlauben eine nachträgliche Prüfung der Schweißnähte, denn es sollte sicher gestellt sein, daß eine saubere Schweißnaht angebracht wurde. Verschraubungen und Flansche werden nur dann verwendet, wenn sie wirklich notwendig sind.

Die Leitungen müssen immer mit leichtem Gefälle verlegt werden. Ist der tiefste Punkt zwischen einer Verbindung nicht an einem der beiden Enden, dann empfiehlt es sich, zumindest ab Nennweite 8 oder 10 (DN 8 = 8 mm und DN 10 = 9 mm Innendurchmesser), zwischen beiden Punkten einen tiefsten Punkt zu installieren, an dem definiert und sauber entwässert werden kann (Abb. 4-7). Dieser Entwässerungspunkt stellt auch zugleich einen Grenzpunkt des Sterilbereiches dar, es wird also auch dort die Sterilisationstemperatur gemessen (Kapitel 8).

Auf die Oberflächenqualität von Rohrleitungen trifft das Gleiche zu, wie es in Abschnitt 5.4 für Maschinen und Apparate dargestellt wird.

Schlußbemerkung zum Kapitel 4

Es ist in diesem Kapitel gezeigt worden, daß der Bioreaktor zwar das Herzstück einer Fermentationsanlage, aber ohne das entsprechende Umfeld nicht funktionsfähig ist. Neben so wichtigen Dingen wie der Antriebseinheit oder der Meß- und Regeltechnik ist vor allem eine zuverlässige Zuluftbehandlung, eine störungsfrei betreibbare Abgasbehandlung und für kontinuierliche Prozesse eine funktionierende Zellrückführung erforderlich.

Nicht zu unterschätzen ist auch die Wichtigkeit einer gut funktionierenden Temperierung und zuverlässiger Korrekturmittel- und Feedeinheiten für die Versorgung von Mikroorganismen.

Erst wenn das gesamte Umfeld stimmt, kann ein ausgewählter Reaktor zum optimalen Reaktionsrahmen werden.

5 Konstruktionen und Nebenaggregate am Bioreaktor

5.1 Konstruktionsmerkmale im Sterilbereich

5.1.1 Grundsätzliche Betrachtungen zur Sterilkonstruktion

Um den Begriff „Sterilkonstruktion" oder „Steriles Konstruieren" richtig einordnen zu können, empfiehlt es sich zunächst eine Definition einzuführen. „Sterilkonstruktion" oder „Steriles Konstruieren" ist ein Teil der „Steriltechnik" (Kapitel 6) und ist wie folgt zu definieren:

„Sterilkonstruktionen" tragen konstruktive Merkmale, die augenscheinlich dem Prozeß des „Sterilisierens" entgegen kommen. Die Konstruktion ist demnach so gestaltet, daß die angestrebten Sterilisationsbedingungen in allen Teilen des zum Sterilbereich gehörigen Raumes erreicht und über die notwendige Zeit eingehalten werden können. Nur dadurch erreicht man eine sichere Inaktivierung.

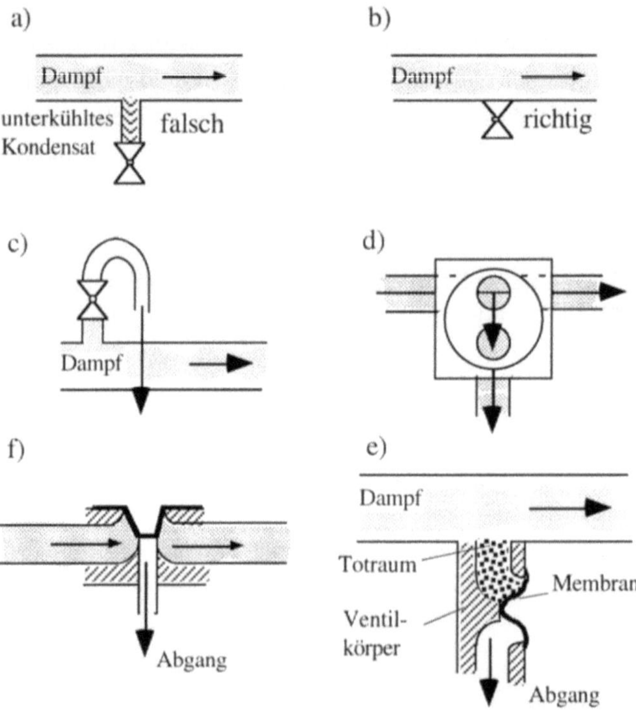

Abb. 5-1 Richtige (b) und falsche (a) Ausführung einer Ventilmontage. Nach unten zu führende Leitungen sollten ohne Totraum ausgeführt sein (f), oder nach oben abgeführt werden (c) (DN ≥ 15 mm). Die Abbildung e) zeigt, daß die Lösung b) nicht direkt umgesetzt werden kann, es bleibt ein durch die Ventilkonstruktion bedingter Totraum. Die Ausführung d) ist die Draufsicht auf einen Ventilkörper. Wird die Membran des Ventiles angehoben, so strömt das Medium aus dem Permanentstrom über die Bohrungen nach unten.

Im Falle feuchter Hitzesterilisation (häufigste Methode, vgl. Abschnitt 6.4.1) kommt zur Bedingung „Temperatur" auch die Bedingung „reine Dampfatmosphäre" hinzu. Die Konstruktion muß also so gestaltet sein, daß der Dampf sehr schnell und leicht die Luft aus allen Räumen verdrängen kann. Dabei helfen zwei physikalische Effekte:

a) freie Konvektion und   b) erzwungene Konvektion.

Unterdrückt die konstruktive Situation das Verdrängen der Luft durch freie Konvektion, so muß eine Zwangsdurchströmung (erzwungene Konvektion) angelegt werden (zusätzlich konstruktive Maßnahmen, Abb. 5-4). Ebenso wichtig ist die Vermeidung von Pfützenbildung, wo Kondensat sich unterkühlen kann (Abb. 5-1a und 5-2).

In Abb. 5-1 sind einige Beispiele gezeigt, wie ein Abgang nach unten an eine Rohrleitung installiert werden kann. Der Fehler, der dabei auftreten kann, ist eine Pfützenbildung, weil zu Beginn eines jeden Sterilisationsprozesses mit Dampf sofort Kondensat anfällt, das den nach unten gerichteten Totraum füllt. Der über die kleine Oberfläche hinwegstreichende Dampf kann den hohen Wärmeverlust über die große Außenfläche nicht ausgleichen. Die Folge ist Unterkühlung und damit ein unzureichender Sterilisationseffekt (Abb. 5-2). Dabei ist festzustellen, daß das Ventil zwar so nahe wie möglich an die Leitung herangeführt werden kann, aber konstruktionsbedingt im Ventilkörper ein Totraum verbleibt (Abb. 5-1 e). Deshalb behilft man sich mit Spezialkonstruktionen (Abb. 5-1 d bzw. f) oder führt die Leitung nach oben ab (Abb. 5-1 c), wobei die Nennweiten DN≥15 mm sein müssen (vgl. Abb. 5-10, Abb. 5-11, Abb. 5-12).

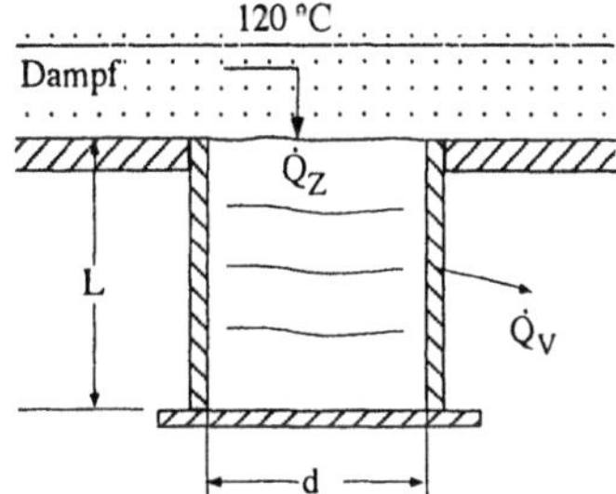

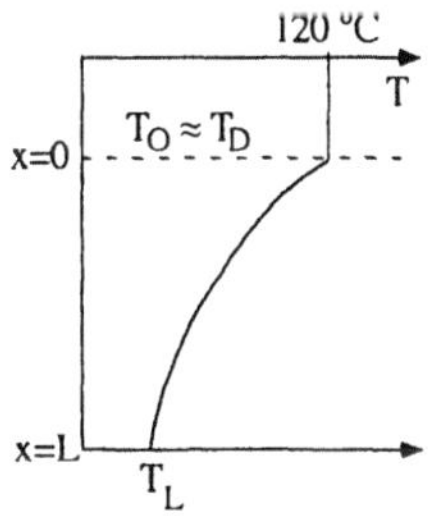

Abb. 5-2 Nach unten gerichtete Toträume füllen sich beim Bedampfen mit Kondensat, das dann unterkühlt. Die Sterilisationsbedingung „Temperatur" kann nicht erreicht werden.

Die Einhaltung einer steriltechnisch einwandfreien Konstruktion ist beim Bioreaktorbau äußerst wichtig. Vor allem sind schwer zu reinigende Toträume sowie Hohlräume, in denen ungestört Produktreste und damit Mikroorganismen verbleiben sowie während der Sterilisation Luftsäcke erhalten bleiben können, peinlichst zu vermeiden. Aber auf der anderen Seite sollen nicht vermeidbare Toträume so groß wie möglich ausgeführt werden, damit die Chance besteht, durch Strömungen reinigende Effekte auszunutzen. Das bedeutet wieder eine „Maximierung des minimierten

Totraumes" (Abb. 5-3). Hier ist an den Konstrukteur die Forderung gestellt, die Praxis so nah wie möglich der Theorie anzunähern.

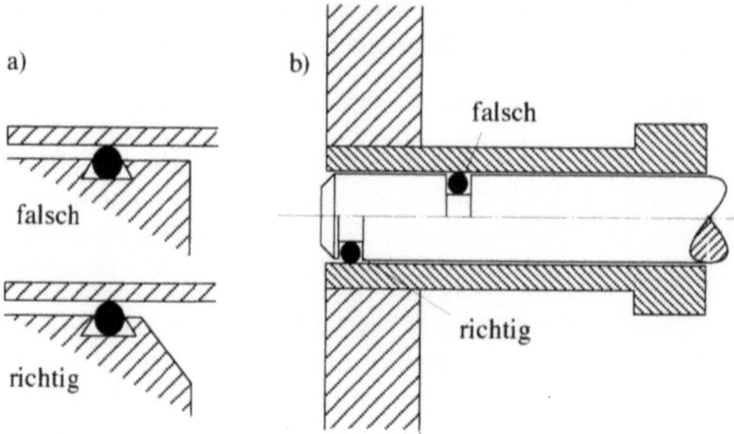

Abb. 5-3 Das Prinzip „Maximierung des minimierten Totraumes" am Beispiel einer Flanschabdichtung (a) und eines Blindstopfens (b) mit einem O-Ring. Der Blindstopfen gilt stellvertretend für alle ähnlichen Konstruktionen, wie z.B. Sonden oder Probenahmeventile u.ä.

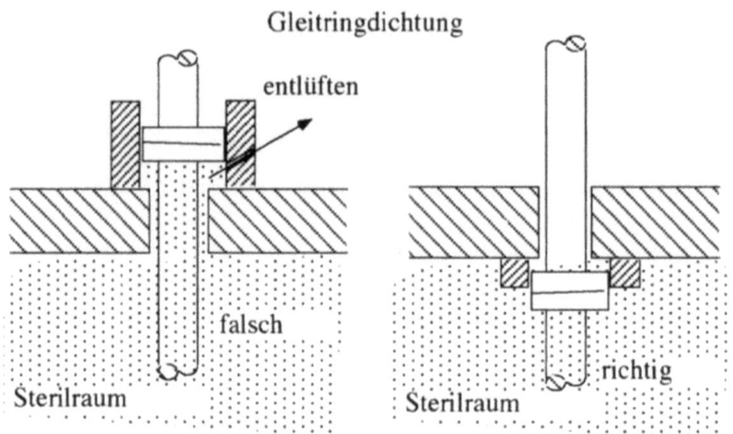

Abb. 5-4 Richtige und falsche Ausführung einer Gleitringdichtungsanordnung. Falsch ist, daß ein nicht durchströmter Totraum vorliegt, in dem kaum die Sterilisationsbedingungen erreicht werden. Die Situation bei der falschen Ausführung kann durch Zwangsdurchströmung verbessert werden.

Anhand der Montagemöglichkeiten von Stromstörern in Bioreaktoren sollen die verschiedenen Schritte des sterilen Konstruierens gezeigt werden (Abb. 5-5 bis 5-8). Wenn Einbauten, wie in diesem Beispiel die Stromstörer, für alle Zeiten dieselbe Position einnehmen werden, dann tritt an die erste Stelle der Konstruktionsmöglichkeiten das sachgerechte Einschweißen (Abb. 5-5a). Saubere, sachgerechte Schweißnähte sind jeder anderen Verbindung vorzuziehen. Die Schweißnähte dürfen dabei keine Anlauf-

farben aufweisen oder sie sollten nachbearbeitet werden (beizen, schleifen, polieren).
Anlauffarben sind ein Hinweis auf Zerstörungen des austenitischen Gefüges (vgl. Abschnitt 5.1.3). Eine Schweißverbindung ist deshalb die sauberste Lösung, weil Toträume wirklich zu vermeiden sind und dadurch keine Nester, Ablagerungen und Verschmutzungen auftreten.

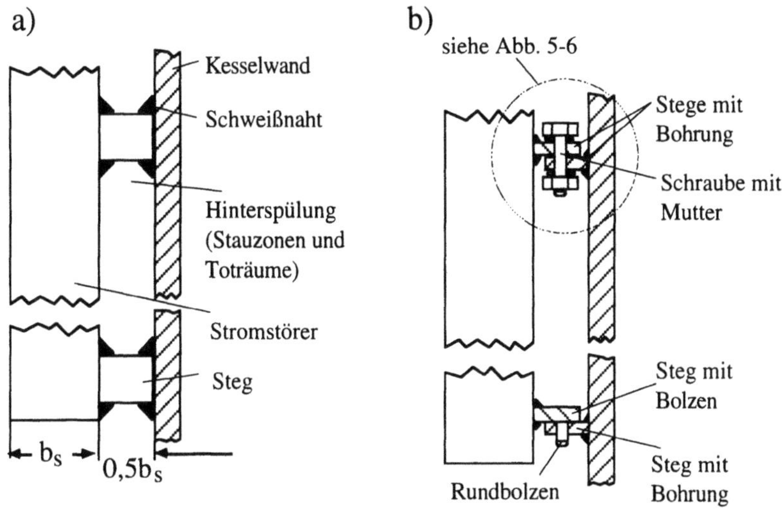

Abb. 5-5 Befestigungsmöglichkeiten von Stromstörern in Bioreaktoren. Das sachgerechte Einschweißen (keine Anlauffarben (Schutzgas), Schweißnähte bearbeitet (beizen, schleifen, polieren)) stellt die sauberste Lösung dar. Da keine Toträume oder Nester auftreten, ist mit keiner Verschmutzung bzw. Ablagerung zu rechnen. Eine notwendige Flexibilität erfordert lösbare Verbindung, wie Abbildung b) zeigt. Diese Schraubverbindungen bringen im Sterilbereich eine Reihe von Problemen. Es können Toträume zwischen allen Auflagen und Dichtungen sowie im Inneren entstehen. Gewinde bieten große Oberflächen und dadurch Ablagerungsmöglichkeiten.

Muß allerdings einer gewissen Flexibilität Rechnung getragen werden, so werden demontierbare Lösungen erforderlich. In der Praxis findet man zu diesem Zweck auch im Sterilbereich fast ausschließlich Konstruktionen mit Schraubverbindungen (Abb. 5-5b). Die einzelnen Auflagen sind dabei häufig noch mit Flachdichtungen versehen, so daß eine Reihe von Einschlußmöglichkeiten sowohl zwischen Dichtung und Auflage, als auch zwischen den einzelnen Dichtungen, erzeugt werden.

Die Detaildarstellung der Verschraubung in Abb. 5-6 zeigt die Schwachpunkte dieser Konstruktion deutlich auf. Deshalb ist diese Befestigungsart steriltechnisch äußerst kritisch. In den Bereichen der Auflagen (4) (Dichtungen), im Gewinde (5) und in den Bohrungen lagert sich unkontrolliert Schmutz ab. Zwischen den Dichtungen im Inneren der Verschraubung entsteht ein unkontrollierter Raum, der bei Temperaturänderungen nicht „atmen" kann. Dies ist besonders problematisch, wenn ein inkompressibles Fluid (Flüssigkeit) eingesperrt ist.

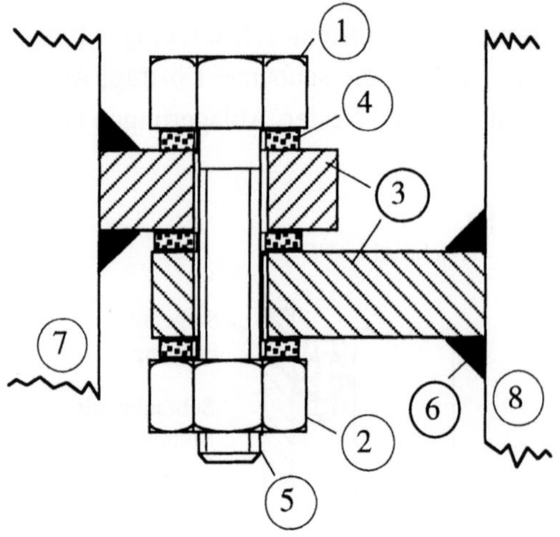

Abb. 5-6 Detaildarstellung einer Verschraubung im Sterilbereich am Beispiel der Befestigung eines Stromstörers. Zwischen allen Auflageflächen und im Innern der Verschraubung können Toträume entstehen. Gewinde gestalten sich wegen der großen Oberfläche im Sterilbereich besonders nachteilig (Ablagerungen).

(1) - Schraube
(2) - Mutter
(3) - Steg mit Bohrung
(4) - Flachdichtung
(5) - Gewinde
(6) - Schweißnaht
(7) - Stromstörer
(8) - Kesselwand

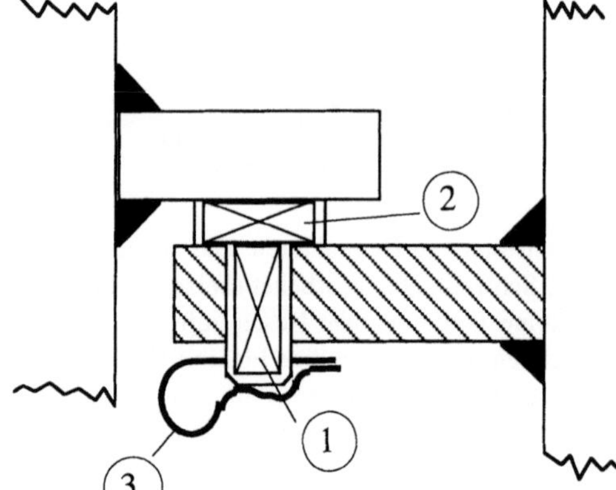

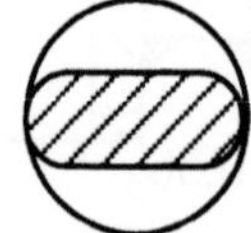

Schnitt durch den abgeflachten Bolzen

Abb. 5-7 Die Realisierung des Prinzips „Maximierung des minimierten Totraumes" am Beispiel der Stromstörerbesfestigung.

(1) - abgeflachter Bolzen
(2) - abgeflachter Stützsteg
(3) - Sicherungssplint

Eine zufriedenstellende Lösung kann gefunden werden, wenn auch für diese Konstruktion das Prinzip „Maximierung des minimierten Totraumes" angewandt wird (Abb. 5-7). Dabei werden freie, durchspülbare Räume durch Abflachen (Bolzen (1)) oder Anheben (Stützsteg (2)) aller möglichen Bauelemente geschaffen. Der Stützsteg und der Bolzen haben dabei eine möglichst schmale Auflagefläche (Annäherung an Linienberührung, vgl. O-Ringabdichtung Abschnitt 5.2.2.1). Die Aufgabe des Gewindes übernimmt ein Sicherungssplint (3). Es reicht dabei, daß lediglich der obere Bolzen gesichert wird (vgl. Abb. 5-5). Der untere ist in der Konstruktion ansonsten gleich. Da diese Konstruktion große Räume freigibt, wird sie kräftig durchspült. Durch kleine Toleranzen zwischen den kraftaufnehmenden Teilen kann zusätzlich eine Reibungsreinigung genutzt werden. Diese Konstruktionen zeigen sich auch nach längerem Einsatz in biotechnischen Medien immer noch blitzeblank.

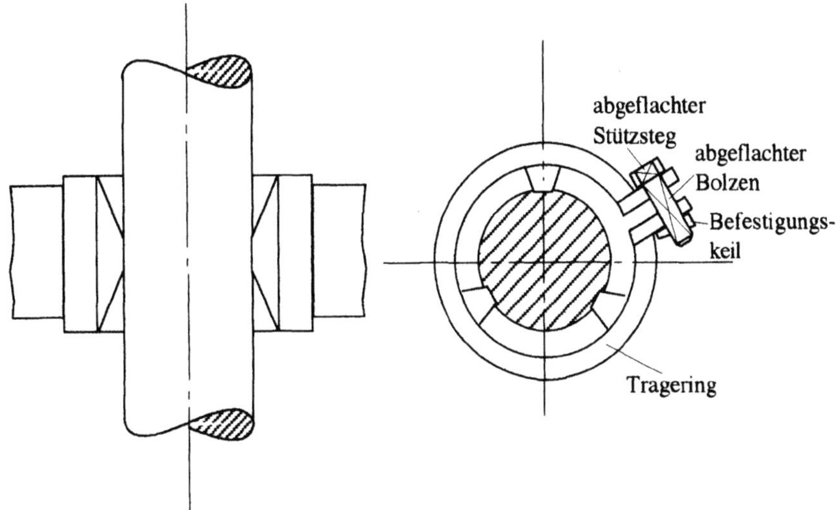

Abb. 5-8 Das Prinzip „Maximierung des minimierten Totraumes" am Beispiel einer Rührerbefestigung. Die Kräfte werden nur durch drei Punktauflagen übertragen, so daß der Tragering zu Reinigungszwecke durchspült werden kann.

Dieses Konstruktionsprinzip kann nun beliebig auf alle anderen Einbauten übertragen werden. So z.B. auch auf auswechselbare Rührerelemente (Abb. 5-8). Hierbei wird die sonst übliche Hülse weitgehendst geöffnet und die Kraftübertragung auf drei Punkte reduziert. Wie am Beispiel des Stromstörers besprochen, kann auch in diesem Fall die geöffnete Hülse bis auf die drei Auflagepunkte durchspült und gereinigt werden. Zur besseren Kraftübertragung ist an der Welle bei den Auflagepunkten eine Vertiefung angebracht. Die Befestigung wird mit einer ähnlichen Konstruktion, wie in Abb. 5-7 gezeigt, vorgenommen. Bei der Montage muß der Tragering vorgespannt werden, hinterher übernimmt die Keilkonstruktion die Spannung (Abb. 5-8).

Um wirklich einmal zeigen zu können, welche dramatischen Auswirkungen kleinste Tot- bzw. Hohlräume auf die Anforderungen an den Sterilisationsprozeß haben können, wurden Untersuchungen in verschiedenen solcher Räume durchgeführt [49]. Dazu brachte man an einer Apparatur Toträume in Form von senkrecht stehenden Stutzen mit verschiedener Länge und unterschiedlichem Durchmesser sowie Schlitze bei Verdrängungskörpern an (Abb. 5-9). An den kritischen Stellen wurde die Temperatur gemessen und mit den erforderlichen Bedingungen verglichen.

Wie aus Abb. 5-10 unschwer zu ersehen ist, erreicht man in den verschiedensten Hohlräumen die geforderten Bedingungen nicht immer. In einigen Fällen liegt sogar eine erhebliche Abweichung vor. Dabei bringt eine Isolierung (Iso) nur eine unwesentliche Verbesserung. Die Untersuchungen zeigen deutlich, daß unterhalb der Nennweite DN 15 (15 mm) senkrecht stehende Stutzen während der Sterilisation zu entlüften sind (durchströmen mit Dampf, Abb. 5-4), da sonst die geforderte

Temperatur sowie die Bedingung „reine Dampfatmosphäre", und damit die gewünschte Sterilgüte, nicht erreicht werden kann.

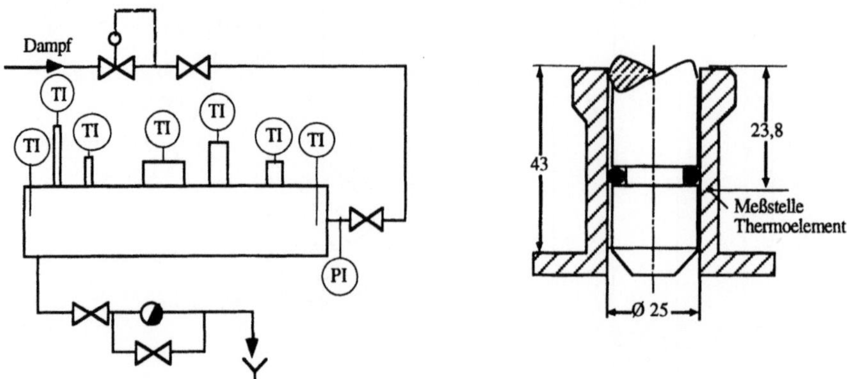

Abb. 5-9 Teststrecke für Toträume und ein Normstutzen (DN 25, linkes Bild) mit Verdrängerkörper. Am Beginn und am Ende der Teststrecke wird die Solltemperatur gemessen. Die Temperatur in den Stutzen wird am oberen Ende gemessen. TI - Temperaturanzeige; PI - Druckanzeige.

Am Beispiel eines Rohrstummels von 6 mm Durchmesser zeigt Abb. 5-11 den Einfluß der Länge auf die erreichbare Temperatur. Zusätzlich ist dabei noch darauf hinzuweisen, daß neben der geringeren erreichbaren Temperatur auch mit einer Zeitverzögerung gerechnet werden muß, die bei der Betrachtung ebenfalls zu berücksichtigen ist.

Während ab der Nennweite 15 die Länge des Stutzens und damit auch das Längen/Durchmesserverhältnis keinen Einfluß mehr auf die zu erreichende Temperatur hat, spielt beim 6 mm-Stutzen sowohl das Verhältnis L/d, als auch die Temperatur eine Rolle (Abb. 5-12). Eine Erklärung läßt sich mit Hilfe der freien Konvektion geben, die immer stärker behindert wird, je kleiner der Durchmesser (und da scheint hier DN 15 eine kritische Größe zu sein) und je niedriger die Temperatur ist.

Was das für den Sterilisationseffekt bedeutet, läßt sich anhand eines Beispieles zeigen. Legt man der Betrachtung reale konstruktive Verhältnisse, wie sie bei Stutzen und Sonden immer wieder anzutreffen sind, zugrunde (Abb. 5-13), so erhält man im Schlitz einen Totraum von etwa $V = 550 \text{ mm}^3$, der mit Medium gefüllt werden kann.

Das könnten ideale Voraussetzungen für das Wachstum eines Mikroorganismus, z.B. Bazillus subtilis, sein, der bis zu einer maximalen Zelldichte von 10^{11} Keimen pro ml durchwachsen kann und auch sporuliert.

Mit den ermittelten reaktionskinetischen Daten des Bazillus subtilis, der geforderten bzw. meist gewünschten Sterilisationstemperatur im Reaktionsraum von T=121 °C (Kapitel 6) (das sind T= 394 K) und einer gewünschten Endkeimzahl von 10^{-2}, wofür das System ein Sterilisationskriterium (Kapitel 6) von $S \equiv \ln (N_0/N) = 29,34$ fordert, ergibt sich für T=121 °C eine erforderliche Sterilisationszeit von t = 6 Minuten.

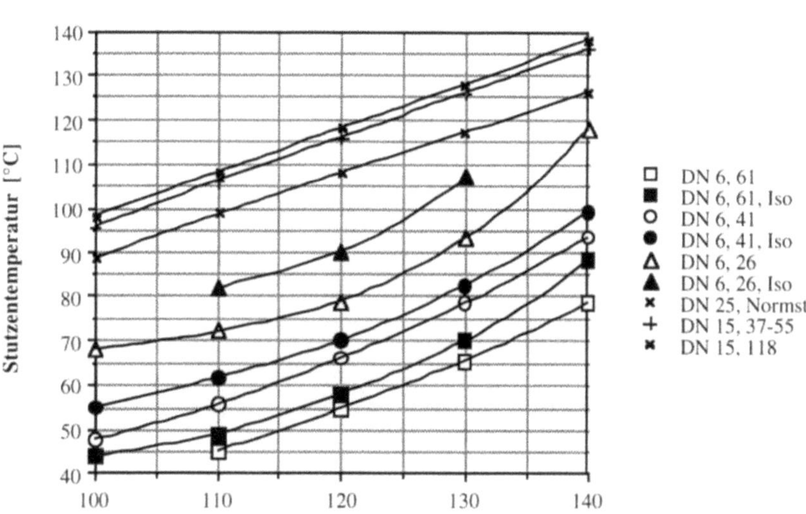

Abb. 5-10 Erreichte Temperatur in den Hohlräumen. Angaben: Durchmesser [mm], Höhe [mm], isoliert (Iso), Normstutzen (Normst.).

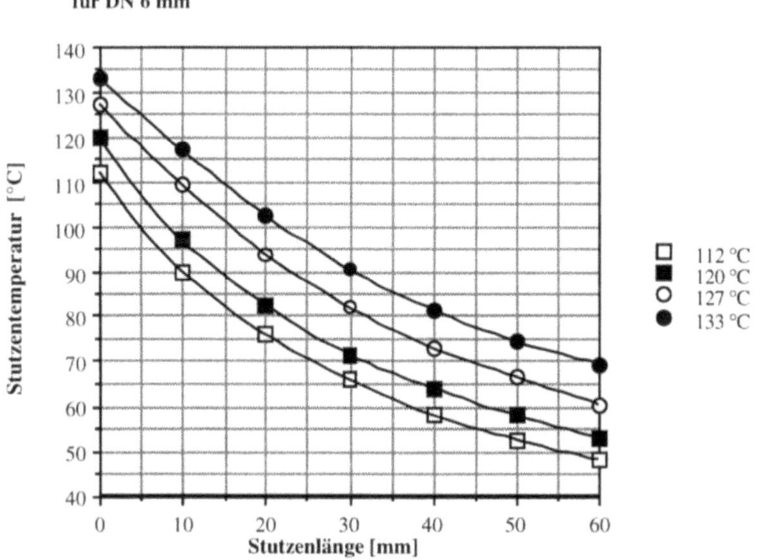

Abb. 5-11 Erreichte Temperatur in den Hohlräumen unterschiedlicher Länge für Rohrstummel der Nennweite 6 mm bei unterschiedlichen Temperaturen.

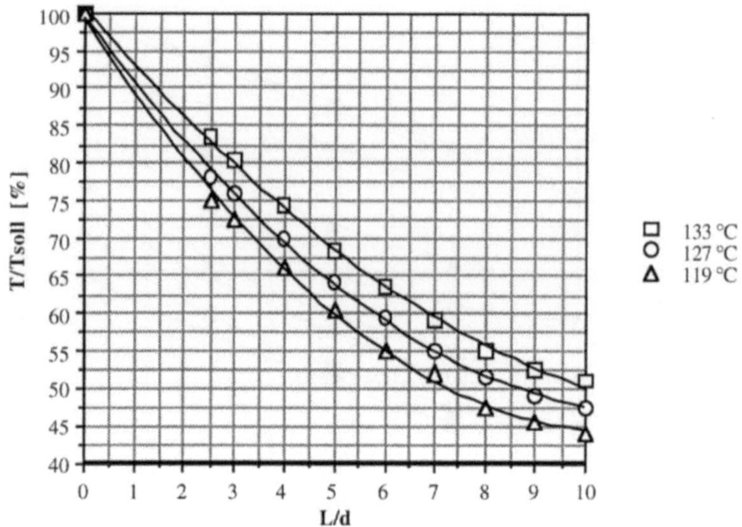

Abb. 5-12 Einfluß des Längen/Durchmesserverhältnisses L/d und der Temperatur auf die erreichbare Temperatur für 6 mm-Stutzen.

Das stellt absolut keine Probleme dar, weil solche Zeiten üblicherweise für jeden Sterilisationsprozeß eingestellt werden. Da aber im Schlitz eine Unterkühlung von etwa $\Delta T=12$ °C gemessen wurde, erhöht sich die erforderliche Sterilisationszeit auf über 2 Stunden und eine so lange Sterilisationszeit ist unüblich, so daß man sich nicht wundern darf, wenn solche Problemstellen im Bioreaktor immer wieder zu meist nicht erklärbaren Unsterilitäten (Kontaminationen) führen. Mit diesen Problemen hat man vor allen Dingen dann zu kämpfen, wenn in ein und demselben Bioreaktor häufiger verschiedene Reaktionen laufen sollen, also ein häufiger Produktwechsel stattfindet. In diesen Fällen hilft eine gründliche Reinigung der Anlagenteile nicht mehr, es wird schon notwendig die Apparate, und dort vor allem die Problemstellen, zu zerlegen, um sie partiell mechanisch und chemisch reinigen zu können. Dort, wo sich in der Praxis Produktwechsel vermeiden lassen, sollte das angestrebt werden. Von mal zu mal mag aufgrund der hohen Wartungskosten die Frage, ob ein weiterer Reaktor für eine Produktgruppe wirtschaftlicher wäre, als ständig die Risiken und damit auch die Kosten des Produktwechsels zu tragen, positiv beschieden werden.

Mit der Maßstabsvergrößerung ändern sich die Problemstellen insofern, als es mit zunehmender Reaktorgröße immer „verlockender" wird, Reservestutzen für alle Eventualitäten zu setzen, die im späteren Betrieb überwiegend nur noch von Kontaminanten „genutzt" werden.

Das angeführte Beispiel ging von einem Stutzen aus. Sind an einem Bioreaktor mehrere solcher Stutzen, so erhöht sich die Anfangskeimzahl um den Faktor der Stutzenzahl, weil immer die Absolutkeimzahl maßgebend ist (Kapitel 6).

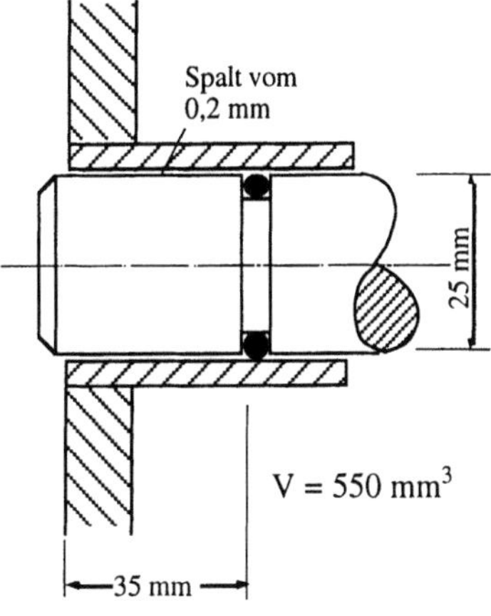

Abb. 5-13 Problemstelle „Verdrängerkörper". Ein Beispiel für die Auswirkungen auf den Sterilisationseffekt.

Sterilisationskinetische Daten des Bazillus subtilis:

$$E_a = 315000 \; \frac{J}{mol}; \; k_0 = 4{,}6 \cdot 10^{40} \; s^{-1};$$

Totvolumen: $V = 550 \; mm^3$;

Anfangskeimzahl: $N_0 = 10^{11} \; \dfrac{Keime}{ml}$

$\rightarrow = 5{,}5 \cdot 10^{10}$ Keime

Endkeimzahl: $N = 10^{-2}$ Keime

Zusammenfassend kann festgestellt werden, daß ein Bioreaktor nur so viel Stutzen, Flansche oder andere Unterbrechungen der glatten inneren Oberfläche bekommen sollte, wie unbedingt notwendig ist. Das gilt insbesondere im Produktionsmaßstab. Im Labor- und Technikumsmaßstab, also im Bereich der Forschung, wird man aufgrund noch vieler unbekannter Fragestellungen dieses Risiko tragen müssen.

5.1.2 Materialauswahl für Bioreaktoren

Traditionell werden Laborbioreaktor überwiegend aus Glas hergestellt. Glas ist mikrobiologisch indifferent, hinreichend wärmebeständig, wegen der glatten Oberfläche gut reinigbar und transparent. Das hat den Vorteil, daß das Reaktionsgemisch jederzeit visuell kontrolliert werden kann. Doch Glas ist aus Sicht der Festigkeit ein sehr kritischer Konstruktionswerkstoff, weil es spröde und damit leicht zerbrechlich ist. Zwar ist unbeschädigtes und nicht verspanntes Glas sehr wohl gegen hohe Temperaturen und Drucke beständig, doch bei kleinsten mechanischen Verletzungen und Verspannungen reduziert sich die Belastbarkeit dramatisch. Für die Sicherheit im Betrieb kann keine Vorhersage getroffen werden. Hinzu kommt noch die schlechte Wärmeleitfähigkeit. Das fördert Verspannungen. Nicht zuletzt haben auch Unfälle, bei denen während der insitu-Sterilisation (T=121 °C; p=2,1 bar) vermutlich beschädigte Glasgefäße barsten, dazu geführt, daß man aus Sicherheitsgründen auch im Labormaßstab immer mehr zu Stahl übergeht.

Obwohl in der Biotechnologie in der Regel mit wenig korrosiven Medien bei Temperaturen zwischen 20 °C und 80 °C gearbeitet wird, ist zu beachten, daß während der Sterilisation - je nach Anforderungen - Temperaturen bis 140 °C und erhöhter Druck bis zu 3 bar Überdruck auftreten können. Die ständigen Temperatur-, Medien- und

Druckwechsel verursachen hohe Beanspruchungen der Werkstoffe im Dauerbetrieb. Insbesondere sind die Kontaktflächen zwischen unterschiedlichen Materialien (Dichtungen!) und festen Verbindungen, wie sie an Rohrleitungssystemen auftreten, betroffen. Durch solche Belastungen können an mechanisch stark belasteten Stellen Materialermüdungen und an den Schweißnähten Haarrisse entstehen. Diese Haarrisse können, wie die schon beschriebenen Schlitze, zu erheblichen Kontaminationsproblemen führen.

Tabelle 5-1 Materialauswahl für Bioreaktoren [50]. Die oberen Bezeichnung stammen aus der deutschen Norm. Die AISI-Bezeichnungen entsprechen der USA-Norm.

		nichtrostende Cr-Ni-Stähle		
Materialanforderungen	Nr.	Kurzname	ander.Name	Bemerkung
- Temperaturbereich 20 - 80 °C	1.4301	X 5 CrNi 18 9	V 2 A	nicht
- Druckbereich ≥ 3 bar	1.4306	X 2 CrNi 18 9	V 2 A	mediums-berührte
- ständiger Temperatur und Medienwechsel	1.4541	X10 CrNiTi 18 9	V 2 A	Teile
	1.4571	X10CrNiMoTi1812	V 4 A	mediums-
- Kontaktflächen unterschiedlichen Materials	1.4435	X10 CrNiMo18 12	V 4 A	berührte Teile
- keine Korrosion und Schwermetallabgabe	AISI 304		1.4301	nicht
	AISI 304 L		1.4306	berührte
- keine Beeinflussung des Zellwachstums	AISI 316		1.4436	
	AISI 316 L		1.4435	mediums
	SIS 2343		1.4436	berührte Teile

Bei der Werkstoffauswahl sind nicht nur augenscheinliche Korrosionsfragen zu klären, sondern auch die Tatsache, daß sich aus jedem Material Spuren von Legierungsbestandteilen herauslösen. Solche Spuren (häufig Schwermetalle) können den Metabolismus beeinträchtigen, ja sogar unterbinden. Bei Kultivierungstemperaturen von 25 °C bis 45 °C haben Werkstoffe normalerweise wenig oder keinen Einfluß auf das Wachstum von Mikroorganismen. Bei der Züchtung von thermophilen Bakterien (Temperaturen bis zu 80 °C) wurde eine Werkstoffabhängigkeit des Wachstums festgestellt [50]. Es zeigte sich, daß molybdänlegierte Stähle zu den besten Ergebnissen führten. Insgesamt haben sich in der Biotechnologie schon frühzeitig nichtrostende, austenitische Chrom-Nickel-Stähle für alle mediumsberührten Anlagenteile durchgesetzt. Tabelle 5-1 zeigt die gängigen Werkstoffsorten einschließlich ihrer internationalen Normung [50, 120].

Die am häufigsten verwendeten Stähle sind der 1.4571 und der 1.4435, wobei die Wahl in diesem Fall danach getroffen werden muß, ob die Oberfläche elektropoliert werden soll oder nicht (Abschnitt 5.4).

5.1.3 Rohrleitungsverbindungen

Grundsätzlich gilt die Devise, Rohrleitungen so nahtlos wie möglich zu verlegen. Daß dies nicht unbegrenzt durchführbar ist, versteht sich von selbst. Als Verbindungselemente zweier Rohrstücke kommen stabile Flanschverbindungen, wie sie in der Chemie üblich sind, oder Verschraubungen (Abschnitt 5.2.3.5) verschiedenster Ausführung in Betracht. Dabei kommt in der Biotechnologie diesen Verbindungen nicht nur die Aufgabe zu, die Verbindungsstelle abzudichten, sondern vor allem auch eine sterilgerechte Abdichtung herzustellen. Da dies nur von wenigen Verbindungen erfüllt werden kann und auch nur dann, wenn sie sachgerecht montiert werden, empfiehlt es sich überall dort, wo Rohre zu verbinden sind, die beiden Rohrstücke sachgerecht zu verschweißen.

Beim Schweißen hochlegierter austenitischer Stähle müssen einige Besonderheiten beachtet werden. Beiderseits der Schweißnaht treten Zonen auf, die - wenn auch nur kurzzeitig - auf 650 bis 750 °C erhitzt werden. Dabei wird ein Teil des gelösten Kohlenstoffs ausgeschieden und lagert sich in Form von Chromkarbiden an den Korngrenzen an. Dadurch verarmt längs der Korngrenzen die Grundmasse an Chrom, und es kann bei Korrosionsbeanspruchung bevorzugt entlang dieser Grenzen zur Zerstörung und zum Herauslösen einzelner Körner kommen. Eine Verbesserung der Beschaffenheit von Schweißnähten kann einerseits durch eine Stabilisierung mit Titan bzw. Tantal/Niob (Ti C > 4), andererseits durch die Wahl eines Stahles mit niedrigem Kohlenstoffgehalt von 0,03 bis 0,07 % erreicht werden [50]. Um ausreichend gute Schweißnähte bei Cr-Ni-Stählen zu bekommen, ist in jedem Fall der Schweißvorgang unter Schutzgas (Inertgas) durchzuführen. Für die Qualität einer Schweißnaht ist es von entscheidender Bedeutung, wie sorgfältig sie vom Schweißer ausgeführt wird. Zuverlässige Schweißnähte können nur von Handwerkern ausgeführt werden, die ständig im Training sind, d.h., in regelmäßigen, sehr kurzen Abständen immer wieder bestimmten Prüfungen unterzogen werden. Dabei kommt es besonders auf folgende Dinge an (Abb. 5-14): Die Schweißnaht muß durchgeschweißt sein, darf aber nicht auftragen, d.h., sie sollte wandbündig sein. Des weiteren darf sie hinterher keine Anlauffarben aufweisen, die ein sicheres Zeichen für die oben erwähnte Überhitzung bestimmter Bereiche und damit für die entsprechenden Folgen sind. Sind dennoch Anlauffarben zu erkennen, so empfiehlt es sich, diese mit einer chemischen Beize zu behandeln.

Eine sehr sichere Methode, sauberste und immer wieder reproduzierbare Schweißnähte zu verlegen, bieten Schweißautomaten (Orbital-Schweißautomat), die immer

handlicher und damit auch vorort einsetzbar werden. Wenn eine Vielzahl von Schweißnähten im Sterilbereich auszuführen sind oder wiederkehrende Arbeiten dieser Art
anstehen, empfiehlt sich in jedem Fall die Investition in ein solches Gerät.

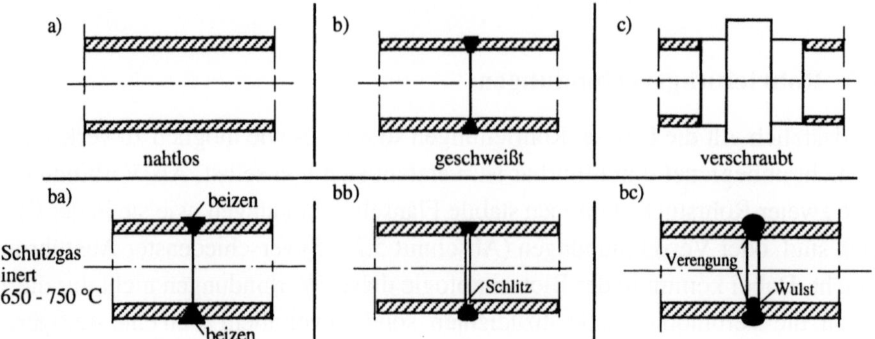

Abb. 5-14 Verbindungsmöglichkeiten zweier Rohrleitungen und Beachtenswertes beim
Schweißen. Die unteren Skizzen zeigen sachgerechtes Schweißen ba) sowie fehlerhaftes
Schweißen; bb) zu gering durchgeschweißt; bc) zu stark durchgeschweißt).

5.1.4 Mechanische und statische Auslegungsdaten für Bioreaktoren

Für die statische Auslegung eines Bioreaktors müssen die Randbedingungen bzw. die
Grenzen der Parameter ermittelt werden. Als Auslegungsparameter fungieren Druck,
Temperatur, die geometrischen Verhältnisse und konstruktive Eingriffe bzw. Veränderungen der Reaktorhaut, z.B. durch Anbringen von Flanschen, Schaugläsern und Stutzen.

Um den Auslegungsdruck ermitteln zu können, muß untersucht werden, welcher Betriebsdruck auftreten kann und soll. Zunächst kann man bei Bioreaktoren davon ausgehen, daß sie drucklos betrieben werden. Das bedeutet, daß die maximal gewünschte
Sterilisationstemperatur den höchsten Betriebsdruck vorgibt. Soll die Sterilisationstemperatur 120 °C nicht überschreiten, dann ergibt das einen Betriebsdruck von 1,985 bar,
abs. (das entspricht dem dazugehörigen Dampfdruck bei 120 °C). Da Dampfdruck und
Temperatur aber nur dann direkt mit einander gekoppelt sind, wenn sich kein weiteres
Gas außer Dampf im System befindet, d.h., der Bioreaktor vollkommen entlüftet ist,
sollte man in jedem Fall einen Zuschlag machen, um nicht bei jeder ungenügenden
Entlüftung während der Sterilisation das Sicherheitsorgan (Berstscheibe, Abschnitt
5.2.3.1) zu fordern.

Möchte man sich im Betrieb absichern, daß die Berstscheibe auch bei nichtentlüftetem
Betrieb noch nicht abbläst, dann ist der Betriebsdruck und damit auch der Prüfdruck
um den Beitrag der Luft zu erhöhen.

Der Gesamtdruck eines Systems setzt sich aus den Partialdrücken der Einzelkomponenten zusammen. Es gilt also

$$p_{e,ges}(T) = p_{e,Dpf}(T) + p_{e,Luft}(T). \tag{5.1}$$

Bei 120 °C gilt für die beiden Partialdrücke folgender Sachverhalt. Der Dampf hat entsprechend seiner Temperatur immer einen adäquaten Dampfdruck. Dieser Druck kann einer Dampfdruckkurve oder -tabelle entnommen werden. Er beträgt für eine Temperatur von 120 °C

$$p_{e,Dpf}(120) = 1,9854 \text{ bar.}$$

Vor der Sterilisation herrscht über dem Medium nahezu eine reine Luftatmosphäre. Das bedeutet, daß der vorliegende Druck von 1 bar absolut bei 20 °C nahezu alleine vom Partialdruck der Luft bewirkt wird, denn Wasser hat bei 20 °C nur einen Dampfdruck von 0,023 bar. Nimmt man nun ideale Verhältnisse an, so kann mit dem allgemeinen Gesetz von Gay Lussac

$$p \cdot V = m \cdot \frac{R}{M} \cdot T \tag{5.2}$$

der Partialdruck der Luft bei 120 °C berechnet werden:

$$p_{e,Luft}(120) = 1 \times 393/293 = 1,34 \text{ bar, abs.}$$

Damit ergibt sich ein Gesamtdruck im Reaktor von

$$p_{e,ges} = 3,33 \text{ bar,}$$

d.h., der Reaktor müßte in diesem Fall auf 3,33 bar Betriebsdruck ausgelegt werden. Nach den AD-Merkblättern ist dann der dazugehörige Prüfdruck 30 % höher, also 4,33 bar.

Ein weiteres Kriterium für die Bestimmung des Betriebsdruckes ist die Reaktionsführung (Kapitel 7). Zeigt es sich, daß zur Erzielung eines verbesserten Sauerstoffüberganges unter Druck fermentiert werden soll und ist der erforderliche Druck höher als der durch die Sterilisationsbedingungen geforderte Druck, dann ist er bestimmend für die Auslegung. Bei sehr großen Reaktoren (z.B. Abb. 1-5) hat auch die Flüssigkeitssäule einen Einfluß auf die Betrachtung.

Für die Auslegungstemperatur ist in der Regel immer die Sterilisationstemperatur maßgebend, da es nicht denkbar erscheint, daß Fermentationstemperaturen über der gewünschten, maximalen Sterilisationstemperatur liegen. Wenn nichts anderes gefordert ist, dann werden Auslegungstemperaturen von 150 bis 200 °C angenommen, auch wenn wegen der weniger temperaturbeständigen elastomeren Dichtungsmaterialien (Abschnitt 5.2.2.1) im Betrieb die Temperaturen unter 140 °C liegen müssen.

Die statische Auslegung erfolgt nach den anerkannten Richtlinien der AD-Merkblätter
[51]. Dabei ist aber zu berücksichtigen, daß in jedem Fall, z.B. aus schweißtechni-
schen Gründen, Mindestwandstärken auszuführen sind (meist 3 mm).

Um der Sicherheit gerecht zu werden, müssen alle Druckapparate, so auch Bioreaktoren, vor Fertigung und Inbetriebnahme einer TÜV-Abnahme unterzogen werden.
Hierbei überprüft ein Technischer-Überwachungs-Verein die sicherheitstechnisch ord-
nungsgemäße Ausführung der Berechnung, der Zeichnung und des Reaktors und gibt
ihn erst dann frei. Bevor ein Bioreaktor betrieben werden kann, wird er einer Sichtprü-
fung und unter Beaufsichtigung einer Druck- sowie Vorinbetriebnahmeprüfung unterworfen. Die Vorinbetriebnahmeprüfung soll sicher stellen, daß alle sicherheitsrelevan-
ten Installationen ordnungsgemäß ausgeführt wurden. Im Betrieb wird jede Anlage
und jeder Druckapparat nach den Vorschriften der Druckbehälterverordnung (DBV) in
regelmäßigen Abständen (etwa 5 Jahre) einer wiederkehrenden Prüfung unterzogen.

5.2 Armaturen und statische Dichtungen im Sterilbereich

5.2.1 Verdränger- und Einschweißkörper

Ein funktionsfähiger Reaktor benötigt eine Reihe von Maschinenelementen, die es ihm
ermöglichen, mit allen nötigen Anschlüssen und Funktionen versehen zu werden. Im
Vergleich zum Chemiereaktor, wo Aufsatzflansche zur Anwendung kommen, werden
beim Bioreaktor ausschließlich Blockflansche verwendet (Abb. 5-15). Damit ist es
möglich, den geforderten kleinen Hohlraum zu realisieren.

Ein Beispiel für die Nutzung eines Blockflansches sind Schaugläser (Abb. 5-16).
Hierbei tritt das besondere Problem auf, daß aus Festigkeitsgründen die Gläser nicht
metallisch gespannt werden dürfen, sondern nur zwischen elastischen Flachdichtungen, die eine Berührung der Gläser mit dem Metall verhindern, gespannt werden. Um
eine steriltechnisch zufriedenstellende Lösung zu bekommen, wird ein O-Ring (Abschnitt 5.2.2) noch zusätzlich in die Konstruktion integriert. Die Flachdichtung besitzt
in diesem Fall keine Dichtfunktion mehr, sondern hat lediglich konstruktive Aufgaben
zu erfüllen. Damit der Raum zwischen Flachdichtung und O-Ring nicht unkontrolliert
bleibt, empfiehlt es sich, auf die Flachdichtung Kerben anzubringen, um sie damit gezielt undicht zu machen.

Auch bei Stutzen ist anzustreben, daß sie so wenig wie möglich Hohl- bzw. Totraum
verursachen. Dazu ist es notwendig, wie in Abschnitt 5.1.1 schon gezeigt, daß Verdrängerkörper bzw. Sonden ihre Dichtstelle so weit innen wie möglich erhalten, d.h.,
die Stutzen müssen nach dem Einschweißen nachgearbeitet werden, oder konstruktiv
so gestaltet sein, daß sie sich beim Schweißen nicht verziehen. Bei schräg eingebauten
Sonden bzw. Verdrängungskörpern wird es erforderlich, die untere Kammer zu öff-

nen, um dem Prinzip der „Maximierung des minimierten Totraumes" gerecht zu werden (Abb. 5-17).

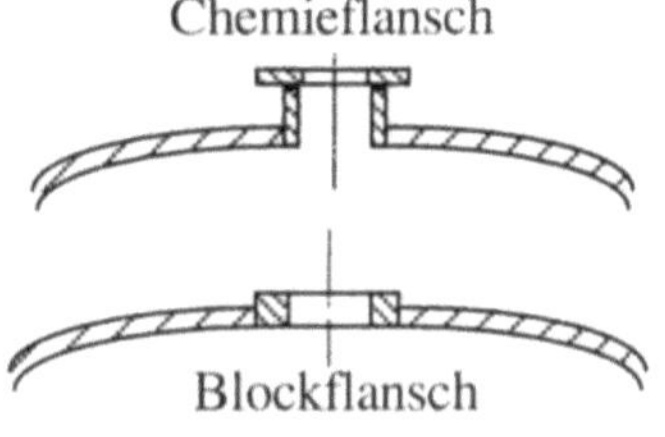

Abb. 5-15 Zwei verschiedene Flanschausführungen an einem Reaktor. Der klassische Chemieflansch und der Blockflansch, der vorzugsweise an Bioreaktoren wegen des geringeren Totraumes installiert ist.

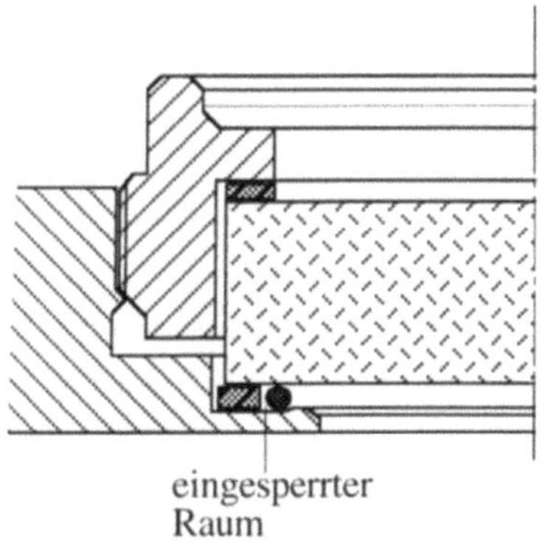

Abb. 5-16 Schaugläser sind gewünschte Bauelemente an Bioreaktoren. Da das Material „Glas" spannungsfrei eingespannt werden muß, werden oben und unten Flachdichtungen eingelegt. Um der Steriltechnik gerecht zu werden, sollte zusätzlich ein O-Ring eingelegt werden. Zwischen O-Ring und Flachdichtung ergibt sich ein unkontrollierter, eingesperrter Raum. Deshalb muß die Flachdichtung „undicht" gemacht werden. Sie übernimmt die Mechanik und die O-Ringdichtung die Steriltechnik.

Verdrängerkörper sind dann notwendig, wenn die angebrachten Stutzen für ihre eigentliche Aufgabe, nämlich Sonden, Armaturen oder Anschlüsse aufzunehmen, nicht genutzt werden, um den Hohlraum zu minimieren.

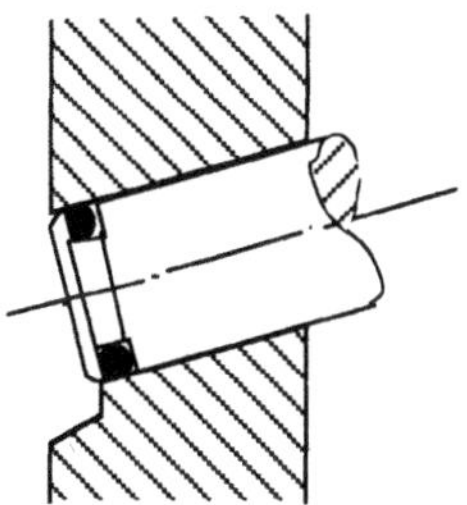

Abb. 5-17 Um dem Prinzip „Maximierung des minimierten Totraumes" nahe zu kommen, öffnet man bei schräg eingebauten Sonden- bzw. Verdrängungskörper die untere Kammer.

Im Falle von Einfüllstutzen kann der Hohlraum nicht vermieden werden. Es ist aber an dieser Stelle möglich, davon auszugehen, daß der Durchmesser > DN 15 mm beträgt, der Stutzen senkrecht angeordnet ist und damit auch durch freie Konvektion problemlos entlüftet wird.

5.2.2 Statische Dichtungen

5.2.2.1 Flächen- und Liniendichtung

Üblicherweise werden zum Abdichten der verschiedensten Maschinenelemente und Flanschverbindungen Flachdichtungen angewendet. Doch wenn man solche Dichtungen unter steriltechnischen Gesichtspunkten näher betrachtet, dann sind Situationen denkbar, die im Betrieb zu Kontaminationen führen können, ohne daß dies nach außen durch Undichtigkeiten bemerkbar gemacht werden würde. So kann eine Flachdichtung irgendwelche Einschlüsse aufweisen, die Sporen vor der Sterilisationswirkung schützen können. Dennoch wird sie ihre Funktion als Dichtung erfüllen, weil sie eine breite Auflagefläche besitzt. Andererseits können durch eine Ungleichmäßigkeit der Dicke Schlitze entstehen, die wiederum zu den schon beschriebenen kritischen Situationen führen können.

Eine andere Art der Abdichtung, nämlich eine Linienabdichtung, bietet der O-Ring oder andere Dichtungsformen, die an der Dichtfläche gerundet sind [52]. Die Vorteile, die ein O-Ring bietet, sind in Tabelle 5-2 zusammengestellt. Da aber eine Abdichtung an mindestens zwei Stellen einer Verbindung zu erfolgen hat, nämlich je einmal an beiden Verbindungselementen, sieht man auch sofort die Schwachstelle, die der O-Ring mit sich bringt. Durch die notwendige Kammerung ergeben sich ebenfalls Stellen, wo Produkt sich ablagern und zu unliebsamen Störungen führen kann.

Tabelle 5-2 Zusammenstellung der Vorteile von O-Ringdichtungen.

Liniendichtung;	das bedeutet geringe Anpresskräfte und stark reduzierte Wahrscheinlichkeit von Einschlüssen in der Dichtung.
Selbstaktivierend;	d.h., der O-Ring hat die Möglichkeit, sich zu erholen, er beugt somit seiner Zerstörung selbst vor indem dem Molekülgerüst des Elastomers gewisse Freiheiten eingeräumt werden.
Zusatzdichtkraft;	d.h., durch den Druck im Kessel wird der O-Ring in die Nut gepreßt, wenn sie groß genug ist.
Kraftnebenschluß;	d.h., die Dichtkraft wird dem O-Ring definiert aufgegeben.
Dichte Materialien;	d.h., die Materialien, die für O-Ringe verwendet werden, sind hinsichtlich Permeation wesentlich dichter als herkömmliche Klingeritdichtungen.
Inkompressibilität;	d.h., der O-Ring verhält sich wie ein Fluid.

Eine Rechteckkammerung hat neben der Ablagerungsgefahr noch einen weiteren Nachteil, sie kann sich bei veränderlichen Druckverhältnissen im Bioreaktor bewegen und damit u.U. nichtsterilisierte Flächen in den Sterilbereich einbeziehen! Das kann zum Beispiel passieren, wenn im Reaktor nach dem Sterilisieren ein höherer Druck als während der Sterilisation angelegt wird.

Etwas besser gestaltet sich aus steriltechnischer Sicht die Situation, wenn der O-Ring in eine V-Nut (Abb. 5-18 oben rechts) oder in einen Schwalbenschwanznut (Abb. 5-19 unten links) gelegt wird. Allerdings besteht in beiden Fällen weiterhin die Gefahr, daß sich Produkt- oder auch Schmutzreste unkontrolliert ablagern. Bei der Schwalbenschwanznut ist davon auszugehen, daß im Betrieb der O-Ring nach unten gedrückt wird und somit die Abdichtung nicht an der Verengung erfolgt. Ein „Wandern" des O-Ringes ist aber nicht mehr möglich.

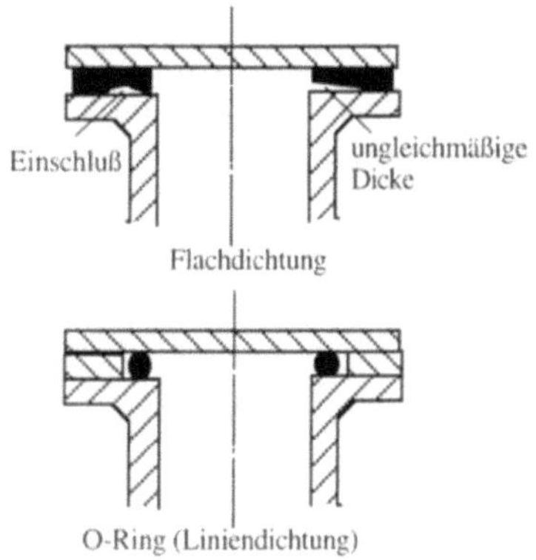

Abb. 5-18 Dichtungen im Sterilbereich fordern eine Liniendichtung, damit weder Einschlüsse noch Unplanmäßigkeiten kritische Toträume erzeugen können. Die Forderung können nur O-Ringe theoretisch erfüllen, Flachdichtungen jedoch nicht. Bei Flachdichtungen besteht die Möglichkeit von Einschlüssen oder von kleinen Toträumen durch ungleichmäßige Dicke, ohne daß das durch eine Undichtigkeit nach außen erkennbar werden muß.

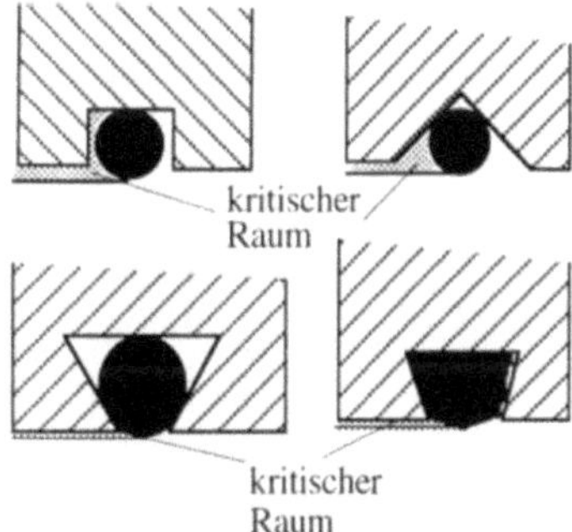

Abb. 5-19 Statische Dichtungen am Bioreaktor: Steriltechnische Dichtungen sind Liniendichtungen. Diese können näherungsweise durch O-Ringe erreicht werden. Zu berücksichtigen sind allerdings die dennoch vorhandenen Toträume in der Kammerung sowie die Abweichung von der idealen Liniendichtung, die durch die erforderliche Anpressung (auch Vorspannung (VSP) genannt) zustande kommt.

Die steriltechnisch „ideale" Dichtungskonstruktion wäre ein eingegossenes oder eingeschrumpftes Dichtungselement, das auf der einen Seite keinen Schlitz oder Totraum zuläßt und auf der anderen Seite die gewünschte Linienabdichtung ergibt. Nachteil dieser Konstruktion ist aber die fehlende Möglichkeit zur Selbstaktivierung des O-Ringes (Tabelle 5-2). Das führt schneller zur Zerstörung. Weitere Nachteile sind die fehlende Zusatzdichtkraft durch den Kesseldruck und die Kosten. Diese Dichtungen sind nur sehr arbeitsaufwendig zu ersetzen. All diese Nachteile führen in der Praxis letztendlich wieder zu dem Kompromiß der großen Rechteckkammerung. An dieser Stelle bieten sich dem Konstrukteur noch Ansätze, die Steriltechnik zu verbessern. Ziel muß es da-

bei sein, die Kammer weitmöglichst zu öffnen. Elastomere können nicht in total geöffnete Kammern gelegt werden, da sie gehalten werden müssen. Es bietet sich eine
Konstruktion an, wie sie in Abb. 5-20 gezeigt ist.

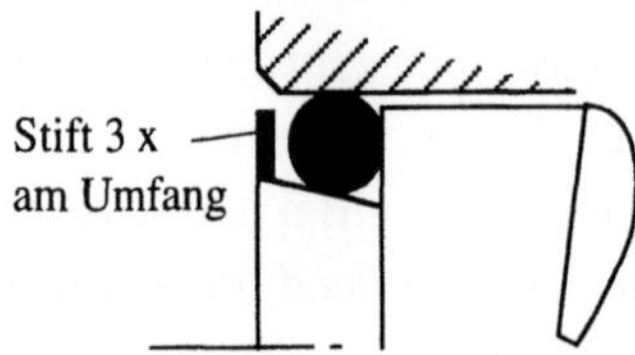

Abb. 5-20 Eine Konstruktionsmöglichkeit auch elastomere Dichtungen in eine total geöffnete Kammer einzubringen. Durch die Schräge kann der O-Ring nicht herauswandern und drei Stifte am Umfang sorgen dafür, daß auch bei der Demontage der O-Ring in der Kammer bleibt.

Der O-Ring liegt nicht mehr in einer Rechteckkammer, sondern in einer Kammer mit
15 ° angehobenem Boden. Dadurch wird er beim Versuch nach innen zu rutschen,
durch stärker werdende Anpressung behindert. Drei Stifte am Umfang verhindern bei
der Demontage in jedem Fall das Abstreifen des O-Ringes, ohne daß die Öffnung der
Kammer merklich verringert würde. Ein Durchspülen ist weiter gut möglich.

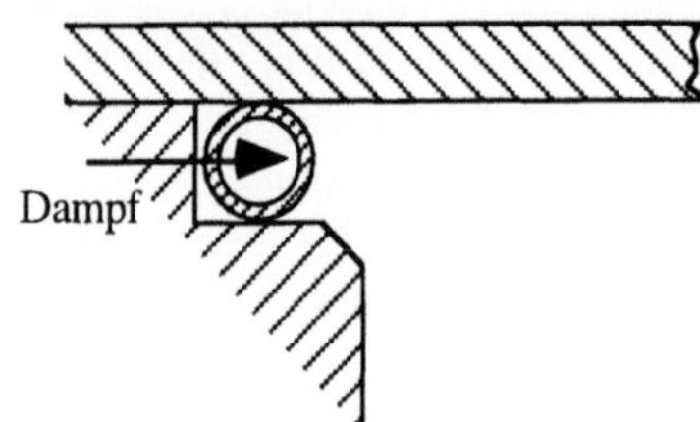

Abb. 5-21 Metallische O-Ringdichtung. Aufgrund der Stabilität und auch des weiten Beständigkeitsbereiches für Chemikalien und Wärme können diese Dichtungen in manchen Fällen eine Alternative zum Elastomer-O-Ring sein.

Eine ideale Lösung für besonders kritische Fälle könnte eine metallische Dichtung sein,
wie sie häufig in der Hochvakuumtechnik angewandt wird (Abb. 5-21). Das ist zwar
eine sehr aufwendige und damit auch teure Lösung, doch läßt sie sich konstruktiv vorteilhaft modifizieren (Steriltechnik) und gibt keine Probleme hinsichtlich thermischer
und chemischer Beständigkeit, wie Abb. 5-22 zeigt.

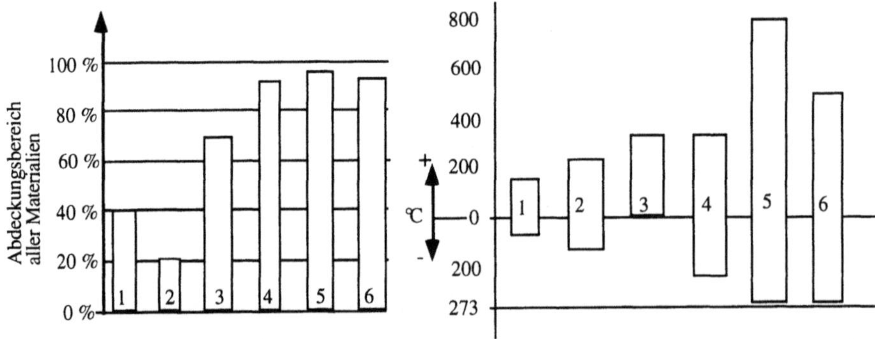

Abb. 5-22 Beständigkeitsbereiche der verschiedenen O-Ringdichtungsmaterialien. 1 - Elastomere allgemein; 2 - Silikon; 3 - Fluorelastomere; 4 - PTFE-Werkstoffe; 5 - Metalldichtungswerkstoffe; 6 - Reingraphit

Da die metallischen Materialien viel steifer sind, benötigen sie keine Kammerung. Dadurch kann die Kammer weit geöffnet werden. Außerdem besteht die Möglichkeit, in
das Innere des O-Ringes ständig Dampf zu leiten. Es wären aber auch elektrische

Effekte denkbar (Induktionsstrom). Die permanent vorhandene Wärmequelle darf dabei aber nicht stören. Die Wärme breitet sich über Wärmeleitung aus. Dies kann durch entsprechende Materialien (Keramik) reduziert werden.

Da die metallischen Dichtungen sehr starr sind, können sie nur dort sinnvoll eingesetzt werden, wo deren erforderliche Vorspannung durch Schraubenkräfte aufgebracht werden kann. Das trifft bei Flansche ab Nennweite 50 zu, nicht aber bei Blindstopfen und Sonden (DN 19 bzw. DN 25).

Tabelle 5-3 O-Ring-Elastomerwerkstoffe: Beständigkeit und Einsatzempfehlungen [52].

Basiselastomer	Kurzbezeichnung		Härte/Shore A ± 5°	Farbe	allgemeine Einsatzempfehlung
	ISO R1629	Parker			
Nitril-Butadi-en-Kautschuk	NBR	N	70	schw.	Hydraulik und Pneumatik - Hydrauliköle, Wasserglykole (HFC-Flüssigkeiten), Ölin, Wasseremulsionen (HFA-Flüssigkeiten), Mineralöle, Mineralölprodukte, tierische und pflanzliche Öle, Benzin, Heizöl, Wasser bis 70 °C, Luft bis 100 °C, Butan, Propan, Methan, Ethan
Nitril-Butadi-en-Kautschuk	NBR	N	90	schw	Medienbeständigkeit wie oben - hoher Widerstand gegen Anpressung - statische Dichtung
Ethylen-Propylen	EPM	E	80	schw	Dampf, Heißwasser, Druckluft, verdünnte Säuren, schwer entflammbare Hydraulikflüssigkeiten auf Phosphat/Ester-Basis, Bremsflüssigkeiten auf nicht mineralölhaltiger Basis - nicht mineralölbeständig!
Fluorkarbon	FPM	V	75	schw	hohe Temperaturen, heiße Öle, aromatische Lösungsmittel, viele Chemikalien, schwer entflammbare Flüssigkeiten von Phosphatestern und chlorierten Kohlenwasserstoffen
Fluorkarbon	FPM	V	90	schw	Medienbeständigkeit wie oben - hoher Widerstand gegen Anpressung - statische Dichtung bei hohen Drücken
Silikon	MVQ	S	70	schw	hohe Temperaturen, Heißluft, Sauerstoff - nur als statische Dichtung
Chloropren	CR	C	70	schw	witterungs- und salzwasserbeständig - Kältemittel
Nitril-Butadi-en-Kautschuk	NBR	N	80	schw	Medienbeständigkeit wie NBR oben
Fluorkarbon	FPM	V	80	grün	Medienbeständigkeit wie FPM oben

In Tabelle 5-3 sind O-Ring-Elastomermaterialien und deren Einsatzmöglichkeiten zusammengestellt [52]. Für Bioreaktoren empfiehlt es sich EPDM (Ethylen-Propylen-Kautschuk) als Material mit einer Härte von 80 Shore. Dieses Material ist in weiten Bereichen beständig, allerdings nicht dauerhaft gegen Öle und vor allem nicht gegen Säuren und einige Chemikalien (z.B. chlorierte Kohlenwasserstoffe). Wo Säuren oder auch Chlorkohlenwasserstoffe auftreten, kann Viton (FPM) Ersatz sein. Dabei ist zu beachten, daß Viton bei Kontakt mit Dampf versprödet und deshalb häufiger ausgewechselt werden muß (Wartungsintervall, Vorsorgewartung Abschnitt 6.2).

In der Theorie weist die Liniendichtung eine Breite von „Null" auf. Da in diesem Zustand die abzudichtenden Flächen den O-Ring gerade berühren, ist damit eine Dichtwirkung in der Praxis noch nicht gegeben. Zu diesem Zweck muß der O-Ring vorgespannt werden (2 x h* in Abb. 5-23).

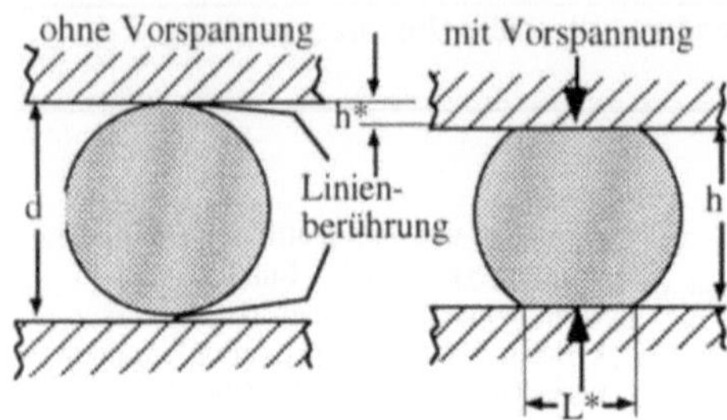

Abb. 5-23 Erforderliche Vorspannung eines O-Ringes und die daraus resultierende Breite einer Liniendichtung L*. Nur ohne Vorspannung erhält man die Linie mit der Breitenausdehnung „Null". Die Vorspannung ist die Differenz zwischen dem O-Ringdurchmesser und dem Abstand der abzudichtenden Flächen (vgl. Gleichung 5.3).

Die Vorspannung in % (VSP) berechnet sich aus

$$\text{VSP} = \left(\frac{d - h}{d}\right) 100 \; [\%] \; . \tag{5.3}$$

Damit eine ausreichende Dichtwirkung erzielt werden kann, geben die O-Ringhersteller eine erforderliche Mindestvorspannung (VSP_{min}) von 10 % und, damit er vor Zerstörung geschützt ist, eine Maximalvorspannung (VSP_{max}) von 22 % (d < 5,33 mm) bzw. 30 % (d $\geq$ 5,33 mm) an. Diese Angaben berücksichtigen allerdings schon die Toleranzbereiche von O-Ring und Nut. Dadurch möchte man sicher gehen, daß immer genügend Vorspannung auftritt. Folgende Betrachtung zeigt diese Zusammenhänge:

Die O-Ringtoleranzen sind in DIN 3771 oder ISO 3601/I festgelegt. Daraus lassen sind in etwa folgende Toleranzen in %-Angabe ablesen:

    Toleranz für O-Ringe: $\pm$ < 4,0 %   für d < 5,33 mm

    Toleranz für O-Ringe: $\pm$ < 3,0 %   für d $\geq$ 5,33 mm

Für zuverlässige Abdichtungen wird eine Mindestvorspannung von 10 % verlangt und damit der O-Ring nicht beschädigt wird, eine Maximalvorspannung von 30 % für O-Ringdurchmesser d < 5,33 mm bzw. von 22 % für d $\geq$ 5,33 mm zugelassen. Daraus resultieren die in etwa zulässigen Toleranzen für die Nut in %-Angaben (auch bei den Sterilverschraubungen, Abschnitt 5.2.3.5), die ebenfalls in der angegebenen DIN und ISO zu finden sind:

    Toleranz für Nut: $\pm$ < 4,0 %   für d < 5,33 mm

Toleranz für Nut: $\pm < 3{,}0\ \%$ für $d \geq 5{,}33$ mm

Zwei Beispiele sollen das Zusammenspiel dieser Toleranzen zeigen. Bei einem O-Ringdurchmesser von d = 4,0 mm berechnet sich eine Mindestvorspannung von $VSP_{min} = 0{,}40$ mm (10%) sowie eine Maximalvorspannung von $VSP_{max} = 1{,}20$ mm (30%). Aus beiden resultiert eine mittlere Vorspannung von $VSP_{mittel} = 0{,}80$ mm. Überlagert man nun dieser mittleren Vorspannung die jeweiligen Toleranzgrenzen, so erhält man für die resultierende Vorspannung einen Bereich von $VSP_{result} = 0{,}50$ .... 1,10 mm. D.h., die Mindestvorspannung wird erreicht (0,5 > 0,4 mm) und die Maximalvorspannung nicht überschritten (1,1 < 1,2 mm).

Im zweiten Beispiel sei der O-Ringdurchmesser d = 15 mm. In diesem Fall berechnet sich eine Mindestvorspannung von $VSP_{min} = 1{,}5$ mm (10 %) sowie eine Maximalvorspannung von $VSP_{max} = 3{,}3$ mm (22 %). Aus beiden resultiert eine mittlere Vorspannung von $VSP_{mittel} = 2{,}40$ mm. Überlagert man nun dieser mittleren Vorspannung wieder die jeweiligen Toleranzgrenzen, so erhält man für die resultierende Vorspannung einen Bereich von $VSP_{result} = 1{,}50$ ... 3,30 mm. Auch in diesem Fall wird die Mindestvorspannung erreicht (1,5 ≥ 1,5 mm) und die Maximalvorspannung nicht überschritten (3,3 ≤ 3,3 mm).

In dem vorgeschlagenen Vorspannungsbereich ist die Forderung der Liniendichtung längst verlassen. Etwas vereinfacht kann die Breite der Linie L* (Abb. 5-23) mittels der Sehnengleichung eines Kreises

$$L^* = 2 \cdot \sqrt{h^* \cdot (d - h^*)} \qquad\qquad (5.4)$$

ermittelt werden. Aus der Definition für die Vorspannung erhält man für h*

$$h^* = \frac{VSP}{100}\,\frac{d}{2}\ . \qquad\qquad (5.5)$$

Setzt man Gleichung 5.5 in 5.4 ein, so erhält man die Linienbreite

$$L^* = 2 \cdot d \cdot \sqrt{\frac{VSP}{200}\left(1 - \frac{VSP}{200}\right)}\ . \qquad\qquad (5.6)$$

Die Vorgabe, die Vorspannung zwischen 10 % und 30 % zu wählen, führt schließlich zu

$$\left(\frac{L^*}{d}\right)\% = 2 \cdot 100 \sqrt{\frac{10\ ..\ 30}{200}\left(1 - \frac{10\ ..\ 30}{200}\right)}$$

Linienbreiten, die zwischen 43 und 71 % des O-Ringdurchmessers liegen. Dabei kann man nicht mehr von einer Liniendichtung sprechen. In der Praxis wäre es vorteilhaft durch gewisse Zuordnung von O-Ring und Nut in Abhängigkeit der ausgeführten Toleranzen immer die Mindestvorspannung anzustreben. In Abschnitt 5.2.2.3 wird aber gezeigt, daß auch Vorspannungen unter 10 %, nämlich VSP > 3% ausreichen können. Es stellt sich nun die Frage, welche Dichtigkeit muß aus steril- bzw. sicherheitstechnischen Gründen erzielt werden?

5.2.2.2 Darstellung von Undichtigkeiten

Der industrielle Einsatz von genetisch veränderten Mikroorganismen zum Zwecke von Produktionen brachte eine kontroverse Diskussion in Gang. Unabhängig von vorhandenen biologischen Containments oder einer eventuell wirklich vorhandenen Gefahr, die von bestimmten Mikroorganismen ausgehen könnte, richtet sich die Diskussion immer wieder auf die Freisetzungsproblematik. Das Szenario von allen möglichen und unmöglichen Störungen hat dabei genügend Potential von vermeintlichen Freisetzungsmöglichkeiten offengelegt. Doch dem sachlich diskutierenden Betrachter leuchtet sofort die niedrige Wahrscheinlichkeit solcher Zwischenfälle ein, wenn eine Anlage nach dem „Stand der Technik" installiert ist. Die Frage, ob Mikroorganismen im Zuge normaler Betriebsverhältnisse freigesetzt werden können, ist nur zu beantworten, wenn die Dichtigkeit bzw. die Undichtigkeit einer Anlage, eines Reaktors, beschrieben werden kann.

Es scheint unmöglich zu sein, die Undichtigkeit eines Reaktors dahingehend zu bestimmen, daß mit Sicherheit die Freisetzung von Mikroorganismen ausgeschlossen werden kann. Geht man allerdings vom dem Fall aus, daß eine gemessene Undichtigkeit nur durch eine einzige Pore (Leckage) verursacht wurde, dann hat man eine Meßgröße, die für die vorliegende Fragestellung sehr aussagekräftig sein kann. Ist nämlich die ermittelte „Einzelpore" im Durchmesser in der gleichen Größenordnung oder kleiner als die kleinste Abmessung der in Frage kommenden Mikroorganismen, dann ist eine Freisetzung unter normalen Betriebsverhältnissen ausgeschlossen.

Ausgehend von diesem Gedankenansatz lassen sich die hier beschriebenen Modelle herleiten [55]. Diese führen unter bestimmten Annahmen zu einem Einzelporendurchmesser. Der Porendurchmesser repräsentiert den gleichen Ausströmquerschnitt wie die Summe aller Einzelleckagen und wird mit D_{ad} (adäquater Durchmesser) bezeichnet.

Als quantitative Dichtigkeitsprüfung kommt ausschließlich das Abpressen des Systemes mit einem Gas (meist Luft) zum Einsatz. Dabei wird mit möglichst empfindlichen Druckaufnehmern (Meßgenauigkeit $\pm$ 1 mbar) der Druckabfall bei konstanter Temperatur über der Zeit aufgenommen (Abb. 5-24).

Über die ideale Gasgleichung (5.2) findet man für zwei Drücke p_1 und p_2

$$\Delta p_1 = p_1 - p_2 = \frac{R \cdot T}{V \cdot M}(m_1 - m_2) \tag{5.7}$$

und für einen linearen Druckabfall den Gasmassenstrom

$$\dot{m} = \frac{V \cdot M}{R \cdot T} \left(\frac{\Delta p}{\Delta t}\right)_{t=0} .$$ (5.8)

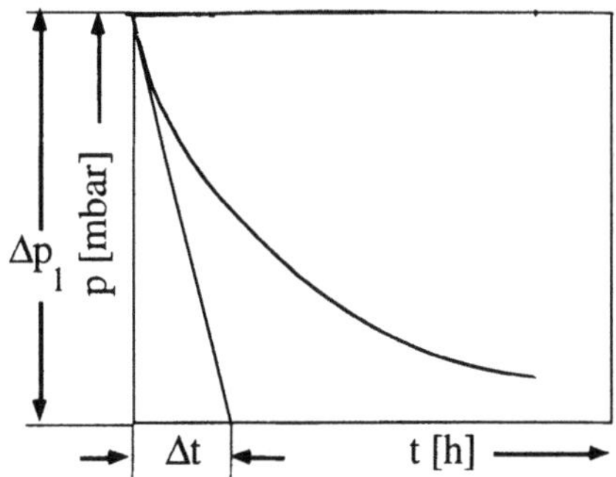

Abb. 5-24 Aufzeichnung des Druckabfalles über der Zeit und Ermittlung des Gradienten $\Delta p_1/\Delta t$. Der Gradient wird im Punkt t=0 genommen. Dadurch können konstante Verhältnisse für die Dichte und auch die Druckdifferenz Δp_2 (Gleichung 5.17) angenommen werden.

Da der Druckabfall nicht linear verläuft, muß die Tangente im Punkt t=0 angelegt werden. Der so gefundene Massenstrom entspricht der Summe der entwichenen Masse pro Zeiteinheit über alle Undichtigkeiten. Dieser läßt sich darstellen als

$$\dot{m} = \sum_{i=1}^{n} A_i \cdot w_i \cdot \rho_i \ ,$$ (5.9)

wobei A_i den Einzelporenquerschnitt [m²], w_i die Einzelaustrittsgeschwindigkeit [m/s] und ρ_i die Dichte [kg/m³] in der jeweiligen Pore darstellt. Da für die Auswertung die Momentaufnahme zur Zeit t = 0 verwendet wird, kann die Dichte als konstant angesehen werden. Im einfachsten Fall läßt sich auch eine einheitliche Ausströmgeschwindigkeit angeben. Eine Berechnungsgleichung für eine einheitliche Ausströmgeschwindigkeit geht vom Grundgesetz der Dynamik aus

$$\rho \cdot A \cdot ds \cdot \frac{dc}{dt} = - \frac{dp}{ds} \cdot ds \cdot A - \frac{dh}{ds} \cdot ds \cdot \rho \cdot g \cdot A + \frac{d\tau}{ds} \cdot ds \cdot U .$$ (5.10)

Für die Randbedingungen

- einer eindimensionalen Strömung entlang s,

- eines konstanten Querschnittes A und damit eines konstanten Porendurchmessers,

- eines adiabaten Zustandes $\rightarrow$ dq = 0,

- einer Reibungsfreiheit $\rightarrow$ dτ = 0,

- kein Höhenunterschied $\rightarrow$ dh = 0,

- und stationären Verhältnissen $\rightarrow \frac{dc}{dt} = 0$

findet man mit Einbezug des ersten Hauptsatzes der Thermodynamik

$$dq = du + p \cdot d(1/\rho) \tag{5.11}$$

für die Ausströmgeschwindigkeit

$$w = \sqrt{\frac{2 \cdot \kappa}{\kappa-1} \frac{p_R}{\rho_R} \left[1 - \left(\frac{p}{p_R}\right)(\kappa-1)/\kappa\right]} \tag{5.12}$$

Gleichung 5.12 wird als Gleichung nach *De Saint Venant* und *Wantzel* bezeichnet. Mit den getroffenen Randbedingungen wird aus Gleichung 5.9

$$\dot{m} = w \cdot \rho \cdot \sum_{i=1}^{n} A_i \cdot \tag{5.13}$$

Durch Gleichsetzen von Gleichung 5.13 und 5.8

$$w \cdot \rho \cdot \sum_{i=1}^{n} A_i = \frac{V \cdot M}{R \cdot T}\left(\frac{\Delta p}{\Delta t}\right)_{t=0} \tag{5.14}$$

und dem Sachverhalt, daß die Fläche des adäquaten Durchmessers gleich der Summe aller Flächen ist

$$A_{ad} = \frac{D_{ad}^2 \cdot \pi}{4} = \sum_{i=1}^{n} A_i \tag{5.15}$$

führt schließlich zu folgendem Ausdruck für den adäquaten Durchmesser [55]:

$$D_{ad} = \sqrt{\frac{4 \cdot V \cdot M}{\pi \cdot R \cdot T \sqrt{\frac{2 \cdot \kappa}{\kappa-1} \cdot \rho \cdot p_R \left[1 - \left(\frac{p}{p_R}\right)(\kappa-1)/\kappa\right]}} \frac{\Delta p}{\Delta t}} \cdot \tag{5.16}$$

Geht man erneut vom Grundgesetz der Dynamik aus und berücksichtigt diesmal die Reibung, so findet man letztendlich für den Druckverlust

$$\Delta p_2 = \lambda \cdot \frac{L}{D} \cdot \rho \cdot \frac{w^2}{2} \cdot \tag{5.17}$$

Der Druckverlust ist gleich der Differenz zwischen Ruhedruck p_R und Außendruck p (vgl. Abb. 5-25), also

$$\Delta p_2 = p_R - p \cdot \tag{5.18}$$

Aus Gleichung 5.17 gewinnt man eine Beziehung für die Ausströmgeschwindigkeit

$$w = \sqrt{\frac{\Delta p_2 \cdot D \cdot 2}{\rho \cdot L \cdot \lambda}} \cdot \tag{5.19}$$

$$\lambda = \frac{64}{Re} = \frac{64 \cdot v}{w \cdot D} \, ,$$

(5.20)

so daß für die Geschwindigkeit mit $\eta = v \cdot \rho$

$$w = \frac{\Delta p^2 \cdot D^2}{32 \cdot L^* \cdot \eta}$$

(5.21)

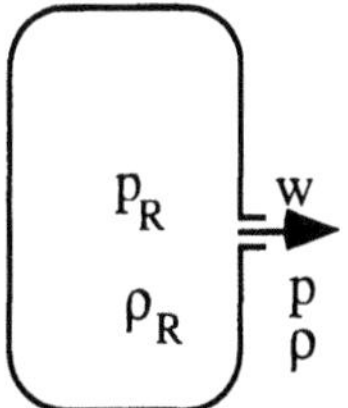

Abb. 5-25 Die Verhältnisse, wie sie für die Herleitung der Ausströmgeschwindigkeit nach *De Saint Venant* und *Wantzel* (Gleichung 5.12) angenommen werden.

gefunden wird. Setzt man Gleichung 5.21 in Gleichung 5.14 mit Gleichung 5.15 ein und formt nach dem adäquaten Durchmesser um, so ergibt das unter Berücksichtigung einer eindimensionalen Reibung und laminarer Strömung [55]

$$D_{ad} = \sqrt[4]{\frac{128 \cdot L^* \cdot v \; V \cdot M \cdot \Delta p_1}{\pi \cdot \Delta p_2 \cdot R \cdot T \cdot \Delta t}} \, .$$

(5.22)

Das vereinfachte Modell mit Reibung entspricht dem Hagen-Poiseuilleschen Gesetz (Gleichung 5.22). Vergleicht man beide Modelle, so zeigen sich für kleine Porendurchmesser erhebliche Abweichungen. Bei größeren Porendurchmessern nähern sich beide Modelle an (Tabelle 5-4). Bei einem Porendurchmesser von 1 μm täuscht das Modell ohne Reibung viel zu kleine Durchmesser vor. Erst ab etwa 100 μm liefert es brauchbare Werte.

Tabelle 5-4 Vergleich der beiden Modelle für den adäquaten Durchmesser [52].

Durchmesser D	reibungsfrei	Hagen/Pois.
1 μm	0,01 μm	1,3 μm
10 μm	0,67 μm	8,6 μm
100 μm	67 μm	86 μm

5.2.2.3 Beurteilung von Undichtigkeiten

Um Undichtigkeiten beurteilen zu können, wurden in einer Versuchsapparatur (Abb. 5-26) verschiedene O-Ringe (Material, Durchmesser) bei unterschiedlicher Vorspannung hinsichtlich Dichtigkeit untersucht [55].

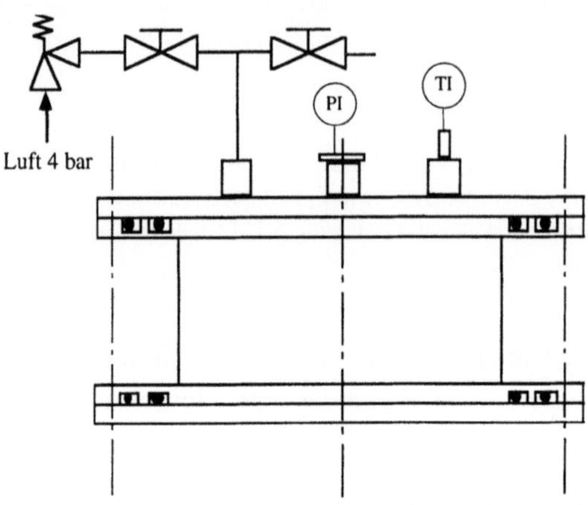

Abb. 5-26 Testapparatur zur Untersuchung von Dichtigkeiten [55]. Es besteht die Möglichkeit zwei verschiedene O-Ringabmessungen (Schnurdicke und Dichtungsdurchmesser) einzusetzen. Außerdem kann auch eine Doppel-O-Ringabdichtung untersucht werden

Die Ergebnisse einer Dichtigkeitsprüfung mit der Testapparatur sind beispielhaft in Abb. 5-27 dargestellt [55]. Es handelt sich dabei um je einen unten und oben angebrachten Viton O-Ring (FPM in Tabelle 5-3) mit 5,8 mm Schnurdurchmesser und 179 mm Dichtungsdurchmesser. Daraus ergibt sich eine Gesamtdichtlänge von 1124 mm. Die Druckprüfung wurde bei 1,5 bar Überdruck mit Luft bzw. Helium durchgeführt. Bei Variation der Vorspannung ergaben sich durchwegs technisch anspruchsvolle Dichtigkeiten. Sogar bei einer Vorspannung von 3 % waren die Ergebnisse ausgezeichnet. Sie lagen immer noch unter dem vom DAMK vorgeschlagenen Dichtigkeitsmaß für Chemieanlagen von 0,01 $\frac{g}{m \cdot h}$. Demnach erscheint eine Vorspannung von 3 % ausreichend. Mit steigender Vorspannung nimmt allerdings die Leckrate ab und nähert sich der Permeationsrate. Es besteht also die Möglichkeit durch Verbreiterung der Linienabdichtung (höhere VSP) den adäquaten Durchmesser zu verringern.

Den Einfluß der Alterung von O-Ringen durch Bedämpfung auf die erreichbare Dichtigkeit zeigt Abb. 5-28. Die beiden O-Ringe wurden etwa 60 Stunden bei 120 °C im Sterilisator mit Dampf belastet. Im Falle des Viton-O-Ringes stellt man eine Zunahme der Leckrate um den Faktor 100 fest. Aber auch beim EPDM-Ring liegt das in der gleichen Größenordnung. Dennoch erreichen noch beide O-Ringe das von der DAMK vorgeschlagene Dichtigkeitsmaß.

Um die beschriebenen Modelle in der Praxis anwenden zu können, muß für die zu untersuchenden Reaktoren bzw. Anlagen die gesamte Dichtlänge ermittelt werden. Bei der Durchführung des Drucktests sind Druckaufnehmer mit einer Meßgenauigkeit von ± 1 mbar erforderlich. In den Abb. 5-29 und 5-30 sind die Ergebnisse einer Druckprüfung an einer 300 l-Bioreaktoranlage dargestellt. Diese Abbildungen zeigen deutlich den Temperatureinfluß. Dieser muß in jedem Fall berücksichtigt werden. Das kann geschehen, in dem man vom Start ausgehend einen möglichen Endpunkt bei gleicher Temperatur wählt und zwischen beiden Punkten einen linearen Verlauf annimmt. Dabei macht man aber einen Fehler, der einen kleineren Durchmesser vortäuscht. Richtiger ist es, die einzelnen Meßpunkte am Beginn nach Gleichung 5.8 zu korrigieren bis mit genügender Sicherheit die Tangente im Nullpunkt angelegt werden kann (Abb. 5-24). Im ersten Beispiel (Abb. 5-29) ergab der Drucktest einen Druckabfall von 3 mbar in 58 Stunden. Daraus berechnet sich nach Gleichung 5.16 ein adäquater Durchmesser von 2,0 µm bzw. nach Gleichung 5.22 von 13 µm. Aus dem zweiten Beispiel (Abb. 5-30) läßt sich ein Druckverlust von 150 mbar in 125 Stunden ermitteln. Die berechneten Werte für den adäquaten Durchmesser sind 35 µm (Gleichung 5.22) bzw. 14 µm (Gleichung 5.16).

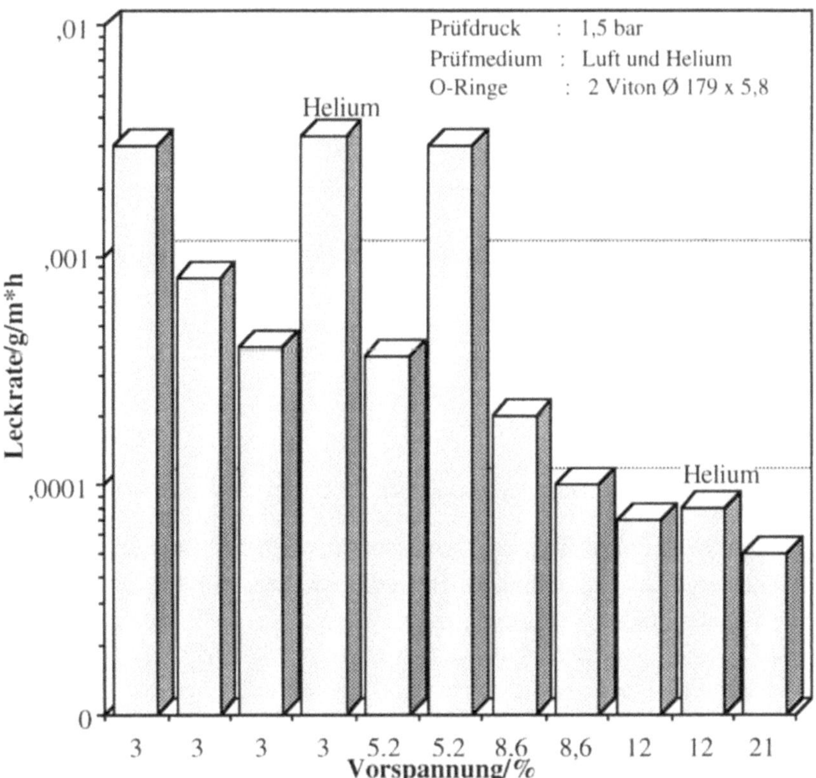

Abb. 5-27 Ergebnisse von Dichtigkeitsprüfungen in der Testapparatur (Abb. 5-26).

Die erhaltenen Werte müssen noch durch die natürliche Permeation, die durch jeden Stoff erfolgt, korrigiert werden. Für EPDM beträgt dieser bei Raumtemperatur (25 °C) und für Luft $8 \cdot 10^{-8} \, \dfrac{cm^3}{cm \cdot cm^2 \cdot s \cdot bar}$.

In den Fällen, wo der adäquate Durchmesser größer als die Mikroorganismen ist, kann Freisetzung erfolgen.

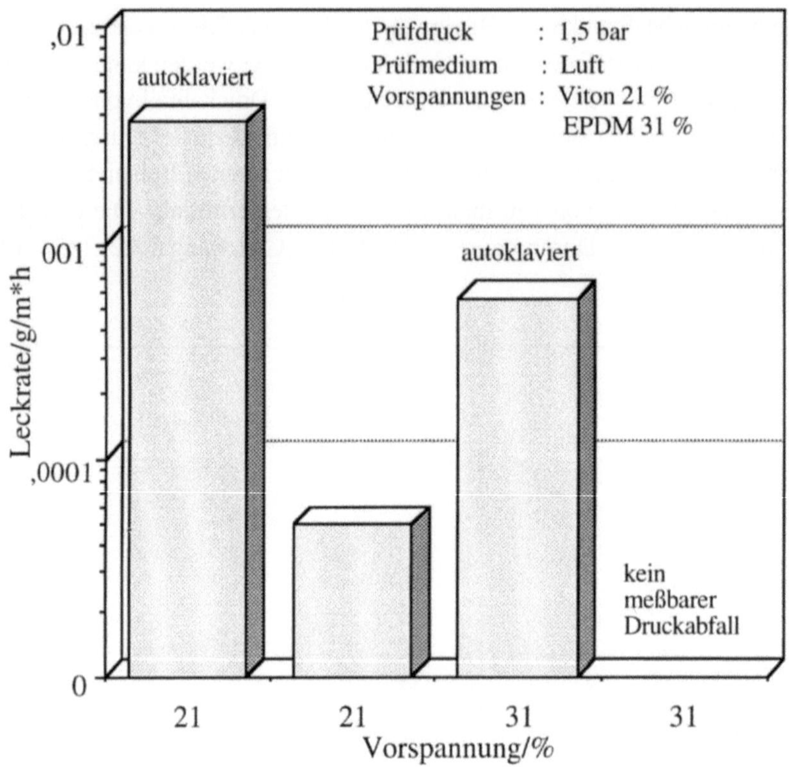

Abb. 5-28 Einfluß der Belastung mit Dampf auf die Dichtigkeit von O-Ringen.

Grundsätzlich ist aber die Frage zu beantworten, wie groß ist eigentlich die Wahrscheinlichkeit, mit der eine einzige Pore die gemessene Undichtigkeit verursachen kann. Die Situation läßt zwei Möglichkeiten (Ereignisse) zu. Zum einen die Möglichkeit Π, daß $D > D_{krit}$ auftreten kann und zum anderen die Möglichkeit Π^*, daß $D > D_{krit}$ nicht auftreten kann. Als nächstes muß gefragt werden, wie häufig der Fall Π insgesamt auftreten kann. Ist D_{krit} der Durchmesser, der die Teilchen, die nicht entweichen sollen, kennzeichnet, so muß $D > D_{krit}$ sein. Die maximale Häufigkeit n ergibt sich somit dadurch, wie oft D_{krit} in D_{ad} über Flächengleichheit enthalten ist. Es gilt also

$$n = \left(\frac{D_{ad}}{D_{krit}} \right)^2 . \tag{5.23}$$

Die nächste Frage richtet sich nach einer Wahrscheinlichkeit mit der Π überhaupt auftreten kann. Dazu betrachtet man die Grenzwerte $p = 0$ und $p = 1$. Die Wahrscheinlich-

keit p = 1 bedeutet, daß Π in jedem Fall auftritt und p = 0, daß Π in keinem Fall stattfindet. Diese beiden Grenzwerte können durch das Gesetz

$$p = \frac{D_{ad} - D_{krit}}{2 \cdot L}$$ (5.24)

beschrieben werden. D.h. in jedem Fall muß $D_{ad} > D_{krit}$ sein, damit Π auftreten kann
und wenn der adäquate Durchmesser gleich der gesamten Dichtlänge ist, dann tritt Π in
jedem Fall auf. Fragt man nach der Wahrscheinlichkeit P, mit der Π m-mal auftritt,
dann gilt

$$P_{m,n} = \binom{n}{m} p^{m} \cdot (1 - p)^{n-m}.$$ (5.25)

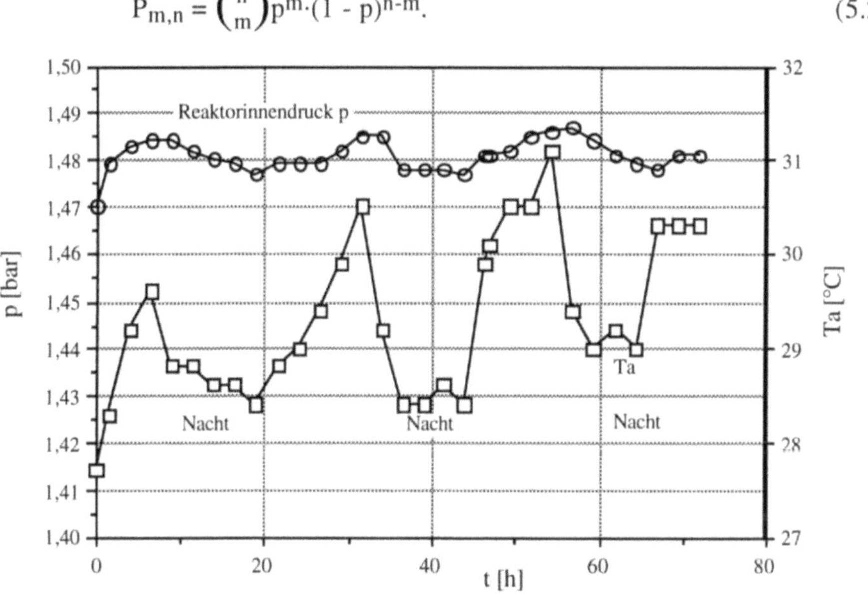

Abb. 5-29 Dichtigkeitsprüfung an einer 300 l-Bioreaktoranlage mittels des Drucktestes mit
Luft. Besondere Beachtung muß der Einfluß der Raumtemperatur auf den Druckverlauf im leeren
Reaktor erfahren. In jedem Fall muß die Temperatur rechnerisch berichtigt werden [55]. (Ta -
Umgebungstemperatur).

Da Π aber nicht auftreten soll, wird m = 0 gesetzt und damit wird für die Wahrscheinlichkeit, daß Π nicht auftritt

$$P_{nein} = \binom{n}{0} p^{0} \cdot (1 - p)^{n-0} = (1 - p)^{n}.$$ (5.26)

Gleichung 5.26 kann mit dem Binomialen Lehrsatz gelöst werden und man erhält,
wenn der Polynomansatz nach dem zweiten Glied abgebrochen wird

$$P_{nein} = 1 - n \cdot p.$$ (5.27)

Da die Summe aller in einem System vorkommenden Wahrscheinlichkeiten gleich Eins
sein muß, findet man aus Gleichung 5.27

$$P_{ja} = 1 - P_{nein} = n \cdot p. \tag{5.28}$$

Setzt man in Gleichung 5.28 noch die Definitionen nach Gleichung 5.23 und 5.24 ein, so erhält man für die Wahrscheinlichkeit, daß eine größere Pore als der kritische Durchmesser auftreten kann

$$P_{ja} = \left(\frac{D_{ad}}{D_{krit}} \right)^2 \frac{D_{ad} - D_{krit}}{2 \cdot L}. \tag{5.29}$$

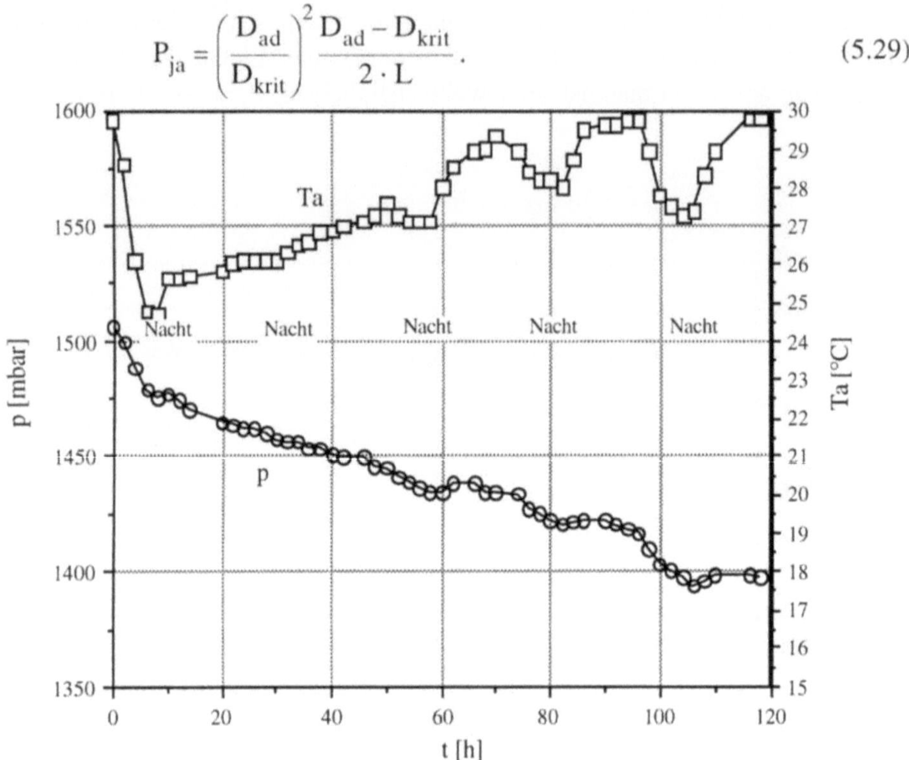

Abb. 5-30 Dichtigkeitsprüfung an einer 300 l-Bioreaktoranlage mittels des Drucktestes mit Luft. Besondere Beachtung muß der Einfluß der Raumtemperatur auf den Druckverlauf im leeren Reaktor erfahren. In jedem Fall muß die Temperatur rechnerisch berichtigt werden [55]. Ta - Umgebungstemperatur; p - Reaktorinnendruck.

Für die beiden Beispiele der Dichtigkeitsprüfung (Abb. 5-29, Abb. 5-30) läßt sich folgende Wahrscheinlichkeit ermitteln: Die Dichtlänge des 300 l Bioreaktors beträgt 10 Meter, der O-Ringdurchmesser 4 mm und zum Beispiel E. coli als kritischer Mikroorganismus hat eine Abmessung von 1 µm. Im ersten Fall ergibt das eine Wahrscheinlichkeit von $2 \cdot 10^{-6}$ bzw. $1,6 \cdot 10^{-4}$ und im zweiten Beispiel von $2,1 \cdot 10^{-4}$ bzw. $1,3 \cdot 10^{-3}$.

5.2.2.4 Scale-up der Dichtigkeitsprüfung

Aus Sicherheitsgründen muß für jeden Maßstab dieselbe Wahrscheinlichkeit, mit der die Freisetzung eintreten kann, zugrunde gelegt werden. Demnach muß gelten P* = P, wenn P* für den Großmaßstab und P für den Kleinmaßstab steht. Somit ist nach Gleichung 5.29

$$\left(\frac{D_{ad*}}{D_{krit}}\right)^2 \frac{D_{ad*} - D_{krit}}{L*} = \left(\frac{D_{ad}}{D_{krit}}\right)^2 \frac{D_{ad} - D_{krit}}{L} .$$ (5.30)

Für die Situation, daß der adäquate Durchmesser merklich größer ist als der kritische Durchmesser läßt sich aus Gleichung 5.30 näherungsweise

$$\frac{D_{ad*}}{D_{ad}} = \left(\frac{V*}{V}\right)^{1/9}$$ (5.31)

finden. Wird in allen Maßstäben die Druckprüfung bei gleichen Bedingungen durchgeführt, so findet man aus Gleichung 5.16

$$\frac{D_{ad*}}{D_{ad}} = \sqrt{\frac{V* \cdot \Delta p*/\Delta t*}{V \cdot \Delta p/\Delta t}} .$$ (5.32)

Soll dabei noch Δp im Bereich der Meßgenauigkeit gleich gewählt werden, dann folgt

$$\frac{D_{ad*}}{D_{ad}} = \sqrt{\frac{V* \cdot \Delta t}{V \cdot \Delta t*}} .$$ (5.33)

Setzt man die Gleichungen 5.31 und 5.33 gleich und löst nach der Testzeit im Großmaßstab $\Delta t*$ auf, so ergibt das

$$\frac{\Delta t*}{\Delta t} = \left(\frac{V*}{V}\right)^{7/9} .$$ (5.34)

Das bedeutet, wenn für eine 300 l-Bioreaktoranlage eine Testzeit von 120 Stunden erforderlich war, so wird für eine 50 m^3-Anlage eine Testzeit von 6416 Stunden notwendig werden. Dieses Beispiel zeigt ein großes Problem auf. Diesem Problem kann man nur durch verbesserte Meßgenauigkeit begegnen.

5.2.3 Armaturen im Sterilbereich

5.2.3.1 Sicherheitseinrichtung

Jeder Druckapparat muß mit einem Sicherheitselement abgesichert werden, das dafür sorgt, daß im Apparat der zulässige Druck nie überschritten wird. In der Regel übernimmt diese Aufgabe ein Sicherheitsventil, das von einer Eichstelle exakt eingestellt und plombiert wird. Solche Sicherheitsventile weisen aber viele Toträume auf und sind somit nicht geeignet für den Einsatz im Sterilbereich. Eine Alternative bietet die Berstscheibe, die entweder aus Metall oder aus Graphit gefertigt ist. Da die Graphitberstscheiben zuverlässiger sind, d.h., sie bersten eher früher als zu spät, ist dieses Material am häufigsten im Einsatz. Günstigerweise installiert man die Berstscheibe in Kombination mit einem Schauglas (Abb. 5-31). Damit kann sie jederzeit kontrolliert werden.

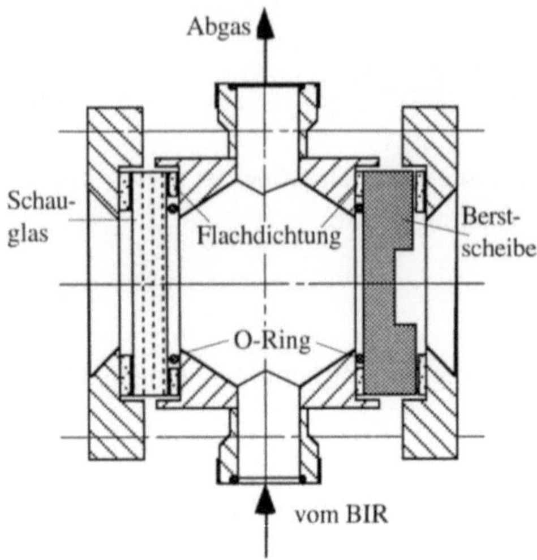

Abb. 5-31 Kombination von Schauglas und Berstscheibe in der Abgasleitung direkt auf dem Bioreaktor. Diese Konstruktion ist in Abschnitt 4.2, Abb. 4-3 im Zusammenhang mit der Abgassektion beschrieben. Wesentliches Merkmal sind die abgerundeten, nach unten gerichteten Flächen, damit keine Flüssigkeit (Kondensat) stehen bleiben kann und während der Sterilisation die Bedingungen Temperatur und reine Dampfatmosphäre sicher erreicht werden können. (Zur Kombination von O-Ring und Flachdichtung vgl. Abb. 5-16).

5.2.3.2 Anstecheinrichtung

Wenn in einen sterilen Apparat nachträglich noch etwas steril eingefüllt werden muß, z.B. die Vorkultur, dann bedient sich der Mikrobiologe meist der traditionellen Anstechtechnik. Dazu benötigt er die in Abb. 5-32 dargestellte Anstecheinheit inklusive der Anstechnadel. Dabei wird wie folgt verfahren: Zunächst stellt man sicher, daß der Apparat nicht mehr unter Druck steht und entfernt den Blindstopfen, der nur als mechanischer Stabilisator dient. Auf die Membran wird Methanol o.ä. gegeben und angezündet. Man wartet nun, bis die Flamme nahezu abgebrannt ist und sticht die vorher schon sterilisierte Nadel durch die Flamme eines Bunsenbrenners und durch die Membran. Nun kann der sterile Inhalt eines anderen Behälters in den Bioreaktor gegeben werden.

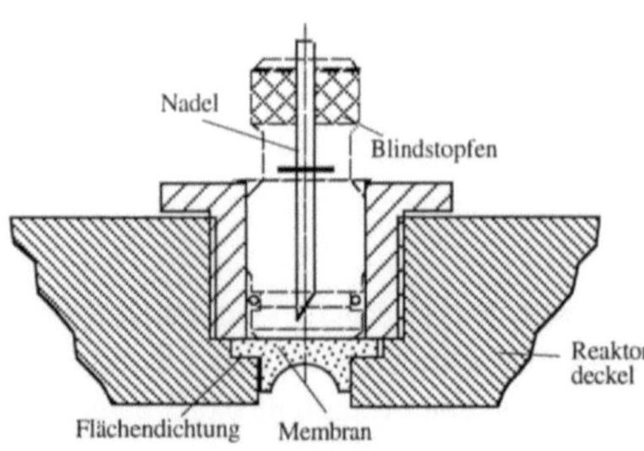

Abb. 5-32 Anstecheinheit zur sterilen Nachgabe von Medien in einen Bioreaktor mittels der Anstechtechnik. Wird die Armatur nicht benutzt, dann sichert ein Blindstopfen die Membran vor dem Herausdrükken. Vor dem Anstechvorgang wird der Blindstopfen entfernt. Während des Anstechvorganges muß der Druck im Bioreaktor etwa Umgebungsdruck sein. Kritisch bei dieser Konstruktion ist die Flächendichtung der Membran (vgl. Abschnitt 5.2.2.1).

Bei diesem Anstechvorgang können und werden oft Fehler gemacht. Der häufigste Fehler ist, daß das Methanol nicht weit genug abbrennt, so daß die Membranoberfläche nicht steril wird. Beim Durchstechen der Membran kann dann eine Kontamination auftreten. Ist die Anstechtechnik nicht durch die Ankopplungstechnik wie im Fall der geschlossenen Probenahme (Abb. 5-37) möglich, so bietet der Konstruktionsvorschlag in Abb. 5-33 Abhilfe. In diesem Fall kann die Membran und auch die Nadel mit Dampf vor dem Durchstechen ausreichend sterilisiert werden.

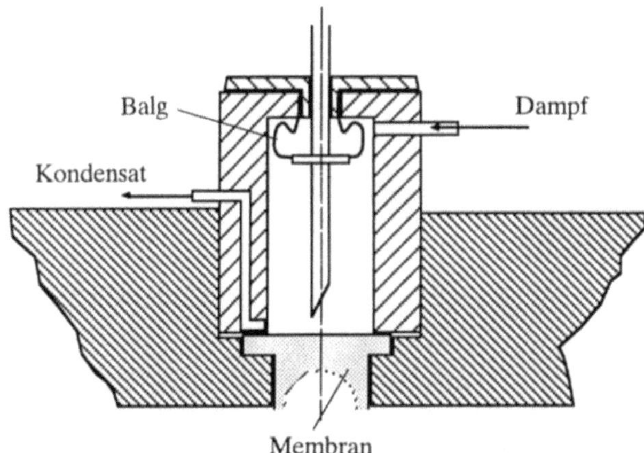

Abb. 5-33 Bedampfbare Anstecheinheit. Vor dem Anstechvorgang kann diese Armatur inklusive der Membranoberfläche ausreichend und kontrollierbar mit Dampf sterilisiert werden. Damit ist ein fehlerhaftes Anstechen ausgeschlossen.

5.2.3.3 Absperr- und Probenahmeventile

Lange Zeit tat man sich sehr schwer geeignete Ventile für den Sterilbereich zu finden. In Abb. 5-34 sind einige Ventile abgebildet. In älteren Bio-Anlagen sind sehr häufig nur Kugelhähne eingebaut. Um das Kontaminationsrisiko zu reduzieren, werden nicht für den Prozeß benutzte Leitungen, in denen Kugelhähne installiert sind, ständig unter Dampf gestellt. Modifizierte Kugelhähne, wo die hinteren Hohlräume ebenfalls mit Dampf durchströmt (sterilisiert) werden können, entsprechen schon eher modernen steriltechnischen Konstruktionsvorstellungen. Eine bessere Situation findet man bei Klappenkonstruktionen (Abb. 5-34c). Diese Armatur bietet wie ein Kugelhahn den Vorteil, einen möglichst großen Strömungsquerschnitt freizugeben (geringer Druckverlust). Der steriltechnisch kritische Punkt ist dort die dynamische Wellendichtung inform eines O-Rings. Indem die Hohlwelle ständig mit Dampf durchströmt werden kann, reduziert man zwar das Kontaminationsrisiko, aber gleichzeitig die Standzeit (Zuverlässigkeit) des dynamisch belasteten O-Ringes.

Erst als es möglich war, für die Membranventile temperaturbeständige Membranmaterialien herzustellen, wurde das Membranventil das „ideale" Ventil für den Sterilbereich. Nachteilig bleibt aber weiterhin die mangelnde mechanische und auch thermische Beständigkeit der Materialien. Sie sind den geforderten Bedingungen zwar gewachsen, doch über die Häufigkeit und auch die Dauer von Belastungen gibt es keine Aussagen.

Es bleibt dem Betreiber überlassen in rechtzeitigen Abständen die Membranen zu warten (Kapitel 6).

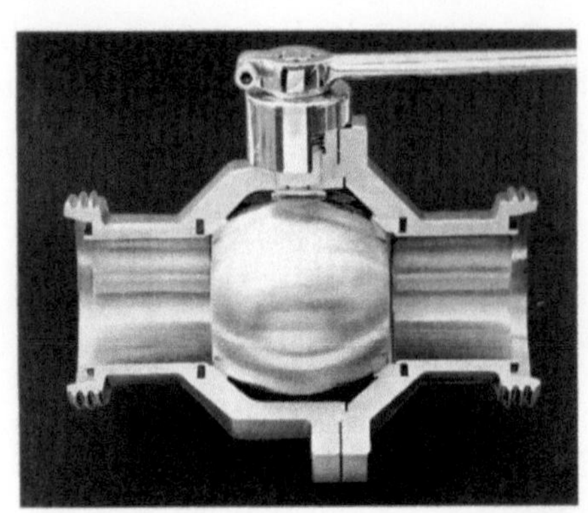 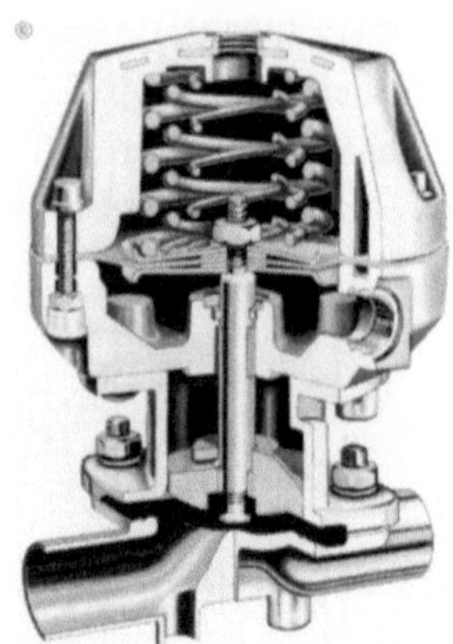

a) Fa. Armaturen-Vertriebsges.-Alms (ava)   b) Fa. Gemü Gebr- Müller GmbH

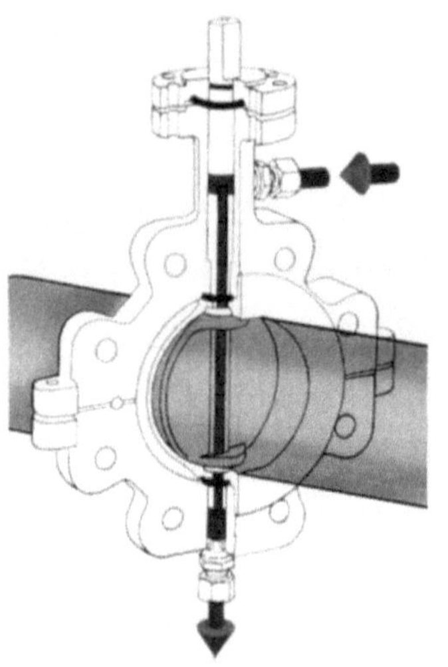 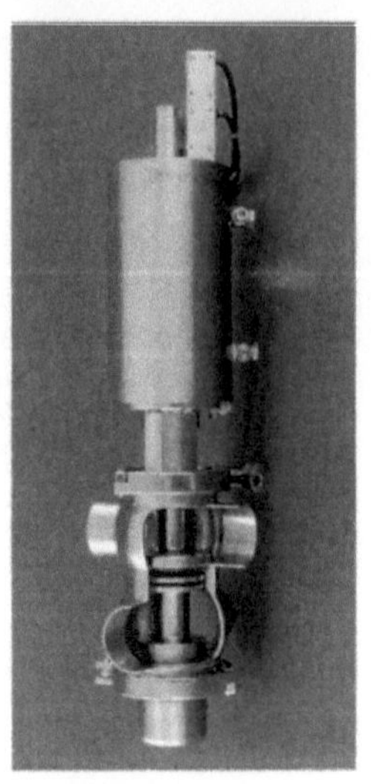 

c) Fa. Garlock   d) Fa. Südmo   e) Fa. Südmo

Abb. 5-34 Verschiedene Ventilbauarten: **a**) Kugelhahn; **b**) Membranventil; **c**) Klappe;
d) Doppelsitzventil; **e**) Faltenbalgventil.

Ein zusätzlicher kritischer Punkt ist die Einspannstelle, die bei flachen Membranen wie eine Flachdichtung aufliegt. Von Vorteil wäre eine Modifikation der Ventilkörperauflage gemäß Abb. 5-34 f. Ein tiefer sitzender, innerer Ring sorgt für die linienartige Abdichtung und ein äußerer Ring für die Anpressung, um die Membran zu halten.

Wegen dieses Nachteils sind weiterhin Bemühungen im Gange, neben dem Membranventil noch andere Ventile für den Sterilbereich anzubieten.

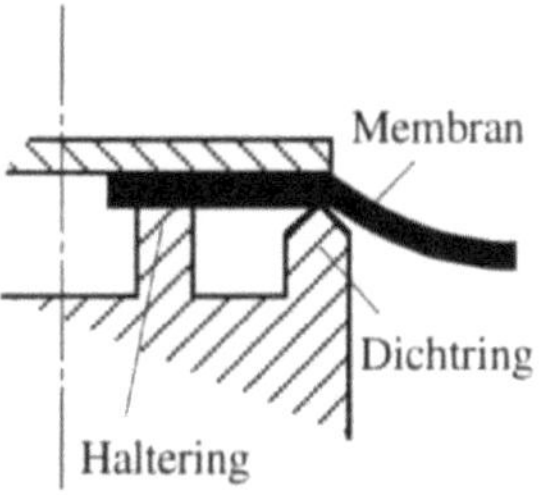

Abb. 5-34f Steriltechnische Verbesserung der Membraneinspannung in einem Mambranventil. Der Haltering übernimmt die mechanische Einspannung und der etwas tiefer gesetzte dichtet linienförmig ab, ohne daß dabei die Membran zu sehr eingeschnürt werden muß.

Es gab immer schon die Bestrebung Balgventile (Abb. 5-34e) im Sterilbereich einzusetzen. Dahinter steht die gleiche Philosophie wie bei den Membranventilen. Auch in diesem Fall ist die Dichtung statisch, und die erforderliche Bewegung übernimmt ein dehnbares Material, hier ein gefaltetes Material. Die Falten müssen natürlich so gestaltet sein, daß sie keine Ablagerung ermöglichen, doch das ist eigentlich schon der „wunde Punkt". Untersuchungen zeigten, daß Balgventile im Betrieb weit mehr Partikel emittieren als Membranventile, und das hängt eigentlich nur mit den Falten und der wesentlich größeren Oberfläche des Balges zusammen (Abb. 5-35).

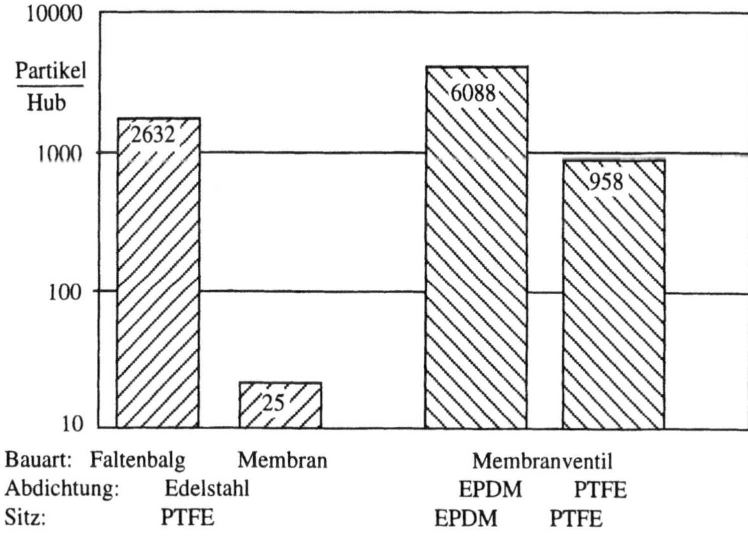

Abb. 5-35 Partikelfreisetzung (d_P > 0,5 µm) verschiedener Ventilbauarten und Materialien je Betätigung. Man erkennt, daß Teflonmaterialien wesentlich günstiger sind als EPDM und andererseits die Membrankonstruktion besser abschneidet als der Faltenbag.

Als Material kann beim Balgventil auch Metall eingesetzt werden, so daß es keine thermischen und chemischen Beständigkeitsprobleme gibt. Die mechanische Beständigkeit (Lastwechsel) ist auch hier die Limitierung, denn der Balg neigt zu Rißbildung.

Häufig verwendet man in der Lebensmittelindustrie auch Doppelsitzventile. Sie haben den Vorteil, daß neben dem Produktstrom parallel auch der Reinigungsstrom für die CIP-Reinigung (Cleaning In Place) ständig bereitgehalten werden kann. Das eigentliche Dichtproblem nach außen muß auch hier ein Faltenbalg oder eine dynamische O-Ringdichtung übernehmen. Beide Dichtungsarten sind wegen der Verschleißneigung nicht ideal.

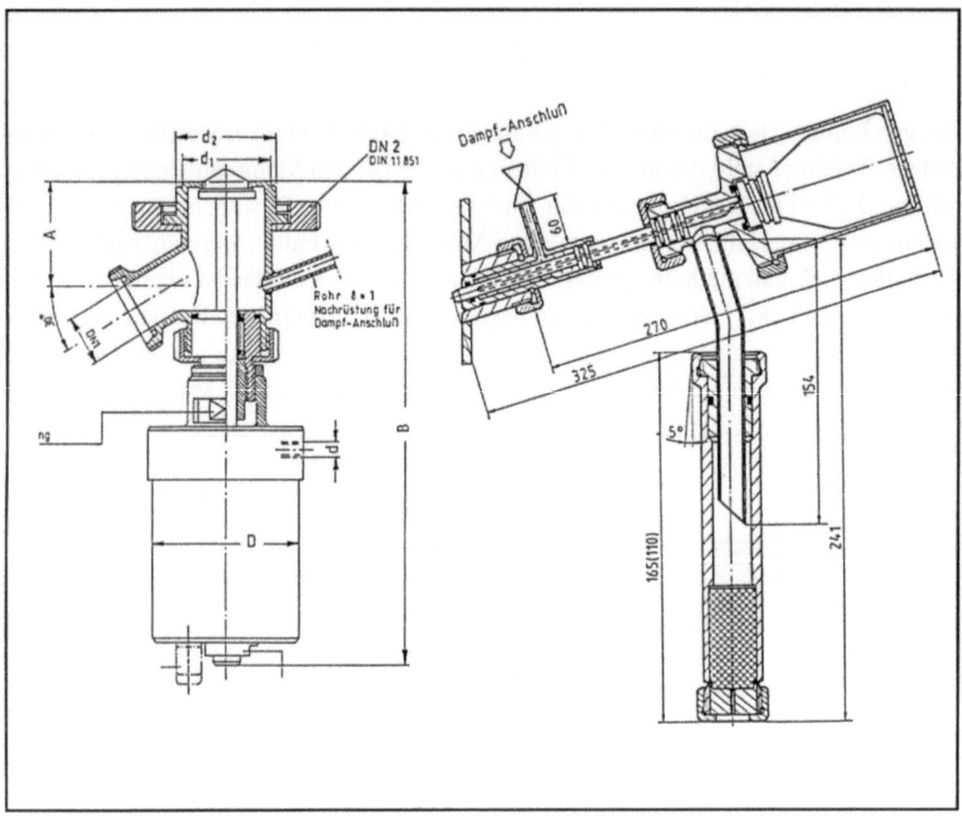

Abb. 5-36 Konstruktionen von Bodenablaß- und Probenahmeventilen.

Weitere wichtige Armaturen im Sterilbereich sind das Bodenablaßventil und das häufig benutzte Probenahmeventil. Für das Bodenablaßventil wurde eine einigermaßen zufriedenstellende Konstruktion gefunden (Abb. 5-36a). Bei Kleinbioreaktoren (V < 20 l) ist das Bodenablaßventil gleichzeitig auch das Probenahmeventil. Beim Probenahmeventil sind noch längst nicht alle Wünsche erfüllt. Es gibt Konstruktionen auf dem Markt, wie sie in Abb. 5-36b dargestellt sind. Wichtigstes Kriterium für ein solches Ventil ist, daß es während der Sterilisation mit Dampf zwangsdurchströmt wird und der Dampfdruck gehalten wird (hier durch eine Blende in der Sterilhülse). Geschieht das nicht, dann bleibt ständig eine Pfütze im Ventil (und auch im Medium) stehen, der Dampf streicht nur über diese Pfütze hinweg, und es ist anzunehmen, daß sie nicht durchgehend heiß wird. Das hat zur Folge, daß dieses Ventil eher wie ein „Inkubator" arbeitet und bei jeder Probenahme die Gefahr einer Kontamination besteht! Dieses Ventil kann nur dann problemlos eingesetzt werden, wenn es mit Gefälle nach unten installiert wird, damit keine Flüssigkeit stehen bleiben kann.

In Abb. 5-36c ist eine geschlossene Probenahme gezeigt. Im Gegensatz zum eben beschriebenen Ventil, besitzt dieses eine Zwangsdurchströmung des Sterilisationsdampfes. Dadurch bildet sich keine Pfütze, der Dampf erreicht auch die äußersten Ecken und sterilisiert den gesamten Raum. Nach der Vorsterilisation wird das Probeglas gegen die Nadel gedrückt, diese durchsticht die Membran und bei weiterem Drücken, schiebt sich die Hohlwelle in den Bioreaktor. Durch die Bohrung kann nun Medium in das Probeglas bis zum Druckausgleich fließen. Da das Probeglas nicht entlüftet wird, muß im Bioreaktor Überdruck anstehen. Beim Loslassen schiebt eine Feder die Hohlwelle zurück und zieht die Nadel aus dem Glas, die Membran verschließt das Glas wieder. Die gesamte Armatur wird nun nachsterilisiert. Ist das Ventil in einer Anlage höherer Sicherheitsstufe als S1 [56], dann darf der Abgang nicht über die Sterilhülse geleitet werden, sondern muß an eine Sicherheitseinrichtung angeschlossen sein (Abschnitt 3.8) [56].

Als geschlossene Probenahmeeinheit eignen sich besser solche Systeme, die nach der Ankopplungsmethode arbeiten (Abb. 5-37).

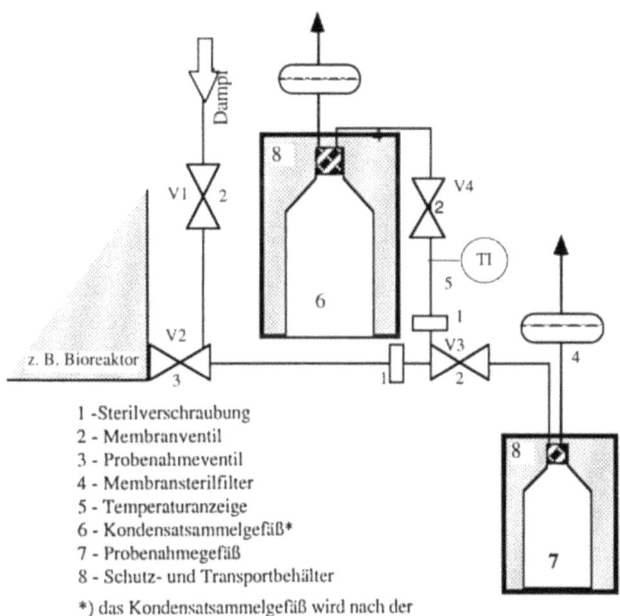

1 - Sterilverschraubung
2 - Membranventil
3 - Probenahmeventil
4 - Membransterilfilter
5 - Temperaturanzeige
6 - Kondensatsammelgefäß*
7 - Probenahmegefäß
8 - Schutz- und Transportbehälter

*) das Kondensatsammelgefäß wird nach der
   Probenahme in einem Sterilisator sterilisiert

Abb. 5-37 Geschlossene Probenahmeeinheit für gehobene Sicherheitsansprüche: Die Probenahmeeinheit wird in sterilisiertem Zustand an die Probenahmeeinheit angekoppelt. Vor der Probenahme werden die Ankopplungsstellen mit Dampft sterilisiert. Das Kondensat gelangt dabei in das Kondensatsammelgefäß. Danach kann die Probe in das Probegefäß geleitet werden. Hinterher müssen die kontaminierten Stellen erneut sterilisiert werden, bevor das Probegefäß zur Weiterverarbeitung abgekoppelt wird.

Das bereits sterilisierte Probenahmegefäß wird über Sterilverschraubungen (1) bei geschlossenem Ventil V3 angekoppelt. Über das Ventil V1 wird Dampf über das Probenahmeventil V2 (Abb. 5-36) und die Ankopplungsstellen in ein Auffanggefäß (8) zum

Zwecke der Sterilisation geleitet. Anschließend wird durch Schließen der Ventile V1 und V4 und Öffnen von V2 und V3 die Probe genommen (Probenahmegefäß (7)). Stellt man die vorherige Ventilstellung wieder her, so kann der produktberührte Bereich erneut sterilisiert werden. Alle Flüssigkeiten können so sicher aufgefangen und entsorgt werden. Besteht Bruchgefahr, so stellt man die entsprechenden Gefäße in Sicherheitsbehälter (Pos. 8 in Abb. 5-37).

5.2.3.4 Sonderbauarten von Ventilen

Neben den Standardausführungen der Membranventile, wird es an bestimmten Stellen häufig erforderlich, in Anlagen modifizierte Bauformen einzusetzen. Die schon mehrfach angesprochenen Ventilgruppen (3-er,4-er) benötigen angebohrte Membranventile, damit auch bis zur Sterilgrenze sterilisiert werden kann. Dabei wird so nah wie möglich an die Membran eine Bohrung gesetzt (Abb. 5-38). Dadurch kann der Dampf bis zur Membran, die in manchen Fällen die Sterilgrenze ist, strömen.

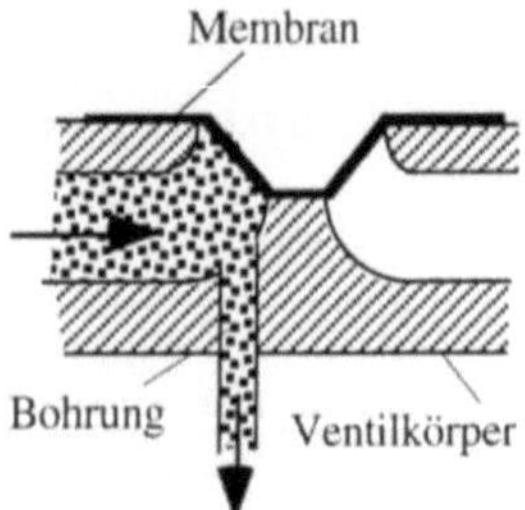

Abb. 5-38 Angebohrtes Membranventil: Durch die möglichst weit nach innen angebrachte Bohrung kann der Dampf bis zur Membran strömen und den gesamten Raum sicher sterilisieren. Bei einigen Ventiltypen ist das Anbringen der Bohrung schon vorgesehen oder sogar schon ausgeführt.

Einen totraumfreien Abgang bietet das Ventil, das in Abb 5-39 dargestellt ist. Die Membran dichtet dabei das Ende des Abgangrohres ab und gibt es frei, wenn aus dem Permanentstrom Medium entnommen werden soll. Diese Ventilbauart findet man in Reinstwassersystemen.

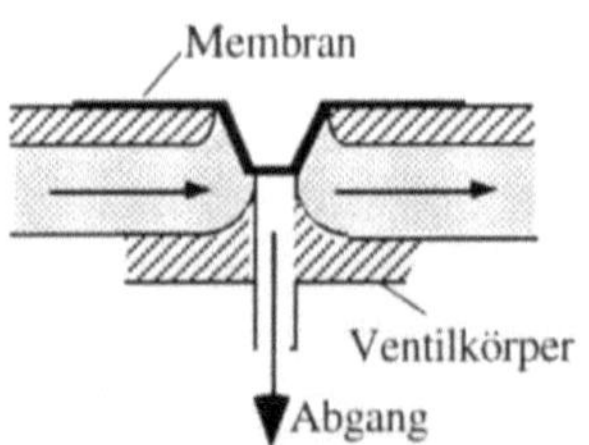

Abb. 5-39 Ventil mit totraumfreiem Abgang: Dieses Ventil ist sehr gut geeignet, um aus Rohrleitungen totraumfrei Probenahmen durchzuführen oder auch einzelnen Abnehmer zu versorgen, z.B. aus Reinstwassersystemen (Fa. Schiko).

Den gleichen Zweck, totraumfrei Medium aus einer Permanentströmung zu entnehmen, kann die modifizierte Blockventilkonstruktion erfüllen (Fa. Bioengineering, Abb. 5-40). Dabei wird ein Eingang der Standardausführung sachgerecht verschlossen und im 90°-Winkel eine neue Bohrung angebracht. An die neue Bohrung wird der Permanentstrom angeschlossen, und durch Öffnen der Membran kann totraumfrei über die verbliebene ursprüngliche Bohrung Medium abgenommen werden.

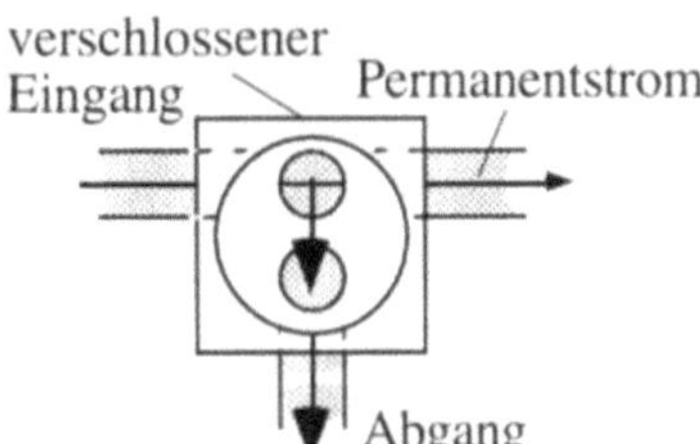

Abb. 5-40 Modifiziertes Membranventil. Diese Blockkonstruktion eignet sich für viele Modifikationen. Dadurch schließt dieses Ventil im Sterilbereich so manche Lücke.

Einen besonderen Stellenwert nimmt das Taktventil ein. Da aus steriltechnischer Sicht Kondensatableiter nicht geeignet sind, übernimmt diese Funktion ein taktendes Membranventil. Die übliche Konstruktion ist in Abb. 5-41 dargestellt.

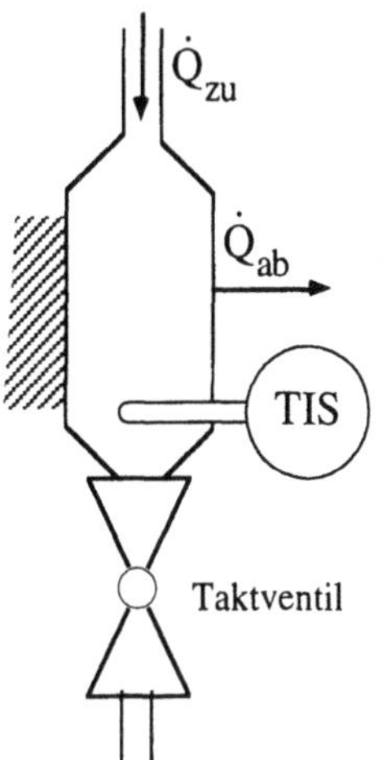

Abb. 5-41 Taktventil: Ein taktendes Membranventil übernimmt im Sterilbereich die Funktion eines Kondensatableiters. Damit ein Temperaturfühler aufgenommen werden kann, wird die Rohrleitung erweitert. Diese Konstruktion bereitet in der Praxis Schwierigkeiten, weil durch adiabate Entspannung des Dampfes Spontankondensation auftritt und dadurch vor dem Ventil ständig Kondensat ansteht. Ist das Verhältnis von Wärmezustrom über den Dampf zu Wärmeabgabe nach außen ungünstig, dann unterkühlt dieses Kondensat und man erreicht die Sterilisationstemperatur nicht. Eine Isolierung kann nur begrenzt die Situation verbessern. Besser ist dagegen ein Konstruktion gemäß Abb. 5-42.

Vor dem Ventil muß die Leitung zur Aufnahme einer Hülse für einen Temperaturfühler (pt 100) erweitert werden. Diese Konstruktion ist ungünstig, weil das ständig vorhandene Kondensat sich unterkühlt und damit die Sterilisationstemperatur nicht erreicht wird.

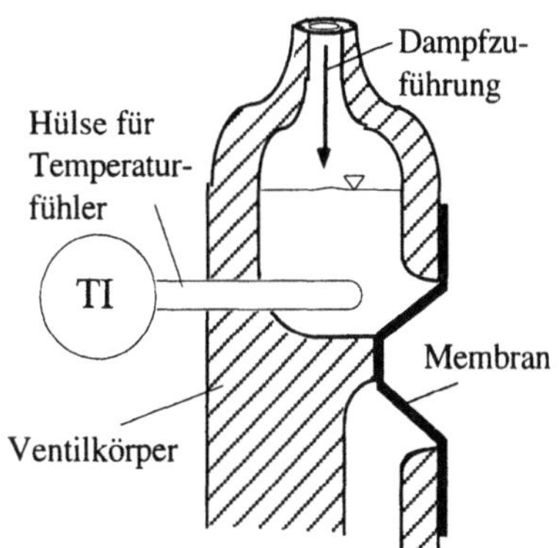

Abb. 5-42 Patentierter Vorschlag für ein Taktventil, das im Sterilbereich zur Entwässerung (Kondensatabscheidung) von dampfführenden Bereichen eingesetzt wird [57]. Weil beim Öffnen des Taktventiles durch das Druckgefälle es zu einer adiabaten Expansion des Sattdampfes und damit zu einer spontanen Kondensatbildung kommt, ist im Ventil ständig Kondensat. Um die Unterkühlung auf ein Mindestmaß zu halten, muß die Geometrie so gestaltet sein, daß die Wärmezufuhr im Vergleich zum Wärmeverlust begünstigt wird.

Das Kondensat fällt deshalb ständig an, weil es beim Öffnen des Taktventiles durch das Druckgefälle zu einer adiabaten Expansion des Sattdampfes und damit zu einer spontanen Kondensatbildung kommt. Bei konstruktiv ungünstigen Verhältnissen sind die Wärmeverluste größer als die Wärmenachfuhr über die Kondensatoberfläche, so daß das Kondensat unterkühlt. Eine verbesserte Konstruktion muß in Richtung günstigerer Verhältnisse für die Wärmenachlieferung gehen. Das bedeutet, daß die Oberfläche A_K möglichst groß und die äußere Oberfläche A_V möglichst klein ausfallen muß. Nimmt man noch die Forderung hinzu, daß die Temperatur möglichst nahe an der Sterilgrenze (Membran des Ventiles) gemessen werden soll, so bietet sich der in Abb. 5-42 dargestellte Konstruktionsvorschlag an [57].

5.2.3.5 Rohrleitungsverbindungen

Für die Verbindung von Rohrleitungen werden verschiedene Verschraubungen angeboten und auch verwendet (Abb. 5-43).

Zum einen ist das die herkömmliche Milchrohrverschraubung, die, wie ihr Name schon sagt, in der Milch- und auch in der übrigen Lebensmittelindustrie aufgrund des sehr leichtgängigen Rundgewindes (einfaches Verschrauben und keine Freßneigung) sehr weit verbreitet ist. Aus diesem Grund fand sie auch Anwendung in Bioanlagen. Doch dort zeigte sich sehr bald, daß hier andere Bedingungen vorliegen, vor allen Dingen eine höhere Temperatur, was die Standard-Dichtringe unbrauchbar macht. Darüber hinaus hat die Milchrohrverschraubung noch die in Tabelle 5-5 aufgeführten, wesentlichen Nachteile. Diese sollten eigentlich ausreichen, sie im Sterilbereich nicht einzusetzen.

In amerikanischen Bioanlagen findet man sehr häufig die sogenannten Tri-Clamp-Verbindungen. Im Grunde genommen werden sie aber durch nichts anderes als eine modifizierte Flachdichtung (sehr teuer, d.h., Erhöhung der Betriebskosten durch aufwendige Wartung) abgedichtet, was zu den in Abschnitt 5.2.2.1 beschriebenen Problemen führt. In Verbindung mit dieser Armatur wird auch der Klammerverschluß benutzt. Das ist ein sehr schnell und auch einfach zu bedienender Verschluß, deutet aber von vornherein schon an, daß er eigentlich für's Labor entwickelt wurde. In Produktionsanlagen zeigt er häufig Nachteile, vor allen Dingen dann, wenn die Nennweiten größer werden und zwei Rohrenden nicht exakt passend aufeinander treffen. Im technischen Maßstab ist dieses Verbindungselement daher nicht geeignet.

Als steriltechnisch sauberste Lösung bietet sich eine speziell für diese Zwecke entwickelte Verschraubung an (Abb. 5-43c [113]). Diese Sterilverbindung hat sowohl eine axiale wie auch eine radiale Führung, d.h., die beiden Rohrstücke fluchten immer exakt, und durch den metallischen Anschlag wird der O-Ring mit einer definierten Vorspannung vorgepreßt (vgl. Toleranzen, Abschnitt 5.2.2.1). Die Fertigung dieser Verschraubung muß so ausgeführt sein, daß die O-Ringvorspannung nicht zu groß ist, damit beim Anziehen kein Wulst nach innen entsteht, und daß die kleineren Verschraubungen (< 25 mm) einen Gegensechskant zur Mutter haben, damit beim Anziehen das

Verwinden des Rohres verhindert werden kann. Die Vorspannung des O-Ringes darf aber auch nicht zu gering sein, da sonst die Dichtfunktion verloren geht. Für die Toleranzen von Dichtschnur und Nut gelten die Randbedingungen, wie sie in Abschnitt 5.2.2.1 beschrieben sind.

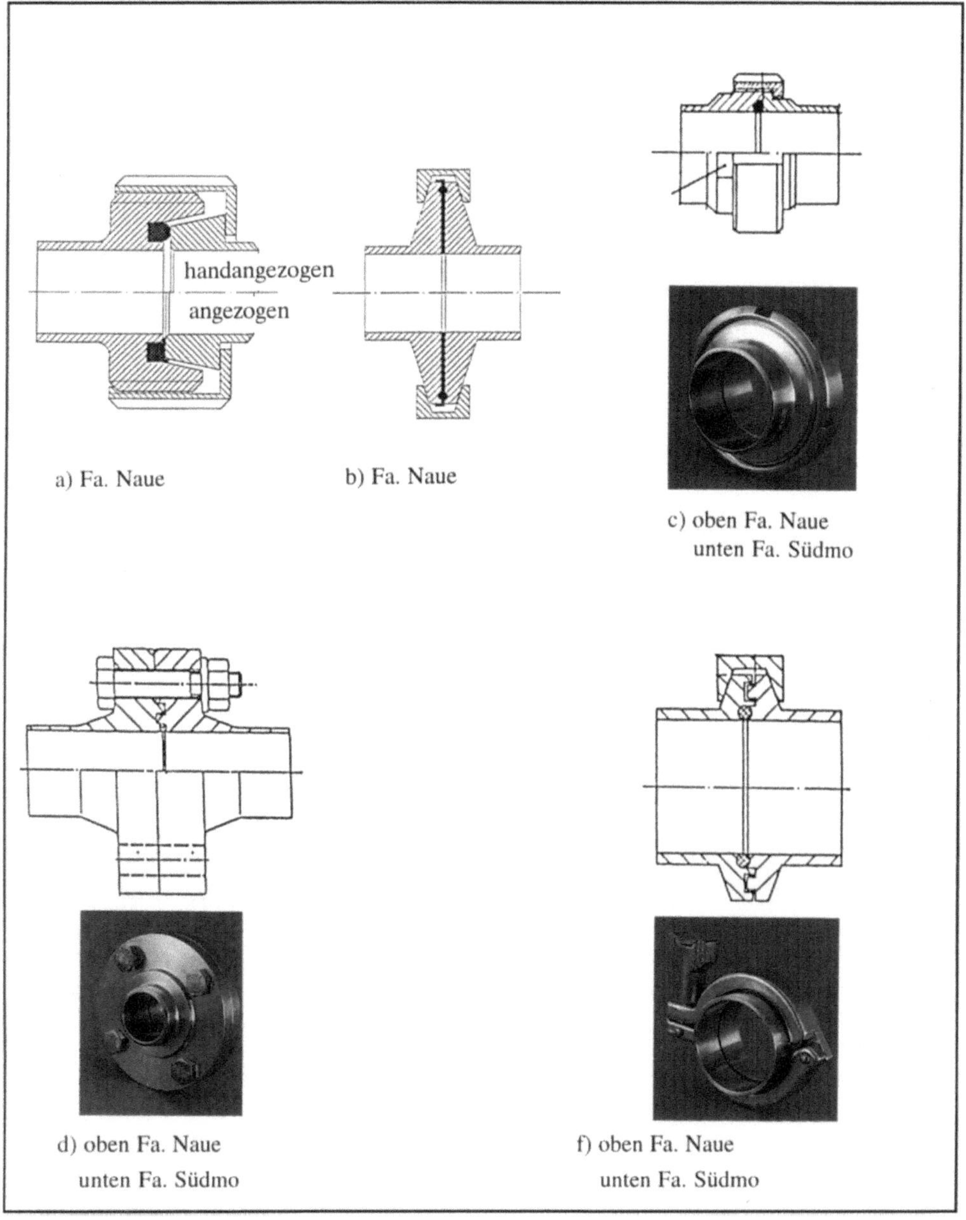

Abb. 5-43 Drei flexible Rohrleitungsverbindungen, wie sie in Bio-Anlagen immer wieder zu finden sind. **a)** Milchrohrverschraubung DIN 11851; **b)** Tri-Clamp-Verbindung; **c)** Sterilverschraubung; **d)** Sterilvorschweißflansch; **f)** Sterilklemmring.

Die Grundidee dieser Konstruktion ist auch in einer Flanschausführung (Abb. 5-43c) für den technischen Maßstab (DN > 25) erhältlich. Die Flanschausführung ist zwar merklich teurer als die Verschraubung, doch in Großbetrieben mag sie sich besonders über Nennweiten von 50 mm als vorteilhaft erweisen.

Tabelle 5-5 Charakterisierung der drei Verbindungsmöglichkeiten aus Abb. 5-43.

Milchrohrverschraubung	Tri-Clamp-Verbindung	Sterilverschraubung
- keine axiale oder radiale Führung - keine definierte Vorspannung des Dichtringes - Bildung eines Totraumes im Betrieb - keine Selbsthaftung des Gewindes, löst sich im Betrieb	- modifizierte Flachdichtung → alle Nachteile der Flachdichtung - Erhöhung der Betriebskosten durch aufwendige Wartung (Membrankosten) - Klammerverschlüsse nur für Labor geeignet - bei größeren Nennweiten → Montageprobleme - geeignet für häufige und schnelle Lösevorgänge	- durch O-Ringvorspannung totraumfrei - saubere radiale und axiale Führung - definierte O-Ringvorspannung durch metallische Auflage - geeignete Werkstoffpaarung → dadurch selbsthaftendes Gewinde - Verwendung handelsüblicher O-Ringe, dadurch kostengünstig

Bei der steriltechnisch vorteilhaften O-Ringkonstruktion wäre allerdings kritisch anzumerken, daß bei der kompletten Kammerung die Selbstaktivierung des O-Ringes nicht möglich ist und somit die O-Ringe sehr sorgfältig beobachtet und gewartet werden müssen. An kritischen Stellen empfiehlt es sich, bei jeder Neumontage den O-Ring zu wechseln. Die Situation könnte verbessert werden, wenn dem O-Ring eine Möglichkeit zur Selbstaktivierung eingeräumt wird. In Abb. 5-44 ist eine solche Möglichkeit dargestellt. Der O-Ring dichtet dabei weiterhin an den inneren Kanten ab, hat aber im hinteren Bereich die Möglichkeit der Ausdehnung (Selbstaktivierung).

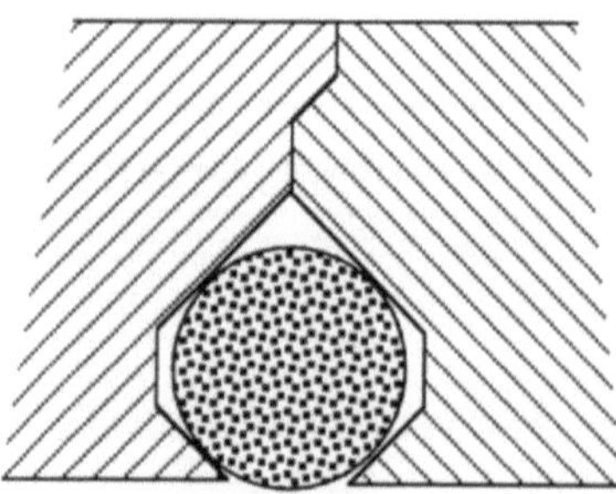

Abb. 5-44 Verbesserungsmöglichkeit der O-Ringkammerung in einer Sterilverschraubung. Durch den Spielraum in der Kammer erhält der O-Ring die Möglichkeit der Selbstaktivierung. Die Abdichtung erfolgt weiterhin an den forderen Kanten mit dem Ziel, der Linienabdichtung.

5.2.3.6 Schauglasreinigung

Eine häufig notgedrungen im Sterilbereich eingesetzte Armatur ist ein Schauglasreiniger (Abb. 5-45). Ein Schauglas ist eigentlich nur so viel wert, wie es einen freien Blick in den Bioreaktor gestattet. Häufig wird die Sicht aber durch Belagbildung merklich beeinträchtigt. Aus diesem Grund werden verschiedene Konstruktionen angeboten, die eine Reinigung während des Betriebes erlauben. Wichtige Nebenforderung dabei ist: Es darf die Sterilität des Systems (des Bioreaktors) nicht beeinträchtigen. Und gerade daran mangelt es allen Konstruktionen, denn sie besitzen durchwegs keine sterilgerechte Abdichtung ihrer bewegten Teile.

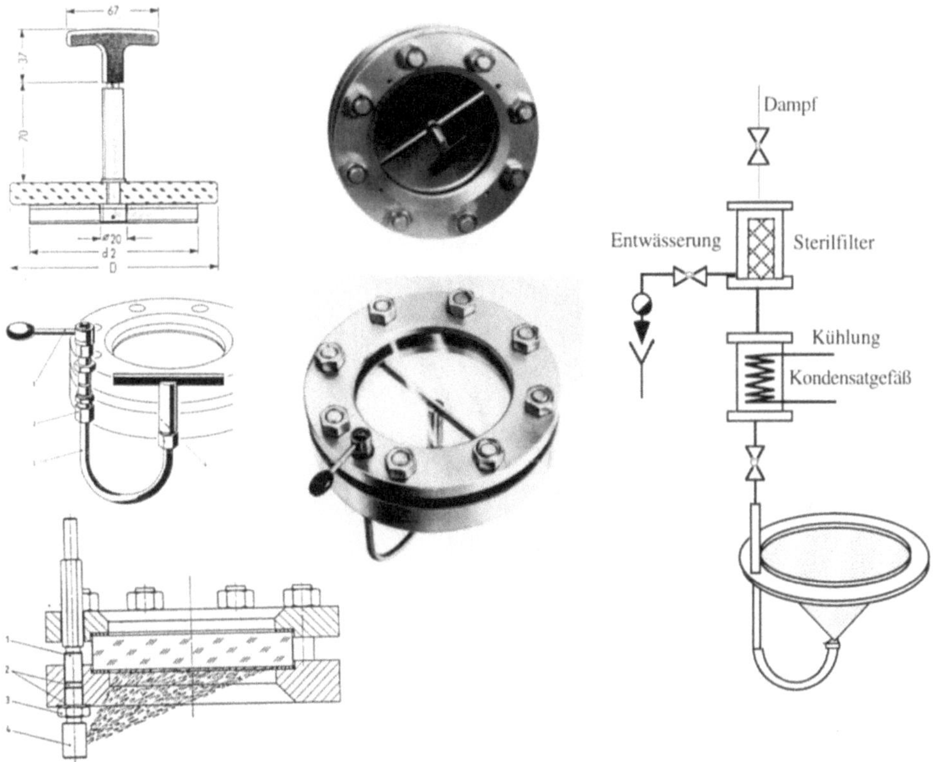

Abb. 5-45 Schauglasreiniger im Sterilbereich. Links oben: Wischer in der Glasmitte; links mitte: Scheibenwischer über Gelenkwelle; links unten: Sprühkonstruktion (Fa. K.J. Papenmeier). Rechts: Steriltechnische Installation der Sprühreinigung.

Einen Scheibenwischer direkt in die Mitte des Schauglases zu platzieren, ist eine Möglichkeit. Die Steriltechnik wird durch einen dynamischen O-Ring übernommen. Darüberhinaus weist diese Konstruktion noch einen Sicherheitsmangel auf, denn durchbohrtem Glas ist mit höchster Vorsicht zu begegnen und es sollte an keinen Druckapparat montiert werden.

Sicherheitstechnisch ist die Wischerausführung mit Gelenkwelle unbedenklich. Die

Abdichtung dieser Welle bzw. des Wischers zur Welle wirft allerdings steriltechnische Probleme auf.

Am ehesten ist eine Konstruktion zu empfehlen, die mit Hilfe von sterilem Kondensat arbeitet. Dieses Kondensat wird aus einem sterilfiltrierten Dampf gewonnen und zum Reinigen des Schauglases gegen die Scheibe gespritzt. Diese Konstruktion ist aufwendig, aber steriltechnisch einwandfrei. Die gesamte Konstruktion kann mit dem angeschlossenen Dampf sterilisiert werden. Anschließend wird das vorderste Ventil geschlossen und die Kühlung am Vorlagegefäß eingeschaltet. Dadurch wird Kondensat gebildet und gesammelt. Damit der Sterilfilter immer trocken bleibt, wird er ständig entwässert.

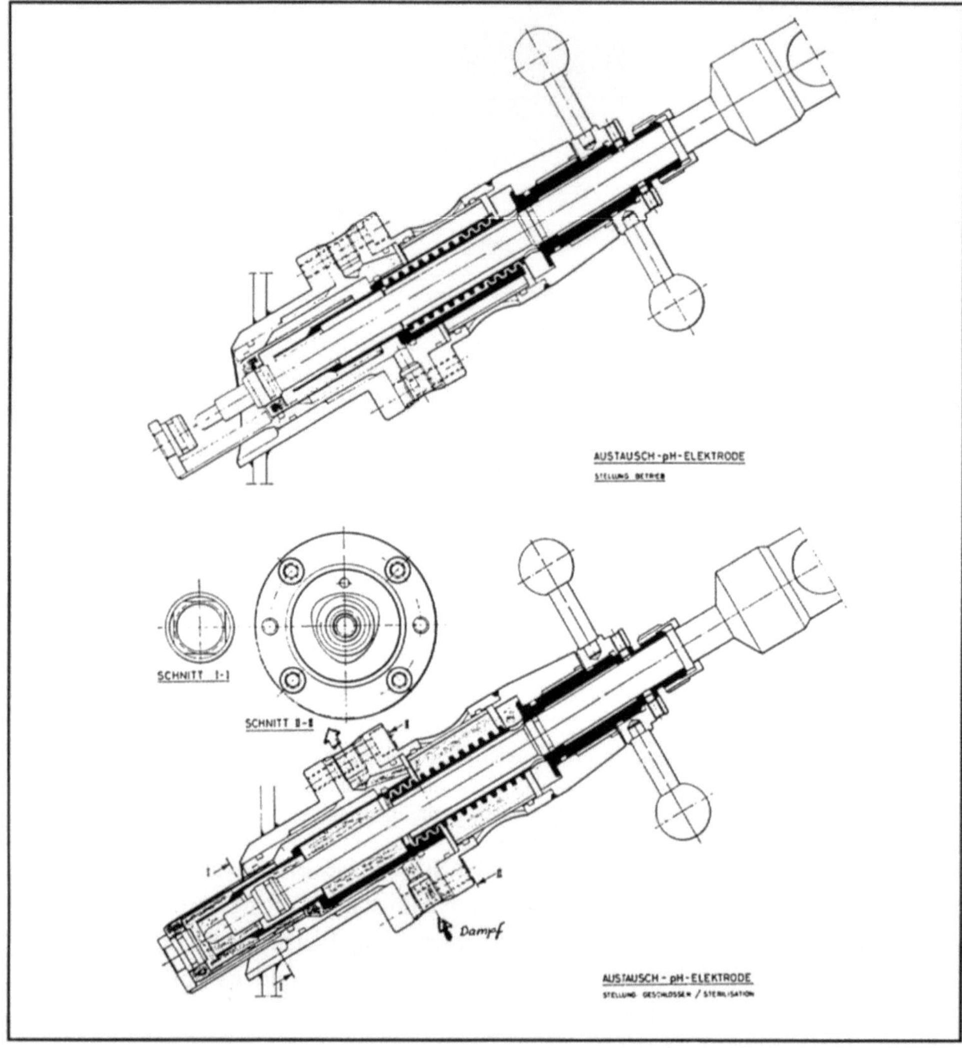

Abb. 5-46 Sterilwechselarmatur für eine pH-Sonde (Fa. Ingold).

5.2.3.7 Sterilwechselarmatur

Eine Armatur besonderer Art stellt die Sterilwechselarmatur dar (Abb. 5-46). Mit dieser Armatur ist es möglich z.B. pH- oder Sauerstoffsonden während des Betriebs steriltechnisch zu wechseln. Möglich wird das, indem die Sonde eingekammert werden kann (Schleusenprinzip) und in dieser Kammer eine Sterilisation durchgeführt wird. Ganz besonders vorteilhaft ist diese Armatur für Sonden, die nicht hitzesterilisierbar sind, denn diese kann man mit dieser Hilfseinrichtung chemisch am bereits sterilisierten Bioreaktor sterilisieren und dann einführen.

5.3 Nebenaggregate am Bioreaktor

5.3.1 Antriebsarten und Wellenabdichtungen für Bioreaktoren

Bei der Auswahl von Antrieben für einen Reaktor ist es nützlich, eine Gegenüberstellung, wie sie in Tabelle 5-6 dargestellt ist, zu Rate zu ziehen. Ein Preisvergleich ist nur bei kleinen Antrieben (< 10 kW) lohnenswert. Bei großen Antrieben spielen dagegen nur Fragen nach dem Drehmoment, nach der Variabilität in der Regelbarkeit, nach dem Wirkungsgrad, nach der Lebensdauer, nach dem Wartungsaufwand und nach dem Geräuschpegel eine Rolle. Sind an das Drehmoment bei niedrigen Drehzahlen keine besonderen Anforderungen gestellt (z.B. wie bei hochviskosen Systemen) und muß die Regelbarkeit nicht unbedingt von 0 bis maximaler Drehzahl möglich sein, dann bietet sich aus heutiger Sicht in jedem Fall ein Drehstrommotor mit Frequenzwandler an, zumal sie immer handlicher und preiswerter werden.

Tabelle 5-6 Gegenüberstellung von möglichen Rührantrieben für Bioreaktoren. Zeichenerklärung: + Zeichen sind im positiven Sinne zu verstehen; - Zeichen deuten auf Nachteile hin; 0 Zeichen Neutralität; () deuten auf Einschränkungen in der Aussage hin; n ist Drehzahl des Rührwerkes.

	Gleich-strommotor	Frequenz-steuerung	Keilriemen-variator	Hydraulik-getriebe	Hydraulik-antrieb	mechani-sches Getriebe
Drehmo-ment	konstant	konstant	steigt mit fallendem n	steigt mit fallendem n	konstant, kann zunehmen	steigt mit fallendem n
Regelbar-keit	0 - max	1:15	1:6	0 - max.	0 - max.	1:6
Wirkungs-grad	gut, lastabhängig	80 %	gut	70 %	75 %	82 %
Lebens-dauer	+ (+)	+ (+)	0	+	+	(+)
Geräusche	++	++	0	-	(+)	-
Wartung	alle 2000 h Bürsten	frei	alle 5000 h Keilriemen	alle 2000 h Öl	alle 2000 bis 4000 h Öl	alle 2000 h Öl

In einem Forschungsbetrieb ist es natürlich anzustreben, an verschiedene Bioreaktoren mit unterschiedlichen Antriebseinheiten zu denken, um im Bedarfsfalle in der Verfahrensentwicklung auf das geeignetste Antriebsaggregat zurückgreifen zu können.

Die Wellendurchführungen der Antriebe muß wiederum der Steriltechnik gerecht werden. Dazu bedient man sich steriltechnischer Konstruktionen von doppelt wirkenden Gleitringdichtungen, wie sie in Abb. 5-47 beispielhaft dargestellt sind.

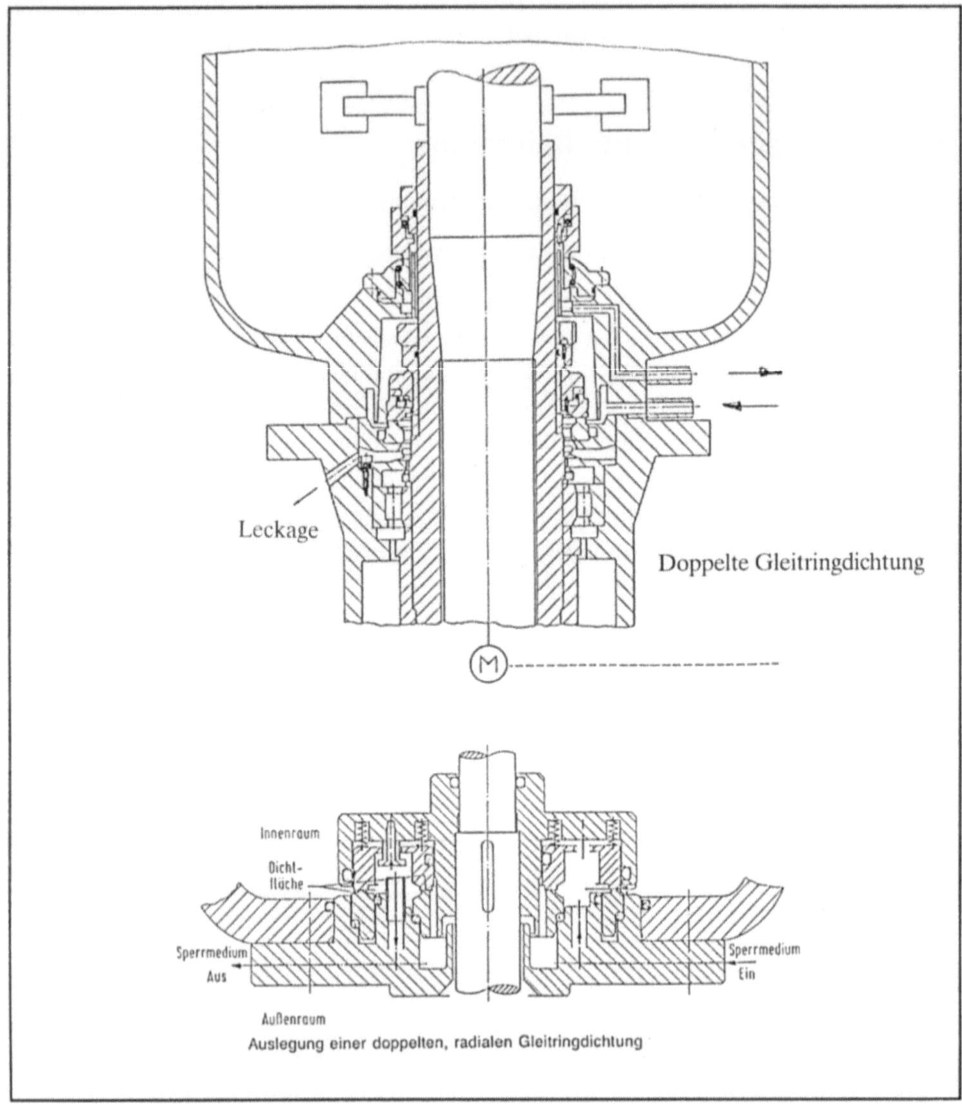

Abb. 5-47 Doppelt wirkende Gleitringdichtungen zum steriltechnischen Abdichten von Rührerwellen an Bioreaktoren. Oben: Axiale Anordnung (Fa. Bioengineering); Unten: Radiale Anordnung (Fa. Chemap – B. Braun Melsungen).

Die wesentlichen Punkte, die eine doppelt wirkende Gleitringdichtung charakterisieren sind in Tabelle 5-7 zusammengestellt.

Tabelle 5-7 Charakterisierung einer doppelt wirkenden Gleitringdichtung.

Kennzeichen/ Charakterisierung
o Die Materialpaarung ist primärseitig Siliziumkarbid/ Siliziumkarbid oder Wolframkarbid, und sekundärseitig oder Kohle/ Keramik (Kosten).
o Die primärseitige Dichtfläche läuft im Medium bzw. im Sterilraum.
o Die Dichtung ist mit sterilem Medium (Kondensat) überlagert.
o Die Überlagerungsflüssigkeit ist in der Dichtung geführt, so daß die Dichtung zuverlässig durchströmt wird.
o Der durch die Federn nachzuführende Gleitring ist so anzubringen, daß der O-Ring in jedem Fall in Richtung sauberer Oberflächen wandert und nicht in Richtung schmutzbehafteter.
o Das Thermosyphonprinzip sorgt für eine Durchströmung und damit für eine Kühlung der Dichtung.

Wo jetzt die Welle in den Bioreaktor eingeführt werden soll, ist eine weitere wichtige Frage. Mögen dem Obenantrieb spontan die größeren Chancen eingeräumt werden, so zeigt sich bei genauerem Hinsehen, daß der Untenantrieb doch einige sehr interessante Vorteile aufzuweisen hat (Tabelle 5-8). Besonders bei kleinen Reaktoren ist der Vorteil, einen freien Deckelbereich zu haben, nicht zu unterschätzen. Das bedeutet, daß der Deckel für wichtigere Dinge genutzt werden kann und die Demontage von Deckel und Rührwerk einfacher ist. Aber auch bei großen Bioreaktoren bietet der Untenantrieb durchaus Vorteile. So muß die Rührerwelle weit weniger lang ausgeführt werden, weil der gesamte Kopfraum nicht überbrückt werden muß. Dadurch kann man häufig ein zusätzliches Führungslager vermeiden, und außerdem schonen kurze Wellen die Lagerung und die Gleitringdichtung weit mehr, weil Unwuchten der Welle geringere Kräfte auf die Maschinenelemente ausüben. Der Untenantrieb erlaubt die Installation aller Rührertypen.

Tabelle 5-8 Gegenüberstellung von Oben- und Untenantrieb.

Obenantrieb	Untenantrieb
- weitgehend von Feststoff geschützt	- Deckelbereich ist frei nutzbar - einfachere Deckel- und Rührermontage
- bei defekter Gleitringdichtung läuft der Kessel nicht aus	- beidseitig flüssigkeitsgekühlte GLRD
- GLRD-Wechsel kann bei vollem Kessel vorgenommen werden	- statische Lösung für Antriebsmontage ist günstige (Fundament am Boden)
- Gefahr für GLRD, wenn Schaum Feststoff konzentriert hochtreibt	- kürzere Rührerwelle, Führungslager kann entfallen - schont auch GLRD und Lagerung
	- einfachere Nutzung verschiedener Rührsysteme

Des weiteren ist festzustellen, daß bei immer größer werdenden Antriebseinheiten eine Montage des tonnenschweren Antriebs auf dem darunterliegenden Boden einfacher ist, als eine aufwendige Hängekonstruktion an der Decke über dem Reaktor.

Häufig wird der Magnetantrieb als der steriltechnisch beste Antrieb angepriesen. Doch diese Aussage kann nur gehalten werden, wenn der Magnetantrieb aus einem „Fisch" und einem drehenden Magneten besteht, wie es in kleinen Gefäßen im Labor angewandt wird (Abb 5-48). Sobald aber eine technisch aufwendigere Lösung nötig wird, läßt sich die Konstruktion nicht mehr steriltechnisch zufriedenstellend ausführen (Abb. 5-49). Zu viele enge Spalte ergeben sich bei der Notwendigkeit mit möglichst hohem Wirkungsgrad die magnetischen Kräfte zu übertragen.

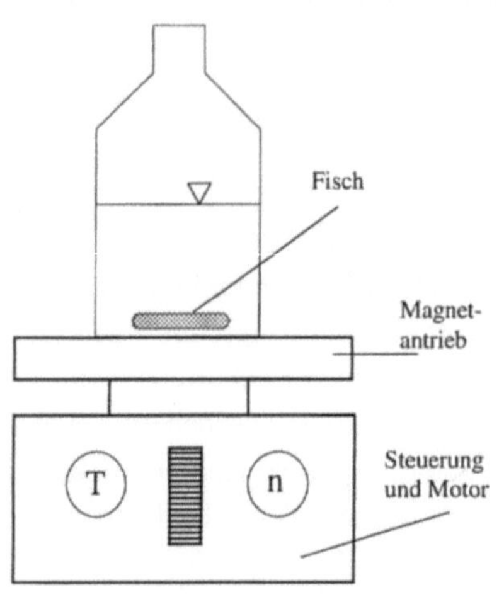

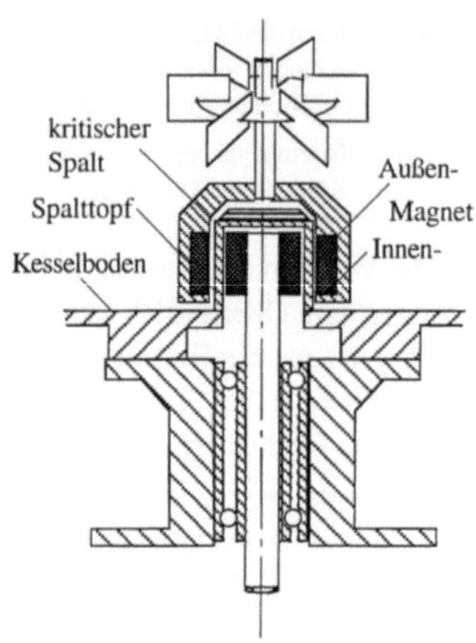

Abb. 5-48 Magnetisch gekoppelter Rührantrieb. Im Kleinmaßstab als Magnetfisch ist die Lösung steriltechnisch bedenkenlos.

Abb. 5-49 Magnetisch gekoppelter Rührantrieb. Im größeren Maßstab wird diese Antriebsart wegen zunehmenden Spalte immer kritischer.

Den höchsten Anspruch an Umweltsicherheit (Schutz für die Umgebung), Arbeitssicherheit (Schutz für Wartungspersonal) und Produktionssicherheit (Steriltechnik) kann eine kombinierte Konstruktion aus Magnetkupplung, interner Sterilisation und Gleitringdichtung bieten [58]. Diese Konstruktion erhält weitgehend den Vorteil der Hermetik und ergänzt noch die Steriltechnik durch die Gleitringdichtung.

5.3.2 Mechanische Schaumzerstörer

Sollten chemische Zugaben zur Schaumzerstörung bzw. zur Schaumunterdrückung störende Einflüsse auf Reaktion oder Aufarbeitung haben, dann empfiehlt es sich den Schaum durch mechanische Schaumzerstörer zu beherrschen (Abb. 5-50 bis 5-52).

Das einfachste Prinzip ist ein an der Rührerwelle angebrachter Gitterwischer, der über
der Flüssigkeitsoberfläche aufsteigenden Schaum überstreicht. Diese einfache Methode
reicht bei den meisten Schäumen nicht aus, so daß andere Konstruktionen notwendig
sind. Die meisten Konstruktionen machen sich die Zentrifugalkraft zunutze. Ein in der
Praxis schon häufig eingesetzter mechanischer Schaumzerstörer ist der „Fundafoam"
der Firma Chemap oder auch der „Foamkill" der Firma Bioengineering. Beide arbeiten
nach dem Prinzip, daß der Schaum zusammen mit dem Abgas in den Schaumzerstörer
steigt und die schwerere Flüssigkeit durch Zentrifugalkräfte vom Gas getrennt wird.
Die Flüssigkeitströpfchen werden dabei entgegen des strömenden Abgases nach außen
geschleudert und häufig auf die Flüssigkeitsoberfläche katapultiert, so daß sie nicht
selten selbst wieder Schaum erzeugen können und so einen instationären Kreislauf mit
baldigem Ende erzeugen. Da der abzuscheidende Schaum entgegen der Abgas-
strömung zurückgeführt wird, gestaltet sich die Dimensionierung schwierig. Diese
Aggregate sind deshalb nicht für jeden Schaum geeignet, es kommt im speziellen Fall
auf einen Versuch an.

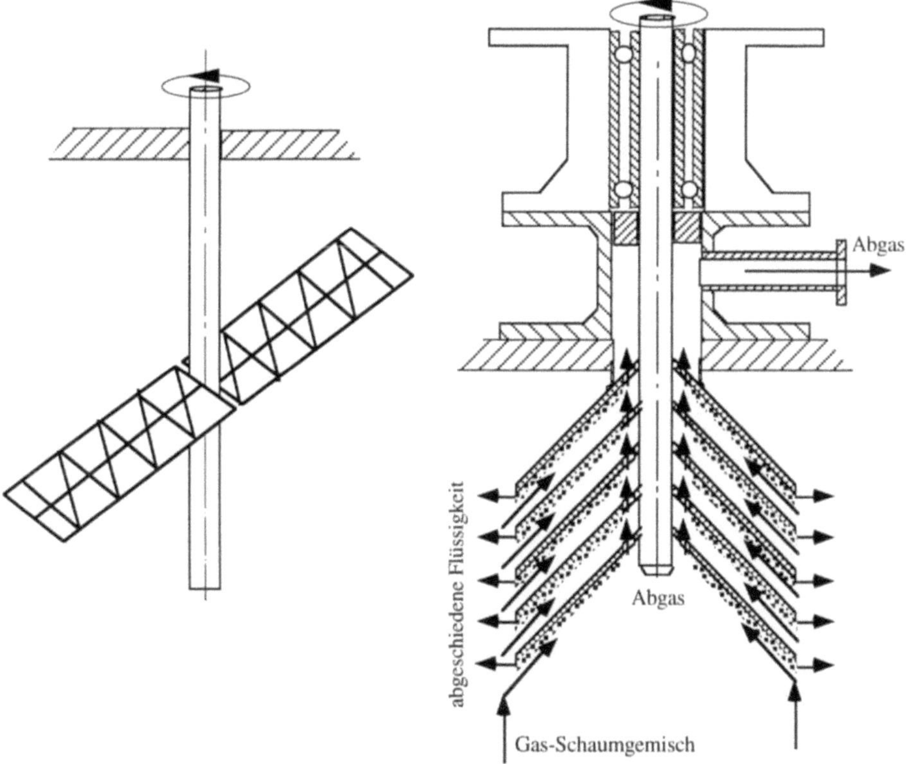

Abb. 5-50 Konstruktionstypen verschiedener mechanischer Schaumabscheider. Links:
Gitter: Die einfachste Konstruktion, die an der Rührerwelle befestigt ist und ständig über dem
Medium kreist. Rechts: Das Prinzip des Zentrifugalabscheiders.

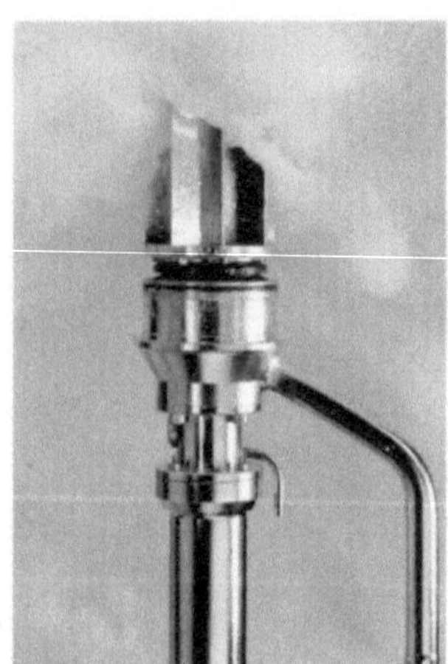

Abb. 5-51   Konstruktionstypen von zwei mechanischer Zentrifugalschaumabscheider. Links: Der Fundafoam (Fa. Chemap, B. Braun Melsungen; Rechts: Der Foamkill (Fa. Bioengineering).

Eine etwas andere Konstruktion zur mechanischen Schaumzerstörung ist in Abb. 5-52 dargestellt [53]. Der Schaum gelangt dabei zusammen mit dem Abgas mittig in einen auf dem Stumpf stehenden Kegelstumpf und wird im Schaumzerstörer auf verschiedene Bohrungen aufgeteilt. Durch die Rotations- und Strömungsbewegung erfährt der Schaum jetzt nicht nur Zentrifugalkräfte, sondern zusätzlich nach Corioliskräfte, die quasi die Schaumlamellen regelrecht „auswinden". Ein weiterer Vorteil dieser Konstruktion ist, daß der abgeschiedene Schaum nicht entgegen des Abgases, sondern gleichgerichtet geführt wird.

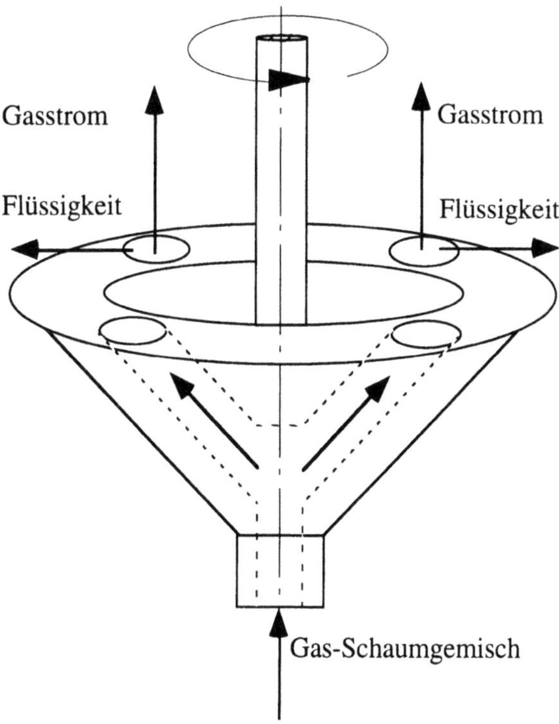

Abb. 5-52 Der Röhrenschaumabscheider, eine weiter Möglichkeit eines mechanischen Schaumzerstörers [53].

Alle bisher beschriebenen mechanischen Schaumzerstörer haben den Nachteil, daß der Apparat den Schaum mit dem gesamten Abgas schlucken muß, was ihn in seinem Einsatzspektrum natürlich sehr einengt. Eine Entkopplung von Abgas und Schaumanfall ist umso wichtiger, je größer der freie Gasanteil ist (Abschnitt 2.2.2, Gleichung 2.145). Eine Entkopplungsmöglichkeit ist in Abb. 5-53 dargestellt. Es zeigt einen Versuchsstand zur Schaumzerstörung mittels eines Zyklons. Der entstehende Schaum gelangt zunächst in eine Vorlage, wo die Separierung von Schaum und Abgas erfolgt. Mit einer Umwälzpumpe wird der Treibstrahl erzeugt, der einen Strahlsauger betreibt. Dieser Sauger saugt den Schaum aus der Schaumvorlage ab, vermischt ihn mit dem Treibstrahl und im Zyklon erfolgt dann eine Trennung von Flüssigkeit und Restgas. Während das abgeschiedene Gas zum übrigen ungebundenen Abgas geleitet wird, gelangt die Flüssigkeit in den Bioreaktor zurück.

In allen Fällen können mit mechanischen Schaumzerstörern nur solche Schäume beherrscht werden, bei denen die Zerstörung im Gleichgewicht mit der Entstehung steht. Werden bei der Schaumzerstörung nur überwiegend große Schaumblasen zerstört und in den Reaktor immer wieder Kleinstblasen zurückgeführt, dann kommt es zu einer stetigen Anreicherung von Feinstblasen (Sekundärschaum) und damit zum Überfluten des Systems mit Schaum (Abschnitt 2.2.2, Abbildung 2-41c). Ein allgemeines Rezept für den Einsatz von mechanischen Schaumzerstörern gibt es nicht. Es muß im Einzelfall durch ein Experiment die Tauglichkeit geprüft werden.

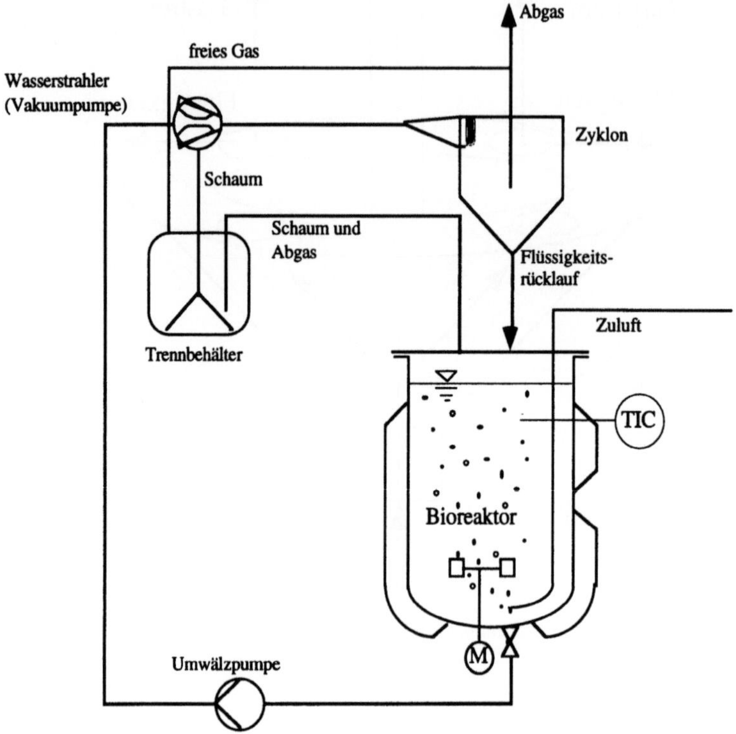

Abb. 5-53 Schaumzyklon: Das Abgas wird in ein Trenngefäß geleitet. Dort erfolgt die Trennung zwischen Schaum und freiem Gas. Der Schaum wird über eine Wasserstrahlpumpe angesaugt und im Zyklon erfolgt die Trennung von Flüssigkeit und Gas.

5.3.3 Kühler und Befeuchter

Wie in Kapitel 4 bereits beschrieben ist es in vielen Fällen notwendig, zum Ausgleich des Flüssigkeitsverlustes während der Fermentation entweder das Abgas zu kühlen oder die Zuluft zu befeuchten. Die dafür üblichen Konstruktionen sind in Abb. 5-54 und 5-55 dargestellt. Dabei hat der Zuluftbefeuchter sicherlich die bessere Wirkung, aber dennoch hat sich der Abluftkühler aufgrund seiner steriltechnisch günstigeren Konstruktion in der Praxis durchgesetzt.

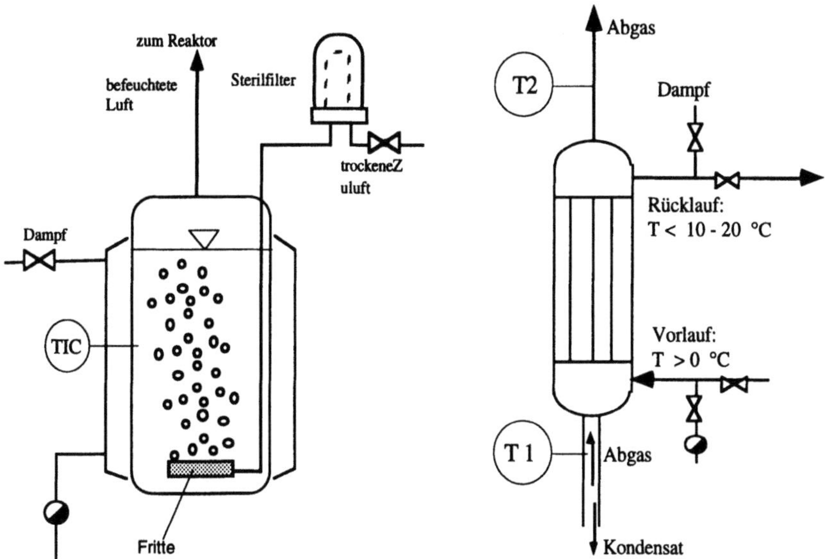

Abb. 5-54 Zuluftbefeuchter zu Befeuchtung der sterilen Zuluft vor dem Bioreaktor.

Abb. 5-55 Abgaskühler zur Rückgewinnung von Wasser aus dem Reaktorabgas

5.3.4 Sterilfilter

Die ersten Sterilfilter, die an Bioreaktoren eingesetzt wurden, waren ganz einfache Wattefilter, d.h., Rohrstücke, die mit Watte ausgestopft waren. Das war zugleich der erste Steril-Tiefenfilter (Abb. 5-56). Diese Filter waren nicht immer zuverlässig, da der Herstellungsprozeß durch individuelle Fehler behaftet war. Bessere Tiefenfilter konnten dann zur Verfügung gestellt werden, als Filterfirmen unter kontrollierten Bedingungen reproduzierbar solche Filter herstellten.

Die Filterschicht ist ein heterogenes Geflecht von Fasern, deren Wirkung als Sterilfilter von der Tiefe stark abhängt (Wahrscheinlichkeit).

Die Abscheideeffekte beim Tiefenfilter lassen sich im wesentlichen in vier Gruppen unterteilen (Abb. 5-57). Zum einen sind das der Trägheitseffekt, der Sperreffekt und der Schwerkrafteffekt für größere Partikel und zum anderen der Diffusionseffekt (evtl. auch die Elektrostatik) bei kleineren Partikeln. Zusammen ergeben alle Effekte im Bereich 0,03 bis 0,1 µm eine Minimierung des Abscheideeffektes (Abb. 5-57). Da sich in dieser Größenordnung auch kritische Keime, aber vor allem Viren und damit Phagen, befinden, bedeutet das zugleich, daß Tiefenfilter nicht unbedingt die idealen Sterilfilter sind. Gegen Tiefenfilter im Sterilbereich spricht, daß bei feuchtem Filter die Möglichkeit für Mikroorganismen besteht, durch den Filter zu wachsen, da es in jedem Fall Wege gibt, die größer sind als Mikroorganismen. Es sind Fälle bekannt, wo durch Betriebsstörungen die Zuluft feucht wurde. Das hatte für die Fermentationen erhebliche

Sterilprobleme, weil die eingesetzten Tiefenfilter naß wurden und Keime durchwachsen konnten.

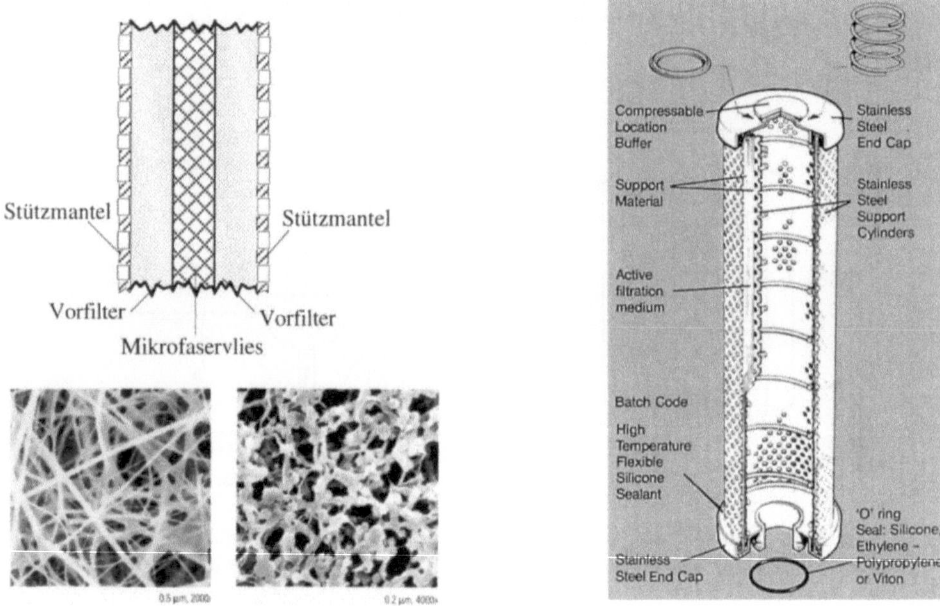

Abb. 5-56 Aufbau von Tiefenfiltern. Mikroskopaufnahmen Fa. Gelman, Filterelement Fa.
Domnick Hunter.

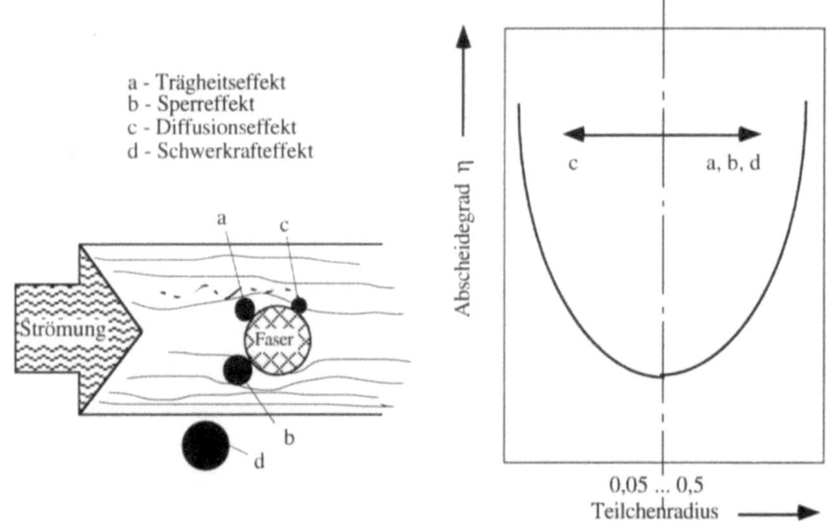

Abb. 5-57 Abscheideeffekte beim Tiefenfilter. Links ist die Umströmung einer Faser dargestellt.

Eine wesentliche Verbesserung der Sterilfiltration von Gasen brachten sterilisierbare, hydrophobe Membranfilter (Abb. 5-58). Hydrophob sollten sie deshalb sein, weil Wasser das Filtermaterial nicht passieren kann, es läuft am Material ab. Hingegen würde das bei hydrophilem Material zur Benetzung und damit zum Verblocken führen. Die Membranfilter weisen zwar auch keine einheitliche Porengröße auf, doch ist die Struktur wesentlich enger. Deshalb ist die effektive Filtrationsschicht viel dünner, d.h., die zurückgehaltenen Partikel befinden sich näher an der Oberfläche als in der Tiefe. Für die Sterilfiltration von Flüssigkeiten waren die Membranmaterialien die Grundvoraussetzung. Für wässerige Systeme verwendet man dabei hydrophile Membranen, selten hydrophobe, da diese vorher benetzt werden müssen. Da in Flüssigkeiten einige Abscheideeffekte entfallen, sind Tiefenfilter ungeeignet.

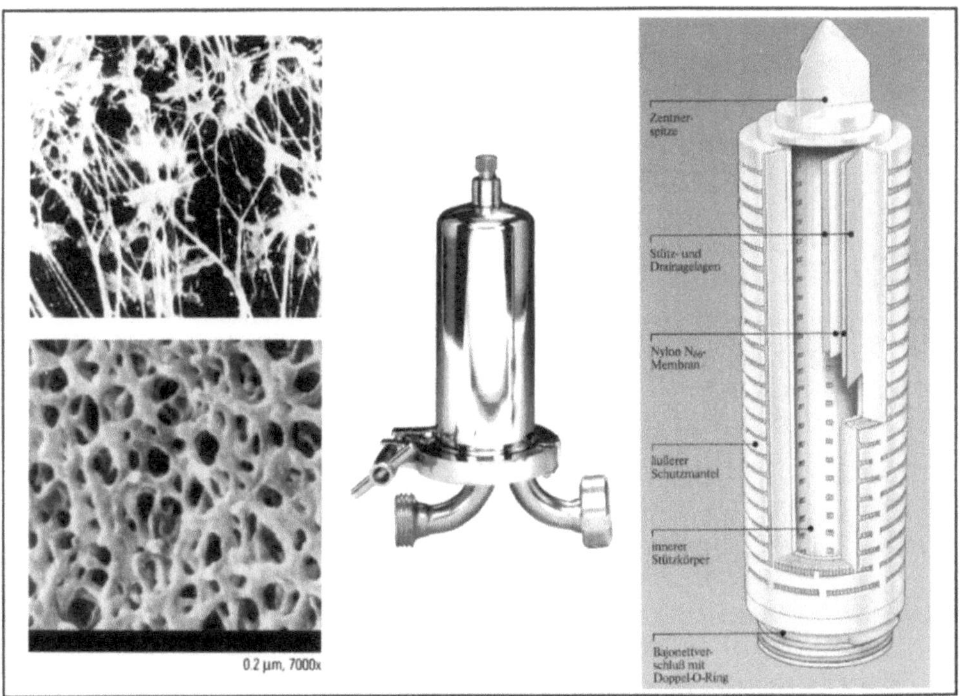

Abb. 5-58 Hydrophobe und hydrophile Membransterilfilter. Filterlelement Fa. Pall; Filtergehäuse Fa. Naue; Mikroskopaufnahmen Fa. Gelman.

Um sicher gehen zu können, daß ein eingebauter Filter zuverlässig arbeitet, hat man Testmethoden entwickelt, sogenannte Validierungsmethoden, die dem Betreiber jederzeit die Gewißheit verleihen, ob sein Filter den gestellten Anforderungen noch gerecht wird. Für Tiefenfilter existieren nur aufwendige Aerosolbeaufschlagungstests, die zusätzlich den Filter belegen. Geeignet zur Validierung von Membranfiltern sind die Methoden Forward - Flow - und Bubble-Point - Test. Zur Durchführung der Tests ist der in Abb. 5-59 dargestellte Versuchsstand erforderlich.

Für beide Tests müssen die Membranen komplett benetzt werden. Das geschieht im Falle von hydrophoben Membranen mit einem Alkohol-Wasser-Gemisch (z.B. Isopropanol-Wasser, 60:40 Vol%) und bei hydrophilen Membranen mit Wasser. Für den Test wird nun die Außenseite der Filterkerze mit Luft gefüllt und unter einen bestimmten Druck gesetzt. Dabei ist der dann eintretende Diffusionsstrom ein Maß für die Qualität des Sterilfilters (Forward-Flow). Erhöht man den Druck weiter, dann kommt man bis zu einem Druck, wo die größeren Poren plötzlich freigeblasen werden (Bubble-Point; Punkt, wo Blasen erscheinen). Dieser Druck ist ebenfalls ein Qualitätsmerkmal von Sterilfiltern. Da es sich im eigentlichen Sinne um keine durchgehenden Poren handelt, kann man den Porendurchmesser beim „Freiblasen" als nominalen Porendurchmesser betrachten. Die beiden Tests sind wie folgt zu verstehen;

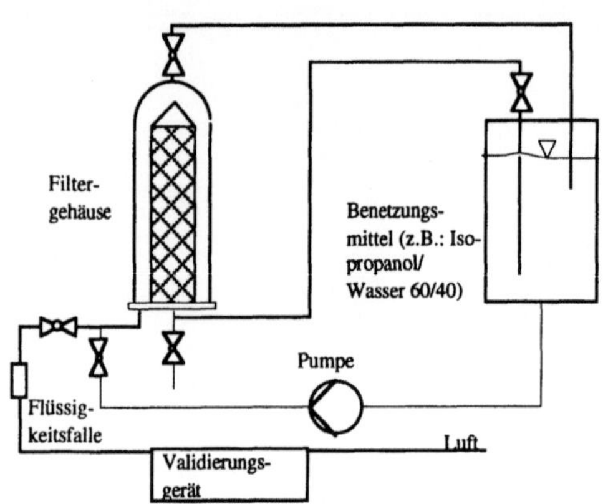

Abb. 5-59 Versuchsaufbau eines Validierungsstandes. Die Membran der Sterilfilterkerze muß zunächst benetzt werden. Hydrophile Membranen benetzt man mit Wasser und hydrophile Membranen mit Benetzungsmittel (z.B.: Isopropanol/Wasser (60:40). Das erforderliche Benetzungsmittel muß vom Filterhersteller genannt werden. Nach dem Benetzen können beide Tests mit dafür entwickelten Validierungsgeräten nacheinander durchgeführt werden (FF: bei vorgegebenem Druck wird der Diffusionsstrom gemessen; BP: der Druck wird bis zur Entstehung der ersten Blasen gesteigert).

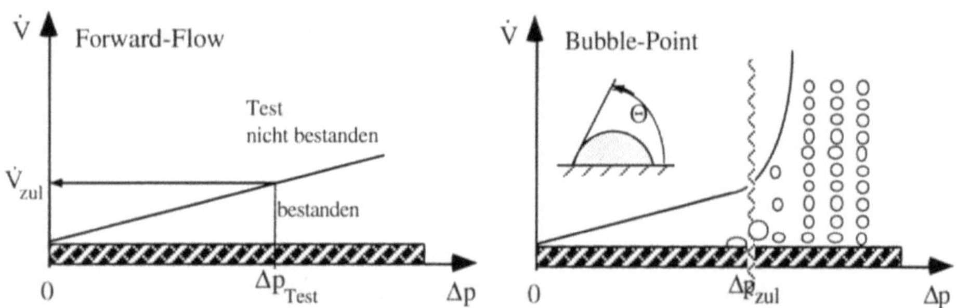

Abb. 5-60 Darstellung des Bubble-Point-Testes und des Forward-Flow-Testes.

Forward-Flow-Test: Da Porenvolumenanteile von 70 - 80 % üblich sind, kann man die Membran als einen selbstunterstützten Flüssigkeitsfilm betrachten und den diffusiven Gasfluß mit dem 1. Fickschen Gesetz beschreiben.

$$\dot{V} = \frac{K \cdot D \cdot \Delta p_{Test}}{L} \qquad (5.35)$$

Darin sind $\dot{V}$ der Gasfluß, D der Diffusionskoeffizient, Δp_{Test} die Druckdifferenz über die Membran, L die Dicke der Membran und K ein Maß für das Porenvolumen und die Membranfläche.

Da der Diffusionskoeffizient eine Stoffgröße der Stoffpaarung Benetzungsflüssigkeit/Testgas ist, hängt der Gasfluß von der Geometrie der Membran (Fläche, Dicke, Porenanteil) sowie dem Differenzdruck ab.

Allgemein läßt sich ein Diffusionsstrom durch einen Diffusionskoeffizienten und dem Konzentrationsgradienten entlang einer Strecke darstellen:

$$\dot{n}_i = - D_i \frac{dc_i}{dx} \ . \tag{5.36}$$

Erfolgt die Diffusion durch poröse Körper (poröser Katalysator, Membran), so drückt man das durch einen veränderten Diffusionskoeffizienten aus ($D_i \rightarrow D_i^e$, effektiver Diffusionskoeffizient [118]). Der effektive Diffusionskoeffizient D_i^e berücksichtigt die Beeinflussung der Diffusion in einem porösen Körper. Die Charakterisierung erfolgt über den Lückengrad ε_P (Richtwerte: $0,2 < \varepsilon_P < 0,7$) [118]) und Labyrinthfaktor $1/\tau$ (Richtwerte: 3 bis 4 [118]). Wird der spezifische Molenstrom auf den absoluten Volumenstrom umgerechnet, so muß das auf den Istzustand bezogene Molenvolumen eingefügt und der Strom auf die gesamte Membranfläche A_M bezogen werden. Berücksichtigt man noch die Umrechnung von der Konzentration auf den Druck p (vgl. Gleichung 2.67), so läßt sich der Faktor K in Gleichung 5.35 durch den Zusammenhang

$$K = \left(\frac{p_n \cdot V_{M,n}}{p \cdot T_n \cdot R} \right) \frac{\varepsilon_P}{\tau} A_M \tag{5.37}$$

ausdrücken. Darin ist der Lückengrad ein Maß für das Porenvolumen und der Labyrinthfaktor ein Maß für die Porenstruktur. Geht man letztendlich noch von einem linearen Gradienten aus, also

$$\frac{dp_i}{dx} = \frac{\Delta p}{L} \ , \tag{5.38}$$

dann folgt aus Gleichung 5.36 die eingangs angeführte Gleichung 5.35.

Wenn der Forward-Flow für einen angegebenen Testdruck einen bestimmten Wert nicht überschreitet (Herstellerangaben), dann ist der Filter in einwandfreiem Zustand und es kann mit diesem Filter garantiert keimfreies Filtrat gewonnen werden.

Bubble-Point - Test: Das Prinzip des Bubble-Point-Tests ist, daß die nominell größte Pore einer benetzten Membran bei einem bestimmten Druck freigeblasen wird. Die

Gleichung für die Verdrängung der Benetzungsflüssigkeit aus einer benetzten runden Kapillare läßt sich wie folgt angeben:

$$p_B = \frac{4 \cdot \sigma \cdot \cos \Theta}{D} \qquad (5.39)$$

Darin bedeuten p_B den Bubble-Point-Druck, σ die Oberflächenspannung der Benetzungsflüssigkeit, Θ den Benetzungswinkel und D den Durchmesser der Kapillare (Pore).

Man sieht also aus den beiden Gleichungen 5.35 und 5.39, daß der Forward-Flow-Test sowohl die Membrandicke als auch die Porenstruktur der Membran berücksichtigt, während der Bubble-Point-Test nur auf den nominell größten Porendurchmesser eine Antwort gibt. Die zulässigen Werte für beide Tests wurden aus einem echten Sterilfiltrationstest abgeleitet. Dieser beinhaltet die Rückhaltung eines kugelförmigen und 0,22 µm großen Pseudomonas diminuta in Flüssigkeit sowie einer ebenfalls kugelförmigen und 0,03 µm großen Bakteriophage (z.B. ΦX-174). Bezüglich der Titerrate gibt es eine eindeutige Abhängigkeit von der nominal größten Poren und Membrandicke. Deshalb wird häufig der Forward-Flow-Test dem Bubble-Point-Test vorgezogen. Da aber beide Größen auf eine Veränderung der Membran hinweisen, ist zu empfehlen, beide Tests für die Beurteilung - vor allem den Veränderungen - von Sterilfiltermembranen heranzuziehen. Testgeräte, die für diesen Zweck auf dem Markt erhältlich sind, können beide Tests hintereinander ausführen, so daß es keinen größeren Zusatzaufwand bedeutet.

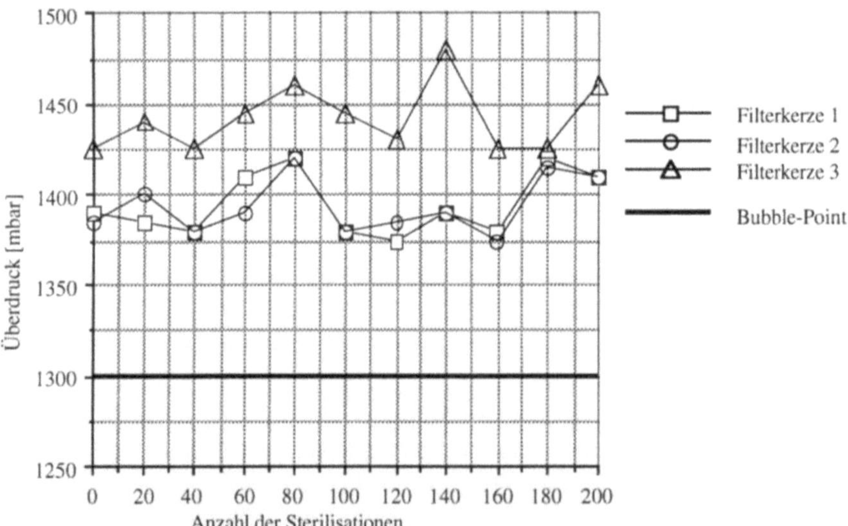

Abb. 5-61 Bubble-Point-Test von PVDF-Sterilfilterkerzen in Abhängigkeit von der Sterilisationshäufigkeit (30 Minuten bei 121 °C).

Erfahrungen zeigen, daß Sterilfilter bezüglich ihrer Betriebssicherheit untersucht werden sollen. Als Test bieten sich die beiden Validierungtests in Abhängigkeit von der Sterilisationshäufigkeit an. Ergebnisse solcher Tests zeigen die Abb. 5-61 und 5-62. Es wurden jeweils 3 Filterkerzen einer Charge mehreren Sterilisationszyklen unterworfen (30 Minuten bei 121 °C) und dann wieder getestet. Es wurden beide Tests angewandt. Da sowohl der Forward-Flow-Test als auch der Bubble-Point-Test den gleichen Trend ergaben, sind beispielhaft zwei Bubble-Point-Tests dargestellt. Abb. 5-61 zeigt PVDF-Filterkerzen. Alle drei Elemente weisen auch nach 200 Sterilisationszyklen dasselbe Validierungsverhalten auf. Anders dagegen in Abb. 5-62. Dort sind die Ergebnisse von PTFE-Filterkerzen dargestellt. Alle drei Kerzen tendieren dazu nach 60 bis 80 Zyklen den Test nicht mehr zu bestehen. Filterhersteller garantieren in der Regel 50 bis 100 Sterilisationen.

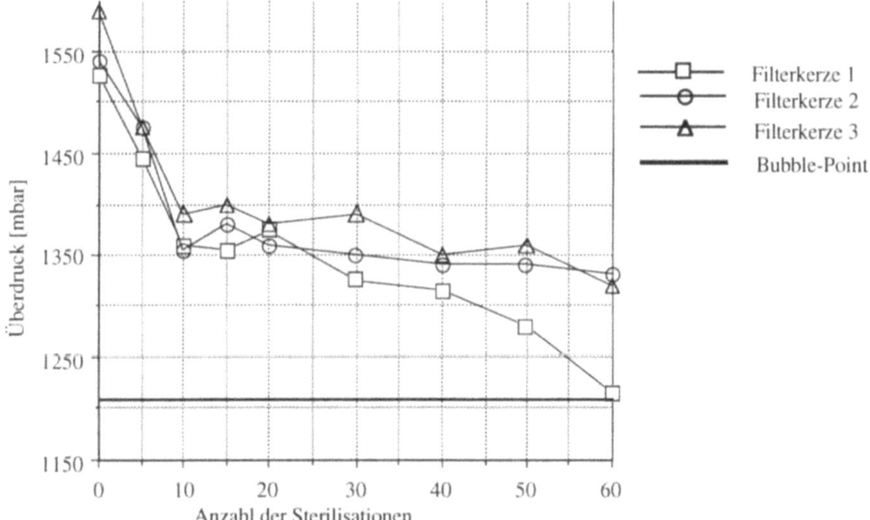

Abb. 5-62 Bubble-Point-Test von PTFE-Sterilfilterkerzen in Abhängigkeit von der Sterilisationshäufigkeit (30 Minuten bei 121 °C).

Auch neu gelieferte Filterkerzen sollten vor dem ersten Einbau getestet und das Testprotokoll im Vorbereitungsprotokoll (Kapitel 6) hinterlegt werden. Damit ist auch ausgeschlossen, daß durch Fehllieferungen (Tiefenfilter statt Membranfilter) falsche Filter in eine Anlage kommen.

Im wesentlichen werden zwei Materialien für die Membranen verwendet; PTFE (Poly-Tetra-Fluor-Ethylen) und PVDF (Poly-Vinyliden-Di-Fluorid). In der Praxis erweist sich das Teflon-Material PTFE wegen des niedrigeren Druckverlustes und der geringen Benetzungsneigung vorteilhafter. Allerdings bezüglich des Validierverhaltens ist die Situation umgekehrt, denn die geringe Benetzungsneigung führt häufig zu Fehlinterpretationen der Tests. Dadurch werden zu häufig Filter als untauglich verworfen, die eigentlich für die Tests nur nicht richtig benetzt wurden (Kosten). Es ist also Vorsicht geboten. Im Betrieb wäre es vorteilhaft, PTFE-Filter mehrere Stunden (bis zu einem Tag oder über Nacht) in die Benetzungsflüssigkeit zu legen. Dadurch stellt man deren vollkommene Benetzung sicher.

Anders verhalten sich dagegen die PVDF-Membranen. Dieses Material benetzt viel leichter und ist dadurch im Validierungsverhalten wesentlich freundlicher. Dort wo diese Eigenschaft maßgebend ist, sollte das PVDF-Material verwendet werden. Das günstige Benetzungsverhalten bringt in der Praxis aber auch eine Gefahr. Wird nämlich nach der Validierung das Filterelement nicht trocken geblasen, so wird es im benetzten Zustand in die Anlage eingebaut. Wenn dann während der Sterilisation nur so viel Dampf durch den Filter gegeben wird, wie für die Sterilisation nötig ist (mehr wäre unwirtschaftlich), so reicht das verbliebene Benetzungsmedium aus, um beim Kondensieren des Dampfes den Filter wieder zu benetzen. Er ist also für konvektive Luftströmung undurchlässig (nur Diffusion). Da der sterilisierte Raum vor und nach der Filtermembran während der Sterilisation reine Dampfatmosphäre besaß, würde unter 100 °C ein Vakuum entstehen, das bei 20 °C einen Druck von $p = 0,024$ bar,abs. annehmen würde. Um das zu verhindern, wird in der Praxis ab 100 °C von der äußeren Seite Luft (Gas) in diesen Raum geleitet. Da der Filter benetzt ist, kann die Luft ihn nicht passieren. Dadurch erreicht der Druck außen den anstehenden Druck der Luft, meist 3 bis 5 bar,abs. und innen den der Temperatur zugehörigen Dampfdruck ($p < 1,0$ bar,abs.). Bei 100 °C halten die Kunststoffstützmaterialien der Kerzen eine Druckdifferenz von 2 bis 3 bar nicht aus, so daß die Filterkerze zerstört wird.

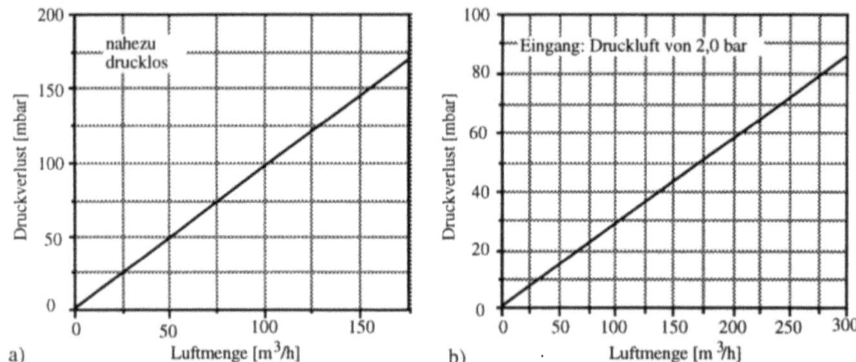

Abb. 5-63 Druckverlustkurven für sterile Beatmungsfilter und Sterilfilterkerzen; 0,2 µm nominal größte Pore, Größe 10" = 250 mm. a) Beatmungsfilterkerze, 10" nahezu drucklos betrieben; b) Sterilfilter; Eingangs-Druckluft von 2,0 bar Überdruck.

Die Sterilfilterkerzen sind in verschiedenen Größen erhältlich. Für den technischen Maßstab kommen nur noch 10"-Kerzen (250 mm) in Betracht. Diese Kerzen werden allerdings auch zwei- und dreistöckig ausgeführt. Es ist zu beachten, daß Sterilfilterkerzen in der Regel mit 2 O-Ringen abgedichtet werden. Damit kann eine stabilere

Halterung erreicht werden. Doch ergibt sich dasselbe Problem eines eingesperrten Zwischenraum wie beim Schauglas (Abb. 5-16).

Über den betrieblich zulässigen Anfangsdruckverlust und die notwendige Begasungsrate kann die erforderliche Filtrationsfläche und damit die Kerzenzahl bestimmt werden (Abb. 5-63). Während für die Zuluftfiltration meist ein ausreichend hohes Druckniveau zur Verfügung steht, ist für die Abgassterilfiltration die Situation anders, denn der dort verursachte Druckverlust bestimmt zugleich den niedrigst möglichen Betriebsdruck und der ist in der Regel nicht sehr hoch (z.B. 0,2 bis 0,5 bar).

5.3.5 Pumpen am Bioreaktor

Im Heizkreis (Abschnitt 4.5, Abb. 4-8) für den Bioreaktor können dieselben Pumpen verwendet werden, wie sie auch an anderen Reaktoren üblich sind, weil dort keine Produktberührung vorkommt und damit auch keine steriltechnischen Anforderungen bestehen. Vorzugsweise verwendet man Inline-Pumpen. Sie haben den Vorteil, daß sie platzsparend und damit auch kostengünstig installiert werden können. In Frage kommen bewährte preisgünstige Pumpen (Abb. 5-64), wie sie in Heizungsanlagen auch eingesetzt werden (Abb 5-64a). Diese Pumpen können wegen ihrer Kunststofflaufräder nur bis 140 °C eingesetzt werden. Aufwendigere Gußkonstruktionen sind bis 300 °C betreibbar (Abb. 5-64b).

Speziell für den Sterilbereich wurden erst wenige Pumpenkonstruktionen entworfen. Das Hauptproblem stellt dabei die Anordnung der dynamischen Dichtung dar, im Falle der Gleitringdichtung speziell die primärseitige Paarung. Deshalb muß man sich heute noch mit den bestmöglichen Kompromiß begnügen. Dort, wo der Maßstab und die Belastung es noch zulassen, können Schlauchpumpen (Abb. 5-64c) eingesetzt werden. Sie haben den Vorteil, daß das Medium nur mit dem Schlauchmaterial, das problemlos im Sterilisator sterilisiert werden kann, in Berührung kommt. So gesehen stellt die Schlauchpumpe steriltechnisch eine saubere Lösung dar. Allerdings läßt sie sich im Großmaßstab nicht so einfach handhaben.

Für die Förderung von größeren Mengen dünnflüssiger Medien bieten sich Kreiselpumpen (Abb. 5-64d, Abb. 5-64e) an. Sie sind in der Lebensmittelindustrie eingesetzt und haben zumindest den Vorteil, daß sie gut reinigbar sind. Neuerdings gibt es Dichtungskonstruktionen (Abb. 5-65), die der Forderung der Steriltechnik sehr nahe kommen (Abb. 5-65b). Abb. 5-65 zeigt zwei Beispiele von Pumpenwellenabdichtungen mittels einer doppelt wirkenden Gleitringdichtung. Das Beispiel a) zeigt die häufigste, aber steriltechnisch nicht taugliche Lösung. Die primäre Paarung ist nach außen gezogen und bildet einen Spalt als Totraum. Beispiel b) zeigt den richtigen Ansatz. Die primäre Paarung läuft nach dem Pumpenrad im Medium. Da die Gleitflächen die Sterilgrenze darstellen, existiert kein Totraum (vgl. Abschnitt 5.3.1).

Die gleichen Aufgaben können auch von Kreiskolbenpumpen (Abb. 5-64f, Abb. 5-64g) oder Exzenterschneckenpumpen (Abb. 5-64h) erfüllen, wobei aber diese Pumpentypen auch für kleinere Mengen erhältlich und für viskosere Medien geeignet sind.

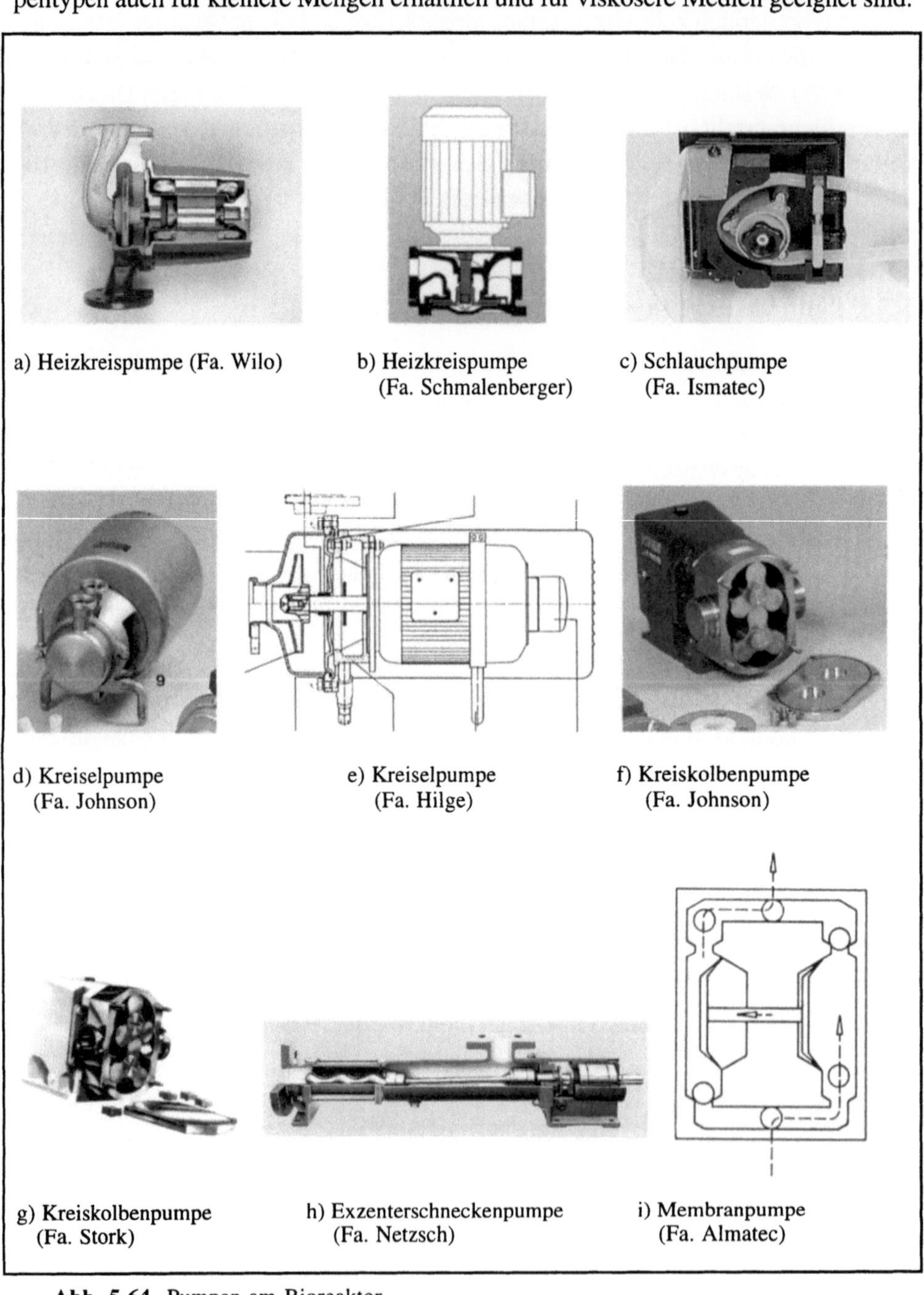

Abb. 5-64 Pumpen am Bioreaktor.

Ein weiterer Pumpentyp, der in der Biotechnologie eingesetzt wird, sind Membranpumpen (Abb. 5-64i). Sie entsprechen steriltechnisch den Membranventilen und sind
sehr betriebssicher. Allerdings darf im Betrieb ihre pulsierende Betriebsweise nicht
stören. Pulsationsdämpfer können in Einzelfällen dabei Abhilfe schaffen.

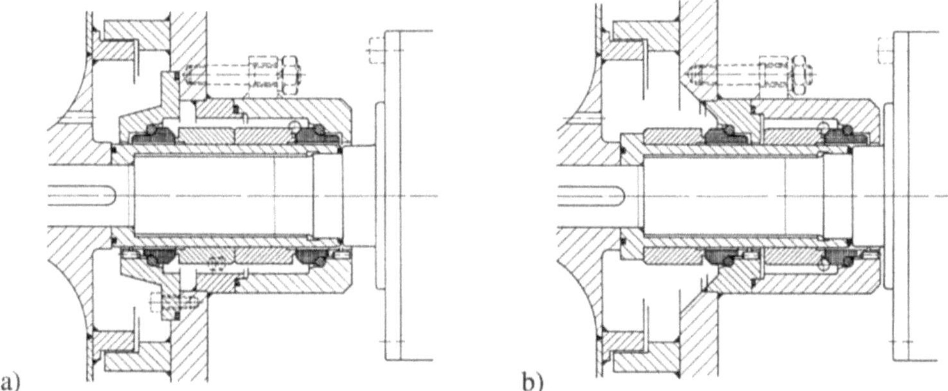

a)   b)

Abb. 5-65 Zwei Beispiele der Abdichtung von Pumpenwellen mittel doppelt wirkender
Gleitringdichtung (Fa. Hilge).

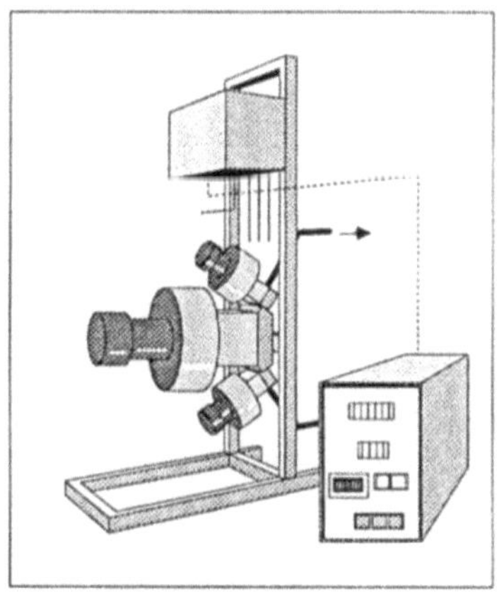

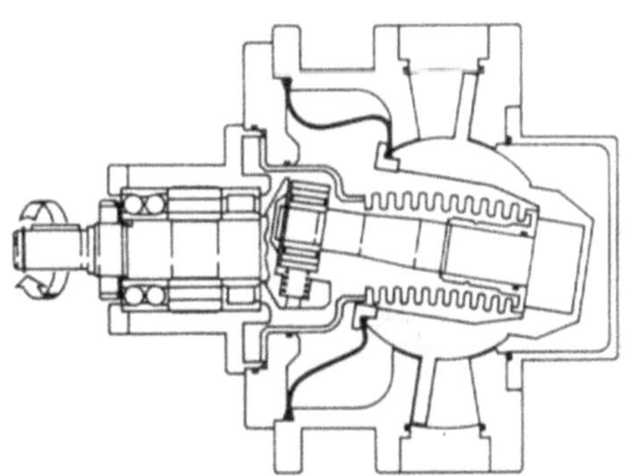

Abb. 5-66 Membranpumpe (KOBIO, Fa.
Bioengineering) bestehend aus drei Membranventilen [82].

Abb. 5-67 Konstruktionsprinzip einer
Taumelscheibenpumpe für den Sterilbereich
(Fa. KSB [115]).

Eine besondere Art eines Membranpumpentyps ist die Kombination von Membranventilen (Abb 5-66). Dabei sind 3 Membranventile in Serie angeordnet. Die Membranen werden pneumatisch in einer bestimmten, aufeinander abgestimmten Sequenz bewegt [82]. Diese Pumpe eignet sich für kleine Mengen und besonders als Dosierpumpe
für inkompressible Flüssigkeiten, weil jeder Hub einem exakt definierten Volumen
ohne Schlupf entspricht. Dosieraufgaben im Sterilbereich sollten ansonsten über eine

gravimetrische Methode (d.h., waagengesteuert) erfüllt werden, da handelsübliche Dosierpumpen in steriltechnischer Ausführung noch nicht zur Verfügung stehen.

Bei der Bewertung verschiedener Pumpenklassen für die Biotechnologie hinsichtlich Sicherheit, Reinigung, Werkstoffanforderungen und Fertigungsmöglichkeiten erwies sich das Taumelscheibenprinzip als günstigste Lösung [115]. Die daraus resultierende Konstruktion einer Taumelscheibenpumpe zeigt Abb. 5-67. Diese hermetisch dichte Pumpe stellt eine sterilisierbare Verdrängerpumpe dar und ist besonders geeignet für den Einsatz in steriltechnisch betriebenen Anlagen in der pharmazeutischen, biotechnologischen und Lebensmittel-Industrie.

5.4 Oberflächengestaltung

In der Biotechnologie führen physikalische und zum Teil auch chemische Wechselwirkungen zwischen dem Produkt und der inneren Oberfläche der Anlagen zu Problemen, wenn aus deren gegenseitiger Anziehung ein unerwünschtes Anhaften des Produktes an der Wand resultiert. Dabei können in diesem Anhaftvorgang auch Mikroorganismen mit einbezogen sein, woraus eine potentielle Kontaminationsquelle entsteht. Es muß also das Ziel sein, Anhaftereignisse in ihrem Ursprung zu erkennen und zu minimieren sowie gebildete Beläge durch richtig gewählte Reinigungsprozeduren zu beseitigen. Anhaftvorgänge werden im wesentlichen durch das Produkt und das Anlagenmaterial, dessen Oberflächengestaltung, die Verweilzeit, die Temperatur, die Temperaturdifferenz zwischen Wand und Produkt sowie durch Strömungsgeschwindigkeiten beeinflußt.

Die Belagbildung an Oberflächen wird durch die verschiedensten Mechanismen verursacht (Tabelle 5-9). Je nach Oberflächenmaterial, Oberflächengestaltung und Mediumseigenschaften kommt den folgenden Belagbildungsmechanismen mehr oder weniger Gewicht zu [54]:

Tabelle 5-9 Belagbildungsmechanismen.

o	Rückhaltung von Produkt durch Rauhtiefe
o	Van der Waals-Kräfte
o	Permanente Dipol-Wasserstoffbindung
o	Elektrostatische Kräfte
o	Kapillarkräfte
o	Festkörperbrückenbildung
o	Gewichtskräfte
o	kovalente Bindung - chemische Reaktion
o	hydrophobe Anziehung

Diese Mechanismen haben unterschiedliche Haftkräfte und auch Reichweiten. Die Kapillar- und die Van der Waalschen Kräfte verlieren mit zunehmendem Wandabstand schnell an Wirkung, so daß ab 1-2 mm nur noch elektrostatische und hydrophobe Anziehung übrig bleibt [54].

Die Bedeutung der elektrostatischen Kräfte für die Produkthaftung ist aus den in Tabelle 5-10 ersichtlichen Gegebenheiten abzuleiten:

Tabelle 5-10 Bedeutung der elektrostatischen Kräfte für die Belagbildung.

o   Die Werkstoffe tragen überwiegend eine elektrische Ladung (Abgabe von Ladungsträgern, z.B. bei CrNi-Stahl an das Produkt).

o   Die elektrostatischen Kräfte haben eine große Reichweite.

o   Die Einsatzstoffe enthalten eine Vielzahl geladener Inhaltsstoffe wie Proteine, Fettkügelchen, Mikroorganismen, Salze.

Das Verhalten von Edelstählen im Zusammenhang mit Belagbildung hängt also weniger von deren Oberflächenrauhigkeit, als vielmehr von deren Oberflächenpotential ab. Es liegen jedoch Untersuchungen bezüglich der Rauhtiefe nur bis 0,2 µm vor. Aus diesen Ergebnissen läßt sich ableiten, daß eine Verringerung der Rauhtiefe Ra (Abb. 5-68) von 2,3 µm auf 0,23 µm in durchströmten Rohren keine Verbesserung hinsichtlich des Reinigungsergebnisses ergibt. Allerdings sind die Rückstände ohne Reinigung, z.B. nach dem Leerlaufen von Leitungen oder Behältern, bei einer Rauhtiefe von 2,3 µm um den Faktor 4 höher als bei 0,23 µm. Deshalb ist es bei Behälterwänden und in schlecht zu reinigenden Bereichen von Rohrleitungen angebracht, eine Reduzierung der Rauhigkeit anzustreben. In Betrieben, die viel mit Suspensionen umgehen, kann festgestellt werden, daß egal welche Oberflächenrauhigkeit der Kessel im Neuzustand hatte, nach einigen Jahren alle Oberflächen dieselbe Rauhtiefen von einigen µm haben.

Eine elektropolierte Oberfläche bietet durchaus Vorteile. Zum einen werden die durch mechanische Bearbeitungsverfahren hinterlassenen Fehlstellen und Verspannungen wieder beseitigt und es tritt das kristalline Gefüge des austenitischen Stahls hervor. Die metallisch reine Oberfläche erlaubt so die Ausbildung einer weit homogeneren Passivschicht und weist ein deutlich niedrigeres Potentialniveau auf (besserer Korrosionsschutz). Zum anderen wird zwar in der Regel die mittlere Rauhtiefe kaum verändert, wohl aber eine bizarr wirkende Oberfläche in eine wellige überführt, was zu einer Verringerung der Gesamtoberfläche führt (Abb. 5-69).

Das ist die Ursache für die Ergebnisse, wie sie in Abb. 5-70 dargestellt sind. Es zeigt sich, daß auf verschieden behandelten Oberflächen unterschiedlich viele Keime nach dem Ablaufen zurückbleiben. Durch anschließende Inkubation nehmen die Keimzahlen entsprechend zu. Da auf der elektropolierten Oberfläche von vorne herein die wenigsten Keime waren, wird der Unterschied nach längerer Inkubationszeit immer drastischer. Etwas schlechter verhält sich eine mit Korn 400 geschliffene Oberfläche und am ungünstigsten verhält sich die chemisch gebeizte Oberfläche. Die zurückgehaltene Sporenmenge ist aber von der Geschwindigkeit, mit der die Reinigungsflüssigkeit über eine Oberfläche strömt, abhängig. In Abb. 5-71 ist die Restsporenmenge über die Strömungsgeschwindigkeit und für zwei verschiedene Mittenrauhtiefen aufgetragen. Mit abnehmender Rauhtiefe und zunehmender Strömungsgeschwindigkeit nimmt die Restsporenzahl ab.

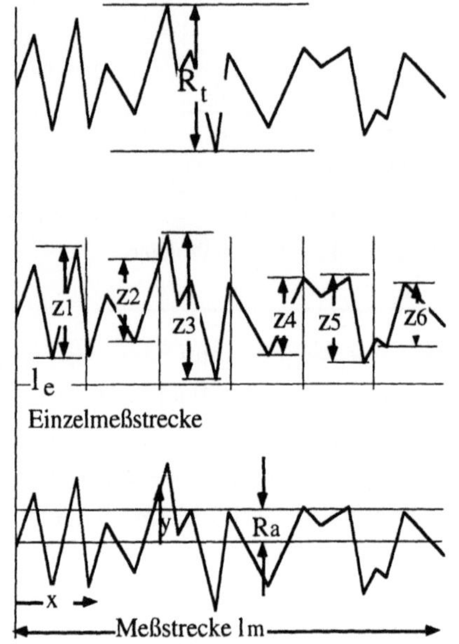

Abb. 5-68 Definition der Rautiefen. Man unterscheidet zwischen absoluter Rauhtiefe, einer gemittelten Rauhtiefe und einer arithmetischen Mittenrauhtiefe.

Def.:

R_t - absolute Rauhtiefe

R_z - gemittelte Rauhtiefe:

$$Rz = 1/6 \, (z1 + z2 + z3 + z4 + z5 + z6)$$

R_a - arithmetische Mittenrauhigkeit

$$Ra = 1/lm \int_0^{lm} |y| \, dx$$

Nachteile einer elektropolierten Oberfläche sind neben den Kosten auch, daß eine solche Fläche hydrophoben Charakter erhält, was die Hydrophobanbindung von bestimmten Proteinen begünstigt, und Beschädigungen der Oberfläche die Vorteile sofort wieder außer Kraft setzen.

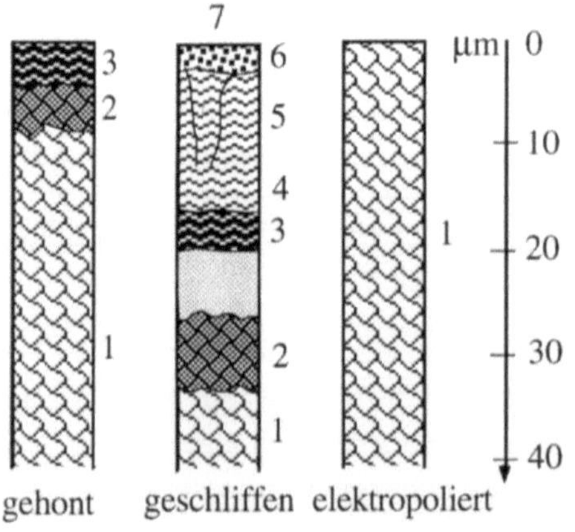

Abb. 5-69 Gefügestrukturen von verschieden behandelten Oberflächen des Chromnickelstahles 18/8 (1.4301, vgl. Tabelle 5-1)

1 - Austenit
2 - Austenit und kaltverformter Ferrit
3 - kaltverformter Ferrit
4 - kaltverformter Ferrit und verformter Ferrit
5 - verformter Austenit
6 - stark verformte Körner mit oxidischen Einschlüssen
7 - verschiedene Oxide

Bei Edelstählen ist ein sogenannter „Einsalzeffekt" bekannt. Dieser Effekt kommt dadurch zustande, daß auf der Metalloberfläche angelagerte Proteine (z.B. natives

Kasein) durch ihre NH_3^+-Gruppe von der Oberfläche austretende OH--Ionen abfangen und dadurch ein verstärkter OH^--Austritt bewirkt wird. Durch diesen Vorgang steigt das Ladungspotential [54].

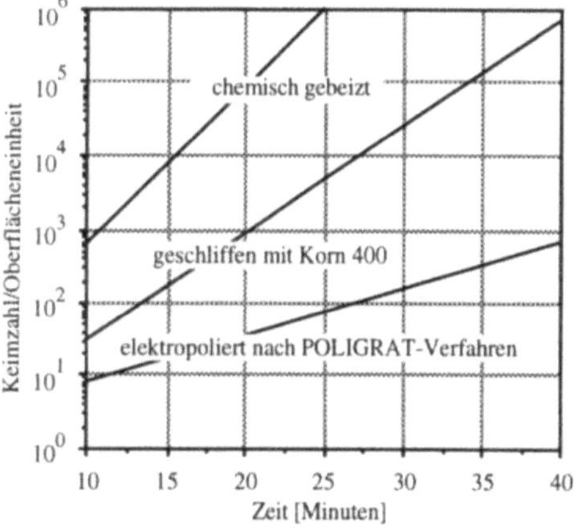

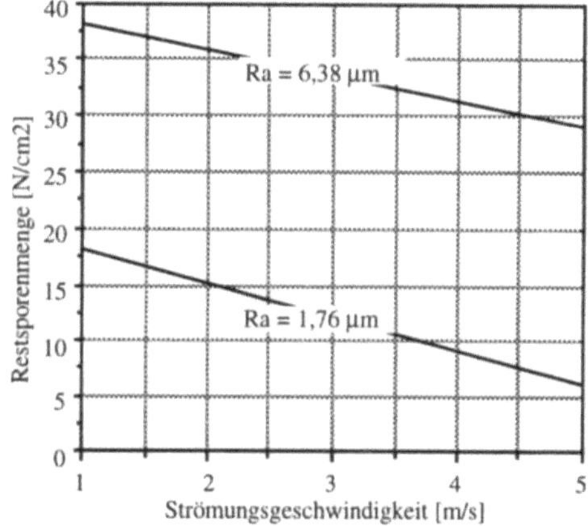

Abb. 5-70 Keimzahlentwicklung auf verschieden behandelten Oberflächen in Abhängigkeit von der Inkubationsdauer bei 30 °C.

Abb. 5-71 Restsporenmenge in Abhängigkeit von der Strömungsgeschwindigkeit und der arithmetischen Mittenrauhtiefe.

5.5 Konstruktionen und Installationen für gehobene Sicherheitsanforderungen

5.5.1 Prinzipielle Randbedingungen

Grundsätzlich sind Konstruktionen und Installationen, die der Steriltechnik gerecht werden, auch für biologische Sicherheitsanforderungen geeignet. Denn das Ziel Kontaminationen zu verhindern, also keine Fremdkeime in das System zu lassen, kommt dem anderen Ziele, keine Keime herauszulassen, also der Sicherheit, gleich. Da das wesentliche Konstruktionsmerkmal das Vermeiden von Toträumen ist, läßt sich generell die Forderung nach einfachen Konstruktionen ableiten. Sind für ein Problem mehrere Reaktoren geeignet, dann fordert der Sicherheitsaspekt die einfachste Konstruktion. Z.B. keine dynamischen Dichtungen, wenig Einbauten, glatte Flächen, wenig Anschlüsse, Reduzierung von statischen Dichtungen. Als weitere Prämisse aus dem Blickwinkel der Sicherheit muß gelten, den kritischen Bereich so klein wie möglich zu halten. Wenn nach der Reaktion die kritischen Keime sofort inaktiviert werden können, so läßt sich der kritische Bereich auf den Bioreaktor reduzieren.

5.5.2 Statische Dichtungen

In Sicherheitsbioreaktoren werden fast immer doppelt angeordnete Dichtungen gefordert. Damit kann in jedem Fall die Sicherheit erhöht werden, doch muß bei deren Ausführung folgendes bedacht werden:

a) der entstehende Zwischenraum muß kontrollier- und sogar sterilisierbar sein. Das wird erreicht, in dem dieser Raum über eine Bohrung einen Zugang erhält (Abb. 5-72),

b) der Zwischenraum muß zwangsdurchströmbar sein, damit sichergestellt werden kann, daß der gesamte Raum mit Dampf oder Desinfektionsmittel erreicht werden kann. Das läßt sich durch Trennung von Ein- und Ausgang durch einen Quersteg realisieren (Abb. 5-72),.

c) diese Konstruktionsart muß konsequent durchgeführt werden. Also nicht nur an den großen Flanschdichtungen, sondern auch an allen Stutzen, die z.B. Sonden aufnehmen (DN 19, DN 25) (Abb. 5-72 rechts).

Wird im Zwischenraum permanent Dampf angelegt, so stellt dieser Bereich eine Wärmequelle dar, die stören könnte. Durch schlecht leitende Materialien (Keramik) kann das Problem eingegrenzt werden.

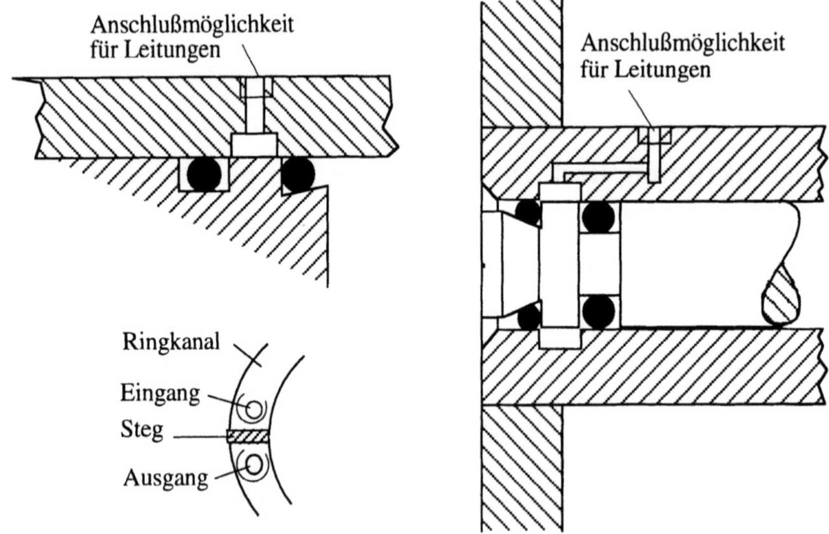

Abb. 5-72 Doppelt ausgeführte statische O-Ringdichtung. Der entstehende Zwischenraum muß kontrollier- und sterilisierbar sein. Das wird erreicht, indem der Ein- und Ausgang durch einen Steg getrennt wird.

Anstelle von doppelt ausgeführten O-Ringdichtungen könnte eine metallische O-Ringdichtung dieselben Dienste übernehmen (vgl. Abschnitt 5.2.2.1, Abb. 5-21).

5.5.3 Absicherung des Abgasbereiches

Oberstes Ziel muß sein, Abgas zu vermeiden bzw. zu reduzieren. Das Hauptproblem bei Bioabgasen stellt hinsichtlich Freisetzung und Umweltbelastung der Abgasstrom aus der Bioreaktorbegasung dar. Zwar bedeuten validierte Sterilfilter (vgl. Abschnitt 5.3.4) eine nahezu unüberwindbare Barriere für Mikroorganismen, aber dennoch muß die Frage gestellt werden, wie das Entweichen von Mikroorganismen und anderem biologisch aktivem Material mit Sicherheit verhindert werden kann.

Auf welche Weise können Mikroorganismen im Abgas mitgetragen werden? Es besteht nur die Möglichkeit, daß sie auf Aerosolen (Tröpfchen) getragen werden. Dazu ist folgende Betrachtung nützlich: In Bioreaktoren liegen in der Regel Gasleerrohrgeschwindigkeiten von $< 0{,}02$ m/s vor. Eine Kräftebilanz an einem Flüssigkeitströpfchen ergibt, daß bei diesen Geschwindigkeiten Tröpfchen, die im Durchmesser größer als 20 µm sind, nicht mehr vom Gasstrom mitgetragen werden können, und da Mikroorganismen in der Regel etwa um den Faktor 10 kleiner sind, können sie auf diesem Weg durchaus aus dem Reaktor gelangen. Im Sterilfilter werden sie allerdings zurückgehalten.

Wenn Schaum entsteht, werden auch Mikroorganismen mit Sicherheit mitgetragen. Dabei ist festzuhalten, daß ein hydrophober Sterilfilter den Schaum nicht passieren läßt und verblockt, so daß auch in diesem Fall keine Mikroorganismen entweichen. Der Filter würde erst über dem Bubble-Point-Druck Flüssigkeit passieren lassen.

Eine andere Möglichkeit, Mikroorganismen den Weg ins Abgas zu ermöglichen, besteht darin, daß Flüssigkeitsspritzer bis an die Einleitstelle ins Abgasrohr gelangen und von dort aufgrund der wesentlich höheren Geschwindigkeit mitgetragen werden. In diesem Fall gilt aber erneut, daß der Sterilfilter die Tropfen einschließlich der Mikroorganismen zurückhält und bei zu viel Anfall an Flüssigkeit ebenfalls blockieren kann.

Alle diese Betrachtungen sind einer gewissen Wahrscheinlichkeit unterworfen. Möchte man noch eine zusätzliche Sicherheit einbauen, dann wird häufig ein zweiter Sterilfilter vorgeschlagen. Da man in diesem Fall aber nie sicherstellen kann, welcher Filter zuerst Schwächen zeigt, und auch die Funktionsfähigkeit im Betrieb nicht überwacht werden kann, sind andere Methoden vorzuziehen.

5.5.3.1 Thermische Inaktivierung

Die aus Sicht der Abgasbehandlung günstigste Lösung ist eine Verbrennung in einer Fackel. Bei dieser Methode werden neben der sicheren Inaktivierung auch zusätzlich Geruchskomponenten beseitigt. Es lassen sich grob drei Bauarten für Fackeln unterscheiden (Abb. 5-73): a) Freiflammenfackel; b) Schirmfackel; c) Muffelfackel.

Die einfachste Ausführung ist die Freiflammenfackel (Abb. 5-73a). Dabei stellt die Rohrfackel quasi ein Basismodell dar. Diese einfache Bauart ist nur für Störbetrieb und nicht-rußende Systeme geeignet, d.h., wenn Helligkeit und auch der Lärm in Kauf genommen werden können.

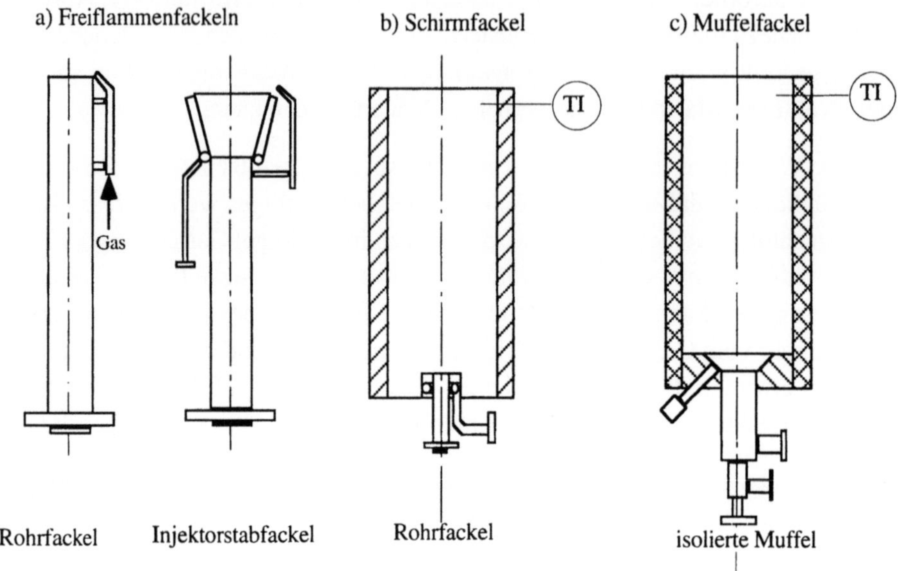

Abb. 5-73 Fackelbauarten zur Verbrennung von Abgasen.

Eine etwas aufwendigere Bauart stellt die Injektorstabfackel dar (Abb. 5-73a). Der zum Rohr tangential ausströmende Dampf erzeugt am Rohr Unterdruck und lenkt sich so um das Rohr herum, wobei dabei zusätzlich Luft angesaugt wird. Das führt zu einer weich brennenden (leisen) Flamme.

Bei den bisher angesprochenen Fackeln ist das Abgas gleichzeitig das Brenngas. Die Schirmfackel (Rohrtyp, Abb. 5-73b)) ist schon für den Dauerbetrieb geeignet, weil die Flamme außen nicht sichtbar ist und das Rohr schalldämpfend wirkt. Erdgas, über einen Ring zugegeben, kann die Flamme unterstützen. Die Rohrfackel mit Zentralinjektor (ohne Abb.) hat die gleiche Arbeitsweise, nur besteht zusätzlich die Möglichkeit, durch einen zentralen Gasstrahl eine Entrußungswirkung zu erzielen.

Alle bisher besprochenen Fackeln saugen die Luft frei an. Bei den Muffelfackeln (Abb. 5-73c) dagegen wird die Luft zugegeben und über die Temperaturen das Stützgas geregelt. Das macht auch zugleich den Unterschied zwischen der Muffelfackel und den anderen Fackeln aus. Die Vielzahl der Fackeltypen macht die richtige Auswahl nicht leicht. Dennoch lassen sich entsprechende Kriterien aus der Aufgabenstellung gewinnen, die dann zu der bestmöglichen Lösung führen. Nachfolgende Auswahlmatrix (Tabelle 5-11) verleiht eine Übersicht.

Neben der direkten Verbrennung besteht außerdem auch die Möglichkeit, das Abgas indirekt hochzuheizen. Das erfolgt entweder in dampfbeheizten Wärmeaustauschern oder mittels elektrischer Heizung, ähnlich einem Fön (Abb. 5-74). Die Temperaturen, die in solchen Abgasheizstrecken eingestellt werden, liegen über 300 °C und haben damit auch bei kurzen Verweilzeiten eine hervorragende Inaktivierungswirkung sowohl für Nukleinsäuren als auch für Mikroorganismen.

Tabelle 5-11 Beurteilungsmatrix für die verschiedenen Fackeltypen.

Kriterien	Rohr-fackel	Injektor-fackel	Rohr Schirm	Zentral-injektor	gekühlte Muffel	isolierte Muffel
nur Störbetrieb	X	X	X	(X)	(X)	(X)
Dauerbetrieb			X	X	XX	XX
Helligkeit und Lärm stören			X	X	XX	XX
Ruß kann entstehen					X	X
geregelte Verbrennung				X	XX	X
Kosten	XX	XX	X	(X)		
Abgasheizwert erforderlich	ja	ja	(ja)	nein	nein	nein

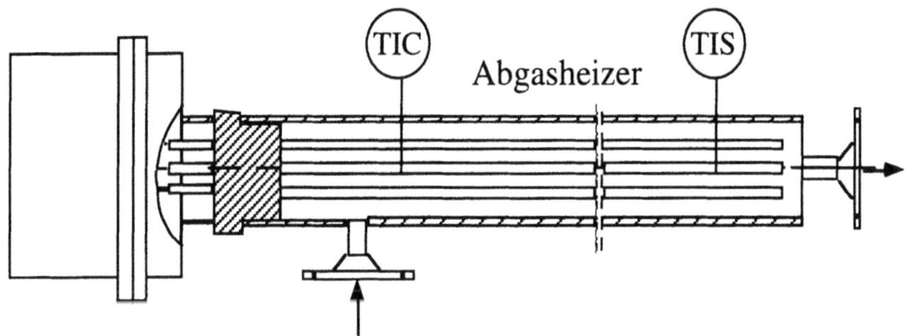

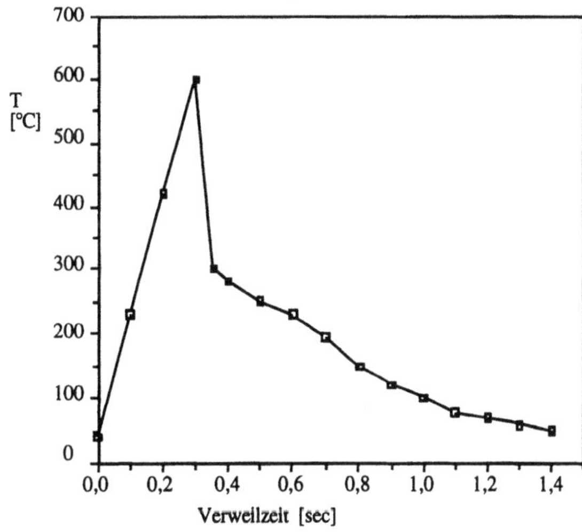

Abb. 5-74 Elektrischer Abgasheizer. Bei Temperaturen über 300 °C reichen wenige Zentelsekunden für eine effektive Inaktivierung von Zellen und Nukleinsäuren. Links der Temperaturverlauf in einer solchen Heizstrecke. Es werden sogar Spitzentemperaturen von 600 °C erreicht. In einem solchen Abgasheizer kann der Sterilisationseffekt auf die meßbaren Parameter Temperatur und Verweilzeit zurückgeführt und während des Betriebes kontrolliert werden.

Dieses System hat, wie auch die Fackel, den Vorteil, daß die Inaktivierungswirkung auf die meßbaren Parameter Temperatur und Verweilzeit zurückgeführt werden kann und somit ein echtes redundantes Sicherheitselement darstellt.

5.5.3.2 Chemische Inaktivierung des Abgases

Wird ein Abgas über einen Waschturm geleitet, dann können auf diesem Wege Inhaltsstoffe, wie Mikroorganismen und/oder Nukleinsäuren, herausgewaschen werden. Benutzt man dazu ein geeignetes Waschmittel, das zugleich inaktivierende Wirkungen zeigt, dann kann auf diese Weise der Abgasstrom von biologisch aktiven Substanzen befreit werden. Die Übernahme von Komponenten aus der Gasphase in die Flüssigphase erfolgt dabei nicht beliebig schnell, sondern nach einem Gleichgewicht, dessen Einstellung eine bestimmte Kontaktzeit zwischen Gas und Flüssigkeit erfordert. Diese erforderliche Kontaktzeit wird umso kleiner, je größer die angebotenen Stoffaustauschflächen, d.h., die Phasengrenzflächen sind. Zu diesem Zweck haben Waschkolonnen (Waschtürme) bestimmte Einbauten, wie Füllkörper oder Siebböden. Die Verlagerung der Schadstoffe von einer Gasphase in eine Flüssigphase löst das Entsorgungsproblem noch nicht. Die Inaktivierung durch das chemische Absorbens hat zwar das vorrangige Problem gelöst, doch dem muß noch die Entsorgung der Waschflüssigkeit angeschlossen werden. Das kann auf verschiedene Weise geschehen: entweder Behandlung in einer Abwasserbehandlungsanlage (Kläranlage) oder durch Verbrennung bzw. Deponierung.

5.5.3.3 Biofilter

Eine Methode, Abgas von geruchsbelästigenden Komponenten zu befreien, besteht darin, das Gas über ein Torfbett zu leiten, in dem diese Substanzen absorbiert werden (Abb. 5-75). Mit Hilfe von Mikroorganismen werden diese organischen Substanzen in Biomasse, Kohlendioxid und Wasserdampf überführt, so daß im wesentlichen geruchsfreies Abgas in die Atmosphäre entweicht.

Eine weitere Möglichkeit, durch biologische Reinigung aus einer großen Abluftmenge Schadstoffanteile zu entfernen, die in niedriger Konzentration vorliegen, besteht darin, trägerfixierte Mikroorganismen in Festbett- oder Wirbelschichtreaktoren zu verwenden, die von feuchter Abluft oder vom Waschwasser der Abluft umströmt werden. Dabei werden die Schadstoffe entweder in einen dünnen, die Mikroorganismen umgebenden Wasserfilm extrahiert (absorbiert) oder am Trägermaterial adsorbiert. Anschließend erfolgt der mikrobielle Abbau.

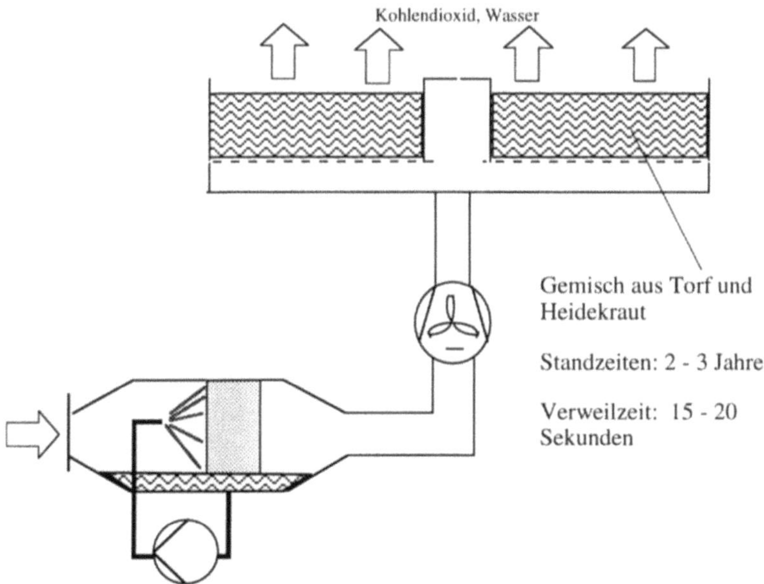

$$\text{unerwünschte Abluftinhaltsstoffe} + O_2 \rightarrow \text{Zellen} + CO_2 + H_2O$$

Abb. 5-75 Ein Torfbett als Biofilter. Die organischen Inhaltsstoffe des befeuchteten Abgases werden durch die Mikroorganismen, die sich im Heidekraut befinden, zu Biomasse, Kohlendioxid und Wasser abgebaut. Das verbrauchte Torfbett kann als Dünger weiterverarbeitet werden.

Schlußbemerkung zum Kapitel 5:

Das Wesentliche der Konstruktionsmerkmale, wie sie bei der Konstruktion von Bioreaktorsystemen zu beachten sind, ist in Tabelle 5-12 zusammengestellt. Es ist sehr wichtig, Tot- bzw. Hohlraum, dort wo es möglich ist, zu vermeiden. An den Stellen, wo es nicht anders geht, sollten die Räume erst so klein wie möglich gemacht werden und der übrige Rest so groß wie möglich, denn am gefährlichsten verhalten sich Kleinsttoträume im Bioreaktor.

Bei der Konstruktion von Bioreaktoren muß man an alle Aufgabenstellungen ständig mit der Frage herangehen, ob sich der Raum selbstständig entlüften kann oder nicht. Ist das nicht sichergestellt, dann muß für eine Zwangsentlüftung gesorgt werden.

Als Material kommen überwiegend V4A-Edelstähle in Betracht, wobei Korrosionsproben klären müssen, welcher Stahl am geeignetsten ist. Es darf zumindest nicht vorkommen, daß Schwermetallionen ins Medium gelangen, da sonst die Reaktion inhibiert wird. Die Auswahl der Materialien wird auch durch das Finish, d.h., durch die Oberflächengüte bzw. Behandlung mitbestimmt.

Sauber ausgeführten Schweißnähten ist in jedem Fall Verschraubungen gegenüber der Vorzug zu geben.

Tabelle 5-12　Grundsätzliche Konstruktionsmerkmale

o　Totraum- und Hohlraumfreiheit

o　Maximierung des minimierten Totraumes

o　Keine Abgabe von Schwermetallionen, deshalb geeigneten Edelstahl wählen

o　nach oben stehenden Totraum < 15 mm vermeiden

o　nach unten stehende Hohlräume in jedem Fall vermeiden

o　Schweißnähte ordnungsgemäß ausführen

o　die Oberflächenbeschaffenheit den Erfordernissen anpassen

6. Steriltechnik

An den Beginn dieses Kapitels muß die Frage gestellt werden: Warum eigentlich Steriltechnik, warum eigentlich Sterilisation? Wenn man sich vor Augen hält, mit welchen Mühen der Mikrobiologe bestrebt ist, aus verschiedenen Quelle (Boden- und Wasserproben) Reinkulturen zu isolieren, um deren Potential an Katalysemöglichkeiten festzustellen, dann werden die Bestrebungen verständlich, daß diese Mikroorganismen vor Gefahren geschützt werden müssen, die den Erfolg vernichten würden. Die isolierten und mutierten Produktionsstämme sind meist „sensibler" als so mancher „Konkurrent", das bedeutet, daß bei stattgefundener Kontamination die gewünschte Reaktion nur geschwächt oder überhaupt nicht abläuft. Und was es bedeutet, wenn ein eingedrungener Keim günstige Verhältnisse vorfindet, zeigt das exponentielle Wachstum, die rasend schnelle Vermehrung (Abb. 1-12). Diese unlimitierte Vermehrung läßt sich mathematisch durch folgende Wachstumskinetik 1. Ordnung beschreiben:

$$N = N_0 \, e^{\upsilon t} \, . \tag{6.1}$$

Dabei ist υ die spezifische Vermehrungsgeschwindigkeit in h^{-1}, t die Zeit in Stunden, N die Endkeimzahl und N_0 die Anfangskeimzahl. Die spezifische Vermehrungsgeschwindigkeit υ eines Kontaminanten ist in der Regel merklich größer, als die der Produktionsstämme, weil sie manche „Erblast" bei der Vermehrung nicht weitergeben müssen. Ein schnell wachsender einzelner Keim, dessen Teilungszeit 20 Minuten beträgt, kann in fünfzehn Stunden auf knapp 10^{14} Keime anwachsen, was einen 100 ml-Kolben total kontaminieren würde, wenn 10^{10} bis 10^{11} Keime pro ml dazu nötig wären. Nach 21 Stunden wäre sogar ein 100 m^3 Bioreaktor total kontaminiert. Man muß also bestrebt sein, eine absolute Sterilität gewährleisten zu können, denn jede noch so geringe mikrobielle Verunreinigung kann zum Verlust der Charge bzw. der Produktion führen.

Ziel ist es also, vor der Fermentation alle Fremdkeime im System abzutöten und während der Fermentation das Eindringen von Fremdkeimen zu verhindern. So gesehen, verstehen sich Bioverfahrenstechniker auch als Leute vom „MAD" (Mikroben-Abwehr-Dienst).

6.1 Mögliche Kontaminationsgefahren

Kontamination im steriltechnischen Sinne bedeutet, nicht wie im üblichen Sinne, eine Verunreinigung irgendwelcher Art (z.B. Radioaktivität oder chemische Substanzen), sondern eine mikrobielle Verunreinigung des Systems. Dabei ist mit mikrobieller Verunreinigung das Vorhandensein von Fremdorganismen zu verstehen. Im Gegensatz zu anderen Kontaminanten und Kontaminationen hat die mikrobielle Kontamination eine hervorstechende Eigenschaft: Sie bleibt nicht konstant! Eine zunächst unmerkliche geringe Verunreinigung wächst nach oben angeführtem Gesetz (Gleichung 6.1) u.U. zu einer nicht vertretbaren Störung heran.

Welchen Stellenwert haben die Kontaminationen in der Steriltechnik für die Bioverfahrenstechnik und dort besonders für die Wirtschaftlichkeit? Langjährige Erfahrungen mit den biotechnologischen Prozessen sagen aus, daß bei Kurzzeitfermentationen (bis zu 20 Stunden) mit Kontaminationsraten von 3 - 8% zu rechnen ist, wobei der obere Wert eher mal eintrifft als der untere. Bei Langzeitfermentationen (100 Stunden und mehr) sowie bei Zellkulturfermentationen muß mit einer Kontaminationsrate von 20 - 35 % kalkuliert werden. Damit einbezogen sind auch Penicillinfermentationen, weil der Selbstschutz des penicillinproduzierenden Pilzes nur im fortgeschrittenen Stadium der Fermentation wirkt und auch nur bei grampositiven Bakterien funktioniert. Das sind nicht nur statistische Zahlen, sondern vor allem Hinweise, um welchen Betrag man die Bioreaktoren größer gestalten muß, damit die angestrebte Jahreskapazität erreicht werden kann (vgl. Kapitel 9). Bei einer Anlagenvergrößerung von 35 % muß mit einer Investitionserhöhung von 10 % gerechnet werden. Noch größer sind die Verluste einzuschätzen, die durch kontaminierte Chargen auftreten. Die Verlusthöhe hängt von den Kosten der Einsatzstoffe ab. Vom Wert dieses Mediums wird auch die Überlegung bezüglich des zu wählenden Sterilisationskriteriums (Abschnitt 6.4.1) beeinflußt. Durchschnittliche Mediumskosten bei klassischen Fermentationen von etwa 1 DM pro Liter und bei tierischen Zellkulturen von etwa 10 DM pro Liter führen bei einer 10 %-igen Kontaminationsrate in der klassischen Fermentation und einer 30 %-igen Kontaminationsrate in der Zellkulturtechnologie zu Jahresverlusten in der Größenordnung von mehreren Millionen Mark. Die angegebenen Kontaminationsraten beziehen auch viele ältere Anlagen mit ein, wo nicht der neueste Stand der Steriltechnik angewandt werden kann. In neueren Anlagen, mit entsprechend hohem Stand der Steriltechnik (vgl. Kapitel 5 und Abschnitt 6.2.3), können diese Raten erheblich unterschritten werden. Es muß also schon bei der Anlagenplanung untersucht werden, welcher Aufwand vom Verfahren am ehesten zu tragen ist: entweder ein höherer Investitionsaufwand oder die Folgekosten durch höhere Kontaminationsraten.

Das Wissen, welche Parameter die Kontaminationsgefahr beeinflussen, ist sehr wichtig, denn man ist dann in der Lage, u.U. bestimmte Größen optimal einzustellen (Abb. 6-1). Zunächst ist es empfehlenswert, bei der Produktionsstammentwicklung (Screening) auch gleich die Möglichkeit mit einzubeziehen, das Milieu außerhalb des für die meisten Kontaminanten optimalen Bereiches zu verschieben: z.B. die Fermentation bei niedrigen pH-Werten oder bei erhöhter Temperatur (über 60 °C). Anspruchslose Mikroorganismen zu finden, d.h., das Nährmediumsangebot abzumagern, lohnt sich in zweifacher Hinsicht. Zum einen gehen die Mediumskosten zurück und zum anderen finden nur weniger Kontaminanten eine akzeptierbare Umgebung. Allerdings muß bei der Entwicklung darauf geachtet werden, daß dabei die

Wachstumsgeschwindigkeit nicht zu stark nachläßt, denn damit würde die Gefahr, daß eine Kontamination ́durchwachsen kann, ansteigen und die Produktivität nachlassen.

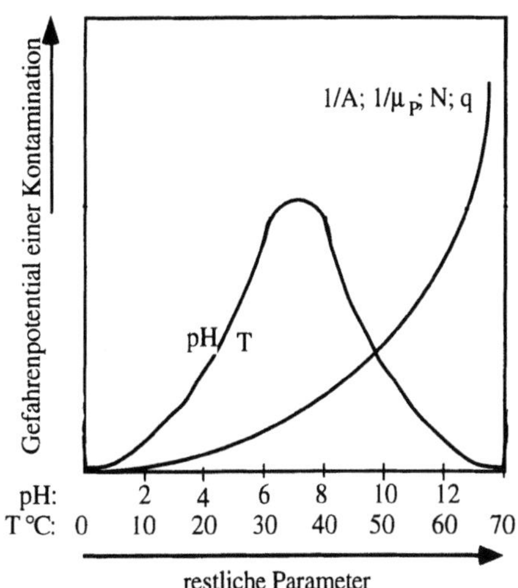

Abb. 6-1 Gefahrenpotential einer Kontamination in Bezug auf die Störung eines Prozesses. Kontaminationen sind nur dann für einen Prozeß störend, wenn für den Kontaminanten die günstigeren Verhältnisse herrschen, so daß er den Produktionsstämmen ihr künstliches Biotop streitig machen kann. Die Temperatur und der pH-Wert besitzen ein Optimum bei pH-Werten zwischen 6 und 8 und bei Temperaturwerten zwischen 30 und 40 °C. Für die Parameter Animpfverhältnis (A), spezifische Wachstumsgeschwindigkeit des Produktionsstammes (μ_P), Nährmediumsangebot (N) und die Belüftungsrate (q) führen Werte im günstigeren Fall zu immer höherem Gefahrenpotential.

Dem Produktionsstamm kann man gegenüber den Kontaminanten einen Vorsprung einräumen, indem das Animpfverhältnis hochgenommen wird. Damit sind aber höhere Investitionskosten und auch höhere Betriebskosten in Kauf zu nehmen.

Die Belüftungsrate sollte nur so hoch wie nötig eingestellt werden, denn mit zunehmender Luftmenge erhöht sich auch die Wahrscheinlichkeit, daß ein unerwünschter Fremdkeim in den Bioreaktor gelangt. Des weiteren ist zu prüfen, zu welcher Zeit des Prozesses das System wieviel Sauerstoff benötigt, damit die Begasungsrate dem Prozeß angepaßt werden kann.

Wo überall können die Kontaminanten lauern? Rund um einen Bioreaktor gibt es eine Menge Möglichkeiten, wo durch Störungen oder unsachgemäßes Handling Fremdkeime in den Reaktor gelangen können (Abb. 6-2). Das sind in erster Linie all diese Stellen, die eine Grenze zum Sterilbereich darstellen. Dazu gehören alle Sterilfilter, die Taktventile in den 3-er- und 4-er-Gruppen, alle O-Ringdichtungen an Flanschen, Sonden, Verschraubungen und Stutzen und die Gleitringdichtungen der Antriebe. Bei unsachgemäßer Montage oder nicht ordnungsgemäßem Zustand besteht die Gefahr, daß durch alle diese Grenzen Kontaminanten eindringen können.

Weitere Gefahren für die Sterilität bestehen in Form von Einschlüssen. Überall, wo sich Produkt- bzw. Mediumsreste bleibend ablagern können, besteht die Gefahr, daß sich Einschlüsse ergeben, in denen sich Mikroorganismen und Sporen verkriechen können und bei einer nachfolgenden Sterilisation u.U. schützende Verhältnisse vorfinden. Solche Einschlüsse sind auf rauhen Oberflächen, in Schlitzen bei Stutzen, Sonden und Kupplungen zu erwarten, aber ganz besonders in größeren Partikeln im Medium. Es ist daher ganz besonders zu beachten, daß bei feststoffhaltigen Medien keine großen Partikel im Medium sind, denn solche Partikel haben sehr häufig Lufteinschlüsse, in denen Kontaminanten sind, die dem Sterilisationseffekt durch nicht genügend feuchte Hitze entzogen sind. Nicht zuletzt weisen Fermentationen, die Feststoffe als Einsatzstoffe verwenden (z.B. Sojamehl), statistisch gesehen eine höhere Kontaminationsrate auf als der Durchschnitt. Eine Verbesserung kann erzielt werden, wenn diese Medien homogenisiert werden, das heißt, eine Partikelzerkleinerung durchgeführt wird.

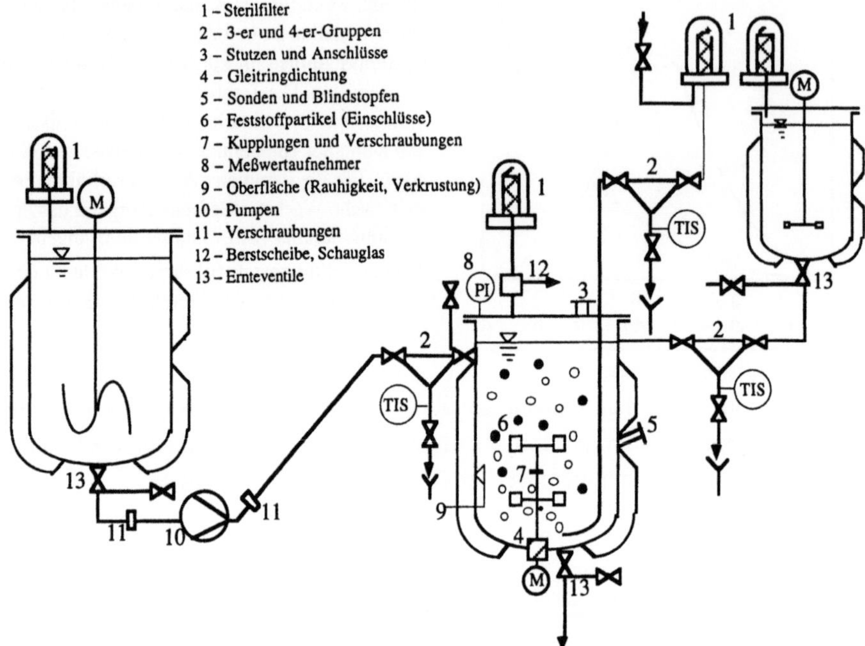

Abb. 6-2 Gefahrenquellen für Kontaminationen in einer biotechnologischen Anlage.

6.2 Voraussetzungen für die Steriltechnik

„Steriltechnik" ist ein häufig geprägter und benutzter Begriff, dessen Bedeutung immer noch nicht genau definiert ist. Meist wird diesem Begriff nur die Inaktivierung von Mikroorganismen zugeordnet. Dabei ist diese Operation nur eine der notwendigen Voraussetzungen einer funktionierenden Steriltechnik. Die Inaktivierung der Mikroorganismen ist die eine Seite, doch gleichwichtig ist, zu verhindern, daß im Bioreaktor keine Schutzzonen entstehen, die den Sporen das Überleben während der Sterilisation ermöglichen. Des weiteren ist zu vermeiden, daß Fremdkeime von außen über die Sterilgrenzen in den Bioreaktor gelangen können. Steriltechnik ist also ein harmonisches Zusammenspiel von mehreren gleichwertigen Operationen.

Im wesentlichen können unter dem Überbegriff „Steriltechnik" drei Unterbegriffe, nämlich steriltechnisches Konstruieren, steriltechnisches Handling und sachgerechte Sterilisation genannt werden. In Tabelle 6-1 sind die Randbedingungen für eine funktionierende Steriltechnik zusammengefaßt.

Tabelle 6-1 Randbedingungen für eine funktionierende Steriltechnik.

steriltechnisches Konstruieren	steriltechnisches Handling	sachgerechte Sterilisation
- ständige Untersuchungen von vorhandenen Konstruktionen - Führen eines Sterilkataloges - Kontaminationsanalysen	- Fermentationsprotokolle - Betriebs- und Bedienungsanleitungen - geeignete Wartungsmaßnahmen (Vorsorge-, Generalwartung) - Automatisierung	- Sterilisationskriterium - Mediumskriterium - Entkopplung von Mediums- und Equipmentsterilisation (kontinuierliche Sterilisation)

6.2.1 Untersuchung und Verbesserung von Sterilkonstruktionen

Zu steriltechnisch einwandfreien Konstruktionen kann man nur gelangen, wenn die vorhandenen Konstruktionen ständig untersucht werden, ihre betriebliche Tauglichkeit verfolgt wird und Verbesserungen weitergegeben werden. Eine Dokumentation, in der immer die neuesten Konstruktionen aufgenommen werden, tut dabei gute Dienste, weil sie über den Stand der Steriltechnik immer informiert. Einen möglichen Inhalt einer Sterildokumentation zeigt Tabelle 6-2.

Tabelle 6-2 Möglicher Inhalt einer Sterildokumentation.

Inhaltsverzeichnis einer Sterildokumentation.
- Theoretische Betrachtung der Steriltechnik - Konstruktionen für Sterilapparaturen - Bioreaktorkonstruktionen - Stutzen und Anschlüsse - Armaturen - Sonden und Meßwertaufnehmer - Zusammenstellungszeichnungen - Montageschematas

Um sich stets die Randbedingungen, die eine allumfassende Steriltechnik an ein Bioreaktorsystem stellt, vor Augen zu führen, gehört an den Beginn einer solchen Sterildokumentation eine theoretische Abhandlung der Steriltechnik. Auch dieser Teil wird aufgrund ständig rückfließender Erfahrungen einer gewissen Dynamik unterworfen sein und fortwährend verbessert werden.

Im Konstruktionsteil werden nicht nur die Konstruktionen der verschiedenen Bioreaktortypen behandelt, sondern auch Detailkonstruktionen wie die von Stutzen, Anschlüssen und Armaturen. Die Meß- und Regeltechnischen Elemente, wie Sonden und Meßwertaufnehmer, runden diesen Teil ab.

Eine wichtige Aufgabe der Steriltechnik besteht auch darin, die einmal sachgerecht ausgesuchten Maschinenelemente auch sachgerecht zu installieren. Die Erfahrungen mit all den Installationen gehören ebenfalls in diese Dokumentation, damit sie nicht mehrfach gemacht werden müssen. Letztendlich runden das Gesamtwissen und die Erfahrung mit der Steriltechnik die Montageschematas ab.

6.2.2 Kontaminationsanalysen

Jede Kontamination muß genauestens untersucht werden, um die mögliche Ursache finden zu können. Das wird zwar ganz selten eindeutig möglich sein, doch zumindest erhält man als Ergebnis eine Eingrenzung der möglichen Quellen. Diese Ergebnisse können dann sowohl in Verbesserungen von Sterilkonstruktionen einfließen als auch zur Verbesserung des Handlings führen. Beispielhaft soll nachfolgend eine solche Kontaminationsanalyse durchgeführt werden. Tabelle 6-3 zeigt im Ansatz die übersichtlich, tabellarische Analysenvorgehensweise.

Tabelle 6-3 Ansatz des Schemas einer Kontaminationsanalyse. Gefahrenpotential: 1 - sehr hoch, 3 - niedrig.

lfd Nr.	Gefahrengrad/ -Potential	Quelle	Begründung	Nachweis, Maßnahmen	Zeitpunkt
1	1	Sterilisation	ungenügende Bedingungen	Nullprobe, Anfangskeimzahl	nach jeder Sterilisation
2	2	Zuluftfilter	defekter Filter	Validierung/ Austausch	vor Fermentation/ nach 100 Sterilisationen
3	3	Abluftfilter	defekter Filter	Validierung/ Austausch	vor Fermentation/ nach 100 Sterilisationen
4	2	Abluftkühler	undichter Kühler	Dichtigkeitsprüfung	zur Vorsorge- und Generalwartung
5	1	Membranventile	defekte Membranen → undicht	Dichtigkeitsprüfung inklusive Ventile	vor Fermentation
6	1	O-Ringdichtungen	defekte Dichtung	Dichtigkeitsprüfung inklusive Ventile	vor Fermentation
7	2	GLRD	undichte GLRD	Dichtigkeitsprüfung inklusive Ventile	vor Fermentation
...	...	u.s.w.	...	...	...

Zunächst muß die Frage gestellt werden, ob die Sterilisation des Mediums inklusive der Anlage ungenügend gewesen sein kann. Dabei müssen im Sinne einer Analyse sämtliche in Frage kommenden Parameter untersucht werden. Sind gemäß den Randbedingungen Anfangskeimzahl (muß in jedem Fall vor der Sterilisation bestimmt werden), Resistenzkeimtyp und notwendiger Endkeimzahl die richtigen Sterilisationsparameter Temperatur und Zeit gewählt und auch eingehalten worden? Oder haben im Falle von Feststoff unzulässig große Klumpen infolge ungenügender Dispergierung ein Problem bereitet? Eingrenzen kann man diese Fragestellungen, indem man Nullproben eventuell mehrfach nimmt, um die Trefferwahrscheinlichkeit zu erhöhen, und diese inkubiert (Abschnitt 6.2.3, Tabelle 6-4). Findet man in diesen Proben später den selben Kontaminationstyp, dann kann mit hoher Wahrscheinlichkeit ausgesagt werden, daß ungenügende Sterilisation die Ursache für die Kontamination war. In kritischen Fällen empfiehlt es sich, nach jeder Sterilisation dies durchzuführen.

Sehr sensible Elemente einer Fermentationsanlage sind alle Sterilgrenzelemente bzw. Grenzmaterialien, allen voran die Sterilfilter für die Zu- und Abluft. Je nach Vorbehandlung hat man zwar in der Regel eine äußerst geringe Keimbelastung in der Zuluft. Wenn man sich aber vor Augen führt, daß bei aeroben Prozessen große Mengen Luft durch einen Bioreaktor geleitet werden, dann erhöht sich die Wahrscheinlichkeit immer mehr, daß der ein oder andere Fremdkeim mit ankommt und einen defekten Filter passieren könnte. Im Falle des Abgases ist es sehr kritisch zu sehen, denn dort sind in jedem Fall viele Keime vorhanden. Gelangen diese durch Rückwärtsströmung in den Bioreaktor, so können sie Schaden anrichten. Demzufolge muß sichergestellt sein, daß kein Unterdruck im Abgassystem herrscht bzw. geherrscht hat. Vorbeugen kann man der Kontaminationsgefahr über die Sterilfilter, indem man sie vor dem Einbau einem Validierungstest unterwirft, wie sie in Abschnitt 5.3.4, Abb. 5-59 und 5-60 beschrieben und dargestellt sind, und einen gewissenhaften Einbau der Elemente garantiert (Unterschriftenregelung, vgl. Abschnitt 6.2.3). Die exakte Buchführung über die Sterilfilter (Einbaudauer, Sterilisationshäufigkeit, Entwicklung von Bubble Point und Forward Flow) geben dem Betreiber eine gute Übersicht, wann in jedem Fall die Sterilfilter ausgetauscht werden sollen, z.B. nach 100 Sterilisationen, oder nach einer bestimmten Betriebszeit (Erfahrungen), aber in jedem Fall nach dramatischer Verschlechterung der Validierungsergebnisse.

Nach erfolgter Kontamination empfiehlt es sich in jedem Fall im Nachhinein beide Sterilfilter zu validieren, um die Beteiligung dieser Elemente an dem Vorfall sicher beurteilen zu können (vgl. Abschnitt 5.3.4).

Ist zum Zwecke der Reduzierung von Wasserverlusten aus dem Bioreaktor ein Abluftkühler eingebaut (Abschnitt 5.3.3, Abb. 5-55), dann muß sicher gestellt sein, daß der Kühler nicht defekt ist. Wenn noch dazu dieser Kühler mit Flußwasser betrieben wird, dann wäre eine Dauerkontamination vorgezeichnet. Eine Druckprobe in regelmäßigen Abständen (1/4- bis 1/2-jährig) bringt die erforderliche Betriebssicherheit. Derselbe Sachverhalt trifft auch für die Kühlung der Gleitringdichtungsüberlagerungsflüssigkeit zu, wenn auch in diesem Fall zunächst „nur" die Überlagerungsflüssigkeit kontaminiert werden würde und der Reaktorinhalt erst über eine weitere Hürde erreicht wird. Aufgrund des geforderten Überdruckes in der Überlagerungsflüssigkeit ist dies jedoch möglich.

Membranventile haben ihre Schwachstellen im Material und in der Einspannart der Membran (vgl. Abb. 5-34e). Besonders bei stark belasteten Ventilen (Taktventile) müssen diese Membranen ständiger Beobachtung (Wartungsintervall) unterliegen und bei Zeiten gewechselt werden. Die Dichtigkeitsprüfungen (Abschnitt 6.2.3, Vorbereitungsprotokoll) vor jedem Prozeß beziehen auch den Zustand (Dichtigkeit) der Membranen mit ein.

Aufgrund einer möglichen Dauerbelastung mit Dampf sind die Sterilfilter in der Gleitringüberlagerung meist nicht als Membranfilter aus den üblichen Kunststoffmaterialien ausgestattet, sondern Filter aus Keramik oder Sintermetallen. Diese Filter können, wenn überhaupt als Sterilfilter, nur die Funktion eines Tiefenfilters erfüllen. Somit sind sie in verstärktem Maße darauf angewiesen, in einer absolut trockenen Atmosphäre zu arbeiten. Das muß sichergestellt werden, da sonst ihre Funktion als Sterilfilter verloren geht (Abschnitt 5.3.4). Durch permanentes Entwässern wird das erreicht.

Werden Schaugläser an einem Bioreaktor bzw. in einem Sterilbereich mit Dampf bzw. dem daraus gewonnenen Kondensat gereinigt, dann ist nur die Lösung geeignet, wie sie in Abschnitt 5.2.3.6, Abb 5.45 beschrieben und dargestellt ist. Da diese Konstruktion dem der Gleitringüberlagerung entspricht, sind auch dieselben Randbedingungen zu beachten, wie sie dort beschrieben wurden. Ein direkter Dampfanschluß ist keinesfalls zu empfehlen.

Grundsätzlich ist anzumerken, daß sämtliche Sonden, Anschlüsse und Vorlagen, die für einen Prozeß nicht benötigt werden, erst gar nicht installiert werden sollten. Das Vorbereitungsprotokoll bietet dazu die erforderliche Kontrollmöglichkeit.

Für die O-Ringe gilt derselbe Sachverhalt wie für die Membranen. Besonders häufig bewegte O-Ringe und vor allem solche O-Ringe, die dynamisch abdichten sollen, sind einem erhöhten Verschleiß ausgesetzt und sollten bei Zeiten ausgewechselt werden. Die vorgeschriebene Druckprobe (Dichtigkeitsprüfung) bezieht auch sämtliche O-Ringe mit ein.

Verschmutzungen oder sogar Verkrustungen sollten erst gar nicht entstehen können. Die entsprechenden Anlagenoberflächen müssen zu diesem Zweck ständig in Augenschein genommen werden, um rechtzeitig Reinigungsmaßnahmen einleiten bzw. den Effekt der Reinigungsmaßnahmen beobachten zu können. Ganz besonders sind dabei die Stellen zu berücksichtigen, wie sie sich in Toträumen bei Stutzen und Sonden ergeben (vgl. Abschnitt 5.1.1). Als weiterer kritischer Punkt sind Heizflächen anzusehen, wie z.B. die Wand eines Bioreaktors. Kann es vorkommen, daß die Heizfläche nicht ständig mit Flüssigkeit (Brühe) umspült wird, dann ist der Teil der Fläche, der sich im Gasraum befindet, ganz besonders Verkrustungserscheinungen ausgesetzt. Es sollte also dafür Sorge getragen werden, daß die Heizflächen unterhalb der Flüssigkeitsoberfläche bleiben.

Anlagen sämtlicher Art, insbesondere Sterilanlagen, sollten einer umfangreichen und gründlichen Abnahmekontrolle unterzogen werden. Dabei sind im besonderen Maße den Schweißnähten, Verschraubungen und auch eingeschweißten Elementen, wie die Thermohülsen für die Temperaturfühler (TS-Stellen, z.B. Abb 4-2), Beachtung zu schenken.

Ist die Anlage mit einer Steuerung ausgestattet, dann muß natürlich sichergestellt sein, daß weder Fehler in der Software noch Fehler in der Logik des Programmaufbaues vorhanden sind, d.h., die Randbedingungen, die die Steriltechnik an eine solche Steuerung stellt, müssen allumfassend erfüllt werden (vgl. Abschnitt 8.3). Zur Absicherung der Funktiontüchtigkeit empfiehlt sich auch in diesem Fall eine mehr oder weniger aufwendige Validierung des gesamten Prozeßleitsystemes (PLS). Die einfachste Art der Validierung wäre in diesem Fall die schlichte Beobachtung und Protokollierung aller Abläufe vorort (Bewegung der Ventile = f (Zeit), Temperaturverläufe = f (Zeit), Sicherstellung der Verriegelung von verbotenen Funktionen, Vermeidung von Vakuum) mit eventueller Anpassung des Software-Programmes.

Nach erfolgter und hoffentlich auch erfolgreicher Sterilisation inklusive Ansatzvorbereitung muß der Bioreaktor angeimpft werden. Das kann auf verschiedene Art und Weise geschehen. In kleinere Bioreaktoren wird aus Kleinreaktoren oder auch aus Flaschen über eine manuelle Ankopplungsstelle (Anstechtechnik, Abschnitt 5.2.3.2, Abb. 5-32) angeimpft. Wie in Abschnitt 5.2.3.2 beschrieben, können bei diesem Vorgang Fehler gemacht werden, die zu einer Kontamination führen. Diese können vermieden oder zumindest minimiert werden, wenn eine entsprechende Personalunterweisung (Training) durchgeführt wird. Darüber hinaus erhöht sich natürlich die Gefahr einer Kontamination im Falle solcher Operationen zusehens, je höher die Keimzahl im Raum ist. Gelegentliche Raumkeimzahlbestimmungen bieten die Möglichkeit, ein Gefühl für die Wahrscheinlichkeit einer solchen Gefahr zu bekommen.

Der Erfolg des Animpfens eines Bioreaktors hängt stark vom Zustand des Inoculums ab. Sind schon im Inoculum Kontaminanten oder genetisch labile Keime vorhanden, dann wird der Ansatz mit höchster Wahrscheinlichkeit keinen Erfolg bringen. Zur Analyse einer stattgefundenen Kontamination über diesen Weg trägt auch in diesem Fall eine Rückstandsprobe - hier auch vom Inoculum - bei.

In den Ableitungen (z.B. Abwasser) sollte kein Überdruck herrschen. Auch wenn das System auf Dichtigkeit geprüft wurde (vgl. Abschnitt 5.2.2.3), so sollte eine als ausreichend gefundene Dichtigkeit nicht ständig auf die Probe gestellt werden, zumal in Abwasser- o.ä. Leitungen - in jedem Fall eine hohe Dichte an Kontaminanten anzutreffen ist.

Gelegentlich neigt der Betreiber von Bioreaktoren dazu gewisse Medien, wie z.B. Säuren, Laugen und hochkonzentrierte Zuckerlösungen o.ä. als autosteril zu bezeichnen und deshalb diese Medien auch nicht zu sterilisieren. Sollte aber eine Kontamination absolut nicht aufgedeckt werden, dann wird es Zeit, auch diese zunächst nebensächliche Fragestellung ebenfalls anzugehen.

In jedem Fall muß auch bei Säuren und Laugen beachten werden, daß diese Medien, bevor der erste Tropfen in den Bioreaktor gelangt, vor sich Luft bzw. Gas herschieben.

Es muß also das System, der Kessel inklusive den Leitungen bevor diese Medien eingefüllt, sterilisiert werden. Deshalb muß natürlich auch hier ein Vakuum nach erfolgter Sterilisation verhindert werden.

In Abschnitt 5.2.2 sind die im Sterilbereich üblichen Dichtelemente dargestellt. Dabei wurde gezeigt, daß die Dichtfunktion eines O-Ringes durch die Anpreßkraft des Überdruckes in seiner Dichtwirkung unterstützt wird. Im Fall von Vakuum kann dies allerdings dazu führen, daß die Dichtfunktion nicht mehr erfüllt ist. Geprüft werden kann dieser Sachverhalt, indem eine Dichtigkeitsprüfung sowohl unter Druck als auch bei Unterdruck (Vakuum) durchgeführt wird. Dennoch, während des Sterilbetriebes sollte in jedem Fall Vakuum vermieden werden.

Eine wichtige Voraussetzung für eine sachgerechte Sterilisation mit feuchter Hitze ist die komplette Entlüftung des Gasraumes; wenn nicht vollkommen feuchte Bedingungen herrschen, dann läßt die Sterilisationswirkung merklich nach und das Ergebnis kann eine ungenügende Sterilisation sein (vgl. Abschnitt 6.3.2). Eine mangelnde Entlüftung wird ganz einfach dadurch erkannt, daß der angezeigte Druck größer als der zur herrschenden Temperatur gehörende Dampfpartialdruck ist. Das bedeutet, daß eine weitere Gaskomponente noch einen Beitrag zum Gesamtdruck beisteuert, denn es gilt für den Gesamtdruck p_{ges} = Summe der Partialdrücke;

$$p_{ges} = \Sigma\, p_i \, . \tag{6.2}$$

Gelegentlich wird die Suche nach einer möglichen Kontaminationsquelle dadurch erschwert, daß man das zeitliche Auftreten nicht in Einklang mit dem Ereignis bringen kann. Das kann in Einzelfällen auch damit zusammenhängen, daß die Kontaminanten entweder in Gegenwart des Mediums in der Anfangsphase nicht wachsen, oder sich speziell auf Metaboliten konzentrieren und erst dann wachsen, wenn diese in entsprechender Menge gebildet wurden. Falls sich in der Nullprobe ebenfalls ein Kontaminant befindet, dann kann dieser Sachverhalt dadurch erkannt werden, daß die Nullprobe lange genug inkubiert wird.

Im Falle von hartnäckigen Kontaminationen ist es stets ratsam, sich immer wieder auch Konstruktionen wie den Gleitringdichtungen (GLRD) oder den unscheinbaren Verschraubungen zu widmen. Ganz besonders gilt das, wenn im Sterilbereich noch Milchrohrverschraubungen Verwendung finden (vgl. dazu auch Abschnitt 5.2.3).

6.2.3 Maßnahmen zur Verhinderung von Kontaminationen

Die Kontaminationsanalyse wird durch umfangreiche Fermentationsprotokolle, die sowohl alle prozeßvorbereitenden, als auch alle prozeßbegleitenden Maßnahmen beinhaltet, unterstützt (Tabelle 6-4a,b). Sie helfen sehr schnell, die möglichen Ursachen einzugrenzen.

Tabelle 6-4a Entwurf eines einfachen Vorbereitungsprotokolles.

1 Schlosserprotokoll	2 Meß- und Regelungstechniker-Protokoll
Datum:.................... Apparatenr.: .... geplante Dauer: .... Vorfermenter: .... Sterilisationsstart: ..... Benutzer: .... Animpftermin: .... Projektnr.:	Meßgröße Sollwert Alarm T-innen T-Heizkreis Drücke pH pO_2 Drehzahl usw.
Angabe der erforderlichen Anschlüsse Zuluft Abluft Abluftkühler Säure Lauge Antischaum Impfltg Nachgabeltg Zyklon o.ä. pH-Sonde pO_2-Sonde Anstechmembranen (Anzahl):	MSR-Sonderwünsche
Filter Einbau Typ Test Wechsel Zuluft ja/nein Abluft Ja/nein	Bemerkungen/ Hinweise
Verschraubungen im Sterilbereich nachgezogen, alle alten Anstechmembranen entfernt und obige Arbeiten ausgeführt	Drehzahlmessung überprüft pH-, pO_2-Eichung
Ort, Datum, Unterschrift	Ort, Datum, Unterschrift ....

Zunächst ist es wichtig, alle Vorbereitungsmaßnahmen mechanischer Art festzulegen. Besonderes Augenmerk ist darauf zu richten, daß nur die Anschlüsse angeschlossen (installiert) werden, die für die bevorstehende Fermentation benötigt werden; jede unnötige Installation erhöht das Kontaminationsrisiko! Da die Sterilfilter ein besonders sensibles Element in einer Sterilanlage darstellen, bedürfen sie gesteigerter Beachtung, indem genau spezifiziert wird welcher Filtertyp verwendet werden soll und festgehalten wird, in welchem Status sich die eingesetzten Filter befinden bzw. befinden sollen.

Der nächste Punkt, der Beachtung finden muß, sind die meß- und regeltechnischen Parameter. Es ist genau zu spezifizieren, welche Bereiche für die einzelnen Parameter zu wählen bzw. einzustellen sind.

Eine der wichtigsten Maßnahmen einer Anlagenvorbereitung ist die Dichtigkeitsprüfung, die in der Regel mittels Druckprüfung (Luft) durchgeführt wird (vgl. Abschnitt 5.2.2.3). Das Ergebnis wird im Vorbereitungsprotokoll hinterlegt bzw. dokumentiert.

Im Protokoll „Sterilisation" sind alle erforderlichen Randbedingungen für die Sterilisation der gesamten Anlage zusammengestellt, d.h., für den Reaktor und die gesamte Peripherie.

Ein weiterer Bereich des Vorbereitungsprotokolles dient schließlich der Dokumentation von Vorgeschichte, Prozeßverlauf und nachfolgenden Operationen, wie dem Inoculum, den Nullproben, dem Fermentationsverlauf und der Art des Reaktionsabbruches.

Tabelle 6-4b Fortsetzung Entwurf eines einfachen Vorbereitungsprotokolles.

3 Dichtigkeitsprüfprotokoll	4 Sterilisationsprotokoll
Vorschrift zur Durchführung der Druckprüfung (vgl. Abschnitt 5.2.2.3 und 5.2.2.4)	Angaben zur Sterilisation: Bioreaktor leer/voll: (Dauer, Temperatur) Zu-/Abluft " Vorlagen (Säure/Lauge/AS) " Impfltg " Nachgabeltg "
Protokoll der Druckprüfung (Schreiberstreifen, Druckerausgabe o.ä.)	sind Haltepunkte zur Schaumkontrolle einzugeben?
Beurteilung (Kommentare) zum Ergebnis der Druckprüfung	Sterilisation der Gleitringdichtung
Bemerkungen/ Hinweise	Bemerkungen/ Hinweise
Ort, Datum, Unterschrift	Ort, Datum, Unterschrift ....

Die vier in Tabelle 6-4 dargestellten Protokolle sind beispielhaft und in jede Richtung erweiterbar. Ein wichtiges Protokoll könnte noch zur Dokumentation der Steriltechnik geführt werden. Insgesamt erleichtern konsequente Dokumentationen, Erfahrungen zu sammeln.

Wenn z.B. nach verschiedenen Schritten immer wieder Rückstandsproben genommen werden, dann ist es möglich, nach eingetretener Kontamination durch den Vergleich mit den Rückstandsproben schon verschiedene Prozeßschritte bei der Analyse außer Acht zu lassen.

Wenn Kontaminationen aufgetreten sind, ist es auch wichtig, die Kontaminanten zu bestimmen, ihre Gattung zu ermitteln. Daraus läßt sich häufig ihre Herkunftsquelle ableiten. Tritt ein Kontaminant häufiger auf, in insider-Kreisen spricht man dann von einem „Haustierchen", dann sind umfangreichere Maßnahmen erforderlich, die vom gründlichen Reinigen des Bioreaktors, der Anlage, über das Zerlegen des Reaktors und Erneuern sämtlicher Sterilgrenzmaterialien (O-Ringe, Filterelemente, Membranen) bis hin zu einer Raumdesinfizierung führen kann. Um die Chancen für „Haustierchen" zu erniedrigen, sind regelmäßige und konsequent durchgeführte Wartungsmaßnahmen unumgänglich. Es empfiehlt sich eine Wartungsmaßnahme, die etwas weniger aufwendig, aber dafür häufiger ist, in der eine gründliche Reinigung durchgeführt wird und alle kritischen Elemente ersetzt werden, wie z.B. bewegte O-Ringe, stark belastete Membranen (Taktventile) und Sterilfilterkerzen.

Dieser Vorsorgewartung ist besonders für Pilotanlagen eine jährliche oder halbjährliche Generalwartung übergeordnet. Diese kann bis zum kompletten Zerlegen des Bioreaktors, der mechanischen und chemischen Reinigung aller Reaktoroberflächen (inklusive der Maschinenelemente) sowie dem Austausch aller Sterilgrenzmaterialien reichen.

Der beschriebene Aufwand mag spontan als sehr hoch angesehen werden, doch wenn analysiert wird, welche Kosten Kontaminationen verursachen können, dann zeigen sich vernünftige und vor allen Dingen konsequent durchgeführte steriltechnische Wartungsmaßnahmen wesentlich wirtschaftlicher.

Ein wichtiger Faktor für eine funktionierende Steriltechnik ist eine zuverlässige Betriebsmannschaft. Steriltechnische Konstruktionen und ein einmal ausgearbeiteter Sterilisationsprozeß sind Fakten, die keine Kontinuitätseinbußen befürchten müssen. Ihre Qualität entspricht dem ermittelten und eingestellten Stand und erfährt keine Veränderung, ist also „Stand der Technik". Im Gegensatz dazu sind menschliche Aktivitäten zu sehen. Häufig ist die menschliche Komponente das schwächste Glied in der steriltechnischen Kette. Um Kontinuität in eine Betriebsmannschaft zu bekommen, ist ein systematischer Aufbau und ein durch zahlreiche Anweisungen gekennzeichnetes, konsequentes Vorgehen notwendig. Erreichen kann man einen zufriedenstellenden Zustand durch Betriebsanweisungen und Bedienungsvorschriften, die strikt eingehalten werden müssen. Am besten gelingt das, wenn auch die Notwendigkeit solcher Maßnahmen vermittelt wird. In regelmäßigen Trainingseinheiten wird immer wieder überprüft, wie weit fehlerfreies und bewußtes, steriltechnisches Arbeiten erlernt wurde und auch erhalten blieb. Dort, wo ständig wiederkehrende, häufige Operationen anfallen, ist es angebracht, verschiedene Abläufe zu automatisieren, wie z.B. Sterilisationsabläufe (Kapitel 8).

Beispielhaft sollen zwei Fehler, die relativ häufig auftreten, angeführt werden:

A) Anstechtechnik: Um in ein geschlossenes, steriltechnisches System eine weitere sterile Lösung geben zu können, bedient man sich der Anstechtechnik, wie sie in Abschnitt 5.2.3.2 schon beschrieben wurde. Wenn nun aber die Nadel zu früh durch die Membran gestochen wird, dann war die Oberfläche der Membran noch nicht heiß genug und mit dem Anstechen können dort vorhandene Mikroorganismen in den

Bioreaktor gelangen. Es muß also vom Bedienungspersonal verlangt werden, den Vorgang korrekt auszuführen.

B) Probenahme (Abschnitt 5.2.3.3): Vor der Probenahme muß das Ventil sterilisiert werden. Läßt man nach der Sterilisation die gesamte Armatur abkühlen, dann entsteht in der Armatur ein Unterdruck, der durch den feuchten Tiefenfilter Luft aus der Umgebung ansaugt und damit auch Kontaminanten in das Ventil bringen kann. Dem Wattefilter (Stahlwatte) in der Hülse kann man keine Fähigkeiten als Sterilfilter zusprechen. Bei der folgenden Probenahme erfolgt quasi eine „Animpfung". Richtiger wäre es, direkt nach der Sterilisation die Probe zu ziehen. Wenn dies aber nicht möglich ist, weil die noch heiße Armatur einen Teil des Mediums schädigt und damit Zellzahlbestimmungen und auch andere Analysen verfälschen würde, dann empfiehlt es sich, nach der Sterilisation die Armatur mit steriler Luft zu spülen oder aber eine Vorlaufprobe zu ziehen.

In Betrieben, wo aufgrund der Job-Rotation zur Heranbildung junger Führungskräfte häufiger mit einem Wechsel in der Betriebsleiterposition zu rechnen ist, empfiehlt es sich, die Position eines Betriebsassistenten zu besetzen, in dem die Kontinuität an Erfahrungen weitergeführt wird. Ansonsten müssen wichtige Erfahrungen immer wieder gemacht werden, was zeitraubend und vor allem unwirtschaftlich ist.

Quellen für Kontaminationen können also ungenügende Sterilisation, fehlerhafte Konstruktionen oder fehlerhaftes Handling sein. Der prozentuale Anteil der einzelnen Quellen kann wie folgt angegeben werden:

$$\begin{array}{ll}
\text{Kontamination} = \text{ungenügende Sterilisation} & 0 - 20\,\% \\
+ \text{fehlerhafte Konstruktionen} & 5 - 30\,\% \\
+ \text{fehlerhaftes Handling} & 50 - 95\,\%
\end{array}$$

6.3 Mögliche Sterilisationsverfahren

Im Zusammenhang mit der Abtötung von Keimen gibt es mehrere Begriffe, die nachfolgend kurz definiert werden [60]:

Inaktivierung: gezielte, irreversible Zerstörung von Vermehrungs- und Infektionsfähigkeit sowie der Toxizität von Mikroorganismen sowie ggf. Zerstörung ihrer toxischen Stoffwechselprodukte.

Sterilisation: Abtötung von Mikroorganismen einschließlich ihrer Ruhezustände (Sporen) durch physikalische und/oder chemische Verfahren.

Desinfektion: Abtötung oder so weitgehende Reduzierung der Zahl von Erregern übertragbarer Krankheiten, daß eine Infektion nicht zu befürchten ist.

Pasteurisierung: Teildesinfektion - Verfahren zur partiellen Keimabtötung bei einer Temperatur von 80 °C und 30 Minten (Sporen können überleben).

Im folgenden steht der Begriff „Inaktivierung" für die Funktion „Abtötung".

Zur Inaktivierung von Mikroorganismen werden eine Reihe von Methoden verwendet (Tabelle 6-5). Viele davon eignen sich nur als keimreduzierende Maßnahmen, weniger als Absolutsterilisationsmethode. Deshalb soll zwischen diesen beiden Gruppen

o Keimreduktionsmethoden und

o Absolutsterilisationsmethoden

unterschieden werden.

Tabelle 6-5   Sterilisationsmethoden.

Keimreduktionsmethoden	Absolutsterilisationsmethoden
- elektromagnetische Wellen	- chemische Sterilisation
- ultraviolettes Licht	- enzymatische Sterilisation
- Röntgen-Strahlen	- Sterilfiltration
- γ-Strahlen	Hitzesterilisation (feucht, trocken)
- mechanische Abrasion	- Hochdrucksterilisation
- Ultraschall	

6.3.1 Keimreduktionsmethoden

Mit Keimreduktionsmethoden läßt sich kaum ein steriles Ergebnis erreichen, d.h., die Endkeimzahl wird meist größer 1 sein.

Zu den keimreduzierenden Methoden zählen die Behandlung mit elektromagnetischen Wellen über dem sichtbaren Licht wie ultraviolettes Licht, Röntgenstrahlen und γ-Strahlen, deren Schwäche vor allen Dingen in der geringen Eindringtiefe liegt, sowie Ultraschall und mechanische Abrasion.

Bei der Bestrahlung biologischer Objekte werden folgende Prozesse nacheinander durchlaufen:

Absorption eines Lichtquantes $\rightarrow$ Anregung des absorbierenden Moleküls $\rightarrow$ Photochemische Reaktion $\rightarrow$ Biologischer Effekt [59]

Die abtötende Wirkung beruht auf verschiedenen Abbaureaktionen von Aminosäuren, Proteinen und Nukleinsäuren (RNA, DNA, Purine) [59]. Häufig ist die Schädigung nicht abtötend, sondern lediglich erbinformationsändernd, was man bei der Stammentwicklung ausnutzt (Screening: Mutation → Selektion).

Die biologische Wirkung ionisierender Strahlung hängt neben dem Milieu und dem vegetativen Zustand der Mikroorganismen nur von der Dosis ab; im interessierenden Bereich spielen die Strahlenenergie und die Dosisleistung keine Rolle. Im Fall von Mikroorganismen wird der Milieueinfluß hauptsächlich durch den pH-Wert, die Temperatur und die Wasseraktivität bestimmt. Während die durch ionisierende Strahlung ausgelösten chemischen Veränderungen in einem weiten Dosisbereich annähernd linear mit der Dosis zusammenhängen, ist die Inaktivierung von Mikroorganismen ein komplizierterer Vorgang. Dies hängt einerseits damit zusammen, daß ein einzelner Strahlungs-„Treffer" in der Regel einen Mikroorganismus nicht schädigt und darüberhinaus sehr wirksame Reparaturmechanismen für etwa eingetretene Strahlungsschäden zur Verfügung stehen. Andererseits werden die meist in großer Zahl vorhandenen Mikroorganismen unabhängig voneinander geschädigt, so daß mit fortschreitender Bestrahlung und Inaktivierung die Chancen immer kleiner werden, einen noch lebenden Mikroorganismus zu treffen [65].

Wie schon erwähnt, können die durch UV-Bestrahlung bewirkten Schäden z.T. rückgängig gemacht werden. Dies geschieht einmal durch anschließende Bestrahlung mit sichtbarem Licht (Photoreaktivierung) und zum anderen bei einigen E.coli-Stämmen, die sich im Dunkeln erholen, indem man die Temperatur der Umgebung um 10 Grad Celsius erhöht (Wärmereaktivierung). Durch Bestrahlung mit kürzerwelligem UV-Licht können die gebildeten Thymindimere wieder monomerisieren (Reversion = Rückgängigmachen des Schadens) [59].

Die Wahrscheinlichkeit, daß eine absolute Keiminaktivierung vonstatten geht, ist also sowohl bei den elektromagnetischen Wellen als auch bei den beiden genannten mechanischen Verfahren äußerst gering, weil es bei all diesen Methoden Möglichkeiten gibt, die ein Entkommen zulassen. Der Wirkmechanismus dieser Methoden tritt nicht permanent und homogen im gesamten System auf und trifft auch nur rein zufällig den einen oder anderen Mikroorganismus. Aus diesen Gründen sind diese Verfahren allesamt für die Sterilisation von Fermentationsbrühen nicht geeignet.

6.3.2 Absolutsterilisationsmethoden

Mit den Absolutsterilisationsmethoden können Endkeimzahlen erreicht werden, die rechnerisch weit kleiner als 1 sind, d.h., die Wahrscheinlichkeit eines sterilen Ergebnisses ist sehr groß.

Die Zugabe von Chemikalien in ein Reaktionsgemisch ist häufig nicht möglich, weil die abtötende Wirkung, die eigentlich nur den Kontaminanten zugedacht war, auch auf die Produktionsstämme wirkt und solche Substanzen u.U. im Produkt stören. Deshalb findet die chemische und auch die enzymatische Sterilisation von Fermenterbrühen nur selten Anwendung. Als Konservierungsmittel zur Haltbarmachung von verschiedenen Substanzen werden sie hingegen oft eingesetzt. Ein weiterer Anwendungsfall ist gegeben, wenn nach der Fermentation der Produktionsstamm abgetötet werden soll und das Produkt hitzelabil ist. Das ist häufig der Fall, wenn mittels genetisch veränderter Mikroorganismen ein Pharmaprotein gebildet wird. Gehört der Produktionsstamm zusätzlich noch einer höheren Risikogruppe an, so möchte man durch sofortige Inaktivierung nach der Reaktion im Bioreaktor den Sicherheitsbereich nicht ausdehnen. Andererseits soll das Protein nicht Schaden erleiden. In diesen Fällen wird eine chemische oder enzymatische Sterilisation häufig als unumgänglich angesehen. Dennoch wäre zu empfehlen, eine optimierte Hitzesterilisation zu prüfen, weil in diesem Fall keine Chemikalie zugegeben werden muß, die u.U. die Aufreinigung sowie die Qualität des Produktes stört.

Durch die Entwicklung hochwertiger Membranfiltermaterialien hat die Sterilfiltration von Flüssigkeiten zunehmends an Bedeutung gewonnen. Da die Sterilfiltration die einzige Methode ist, welche die Sterilität ohne eine chemische Reaktion erlangt und dadurch auch keine schädigende Wirkung auf das Medium besitzt, ist ihr immer der Vorzug einzuräumen. Allerdings werden in der Praxis aus Kostengründen überwiegend komplexe Nährmedien eingesetzt, die essentielle Mediumskomponenten in Form von Feststoffen besitzen. Dann ist eine Sterilfiltration nicht mehr möglich. Es empfiehlt sich aber in jedem Fall zu prüfen, ob ein etwas aufwendigeres Medium die Betriebskosten erniedrigen kann und damit gerechtfertigt ist. Die Sterilisation des Systems würde in diesem Fall mit Dampf (feuchter Hitze) erfolgen, und das Medium wird sterilfiltriert hinzugegeben.

Traditionell ist die Hitzesterilisation von Bioreaktoranlagen am weitesten verbreitet. Ihre Wirkung läßt sich mit Hilfe von Kinetiken gut beschreiben und damit ist ein Sterilisationserfolg vorausberechenbar (Abschnitt 6.4.1).

Bei der Hitzesterilisation wird noch zwischen feuchter und trockener Hitze unterschieden. Wie die einzelnen Beispiele in Tabelle 6-6 zeigen [60], unterscheiden sich die Bedingungen (Temperatur, Zeit) von beiden Verfahren doch erheblich. Damit wird verständlich, warum bei der Hitzesterilisation mit Dampf eine komplette Entlüftung des Systems verlangt werden muß, da sonst die Wirkung stark abgeschwächt wird. Der extreme Unterschied kann durch die drastische Verringerung des Wärmeübergangs durch das Vorhandensein eines Inertgases von $\alpha = 10.000 \; \frac{W}{m^2 \cdot K}$ bei reinem Dampf auf etwa $\alpha = 100 \; \frac{W}{m^2 \cdot K}$ bei Luft erklärt werden. Damit ist der Zeitaufwand und auch die Höhe der Temperatur bei der Trockensterilisation weit größer, um die für die Zerstörungsreaktion aufzubringende Energie in die Mikroorganismen zu bringen.

Tabelle 6-6 Sterilisationsmethoden einiger moderner Pharmakopöen und der WHO [60].

| Instutionen | trockene Hitze | | | | feuchte Hitze | | |
| | Zeit in Minuten bei °C | | | | Zeit in Minuten bei °C | | |
	150	160	170	180	100	115	121
BP 180	60				30	30	15
DAB 8 1978		180				20	
USP XX 1980		120	120				15
2. Ab-DDR 1975	475	150	48	15			12
WHO 1973			120				15
USP XXI,E, 1983							15
Pharm. Eur, 1983		120	60	30			15

Ist nicht sicher zu stellen, daß in einem zu sterilisierenden Raum die drei Bedingungen -Temperatur, Zeit und reine Dampfatmosphäre - erreicht werden können, so empfiehlt es sich, auf die Trockensterilisation auszuweichen. Ein typischer Fall ist die Inaktivierung von biologischem Abfall in Sterilisatoren. Der Abfall wird in der Regel in Folien eingeschweißt und in Fässer verstaut. Die Fässer werden dann im Sterilisator sterilisiert. Da aus den verschweißten Folien die Luft keineswegs komplett entweichen kann, wird die Bedingung „reine Dampfatmosphäre" nicht erreicht werden können. In diesem Fall ist eine Trockensterilisation bei entsprechend höherer Temperatur und dazugehöriger Zeit anzuwenden. Auch wasserfreie Medien wie Öl sollten unter Bedingungen der Trockensterilisation gefahren werden.

Nur der Vollständigkeit halber soll auch die Möglichkeit, Hochdruck zum Zwecke der Sterilisation heranziehen zu können, erwähnt werden. Diese Technologie ist erst am Beginn der Entwicklung, und es ist fraglich, ob sie sich überhaupt durchsetzen kann, denn erst ab Drücken von mehr als 2000 bar und mehreren Minuten Verweilzeit ist eine ausreichende Wirkung festzustellen. Apparaturen, die solche Drücke verkraften, sind nur in sehr kleinen Größen vorstellbar.

6.4 Grundlagen der Hitzesterilisation

6.4.1 Sterilisationskriterium

Die am häufigsten angewandte Sterilisationsmethode ist die Hitzesterilisation mit Dampf. Primäres Ziel der Sterilisation ist die Keiminaktivierung. Dazu müssen entsprechend der Inaktivierungskinetiken und des gewünschten Sterilisationsergebnisses die notwendigen Randbedingungen (Temperatur und Zeit) eingestellt werden.

In der Biotechnologie haben sich für die Parameter Temperatur und Zeit Standardwerte eingebürgert. In der Regel sterilisiert man bei 121 °C 30 Minuten lang. Dabei wird sehr häufig hartnäckig auf diesen Bedingungen bestanden, so daß die Vermutung nahe liegt, es könnte sich um eine „Naturkonstante" handeln. Doch keine Kombination von anderen Naturkonstanten bringt dazu eine Erklärung. Erst die Kenntnis des US-Standards, nämlich 30 Minuten bei 250 °F, und die Umrechnung von Fahrenheit auf Celsius, lüftet des Rätsels Lösung. Demnach müßte die exakt einzustellende Temperatur aber 121,11 °C sein! Die 121 °C werden auch damit begründet, daß bei dieser Dampftemperatur der dazugehörige Dampfdruck exakt 2,0 bar wäre. Die zum Dampfdruck von 2,0 bar gehörige Temperatur beträgt jedoch 120,23 °C.

Für die Ermittlung des Sterilisationskriteriums bestimmt man zunächst die sogenannten Grenzgeraden (Abb. 6-3) [61]. Diese Geraden ordnen den Parametern Temperatur und Zeit genau die Werte zu, bei denen gerade noch keine bzw. gerade eine Sterilität erzielt werden kann. Am Beispiel eines Hefeextraktes (Abb. 6-3) kann erkannt werden, daß es keine exakte Gerade gibt, es handelt sich vielmehr immer um einen Bereich in dem sowohl sterile als auch unsterile Proben gefunden werden [61].

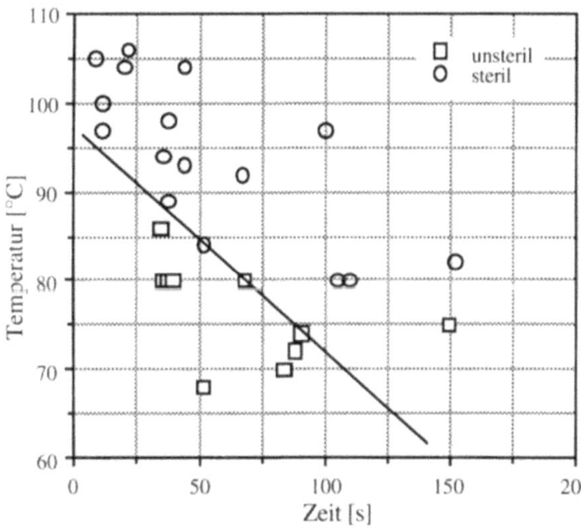

Abb. 6-3 Grenzgeraden zur Ermittlung des Sterilbereiches am Beispiel der natürlichen Population in einem Hefeextrakt.
Da für die Erstellung einer Sterilisationskinetik zählbare Keime überleben müssen (N > 1), wird zunächst der Grenzbereich zwischen steril und unsteril ermittelt. Daraus kann dann die Versuchsmatrix für die Kinetikversuche erstellt werden. Die Abbildung zeigt, daß ein steriles Ergebnis in manchen Medien mit wesentlich niedrigeren Temperaturen und kürzeren Zeiten als die Standardbedingungen erreicht werden kann.

Im nächsten Schritt werden dann die Inaktivierungsgeraden bestimmt (Abb. 6-4). Dabei können in der Regel diese Kurven mit einer Reaktionsgleichung 1. Ordnung beschrieben werden:

$$\frac{dN}{dt} = -k \cdot N \tag{6.3}$$

$$\ln\left(\frac{N_0}{N}\right) = k \cdot t \tag{6.4}$$

Die Temperaturabhängigkeit der Reaktionsgeschwindigkeit läßt sich, wie in chemischen Reaktionen auch, durch den empirisch gefundenen Arrheniusansatz darstellen:

$$k = k_0 \cdot \exp\left(-\frac{E_a}{R \cdot T}\right) \quad . \tag{6.5}$$

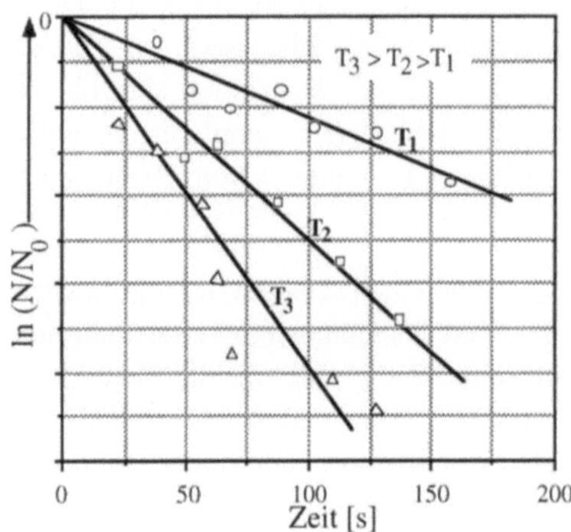

Abb. 6-4 Meßreihen zur Ermittlung der kinetischen Parameter zur Beschreibung einer Sterilisation (Inaktivierungskinetik). Die Messungen müssen mindestens bei zwei verschiedenen Temperaturen und mehreren Zeiten durchgeführt werden, damit die Arrheniuskonstante k_0 und die Aktivierungsenergie Ea ermittelt werden kann. Aufgrund der vielen Fehlermöglichkeiten bei der Auswertung der Meßreihen, müssen viele Meßpunkte ermittelt werden, damit man genügend Sicherheit für eine Ausgleichsgeraden erhält.

In den Gleichungen 6.3 bis 6.5 bedeuten N die Endkeimzahl, N_0 die Anfangskeimzahl, t die Sterilisationszeit [h], k die Reaktionsgeschwindigkeitskonstante [h^{-1}], k_0 die Arrheniuskonstante (in der Literatur oft mit A bezeichnet) und E_a die Aktivierungsenergie [$\frac{J}{mol}$], T die absolute Temperatur in [K] und R die universelle Gaskonstante = 8,314 [$\frac{J}{mol \cdot K}$]. Der k_0-Wert ist sowohl für das nasse als auch das trockene Verfahren gleich [93]. Typische Werte dafür liegen zwischen 10^{35} und 10^{37} s^{-1}. Die Aktivierungsenergien unterscheiden sich. Beim trockenen Verfahren liegen sie üblicherweise zwischen 50.000 und 100.000 J/mol, während sie beim nassen Prozeß zwischen 170.000 und 340.000 J/mol annehmen [93]. Bei der Aufnahme einer Inaktivierungskinetik wird es sich zeigen, daß die Meßpunkte nicht sehr präzise auf einer Geraden zu liegen kommen, so daß bei zu wenigen Meßpunkten u.U. die Ermittlungsgenauigkeit darunter leidet. Speziell in diesem Fall zeigt es sich, daß das Messen von Ereignissen, Zuständen oder auch Zustandsgrößen in hohem Maße von der Wahrscheinlichkeit begleitet ist, mit der ein Ereignis E mittels der Beobachtungen B erkannt bzw. gefunden werden können.

Ein schönes Beispiel dafür ist auch das Spiel mit einem Würfel: Mit einem idealen Würfel, dessen Schwerpunkt genau in der geometrischen Mitte liegt, wurde bei 300 Würfen 52 mal die Zahl 6 geworfen. Die relative Häufigkeit ist dann 52/300 = 0,173. Bei 600 Würfen wurde 99mal die 6 gewürfelt, so daß die relative Häufigkeit bei 99/600 = 0,165 liegt usw. Je größer die Zahl der Würfe wird, um so mehr nähert sich die relative Häufigkeit dem Wert 1/6.

Die relative Häufigkeit wird auch „Statistische Wahrscheinlichkeit" genannt. Liegt eine große Anzahl n von Beobachtungen eines Ereignisses E innerhalb einer Gesamtheit vor und tritt dieses Ereignis dabei m-mal auf, so ist der Quotient

$$\frac{m}{n} = P(E) \tag{6.6}$$

die relative Häufigkeit oder statistische Wahrscheinlichkeit.

Zur Beurteilung der erforderlichen Intensität einer Sterilisation wurde ein Sterilisationskriterium definiert. Doch wie groß ist die Wahrscheinlichkeit, daß ein Sterilisationsprozeß nicht erfolgreich war, also ein unsteriles Ergebnis vorliegt?

Die Inaktivierung eines Mikroorganismus´ ist ein Experiment mit den möglichen Ereignissen A=„Überleben" und B=„Abtöten". Werden nun n unabhängige Versuche unter gleichen Bedingungen (Temperatur und Zeit) durchgeführt und ist bei jedem dieser Versuche die Wahrscheinlichkeit, daß das Ereignis A auftritt gleich p, so ist die Wahrscheinlichkeit dafür, daß das Ereignis A insgesamt m-mal auftritt

$$P_{m,n} = \binom{n}{m} p^m (1 - p)^{n-m}. \tag{6.7}$$

Damit läßt sich nun die Wahrscheinlichkeit berechnen, mit der unter gegebenen Bedingungen kein Keim überlebt.

Die Anzahl der Versuche n ist in diesem Fall gleich der Anzahl N_0, der gesamten vorhandenen abzutötenden Keime (Zellen oder Sporen) und m, die Anzahl des Auftretens des Ereignisses „Überleben", muß natürlich 0 sein, sonst könnte man ja überhaupt keine Sterilität erreichen. Setzt man für die Inaktivierungskinetik eine Reaktion 1. Ordnung (ln N_0/N = k·t → ln N/N_0 = -k·t → N/N_0 = exp(-k·t)) voraus, dann ergibt sich eine Wahrscheinlichkeit p für das Überleben eines Keimes

$$p = e^{-kt}. \tag{6.8}$$

Mit n = N_0, m = 0 und dem Ansatz einer Reaktion 1. Ordnung läßt sich nun die Wahrscheinlichkeit einer erfolgreichen Sterilisation wie folgt darstellen:

$$P_{steril} = \binom{N_0}{0} (e^{-kt})^0 (1 - (e^{-kt}))^{N_0-0} \tag{6.9}$$

Löst man diese Gleichung, so erhält man:

$$P_{steril} = (1 - (e^{-kt}))^{N_0-0}. \tag{6.10}$$

Die Ausgangsfrage stellte sich aber nach der Wahrscheinlichkeit einer nicht geglückten Sterilisation, also nach einem unsterilen Ergebnis. In diesem Fall sagt die Wahrscheinlichkeitstheorie, daß die Summe der Wahrscheinlichkeiten aller möglichen Ereignisse gleich *eins* sein muß. Da in diesem Fall nur zwei Ereignisse auftreten können, ist die Wahrscheinlichkeit des anderen gerade die Differenz zu 1 [3]. Also gilt

$$P_{unsteril} = 1 - P_{steril} \tag{6.11}$$

oder

$$P_{unsteril} = 1 - (1 - e^{-kt})^{N_0-0}. \tag{6.12}$$

Der Ausdruck $(1 - e^{-kt})^{N_0-0}$ muß zunächst gelöst werden. Der Binomische Lehrsatz sagt aus, daß sich Ausdrücke wie

$$(a + b)^n \tag{6.14}$$

auch in einer Potenzreihe darstellen lassen, also

$$(a + b)^n = \sum_{v=0}^{n} \binom{n}{v} a^{n-v} b^v, \tag{6.15}$$

oder mit $a = 1$, $b = (-e^{-kt})$ und $n = N_0$

$$(1 - e^{-kt})^{N_0} = \sum_{v=0}^{N_0} \binom{N_0}{v} 1^{N_0-v} (-e^{-kt})^v. \tag{6.16}$$

Für ausreichend kleine Werte von (e^{-kt}), und genau das wird bei der Sterilisation angestrebt, kann die Potenzreihe nach dem zweiten Glied, d.h., nach $v = 1$, abgebrochen werden. Damit erhält man

$$(1 - e^{-kt})^{N_0} \approx 1 + N_0 e^{-kt} \tag{6.17}$$

bzw.

$$P_{unsteril} = 1 - (1 + N_0 e^{-kt}) \tag{6.18}$$

oder

$$P_{unsteril} = N_0 e^{-kt} \tag{6.19}$$

Da aber andererseits aus dem Ansatz 1. Ordnung für die Inaktivierungskinetik

$$\frac{N}{N_0} = e^{-kt} \tag{6.20}$$

folgt, ist $P_{unsteril}$ gleichbedeutend mit der Anzahl der überlebenden Keime N und die sollten im Falle einer wahrscheinlich erfolgreichen Sterilisation immer kleiner 1 sein. Da es aber keine unganzzahligen Keime geben kann, hilft die Wahrscheinlichkeit, mit der ein einziger Keim überlebt. Wenn also N = 10^{-2} gesetzt wird, dann bedeutet das, daß von 100 Ansätzen einer unsteril bleibt. Damit würde von vornherein durch ungenügende Sterilisation eine Kontaminationsrate von 1 % zugelassen werden.

Zur Beurteilung der erforderlichen Sterilisation wurde ein Sterilisationskriterium definiert [116]. Die Definition lautet wie folgt:

$$S = \ln \frac{N_0}{N} = k \cdot t = k_0 \cdot \exp\left(-\frac{Ea}{R \cdot T}\right) \cdot t \quad . \tag{6.21}$$

Ein erforderliches Sterilitätskriterium läßt sich somit aus einer ermittelten Anfangskeimzahl und einer gewünschten Endkeimzahl (N < 1) bestimmen.

Wenn die Inaktivierungskinetiken einer Reaktion 1. Ordnung gehorchen, und das tun sie in der Regel immer, dann erhält man im halblogarithmischen Diagramm für verschiedene Temperaturen einzelne Geraden. Deshalb stellt man die Inaktivierungskinetiken im halblogarithmischen (Abb. 6-5) und nicht im linearen Diagramm dar.

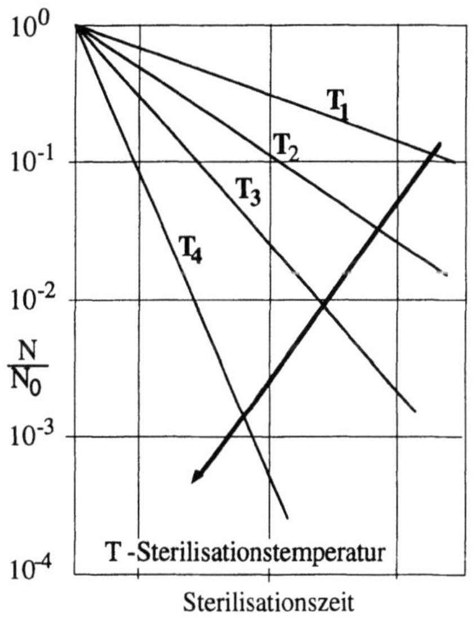

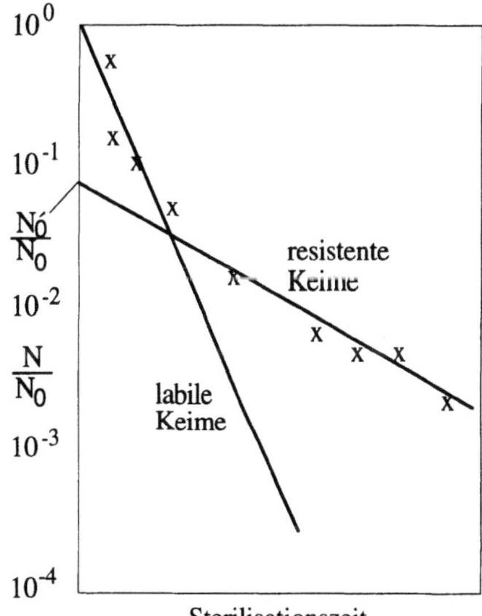

Abb. 6-5 Darstellungsform der Inaktivierungskurven bei vier verschiedenen Sterilisationstemperaturen.

Abb. 6-6 Inaktivierungskinetik einer Mischkultur bei einer Sterilisationstemperatur.

Wenn eine Kurve ermittelt wird, die im halblogarithmischen Diagramm keine Gerade ergibt, wie in Abb. 6-6 gezeigt, dann bedeutet das, daß keine Monokultur, sondern eine Mischkultur vorliegt. Bei komplexen Nährmedien, wie z.B. Maisquellwasser (MQW), ist das in der Regel immer der Fall. Dort findet man viele verschiedene Keime vom vegetativen bis zum Ruhezustand (Sporen), von hitzelabil bis zu hitzeresistent.

Die Situation, wie sie in Abb. 6-6 dargestellt ist, läßt sich so erklären: Bei der Bestimmung der Anfangskeimzahl N_0 werden alle lebenden Keime erfaßt, unabhängig von ihrer Hitzeresistenz. Bei beginnender Sterilisation sterben jetzt die hitzelabilen Keime wesentlich schneller ab, als die hitzeresistenten, so daß am Beginn ein starker Abfall der Keimzahlen zu verzeichnen ist. Diese Meßpunkte dürfen nun jedoch nicht einer Kurve (Ausgleichsgerade) zugeordnet werden, sondern müssen auseinander genommen werden. Auf die „sichere Seite" begibt man sich, indem man alle Punkte von der größten Zeit beginnend in Richtung kleinerer Zeit nimmt, die noch vertretbar eine Gerade ergeben und diese Gerade dann bis zur Ordinate verlängert (Abb. 6-6). Mit größter Sicherheit ist dies dann die Inaktivierungskinetik der hitzeresistenten Mikroorganismen. An der Stelle, wo die Gerade die Ordinate schneidet, ist der Wert der hitzeresistenten Anfangskeimzahlen abzulesen, denn der dort ablesbare Wert für N/N_0 muß im Falle der hitzeresistenten Keime z.Z. $t = 0$ (Ordinatenschnittpunkt) gleich 1 sein (Abb. 6-7). Das bedeutet gleichzeitig, daß $N = N_0'$ ist, wenn N_0' die Anfangskeimzahl der hitzeresistenten Keime darstellt. Faßt man zur Vereinfachung analog alle anderen Keime zu den hitzelabilen zusammen, dann folgt aus den angestellten Überlegungen, daß die Anfangskeimzahl der hitzelabilen Keime $N_0'' = N_0 - N_0'$ sein muß. Somit erhält man zwei Inaktivierungskinetiken, eine für die hitzeresistenten Keime (N'/N_0') und eine andere für die hitzelabilen Keime (N''/N_0''). Der jeweilige Ordinatenschnittpunkt der Geraden im halblogarithmischen Diagramm in der Originaldarstellung ist (N_0'/N_0) bzw. (N_0''/N_0).

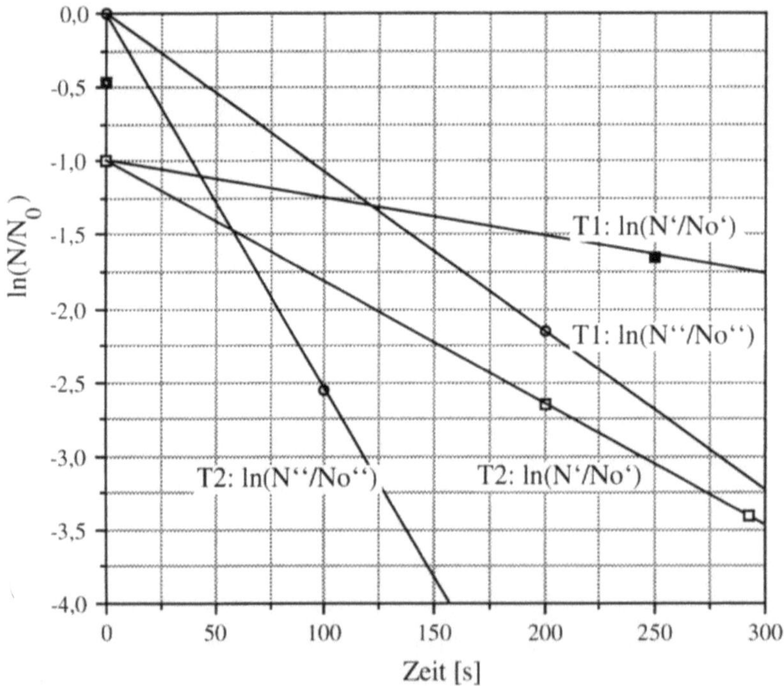

Abb. 6-7 Sterilisationskinetik einer Mischkultur. Resistente (´), labile (´´) Keime.

Die Annahme, daß die Hitzelabilen in jedem Fall bei den zu wählenden Einstellparametern abgetötet werden und damit bei der Ermittlung des Sterilisationskriteriums nicht berücksichtigt zu werden brauchen, ist nur dann haltbar, wenn ausreichend lange Sterilisationszeiten angewandt werden müssen und das Verhältnis der Ausgangskeimzahlen (N_0''/N_0') nicht zu sehr von 1 abweicht oder kleiner 1 ist. Der exakte Ansatz verlangt die Betrachtung beider Kinetiken und richtet sich allein nach der geforderten Endkeimzahl, die sich aus der Summe beider Gruppen ergibt:

$$N = N' + N'' \tag{6.22}$$

Damit läßt sich durch Division der Ansätze für die jeweilige Kinetik

$$\frac{N'}{N_0'} = e^{-k't} \quad \text{und} \quad \frac{N''}{N_0'} = e^{-k''t} \tag{6.23a,b}$$

und unter Berücksichtigung von Gleichung 6.22 folgender Zusammenhang finden:

$$\frac{N}{N'} = 1 + \frac{e^{k't}}{e^{k''t}} \frac{N_0''}{N_0'} \; . \tag{6.24}$$

Gleichung 6.24 bringt zum Ausdruck, daß die Kinetik für die hitzeresistenten Keime nur dann allein für die Betrachtung herangezogen werden darf, wenn das Verhältnis N/N' nahe genug bei 1 liegt, also die Endkeimzahl sich nahezu ausschließlich aus hitzeresistenten Keimen zusammensetzt. Stellt man die Forderung, daß die hitzelabilen Keime nicht mehr als 1% von der Gesamtkeimzahl betragen dürfen, um nicht bei der Betrachtung berücksichtigt werden zu müssen, dann gilt:

$$1 \leq \frac{N}{N'} < 1{,}01 \; . \tag{6.25}$$

Ist $N/N' > 1{,}01$, dann muß auch die Kinetik der hitzelabilen Keime berücksichtigt werden. Dazu wird Gleichung 6.24 umgeformt und mit Gleichung 6.23a erhält man

$$\frac{N_0 - N_0''}{N} = \frac{e^{k't}}{1 + \dfrac{e^{k't}}{e^{k''t}} \dfrac{N_0''}{N_0'}} \tag{6.26}$$

oder

$$\frac{N_0}{N} = \frac{e^{k't}}{1 + \dfrac{e^{k't}}{e^{k''t}} \dfrac{N_0''}{N_0'}} + \frac{N_0''}{N} \; . \tag{6.27}$$

Damit findet man für dasselbe Sterilisationskriterium $S = \ln(N_0/N)$ einen weit komplexeren Ausdruck als er in Gleichung 6.21 dargestellt ist, nämlich

$$S = \ln \frac{N_0}{N} = \ln\left[\frac{e^{k't}}{1 + \dfrac{e^{k't}}{e^{k''t}}\dfrac{N_0''}{N_0'}} + \frac{N_0''}{N}\right] .$$

(6.28)

Wenn für N/N´ < 1,01 nur die Kinetik der hitzeresistenten Keime berücksichtigt werden soll, dann kann auch ein Grenzwert angeben werden, ab dem nur noch die hitzelabilen Keime zu berücksichtigen sind. Analog zu Gleichung 6.25 kann für diesen Fall gefordert werden, daß weniger als 1% hitzeresistente Keime in der Restkeimzahl enthalten sein sollten, dann gilt

$$1 \leq \frac{N}{N'''} \leq 1,01 .$$

(6.29)

Ab diesem Wert wird nur die Kinetik der hitzelabilen Keime berücksichtigt.

Gleichung 6.24 bringt deutlich zum Ausdruck, daß die Wahl der Kinetik sowohl von den kinetischen Daten - und damit auch von der Sterilisationsdauer - als auch vom Verhältnis der Ausgangskeimzahlen (N_0''/N_0') abhängt.

Die Betrachtungen lassen sich nun beliebig in ihrer Komplexizität fortsetzen. Geht man nämlich davon aus, daß die Gefahr für einen Prozeß, die von „Restkeimen" ausgeht natürlich auch von ihrem Verhalten im Prozeß abhängt, also von deren Wachstumsverhalten (-geschwindigkeit), dann müßte dies natürlich bei dieser Betrachtung auch berücksichtigt werden, denn ein Fremdkeim kann nur Schaden anrichten, wenn er auch das entsprechende Potential dafür besitzt (vgl. Abb. 6-1). An dieser Stelle soll aber der Gedankengang nicht weiter verfolgt werden. Die einfachste Möglichkeit, diesen Sachverhalt zu berücksichtigen, wäre die Wahl eines entsprechenden Sterilisationskriteriums bzw. einer entsprechenden zulässigen Endkeimzahl N (vgl. Gleichung 6.21).

Die Abhängigkeit der Inaktivierungsgeschwindigkeitskonstanten k(T) von der Temperatur ist nach einer von Arrhenius empirisch gefundenen Beziehung (Gleichung 6.5) darstellbar. Aus zwei ermittelten Inaktivierungsgeraden wird nun bei einer bestimmten Zeit jeweils der Wert für N/N_0 abgelesen, und damit ist man in der Lage, die Arrheniuskonstante und die Aktivierungsenergie zu bestimmen:

Für die jeweilige Temperatur läßt sich aus der experimentell gewonnenen Kinetik und dem allgemeinen Zusammenhang

$$\ln \frac{N}{N_0} = - k_i(T_i) \cdot t$$

(6.30)

die dazugehörigen Reaktionsgeschwindigkeitskonstanten ermitteln:

$$k_1 = k_0 \cdot \exp\left(- \frac{E_a}{R \cdot T_1}\right) \quad \text{bzw.} \quad k_2 = k_0 \cdot \exp\left(- \frac{E_a}{R \cdot T_2}\right).$$

(6.31a,b)

Die Aktivierungsenergie berechnet sich somit zu

$$E_a = \frac{R \cdot \ln(k_1/k_2)}{\dfrac{1}{T_2} - \dfrac{1}{T_1}} \; , \qquad (6.32)$$

womit man dann die Arrheniuskonstante k_0 erhält:

$$k_0 = \frac{k_2}{\exp\left(-\dfrac{E_a}{R \cdot T_2}\right)} = \frac{k_1}{\exp\left(-\dfrac{E_a}{R \cdot T_1}\right)}. \qquad (6.33)$$

6.4.2 Mediumskriterium

6.4.2.1 Allgemeine Betrachtungen

Bei der Hitzesterilisation laufen zwei Vorgänge nebeneinander ab. Einmal tritt die erwünschte Keiminaktivierung ein, aber auf der anderen Seite erleidet u.U. auch das Medium Schaden. Dieser Schaden muß auf ein Minimum beschränkt werden, da sonst der Prozeß unwirtschaftlicher ist.

Die Nachteile der Hitzesterilisation sind Denaturierung von Proteinen, Zerstörung von Vitaminen und Wuchsstoffen und Bräunungsreaktionen (Tabelle 6-7 und 6-8). Als Nebenprodukte von Bräunungsreaktionen treten häufig toxische Substanzen auf, die das Wachstum der Mikroorganismen behindern, oder sogar verhindern. Durch getrennte Sterilisation von Stickstoff- und Kohlenstoffquellen kann man einige unerwünschte Nebenreaktionen vermeiden, und durch die richtige Wahl von Temperatur und Zeit für die erforderliche Sterilisation können die optimalen Bedingungen eingestellt werden.

Tabelle 6-7 Nachteile der Hitzesterilisation.	**Tabelle 6-8** Bräunungsreaktionen.
- Denaturierung von Proteinen - Zerstörung von Vitaminen und Wuchsstoffen - Bräunungsreaktionen	- Caramelisierung von Zuckern - Oxidationen - Polymerisation ungesättigter Aldehyde - Maillard-Reaktionen - Hydrolyse von Di- und Polysacchariden → Zunahme reduzierender Zucker

Beobachtungen während der Sterilisation und Vergleiche der Medien vor und nach der Sterilisation zeigen eindeutig, daß während dieses Prozesses einige Veränderungen im Medium ablaufen. Abb. 6-8 zeigt eine merkliche Veränderung des pH-Wertes sowie ein starkes Ansteigen der Extinktion [63]. Auch Verluste von Thiamin und Lysin während der Sterilisation von Milch sind bekannt [62]. Würde man Milch mit den sogenannten Standardbedingungen sterilisieren, so würde das im Falle des Thiamins einen Verlust von 50 % und im Falle des Lysins einen Verlust von 15 bis 20 % bedeuten. Solche

Verluste können einen erheblichen wirtschaftlichen Faktor darstellen und sind in jedem Fall zu vermeiden. Im Falle der Milch hat eine falsche Einstellung der Sterilisationsparameter auch noch zur Folge, daß eine Farbänderung (z.B. safrangelb) eintritt. Die Entstehung von Hydroximethylfurfural weist auf sogenannte Maillard-Reaktionen hin [62]. Diese Nebenprodukten können auch toxisch sein.

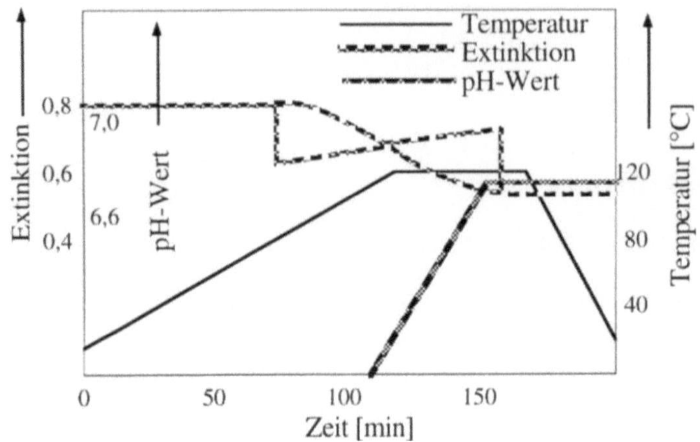

Abb. 6-8 Mediumsveränderungen während des Sterilisationsvorganges [63]. Anhand des pH-Wertes und der Aufzeichnung der Extinktion können Veränderungen im Medium während der Hitzesterilisation festgestellt werden. Die Kenntnis weist zunächst nur darauf hin, daß sich etwas verändert hat. Welche Auswirkungen das auf den Prozeß haben kann, muß dann noch ermittelt werden.

In Abb. 6-9 ist die Veränderung des Extinktionsverhaltens eines Glucosemediums über einen bestimmten Wellenlängenbereich und in Abhängigkeit unterschiedlicher Sterilisationsbedingungen dargestellt [61]. Man sieht eine deutliche Veränderung. Die Auswirkung dieser Veränderungen sind zwar daraus noch nicht ersichtlich, aber dieser sogenannte „Finger Print" gibt Hinweise, daß keine optimalen Sterilisationsbedingungen gewählt wurden.

Wenn Verluste bestimmter Einsatzstoffe im einzelnen nicht erkannt und damit der wirtschaftliche Aspekt nicht abgeschätzt werden kann, dann leistet auch die Veränderung des Zellwachstums bzw. der Produktivität wichtige Dienste. Wie aus Abb. 6-10 zu entnehmen ist, läßt im Falle des Glucosemediums das Zellwachstum mit zunehmender Sterilisationsbelastung merklich nach [61]. Im Abb. 6-11 [64] ist ein Beispiel angeführt, wo die Sterilisationsdauer bei konstanter Temperatur schon nach kurzer Zeit kaum noch Einfluß auf die Produktivität hat, d.h., die Sterilisation führt schon nach kurzer Zeit zur Zerstörung einiger essentieller Mediumsbestandteile, die es zu schonen gilt, damit der Prozeß eine optimale Ausbeute erlangt. Fordert man eine Titerreduktion von 10^{10}, so ergibt das ein Sterilisationskriterium von S = 23. Mit den kinetischen Daten des Bazillus subtilis (Abschnitt 5.1.1, Abb. 5-13) kann S bei 120 °C erst nach 28,4

Minuten erreicht werden, während es bei 140 °C schon nach 16 Sekunden erfüllt ist (Abb. 6-11).

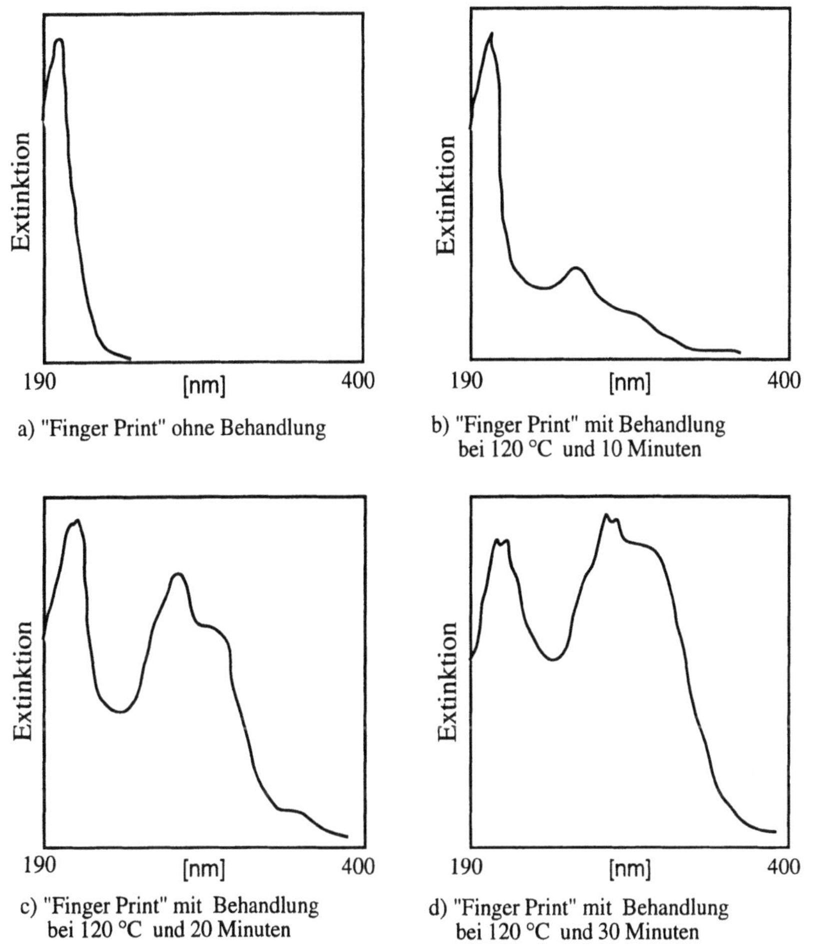

a) "Finger Print" ohne Behandlung

b) "Finger Print" mit Behandlung bei 120 °C und 10 Minuten

c) "Finger Print" mit Behandlung bei 120 °C und 20 Minuten

d) "Finger Print" mit Behandlung bei 120 °C und 30 Minuten

Abb. 6-9 „Finger Print" als sicheres Zeichen für Veränderungen im Medium während der Hitzesterilisation [61]. Die Extinktion nimmt im Wellenlängenbereich um 300 nm stark zu.

Für eine geeignete Komponente oder aber auch die Produktivität läßt sich analog zum Sterilisationskriterium auch ein Mediumskriterium definieren [116]. In diesem Fall lautet die Definition wie folgt [61,64]:

$$M = \ln \frac{c_0}{c} \quad . \tag{6.34}$$

Die Parameter für das Mediumskriterium sind dabei nicht so eindeutig vorgegeben wie für das Sterilisationskriterium. Für das Mediumskriterium muß im Einzelfall entschieden werden, welches Kriterium, Substanz oder Reaktionsergebnis gewählt wird. Die eindeutigste und wirtschaftlich interessanteste Fragestellung bei der Auswahl des Mediumskriteriums, ist die Frage nach der Produktbildung und den Einsatzstoffkosten.

Wenn also durch die Sterilisation keine herausragende Komponente geschädigt wird, die wirtschaftlich und reaktionstechnisch relevant ist, dann stellt man die Frage nach der Beeinflussung der Raumzeitausbeute durch Variation der Sterilisationsparameter.

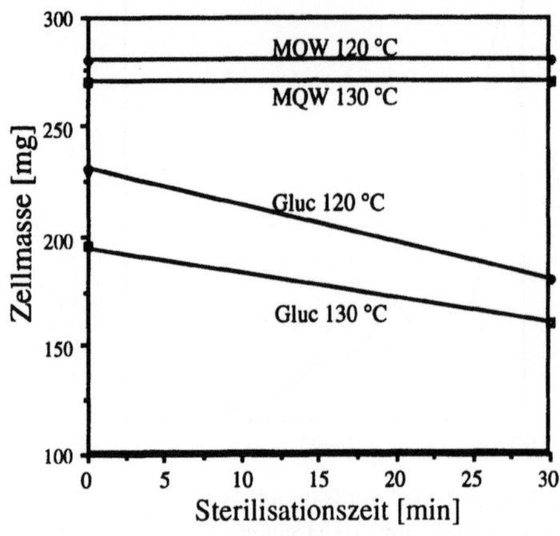

Abb. 6-10 Einfluß der Sterilisationsdauer und der Sterilisationstemperatur auf die Zellmassenbildung bei einem Maisquellwassermedium (MQW) und einem Glucosemedium (Gluc) [61].

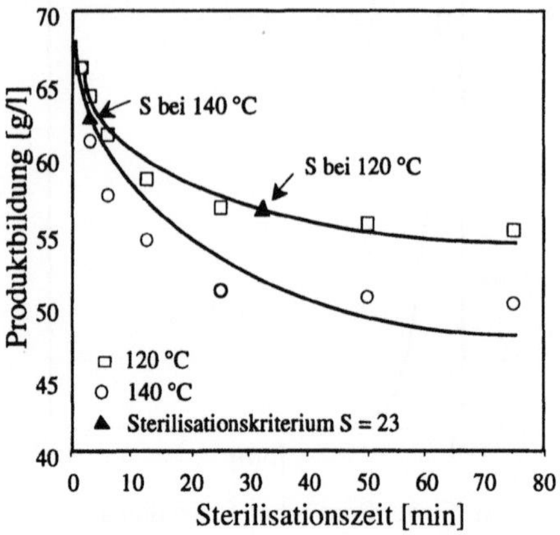

Abb. 6-11 Einfluß der Sterilisationsdauer und der Sterilisationstemperatur auf die Produktbildung bei vorgegebener gleicher Fermentationszeit [64].

Das Mediumskriterium läßt sich auch als prozentualer Verlust einer Komponente oder der Produktivität ausdrücken:

$$M(\%) = 100 \left(\frac{c_0 - c}{c_0}\right) = 100 \left(1 - \frac{c}{c_0}\right) = 100 \left(1 - C\right). \tag{6.35}$$

Im Gegensatz zu Inaktivierungskinetiken gehorchen chemische Reaktionen und damit auch der Abbau bzw. die Bildung von Substanzen nicht immer einer Reaktion 1. Ordnung. In diesem Zusammenhang ist es deshalb wichtig, die verschiedensten Reaktionstypen gegenüberzustellen.

6.4.2.2 Reaktionskinetische Grundlagen

Um den Verlauf von Veränderungen wertgebender Inhaltsstoffe des Nährmediums während eines Sterilisationsprozesses vorausberechnen zu können oder eine gezielte Vorhersage über veränderte Reaktionsverläufe in Abhängigkeit bestimmter Sterilisationsbedingungen machen zu können, ist es notwendig, reaktionskinetische Daten zur Beschreibung der Vorgänge zu ermitteln. Dabei ist es nicht das Ziel, exakte Reaktionsmechanismen anzugeben, wie es in komplexen Nährmedien ohnehin nur sehr schwer möglich wäre, sondern mit Hilfe reaktionskinetischer Überlegungen unter vereinfachenden Annahmen die Abläufe von Reaktionen vorauszuberechnen. Die experimentelle Grundlage für die Untersuchung von Abbau- bzw. Bildungsreaktionen ist die Messung der Reaktionsgeschwindigkeit. Für eine allgemeine Reaktion gilt [119]:

$$v_{A_1} A_1 + .. + v_{A_i} A_i + .. + v_{A_m} A_m \rightarrow v_{B_1} B_1 + .. + v_{B_k} B_k + .. + v_{B_n} B_n \qquad (6.36)$$

Dabei liegt für die Reaktanden A die Konzentration c_A und für die Produkte B c_B vor (jeweils in $[\frac{mol}{m^3}]$). Zu einer bestimmten Zeit t läßt sich für die Reaktionsgeschwindigkeit r $[\frac{mol}{m^3\,s}]$ schreiben:

$$r = - \frac{1}{v_{A_i}} \frac{dc_{A_i}}{dt} = + \frac{1}{v_{B_k}} \frac{dc_{B_k}}{dt}. \qquad (6.37)$$

Im allgemeinen ist die so definierte Reaktionsgeschwindigkeit r eine Funktion der Konzentration und der Temperatur T. Allgemein gilt:

$$- \frac{dc_{A_i}}{dt} = f(c_{A_1}, \ c_{A_2}, \ ...., \ c_{A_m}, \ T) \qquad (6.38)$$

Diese Überlegung zeigt, daß die Reaktionsgeschwindigkeit r für verschiedene, an einer Reaktion beteiligten Substanzen verschieden sein kann. Deshalb muß genau angegeben werden, auf welche Substanz sich eine bestimmte Geschwindigkeitsangabe bezieht.

Häufig läßt sich $f(c_{A_1}, \ c_{A_2}, \ ...., \ c_{A_m}, \ T)$ durch den Produktansatz

$$f(c_{A_1}, \ c_{A_2}, \ ...., \ c_{A_m}, \ T) = k(T) \cdot f(c_{A_1}) \cdot f(c_{A_2}) \cdot f(c_{A_3}) \ ..... \ f(c_{A_m}) \qquad (6.39)$$

darstellen. k(T) wird dabei als Geschwindigkeitskonstante bezeichnet, die nur von der Temperatur und von dem jeweiligen Stoffsystem abhängig ist.

Für die experimentelle Erfassung von Geschwindigkeitsgleichungen müssen Reaktionsgeschwindigkeiten bei verschiedenen Temperaturen als Funktion der Konzentration der Reaktanden bestimmt werden. Die Art der Abhängigkeit der Reaktionsgeschwindigkeit von der Konzentration ist ein Kennzeichen für die betreffende Reaktion. Nach dieser Abhängigkeit erfolgt die Einteilung in eine Gruppe, die als Reaktionsordnung bezeichnet wird. Je nach Anzahl der Reaktanden, die mit ihrer Konzentration die Geschwindigkeit der Reaktion bestimmen, handelt es sich um eine Reaktion 0. Ordnung (unabhängig von jeder Konzentration), 1. Ordnung (ein Reaktand), 2. Ordnung (2 Reaktanden), 3. Ordnung (3 Reaktanden) usw. Die Reaktionsordnung kann für jeden einzelnen Reaktanden Zahlenwerte vom negativen bis zum positiven Bereich annehmen (auch nicht-ganzzahlige Werte). In der Praxis kann aber mit den Reaktionsordnungen 0, 1, 2 und 3 ausreichend gut gearbeitet werden. Die folgenden Betrachtungen beschränken sich deshalb auf diese ganzzahligen Reaktionsordnungen.

Mathematisch läßt sich dieser Sachverhalt wie folgt formulieren:

$$\text{0. Ordnung:} \quad - \frac{dc}{dt} = k_0(T) \qquad (6.40)$$

1. Ordnung: $-\dfrac{dc}{dt} = k_1(T) \cdot c_{A_1}$ (6.41)

2. Ordnung: $-\dfrac{dc}{dt} = k_2(T) \cdot c_{A_1} \cdot c_{A_2}$ (6.42)

3. Ordnung: $-\dfrac{dc}{dt} = k_3(T) \cdot c_{A_1} \cdot c_{A_2} \cdot c_{A_3}$ (6.43)

Die Dimension der temperaturabhängigen Reaktionsgeschwindigkeitskonstanten $k_n(T)$ ist von der Reaktionsordnung n abhängig (vgl. Gleichungen 6.54a bis 6.54d).

Da die molare Konzentration der Zahl der Moleküle proportional ist (1 mol beinhaltet $6{,}023 \cdot 10^{23}$ Moleküle), lassen sich die Reaktionen, an denen mehr als ein Stoff mit einem festen stöchiometrischen Verhältnis (v_{A_2}/v_{A_1} bzw. v_{A_3}/v_{A_2}) beteiligt ist, über die Beziehung

$$c_{A_2} = v_{A_2}/v_{A_1} \cdot c_{A_1}$$ (6.44)

bzw.

$$c_{A_3} = v_{A_3}/v_{A_2} \cdot c_{A_2} = v_{A_3}/v_{A_2} \cdot v_{A_2}/v_{A_1} \cdot c_{A_1}$$ (6.45)

darstellen, so daß im weiteren für die Konzentration $c_{A_1} = c$ gesetzt werden kann.

Die oben angeführten Differentialgleichungen müssen noch integriert werden. Für die einzelnen Reaktionsordnungen ergeben sich dabei folgende Lösungen:

<u>0. Ordnung</u>   aus Gleichung 6.40 folgt:

$$\int dc = k_0(T) \cdot \int dt \ \rightarrow \ -c \ \Big|_{c_0}^{c_t} = k_0(T) \cdot t \ \rightarrow \ -(c_t - c_0) = k_0(T) \cdot t$$ (6.46a,b,c)

$$\left(\frac{c_t}{c_0} - 1\right) = -\frac{k_0(T)}{c_0} \cdot t \ \rightarrow \ C = \frac{c_t}{c_0} = -\frac{k_0(T)}{c_0} \cdot t + 1$$ (6.47a,b)

<u>1. Ordnung</u>   aus Gleichung 6.41 folgt:

$$-\int \frac{dc}{c} = k_1(T) \cdot \int dt \ \rightarrow \ \ln c \ \Big|_{c_0}^{c_t} = -k_1(T) \cdot t$$ (6.48a,b)

$$\ln c_t - \ln c_0 = -k_1(T) \cdot t \ \rightarrow \ \ln C = \ln \frac{c_t}{c_0} = -k(T) \cdot t$$ (6.49a,b)

<u>2. Ordnung</u>   aus Gleichung 6.42 folgt:

$$-\int \frac{dc}{c^2} = k_2(T)\cdot\frac{v_{A2}}{v_{A1}}\cdot \int dt \;\rightarrow\; \frac{1}{c}\,\bigg|_{c_0}^{c_t} = k_2(T)\cdot\frac{v_{A2}}{v_{A1}}\cdot t \qquad (6.50a,b)$$

$$\frac{1}{c_t}-\frac{1}{c_0} = k_2(T)\cdot\frac{v_{A2}}{v_{A1}}\cdot t \;\rightarrow\; \frac{1}{C} = \frac{1}{\frac{c_t}{c_0}} = k_2(T)\cdot\frac{v_{A2}}{v_{A1}}\cdot c_0\cdot t + 1 \qquad (6.51a,b)$$

<u>3. Ordnung</u>   aus Gleichung 6.43 folgt:

$$-\int \frac{dc}{c^3} = k_3(T)\cdot a\cdot b \int dt \;\rightarrow\; \frac{1}{2\cdot c^2}\,\bigg|_{c_0}^{c_t} = k_3(T)\cdot\frac{v_{A3}}{v_{A1}}\cdot t \qquad (6.52a,b)$$

$$\frac{1}{c_t^2}-\frac{1}{c_0^2} = 2\cdot k_3(T)\cdot\frac{v_{A3}}{v_{A1}}\cdot c_0^2\cdot t \;\rightarrow\; \frac{1}{C^2} = \frac{1}{(\frac{c_t}{c_0})^2} = k_3(T)\cdot 2\cdot\frac{v_{A3}}{v_{A1}}\cdot c_0^2\cdot t + 1 \;\; (6.53a,b)$$

Alle Gleichungen (6.47b, 6.49b, 6.51b und 6.53b) stellen eine Geradengleichung dar und die Faktoren vor der Zeit t ($k_n(T)$, c_0, v_{A3}, v_{A2}, v_{A1}) entsprechen zusammen der Steigung der Geraden. Da bei konstanter Temperatur alle Faktoren konstant sind und zusammen in jeder Reaktionsordnung dieselbe Dimension (Zeit^{-1}; s^{-1})) ergeben, werden sie im folgenden in jeder Reaktionsordnung zu einer gemeinsamen Konstante k(T) zusammengefaßt werden.

Für die Ermittlung der Reaktionsordnung einer Reaktion wird das Konzentrationsverhältnis in der entsprechenden Form (Gleichung 6.47b, 6.49b, 6.51b oder 6.53b) über der Zeit t mit der Temperatur T als Parameter aufgetragen. Es liegt schließlich diejenige Reaktionsordnung vor, bei der die Auftragung eine Gerade ergibt (vgl. Abb. 6-12 a-d). Aus den Steigungen der Geraden läßt sich die temperaturabhängige Geschwindigkeitskonstante k(T) bestimmen. Die so gewonnene Reaktionsgeschwindigkeitskonstante hat für jede Reaktionsordnung die Dimension Zeit^{-1} (s^{-1}). Für den Einsatz in der Reaktionsgeschwindigkeitgleichung, muß sie umgeformt werden (vgl. Gleichungen 6.54a bis 6.54d).

Sehr viele Reaktionen verlaufen über eine oder sogar mehrere Zwischenstufen hinweg, von denen die langsamste die Geschwindigkeit und somit auch die Reaktionsordnung bestimmt. Deshalb können aus den gemessenen Reaktionsordnungen nur sehr bedingt auch Schlüsse auf das molekulare Geschehen während der Reaktion gezogen werden, da oft nur durch eine Folge von verschiedenen, nach- oder nebeneinander ablaufenden Reaktionsschritten der Eindruck entsteht, es handle sich um die tatsächlich gemessene Reaktionsordnung. So kann eine Reaktion über irgendwelche Umwege gehen, an denen eventuell sogar Stoffe beteiligt sind, die im Geschwindigkeitsgesetz überhaupt nicht auftreten [119].

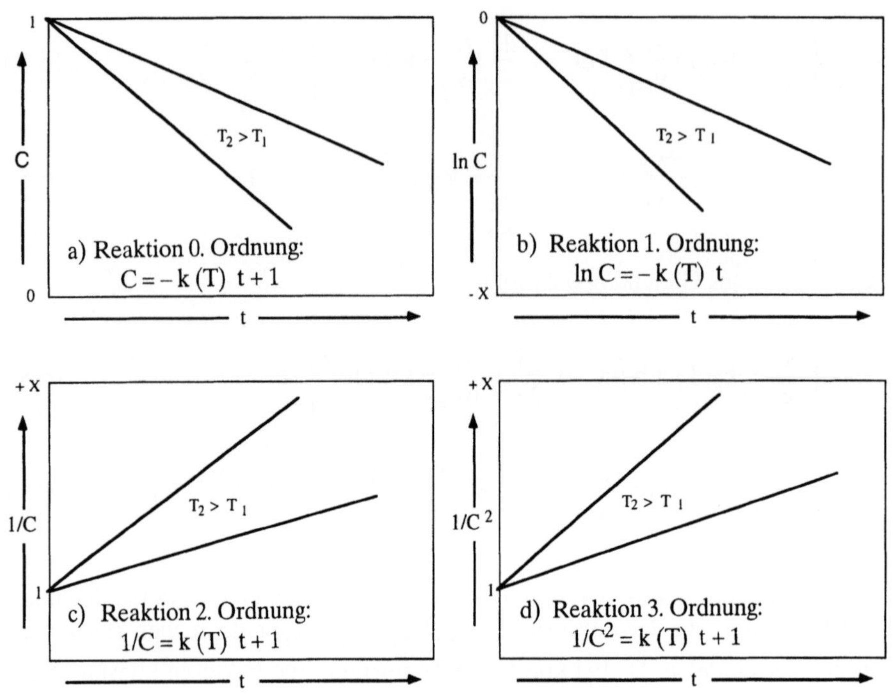

Abb. 6-12 a-d Graphische Darstellungen der Reaktionsordnungen; $C = \dfrac{c_t}{c_0}$.

Die Temperaturabhängigkeit der Reaktionsgeschwindigkeit wird mittels der Geschwindigkeitskonstanten als Funktion der Temperatur zum Ausdruck gebracht. Diese nimmt mit steigender Temperatur exponentiell zu. Die Beschreibung dieses Zusammenhanges läßt sich wieder mit Hilfe der von Arrhenius empirisch gefundenen Gleichung 6.54 durchführen:

$$k(T) = k_0 \cdot \exp\left(-\frac{E_a}{R \cdot T}\right) .$$ (6.54)

Logarithmiert man diese Gleichung, so erhält man:

$$\ln \frac{k(T)}{k_0} = -\frac{E_a}{R \cdot T} .$$ (6.55)

Kennt man die Geschwindigkeitskonstanten einer Reaktion bei mindestens zwei verschiedenen Temperaturen (z.B. T_1 und T_2), so läßt sich auch hier, wie in Abschnitt 6.4.1 schon für die Sterilisationskinetik gezeigt, die Aktivierungsenergie mit Gleichung 6.56, die in anderer Schreibweise der Gleichung 6.32 entspricht, ermitteln:

$$E_a = \frac{R \cdot T_1 \cdot T_2}{(T_2 - T_1)} \ln \frac{k_2}{k_1} .$$ (6.56)

Auch in diesem Fall kann mit Hilfe von Gleichung 6.33 mit der errechneten Aktivierungsenergie und einem k(T)-Wert die Arrheniuskonstante k_0 ermittelt werden.

Um den gefundenen k(T)-Wert wieder in die entsprechende Gleichung für die Reaktionsgeschwindigkeit (Gleichung 6.40 bis 6.43) einführen zu können, muß er ordnungsabhängig umgeformt werden:

$$k_0(T) = c_0 \cdot k(T) \qquad (6.54a)$$

$$k_1(T) = k(T) \qquad (6.54b)$$

$$k_2(T) = \frac{k(T) \cdot v_{A_1}}{c_0 \cdot v_{A_2}} \qquad (6.54c)$$

$$k_3(T) = \frac{k(T) \cdot v_{A_1}}{2 \cdot c_0^2 \cdot v_{A_3}} \cdot \qquad (6.54d)$$

6.4.3 Sterilisationsarbeitsdiagramm und Scale-up

Die Linien für ein konstantes Sterilisations- und Mediumskriterium lassen sich in einem ln t /(1/T)-Diagramm darstellen (vgl. Abb. 6-13). Trägt man in dieses Diagramm nun beide ermittelten Kurvenscharen ein, dann erhält man im Schnittpunkt der beiden gewünschten Kriterien die optimalen Bedingungen für die Sterilisation. Für die Hitzesterilisation von Fermentationsbrühen gibt es also nur einen optimalen Punkt (Temperatur, Zeit), der durch die notwendige Keiminaktivierung und durch eine noch zulässige Mediumsschädigung bestimmt wird.

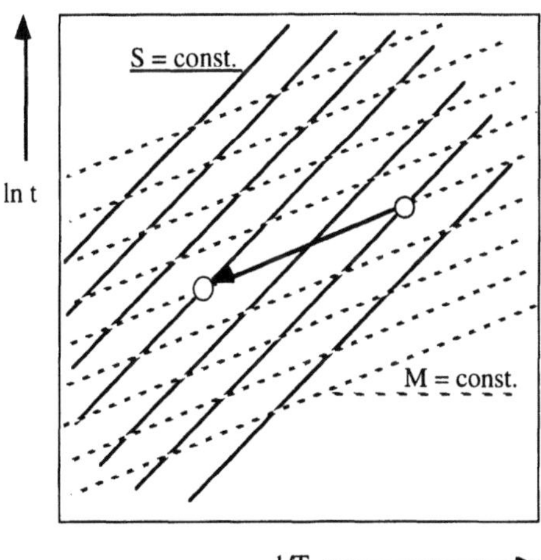

Abb. 6-13 Sterilisationsarbeitsdiagramm (SAD). In dieses Diagramm werden Linien konstanten Sterilisationskriteriums (S = const.) und Linien konstanten Mediumskriteriums (M = const.) eingetragen. Der Schnittpunkt des geforderten Sterilisationskriteriums (S) und der noch zulässigen Mediumsschädigung (M) ergibt den Arbeitspunkt (T,t). Da bei der Sterilisation für jeden Maßstab die Absolutkeimzahl maßgebend ist, wird im Großmaßstab das Sterilisationskriterium größer. Im Scale-up-Falle bedeutet das, daß bei gleichem Mediumskriterium im Großmaßstab das notwendige höhere Sterilisationskriterium einzustellen ist (vgl. → im SAD).

Da der Sterilisationserfolg von der absoluten Zahl der Ausgangskeime abhängt und die Konzentration der Sporen im Medium als gleichbleibend angenommen werden kann, ist das Sterilisationskriterium volumenabhängig. Veranschaulichen kann man sich diesen Sachverhalt durch folgendes Beispiel: Fordert man für einen 1-Liter-Maßstab eine Kontaminationsrate < 0,1 %, dann bedeutet das, daß bei 1000 Sterilisationen höchstens

ein unsteriles Ergebnis dabei ist. Werden hingegen die Trennwände der einzelnen 1 Li-
terbehältnisse entfernt, dann bedeuten die gleichen Sterilisationsbedingungen für den
1000-Liter-Maßstab, daß statistisch gesehen ständig 1 Keim überleben wird, d.h., der
Ansatz ist immer unsteril (Abb. 6-14). Deshalb muß das Sterilisationskriterium bei der
Vergrößerung der Anlage (beim Scale-up) den veränderten Verhältnissen angepaßt werden.

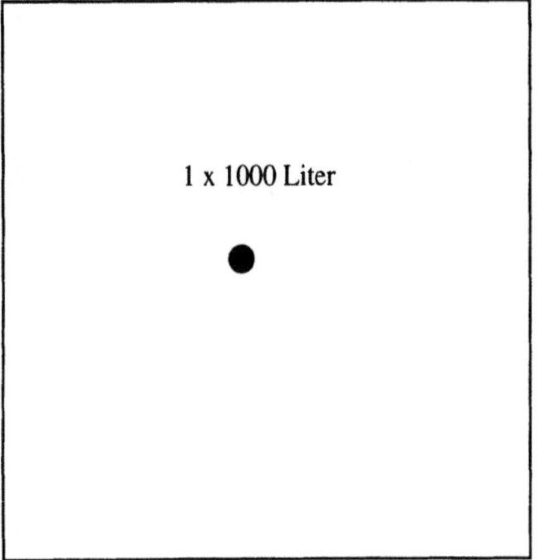

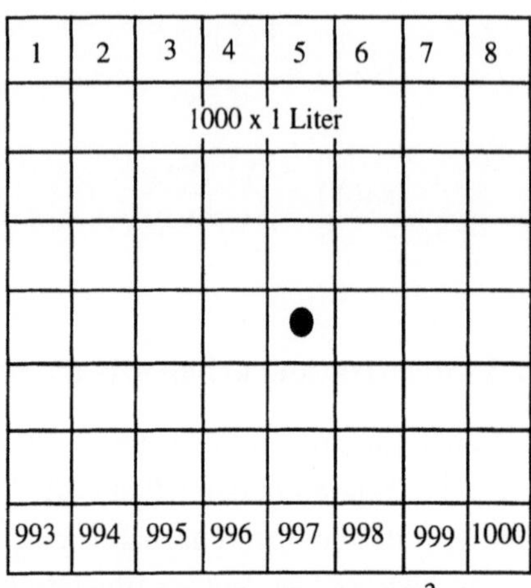

Abb. 6-14 Beträgt die Wahrscheinlichkeit einer nicht erfolgreichen Sterilisation 10^{-3}, dann
wäre von 1000 sterilisierten Einzelgebinden eine statistisch gesehen unsteril. Sind keine
Wände dazwischen, so bedeutet das, daß immer ein unsteriles Ergebnis erreicht wird. Deshalb
muß für den Großmaßstab das Sterilisationskriterium erhöht werden (vgl. Gleichung 6.59).

Mathematisch läßt sich die Situation wie folgt formulieren. Bei gleichen Keimdichten
gilt für den Kleinmaßstab

$$S = \ln\frac{N_0}{N} = \ln\frac{X_0 \cdot V}{N} \tag{6.57}$$

und ebenso für den Großmaßstab

$$S^* = \ln\frac{N_0^*}{N} = \ln\frac{X_0 \cdot V^*}{N} \ . \tag{6.58}$$

Da in beiden Maßstäben dieselbe Endkeimzahl und damit die gleiche Wahrscheinlichkeit
einer nicht gelungenen Sterilisation anzustreben ist, können die beiden Gleichungen
nach N umgestellt und gleichgesetzt werden. Dadurch erhält man

$$S^* = S + \ln\frac{V^*}{V} \ , \tag{6.59}$$

Das Sterilisationskriterium im Großmaßstab S^* ist also im Vergleich zum Kleinmaßstab
um den Wert des natürlichen Logarithmus aus dem Verhältnis beider Volumen zu erhöhen.

6.5 Kontinuierliche Sterilisation

6.5.1 Anlagentechnik und Betriebsweise

Wenn also für optimale Sterilisationen die Temperatur-Zeitverlauf exakt eingestellt werden soll, dann wird dies bei der Vergrößerung schon sehr bald ein Problem, denn es wird immer schwieriger ein zufriedenstellendes Temperatur-Zeit-Profil zu erhalten (Abb. 6-15). Abhilfe bringen in diesem Fall kontinuierliche Sterilisationsanlagen (Abb. 6-16). Mit ihnen können sehr steile Temperatur-Zeit-Profile gefahren werden. Außerdem bieten sie die Möglichkeit, durch entsprechende Kombination von Wärmeaustauschern eine Energierückgewinnung durchzuführen und damit läßt sich der Prozeß wirtschaftlicher gestalten. Aus diesen Gründen ist für eine moderne Verfahrenstechnik eine kontinuierliche Sterilisationsanlage unentbehrlich.

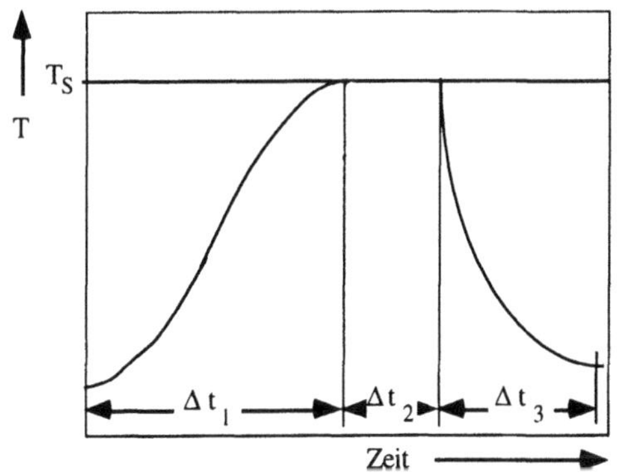

Abb. 6-15 Temperatur-Zeit-Diagramm. Je größer ein Reaktor ist, umso länger wird die Gesamtzeit $t_{ges} = \Delta t_1 + \Delta t_2 + \Delta t_3$. Der Sterilisationseffekt in der Aufheiz- sowie in der Abkühlphase muß ebenfalls berücksichtigt werden. Da in diesen beiden Phasen die Temperatur nicht konstant ist, muß der Sterilisationseffekt durch Integration berechnet werden. Im Sterilisationsarbeitsdiagramm kann nur der Effekt während der Haltezeit Δt_2 verwendet werden.

Im Zusammenhang mit kontinuierlichen Sterilisationsanlagen muß der Begriff „kontinuierlich" erklärt werden. Mit „kontinuierlich" ist in diesem Fall nicht gemeint, daß die Anlage permanent läuft, sondern vielmehr, daß das Medium im Durchlauf sterilisiert wird. Allerdings kann eine solche Anlage auch im eigentlichen Sinne der Bedeutung, nämlich kontinuierlich, betrieben werden. Wird die Anlage nur im Durchlauf gefahren, wäre es unmißverständlicher von einer Durchlaufsterilisationsanlage zu sprechen.

Eine kontinuierliche Sterilisationsanlage wird folgendermaßen gefahren (vgl. dazu Abb. 6-16): Zunächst muß die Anlage ab dem Beginn der Haltestrecke bis zum Empfänger (Bioreaktor) sterilisiert werden, denn dieser Abschnitt der Sterilisationsanlage gehört zum Sterilbereich der Fermentationsanlage. Das kann entweder mit Dampf erfolgen oder mit vollentsalztem Wasser, das bei Sterilisationstemperatur im Kreis gefahren wird.

Ist die Anlage ausreichend sterilisiert, dann wird das eigentlich zu sterilisierende Medium in die Anlage geleitet. Es kommt zunächst in den Wärmeaustauscher WAT 2. Hier wird aus Gründen der Energieeinsparung (-Rückgewinnung) im Gegenstrom dem schon sterilen, aber noch heißen Medium die Wärme entzogen und dem noch kalten, unsterilen Medium zugeführt. Diese Maßnahme aus wirtschaftlichen Gründen birgt allerdings die Gefahr in sich, daß bei undichtem Wärmeaustauscher das schon sterile Medium durch das noch unsterile Medium wieder kontaminiert werden kann, was in jedem Fall vermieden werden muß. Eine Möglichkeit, die Querkontamination im WAT2 zu verhindern, besteht darin, die Wärmerückgewinnung über einen Sekundärkreis mit sterilem Medium durchzuführen, wie es in Abb. 6-16 dargestellt ist. In diesem Fall würde bei einer Undichtigkeit das schon sterile Medium nur geringfügig verdünnt, nicht aber kontaminiert werden. Voraussetzung ist aber, daß der Druck im Sekundärkreis immer höher ist als im Medium (PC). Dadurch lassen sich auch die preisgünstigeren Plattenwärmeaustauscher verwenden. Durch Überwachungseinrichtungen (LIA) läßt sich eine Undichtigkeit sofort erkennen.

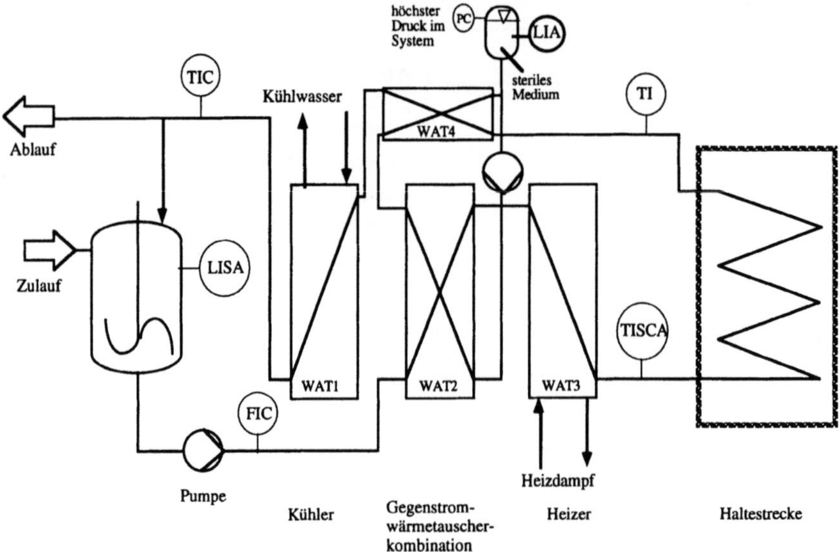

Abb. 6-16 Prinzipbild einer kontinuierlichen Sterilisationsanlage mit steriler Sekundärwärmerückgewinnung. Dadurch kann ausgeschlossen werden, daß schon steriles Medium durch noch unsteriles Medium bei Undichtigkeiten im Wärmeaustauscher WAT3 kontaminiert wird. TI- Temperaturanzeige; TIC - Temperaturanzeige und Regelung; TICSA - Temperaturanzeige, Regelung, Schaltung und Alarm; PC - Druckregelung; FIC - Mengenstromanzeige und Regelung; LIA - Standanzeige und Alarm; LISA - Standanzeige, Schaltung und Alarm.

Im nachfolgenden Wärmeaustauscher WAT 3 wird das Medium dann mittels Dampf auf die gewünschte und geregelte Sterilisationstemperatur gebracht.

Die Haltestrecke ist ein Rohrreaktor und stellt nichts anderes als ein gut isoliertes Volumen dar, das die notwendige Verweilzeit bietet, ohne daß die Temperatur merklich absinkt.

Nach der Haltestrecke wird das Medium schnell abgekühlt. Das geschieht zunächst im ersten Schritt im schon erwähnten WAT 2, ehe es im WAT 1 mittels Kühlwasser auf die gewünschte Temperatur gebracht wird.

Folgende Bauelemente kommen für kontinuierliche Sterilisationsanlagen (Durchlauf-sterilisationsanlagen) in Betracht:

Als Pumpen eignen sich vorzüglich Kreiselpumpen aus der Lebensmittelindustrie, wie sie in Abschnitt 5.3.5 beschrieben sind. Bei höheren Viskositäten und damit auch merklich höheren Druckverlusten (> 4 bar) schaltet man entweder zwei dieser Kreisel-pumpen in Reihe, oder aber man muß auf Kreiskolbenpumpen, Exzenterschnecken-pumpen bzw. Membranpumpen (Abschnitt 5.3.5) ausweichen. An die Steriltechnik sind an dieser Stelle dann keine Anforderungen gestellt, wenn bis zur Haltestrecke die Anlage nicht als Sterilbereich zu betrachten ist. Das wäre nur in Sonderfällen notwen-dig, die in diesem Buch nicht besprochen werden.

Die wesentlichen Elemente einer kontinuierlichen Sterilisationsanlage sind die Wärme-austauscher. Dabei reicht die Palette der Möglichkeiten von den preiswerten aber steril-technisch ungünstigen Plattenaustauschern (Abb. 6-17a), über Rohrbündel (Abb. 6-17b) und Spiralwärmeaustauscher (Abb. 6-17c) bis hin zu den für diesen Zweck ideal-sten Wärmeaustauschern, die nur aus Doppelrohren (Abb. 6-17d) bestehen.

Bei der Auswahl der Wärmeaustauscher hat man eine Reihe von Dingen zu beachten. Zum einen wurde schon darauf hingewiesen, daß ein Queraustausch von schon sterilem und noch nicht sterilisiertem Medium im WAT2 vermieden werden muß. Diese Forde-rung können Plattenwärmeaustauscher am wenigsten erfüllen (sehr lange Dichtlinien pro Wärmetransferleistung $\frac{m}{W \cdot K}$). Will man die aufwendige Installation mit dem Sekun-därkreis, wie sie in Abb. 6-16 dargestellt ist, nicht ausführen, dann muß auf teurere Wärmeaustauscher zurückgegriffen werden. Eine Möglichkeit sind Rohrbündel und Spiralaustauscher. Sie weisen wenige kritische Stellen im Bereich der Dichtungen auf. Noch günstiger sind Doppelrohraustauscher, da sie nur im Bereich der Schweißnähte kritische Punkte aufweisen.

Die zweite Forderung aus der Steriltechnik hinsichtlich einer möglichst einheitlichen Verweilzeit (geringe Verweilzeitverteilung), kann nur der Spiralwärmeaustauscher (mit Abstrichen) und ganz besonders der Doppelrohraustauscher erfüllen, doch zeigt die Kostenentwicklung genau in die umgekehrte Richtung, so daß im Einzelfall der Einsatz unter wirtschaftlichen Gesichtspunkten entschieden werden muß.

In Tabelle 6-9 sind alle Vorteile, die eine kontinuierliche Sterilisationsanlage bieten kann, aufgeführt. Neben den notwendigen Möglichkeiten, ein optimales Temperatur-Zeit-Profil in jedem Maßstab einstellen, Zeit und damit Kosten einsparen zu können, tritt als hervorstechenste Eigenschaft dieser Anlage die Möglichkeit der Entkopplung von Mediums- und Equipmentsterilisation auf. Damit läßt sich das Eqipment unabhängig vom Medium beliebig intensiv und das Medium weiterhin optimal sterilisieren.

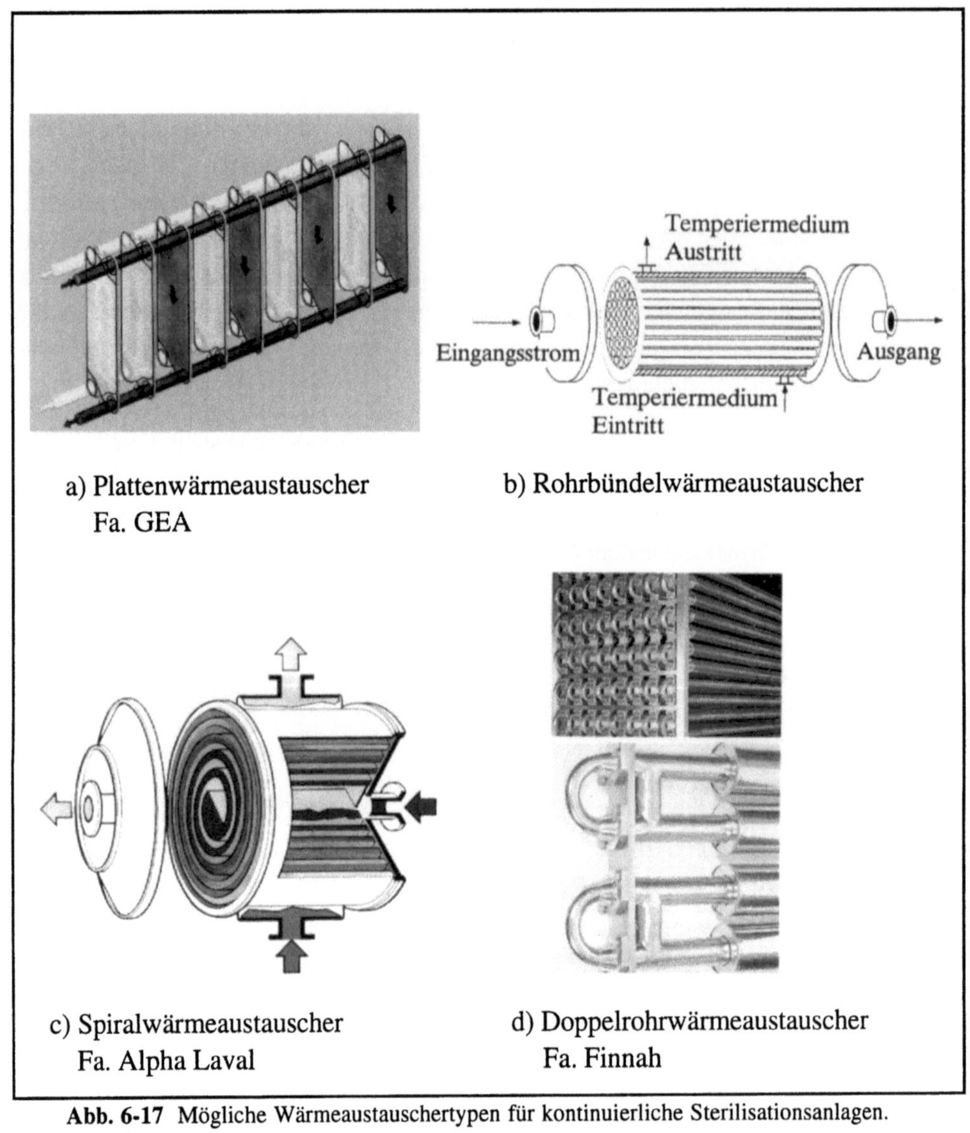

Abb. 6-17 Mögliche Wärmeaustauschertypen für kontinuierliche Sterilisationsanlagen.

Tabelle 6-9 Vorteile der kontinuierlichen Sterilisation.

Betriebssicherheit	Verfahrensführung und Wirtschaftlichkeit	
ständig stationäre Bedingungen → materialschonend	Entkopplung von Mediumssterilisation und Equipmentsterilisation → unterschiedliche Bedingungen sind möglich	Einstellung des optimalen Temperatur-Zeit-Profiles
geringerer Steueraufwand (nur Standard-Regelungstechnik) → weniger störanfällig		Zeitersparnis und damit geringeres Reaktionsvolumen

6.5.2 Strömungstechnik und Verweilzeitverhalten

Die Haltestrecke muß ausreichend turbulent (Re > 12000 [122]) durchströmt werden, da ansonsten das Verweilzeitverhalten nicht mehr für jedes Volumenelement mit den geforderten Sterilisationskriterien in Einklang zu bringen ist.

Wird nach der Verweilzeit in einem Strömungsrohr (Strömungs-Rohrreaktor, Haltestrecke, vgl. Abb. 6-16) gefragt, so wird üblicherweise die mittlere, hydraulische Verweilzeit gemäß

$$\tau = \frac{V}{\dot{V}} = \frac{L}{u} \tag{6.60}$$

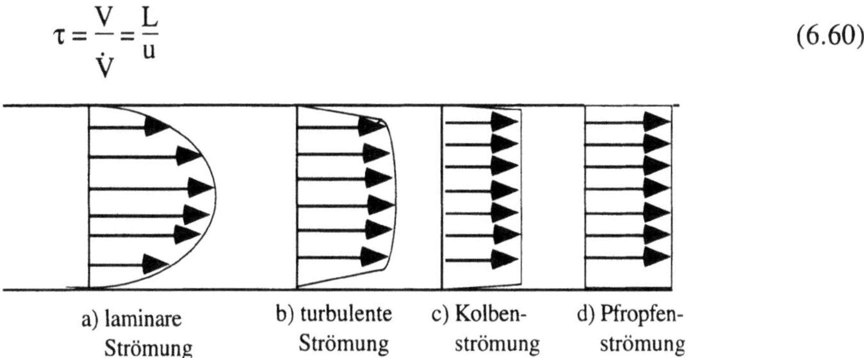

Abb. 6-18 Strömungsformen einer Rohrströmung.

angegeben. Diese vereinfachende Darstellung gilt exakt nur für eine ideale Pfropfenströmung, wie sie in Abb. 6-18 d dargestellt ist. In der Realität wird sich allerdings in Abhängigkeit der Strömungsverhältnisse, im wesentlichen ausgedrückt durch die Reynoldszahl sowie den Strömungswiderständen, ein abweichendes Strömungsbild einstellen, wie es in Abb 6-18 a -c dargestellt ist. Das führt zu unterschiedlichem Verweilzeitverhalten der Teilchen (Volumenelemente, Keime, Sporen).

Unter Verweilzeit versteht man die Zeitspanne, die ein Teilchen benötigt, um ein System endlicher Ausdehnung, in das es zur Zeit t=0 an der Stelle L=0 eintritt, zu durchqueren. Diese Zeit ist in realen Situationen nicht für jedes Teilchen eines Kollektives gleich, da es aufgrund der Lage des jeweiligen Teilchens im Strömungsprofil durch den für alle Teilchen gleichen Transportmechanismus verschieden bewegt wird. Unterschiedliches Verweilen der Teilchen bedeutet aber andererseits auch unterschiedliches Partizipieren an der Reaktion und damit im Falle der Sterilisation, am Sterilisationsergebnis. Deshalb ist es erforderlich, das Verweilzeitverhalten der Haltestrecke eines kontinuierlichen Sterilisators zu ermitteln, um eine Aussage für das Reaktionsergebnis finden zu können.

6.5.2.1 Methoden zur Messung des Verweilzeitverhaltens

Die Verweilzeitverteilung stellt die stochastische „Altersverteilung" der Fluidteilchen am Ausgang des Strömungssystems dar [66]. Da der Weg jedes einzelnen Teilchens in turbulenter Rohrströmung nicht vorgegeben bzw. meßbar ist, kann eine Verweilzeitverteilung nur durch statistisch geprägte Funktionen mit Wahrscheinlichkeitscharakter ausgedrückt werden [67]. Dazu bedient man sich zweier Funktionen, der Sprung- bzw. der Impulsfunktion (Abb. 6-19 und 6-20). Diese Prüffunktionen werden am Reaktoreingang aufgegeben. Im Falle der Sprungfunktion ist das eine spontane Veränderung einer Tracerkonzentration (z.B. Kochsalz $\rightarrow$ Leitfähigkeit; oder Säure, Lauge $\rightarrow$ pH-Wert; oder Färbung $\rightarrow$ Extinktion) und bei der Impulsfunktion ist es eine kurzzeitige Zugabe einer bestimmten Tracermenge. Der Verlauf der Antwortfunktion am Reaktorausgang bringt dann Aufschlüsse über das Verweilzeitverhalten des Reaktors.

Sprungfunktion:

$$c^\alpha = c_0^\alpha \quad \text{für } t < 0$$

$$c^\alpha = c_1^\alpha \quad \text{für } t > 0$$

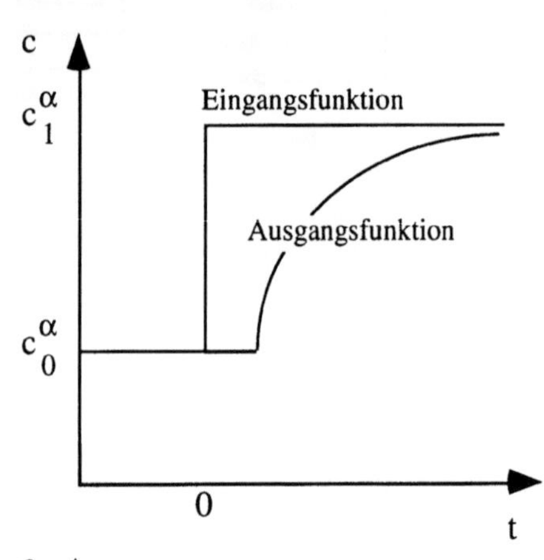

Abb. 6-19   Verlauf der Sprungfunktion.

Impulsfunktion:

$$c^\alpha = c_0^\alpha \quad \text{für } t < 0$$

$$c^\alpha = c_1^\alpha \quad \text{für } t = 0$$

$$c^\alpha = c_0^\alpha \quad \text{für } t > 0$$

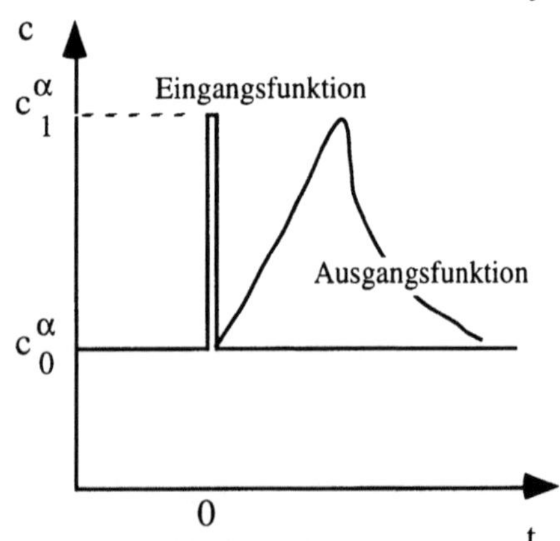

Abb. 6-20   Verlauf der Impulsfunktion.

Zur Beschreibung der Antwortfunktionen (Verweilzeitkurve, Übergangsfunktion) bedient man sich bei der Impulsfunktion einer sogenannten Dichtefunktion E(t) und bei der Sprungfunktion einer Summenfunktion F(t). E(t) repräsentiert den auf die Aufgabeteilchenmenge bezogenen momentanen Teilchenstrom

$$E(t) = \frac{1}{n_0} \cdot \frac{dn}{dt} \ . \tag{6.61}$$

bzw. $\qquad E(t) = \dfrac{c^{\omega}(t)}{\displaystyle\int_0^{\infty} c^{\omega}(t) \cdot dt} \ . \tag{6.62}$

Nach der Definition von Gleichung 6.61 ist $E(t) \cdot dt$ der Bruchteil der Teilchen, deren Verweilzeit im Bereich t und $t + dt$ liegt [68]. Deshalb muß gelten

$$\int_0^{\infty} E(t) \cdot dt = 1 \ . \tag{6.63}$$

Näherungsweise kann die Dichtefunktion $E(t)$ direkt aus den Meßdaten berechnet werden (vgl. Tabelle 6-10):

$$E(t) \approx \dfrac{c^{\omega}(t_i)}{\displaystyle\sum_{i=1}^{n} c^{\omega}(t_i) \cdot \Delta t_i} \ . \tag{6.64}$$

Die Summenfunktion $F(t)$ ist definiert als der Anteil der Teilchen, die eine kürzere Verweilzeit als die aktuelle Zeit t aufweisen. Demzufolge gilt für die Summenfunktion

$$F(t) = \frac{c^{\omega}}{c_1^{\alpha}} \ . \tag{6.65}$$

Beide Antwortfunktionen können ineinander überführt werden und man erhält

$$F(t) = \int_0^{t} E(t) \cdot dt \ . \tag{6.66}$$

Die mittlere, hydraulische Verweilzeit (Gleichung 6.60) läßt sich wie folgt deuten: Die Teilchenmenge im beobachteten Zeitraum dt

$$\dot{V} \cdot c^{\omega}(t) \cdot dt \tag{6.67}$$

hat dieselbe Verweilzeit. Summiert man das Produkt aus allen Kollektiven mit gleicher Verweilzeit sowie der dazugehörigen Verweilzeit auf und dividiert durch die Gesamtteilchenmenge, so entspricht das der mittleren Verweilzeit

$$\tau = \frac{\text{Summe Teilchenkollektive gleicher Verweilzeit x Verweilzeit}}{\text{Summe aller Teilchen}} \ . \tag{6.68}$$

Mathematisch ausgedrückt bedeutet das

$$\tau = \frac{\int_0^\infty \dot{V}\cdot c^\omega(t)\cdot dt\cdot t}{\int_0^\infty \dot{V}\cdot c^\omega(t)\cdot dt} = \frac{\int_0^\infty c^\omega(t)\cdot dt\cdot t}{\int_0^\infty c^\omega(t)\cdot dt} \quad . \tag{6.69}$$

Mit Gleichung 6.62 folgt schließlich

$$\tau = \int_0^\infty E(t)\cdot t\cdot dt \tag{6.70}$$

oder näherungsweise

$$\tau \approx \sum_{i=1}^n E(t_i)\cdot t_i\cdot \Delta t_i \quad . \tag{6.71}$$

6.5.2.2 Modellvorstellungen zum Verweilzeitverhalten

Zur Beschreibung des Verweilzeitverhaltens stehen im wesentlichen zwei Reaktormodelle zur Verfügung. Das axiales Dispersionsmodell und das Zellenmodell. Das Zellenmodell unterteilt das Reaktionssystem in n in Reihe (Kaskade) geschaltete, vollkommen durchmischte Rührreaktoren. Für die gesuchte Darstellung reicht hier die Betrachtung des axialen Dispersionsmodells aus. Das Prinzip des Zellenmodells kann in der Literatur studiert werden [68].

Die Randbedingungen für das axiale Dispersionsmodell sind

- turbulente Rohrströmung,
- instationäre Verlagerung der Stoffmenge der Komponente i,
  molekularer Transportprozeß (Diffusion) = $- D \dfrac{dc_i}{dx}$ und nur
- entlang des Koordinaten x

Aus einer Teilchenbilanz für die Komponente i folgt:

$$\frac{\partial c_i}{\partial t} = - \nabla (\vec{\phi}_{K,i} + \vec{\phi}_{D,i}) + r_i \quad . \tag{6.72}$$

Der Konvektionsstrom der Komponente i in x-Richtung ist $u\cdot c_i$ und der Diffusionsstrom $-D_{ax}\dfrac{dc_i}{dx}$. Eingesetzt in Gleichung 6.72 ergibt das entlang der x-Achse

$$\frac{\partial c_i}{\partial t} = - u \frac{\partial c_i}{\partial x} + D_{ax} \frac{\partial^2 c_i}{\partial x^2} + r_i \quad . \tag{6.73}$$

Wird Gleichung 6.73 mit $\frac{L}{u}$ multipliziert und betrachtet man nur den stationären Fall, also $\frac{\partial c_i}{\partial t} = 0$, so erhält man aus Gleichung 6.73 mit der dimensionslosen Länge

$$\chi = \frac{x}{L} \tag{6.74}$$

sowie einer Reaktion 1. Ordnung

$$r_i = k \cdot c_i \tag{6.75}$$

$$0 = -\frac{\partial c_i}{\partial \chi} + \frac{D_{ax}}{u \cdot L} \frac{\partial^2 c_i}{\partial c^2} - \frac{L}{u} c_i \; . \tag{6.76}$$

Den Ausdruck $\frac{D_{ax}}{u \cdot L}$ nennt man die Dispersionszahl. Der Kehrwert ist die Bodenstein-zahl

$$Bo = \frac{u \cdot L}{D_{ax}} \; . \tag{6.77}$$

Die Bodensteinzahl stellt also das Verhältnis von konvektiver Strömung zur axialen Diffusion dar. Ist die Bodensteinzahl groß, so überwiegt die Konvektion und umgekehrt. Daraus lassen sich zwei Grenzfälle betrachten. Bei $Bo \rightarrow \infty$ liegt eine reine Verdrängungsströmung gemäß Abb. 6-18d vor, d.h., alle Teilchen haben dieselbe Verweilzeit. Geht $Bo \rightarrow 0$, so hat man eine komplette Rückvermischung, was einem vollkommen durchmischten Rührkessel entspricht.

Der Ausdruck

$$\frac{L}{u} k = k \cdot \tau = Da_I \tag{6.78}$$

wird als Damköhlerzahl der ersten Art bezeichnet. Sie stellt das Verhältnis von Reaktionsgeschwindigkeit zu konvektivem Transport dar.

Die Lösungsfunktion ist durch zwei Parameter (Momente) bestimmt (Gaußverteilung, vgl. Abb. 6-21):

$$\text{1. Moment (Erwartungswert): } \Theta_{max} = \frac{t_{max}}{\tau} = 1 + \frac{2}{Bo} \tag{6.79}$$

$$\text{2. Moment (Varianz): } \quad \sigma^2 = \frac{\sigma_t^2}{\tau^2} = \frac{2}{Bo} + \frac{8}{Bo^2} \; . \tag{6.80}$$

Die Varianz ist das Streuungsquadrat um Θ (Gleichung 6.79) und die Wurzel aus der Varianz entspricht der Standardabweichung vom Erwartungswert [70].

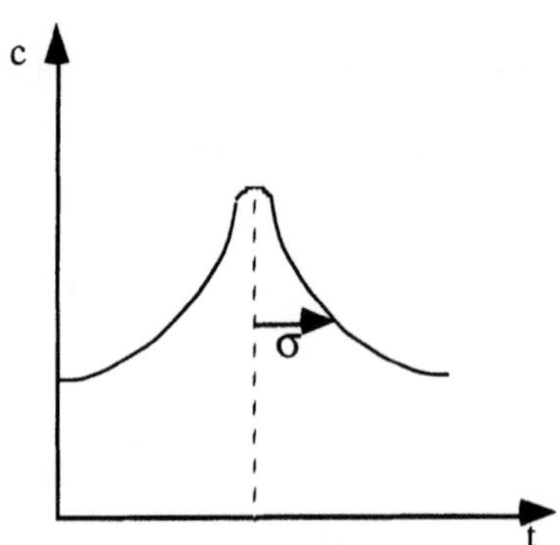

Abb. 6-21 Darstellung der Gaußschen Wahrscheinlichkeitsverteilung [70]. σ ist die Standardabweichung und σ^2 die Varianz, die eine Streuung um Θ (Gleichung 6.79) darstellt. Die dimensionslose Zeit Θ ist das Verhältnis aus Verweilzeit zur hydraulischen Verweilzeit:

$$\Theta = \frac{t}{\tau} \quad .$$

6.5.2.3 Bedeutung der Verweilzeit für das Sterilisationsergebnis

Üblicherweise wird in die Berechnung des Sterilisationskriteriums nach Gleichung 6.21 für t die hydraulische (mittlere) Verweilzeit τ eingesetzt. Doch für zu niedrige Bodensteinzahlen, also zu starker Rückvermischung, weicht das reale Reaktionsergebnis (reales Sterilisationskriterium S_{real}) davon ab. Für $\frac{c}{c_0}$ bzw. auch für $\frac{N}{N_0}$ wird folgende Berechnungsgleichung angegeben [68, 69]:

$$\frac{N}{N_0} = = \frac{4\,\beta}{(1+\beta)^2\ e^{-Bo/2\,(1-\beta)}\ -\ (1-\beta)^2\ e^{-Bo/2\,(1+\beta)}} \quad . \tag{6.81}$$

In Gleichung 6.81 bedeutet

$$\beta = \sqrt{1 + \frac{4\,Da_I}{Bo}} \quad . \tag{6.82}$$

Für konstante Zeitdifferenzen Δt kann aus den Versuchswerten die Varianz ermittelt werden. Für die Varianz gilt

$$\sigma_t^2 = \frac{\sum t_i^2 \cdot c_i}{\sum c_i} - \left[\frac{\sum t_i \cdot c_i}{\sum c_i}\right]^2 \quad . \tag{6.83}$$

Da zwischen der Bodensteinzahl und der Varianz der Zusammenhang nach Gleichung 6.80 besteht, kann daraus die Bodensteinzahl bestimmt werden (z.B. itterativ). Mit den Gleichungen 6.21, 6.78, 6.83, 6.80 und 6.82 können die notwendigen Werte ermittelt werden, um aus Gleichung 6.81 das Verhältnis N/N_0 zu berechnen. Damit kann nach Gleichung 6.21 das reale Sterilisationskriterium S_{real} gefunden werden.

Folgendes Beispiel soll die Wichtigkeit dieser Betrachtungen für die kontinuierliche Sterilisation aufzeigen: Die Untersuchungen zum Verweilzeitverhalten der Haltestrecke einer kontinuierlichen Sterilisationsanlage ergaben das in Tabelle 6-10 dargestellte Meßprotokoll.

Tabelle 6-10 Meßprotokoll der Verweilzeituntersuchung der Haltestrecke einer kontinuierlichen Sterilisationsanlage.

t_i	c_i	$c_i \cdot \Delta t_i$	$E(t_i)$	$E(t_i) \cdot t_i \cdot \Delta t_i$	$t_i^2 \cdot c_i$	$t_i \cdot c_i$
[s]	[mg/l]	[s·mg/l]	[s^{-1}]	[s]	[s^2·mg/l]	[s·mg/l]
10	0,1	1,0	$8{,}2 \cdot 10^{-4}$	0,082	10	1,0
20	2,0	20	0,0164	3,28	800	40
30	8,0	80	0,066	19,8	7200	240
40	2,0	20	0,0164	6,56	3200	80
50	0,1	1,0	$8{,}2 \cdot 10^{-4}$	0,41	250	5,0
60	0,01	0,1	$8{,}2 \cdot 10^{-4}$	0,0492	36	0,06
Σ	12,21	122,1	0,1	30,18	11496	366,06

In die Tabelle 6-10 sind gleichzeitig schon die für die weitere Berechnung erforderlichen Zwischenergebnisse eingetragen. Man erhält schließlich aus Gleichung 6.83

$$\sigma_t^2 = \frac{11496}{12{,}21} - \left[\frac{366{,}06}{12{,}2}\right]^2 = 30{,}7 \ \text{s}^2,$$

und aus Gleichung 6.71 (Spalte 5 in Tabelle 6-10) für $\tau = 30{,}18$ s, woraus für die Varianz nach Gleichung 6.80

$$\sigma^2 = \frac{30{,}7}{(30{,}18)^2} = 0{,}034$$

folgt. Aus Gleichung 6.80 findet man für die Bodensteinzahl itterativ Bo ≈ 62. Mit den kinetischen Daten des Bazillus subtilis (vgl. Abschnitt 5.1.1, Abb. 5-13) erhält man die Damköhlerzahl bei einer Sterilisationstemperatur von 140 °C

$$Da_I = 10^{40} \cdot \exp\left(-\frac{315000}{8{,}314 \cdot 413}\right) \cdot 30{,}18 = 43{,}4 \ .$$

Mit den Gleichungen 6.82 und 6.81 ergibt sich schließlich für $S_{real} = 29{,}56$, während nach Gleichung 6.21 S = 43,4 gefunden wurde. Das bedeutet, daß die Keimreduktion nicht wie kalkuliert $7 \cdot 10^{18}$ sondern lediglich $7 \cdot 10^{12}$ beträgt. Mit anderen Worten, die Wahrscheinlichkeit eines unsterilen Ergebnisses ist um den Faktor 10^6 höher! Das wird insbesondere dann ein Problem, wenn die Volumina groß werden und die Anfangskeimzahlen beträchtlich sind.

Schlußbemerkung zum Kapitel 6:

Die Steriltechnik ist die Voraussetzung, um biotechnologische Reaktionen überhaupt durchführen zu können. Dabei ist wichtig zu wissen, daß Steriltechnik nicht alleine das „sichere Abtöten" (Inaktivierung) von unerwünschten Mikroorganismen ist. Vielmehr ist darunter auch zu verstehen, daß sämtliche Kontaminationsmöglichkeiten betrachtet werden müssen, um ein Eindringen von Fremdkeimen während des Prozesses zu verhindern, daß die Konstruktionen im Sinne der Steriltechnik ausgeführt sind und sauberes, steriltechnisches Handling betrieben wird.

Es gibt eine Reihe von Sterilisationsverfahren, doch nur die Filtration und die Hitzesterilisation bieten sich als breit einsetzbare Absolutsterilisationsmethoden an. Die Filtration findet häufig nur für die Sterilisation von Gasen Anwendung, dagegen bei Flüssigkeiten nur, wenn deren Feststoffgehalt nicht essentiell und gering ist.

Bei der Anwendung der feuchten Hitzesterilisation (Dampf) ist die Simultanität von gewünschter Keiminaktivierung und unerwünschter Mediumsschädigung zu berücksichtigen. Aus einem Sterilisationsarbeitsdiagramm können der optimale Sterilisationspunkt und die Scale-up-Parameter abgelesen werden.

Nicht in jedem Maßstab können die Parameter Temperatur und Zeit optimal eingestellt werden. Genau genommen ist dies bei Batch-Sterilisationsprozessen in keinem Maßstab möglich. Zu diesem Zweck bieten sich Sterilisationsanlagen an, die es erlauben, das Medium im Durchlauf zu sterilisieren, wobei beliebig steile Temperatur-Zeit-Kurven realisierbar sind. Solche Einrichtungen nennt man auch „kontinuierliche Sterilisationsanlagen ".

7 Betriebsweisen eines Bioreaktors

Für die spätere Auswahl eines Bioreaktors (Kapitel 9) ist es auch von Bedeutung, welche Betriebsweise für das Verfahren bzw. die Reaktion gewählt wird. Die Wahl der Betriebsweise wird von der Reaktion (Art und Weise der Produktbildung), den Mikroorganismen und einer Risikoabschätzung (Kontamination, Mutation) bestimmt (Abb. 7-1). Oft ist aber die Betriebsweise nur ein vorteilhafter Aspekt, der nicht unbedingt den Ausschlag für die Wahl des betreffenden Bioreaktors sein muß, wenn andere Aspekte mehr Vorteile versprechen.

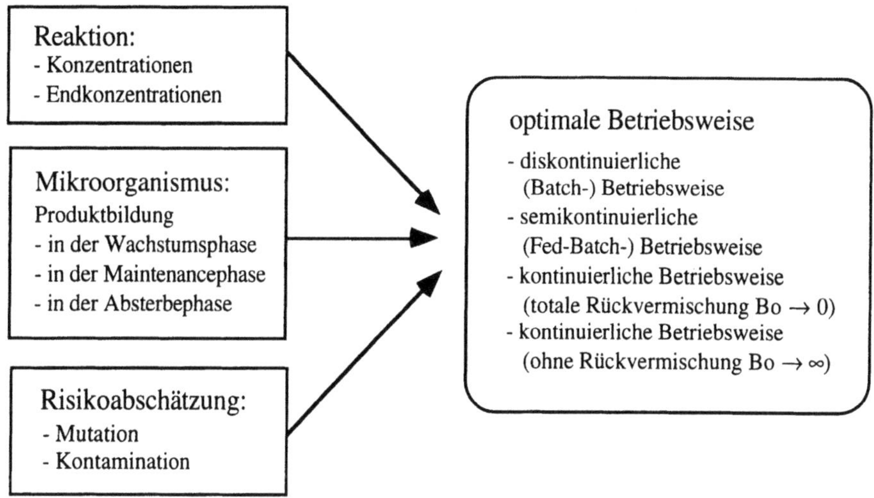

Abb. 7-1 Parameter und Faktoren, welche die Betriebsweise eines Bioreaktors beeinflussen.

Es werden drei Betriebsweisen unterschieden: diskontinuierliche (Batch-) Betriebsweise, Fed-Batch-Betriebsweise und kontinuierliche Betriebsweise mit totaler Rückvermischung (Bo → 0) sowie ohne Rückvermischung (Bo → ∞). In den folgenden Abschnitten sind diese näher beschrieben.

Darüberhinaus lassen sich durch Fütterungsstrategien, Kaskadenanordnung von Reaktoren sowie durch das unterschiedliche Mischungsverhalten (Verweilzeitverhalten, Rückvermischung) zusätzliche Betriebsvariationen gewinnen.

Bei der Suche nach der optimalen Betriebsweise muß die Reaktion untersucht werden. Der Reaktionstyp stellt Randbedingungen an die Substrat- und Produktkonzentrationen. Substratlimitierte Reaktionen verlangen höhere Konzentrationen. Diese wiederum führen bei kontinuierlich betriebenen Rührkesseln, die vollkommen durchmischt sind (also Bo → 0), zu hohem Substratanteil im Ablauf (→ Verluste). Soll das vermieden werden, dann scheidet der kontinuierlich betriebene Rührreaktor aus. Es bleiben die Batch- und Fed-Batch-Betriebsweise sowie der kontinuierliche Prozeß in einem idealen Strömungsrohr (Bo → ∞) und die Kaskadenfahrweise. In Abschnitt 1.2 wurde gezeigt, daß häufig Produktinhibierung auftreten kann. Gelingt es nicht, diese

Inhibierung durch ein spezielles Verfahren zu umgehen (Neutralisation, Destillation, Filtration, Extraktion, Adsorption u.s.w.), oder ist es für den Prozeß nicht vorteilhaft, so muß die Reaktion, d.h., die Betriebsweise des Reaktors diese Aufgabe übernehmen. Es kommen der Batch- bzw.- Fed-Batch-Prozeß sowie das ideale Strömungsrohr und die Kaskadenanordnung in Betracht.

Der Mikroorganismus bestimmt die optimale Betriebsweise durch die Art und Weise der Produktbildung. Wird das Produkt simultan zur Wachstumsphase ausgeschieden, läuft der Prozeß in einem Reaktorsystem. Geschieht das allerdings nacheinander, so könnte eine Entkopplung (Trennung) dieser Phasen in verschiedene Reaktoren (-systeme) vorteilhaft sein.

Gegen kontinuierliche Prozesse sprechen häufig die möglichen Gefahren von Mutationen. Dabei verliert der Produktionsstamm nach und nach die Fähigkeit, das gewünschte Produkt herzustellen. Diese nicht mehr produktiven Keime wirken im System wie Kontaminanten. In kontinuierlich betriebenen Reaktoren haben Kontaminanten mehr Möglichkeiten sich durchzusetzen. Es bedarf also einer Risikoabschätzung, verfahrenstechnische Vorteile den Gefahren gegenüber zu stellen.

7.1 Bilanzgleichungen und Kinetiken

Zur Steuerung von Batch-Prozessen und auch zur Führung von kontinuierlichen Betriebsweisen, werden die Vorgänge mit einem Reaktionsmodell beschreiben.

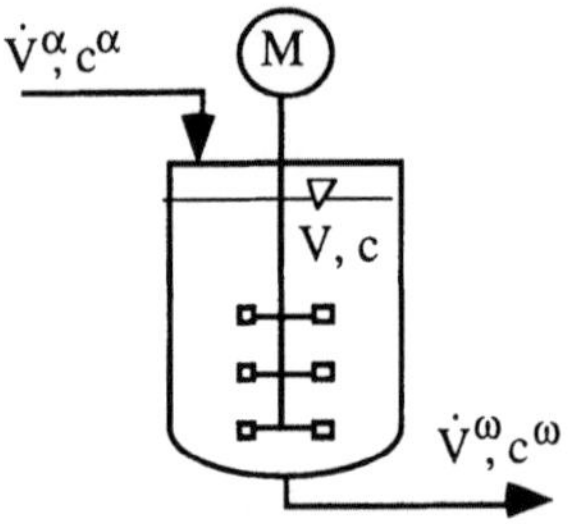

Abb. 7-2 Darstellung für die Stoffbilanzierung an einem Bioreaktor. Die angegebenen Variablen gelten für die nachfolgenden Gleichungen.

Die allgemeine Bilanzgleichung für einen beliebigen Reaktanden (eine beliebige Komponente) in einem Reaktionssystem lautet (vgl. Abb. 7-2):

$$\frac{d(\int c \cdot dV)}{dt} = \dot{V}^\alpha \cdot c^\alpha - \dot{V}^\omega \cdot c^\omega + \int r \cdot dV \qquad (7.1)$$

Darin bedeuten c eine Stoffkonzentration [mol/m^3], V das Reaktionsvolumen [m^3], $\dot{V}$ den Volumenstrom [m^3/s] sowie die Indizes α = Zulauf und ω = Ablauf. Die Integralterme berücksichtigen eine örtliche Ungleichverteilung der Konzentration und damit der Reaktionsgeschwindigkeit.

Für einen idealen Rührkessel (homogene Durchmischung) gilt:

$$\frac{d(c \cdot V)}{dt} = \dot{V}^{\alpha} \cdot c^{\alpha} - \dot{V}^{\omega} \cdot c + r \cdot V. \tag{7.2}$$

Ist das Reaktionsvolumen konstant, dann ergibt sich:

$$\frac{dc}{dt} = \frac{\dot{V}^{\alpha} \cdot c^{\alpha}}{V} - \frac{\dot{V}^{\omega} \cdot c}{V} + r. \tag{7.3}$$

Für das volumenkonstante, kontinuierliche bzw. stationäre System ($dc/dt = 0$) und eine konstante Dichte ($\dot{V}^{\alpha} = \dot{V}^{\omega} = \dot{V}$) läßt sich mit dem Kehrwert der hydraulischen Verweilzeit $\frac{1}{\tau} = \frac{\dot{V}}{V}$ schließlich schreiben:

$$\frac{c^{\alpha} - c}{\tau} = -r. \tag{7.4}$$

Die Reaktionsgeschwindigkeit r muß durch einen kinetischen Ansatz beschrieben werden (vgl. Abschnitt 6.4.2.2, Gleichungen 6.40 bis 6.43).

Zur Vereinfachung der weiteren Überlegungen wird angenommen, daß das betrachtete biologische System nur durch zwei Variablen X (Zellkonzentration [g/l]) und S (Substratkonzentration [g/l]) gekennzeichnet ist. Damit wird das System durch zwei Differentialgleichungen eindeutig beschrieben:

Für die Biomasse:
$$\frac{d(X \cdot V)}{dt} = \dot{V}^{\alpha} \cdot X^{\alpha} - \dot{V}^{\omega} \cdot X + r_X \cdot V, \tag{7.5}$$

für das Substrat:
$$\frac{d(S \cdot V)}{dt} = \dot{V}^{\alpha} \cdot S^{\alpha} - \dot{V}^{\omega} \cdot S + r_S \cdot V. \tag{7.6}$$

Unter der Annahme einer Reaktion 1. Ordnung für die Zellbildung als auch für den Substratabbau, folgt für den Reaktionsterm in den Gleichungen 7.5 und 7.6

$$r_X = k_X \cdot X \tag{7.7}$$

bzw.
$$r_S = -k_S \cdot S. \tag{7.8}$$

In den Gleichungen 7.7 und 7.8 ist k jeweils die spezifische Reaktionsgeschwindigkeitskonstante. Im Falle des Zellwachstums spricht man von der spezifischen Wachstumsrate μ ($k_X \rightarrow \mu$).

Die Reaktionsgeschwindigkeitskonstante ist bei chemischen Reaktionen von der Temperatur abhängig (vgl. Abschnitt 6.4.2.2, Gleichung 6-5 und 6-54). Bei biotechnologischen Reaktionen spielt die Temperatur eine ebenso wichtige Rolle, läßt sich aber nur in einem sehr engen Bereich nach dem Gesetz von Arrhenius darstellen (Gleichung 6.5). Die optimale Temperatur muß experimentell gefunden werden. Schon geringe

Überschreitungen dieser optimalen Temperatur führen zum Abfall der spezifischen Reaktionsgeschwindigkeitskonstanten. Unterhalb der optimalen Temperatur nimmt nach der Arrheniusgleichung 6.5 die maximale spezifische Wachstumsrate μ_{max}, aber auch alle anderen Reaktionsgeschwindigkeitskonstanten biotechnologischer Reaktionen, zu, während oberhalb des Schwellenwertes eine schnelle Abnahme der Enzymaktivität zu verzeichnen ist [71]. Mathematisch läßt sich dies in Anlehnung an Gleichung 6.5 durch

$$\mu_{max} = k_{0,1} \cdot \exp\left(-\frac{Ea,_1}{R \cdot T}\right) - k_{0,2} \cdot \exp\left(-\frac{Ea,_2}{R \cdot T}\right) \qquad (7.9)$$

ausdrücken. Die Aktivierungsenergie $Ea,_2$ ist in der Regel viel größer als $Ea,_1$ [71], so daß der Abfall nach der optimalen Temperatur steiler verläuft als der Anstieg (Abb. 7-3). Außerhalb des tolerierten Temperaturbereiches kommt die Reaktion vollkommen zum Erliegen.

Neben dem engen Einflußbereich der Temperatur auf die spezifische Reaktionsgeschwindigkeitskonstante haben Stoffkonzentrationen häufiger noch stärkeren Einfluß, als es durch die Reaktionsordnung selbst zum Ausdruck kommt.

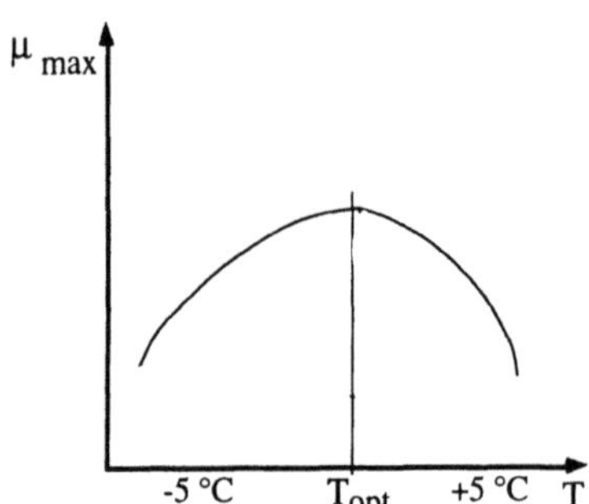

Abb. 7-3 Einfluß der Temperatur auf die spezifische Wachstumsgeschwindigkeit [71]. Derselbe Einfluß ist für alle spezifischen Reaktionsgeschwindigkeitskonstanten bei biotechnologischen Reaktionen zu beobachten.

Ein limitierender Einfluß auf die spezifische Wachstumsrate wird meist nach dem Vorschlag von Monod beschrieben:

$$\mu = \mu_{max} \frac{S}{(K_S + S)} \qquad (7.10)$$

In gleicher Weise kann das auch für die spezifische Reaktionsgeschwindkeitskonstante des Substratabbaus formuliert werden:

$$k_S = k_{Smax} \frac{S}{(K_S + S)} \qquad (7.11)$$

In diesen Gleichungen ist μ die spezifische Wachstumsgeschwindigkeit (-rate) [h^{-1}], k_S die spezifische Reaktionsgeschwindkeitskonstante [h^{-1}], S die Substratkonzentration [mg/l] und K_S die Sättigungskonstante für die Substanz S [mg/l]. Die Sättigungskonstante K_S zeigt hinsichtlich der Temperaturabhängigkeit auch das Arrheniusverhalten [71]:

$$K_S = k_{0,3} \cdot \exp\left(-\frac{Ea_{,1}}{R \cdot T}\right) \ . \tag{7.12}$$

Ist in Gleichung 7.10 der Wert von $K_S \ll S$, dann wird $\mu = \mu_{max}$ und der Substrateinfluß verschwindet.

In Abb. 7-4 ist der Sachverhalt, wie er von Gleichung 7.10 zum Ausdruck gebracht wird, dargestellt. Die Sättigungskonstante kann dabei bei $\frac{\mu_{max}}{2}$ aus dem Diagramm abgelesen werden.

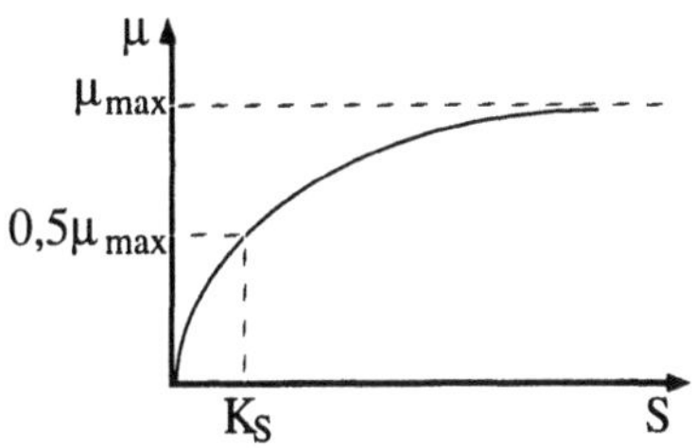

Abb. 7-4 Abhängigkeit der spezifischen Wachstumsgeschwindigkeit eines Mikroorganismus´ von der Substratkonzentration S. Ist die Substratkonzentration unter S_{opt}, so liegen limitierende Verhältnisse vor, d.h., die Substratkonzentration ist für die Reaktionsgeschwindigkeit die limitierende Größe.

In Abschnitt 7.4 wird im Zusammenhang mit der kontinuierlichen Betriebsweise beschrieben, wie die Parameter μ_{max} und K_S bei gegebener Temperatur in Abhängigkeit einer Substratkonzentration bestimmt werden können.

Nehmen zwei Substrate einen limitierenden Einfluß auf die spezifische Wachstumsrate μ, dazu kann auch Sauerstoff zählen, so lassen sich die Gleichungen 7.10 und 7.11 erweitern

$$\mu = \mu_{max} \cdot \frac{S_1}{(K_{S1} + S_1)} \cdot \frac{S_2}{(K_{S2} + S_2)} \ , \tag{7.13}$$

bzw. $\quad r_S = k_S \cdot S = k_{Smax} \cdot S \cdot \frac{S_1}{(K_{S1} + S_1)} \cdot \frac{S_2}{(K_{S2} + S_2)} \ . \tag{7.14}$

Neben der Substratlimitierung tritt auch sehr häufig eine Substratinhibierung auf. Beispielhaft zeigt Gleichung 7.15 einen Ansatz am Beispiel der spezifischen Wachstumsrate μ:

$$\mu = \mu_{max} \frac{S}{K_S + S + (S/K_i)^2} \ . \tag{7.15}$$

K_i in Gleichung 7.15 stellt den Inhibierungsfaktor dar. Kommt dazu noch eine Produktinhibierung, so bietet sich folgender erweiterter Ansatz an:

$$\mu = \mu_{max} \left(1 - \frac{P}{P_{max}}\right) \frac{S}{K_S + S + (S/K_i)^2} \ . \tag{7.16}$$

P_{max} ist die Produktkonzentration, bei der die Reaktion vollkommen zum Erliegen kommt.

Die Gleichungen 7.13 bis 7.16 sind mögliche Ansätze, um biotechnologische Reaktionsverläufe zu beschreiben. Darüber hinaus bietet die Literatur eine Vielzahl weiterer Formen [z.B. 69, 71, 72].

7.2 Diskontinuierliche Betriebsweise

Die diskontinuierliche Betriebsweise ist dadurch gekennzeichnet, daß der Bioreaktor nach dem Animpfen sich selbst überlassen wird. Außer zur Korrektur vom pH-Wert oder der Schaumneigung und zur Versorgung mit Sauerstoff wird nichts mehr hinzugegeben. Streng genommen ist der Batch-Prozeß hinsichtlich der Luftversorgung (Sauerstoff) auch ein kontinuierlicher Betrieb.

Weitere wesentliche Kennzeichen dieser Betriebsweise sind ständige Änderungen vieler Milieuparameter (Konzentrationen). Zu Beginn sind also Eduktkonzentrationen (Substrat S) hoch sowie die Metabolitkonzentrationen (Produkt P) niedrig und am Ende sind die Einsatzstoffkonzentrationen niedrig und die Produktkonzentrationen - inklusive aller Nebenprodukte - hoch (Abb. 7-5). Allein die sich ständig ändernden Konzentrationen an verschiedenen Substanzen mögen schon darauf hinweisen, daß der diskontinuierliche Betrieb hinsichtlich optimaler Reaktionsführung nicht geeignet sein kann. Die Parameter pH, Temperatur und manchmal pO_2 werden konstant gehalten.

Sind Substanzen in den Prozeß involviert, die stark inhibierend auf die Reaktion wirken, dann ist der Batch-Betrieb nicht anwendbar.

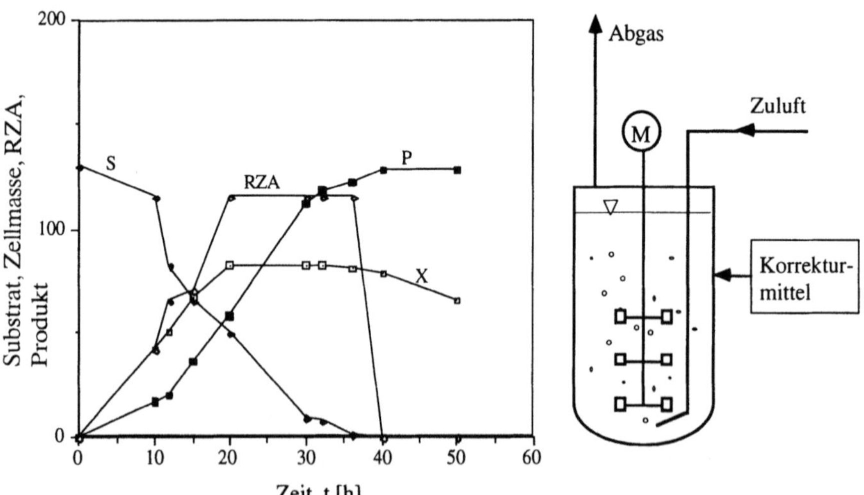

Abb. 7-5 Kennzeichnung eines Batch-Prozesses.

Die Optimierung der Produktbildungsgeschwindigkeit ist bei der diskontinuierlichen Betriebsweise ebenfalls nur unter ungünstigen Voraussetzungen durchzuführen. Die gesuchte Größe, die Endkonzentration an Produkt am Ende der Fermentation, kann nur jeweils den Anfangskonzentrationen verschiedener Komponenten (Substrate) am Beginn der Fermentation gegenübergestellt werden. Dazwischen können in bestimmten Fällen 200 Stunden und mehr liegen. Bei genauer Betrachtung verändern sich die Verhältnisse laufend und in vielen Fällen ist anzunehmen, daß die optimalen Verhältnisse nur in einem kurzen Abschnitt des Prozesses herrschten, oder überhaupt nicht erreicht wurden.

Da beim Batch-Prozeß weder Medium zugegeben noch abgezogen wird, gilt für die Volumenströme $\dot{V}^{\alpha} = \dot{V}^{\omega} = 0$. Somit folgt für die diskontinuierliche Betriebsweise aus den Gleichungen 7.5 und 7.6 für die Biomasse

$$\frac{dX}{dt} = k_X \cdot X \tag{7.17}$$

sowie für das Substrat

$$\frac{dS}{dt} = -k_S \cdot S \quad . \tag{7.18}$$

Für konstante Reaktionsgeschwindigkeitskonstanten erhält man schließlich nach Integration

$$X = X_0 \cdot e^{\mu \cdot t} \tag{7.19}$$

bzw. $\qquad\qquad S = S_0 \cdot e^{-k_S \cdot t} \quad . \tag{7.20}$

Es besteht bei der Batch-Betriebsweise nur die Möglichkeit, über Prozeßgrößen auf das System Einfluß zu nehmen, während im Falle der kontinuierlichen Betriebsweise (Abschnitt 7.4) auch über die hydraulische Verweilzeit τ Einfluß genommen und so optimiert werden kann.

Mit der Monodgleichung 7.10 können die Gleichungen 7.17 und 7.18 überführt werden in

$$r_X = \mu \cdot X = \frac{\mu_{max} \cdot S}{(K_S + S)} \cdot X \quad , \tag{7.21}$$

bzw. $\qquad r_S = k_S \cdot S = \dfrac{k_{Smax} \cdot S}{(K_S + S)} \cdot S \quad . \tag{7.22}$

Bei Mehrfachlimitierungen sowie Substrat- bzw. Produktinhibierungen werden die Gleichungen 7.17 und 7.18 mit den entsprechenden Gleichungen 7.13, 7.14, 7.15 und 7.16 verknüpft.

Die Ausdrücke nehmen dabei immer komplexere Formen an. So ist Gleichung 7.17 beispielhaft mit einfacher Substratlimitierung

$$\ln \frac{X}{X_0} = \mu_{max} \int \frac{S(t)}{K_S + S(t)} \, dt \tag{7.23}$$

nicht mehr lösbar, wenn die Zeitabhängigkeit der Substratkonzentration nicht bekannt ist. Der Ausdruck für die Substratänderung mit der Zeit

$$\frac{dS}{dt} = k_{Smax} \frac{S^2}{K_S + S} \, dt \tag{7.24}$$

ist zwar lösbar

$$\frac{1}{2} S^2 - K_S \cdot S + K_S^2 \ln |K_S + S| = -k_S \cdot t \ , \tag{7.25}$$

aber in Gleichung 7.23 eingesetzt nicht mehr geschlossen auswertbar.

7.3 Fed-batch-Betriebsweise

In den Fällen, wo inhibierende Wirkungen von Stoffkonzentrationen ausgehen, können die entsprechenden Substanzen nicht von Anfang an vorgelegt werden (vgl. Gleichung 7.15). Im Falle von Endprodukten müssen diese neutralisiert oder abgezogen werden (vgl. Abschnitt 1.2). Häufig ist das bei der Umsetzung von Alkoholen der Fall. Dann ist der klassische Batch-Prozeß nicht mehr anwendbar, sondern man ist gezwungen, die entsprechende Substanz während des Prozesses zuzudosieren, damit die Konzentration einen gewissen Level nicht überschreitet. Nach Beendigung der Zugabe, wird das Edukt (Substrat S), wie im Batch-Prozeß, annähernd auf Null abgebaut (Abb. 7-6).

Durch Variation der Feedmengen läßt sich bei diesem Verfahren hinsichtlich des entsprechenden Eduktes eine saubere Kinetik nach Gleichung 7.10 und 7.11 ermitteln und damit das Optimum für die Konzentration S finden.

Die Zugabe der Komponenten kann auf verschiedene Art und Weise gesteuert werden. Eine Möglichkeit ist, sie flow-gesteuert zuzugeben, d.h., unter konstanter Dosiermenge. Voraussetzung dafür ist eine konstante Reaktionsgeschwindigkeit, da sich ansonsten im Bioreaktor die Konzentration der Komponente vom Optimum weg bewegt.

Wenn die Konzentration einer Komponente einer In-line-Analytik oder auch On-line-Analytik zugänglich ist (Kapitel 8), dann empfiehlt es sich, über eine Konzentrationsmessung die Zugabe zu steuern. Oft gelingt es auch indirekt über eine Meßmethode zur Bestimmung der Reaktionsgeschwindigkeit, die optimale Substratkonzentration konstant zu halten. Eine Möglichkeit ist die Abgasanalyse, da dort gasförmige oder auch leicht flüchtige Metaboliten nachgewiesen werden können.

Der Fed-Batch-Prozeß läßt sich in zwei Phasen unterteilen: In die Reaktionsphase und in die Abbauphase. In der ersten Phase wird die Hauptmenge der Umsetzungen stattfinden, und die zweite Phase sorgt lediglich noch dafür, daß die Substrate möglichst weit abgebaut werden, um Verluste zu minimieren.

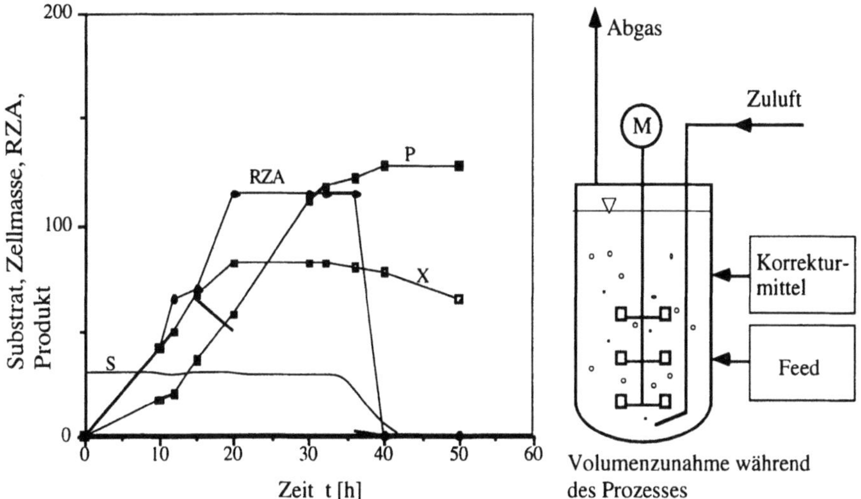

Abb. 7-6 Kennzeichnung eine Fed-Batch-Prozesses.

In der ersten Phase des Fed-Batch-Prozesses hat der Bioreaktor lediglich einen Zulauf, jedoch keinen Ablauf (Abb. 7-2). Geht man von der Bilanzgleichung 7.3 aus und setzt wieder eine Reaktion 1. Ordnung sowie für das betrachtete Substrat einen stationären Zustand voraus, so läßt sich diese Phase wie folgt bilanzieren:

$$0 = \frac{\dot{V}^\alpha \cdot S^\alpha}{V} - r = \frac{\dot{V}^\alpha \cdot S^\alpha}{V} - k_S \cdot S \ . \tag{7.26}$$

Wegen des ständigen Zulaufes und ohne Ablauf, ist eine Volumenzunahme im Reaktor zu verzeichnen. Diese Volumenzunahme ist mit dem Eingangsstrom in den meisten Fällen näherungsweise identisch:

$$\frac{dV}{dt} = \dot{V}^\alpha \ . \tag{7.27}$$

Integriert führt das zu

$$V = V_0 + \dot{V}^\alpha \cdot t \tag{7.28}$$

und schließlich mit Gleichung 7.26 zu

$$S = \frac{\dot{V}^\alpha}{(V_0 + \dot{V}^\alpha \cdot t)} \frac{S^\alpha}{k_S} \ . \tag{7.29}$$

Die zweite Phase dagegen ist wie ein Batch-Prozeß in der Endphase zu sehen. Aus
Gleichung 7.3 erhält man nach entsprechender Umformung

$$\frac{dS}{S} = -k_S \cdot dt \qquad\qquad (7.30)$$

und schließlich mit konstantem k_S nach Integration mit $t = 0$ zum Zeitpunkt des Beginnens der Phase 2

$$S = S_{t1} \cdot \exp(-k_S \cdot t) \quad . \qquad\qquad (7.31)$$

Die Substratkonzentration S_{t1} entspricht der Konzentration in der ersten Phase.

7.4 Kontinuierliche Betriebsweise

Bei der kontinuierliche Betriebsweise besteht die Möglichkeit, alle Parameter und damit
auch das gesamte Milieu konstant zu halten. Somit erlaubt diese Art der Reaktionsführung den optimalen Punkt einzustellen und ihn ständig beizubehalten, was zur maximal
möglichen Raumzeitausbeute führen sollte (Abb. 7-7).

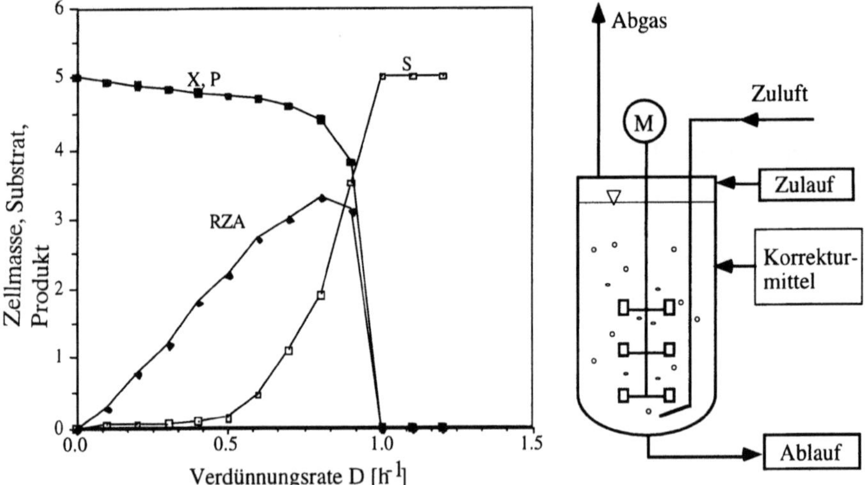

Abb. 7-7 Kennzeichen einer kontinuierlichen Betriebsweise.

Benötigen Wachstumsphase und Produktionsphase ein anderes Milieu, dann hilft man
sich bei der kontinuierlichen Betriebsweise mit einer Mehrkesselkaskade, wobei in den
verschiedenen Kesseln die unterschiedlichen Bedingungen eingestellt werden (Abb. 7-
8). Ein solcher Fall tritt z.B. bei rekombinanten Zellen auf, bei denen durch einen Temperaturshift von Wachstum auf Produktion umgestellt wird. Der Vorteil dieser Methode
kann darin liegen, daß eine teure Mediumskomponente, die nur für das Wachstum oder
aber auch lediglich für die Produktion von Bedeutung ist, nur in der jeweiligen Phase
hinzugegeben werden muß. Gelegentlich reicht es auch, nur für die erste Anzuchtphase

andere Bedingungen einzustellen und die Maintenancephase kommt mit den Produktionsbedingungen aus.

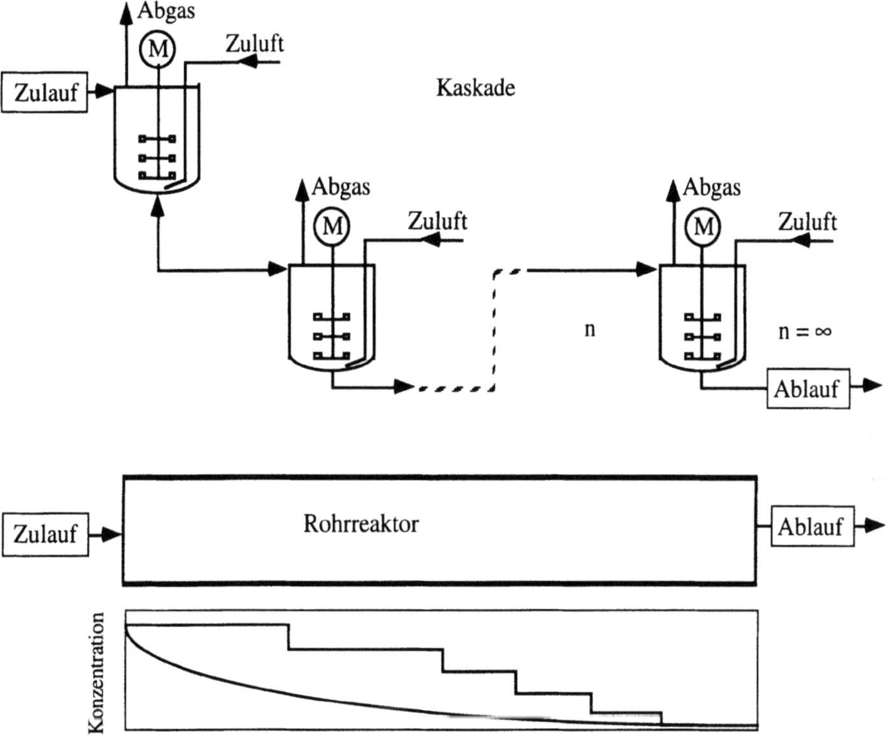

Abb. 7-8 Kaskadenanordnung von Rührwerksbioreaktoren. Werden unendlich viele (n → ∞) Reaktoren in Reihe geschaltet, dann kommt die Kaskade dem Verhalten eines idealen Rohrreaktors nahe (Bodensteinzahl: Bo → ∞).

Auf experimentellem Wege lassen sich, wie schon erwähnt, mit einer kontinuierlichen Kultur die Parameter in Gleichung 7.14 bestimmen. Die Wachstumsrate μ ist über die Verweilzeit im Reaktor bzw. die Verdünnungsrate direkt einstellbar. Wenn in den betrachteten Bioreaktor kontinuierlich kein Inoculum gefahren wird, dann wird $X^\alpha = 0$ (Abb. 7-2) und damit

$$\mu = \frac{1}{\tau} = D. \tag{7.32}$$

Die Wachstumsgeschwindigkeit ist also gleich dem reziproken Wert der Verweilzeit, was nichts anderes ist, als die Verdünnungsrate D [h^{-1}].

Erhöht man bei gegebener Substratkonzentration sukzessive den Substratzulaufstrom $\dot{V}^\alpha$, dann erhöht sich auch die Verdünnungsrate D. Damit muß eine größere spezifische Wachstumsrate einhergehen, wenn zuvor eine Limitierung vorlag, weil mehr Substrat zugeführt wird. $\dot{V}^\alpha$ läßt sich solange erhöhen, bis μ_{max} erreicht ist. Ab diesem Punkt kommt die Kultur mit dem Wachstum nicht mehr nach und wird ausgewaschen (Abb. 7-7). Mit einem Auswaschexperiment läßt sich also μ_{max} bestimmen. Zur Erzielung großer Versuchsgenauigkeiten sollte S^α genügend groß gegenüber K_S gewählt werden, was üblicherweise immer der Fall ist.

Bei der experimentellen Bestimmung von μ_{max} ist darauf zu achten, daß keine Sauerstofflimitierung vorliegt. Das kann überprüft werden, indem der O_2-Eintrag durch Verbesserung des $k_L \cdot a$ über die Gasleerrohrgeschwindigkeit oder den Leistungseintrag erhöht wird (vgl. Abschnitt 2.1.5.1, Gleichung 2.84). Reagiert die Kultur bei konstanter Verdünnungsrate nicht mit einer Erhöhung der Biomasse X, so lag keine Sauerstofflimitierung vor.

Wurde mit einem Auswaschexperiment μ_{max} bestimmt, dann lassen sich durch weitere Experimente bei $\mu < \mu_{max}$ die Parameter der Wachstumskinetik bestimmen. Bei der Monod-Kinetik ist zur Bestimmung des Sättigungsparameters K_S theoretisch nur ein zusätzliches Experiment erforderlich (vgl. Abb. 7-4).

Bei einer kontinuierlichen Kultur in Kaskadenfahrweise ist lediglich zu berücksichtigen, daß für den zweiten und eventuell nachfolgende Reaktoren, wie schon angedeutet, die Bedingung $X^\alpha = 0$ nicht mehr gilt, sondern $X_i^\alpha = X_{i-1}^\omega$.

Die kontinuierliche Betriebsweise eignet sich des weiteren als einzige Fahrweise für eine sehr elegante Methode der Optimierung. Unter stationären Bedingungen wird entweder sprunghaft oder gleichmäßig die Konzentration einer Komponente, oder auch einer Gruppe von Komponenten, verändert und das Ergebnis (Zellwachstum, Produktion) beobachtet (Antwortkurve) (Abb. 7-9). So lassen sich Limitierungs- und Optimalkonzentrationen feststellen.

Sofern die Möglichkeit besteht, so bietet es sich aufgrund dieser eleganten Optimierungsmethode in jedem Fall an, jeden Prozeß zumindest in der Entwicklungsphase kontinuierlich zu betreiben, auch wenn für den Produktionsmaßstab andere Gründe dagegen sprechen (vgl. Tabelle 7-1).

Wenn irgendwelche Substanzen (Nebenprodukte) im Reaktionsgemisch auf etwa Null abgebaut werden müssen, oder das Edukt für eine zufriedenstellende Reaktionsgeschwindigkeit eine unwirtschaftlich hohe Konzentration erfordern würde, dann ist dem ideal durchmischten Bioreaktor ein Reaktor ohne Rückvermischung oder eine Reaktorkaskade vorzuziehen. Diese Systeme erlauben eine Entkoppelung von idealen Reaktionsbedingungen und notwendigen Neben- bzw. Zusatzreaktionen. Eine Kaskade mit ∞ vielen vollkommen durchmischten Reaktoren kommt im kinetischen Verhalten dem idealen Rohrreaktor mit Pfropfenströmung gleich (Abb. 7-8).

Wird ein Rührwerksbioreaktor kontinuierlich betrieben, und geht man von einer vollkommenen Durchmischung ($S^\omega = S$) aus, so läßt sich aus Gleichung 7.3 für ein bestimmtes Substrat bei stationären Verhältnissen ($dS/dt = 0$) folgern (vgl. Abb. 7-2):

$$\dot{V}\cdot(S^\alpha - S) - k_S\cdot S\cdot V = 0 \tag{7.33}$$

bzw. für die sich einstellende Substratkonzentration im Reaktor nach entsprechender Umformung

$$S = \frac{S^\alpha}{1 + k_S\cdot\tau}\,. \tag{7.34}$$

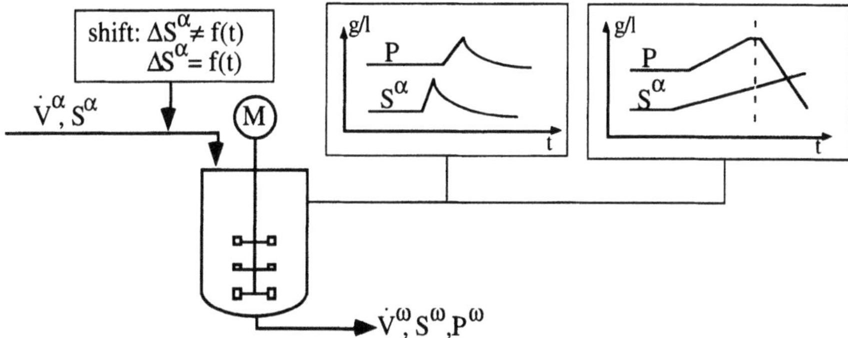

Abb. 7-9 Shift-Methode zur Optimierung eines Fermentationsprozesses.

Schaltet man mehrere Reaktoren hintereinander, also ordnet man sie in einer Kaskade an, so ist der Ablauf des vorhergehenden Reaktors (i - 1) gleich dem Eingangsstrom in den Reaktor i. Die Massenbilanz für den ersten Reaktor entspricht der Gleichung 7.34 oder umgeformt für den idealen Rührwerksreaktor ($S_i^\omega = S_i$):

$$\frac{S^\alpha}{S_1} = (1 + k_S\cdot\tau)\,. \tag{7.35}$$

Für einen Reaktor i gilt allgemein entsprechend

$$\frac{S_{i-1}}{S_i} = (1 + k_S\cdot\tau) \tag{7.36}$$

und schließlich für den letzten und n-ten Reaktor:

$$\frac{S_{n-1}}{S_n} = (1 + k_S\cdot\tau)\,. \tag{7.37}$$

Aus den Gleichungen 7.35 bis 7.37 kann man erkennen, daß das multiplikative Aneinanderreihen der einzelnen Konzentrationsverhältnisse von Ab- und Zulauf

$$\frac{S^\alpha}{S_1}\cdot\frac{S_1}{S_2}\cdots\frac{S_{i-1}}{S_i}\cdot\frac{S_{n-1}}{S_n} = (1 + k_S\cdot\tau)^n = \frac{S^\alpha}{S_n} = \frac{S^\alpha}{S^\omega} \tag{7.38}$$

ergibt. Formuliert man einen relativen Umsatz U

$$U = \frac{c_0 - c}{c_0} = 1 - \frac{c}{c_0} = 1 - \frac{S}{S_0} = 1 - \frac{S^\omega}{S^\alpha} \quad , \tag{7.39}$$

wobei c_0 bzw. S_0 für Anfangskonzentrationen stehen und c bzw. S für die Endkonzentrationen. Im Falle einer kontinuierlichen Fahrweise repräsentieren sie allerdings die Eingangskonzentration S^α bzw. die Ausgangskonzentration S^ω (Abb. 7-2). Vergleicht man die Gleichungen 7.38 und 7.39, so findet man für den relativen Umsatz einer Reaktorkaskade

$$U = 1 - (1 + k_S \cdot \tau)^{-n} \quad . \tag{7.40}$$

Der Ausdruck $k_S \cdot \tau$ in Gleichung 7.36 entspricht der Damköhlerzahl Da_I (vgl. Gleichung 6.78, Abschnitt 6.5.2.2). Für $n \to \infty$ wird der Umsatz 100 %. Das entspricht gleichzeitig einem idealen Rohrreaktor.

Mit Hilfe von Gleichung 6.81 kann der Umsatz in Abhängigkeit vom Verweilzeitverhalten in einem Rohrreaktor beschrieben werden. Anstelle des Keimzahlverhältnisses tritt nun das zu betrachtende Konzentrationsverhältnis:

$$\frac{S^\omega}{S^\alpha} = \frac{4 \cdot \beta}{(1+\beta)^2 \; e^{-Bo/2 \; (1-\beta)} - (1-\beta)^2 \; e^{-Bo/2 \; (1+\beta)}} \quad . \tag{7.41}$$

In Gleichung 7.41 bedeutet β wieder

$$\beta = \sqrt{1 + \frac{4 \cdot Da_I}{Bo}} \quad . \tag{7.42}$$

Bei kontinuierlichen Systemen ohne Zellrückführung ist die Biomasse klein. Die Raumzeitausbeute in einem Bioreaktor läßt sich aber erhöhen, wenn es durch geeignete Maßnahmen gelingt, die Zellen im Reaktor aufzukonzentrieren. Dies kann z.B. durch Immobilisierung, durch Filtration oder Zentrifugation erreicht werden (vgl. Abschnitt 4.3).

Es gilt weiterhin die allgemeine Stoffbilanzgleichung, nur muß im Falle der Zellrückführung noch der von den Zellen bereinigte Strom berücksichtigt werden (Abb. 7-10).

Es gilt:

$$\dot{V}^\alpha = \dot{V}_1^\omega + \dot{V}_2^\omega , \tag{7.43}$$

wobei für eine sogenannte Rückhalterate

$$R = \frac{\dot{V}_2^\omega}{\dot{V}^\alpha} \tag{7.44}$$

$(0 < R < 1)$ gesetzt werden kann. Berücksichtigt man, daß

$$\dot{V}_1^\omega = \dot{V}^\alpha (1 - R) \tag{7.45}$$

ist, dann erhält man aus der Bilanzgleichung folgenden Zusammenhang:

$$X^\alpha - \frac{(1-R)}{\tau} \cdot X = -r \cdot X \tag{7.46}$$

und für die (nun scheinbare) spezifische Wachstumsgeschwindigkeit

$$\mu = \frac{(1-R)}{\tau} = (1-R) \cdot D. \tag{7.47}$$

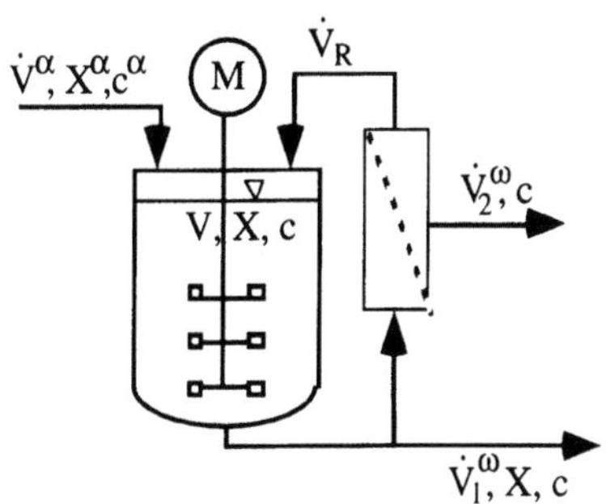

Abb. 7-10 Bilanzrahmen eines Bioreaktors, der mit Zellrückführung betrieben wird. Es wird davon ausgegangen, daß im Ausgangsstrom $\dot{V}_2^\omega$ nach der Zellrückhalteeinrichtung keine Zellen enthalten sind. Als Rückhalteeinrichtung kommen die Maschinen und Apparate zum Einsatz, wie sie in Abschnitt 4.3, Abb. 4-6 beschrieben sind.

Die Bilanzgleichungen für das Substrat bleiben unverändert, wenn durch den Rückhaltefilter nicht auch Substratbestandteile herausgefiltert werden.

Im System mit Zellrückführung ist die Biomasse um den Faktor $1/(1-R)$ gegenüber dem System ohne Rückführung erhöht. Ebenso unterscheiden sich alle Gleichungen zur Bestimmung der einzelnen Prozeßparameter um den Faktor $1/(1-R)$ von den entsprechenden Gleichungen für das System ohne Zellrückführung.

Die Voraussetzung für die obigen Betrachtungen zur Zellrückführung ist, daß alle Reaktionen im Reaktor ablaufen. Ansonsten ist auch der Apparat zur Zellrückführung in die Überlegungen mit einzubeziehen.

7.5 Vergleich der einzelnen Betriebsweisen

In Tabelle 7-1 sind die Unterschiede der einzelnen Betriebsweisen herausgestellt. Die Vorteile des Batch-Prozesses liegen im wesentlichen in dem Umstand, daß in wohl definierten Abständen immer wieder der Bioreaktor gereinigt und sterilisiert werden kann und somit die große Angst eines Mikrobiologen vor einer Kontamination oder

Mutation des Stammes weitgehendst genommen ist. Das ist auch der Hauptgrund, warum in der Praxis, abgesehen von biologischen Abwasserreinigungsanlagen, immer noch überwiegend Batch-Fahrweisen angewandt werden.

In gewisser Hinsicht sind bei dieser Betriebsweise die Anforderungen an die Steriltechnik und da speziell auch an die Sterilkonstruktionen, nicht so hoch, da bei Kurzzeitfermentationen, wie in Kapitel 5 und Kapitel 6 gezeigt wurde, durchaus einmal eine „lauernde" Gefahr nicht zur Katastrophe wird. Allerdings, wenn einmal ein kontinuierlicher Prozeß angelaufen ist und eine gewisse Zeit überstanden hat, dann bestehen aus steriltechnischer Sicht auch keine Bedenken mehr, wenn keine Bedienungsfehler vorkommen.

Als sehr vorteilhaft erweist es sich beim Batch-Prozeß, daß alle Komponenten vor dem Prozeß lediglich zusammengeführt werden und somit eine einfache Bedienung genügt.

Tabelle 7-1 Verleich der diskontinuierlichen- und der kontinuierlichen Betriebweise.

diskontinuierlich	kontinuierlich
- kurze Sterilphase → nach jeder Charge Reinigung und Sterilisation	- Fahren im Punkt höchster Raum-Zeit-Ausbeute
- einfache Verfahrensführung, da Medien nur vorgelegt werden	- lag-Phasen sowie Reinigungszeiten entfallen → kleineres Reaktorvolumen
- frische Vorkultur gewährt genetische Stabilität	
- Substratabbau bis S → 0	- Vorfermenter entfallen (Einsatzstoffe)
	- Personaleinsparung durch automatisierten, stationären Betrieb
	- Auswaschen von Kontaminanten möglich
- lag-Phasen, Reinigungen und Ansatzvorbereitung erfordern Zeit → großes Reaktorvolumen	- Aufschaukeln von Kontaminationen möglich
- viel manuelle Tätigkeiten → personalaufwendig	- Probleme mit genetischer Stabilität
	- Probleme mit Stofftransportlimitierung
- Milieuveränderungen → reaktionskinetisches Optimum nicht einstellbar	- vollautomatischer Prozeßablauf erfordert absolutes Prozeß-Know-How

Die genetische Stabilität, die bei Langzeitbetriebsweisen häufiger von Bedeutung sein kann, ist bei Batch-Betriebsweisen nur selten als Problem anzusehen.

Wie schon gezeigt, ist es ein wesentlicher Vorteil des diskontinuierlichen Prozesses, daß Konzentrationen bis etwa Null erreicht werden können.

Als Nachteil weisen Batch-Prozesse lange *lag-* und Reinigungsphasen auf, was zu größeren Reaktorvolumina und damit zu höheren Investitionskosten führt. Des weiteren sind sie aufgrund der ständig wiederkehrenden Operationen sehr personalintensiv, vor allem aber auch abhängig von der Personalzuverlässigkeit (Kapitel 6) und es besteht nicht die Möglichkeit, diese Betriebsweise im reaktionskinetisch optimalen Punkt zu betreiben, da sich ständig die Milieubedingungen ändern.

Was sich im Batch-Prozeß als Nachteil erweist, ist in der kontinuierlichen Fahrweise meist als ein Vorteil zu sehen. Sie ermöglicht den Punkt höchster Raum-Zeit-Ausbeuten einzustellen, was zu kleinen Reaktorvolumina führt (Kosten). Ein weiterer Beitrag zu kleineren Volumina und damit zu niedrigeren Kosten sind die fehlenden lag-Phasen sowie Reinigungszeiten, und außerdem kann in vielen Fällen auf Vorfermenter und deren Einsatzstoffe verzichtet werden.

Wenn eine kontinuierliche Betriebsweise gut ausgearbeitet ist, und nur dann sollte sie die Entscheidung für eine Produktionsanlage treffen, dann kann man mit erheblicher Personaleinsparung rechnen.

Was dem einen zum Vorteil gelangt, wird dem anderen zum Nachteil. Im kontinuierlichen Prozeß schaukeln sich Kontaminationen sehr viel eher auf, d.h., an die Steriltechnik sind höhere Anforderungen gestellt. Auf der anderen Seite bietet diese Fahrweise wiederum die Möglichkeit durch temporäres Erhöhen der Verdünnungsrate, eine Kontamination wieder auszuwaschen, wenn diese rechtzeitig erkannt wurde. Um das erreichen zu können, muß die Verdünnungsrate D über die spezifische Wachstumsrate des Kontaminanten μ_K gesteigert werden. Die Bilanzgleichung 7.3 hilft erneut die Situation zu beurteilen. Wenn im Zulauf kein zusätzlicher Kontaminant ist ($X_K^\alpha = 0$), erhält man

$$\frac{dX_K}{dt} = \mu_K \cdot X_K - D \cdot X_K \tag{7.48}$$

bzw. integriert

$$\frac{X_K}{X_{K,0}} = e^{(\mu_K - D) \cdot t} \tag{7.49}$$

und für den Produktionsstamm (ebenfalls $X_P^\alpha = 0$)

$$\frac{dX_P}{dt} = \mu_P \cdot X_P - D \cdot X_P \tag{7.50}$$

bzw. integriert

$$\frac{X_P}{X_{P,0}} = e^{(\mu_P - D) \cdot t} \ . \tag{7.51}$$

Dividiert man Gleichung 7.51 durch Gleichung 7.49, so erhält man für das Verhältnis von Produktionsstammkonzentration zu Kontaminantenkonzentration

$$\frac{X_P}{X_K} = \frac{X_{P,0}}{X_{K,0}} e^{(\mu_P - \mu_K) \cdot t} \ . \tag{7.52}$$

Ein Kontaminant ist nur dann eine Gefahr, wenn er schneller wächst als der Produktionsstamm, also $\mu_K > \mu_P$ ist. Somit zeigt Gleichung 7.52, daß ein Ausdünnen des Kontaminanten durch einfache Erhöhung der Verdünnungsrate D nicht möglich ist. Im Gegenteil, das Verhältnis X_P/X_K wird ungünstiger (kleiner). Um eine Ausdünnung zu erreichen, müßte also die Verdünnungsrate D über μ_K gesteigert werden und gleichzeitig im Zulauf frische Zellmasse des Produktionsstammes vorhanden sein ($X_P^{\alpha} \neq 0$). Führt man $X_P^{\alpha} \neq 0$ in Gleichung 7.50 ein, so erhält man aus Gleichung 7.3 und entsprechender Umformung

$$\frac{dX_P}{dt} = D \cdot \left[X_P^{\alpha} + (\frac{\mu_P}{D} - 1) \cdot X_P \right] \tag{7.53}$$

bzw. integriert

$$\ln \frac{X_P^{\alpha} + (\frac{\mu_P}{D} - 1) \cdot X_P}{X_P^{\alpha} + (\frac{\mu_P}{D} - 1) \cdot X_{P,0}} = (\mu_P - D) \cdot t \ . \tag{7.54}$$

Führt man das Verhältnis gemäß Gleichung 7.52 herbei, so findet man diesmal

$$\frac{X_P}{X_K} = \frac{X_{P,0}}{X_{K,0}} \left\{ -\frac{D \cdot X_P^{\alpha}}{(\mu_P - D)X_{P,0}} e^{-\mu_K \cdot t} + \left[1 + \frac{D \cdot X_P^{\alpha}}{(\mu_P - D)X_{P,0}} \right] e^{(\mu_P - D - \mu_K) \cdot t} \right\} . \tag{7.55}$$

Da die Verdünnungsrate D größer als die spezifische Wachstumsrate des Kontaminanten μ_K sein muß ($D > \mu_K$) und auch $\mu_K > \mu_P$ ist, wird der Nenner im ersten Bruch in der geschweiften Klammer in Gleichung 7.55 negativ, so daß der erste Summand positiv wird. Je größer das Verhältnis $X_P^{\alpha}/X_{P,0}$ ist, und je näher D bei μ_K liegt, desto größer wird dieser positive Betrag. Der rechte Summand in Gleichung 7.55 würde die Situation durch einen positiven Betrag verbessern, weil dadurch das Verhältnis von Produktionsstamm zu Kontaminant größer wird. Der Betrag bleibt allerdings nur so lange positiv wie

$$X_P^{\alpha} < (\frac{\mu_P}{D} - 1) \cdot X_{P,0}) \tag{7.56}$$

ist. Da aber der Multiplikant des rechten Summanden, $e^{(\mu_P - D - \mu_K) \cdot t}$, nach ausreichender Zeit einen wesentlich kleineren Wert als $e^{-\mu_K \cdot t}$ ergibt, kann der rechte Summand vernachlässigt werden. Es bleibt

$$\frac{X_P}{X_K} \approx -\frac{X_{P,0}}{X_{K,0}} \frac{D \cdot X_P^{\alpha}}{(\mu_P - D)X_{P,0}} e^{-\mu_K \cdot t} \ . \tag{7.57}$$

Gleichung 7.57 zeigt, daß ein Auswaschunterfangen am erfolgreichsten ist, wenn das Verhältnis $X_P^\alpha/X_{P,0}$ groß ist, also eine hohe Zellkonzentration im Zulauf eingestellt wird.

Ein besonderes Problem, und darin erweist sich die kontinuierliche Betriebsweise besonders unsympatische für Mikrobiologen, ist die Gefahr der genetischen Instabilität, denn je länger ein Prozeß anhält, umso wahrscheinlicher ist ein solches Ereignis. Unter einer genetischen Instabilität versteht man die Veränderung der Erbinformation. Je höher ein Stamm entwickelt ist, umso größer ist die Wahrscheinlichkeit der genetischen Veränderung. Da im Produktionsprozeß selten Wildstämme direkt eingesetzt werden können, besteht immer eine gewisse Wahrscheinlichkeit, daß eine (Rück-) Mutation stattfindet.

Als sehr wesentlicher Faktor, den kontinuierliche Betriebsweisen begleiten, ist eine vermehrte Automatisierung sowie das damit verbundene und notwendige Wissen vom Prozeß, von der Reaktion, zu bezeichen. Ob dieser Sachverhalt als Nachteil anzusehen ist, läßt sich bezweifeln.

Schlußbemerkung zu Kapitel 7:

In der Biotechnologie hat sich seit jeher die diskontinuierliche Betriebsweise (Batch-Prozeß) durchgesetzt. Wesentliche Gründe dafür sind die begründete Angst vor Kontaminationen und auch vor Mutationen, denn nach jedem Batch-Prozeß kann mit frisch sterilisiertem Equipment und genetisch frischem Biomaterial (Biokatalysator) wieder begonnen werden. Dennoch, die Fed-Batch-Betriebsweise und vor allem die kontinuierliche Betriebsweise bieten von Fall zu Fall nicht zu vernachlässigende Vorteile, die für wirtschaftliche Prozesse genutzt werden müssen.

Bei der Findung der optimalen Betriebsweise leistet eine Reaktionskinetik oder gar ein Modell außerordentlich wertvolle Dienste, oder aber ein solches Modell, ganz besonders ein prädikatives Modell, hilft die Prozesse optimal zu fahren. Neuerdings sind in diesem Zusammenhang auch die neuronalen Netzwerke zu erwähnen, die im Zusammenhang mit Expertensystemen in ständig verfeinerter Form zusehends Einzug in die optimale Prozeßsteuerung finden.

8 Instrumentierung und Automatisierung eines Bioreaktors

8.1 Wichtige Primär- und Sekundärparameter

Die Abläufe in biologischen Systemen sind sehr komplex und vielfältig. Deshalb wünscht sich jeder Bearbeiter eines biotechnologischen Verfahrens so viele Parameter wie möglich messen zu können, um nur annähernd einen Einblick in das System zu bekommen. Häufig scheitert aber dieser Wunsch an der Verfügbarkeit entsprechender Meßmethoden, oder aber die Messung ist nicht anwendbar, weil sie zu viel Zeit in Anspruch nimmt (off-line-Messung, außerhalb des Reaktors) oder aus steriltechnischen Gründen nicht angewandt werden kann (in-line- und on-line-Messungen).

Tabelle 8-1 Primär- und Sekundärparameter an einem Bioreaktor (BIR) [73].

Wirkebene	im Bioreaktor	am Bioreaktor	außerhalb des BIR
physikalisch-technische Systeme	pH - Messung	Drehzahlmessung	Gesamtabgasmessung
	rH - Messung	Leistungsmessung	CO_2- Messung Abgas
	pO_2 - Messung	Drehmomentmessung	O_2-Messung Abgas
	Druckmessung	Temperatur, Temperierkreis	Gesamtkohlenst. Abgas
	Temperaturmessung	Gewichtsmessung	Dichtemessung
	Schaumhöhenmessg.	Mengenmessung	Viskositätsbestimmung
	Füllstandsmessung	Wärmebilanzbest.	Oberflächenspannung
	Optische Dichtemess.		Osmotischer Druck
biochemisch, biologische Systeme	pH - Messung	Substratflußmessung	Kontaminantenbest.
	rH - Messung	Korrekturmittelmenge	Respirationsquotient
	pO_2 - Messung	Kohlenstoffbilanzen	Raum-Zeit-Ausbeute
	Glucosekonzentration	Stickstoffbilanzen	spez. Wachstumsrate
	NH_3-Konzentration	Sauerstoffbilanzen	Verdopplungszeit
	pCO_2 - Messung		Generationszeit
			Substrataufnahme
molekular-biologische Systeme			NAD^+ - NADH-Best.
			DNA-Bestimmung
			RNA-Bestimmung
			Enzymaktivitäten
			Metabolitbestimmung
			Gestamtproteinbest.
			Aminosäurepoolbest.

Je näher man meßtechnisch dem eigentlichen Geschehen rücken möchte, umso weniger zugänglich für in-line- bzw. on-line-Messungen sind die Verfahren. Methoden, mit denen man dem molekularbiologischen Geschehen etwas näher kommen kann, sind bis auf sehr wenige Ausnahmen nur außerhalb des Bioreaktors anwendbar und in der Regel sehr aufwendig.

Die verschiedensten Parameter lassen sich in die drei Gruppen physikalisch-technische Systeme, biochemisch-biologische Systeme und molekularbiologische Systeme einteilen (Tabelle 8-1) [73]. Von der ersten Gruppe, den physikalisch-technischen Systemen, lassen sich eine ganze Reihe im Reaktor, also in-line, anwenden. Die wichtigsten sind dabei die Milieuparameter Temperatur, pH und pO_2 und manchmal auch der rH-Wert (Redoxpotential) sowie der Druck.

8.1.1 Beurteilung der Sondensignale

Grundsätzlich ist die sachgerechte Behandlung, Wartung und Aufbewahrung von Sonden die Voraussetzung für zuverlässiges Messen. Dazu sind im Bereich des Bioreaktors vor allem die Elektrolytsonden (pH, pO_2, rH, pCO_2 u.a) zu zählen. Empfehlenswert ist die Möglichkeit, diese Sonden nach dem Gebrauch sofort zu warten und bis zum nächsten Einsatz in dafür geeignete Einrichtungen aufzubewahren. Die Signale von Sonden müssen richtig interpretiert werden, d.h., die Randbedingungen und das Zustandekommen des Meßwertes sind richtig einzuordnen. Das meist digital angezeigte Meßergebnis hat eine „Vorgeschichte" bzw. einen Entstehungsweg, der zur Interpretation des Meßwertes und der daraus resultierenden Folgerungen betrachtet werden muß. Zu beurteilen sind z.B. Transportmechanismen durch das Medium (Grenzschichten) und Sondenbereiche, um eine Istzeitzuordnung (Sondenansprechzeit) finden zu können (vgl. Abschnitt 8.1.4). Oder es sind Reaktionsmechanismen sowie deren Geschwindigkeitskonstanten zu betrachten und ebenso die Randbedingungen von Probenahmen. Nachfolgend sollen einige der wichtigsten Parameterbestimmungen näher beleuchtet werden.

8.1.2 pH-Messung

Wird die pH-Sonde spontan von einem Becherglas in ein zweites Becherglas mit einem anderen pH-Wert getaucht, so verstreicht aufgrund der ablaufenden Transportmechanismen (Diffusion) eine gewisse Zeit bis der neue pH-Wert angezeigt wird. Diese Zeit ist die Sondenansprechzeit. Führt man diesen Versuch in nichtgerührten Bechergläsern bei unterschiedlichen pH-Sprüngen durch, so findet man unterschiedliche Ergebnisse [20]. Der Sprung von einem basischen pH-Wert zu einem sauren ergibt eine längere Ansprechzeit als im umgekehrten Fall. Reduziert man dabei den pH-Sprung, dann steigt die Ansprechzeit nochmals an (vgl. Tabelle 8-2). Wird die Flüssigkeit in den Bechergläsern gerührt, so nimmt aufgrund der zunehmenden Turbulenzen die laminare Grenzschicht an der pH-Sondenmembran ab und damit auch der Diffusionswiderstand. Dadurch nähern sich alle Ansprechzeiten einem gemeinsamen Grenzwert. Messungen mit einer speziellen Apparatur (Abb. 8-2) ergaben, daß dieser Grenzwert ab einer Anströmgeschwindigkeit mit Wasser bei Raumtemperatur von 0,12 m/s erreicht wird

[20]. Dieser Grenzwert stellt die verbleibende Trägheit der gesamten Meßstrecke dar, der sich aus Diffusionswiderständen in der verbleibenden laminaren Grenzschicht, der Sondenmembran und dem Elektrolyten sowie der eigentlichen elektrischen Meßstrecke zusammensetzt.

Dieselben Untersuchungen in einem 10 l-Bioreaktor (2-stufiger SR) zeigten, daß ab einer Drehzahl von 400 min^{-1} die Ansprechzeit konstant ist. Die Begasung beeinflußt die Ansprechzeit bei niedrigen Reynoldszahlen (Drehzahlen) merklich, bei hohen nahezu nicht [20]. Es ist also für die Erzeugung von Meßwerten durch Sonden in einem Bioreaktor wesentlich, welche Platzierung für die Sonde gewählt wird und wie dadurch die Anströmverhältnisse sind (vgl. Abschnitt 5.1.1, Hinterspülung von Stromstörern). In Lösungen, wo in der Membran der pH-Sonde eine Verarmung an KCl stattfindet, führt das zu Anzeigefehlern. Deshalb sollten pH-Sonden, solang sie nicht eingesetzt werden, in KCl-Lösung getaucht werden.

8.1.3 Redoxpotential (rH-Messung)

Auch wenn das rH-Signal selten eine direkte physiologische oder physikalische Zuordnung zum Prozeß erlaubt, so kann das Signal zur Gestaltung der Verfahrensstrategie genutzt werden. In den Bereichen, wo die pH- und auch die pO_2-Sonde wenige Informationen liefern, zeigt das rH-Signal häufig reproduzierbare Veränderungen, die den erzielten Prozeßergebnissen zugeordnet werden können und so der Verfahrensführung dienen.

8.1.4 Gelöst-Sauerstoffmessung (pO_2)

Ein besonderer Aspekt sei im Zusammenhang mit der Sauerstoffmessung im Bioreaktor erwähnt. In der Regel wird die Sonde nach der Sterilisation geeicht (Abb. 8-1). Dazu wird die Brühe mit Stickstoff begast, und wenn noch Sauerstoff im Medium ist, dann sinkt die pO_2-Anzeige. Dort, wo die Anzeige konstant wird, legt man den Nullpunkt fest. Es empfiehlt sich, den Wert des Nullpunktes nicht mit „Null" an der Anzeige einzustellen, sondern ihm einen positiven Wert zuzuordnen, damit ein Drift der Sonde nach unten auch festgestellt werden kann. Hat man den Nullpunkt eingestellt, dann wird mit Luft bzw. mit dem sauerstofftragenden Prozeßgas Sauerstoff eingetragen, bis wieder ein stationärer Wert erreicht ist. Diesem Wert wird der 100 %-Wert zugeordnet. Während der Fermentation ändert sich bei Batchprozessen aber ständig das Medium, so daß davon ausgegangen werden kann, daß sich auch die Sauerstofflöslichkeit (H_{O_2}: Henry-Koeffizient) mehr oder weniger ändert. Die Sonde zeigt zwar immer den Prozentsatz des herrschenden Sauerstoffpartialdruckes zum Eichzustand an, aber welcher Gelöstsauerstoffkonzentration das in Wirklichkeit entspricht, erkennt man nicht. In diesem Zusammenhang wäre es notwendig, den aktuellen Wert der Sauerstofflöslichkeit zu kennen. Wenn z.B. die Anzeige während des Prozesses bei 50 % steht, ist das

aktuelle treibende Gefälle aufgrund der fehlenden Information über die Löslichkeit
längst nicht bekannt.

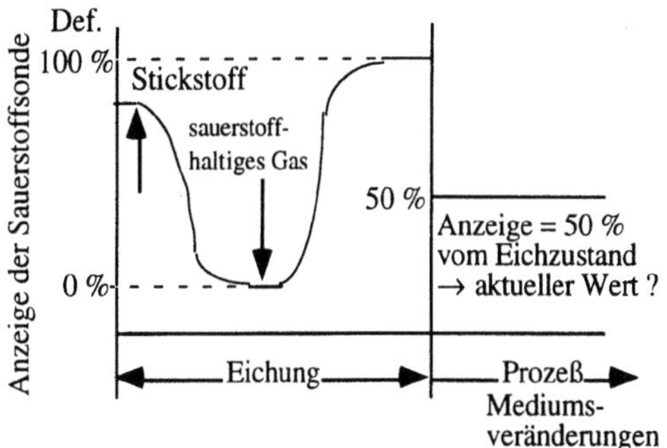

Abb. 8-1 Sauerstoffmessung im Bioreaktor: Vor dem Fermentationsprozeß muß die
Sauerstoffsonde geeicht werden. Dazu wird
zunächst mit Stickstoff sämtlicher Sauerstoff verdrängt und der Nullpunkt eingestellt. Hinterher muß mit dem sauerstofftragenden Prozeßgas (meist Luft) begast und
der 100 %-Wert eingestellt werden. Die Bedingungen (Druck, Löslichkeit) sollten
denen während des Prozesses entsprechen

Mit Gleichung 2.70 kann die Sauerstofftransferrate berechnet werden. Bekannt sein
müßten dazu allerdings die aktuelle Sauerstoffsättigungs- (c_L^*) sowie die Gelöstkonzentration (c_L). Kennt man die Konzentration des Sauerstoffs am Reaktoreingang $Y_{O_2}^\alpha$, den
Henry-Koeffizient H_{O_2} für das Löslichkeitsverhalten des Sauerstoffs und wird der
herrschende Druck im Bioreaktor gemessen, so kann die Sättigungskonzentration mit
$p_{O_2,g}^* \approx p_{O_2,g}$ (vgl. Abb. 2-23) nach

$$c_L^* = \frac{p}{H_{O_2}} \cdot Y_{O_2}^\alpha \tag{8.1}$$

berechnet werden. Mittels der Anzeige der Sauerstoffsonde DO (desolved oxigen) berechnet sich dann die Gelöstsauerstoffkonzentration zu

$$c_L = \frac{p}{H_{O_2}} \cdot Y_{O_2}^\alpha \cdot \frac{DO}{100} \ . \tag{8.2}$$

DO repräsentiert den %-Anteil des Sauerstoffpartialdruckes zum Sättigungsdruck im
Eichzustand. Eine andere Aussage liefert dieses Signal nicht. Um die aktuellen Konzentrationen zur Berechnung des Sauerstofftransportes zu erhalten, benötigt man auch Informationen über die aktuellen Werte des Druckes, der Sauerstoffeingangskonzentra-
tion und des Henrykoeffizienten. Damit läßt sich dann aus der Anzeige der reale DO-
Wert DO^r berechnen:

$$DO^r = DO \cdot \frac{p^E}{p^r} \cdot \frac{H_{O_2}^r}{H_{O_2}^E} \cdot \frac{Y_{O_2}^{\alpha,E}}{Y_{O_2}^{\alpha,r}} \ . \tag{8.3}$$

Die reale Gelöstkonzentration an Sauerstoff erhält man, indem in Gleichung 8.2 neben
dem gemessenen DO-Wert für die restlichen Variablen die Eichwerte eingesetzt werden.

Vor allem bei der Beobachtung von instationären Vorgängen ist die Ansprechzeit der
Sauerstoffsonde von Interesse. In einer speziellen Apparatur (Abb. 8-2) wurde in Abhängigkeit der Anströmgeschwindigkeit das Ansprechverhalten einer sterilisierbaren

Sauerstoffsonde bestimmt [10]. Die Ergebnisse (Abb. 8-3) zeigen, daß die Anströmgeschwindigkeit die Ansprechzeit starkt beeinflußt. Je größer die Anströmgeschwindigkeit ist, desto geringer wird die laminare Grenzschicht und damit der Stofftransportwiderstand. Bei höheren Geschwindigkeiten geht die Ansprechzeit in einen konstanten Wert über. Diese Zeit entspricht einer Sondenkonstanten, die von den Stofftransportwiderständen durch die verbleibenden laminare Grenzschicht, der Membran und dem Elektrolyten sowie der elektrischen Meßstrecke bestimmt wird.

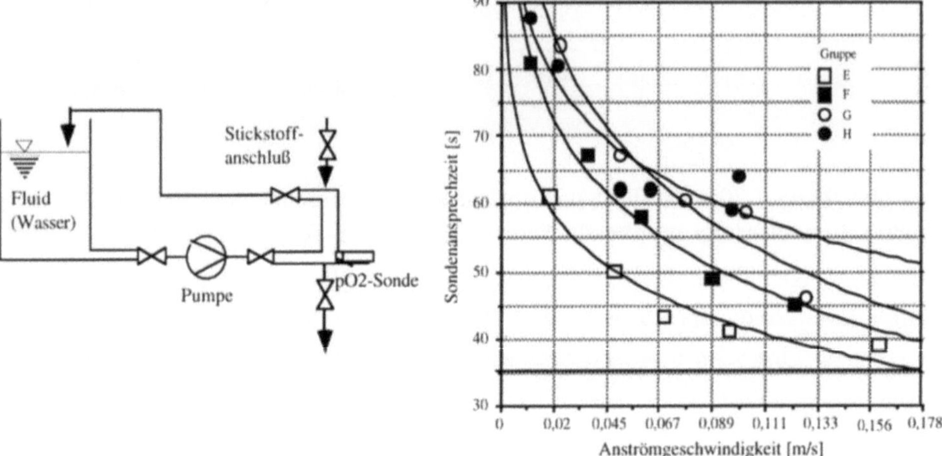

Abb. 8-2 Apparatur zur Messung der Sondenansprechzeit [10].

Abb. 8-3 Ergebnisse zur Ansprechzeit einer sterilisierbaren Sauerstoffsonden [10].

8.1.5 Schaumsonde

Die zuverlässige Messung der Schaumhöhe und des Füllstandes helfen, den Bioreaktor sicher zu betreiben. In der Regel werden zu diesem Zweck Leitfähigkeitssonden eingesetzt, die zum Reaktor isoliert sind (Abb. 8-4). Berührt Schaum die am unteren Ende befindliche Kontaktstelle, wird der Stromkreis geschlossen und ein Signal ausgelöst.

Den gleichen Effekt erzielt allerdings auch an der Sonde abfließendes Kondensat, wenn es am unteren Ende den Kontakt schließt. Das trifft insbesondere beim Aufheizen und während der Sterilisation zu. Aber auch bei Fermentationen, die bei merklich höherer als der Raumtemperatur laufen tritt das auf, denn in diesen Fällen bildet sich am Reaktordeckel eine größere Menge an Kondensat. Das bedeutet wiederum, daß des öfteren ein Fehlalarm möglich ist. Um nicht ohne Grund Antischaummmittel in den Bioreaktor zu pumpen, wird die Entscheidung, Antischaummittel zuzugeben, häufig nur manuell getroffen. Die Schaumkontrolle kann durch eine doppelte Ausführung der Schaumsonde erleichtert werden und zwar dadurch, daß die eine Sonde tiefer als die andere in den Reaktor ragt und die Alarme in Vor- und Hauptalarm unterteilt werden (Abb. 8-4).

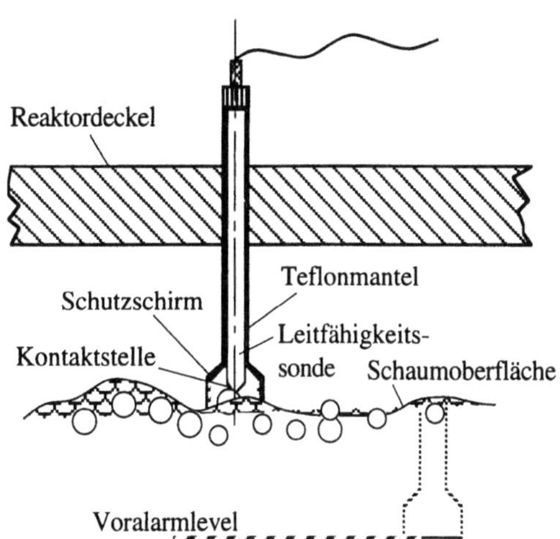

Abb. 8-4 Prinzip einer Schaumsonde: Eine Leitfähigkeitssonde wird gegen den metallischen Reaktordeckel isoliert (Teflonmantel). Kommt Schaum mit der metallischen Leitfähigkeitssonde in Kontakt, wird ein Stromkreis geschlossen. Damit vom Reaktordeckel abfließendes Kondensat keinen Kontakt schließen kann, wird der Teflonmantel nach unten zu einem Schutzschirm ausgeweitet. Da dennoch Fehlalarme auftreten können, empfiehlt es sich eine zweite Sonde als Voralarm zu installieren.

8.1.6 Leistungseintrag

Viele Parameter können überhaupt nicht im Bioreaktor gemessen werden obwohl sie sehr wertvoll und sogar wichtig für die Beschreibung und Steuerung des Bioprozesses sind. Ein Wert dabei ist der Leistungseintrag, der, wie in Kapitel 2 gezeigt wurde, als wesentliches Maß für die Aufgabenerfüllung eines (Bio-)Reaktors gilt. Drehzahl- und Drehmomentangaben sind bei gegebenen Verhältnissen immer miteinander gekoppelt.

Eine einfache und dennoch elegante Methode der Drehmomentmessung ist folgende [75]: Man montiert den Bioreaktor drehend, z.B. auf ein Kugellager (Abb. 8-5), umspannt den Umfang des Bioreaktors mit einem Faden (Seil) und lenkt diesen Faden über Rollen auf ein Gewicht, das selbst wiederum auf einer Waage steht. Da sich aufgrund des eingetragenen Drehmomentes der Reaktor wegdrehen möchte, dieser aber durch den Faden daran gehindert wird, läßt sich über die auf der Waage ablesbare Gewichtsminderung und die geometrischen Gegebenheiten das Drehmoment und damit auch der Leistungseintrag nach folgenden Gleichungen berechnen:

Kraft F [N]: $\qquad$ $F = \Delta m \cdot g$ $\qquad\qquad$ (8.4)

Drehmoment M [Nm]: $\qquad$ $M = F \cdot r$ $\qquad\qquad$ (8.5)

Leistung P [W]: $\qquad$ $P = M \cdot \omega = M \cdot 2 \cdot \pi \cdot n,$ $\qquad\qquad$ (8.6)

wobei in den obigen Gleichungen zusätzlich Δm [kg] die Gewichtsabnahme, g [m/s^2] die Erdbeschleunigung, r [m] den Radius, um den der Faden gelegt ist (Hebelarm), ω [s^{-1}] die Winkelgeschwindigkeit und n die Drehzahl [s^{-1}] bedeuten (vgl. Abb. 8-5).

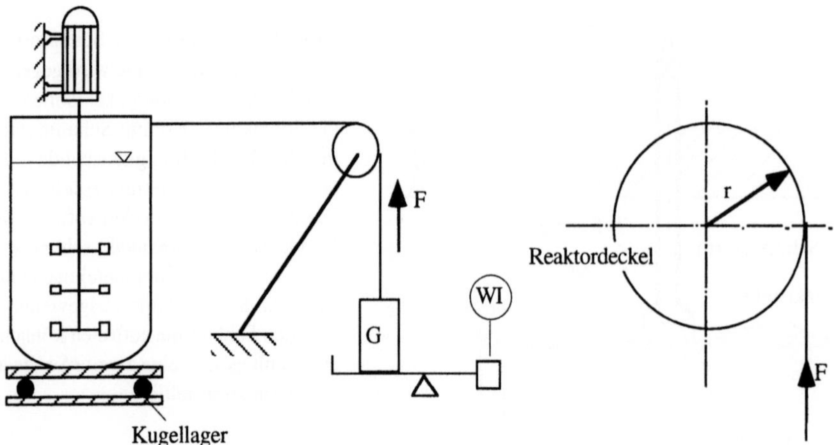

Abb. 8-5 Eine einfache Möglichkeit zur Bestimmung des Leistungseintrags in kleine Bioreaktoren (Labor- oder Pilotmaßstab). Es bedeuten: M-Motor; F-Kraft; G-Gewicht; WI-Gewichtsanzeige; r-Radius.

Diese Methode der Drehmomentmessung läßt sich natürlich nur bei Labor-, höchstens aber noch bei Pilotbioreaktoren anwenden.

Eine weitere Methode der Drehmomentmessung besteht darin, als Rührerwelle eine Hohlwelle zu verwenden und die Verdrehung dieser Welle mittels eines Dehnungsmeßstreifens (DMS) zu messen. Diese Methode ist zwar sehr aufwendig (teuer), aber sehr vorteilhaft, weil sie direkt das zuständige Moment für den Leistungseintrag in das Reaktionsgemisch, d.h., ohne Verlustleistungen, im Bioreaktor abgreift. Natürlich ist für die Wirtschaftlichkeit die erforderliche Gesamtleistung maßgebend, doch zur Darstellung der Vorgänge im Bioreaktor ist alleine die Leistung, die im System ankommt und damit die Nettoleistung maßgebend. Deshalb ist die Nettoleistung auch in allen verwendeten Gleichungen einzusetzen.

Ein System, das auch nachträglich an Antriebe zur Erfassung des Drehmomentes angebracht werden kann, ist der in Abb. 8-6 dargestellte Drehmomentaufnehmer [85]. Dabei wird das Drehmoment einer Welle oder einer Wellen-Nabenverbindung von einem mechanischen Aufnehmer in eine Axialbewegung eines umlaufenden Ringes umgesetzt. Ein aus zwei induktiven Sensoren bestehender Differenzgeber vergleicht die Axialbewegung mit einer Referenzfläche und liefert einen drehmomentproportionalen, linearen Ausgangsstrom. Das Umsetzen des Drehmomentes und das Messen der Axialbewegung erfolgen völlig spielfrei und ohne Reibung. Dieses Prinzip ist auch nachträglich einbaubar, hat allerdings den Nachteil, auch Momente, die über Verluste erzeugt werden, mitzumessen.

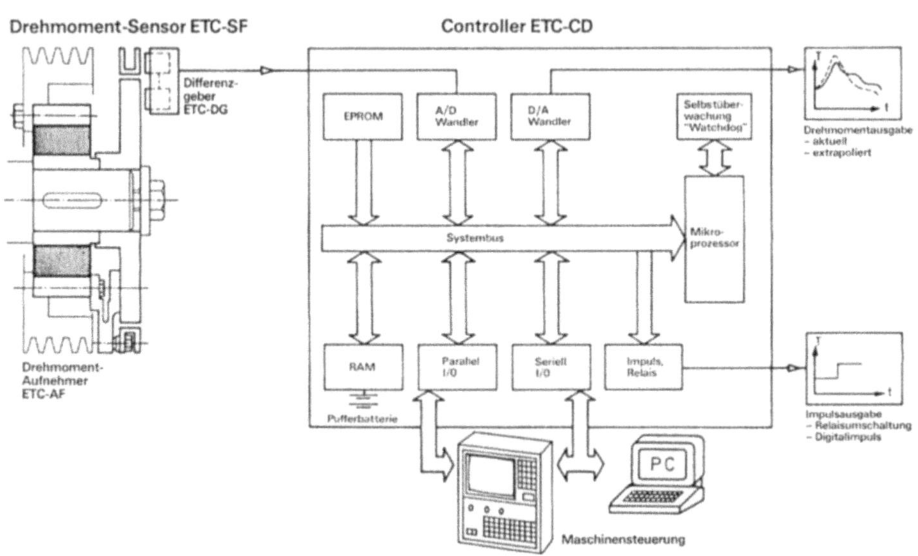

Abb. 8-6 Eine Drehmomentmessung, die nachträglich an Maschinen und Apparate installiert werden kann (Fa. Ringspann) [85].

8.1.7 Gewichtsmessung

Ist eine Füllstandsmessung umständlich, steriltechnisch bedenklich oder nicht möglich, dann bringt die Gewichtsmessung Abhilfe. Sie greift nicht in das Sterilsystem ein und kann beliebig genau Massenbilanzen liefern. Als Nachteil bei der Gewichtsmessung muß angeführt werden, daß sie in der Regel wesentlich teurer ist als Standmessungen, und bei der Installation muß sehr gut darauf geachtet werden, daß an den Bioreaktor alle Leitungen spannungsfrei und unter Berücksichtigung der Wärmedehnungen, bei den dauernden Temperaturwechseln, installiert werden. Dort, wo die Leitungen und Anschlüsse nicht elastisch genug angebracht werden können, helfen nur elastische Verbindungen wie Schläuche aus Elastomeren, oder Metall mit und ohne Teflonkern. Die Metallschläuche ohne Teflonkern können aufgrund ihrer notwendigen Faltung nicht im Sterilbereich eingesetzt werden. Bei allen Schläuchen stellt die Verbindung mit einer Sterilverschraubung den steriltechnisch neuralgischen Punkt dar.

8.1.8 Wärmebilanzierung

Wärmetönungsmessungen können ebenfalls für die Verfolgung einer Reaktion sehr behilflich sein. Außerdem sind sie für die Auslegung der Produktions-Bioreaktoren notwendig. Sie sind sehr elegant in den Temperierkreis zu installieren, indem die einströmende Kühlmittelmenge und die beiden Temperaturen gemessen werden.

Um den Bioreaktor kann folgende Wärmebilanz gezogen werden (Abb. 8-7):

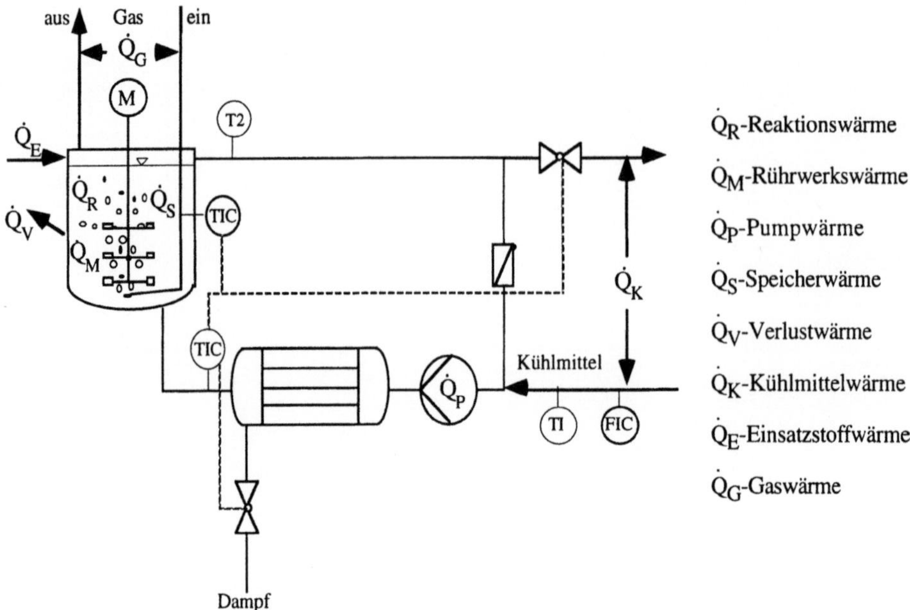

Abb. 8-7 Wärmebilanz um einen Bioreaktor.

a) Wärme, die in das System geht: Dazu gehören zunächst einmal die Reaktionswärme $\dot{Q}_R$ (als Faustwert können für nicht sauerstofflimitierte Systeme 440-500 kJ/molO$_2$ verbrauchten Sauerstoffs angenommen werden, vgl. Abschnitt 2.1.6), die Rührleistung $\dot{Q}_M$ (Gl. 2.20 = Ne·ρ·n^3·d^5), die Pumpleistung $\dot{Q}_P$ (Gl. 2.11 = $\dot{V}$·Δp = $\dot{V}$·ρ·g·H) der Umwälzpumpe im Temperierkreis und die Enthalpie der Einsatzstoffe $\dot{Q}_E$ (= Σ ($\dot{m}_i$ ·Δh$_i$), die während der Betrachtung dem System zugeführt werden.

b) Wärme, die aus dem System entweicht: Dazu gehört die Verlustwärme an die Umgebung $\dot{Q}_V$ (= k·A·(T$_i$ - T$_a$), falls T$_i$ > T$_a$ ist, ansonsten wird Wärme zugeführt (Vorzeichen beachten!), die über den Temperierkreis abgeführte Kühlwärme $\dot{Q}_K$ (= $\dot{m}_{KM}$·c$_{P,KM}$·ΔT$_{KM}$), die über das Abgas entweichende Wärme $\dot{Q}_G$ (= $\dot{m}_G$·[c$_{P,G}$·T$_i$ + k·(c$_{P,W}$·T$_i$ + Δh$_v$)]) und die Speicherwärme $\dot{Q}_S$ (= Σ (m$_i$·c$_{P,i}$)·ΔT/Δt). Daraus resultiert folgende Gesamtbilanzgleichung:

$$\dot{Q}_R + \dot{Q}_M + \dot{Q}_P + \dot{Q}_E = \dot{Q}_V + \dot{Q}_K + \dot{Q}_G + \dot{Q}_S. \tag{8.7}$$

Aus dieser Wärmebilanz kann letztendlich die Reaktionswärme ($\dot{Q}_R$) ermittelt werden. Wenn dazu noch die auf den Sauerstoffverbrauch bezogene spezifische Wärmetönung q_R [kJ/mol O$_2$] für den entsprechenden Fall ermittelt und als konstant erkannt wurde, hat man ein einfaches Mittel auch auf die wichtige Lebend-Keimzahl Rückschlüsse zu ziehen.

8.1.9 Abgasmessung

Die Abgasmessung eröffnet weitere Möglichkeiten den Bioprozeß zu beobachten und ihn zu steuern. Bei aeroben Prozessen ist die Gesamtabgasmessung außer für die Bilanzierung weniger von Bedeutung, doch bei anaeroben Verfahren kann sie sehr hilfreich sein. Hat man es zum Beispiel mit einem Gärungsprozeß zu tun, dann ist die Abgasmenge, in diesem Fall das Gärungsprodukt CO_2, ein direktes Maß für die Produktivität.

Im Falle der Milchsäuregärung und paralleler Neutralisation mit Kalziumcarbonat entsteht pro Mol Milchsäure ein Mol Kohlendioxid. Dadurch besteht zwischen gemessener CO_2-Menge im Abgas, das entspricht nahezu dem Gesamtabgasstrom, und der gebildeten Milchsäure ein direkter Zusammenhang:

$$\dot{m}_{MS} = 4,09\ \dot{m}_{CO2}. \tag{8.8}$$

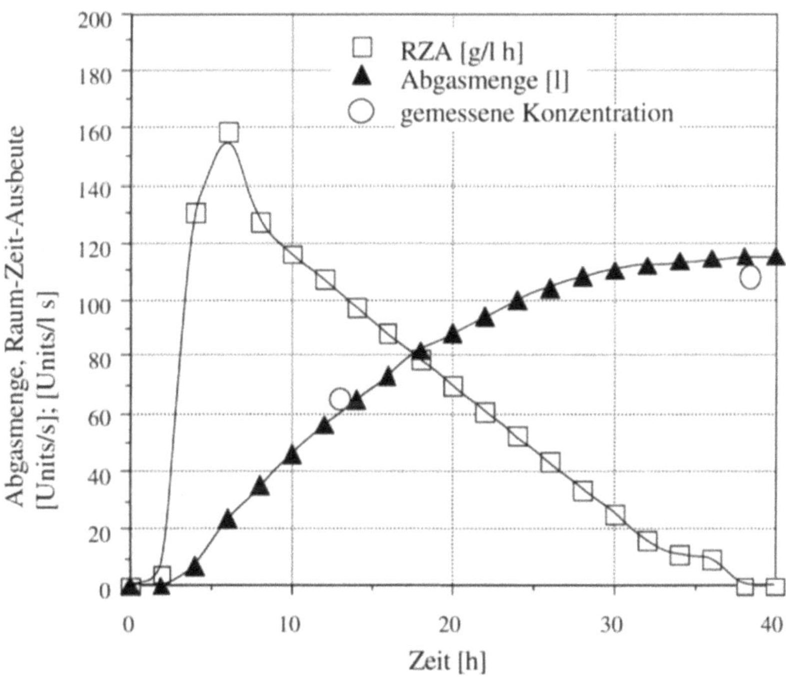

Abb. 8-8 Abgasmessung zur indirekten Bestimmung der Produktkonzentration und der Raum-Zeit-Ausbeute am Beispiel der Milchsäuregärung.

Der Beitrag weiterer CO_2-Mengen aus dem Metabolismus des Erhaltungsstoffwechsels ist sehr gering, womit man in diesem System durch diese Methode der Produktivitätsbestimmung nur einen kleinen Fehler macht, wie aus Abb. 8-8 zu erkennen ist.

Nicht immer ist die Produktivitätsbestimmung so einfach wie in dem genannten Beispiel. Das Abgas bietet noch weitere Möglichkeiten zur Beschreibung des gesamten biologischen Systems. Die Messung von CO_2 und O_2 im Abgas und die Kenntnis der Konzentrationen beider Komponenten in der Zuluft, ermöglicht die Bestimmung des Respirationsquotienten

$$RQ = \frac{Q_{CO2}}{Q_{O2}} \ . \tag{8.9}$$

Diese Gleichung stellt das Verhältnis der Kohlendioxidbildungsrate zur Sauerstoffaufnahmerate dar und ist ein Maß für die Atmungsaktivität einer Kultur ist. Dieser Wert gehört zu den Gütegrößen eines Bioprozesses und gibt einen Hinweis, ob der Stoffwechsel den gewünschten Weg geht. Abweichungen von der Vorgabe sind ein eindeutiges Zeichen, daß im System unvorhergesehene Veränderungen vonstatten gingen.

Der RQ-Wert läßt sich aus einer Massenbilanz ermitteln [76], wie sie beispielhaft für Glucose nach folgendem Schema aussehen kann:

$$C_6H_{12}O_6 + 6\,O_2 \rightarrow 6\,CO_2 + 6\,H_2O \ \rightarrow \ RQ = 1{,}00 \tag{8.10}$$

bzw. mit einer üblichen Zellausbeute von $Y_{X/S} = 0{,}5$

$$C_6H_{12}O_6 + 3\,O_2 \rightarrow 3\,CO_2 + 3\,H_2O + 3\,CH_2O \ \rightarrow \ RQ = 1{,}0 \ . \tag{8.11}$$

In Gleichung 8.11 ist CH_2O eine vereinfachte Darstellung der durchschnittlichen Zusammensetzung einer Biomasse. Bei Kohlenwasserstoffen als Substrat findet man bei $Y_{X/S} \approx 1{,}0$ einen RQ von 0,5.

Der RQ-Wert sagt etwas über den Metabolismus aus. Wenn die Sauerstoffversorgung nicht ausreichend ist und der Mikroorganismus (zumindest teilweise) auf Gärung umstellt, dann wird in diesem Fall der RQ ansteigen und damit dem Betreiber einen Hinweis auf die veränderten Verhältnisse geben.

8.1.10 Flammen-Ionisations-Detektor (FID)

Die Forderung hinsichtlich Analytik sowohl im Reaktor als auch im Abgas kommt aus verschiedenen Ecken. Zum einen sind es Ansprüche, die sich aus den Notwendigkeiten der Prozeßsteuerung und -beschreibung ableiten lassen, und zum anderen sind es gesetzliche Randbedingungen, die zulässige Grenzwerte für bestimmte Abgaskomponenten, in der Hauptsache luftfremde Komponenten, wenn man vom CO_2 in Zukunft absieht, vorschreiben. Diese Messungen sind also nicht nur aus analytischen Gesichtspunkten zur Beurteilung des Prozesses von Interesse, sondern auch, um für die Genehmigung eines Verfahrens fundierte Unterlagen über Emissionsdaten vorlegen zu können.

In der TA-Luft sind zulässige Grenzwerte von vielen dieser Stoffe festgelegt. Eine große Stoffgruppe wird dabei unter TOC (Gesamt-Organischer-Kohlenstoff) zusammengefaßt. Der TOC-Gehalt in Gasen läßt sich sehr elegant und on-line mit einem der zur Zeit empfindlichsten Detektoren, dem FID (Flammen-Ionisations-Detektor) bestimmen. Das Meßprinzip des FID´s läßt sich wie folgt beschreiben [77, 81, 82]:

An einer metallischen Düse brennt eine durch reinen Wasserstoff und Preßluft versorgte Flamme in einem Verbrennungsraum. Die Düse wird als Kathode geschaltet und ihr gegenüber ist eine Auffanganode befestigt. Die Probe wird der Flamme zugeleitet, in der die organischen Bestandteile verbrennen und dabei ionisieren. Der dabei entstehende Ionenstrom ist ein Maß für den TOC-Gehalt (Abb. 8-9).

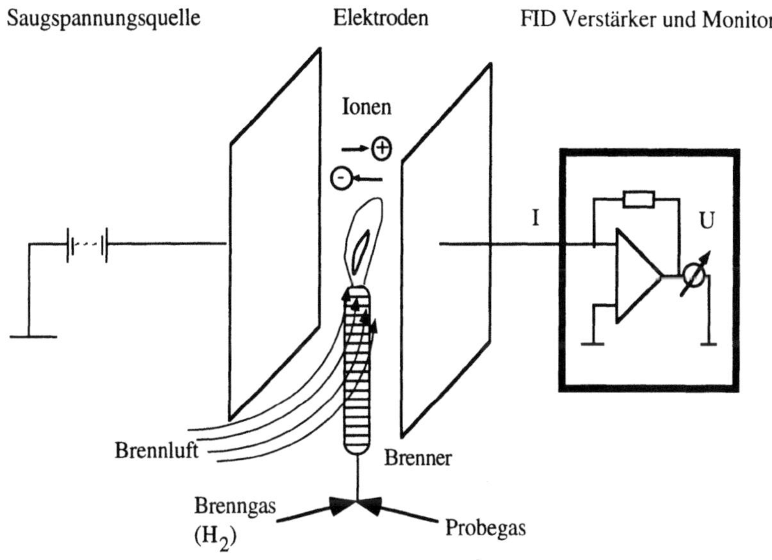

Abb. 8-9 Funktionsprinzip eines Flammen-Ionisations-Detektors (FID).

Möchte man auch noch die Einzelkomponenten erkennen, die einen Beitrag zum TOC liefern, dann muß man sich anderer, weit aufwendigerer Methoden bedienen. Eine Möglichkeit besteht darin, mit einer Gasmaus eine Probe zu entnehmen und diese dann auf eine GC-Säule aufzugeben. Mit der Gaschromatographie hat man ein Werkzeug, mit dem man feinste Auflösungen von Gaszusammensetzungen erreichen kann.

8.1.11 Gas-Chromatograph (GC)

Bei der Gaschromatographie wird die Probe in einen Strom eines Inertgases einge-
spritzt. Anschließend strömt das Inertgas, z. B. Helium, mit der Probe in die Trennsäule. Sie besteht aus einem bis zu mehreren Metern langen Rohr mit einer lichten
Weite zwischen 0,2 und 6 mm. Die Säule ist mit einem körnigen, inerten Trägermaterial
gefüllt. Dazu dienen spezielle Kieselgursorten oder Polystyrole. Das Trägermaterial ist
mit einer Trennflüssigkeit, der stationären Phase, beladen, welche die Trennung des
Gasgemisches ermöglicht (Abb. 8-10).

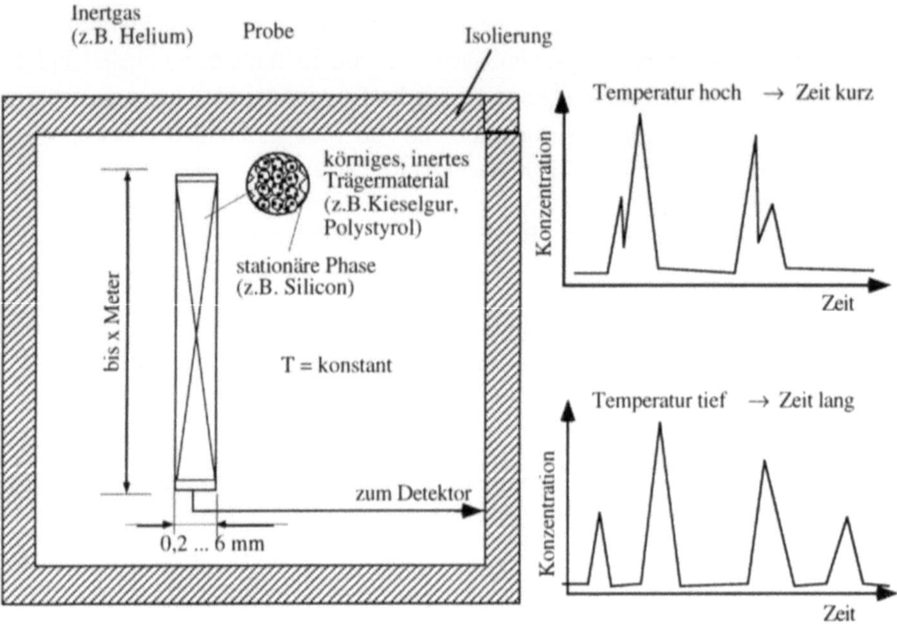

Abb. 8-10 Prinzipieller Aufbau eines Gaschromatographen (GC).

Die Temperatur der Trennsäule ist ein wichtiger Parameter, um optimale Resultate zu
erhalten. Bei tiefen Temperaturen ist die Auftrennung der einzelnen Substanzen besser.
Andererseits dauert die Analyse sehr lange. Bei hoher Temperatur verkürzt sich die
Analysendauer beträchtlich, gewisse Substanzen können aber dann voneinander nicht
mehr unterschieden werden. Man wählt daher die höchst mögliche Temperatur, die
noch zu einer genügend scharfen Auflösung der einzelnen Komponenten führt.

Die Methode der Gaschromatographie basiert auf der Verteilung zwischen einer flüssigen, der stationären Phase (z.B. Silikonfett), und einer Gasphase, der mobilen Phase.
Werden nun die zu analysierenden Komponenten von dem inerten Trägergas durch die
Säule transportiert, so trennen sie sich entsprechend ihrer unterschiedlichen Vertei-
lungskoeffizienten zwischen der flüssigen und der Gasphase auf. Sobald die Verbindungen die Säule verlassen haben, passieren sie einen Detektor. Dieser ist über einen

Verstärker mit einem Schreiber verbunden, der sobald eine Verbindung den Detektor passiert, einen Peak registriert.

8.1.12 Paramagnetischer Sauerstoffanalysator

Mit einem relativ einfachen Meßprinzip lassen sich einige wenige Komponenten on-line in Gasen bestimmen. Zur Bestimmung von Sauerstoffkonzentrationen in Gasen kann der magnetische Sauerstoffanalysator verwendet werden. Dieses Prinzip nutzt den Paramagnetismus des Sauerstoffs, der für dieses Gas eigentümlich (spezifisch) ist. Außer Sauerstoff sind nur noch Stick- und Chloroxyde paramagnetisch, alle übrigen Gase sind nur geringfügig diamagnetisch. Beim Paramagnetismus werden die Dipolmoleküle im Magnetfeld ausgerichtet und führen zu einem Induktionsstrom. In Konkurrenz dazu steht die molekulare Wärmebewegung (Brownsche Molekularbewegung), die schon bei Raumtemperatur überwiegt. Der Diamagnetismus ist dadurch gekennzeichnet, daß im Magnetfeld die Elektronen ihre Bahnen um den Atomkern so ausrichten, daß nach außen ein Induktionsstrom erscheint.

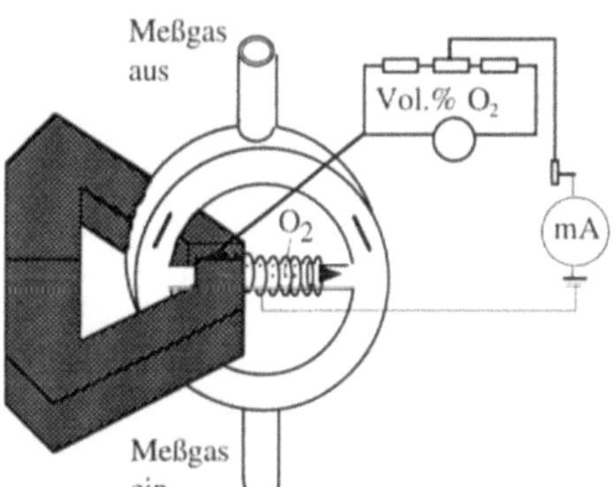

Abb. 8-11 In der Ringkammer dieses Gerätes wird das Prinzip der paramagnetischen Sauerstoffmessung realisiert. Im kräftigen Feld eines Dauermagneten drängt sauerstoffhaltiges Gas in den Bereich der größten Kraftflußdichte. Ein elektrisch beheizter Draht erwärmt das Gas in seiner unmittelbaren Umgebung, das aber vom nachströmenden sauerstoffhaltigen, kalten Gas verdrängt wird. Je mehr Sauerstoff enthalten ist, umso höher ist die Strömungsgeschwindigkeit. Das ist das Maß für die Sauerstoffkonzentration. Diese Strömung nennt man auch „magnetischen Wind".

Das Meßgas wird in das Feld eines kräftigen Dauermagneten gebracht (Abb. 8-11). Enthält das Meßgas Sauerstoff, so drängt das Gas infolge der paramagnetischen Eigenschaften des Sauerstoffes an den Ort größter Kraftflußdichte. An der Stelle der größten Änderung der Kraftflußdichte ist ein elektrisch geheizter Draht angeordnet, der das Gas seiner unmittelbaren Umgebung erwärmt. Da mit zunehmender Temperatur der Paramagnetismus des Sauerstoffes abnimmt, wird das erwärmte Gas von dem nachströmenden kälteren Gas verdrängt. Die auf diese Weise entstehende stetige Strömung wird als „magnetischer Wind" bezeichnet. Seine Geschwindigkeit ist dem Sauerstoffgehalt praktisch proportional. Zur Messung der Strömung wird der Heizdraht benutzt, der deshalb als temperaturabhängiger Widerstand ausgelegt ist. Die durch die Strömung verursachte Abkühlung des Drahtes und die dadurch bedingte Änderung seines elektrischen Widerstandes dient als Maß für den Sauerstoffgehalt.

8.1.13 Infrarot-Gasanalysator

Ein weiterer häufig benutzter Gasanalysator ist der Infrarot-Gasanalysator. Dieser kann zur Messung von Gaskomponenten benutzt werden, die ein bestimmtes Absorptionsspektrum im Infraroten besitzen, das sich von den Absorptionsspektren der übrigen Gaskomponenten in geeigneter Weise unterscheidet. Das Meßgas wird durch eine Analysenküvette geleitet, die im Strahlenweg eines Infrarotstrahlers liegt. Ein zweiter Strahlenweg enthält eine Vergleichsküvette mit Infrarot nicht absorbierendem Gas. Der am Ende der beiden Strahlenwege vorhandene Intensitätsunterschied, der durch Schwächung ganz bestimmter Banden des für die Meßkomponente geltenden Absorptionsspektrums gegeben ist, hängt nur von der Konzentration des Meßgases in der Analysenküvette ab. Der Adsorptionsunterschied wird mit einem selektiv wirkenden (auf das Absorptionsspektrum der Meßkomponente abgestimmten) Empfänger festgestellt. Er besteht aus zwei durch einen Membrankondensator getrennten Meßkammerhälften, die beide mit der zu untersuchenden Meßkomponente gefüllt sind. Durch unterschiedliche Erwärmung entsteht eine Druckdifferenz. Ein umlaufendes Blendenrad unterbricht beide Strahlenwege gleichzeitig, so daß ein periodisch intermittierter Meßeffekt auftritt, der sich von Druckänderungen durch Störeinflüsse (z.B. Raumtemperaturfeld) deutlich unterscheidet. Die durch den Druckwechsel am Membrankondensator auftretenden Kapazitätsänderungen erzeugen am angeschlossenen Verstärker ein Wechselspannungssignal (Abb. 8-12).

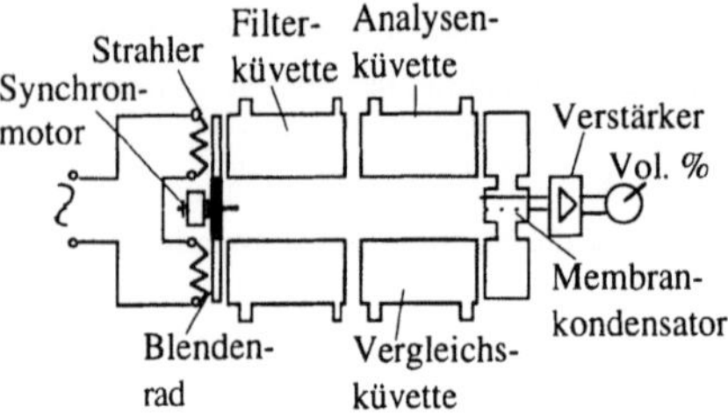

Abb. 8-12 Prinzip eines Infrarotanalysators. Das Licht eines Infrarotstrahlers wird durch eine Vergleichs- und durch die Analysenküvette geleitet. Die Absorptionskammmern am Ende sind mit dem zu analysierenden Gas gefüllt (CO_2). Sind nur geringe Mengen des gesuchten Gases in der Probe, so ist die ankommende Strahlungsintensität hoch, und diese erwärmt das Gas in der Absorptionskammer so stark, daß ein erhöhter Druck die Folge ist.

8.1.14 Massenspektrometer

Wesentlich eleganter und auch komfortabler arbeitet dagegen das Massenspektrometer. Mit diesem System ist man in der Lage, die Konzentrationen von Einzelkomponenten in Gasen ebenfalls on-line zu bestimmen. Gegenwärtig werden die verschiedensten Meßmethoden, so auch die Gaschromatographie, vermehrt durch die Massenspektrometrie verdrängt. Die folgenden Vorteile sind der Grund dafür:

-   Ansprechzeiten kleiner als 1 Minute, bei Gasen $\approx$ 0,5 sec;
-   Nachweisgrenze bei ca. 10^{-5} mol/l;
-   Linearität über den gesamten Meßbereich;

- kontinuierliches Meßverfahren;
- Bestimmung von flüchtigen Substanzen in der Abluft wie auch in Lösung.

Das Meßprinzip des Massenspektrometers beruht auf der Tatsache, daß ionisierte Moleküle im Hochvakuum entsprechend ihrem Masse-Ladungs-Verhältnis aufgetrennt werden können, was meist mit magnetischen- oder Quadrupolinstrumenten geschieht (Abb. 8-13). Mit einem Elektronenstrahl werden die Moleküle ionisiert. Dabei entstehenden Bruchstücke, die im Quadrupol mit Hilfe einer hochfrequenten Wechselspannung und einer Gleichspannung aufgetrennt werden. Die den Massenfilter passierenden Ionen werden mit einem Faradayauffänger oder einem Sekundärelektronenvervielfacher sowie einem entsprechend empfindlichen Elektrometerverstärker detektiert. Eine Änderung von Wechsel- und Gleichspannung gestattet das Abtasten eines ganzen Spektrums oder auch das wiederholte Messen ausgewählter Massenzahlen.

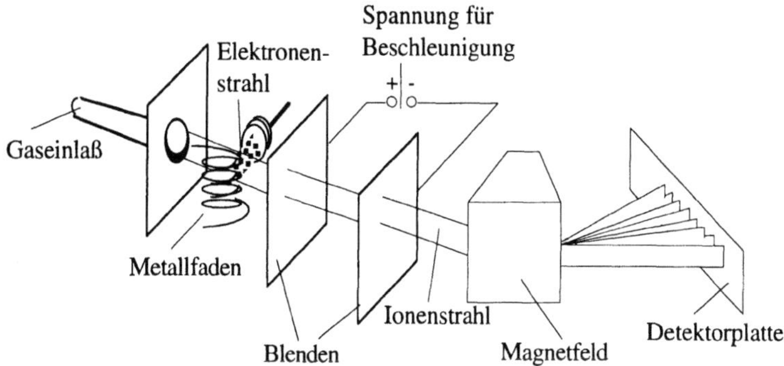

Abb. 8-13 Prinzipieller Vorgang beim Massenspektrometer. Das Meßprinzip nutzt das Masse-Ladungsverhältnis der Moleküle aus.

Der Druck in der Ionisationskammer liegt zwischen 10^{-5} und 10^{-6} bar. Beim kontinuierlichen Messen wird die gasförmige Probe dauernd dieser Kammer zugeführt. Dabei sollte der Druck innerhalb des angegebenen Bereiches bleiben.

Wenn alle fünf Minuten mit Eichgasen kalibriert wird, kann zum Beispiel bei der Messung von Sauerstoff in einer Bioreaktorabluft eine relative Genauigkeit von ± 0,1 % erreicht werden.

Methoden zur in- oder on-line-Spurenanalytik in flüssigen Systemen sind noch sehr rar. Für flüchtige Substanzen kann u.U. aber auch das Massenspektrometer eingesetzt werden. Dazu ist ein geeignetes Probenahmesystem erforderlich, das zum einen sicher stellt, daß reproduzierbar und zuverlässig Proben entnommen werden können und zum anderen darf keine Flüssigkeit über die Vakuumleitung in das Massenspektrometer gelangen. Ein mögliches Prinzip ist ein Dialysefinger, der die Flüssigkeit von der Vakuumleitung trennt, aber einzelne Komponenten gasförmig passieren läßt. Das Problem beim Einsatz des Dialysefingers ist die Gefahr der Belagbildung, die zu Veränderungen der Dialyseeigenschaften und damit zu Verfälschungen der Meßergebnisse führen kann.

8.1.15 Autoanalyser, Flow-Injection-Analyser (FIA)

Eine sehr elegante Methode, verschiedene Komponenten in Flüssigkeiten aufzuspüren, wären Sonden. Doch die Entwicklung solcher Sonden steht noch ganz am Beginn. Lediglich für die Glucoseanalytik stehen schon funktionierende Sonden zur Verfügung, die auf Basis von Enzymen arbeiten. Diese Sonden sind allerdings noch längst nicht robust und stabil genug, um für Langzeitroutineuntersuchungen eingesetzt werden zu können. Des weiteren bereiten auch Konzentrationsbanden ein Problem, die ein Verdünnen oder Aufkonzentrieren der Probe erforderlich machen.

Autoanalyser haben in dieser Richtung wesentlich mehr Bedeutung (Abb. 8-14). Mit ihnen können verschiedenste Komponenten on-line gemessen werden. Im wesentlichen stellen sie aber auch nichts anderes dar, als die Umsetzung manueller Analysenmethoden auf maschinelle Module, welche die vorgeschriebenen Handgriffe sehr zuverlässig, reproduzierbar und rund um die Uhr ausführen.

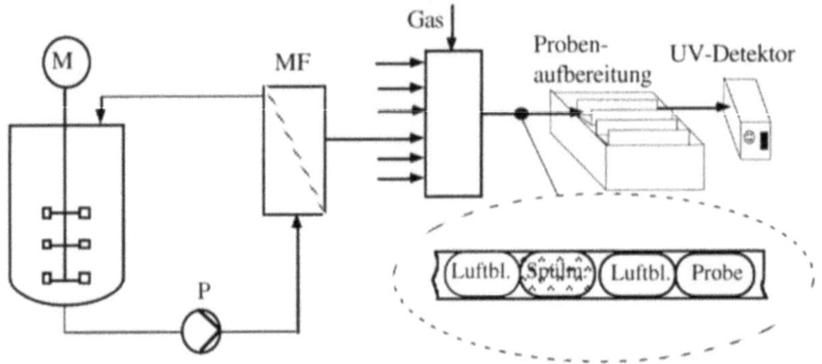

Abb. 8-14 On-line Analytik mittels Autoanalyser: Am Bioreaktor ist ein Probenahmesystem bestehend aus einer Pumpe (P) und einem Mikrofiltrationsmodul (MF) installiert. Der MF stellt die Sterilgrenze dar. Nachgeschaltet ist eine Probetrenneinrichtung, um verschiedene Proben mittels Luftblasen und eventuell auch durch Spülmittel zu trennen. Anschließend durchläuft die Probe eine Probenaufbereitung (Zugabe von Reagenzien, Reaktionen durchführen, Verweilzeiten einhalten, Trennungen durchführen). Am Ende steht in der Regel ein UV-Detektor.

Allgemein besteht ein Autoanalyser aus einem Probenahmesystem. Das kann z.B. eine Pumpe (P) und ein Mikrofiltrations-Cross-Flow-Filter (MF) sein, der das Meßsystem vom Mediumsbereich steriltechnisch trennt. Anschließend kommen dann verschiedene Systeme, die modular aufgebaut sind. Je nach Bedarf wird der entsprechende Modul integriert. Jede Kombination dieser Module führt letztendlich zu einem photometrisch erkennbaren Signal, so daß am Ende der Kette ein Photometer plaziert ist.

Moderne Autoanalysersysteme werden FIA-Systeme genannt (Flow-Injection-Analyser, Abb. 8-15). Sie sind ähnlich wie Autoanalyser aufgebaut, besitzen aber im Kern des Systems immer eine Trennsäule, in der überwiegend Enzymsysteme eingesetzt werden. In solche Systeme wird zugleich auch die HPLC-Technik integriert, wodurch die Tür zur on-line-Spurenanalytik weit aufgestoßen wird.

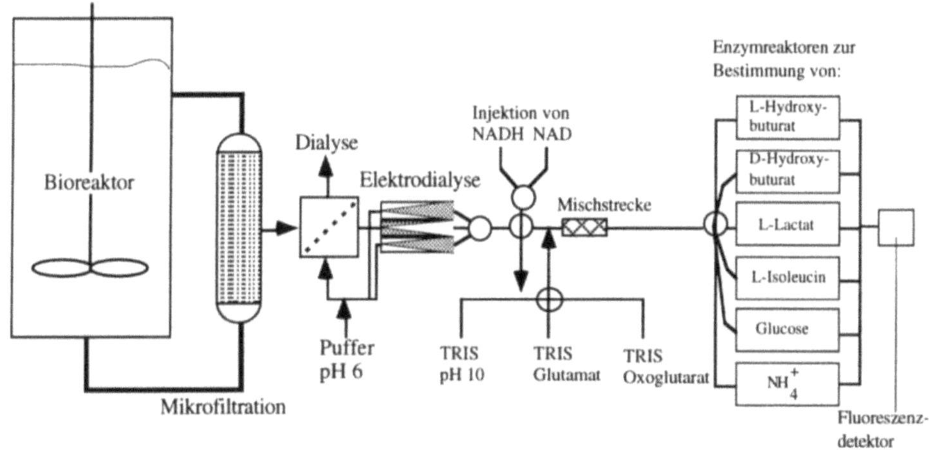

Abb. 8-15 Beispiel eines Fließ-Injektion-Analysers (FIA) (Institut für Biotechnologie (Institut 2) Forschungszentrum Jülich GmbH (KFA)).

8.1.16 Optische Dichte

Ein sehr wichtiger Aspekt ist die Bestimmung von Keimen, insbesondere von (noch) lebenden bzw. aktiven Keimen. Die optische Dichte ist in einigen, aber leider nicht häufigen Fällen, ein Maß für die Zelldichte. Es gibt Beispiele, wo dieses Signal ein wichtiger Parameter zur Prozeßsteuerung ist [74]. Eingesetzt wurde dabei eine sterilisierbare 4-Strahl-Sonde [84]. Diese Sonde arbeitet nach einem photometrisch Meßprinzip, das sogenannte 4-Strahl-Wechsellicht-Prinzip (Abb.8-16). Einfache Trübungsmesser, die die Lichtabsorption messen, arbeiten mit einer Lampe und einer Photozelle. Die Fehlerquellen einer solchen Meßanordnung liegen einmal in Helligkeitsänderungen der Lampe, verursacht durch Verschmutzung, Alterung und Spannungsschwankungen. Auch Verschmutzung und Alterung der Photozellen ändern die Empfängereigenschaften.

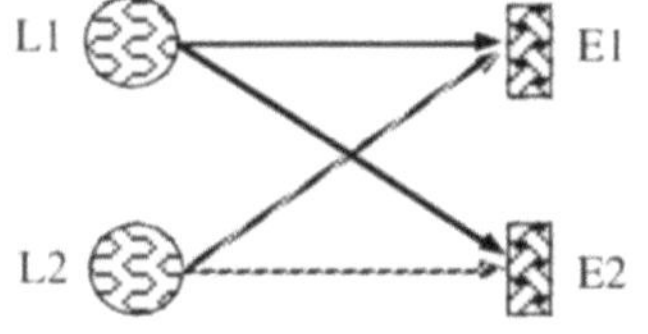

Abb. 8-16 Schematische Darstellung des 4-Strahl-Wechsellicht-Prinzipes (Fa. EUR-Control). Wechselweise bestrahlen die beiden Lichtquellen L1 und L2 die beiden Empfänger E1 und E2. Dadurch können einseitige Veränderungen der Lichtintensität und Verschmutzungen der Empfänger korrigiert werden.

Eine Verbesserung der Meßanordnung wird durch die Verwendung eines zweiten Photoempfängers und eine Quotientenbildung der beiden Ströme erreicht. Die Verfälschung des Meßergebnisses durch die Änderung der Lampeneigenschaften werden hierbei kompensiert, nicht jedoch Änderungen der Empfängereigenschaften. Wenn man eine

Meßanordnung mit zwei Lampen und einer Photozelle statt zwei Photozellen und einer Lampe wählt, wird zwar eine Kompensation der Änderung von den Empfängereigenschaften erreicht, nicht jedoch Änderungen der Lampeneigenschaften.

Tabelle 8-3 Quotientenbildung zur Eliminierung von Fehlerquellen bei der Messung der Optischen Dichte.

	unverschmutzter Zustand	Lampenhelligkeit L1 um 25 % verringert	Empfängerempfindlichkeit um 25 % verringert
1. Quotient: L1 ein	$\dfrac{J_{E1,L1}}{J_{E2,L1}} = \dfrac{80\ \mu A}{40\ \mu A} = 2$	$\dfrac{J_{E1,L1}}{J_{E2,L1}} = \dfrac{60\ \mu A}{30\ \mu A} = 2$	$\dfrac{J_{E1,L1}}{J_{E2,L1}} = \dfrac{60\ \mu A}{40\ \mu A} = 1{,}5$
2. Quotient: L2 ein	$\dfrac{J_{E1,L2}}{J_{E2,L2}} = \dfrac{30\ \mu A}{60\ \mu A} = 0{,}5$	$\dfrac{J_{E1,L2}}{J_{E2,L2}} = \dfrac{30\ \mu A}{60\ \mu A} = 0{,}5$	$\dfrac{J_{E1,L2}}{J_{E2,L2}} = \dfrac{22{,}5\ \mu A}{60\ \mu A} = 0{,}375$
3. Quotient:	$\dfrac{Q1}{Q2} = \dfrac{2}{0{,}5} = 4$	$\dfrac{Q1}{Q2} = \dfrac{2}{0{,}5} = 4$	$\dfrac{Q1}{Q2} = \dfrac{1{,}5}{0{,}375} = 4$

Die Kombination der beiden Meßanordnungen ergibt das 4-Strahl-Wechsellicht-Prinzip. In Tabelle 8-3 ist das Korrekturprinzip dieses Systems zusammengestellt. Die zwei Lampen des Photometers werden wechselweise ein- und ausgeschaltet. Während der ersten Phase - Lampe 1 brennt, Lampe 2 aus - wird der erste Quotient aus den Strömen E1 und E2 von den beiden Empfängern gebildet. Damit sind eventuelle Änderungen der Eigenschaften der Lampe L1 eliminiert (vgl. Abb. 8-16). In der nächsten Phase - L1 aus, L2 ein - wird der zweite Quotient gebildet, wodurch Änderungen der Lampe L2 eliminiert werden. Um Meßfehler zu eliminieren, die auf Veränderungen der Empfängereigenschaften beruhen, wird aus den beiden Quotienten ein dritter Quotient gebildet. Eine wesentliche Voraussetzung für das Funktionieren dieses Prinzipes ist es, daß Änderungen der Lampeneigenschaften auf beide Empfänger wirken. Dies wird erreicht, indem an Stelle von gebündeltem parallelen Licht mit diffusem Licht gearbeitet wird. Paralleles Licht wird bei Verschmutzung der Lampenfenster gestreut und ändert damit die optischen Verhältnisse der Meßanordnung. Wird jedoch von vornherein mit diffusem Licht gearbeitet, so kann dieses nicht noch diffuser werden. Da das hier beschriebene System mit diffusem Licht arbeitet, entfallen hierbei auch optische Anordnungen mit Spiegeln, Linsen, Blenden o.ä. Daher ist der Meßkopf erschütterungsunempfindlich und wird noch betriebssicherer.

8.1.17 Keimzahlbestimmung

Wenn die optische Dichte auch nicht immer ein Maß für die Zelldichte ist, so kann diese Meßgröße doch immerhin für Wiederholungsfermentationen wertvoll sein, indem sie Abweichungen vom vorgegebenen Verlauf einer Fermentation erkennen läßt und da durch auf Veränderungen im System hinweist. Deshalb bedient man sich in Ermangelung anderer Methoden überwiegend der klassischen Verdünnungsreihe. Dabei nimmt man aus dem System eine Sterilprobe, z.B. 10 ml und gibt unter einer Sterilbank je 1 ml in Gefäße, die jeweil 9 ml steriles Wasser enthalten. Anschließend wird in vorgegebenen Schritten weiter verdünnt. Wird eine hohe Keimdichte erwartet, dann gibt man eine große Schrittstufe, z.B. 1:10, vor, d.h., das erste Gefäß wird 1:10, das zweite 1:100 usw. und schließlich das zehnte $1:10^{10}$ verdünnt. Von den letzten beiden Gefäßen wird schließlich je eine 0,1 ml-Probe auf Agarplatten gegeben und einen Tag oder auch mehr inkubiert. Am Ende der Inkubation werden die gebildeten Klone, die alle aus einem einzigen Keim entstanden sind, ausgezählt und ein Rückschluß auf die vorliegende Keimdichte gezogen [83]. Erwartet man geringere Keimdichten, was nach Sterilisationsvorgängen immer der Fall sein sollte, dann wählt man entsprechend kleine Schrittweiten, oder konzentriert sogar mittels Mikrofiltration kontrolliert auf. Eine weitere Möglichkeit, wenn sehr wenige Keime zu erwarten sind, besteht darin, wie beim Keimnachweis in der Luft auch, den Filter selbst auf eine Agarplatte zu legen und diese dann zu inkubieren.

Diese Prozedur ist sehr arbeitsaufwendig. Es ist allerdings denkbar, diesen Ablauf ebenfalls auf einen Autoanalyser zu übertragen, doch all die anderen Nachteile, wie die sehr lange Inkubationszeit, die richtige Wahl von Agarmedien sowie Inkubationsbedingungen und vor allem das geringe Volumenverhältnis von System und Probe bleiben erhalten. Die Wahl der geeigneten Inkubationsbedingungen (Medium, Temperatur, Zeit etc.) stellt nur dann ein Problem dar, wenn die zu findenden Keime unbekannt sind. Bei bekannten Keimen, was bei industriellen Produktionsstämmen immer der Fall ist, kennt man ja die optimalen Bedingungen.

Da das Volumenverhältnis von Probe und Gesamtvolumen speziell bei der Spurenanalytik ein Problem darstellt, soll das folgende Beispiel des Nachweises der Effektivität einer Sterilisation zeigen:

Entnimmt man aus einem 200 l-Bioreaktor nach erfolgter Sterilisation eine Probemenge von 10 ml und geht davon aus, daß ein absolut homogenes System vorliegt, dann ergibt eine Wahrscheinlichkeitsbetrachtung, daß im Bioreaktor schon mindestens $2 \cdot 10^7$ Keime überlebt haben müssen, um zuverlässig bei jeder Probenahme einen Keim erwischen zu können. Den besseren Weg stellt in diesem Fall eine Validierung der Keimabtötungsmethode dar. Dazu wird die Abtötung in einem System durchgeführt, das anschließend als Ganzes inkubiert werden kann und lediglich in Abhängigkeit von Temperatur und Zeit bzw. von Konzentration (chemische Abtötung) und Zeit nach überlebenden oder nicht überlebenden Keime gefragt wird. Aus diesen Untersuchungen ergibt sich eine Abtötungskinetik, mit deren Hilfe die Messung des Erfolges einer Sterilisation auf die volumenunabhängigen (ausreichende Homogenität vorausgesetzt) Größen Temperatur, (Konzentration) und Zeit zurückgeführt wird (vgl. Kapitel 6).

8.1.18 Fluoreszenzsonde

Von einem Meßprinzip, das inzwischen sogar in Sondenausführung erhältlich ist, verspricht man sich ebenfalls eine in-line-Bestimmung von lebenden Keimen. Es handelt sich dabei um eine Fluoreszenzmethode, die darauf abzielt, NADH, das nur in lebenden Keimen vorkommt, zum Emitieren von fluoreszierendem Licht anzuregen. Dieses emitierte Licht wird gemessen und liefert Rückschlüsse auf die Lebendkeimdichte. Die Reichweite dieses Prinzips ist nicht groß, so daß bei sehr geringen Keimzahlen (N $\rightarrow$ 0) diese Methode sicherlich versagen würde.

8.1.19 In-situ-Mikroskopie

Die visuelle Verfolgung eines biotechnologischen Prozesses hat einen hohen Stellenwert, weil meist nicht ausreichend genug Informationen über die Entwicklung der Population zur Verfügung stehen. Traditionell werden diese Informationen erhalten, indem von Zeit zu Zeit eine Probe aus dem Bioreaktor entnommen wird und off-line unter einem Mikroskop untersucht. Da diese Vorgehensweise nur in längeren Zeitintervallen bis zu Tagen durchführbar ist, besteht der Wunsch, das mikroskopische Auge ständig im Bioreaktor zu haben, um die Entwicklung und das Verhalten der Population kontinuierlich verfolgen und dokumentieren zu können. Es ist damit auch denkbar Kontaminationen im Frühstadium zu erkennen und rechtzeitig Gegenmaßnahmen einzuleiten. Gekoppelt mit modernen Methoden der Optik, der Bildverarbeitung, der Meßtechnik (Cytometrie, vgl. Abschnitt 8.1.16 und 8.1.18) und der Datenverarbeitung, verspricht eine In-situ-Mikroskopie [127] manche Informationslücke zu schließen. Das kommt letztendlich der wirtschaftlichen Optimierung vieler biotechnologischer Prozesse zugute.

8.1.20 Viskosität

Eine Reihe von rheologischen Daten (Dichte, Oberflächenspannung, osmotischer Druck, Viskosität) können nur außerhalb des Bioreaktors bestimmt werden. Die Viskosität wird in Rotationsviskosimeter off-line bestimmt. In diesen Geräten kann man in Abhängigkeit von der Scherrate unter laminaren Strömungsbedingungen die Schubspannung bestimmen und daraus unter den vorliegenden Bedingungen die Viskosität berechnen. Für die Viskosität gibt es allerdings auch eine Sonde, die im Reaktor zumindest den Trend erfassen kann. Es handelt sich dabei um einen vibrierenden Stab, der den mechanischen Widerstand in elektronisch verwertbare Signale umsetzt. Stoffe, deren Viskosität von der Schergeschwindigkeit abhängen (Nicht-Newtonsche Flüssigkeiten), lassen sich damit natürlich nicht exakt, sondern nur tendenziell ausmessen.

8.1.21 Wunschliste für Sonden

Zu den wichtigsten biochemischen Parametern, die im Bioreaktor gemessen werden können, gehören die schon erwähnten pH, pO_2 und rH (Redoxpotential). Darüber hinaus sind auch schon mehr oder weniger gut funktionierende Sonden zur Bestimmung von Glucosekonzentrationen, Ammoniakkonzentrationen und CO_2-Konzentrationen erhältlich.

Für die Bestimmung der molekularbiologischen Parameter steht nur für eine annähernde ATP-Bestimmung eine Sonde (in-line) zur Verfügung. Sie arbeitet nach dem Prinzip der Fluoreszenzreflektion, d.h., Moleküle, in diesem Fall ATP (Adenosin-Tri-Phosphat), werden angeregt und emitieren dadurch fluoreszierende Strahlung, die von der Sonde aufgefangen und in ein elektronisches Signal umgesetzt werden kann (siehe oben NADH). ATP ist ein Co-Enzym, das in den verschiedensten Stoffwechselzyklen als Energielieferant auftritt und somit nur im lebenden Organismus vorkommt, so daß dieses Signal, ebenso wie für NADH schon besprochen, ein Hinweis auf die Menge lebender Zellen im System sein kann. Die anderen molekularbiologischen Parameter sind nur außerhalb des Bioreaktors bestimmbar.

Aus den vielen offenen Punkten läßt sich sehr einfach eine Wunschliste an Sonden für den Bioreaktor, wie sie in Tabelle 8-4 dargestellt ist, ableiten. Dabei lassen sich diese „Wunschsonden" im wesentlichen in drei Bereiche einteilen:

a) Sonden zur Messung von physikalischen Parametern,

b) Sonden zur Bestimmung von Stoffkonzentrationen und

c) Sonden für die mikrobielle Überwachung.

Tabelle 8-4 Wunschliste der Forderungen an die Sonden.

zuverlässig, beliebig sterilisierbar, selbstkalibrierend	zur Bestimmung von	mikrobielle Überwachung
- Sauerstoffsonden - Kohlendioxidsonden - pH-Sonden - rH-Sonden	- Glucose (Σ-Zucker) - C-Quellen - N-Quellen - Spurenelementen - Aminosäuren - Vitaminen - Peptiden (Lipiden)	- Messung der Sterilität- Erkennung von Kontaminanten - Aufzeichnung und Auswertung des morphologischen Verlaufes (Bildanalyse) - Lebendzelldichte-Bestimmung

8.2 Zuordnung der wichtigsten Prozeßgrößen im Bioreaktor

Der Prozeß, der in einem Bioreaktor abläuft, hat das Ziel der Produktbildung. Dabei entstehen noch eine Reihe von zusätzlichen, notwendigen Zielgrößen. Die Bildung von Biomasse ist Voraussetzung für die erforderliche Reaktion. Beeinflußt wird diese Biomassebildung (Wachstumsrate) durch die Milieuparameter pH, Substratkonzentrationen, Sauerstoffgehalt und Temperatur. Aus der Biomassebildung heraus resultiert zugleich der Substratverbrauch, die CO_2-Bildung und der Sauerstoffverbrauch (Respirationsquotient). Alle Zielgrößen, die für die Produktbildung notwendig sind oder aber als Begleiterscheinungen auftauchen, wie die Schaumbildung, erfordern einen bestimmten Wert verschiedenster Zustandsgrößen. Die Zustandsgrößen wiederum können durch die am Bioreaktor installierten Stellgrößen über das Regelsystem gesteuert werden (Abb. 8-17) [78]. Dabei liefert die Zustandsgröße an den Regler ein entsprechendes Signal, das wird dort verarbeitet, und an die Stellgrößen werden dann die notwendigen Veränderungen weitergegeben.

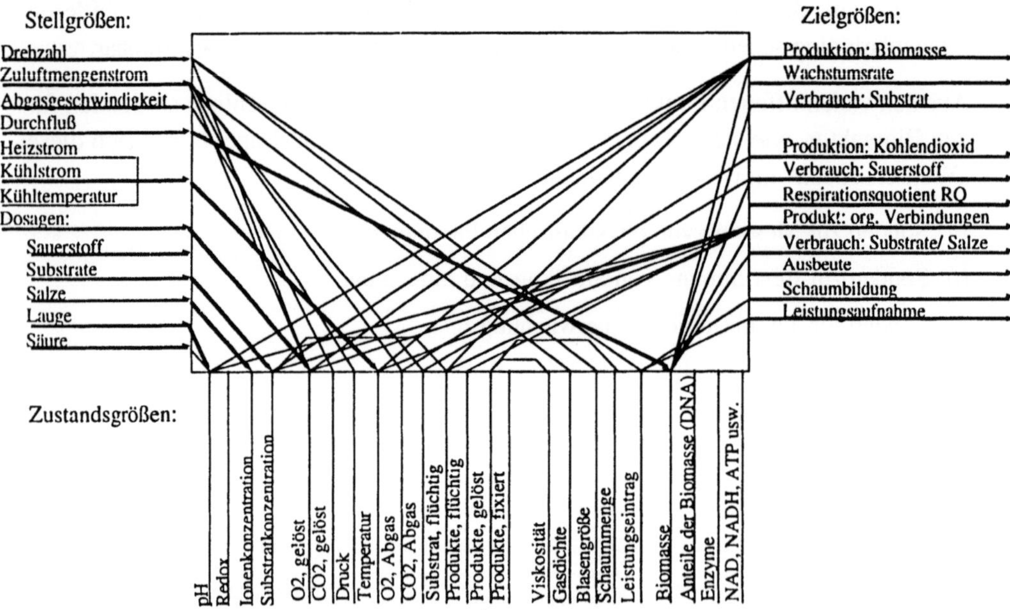

Abb. 8-17 Zuordnung der wichtigsten Prozeßgrößen an einem Bioreaktor[78].

8.3 Automatisierung von Bioreaktoren

Am Beispiel *„Atomatisierte Sterilisationsabläufe"* soll gezeigt werden, wie vorteilhaft die Automatisierung für einen Bioreaktor sein kann, vor allem wenn es um sicheres Handling rund um den Prozeß geht. Vorweg muß darauf hingewiesen werden, daß auch für die Automatisierung das richtige Maß gefunden werden muß und nur an die Notwendigkeit anzupassen ist. Automatisierung bis zur absoluten Unübersichtlichkeit führt zum gegenteiligen Effekt.

Das Wichtigste, was die Technik einem Mikrobiologen anbieten muß, ist eine funktionierende Steriltechnik. Mit anderen Worten also die Sicherheit, daß vor jeder Fermentation alle Keime inaktiviert wurden und während der Fermentation das Eindringen von Fremdkeimen verhindert wird (Kapitel 6). Wie in Kapitel 6 schon gezeigt wurde, ist die bewährteste Methode der Keiminaktivierung und damit auch die verbreiteste, die Dampfsterilisation der gesamten Fermentationsanlage inklusive des Mediums. Damit der Aufbau eines Sterilisationsprogrammes besser dargestellt werden kann, soll an dieser Stelle noch einmal auf die wichtigsten Anforderungen der Dampfsterilisation eingegangen werden. Der Sterilisationserfolg hängt im wesentlichen davon ab, ob sämtliche Stellen des Reaktors, der Rohrsysteme und der Armaturen den erforderlichen Sterilisationsbedingungen (vgl. Kapitel 6) ausgesetzt waren, d.h., voll entlüftet wurden und feuchte Hitze (reine Dampfatmosphäre) bei entsprechender Temperatur die notwendige Zeit einwirken konnte (Tabelle 8-5).

Je komplexer eine Anlage wird, umso schwieriger gestaltet sich eine manuelle bzw. visuelle Kontrolle der einzuhaltenden Parameter. Das Beobachten von Dampffahnen oder das Handauflegen auf Leitungen sind sicherlich keine ausreichenden Kontrollmöglichkeiten, zumal bei einer solchen Methode „akustischer Alarm" meist erst dann erzwungen wird, wenn die Temperatur „erreicht ist und nicht umgekehrt". Abhilfe kann ein Konzept leisten, mit dessen Hilfe diese Sterilisationsprozesse vollautomatisch ablaufen, überwacht und Störungen gezielt alarmiert werden [79].

Tabelle 8-5 Anforderungen an die Hitzesterilisation.

- vollkommene Entlüftung aller Sektionen	- sterile Belüftung nach erfolgter Sterilisation
- zügiges Erreichen der Sterilisationstemperatur	- Verriegelung von verbotenen Funktionen
- Berücksichtigung des Schaumverhaltens vom Medium während des Hochheizens	- Einhalten der richtigen Reihenfolge von Sterilisationsvorgängen
- exaktes Einhalten von Temperatur und Zeit	
- Verhindern von Vakuum nach erfolgter Sterilisation	

8.3.1 Fermentationseinheiten

Um die Sterilisationsprogramme einheitlich auf alle Anlagen anwenden zu können, sollten sie alle denselben Aufbau haben (vgl. Kapitel 4): Im Kern steht natürlich der Bioreaktor bzw. der Ansatzkessel. Es existiert eine Zu- und eine Abluftgruppe, bis zu drei Vorlagen für Korrekturmittel, ein Sendekessel sowie ein Vorfermenter sollten zu einer Einheit angegliedert werden können (vgl. Abb. 8-19).

Die Gleitringdichtung wird mit sterilem Kondensat überlagert. In der Abluftleitung kann entweder ein Kühler, ein Zyklon o.ä. sowie eine Heizstrecke als Sterilfalle alternativ bzw. kombiniert installiert werden.

Um den Temperaturanforderungen von 2 °C bis 140 °C gerecht werden zu können, kann folgendes Temperierkreiskonzept nützlich sein:

Für die Kühlung stehen zwei Temperiermittelkreise (Ethylenglycol/Wasser-Gemisch) zur Verfügung. Ein Kreis liefert flußwassergekoppelte Temperaturen und ein zweiter Kreis, der über eine Kälteanlage gefahren wird, kältere Temperaturen, z.B. -5 °C. Diese Medien werden direkt in den Temperierkreis eingespeist, während die erforderliche Wärme indirekt über einen Wärmeaustauscher mittels Dampf (16 bar) eingebracht werden kann (vgl. Abschnitt 4.5).

Eine solche Anlage bedarf folgender Energien: Zuluft (3 bar), Stickstoff (3 - 5 bar), Dampf (16-, 4-und 1,5 bar), Steuerluft (1,7-und 3 bar) sowie die Temperiermittelanschlüsse.

Damit man allen Anforderungen des Betriebes gerecht werden kann, soll jede Apparateeinheit in verschiedene Sektionen unterteilt werden. Für jede Sektion existiert ein Sterilisationsprogramm und aus diesen Programmen kann der Betreiber für einen beliebigen Bioreaktor ein Sterilisationsmenü zusammenstellen.

Beispielhaft sei folgende Programmstruktur angeführt:

Prog. 1,2:   Kessel leer (1) oder voll (2)

Prog. 3:   Antischaummittelvorlage voll → Kopplung mit Programm 10

Prog. 4:   Transferleitung für Vorkultur oder sterilen Feed. Das Programm verknüpft automatisch die angewählten Kessel.

Prog. 5:   Zuluftgruppe

Prog. 6:   Abluftgruppe

Prog. 7:   Antischaummittelvorlage leer

Prog. 8:   Säurevorlage (leer)

Prog. 9:   Laugevorlage (leer)

Prog. 10:   Antischaummittel-Transferleitung

Die Gleitringdichtung wird bei Bedarf manuell sterilisiert.

Die unterschiedlichen Sektionen werden durch Sterilgrenzen voneinander abgetrennt. Sterilgrenzen bilden die Bauelemente Sterilfilter, Membranventile und O-Ringdichtungen. An den Stellen, wo zwei Sektionen aufeinander stoßen, bildet eine Ventil-3er-Gruppe oder eine -4er-Gruppe die Trennlinie (vgl. Kapitel 4). Am Ende einer jeden Sterilgruppe bzw. Sektion überwacht ein Widerstandsthermometer die Temperatur und stellt damit sicher, daß die gesamte Sektion den geforderten Bedingungen unterworfen ist bzw. war. Fällt an einer Stelle die Temperatur aus irgend einem Grund ab, oder wird sie erst gar nicht erreicht, dann meldet die Zentrale Alarm, mit dem Hinweis, an welcher Stelle die Temperatur nicht in Ordnung ist und warum der Alarm gegeben wurde, z.B. „Programm 10: Aufheizen gestört" oder „Programm 8: Temperatur unterschritten". Fällt die Temperatur ab, nachdem die geforderte Sterilisationstemperatur bereits erreicht war, wird die Sterilisationszeit angehalten und erst wieder gestartet, wenn die Temperatur wieder erreicht ist. Die zuvor abgelaufene Zeit wird angerechnet.

8.3.2 Das Prozeßleitsystem (PLS)

8.3.2.1 Anforderungen an das Prozeßleitsystem

Die Entwicklung der Prozeßleitsysteme geht mit dem gleichen rasanten Tempo wie die der Mikroelektronik voran. In diesem Buch wird daher nicht unbedingt der neuste Stand der Prozeßleittechnik dargestellt, sondern lediglich aus Sicht der Prozeßführung Strukturen entwickelt, anhand derer die gewünschten und notwendigen Anforderungen an das zu wählende Systeme gefunden werden können. Aus dem Blickwinkel der Bioverfahrenstechnik und der Prozeßführung sind an das Prozeßleitsystem folgende Anforderungen zu stellen:

- örtliche und zentrale Bedienung
- Sicherheit durch Redundanz (Feld- und Zentralebene)
- umfassende Überwachung und Protokollierung (z.B. folgender Umfang für 10 bis maximal 15 Bioreaktoreinheiten inklusive der erforderlichen peripheren Einrichtungen)
- 400 Regelkreise
- 800 analoge Eingänge für Regelungen und Meßdatenerfassung
- 400 diskrete Ein- und Ausgänge für Steuerfunktionen
- 2000 Ein- und Ausgänge für frei programmierbare Steuerung
- mehrere voneinander unabhängige Bedienstationen.

8.3.2.2 Beschreibung des Prozeßleitsystemes

Die gestellten Anforderungen können durch das in Abb. 8-18 dargestellte System erfüllt werden. Die örtliche Bedienung wird in diesem Fall erreicht, indem jedem Bioreaktor vorort eine Prozeßstation zugeordnet wird. Eine solche Prozeßstation verfügt z.B. über 15 Analog-Eingänge, 8 Analog-Ausgänge, 16 Diskreteingänge und 8 Diskret-Ausgänge. Damit ließen sich pro Prozeßstation - und damit pro Bioreaktor - 8 Regelkreise realisieren. Diese Achtkanal-Prozeßstationen lassen sich so umschalten, daß sie nur vorort bedienbar sind oder nur von der Meßwarte.

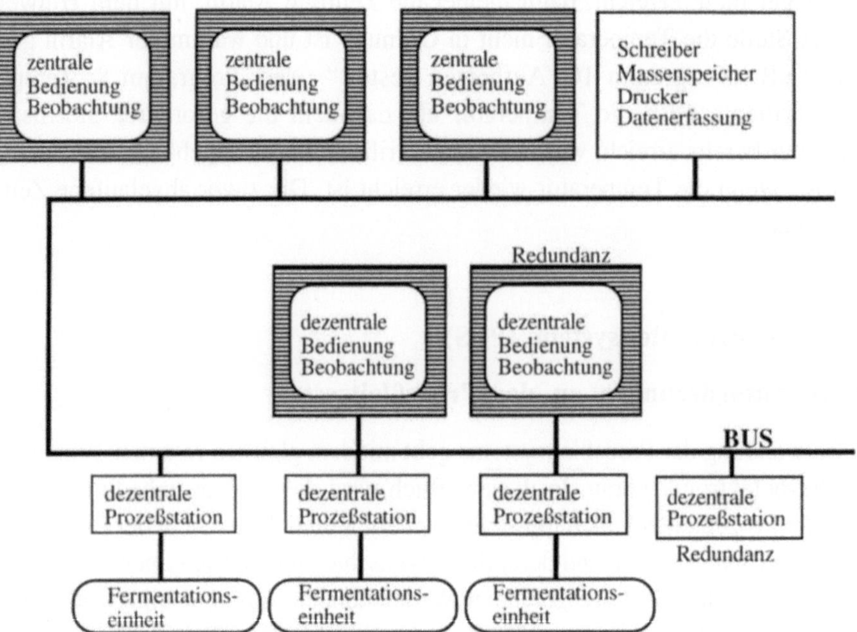

Abb. 8-18 Schema eines Prozeßleitsystemes.

Mehreren dezentralen Prozeßstationen ist eine Redundanzstation zugeordnet, die die komplette Funktion einer anderen Station im Falle einer Störung übernehmen kann. Die autonomen, freiprogrammierbaren Prozeßstationen bilden die Basis des bildschirmunterstützten Prozeßleitsystemes. Die zentrale Kommunikationseinheit verbindet die intelligenten Prozeßstationen mit mehreren Bildschirmbedienstationen. Weitere Komponenten wie Massenspeicher, Drucker und Schreiber sind ihr angeschlossen. Die Bildschirmstationen bieten alle für eine Prozeßüberwachung erforderlichen Darstellungsformen und dienen des weiteren der Darstellung und Bedienung der Steuerprogramme. Die Software des Systemes soll ein freies Erstellen von Darstellungen mit integrierter Bedienung von Steuerprogrammen auf dem Bildschirm ermöglichen. Die Kommunikationseinheit sowie die freiprogrammierbare Steuerung sollten ebenfalls redundant ausgeführt sein. Ein Bus verbindet alle Einheiten und sorgt für den Datentransfer.

8.3.3 Aufbau der Programme

In der Regel sollen alle Programme ähnlich aufgebaut sein. Nach dem Start werden mittels Dampf die Luft bzw. Inertgase aus dem System eine vorgegebene Zeit lang verdrängt, d.h., der Dampf durchströmt die gesamte Sektion, dabei ist am Ende das Grenzmembranventil ganz offen (vgl. Kapitel 4). Ist die fest vorgegebene Entlüftungszeit abgelaufen, geht das Programm in den Schritt „Aufheizen". Auch diesem Vorgang wird eine fest vorgegebene Zeit eingeräumt. Erreicht die Temperatur innerhalb dieser vorgegebenen Zeit die erforderliche Sterilisationstemperatur nicht, wird „Aufheizen gestört" alarmiert. Während des Aufheizvorganges übernimmt das Grenzmembranventil die Aufgabe eines Kondensatabscheiders. Dies kann erreicht werden, indem das Ventil in bestimmten Zeitabständen (etwa 10 Sekunden) kurz öffnet (etwa 0,3 bis 0,8 Sekunden). Sowohl die Schließ- als auch die Öffnungszeiten sind in gewissen Grenzen variabel und müssen für jede Sektion optimiert werden. Versuche mit verschiedenen Kondensatabscheidern zeigten eindeutig, daß sich am Ende der Bedampfungsstrecke eine mehr oder weniger starke Unterkühlung des Kondensates nicht vermeiden läßt, was aber im Sterilbereich in jedem Fall ausgeschlossen sein muß [80].

Tabelle 8-6 Sterilisation „Überimpfleitung": Beispiel A) einer Programmstruktur für ein Sterilisationsprogramm.

A) Prog. 4:		Sterilisation „Überimpfleitung"
	S 10:	Start: Sektion wird entlüftet.
	S 20:	Wenn die Grenztemperaturen etwa 90 °C erreicht haben, beginnen die bis dahin offenen Grenzventile zu takten (Funktion eines Kondensatabscheiders).
	S 30:	Ist die gewünschte Temperatur (z.B. 120 °C) erreicht, läuft die Sterilisationszeit ab. Wird die Temperatur nicht innerhalb einer vorgegebenen Zeit erreicht, folgt Alarm!
	S 40:	Der „Kühlschritt" ist in diesem durch selbständiges Abkühlen nach Programmende ersetzt.
	S 50:	Ist die Sterilisationszeit abgelaufen, wird die Transferleitung aus dem sterilen (fremdkeimfreien) Bioreaktor belüftet (Vermeidung von Unterdruck).
	S 60:	Programmende

Abb. 8-7 Sterilisation „Bioreaktor voll": Beispiel B) einer Programmstruktur für ein Sterilisationsprogramm.

B) Prog. 2		Sterilisation „Bioreaktor voll"
	S 10:	Start: Sektion, d.h., der Bioreaktorgasraum, wird entlüftet.
	S 20:	Das Programm fragt den Bediener, ob die Gleitringdichtung sterilisiert werden soll und ob das im Bedarfsfalle geschehen ist. Wenn die Grenztemperaturen etwa 90 °C erreicht haben, beginnen die Grenzmembranventile zu takten (Funktion eines Kondensatabscheiders).
	S 21:	
	S 22:	Aufheizen des Bioreaktorinhaltes bis zu den vorgegebenen.
	S 23:	Haltepunkten und bis zur gewünschten Sterilisationstemperatur
	S 24:	Haltepunkt 1
	S 25:	Haltepunkt 2: Die Haltepunkte im Aufheizprogramm der Kulturbrühe sollten eingeführt werden, um bei stark schäumenden Medien eine Beruhigung zu bewirken.
	S 30:	Sterilisation, die Sterilisationszeit läuft ab.
	S 40:	Kühlen.
	S 50:	Ab T = 105 °C Belüften über Zuluftgruppe mit steriler Luft oder sterilem Stickstoff.
	S 60:	Nach Erreichen der eingestellten Fermentationstemperatur ist das Programm beendet.

Wenn die Sterilisationstemperatur erreicht ist, dann läuft die eingestellte Sterilisationszeit ab. Nach abgelaufener Sterilisationszeit wird die Sektion steril belüftet, damit kein Unterdruck entstehen kann. Anhand der zwei Beispiele in den Tabellen 8-6 und 8-7 ist gezeigt, welche Struktur solche Programme haben sollten.

In einer Kontrollübersicht soll jedes Programm einzeln beobachtet werden können. Es sollte jederzeit möglich sein, über eine Schrittfunktion ins laufende Programm eingreifen und schrittweise mit Hand fahren zu können. Die Programme sollten untereinander so verriegelt sein, daß keine Fehlbedienung möglich ist.

8.3.4 Menü-Anwahl/Programmablauf

Folgendes Beispiel zeigt eine Möglichkeit, wie ein Sterilisationsmenü aufgebaut werden kann:

In einem Übersichtsbild auf einem Bildschirm sind alle angeschlossenen, also anwählbaren Apparate aufgelistet. In diesem Bild wird zunächst der Apparat angewählt und dann im Menübild alle Parameter definiert.

Nach dem Starten des Programmes wird die Sterilisation der Reaktorperipherie sequentiell abgearbeitet und die Bediener brauchen sich erst wieder um die Anlage zu kümmern, wenn die Peripherie sterilisiert ist. Der Bediener entscheidet dann, ob sofort das Reaktorprogramm gestartet werden kann (alle Vorbereitungen sind abgeschlossen!!). Hat er sich dafür entschieden, wird das Programm gestartet und es läuft ab. Der Bediener braucht erst wieder einzugreifen, wenn der Bioreaktor angeimpft werden soll.

Vor dem Animpfen wird das Programm in die Position „Fermentieren" gebracht. Damit ist ein Eingriff in den Bioreaktor nicht mehr möglich, die Fermentation kann ungestört ablaufen.

Schlußbemerkung zu Kapitel 8

Um alle Bedingungen im Bioreaktor für einen mikrobiologischen Prozeß sicher einstellen, kontrollieren und steuern zu können, benötigt ein solcher Reaktor auch eine entsprechende Instrumentierung bzw. ein Prozeßleitsystem. Dieses Prozeßleitsystem muß des weiteren auch die Möglichkeiten bieten, insbesondere Sterilisationprozesse, aber auch Fermentationabläufe zu steuern. Damit ist man in der Lage, reproduzierbare Ergebnisse zu erzielen.

Der Liste von verfügbaren Sonden und Meßeinrichtungen steht allerdings eine mindestens ebenso lange Liste an Wünschen gegenüber, die die Führung eines mikrobiologischen Prozesses erleichtern könnten. Auf diesem Feld muß in Zukunft sicherlich noch einige Arbeit investiert werden.

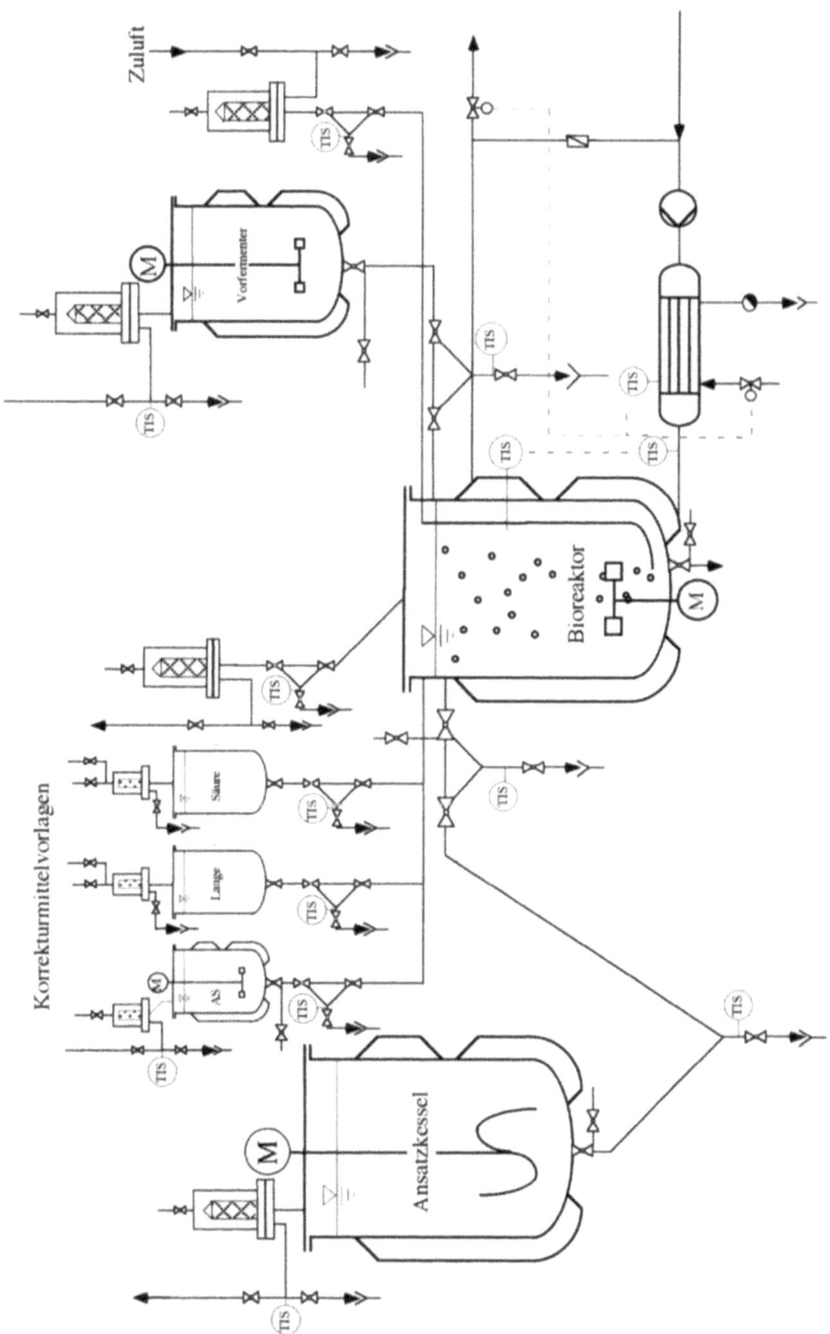

Abb. 8-19 Komplette Fermentationseinheit (Bioreaktoranlage).

9 Auswahl eines Bioreaktors

Wie in Kapitel 3 gezeigt werden konnte, existiert eine Vielzahl von Bioreaktoren. Die dort vorgestellten Reaktoren stellen nur eine Auswahl der am häufigsten vorkommenden Typen dar. Wenn es so viele unterschiedliche Typen und vor allem Ausführungen von Bioreaktoren gibt, dann muß es doch auch Gründe und vor allem Kriterien für die Wahl des entsprechenden Reaktors geben?

9.1 Kriterien zur Auswahl eines Bioreaktors

Die Auswahl eines Bioreaktors wird im wesentlichen durch folgende, ein Gesamtverfahren kennzeichnende Faktoren bestimmt (vgl. Tabelle 9-1):

- das Medium (Kulturbrühe),
- die Reaktion (Reaktionsführung, Steriltechnik),
- der Mikroorganismus,
- die Kapazität (Produktionsmenge) und
- die Wirtschaftlichkeit (Investition).

All diese Faktoren beinhalten eine Reihe von Kriterien, die bei der Suche nach dem geeigneten bzw. optimalen Bioreaktor für die entsprechende Aufgabe untersucht werden müssen.

Tabelle 9-1 Kriterien zur Bioreaktorauswahl.

Medium	Reaktion	Organismus	Kapazität/ Investition
Viskosität (Art)	Enthalpie		
Feststoffgehalt, -verhalten, -größe	Temperaturniveau	Temperaturempfindlich- keit	Reaktorgröße
Schaumbildungsneigung	Reaktionsgeschwindig- keit (RZA)	Scheranfälligkeit	
Verkrustungsneigung	Sterilitätsanforderungen	Δp-Anfälligkeit (hydrostatische Höhe)	Preisgestaltung
Oberflächenspannung	Animpfverhältnis	Sauerstoffbedarf (OTR, Begasung)	
Temperaturverhalten	Fahrweise	Anaerobenanforderungen	Betriebskosten
Flüchtigkeit	Rückvermischung (Bo $\rightarrow$ 0; Bo $\rightarrow \infty$)	Versorgungsempfindlich- keit	
Homogenisierfähigkeit	Mehrzweckeinsatz		
Pumpfähigkeit			

Zunächst müssen an das Medium eine Reihe von Fragen gestellt werden: Wie ist die Viskosität? Handelt es sich um ein Newtonsches Verhalten oder nicht, und wenn nicht, welches Viskositätsverhalten (Fließverhalten) liegt vor? Entweder pseudoplastisches

Verhalten, Binghamsches Verhalten oder dilatantes Verhalten (vgl. Abb. 2-39 [37,92])? Ändert sich die Viskosität im Verlaufe der Fermentation? Diese Fragen sind deshalb wichtig, weil nicht jeder Bioreaktor beliebige Viskositätsbereiche beherrscht, oder aber ein bestimmter Reaktor erzielt durch das Scherverhalten eine niedrige Pseudoviskosität.

Die zeitliche Entwicklung des Mediums während eines Batch-Prozesses ist ohnehin wichtig, denn ein Reaktor, der am Beginn optimal sein kann, muß das am Ende längst nicht mehr sein.

Die Frage nach dem Feststoffgehalt und der Art des Feststoffes ergibt ebenfalls Einschränkungen bei der Auswahl, denn bei hohen Feststoffkonzentrationen werden Strahldüsenreaktoren immer kritischer. Aber auch in Pumpen führt ein hoher Feststoffanteil zumindest zu erhöhtem Verschleiß.

Der Feststoffgehalt beeinflußt auch die Wahl der Oberflächengüte, denn es macht wenig Sinn, wenn der Reaktorinnenwand eine hochglanzpolierte Oberfläche verliehen und hinterher im Betrieb diese teure Oberfläche in kurzer Zeit durch den Feststoff wieder aufgerauht wird (vgl. Kapitel 5). Des weiteren muß auch die Homogenisierfähigkeit und Suspendierfähigkeit des Medium geprüft werden.

Die Schaumbildung von Medien ist ein weiterer Aspekt, der bei der Reaktorauswahl berücksichtigt werden muß. Läßt sich die Schaumneigung durch entsprechende Reaktionsführung oder andere Hilfsmittel nicht auf ein beherrschbares Maß senken, dann muß eben die Aufgabe auf den Bioreaktor (mit angepaßten Zusatzeinrichtungen) übertragen werden.

Spezielle Inhaltsstoffe des Mediums (hydrophob, hydrophil), die daraus resultierende Verkrustungsneigung und die Oberflächenspannung sind die Kriterien, die die Gestaltung der Reaktoroberfläche hinsichtlich Reinigbarkeit und damit auch Steriltechnik bestimmen (vgl. Abschnitt 5.4). Die Gestaltung der Oberflächen ist allerdings nicht notwendigerweise vom Reaktortyp abhängig, es sei denn, daß dadurch die maximale Reaktorgröße oder die Gestaltung beeinflußt wird, also zusätzliche Randbedingungen zu berücksichtigen sind.

Wie in Kapitel 6 gezeigt wurde, kann nicht jedes Medium beliebig mit Temperatur beaufschlagt werden. Empfindliche Medien müssen kurzzeitsterilisiert werden, und wenn das mittels kontinuierlicher Sterilisation nicht möglich ist, dann dürfen die Bioreaktoren eben eine gewisse Größe nicht überschreiten. Je kleiner und je schlanker Reaktoren sind, umso günstiger gestaltet sich das Verhältnis von Wärmeaustauschfläche zum Reaktionsvolumen und desto variabler lassen sich Temperatur-Zeit-Profile fahren (vgl. Abschnitt 1.2).

Flüchtige Substanzen im Medium, wie zum Beispiel Alkohole als Edukte bei Carbonsäurefermentationen, verkraften Fahrweisen mit hohen Begasungsraten (hohe Gasleerrohrgeschwindigkeit) nicht so ohne weiteres, da sie dabei aus dem Reaktionsgeschehen entfernt werden können (Strippeffekt), ehe sie sich beteiligt haben. Auch bei der Alkoholbildung (Gärung) muß eine Strippung nicht unbedingt vorteilhaft sein. Zwar wird durch die Entfernung des inhibierenden Produktes die Reaktion nicht gestört, aber durch überflüssiges Inertgas kann die anschließende Kondensation Probleme bereiten oder zumindest erschwert werden (Abschnitt 1.2, Abb. 1-6 und 1-7) und dadurch können nicht vertretbare Produktverluste zustande kommen (ähnlich Wasserverluste, Abschnitt 4.2, Abb. 4-4).

Viele Medien im Bereich biotechnologischer Verfahren setzen sich aus komplexen, technischen Stoffen zusammen (häufig aus Kostengründen). Das bedeutet auch, daß oft viele Feststoffe und andere mehr oder weniger gut mischbare Komponenten, homogen und damit gut zugänglich, im gesamten Bioreaktor verteilt werden müssen. Die Homogenisierfähigkeit des Mediums ist dabei nicht immer so ohne weiteres von jedem Bioreaktor erfüllbar (vgl. auch Abschnitt 9.2, Abb. 9-3, Tabelle 9-3), was im Einzelfall geprüft werden muß.

Ähnliches gilt für die Pumpfähigkeit. Dort müssen Feststoffgehalte, Gasanteile und vor allem pumpempfindliche (weil scherempfindlich) Mediumsbestandteile wie Proteine, Zellen u.ä. berücksichtigt werden.

Der nächste Fragenkomplex ist an die Reaktion zu richten: Welche Wärmemenge wird bei welchem Temperaturniveau frei? Um ein konstantes Temperaturniveau im Reaktor aufrechterhalten zu können, muß die anfallende Wärme abtransportiert werden, d.h., es sind entsprechende Anforderungen an den Wärmetransport zu richten. Dabei spielen in diesem Zusammenhang mehrere Parameter eine Rolle. Im einzelnen sind das der Wärmedurchgangskoeffizient (k-Wert), die Temperaturdifferenz und die angebotene Wärmeaustauschfläche. Der Wärmedurchgangskoeffizient wird durch den inneren Wärmeübergangskoeffizienten (α_i) und damit durch die Turbulenzen im Reaktor, dabei besonders in Wandnähe, sowie durch die Wandtemperatur, den Wärmeleitwert, der Reaktorwandstärke und den äußeren Wärmeübergangskoeffizienten (α_a) beeinflußt. Für die einzelnen Übergangskoeffizienten wurden verschiedene Gleichungen entwickelt. Stellvertretend für viele andere sei hier auf die Gleichungen im Wärmeatlas hingewiesen [42] (vgl. Abschnitt 2.1.6). Besonders wichtig wird die Betrachtung dieses Punktes, wenn es sich um viskose Medien handelt, denn dann ist hinsichtlich der Wärmeabfuhr nicht nur der geeignete Reaktor, sondern auch dessen Größe, Geometrie (Schlankheitsgrad) und Einbauten (Rührertypen, Stromstörer) zu wählen, um z.B. hohe Turbulenzen in Reaktorwandnähe zu erreichen. Besonders wichtig sind dabei die mit Hinterspülung eingebauten Stromstörer (vgl. Abschnitt 5.1.1, Abb. 5-5).

Die Frage nach der Raumzeitausbeute beantwortet auch Fragen zum Stofftransport. Die am häufigsten anzutreffende Stofftransportlimitierung liegt beim Sauerstoff. Der ausgewählte Bioreaktor muß diesem Sachverhalt gewachsen sein.

Die Sterilitätsanforderungen (Kapitel 5 und 6) bestimmen die Detailkonstruktionen und auch die Armaturenauswahl (Kapitel 5), während das eingestellte Animpfverhältnis zwar auch in Richtung Kontaminationsrisiko wirkt, aber zugleich die Gestaltung der Vorkulturreaktoren beeinflußt.

Hat man es hinsichtlich Sterilität mit einem äußerst empfindlichen System zu tun, dann ist nicht mehr jede Reaktorkonstruktion als optimal zu bezeichnen. Insbesondere wenn externe Umläufe, komplizierte und viele Einbauten oder zusätzliche Hilfseinrichtungen (mechanischer Schaumabscheider, Zyklon, Zuluftbefeuchter u.s.w.) Verwendung finden, hat man mit erhöhtem Kontaminationsrisiko zu rechnen.

Wichtig für die Reaktorauswahl ist auch die Entscheidung für die Betriebsweise und ob in ein und demselben Reaktor noch andere Reaktionen (Verfahren) durchgeführt werden sollen (Multipurpose-Plant, Vielzweckanlage).

Manche Reaktionen fordern Konzentrationsgradienten. Der Fall der kontinuierlichen Sterilisation zeigt deutlich, daß im Reaktor möglichst hohe Bodensteinzahlen herrschen sollen. Es ist also möglichst wenig Rückvermischung zugelassen. Solche Verhältnisse bietet ein idealer Rohrreaktor auch produktinhibierten Reaktionen. Man verlagert die Inhibierung möglichst weit an das Reaktorende, um in weiten Bereichen maximale Raum-Zeit-Ausbeute vorliegen zu haben.

Viele Randbedingungen, die bei der Reaktorauswahl zu berücksichtigen sind, werden vom Mikroorganismus geprägt. Es ist die Frage nach der Temperaturempfindlichkeit zu stellen. Welches ΔT (Temperaturschwankungen im Reaktor) kann er im Medium verkraften? Sind die Grenzen zu eng, dann werden entsprechende Forderungen an das Regelsystem gestellt und auch die maximale Größe eines Bioreaktors eingeschränkt, denn je größer der Apparat wird, um so eher muß im Innern doch mit Inhomogenitäten gerechnet werden. Welches ΔT (Temperaturdifferenz) ist zwischen der Wand (Wärmeaustauschfläche) und dem Medium vertretbar? Auch diese Frage ist zu beantworten, damit an das Kühlsystem die entsprechende Forderung weitergegeben werden kann. In einigen Fällen wurde schon verlangt, daß die Temperaturdifferenz zwischen der Wand und dem Medium 10 °C nicht überschreiten sollte. Es liegt bei dieser Betrachtung die Annahme nahe, daß solche Zonen wie Inhomogenitäten oder die unterkühlten Grenzschichten in Wandnähe doch so schnell von den Mikroorganismen durchlaufen werden und damit keine Einwirkung auf deren Metabolismus haben könnten. Doch neuere Untersuchungen hinsichtlich Stoffwechselanpassung auf Änderungen von Substratkonzentrationen zeigen, daß sich Mikroorganismen erstaunlich schnell und zwar im Bereich von Bruchteilen von Sekunden, anpassen können [86] und ihren Metabolismus umstellen. Also können auch Inhomogenitäten im Bioreaktor und somit auch eine definierte Inhomogenität, wie die Unterkühlung in den Wandgrenzschichten, störend auf den gesamten Metabolismus eines Mikroorganismus´ wirken. Das ist dann der Fall, wenn die zellinternen Regulationsvorgänge hinsichtlich ihrer Zeitkonstanten in der Größenordnung mit den Zirkulationszeiten des Fluids liegen [86].

Ein weiterer Punkt ist die mechanische Belastbarkeit. Wie scheranfällig ist ein Mikroorganismus und welche maximale Druckdifferenz und damit Flüssigkeitssäule ist zumutbar? Die Frage nach der Scherbeanspruchung ist, wie in Kapitel 2 gezeigt wurde, nicht so einfach zu beantworten, denn nicht allein die Scherkraft oder Schergeschwindigkeit sind die maßgebenden Größen, sondern vor allem auch wie häufig ein solches Ereignis stattfindet, wie lange sich ein Mikroorganismus in einem solchen Streßzustand befindet und wie groß der Widerstand einer Zelle selbst ist, sich den mechanischen Belastungen entgegen zu stemmen. Die Betrachtung der energietragenden Wirbel nach Kolmogorow und deren Größenrelation zum Mikroorganismus kann zunächst eine hilfreiche Abschätzung sein (Gleichung 2.130, Abschnitt 2.2.1). In den Fällen, wo z.B. Pilze zu klumpenartig wachsen und dadurch im Innern nicht mehr mit Substrat versorgt sowie von Metaboliten entsorgt werden, können gewisse Scherraten erforderlich werden. Der Pilz wird am Klumpenwachstum gehindert, und die verbliebenen aktiven Zellen werden genügend mit Substrat ver- und von Metaboliten entsorgt.

Bezüglich der Druckanfälligkeit gibt es auch Untersuchungen [87, 88], die zeigen, daß in der Größenordnung von einigen bar Beeinflussungen des Stoffwechsels erkennbar werden. Hat man es mit noch empfindlicheren Zellen zu tun, dann sind für die Reaktorhöhe Grenzen gesetzt, d.h., große und schlanke Reaktoren (z.B. Blasensäulen) sind nicht geeignet. Bei zunehmender Höhe von Bioreaktoren ist zu berücksichtigen, daß sich in großer Tiefe die Löslichkeit von Gasen aufgrund des höheren Druckes erhöht, die Auszehrung der Gasblasen an Sauerstoff aber verstärkt stattfindet und somit in die andere Richtung wirkt. Dennoch darf man sich den Zustand eines Bioreaktors nicht so vorstellen, daß in der Tiefe eine hohe Sauerstoffkonzentration (bzw. Gaskonzentration) herrscht, die nach oben hin immer mehr abnimmt. Vielmehr hat man Verhältnisse vorliegen, die zwischen dieser Vorstellung und einem ideal durchmischten Reaktor liegen. Annähernd kann man sich eine mehr oder weniger gleichmäßige Verteilung der Komponenten vorstellen und damit einen Mittelwert, der sich wie folgt bilden läßt (vgl. Gleichung 2.72):

$$\bar{c} = \frac{(c_u - c_o)}{\ln (c_u/c_o)} \, . \tag{9.1}$$

Die Frage nach der Versorgungsempfindlichkeit geht einher mit dem Sauerstoffbedarf. Wie schon erwähnt, gerät man bei hohen Sauerstofforderungen sehr schnell in die Sauerstofflimitierung, dann stellt sich sofort die Frage, wie empfindlich der Mikroorganismus auf die Unterversorgung mit Sauerstoff, aber auch mit anderen Substraten, reagiert? Ist dieser Sachverhalt als sehr kritisch zu betrachten, dann muß auch sehr streng darauf geachtet werden, daß keine Inhomogenitäten im Bioreaktor bzw. im System (äußerer Umlauf etc.) auftreten, die zu örtlicher Unterversorgung führen. Dieser Umstand würde wiederum die beliebige Vergrößerung von Bioreaktoren einschränken.

Fordert die Reaktion hingegen bewußt Inhomogenitäten, dann kommen die Reaktoren Rohrreaktor, Siebbodenkaskade und Kaskadenanordnung in die engere Auswahl.

Bei der Fermentation von strikt anaeroben Mikroorganismen ist in jedem Fall zu verhindern, daß Sauerstoff in den Bioreaktor gelangt. Nur Reaktoren, die das in jedem Fall gewährleisten können, kommen für solche Aufgaben in Betracht.

Die Frage nach der Reaktorgröße wird auch durch die erforderliche Kapazität (Jahresmengen) bestimmt. Ausgehend von Gleichung 1.1 kann nach folgender erweiterter Gleichung

$$V_{R,L} = \frac{K \cdot f_K}{BST \cdot RZA_B \cdot \alpha} \, . \tag{9.2a}$$

das reine Flüssig-Reaktionsvolumen (vgl. Abb. 2-32) bzw.

$$V_{R,B} = \frac{K \cdot f_K \cdot f_F \cdot f_G \cdot f_E}{BST \cdot RZA_B \cdot \alpha} \, . \tag{9.2b}$$

das Gesamtreaktorvolumen (brutto) berechnet werden. Dieses Volumen muß gemäß anderer, oben angeführter Forderungen mehr oder weniger in Einzelreaktoren unterteilt werden. In Gleichung 9.2 bedeutet jetzt $V_{R,B}$ das Gesamtreaktorvolumen $[m^3]$. Der Faktor f_F berücksichtigt den Zuschlag an Volumen durch die Schaumneigung des Mediums, f_K den Zuschlag an Volumen für anzunehmende Kontaminationsraten, f_G den Anteil des Gas-hold-ups (vgl. Abschnitt 2.1.5.1, Gleichung 2.80 und 2.81) und f_E den Zuschlag an Volumen für die Einbauten (Rührwerke, Innenleitrohr, Innenwärmeaustauscher, Stromstörer etc.). Je nach Schaumneigung ist für f_F ein Wert zwischen 1,1 und 1,3 (also 10 bis 30 %) einzusetzen, und für die Kontaminationsrate sind für f_K Werte zwischen 1,03 und 1,35 zu wählen. Die Wahl des entsprechenden Faktors unterstützen die Angaben, die in Abschnitt 6.2.3 diskutiert wurden. Diese sind im Nomogramm in Abb. 9-1 zusammengestellt. Der Zuschlag für den Gas-hold-up berechnet sich zu

$$f_G = 1 + \varphi_G \, . \tag{9.3}$$

Der Gasgehalt φ_G kann nach Gleichung 2.78 sowie 2.81 (vgl. Tabelle 2-5) und die dort vorkommende Gasleerrohrgeschwindigkeit u_G mit den Gleichungen 2.106 bis 2.109 berechnet werden. Der Faktor für die Einbauten f_E muß im Einzelfall bestimmt werden.

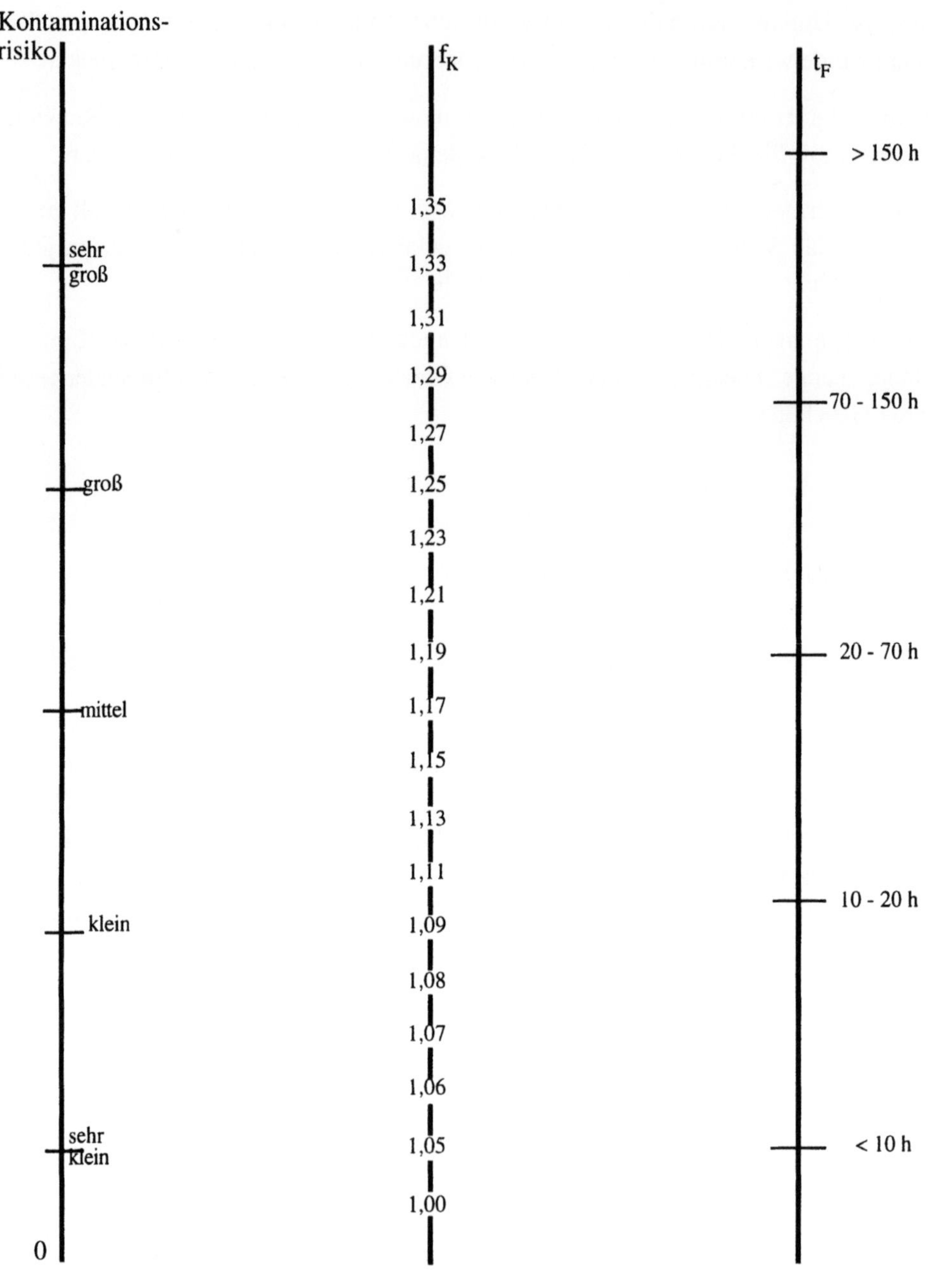

Abb. 9-1 Nomogramm zur Ermittlung des Kontaminationsfaktors f_K für Gleichung 9.2. Die Zeit t_F ist dabei die reine Fermentationszeit, also ohne Rüstzeit.

Die Größe des Reaktorvolumens und die Unterteilung in mehrere Bioreaktoren geht direkt in die Investitionssumme ein, denn je mehr Reaktoren für ein bestimmtes Reaktionsvolumen benötigt werden, um so höher werden die Kosten, d.h., ein einziger Reaktor für eine Aufgabe ist immer die billigste Lösung, denn die Kosten sind direkt pro portional der Anzahl von Reaktoren, aber nur mit dem Exponenten 0,65 proportional zum Volumen. Das bedeutet, wenn das Gesamtvolumen in n Reaktoren unterteilt wird, so werden die Kosten im Vergleich zu einem Reaktor mit dem selben Gesamtvolumen um den Faktor

$$\frac{K_n}{K_1} = n^{0,35} \qquad (9.4)$$

teurer. Wird z.B. das Gesamtvolumen auf 5 Reaktoren aufgeteilt, so werden diese 5 Reaktoren um 76 % teurer im Vergleich zu einem einzigen Reaktor gleicher Bauart. Dazu kommt noch ein erhöhter Installationsaufwand. Neben der Kostenbetrachtung ist vor allem auch die wirtschaftliche Auswirkung von Kontaminationen abzuschätzen. Systeme mit hohem Risiko sind günstiger in mehreren kleineren Reaktoren zu betreiben, weil dort Kontaminationen einfacher abzuwehren sind und eingetretene Kontaminationen im Einzelfall zu kleinerem wirtschaftlichen Schaden führen.

Des weiteren wird der Preis eines Reaktors natürlich erheblich durch seine Ausführung bestimmt und die richtet sich nach den Anforderungen, die der Prozeß an den Bioreaktor stellt. Es besteht die Möglichkeit das Reaktionsvolumen auf mehrere kleinere, aber in der Bauart billigere Reaktoren aufzuteilen.

9.2 Einordnung der Bioreaktortypen in Kriterien

Im folgenden sollen die in Abb. 9-2 dargestellten 12 Bioreaktortypen, die in „pneumatisch, hydraulisch und durch bewegte Einbauten" betriebene Typen eingeteilt sind, miteinander verglichen und in eine Kriterienmatrix (Tabelle 9-3) eingeordnet werden. Reicht die Energie, die durch das einzubringende Gas ohnehin bereitgestellt werden muß, aus, dann bietet sich es an, den einfachsten Reaktor zu wählen, die Blasensäule. Um dabei eine noch bessere Homogenisierung zu erlangen, besteht die Möglichkeit, das Mammutpumpenprinzip auszunutzen. Das kann geschehen, indem man einen inneren Umlauf durch die Installation eines Innenleitrohres oder aber einen äußeren Umlauf realisiert.

Ähnlich einfach ist der Rohrreaktor, wie er als Haltestrecke in kontinuierlichen Sterilisationsanlagen zu finden ist (Abschnitt 6.5, Abb. 6-16). Beim Strahldüsenreaktor ist die Düse oben angebracht. Die Zweistoffdüse ist über der Flüssigkeit plaziert. Der Reaktor sollte mit einem Impulsaustauschrohr ausgestattet sein (vgl. Abschnitt 3.3, Abb. 3-12 und 3-13).

Der am häufigsten eingesetzte Bioreaktor ist der Rührreaktor mit mehrstufigem Rührwerk, wobei in der Regel der Scheibenrührer (vgl. Kapitel 3) eingesetzt wird. Auf den Scheibenrührer beziehen sich auch die Leistungsangaben in Tabelle 9-2. Der Sauerstoff wird über einen Begasungsring eingetragen. Für die Bewältigung der Aufgaben stehen dem Rührwerksbioreaktor alle in Abschnitt 5.3.2 besprochenen Rührertypen zur

Verfügung. Der Reaktor-Typ „Rührer mit Leitrohr" entspricht dem Umwurfreaktor, wie er in Abschnitt 3.4.3, Abb. 3-26 ausführlich beschrieben ist.

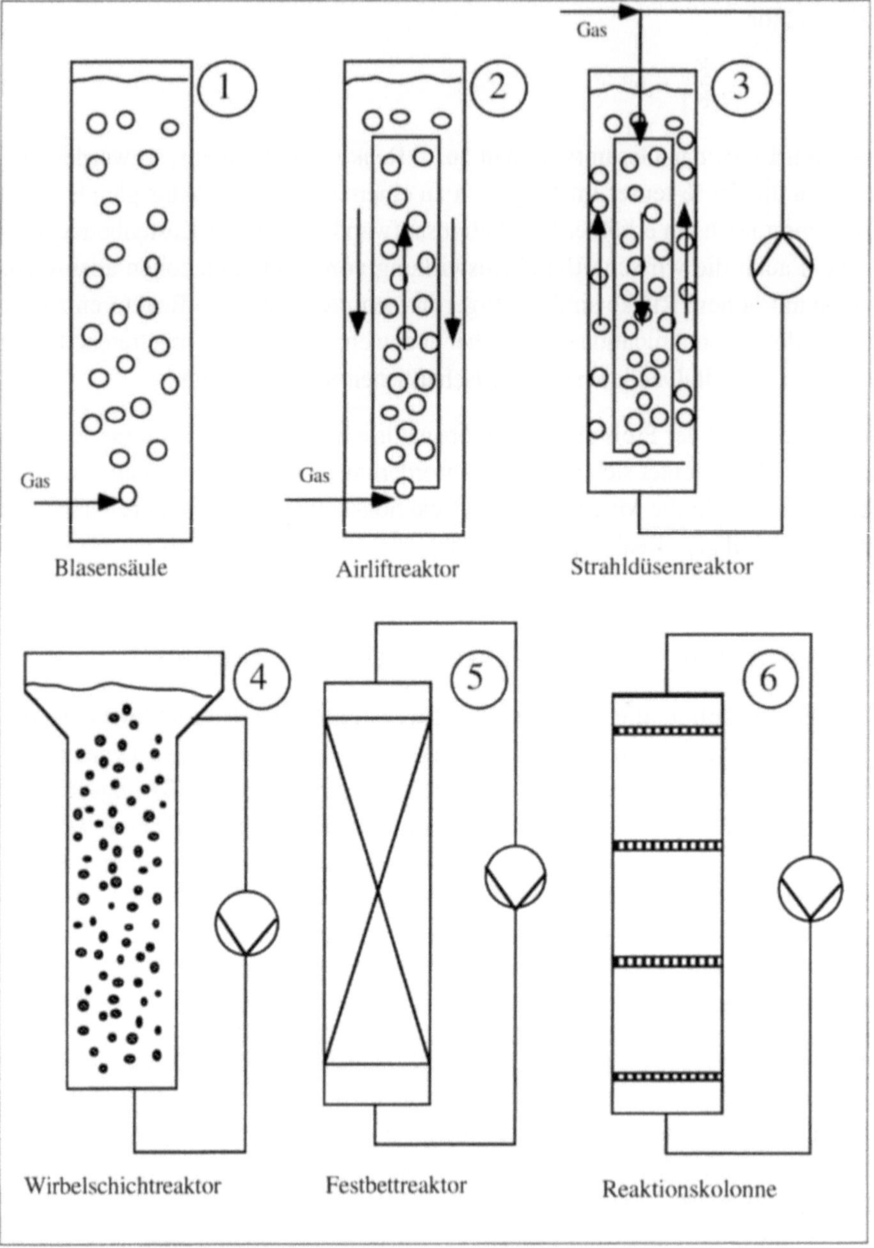

Abb. 9-2a Beispielhaft 6 Bioreaktoren zur Auswahl für verschiedene Prozesse. Die Reaktoren 1 und 2 sind pneumatisch und 4 bis 6 hydraulisch betrieben.

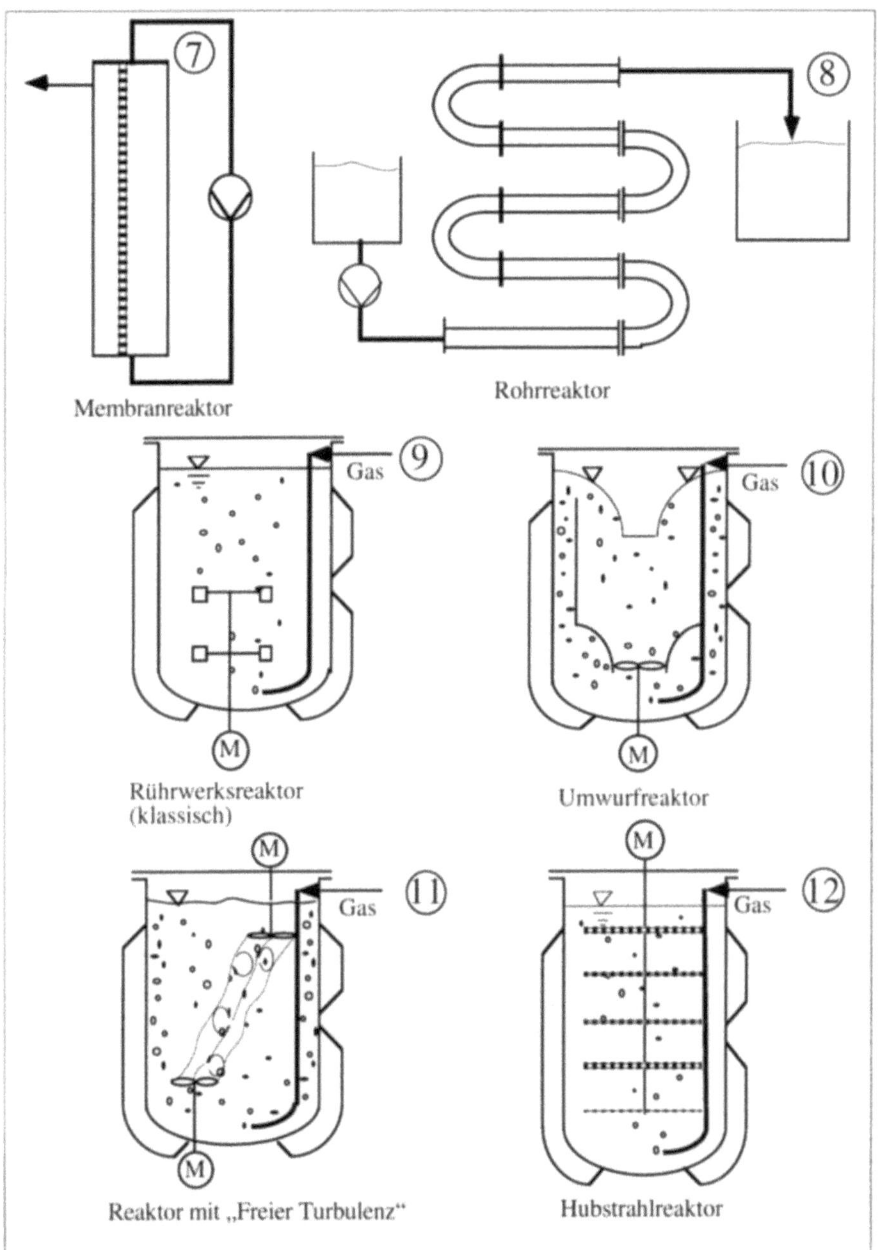

Abb. 9-2b Beispielhaft 6 Bioreaktoren zur Auswahl für verschiedene Prozesse. Die Reaktoren 7 und 8 sind hydraulisch und 9 bis 12 mit bewegten Einbauten.

In Tabelle 9-2 sind diese 12 Bioreaktoren bezüglich ihrer Einsatzbereichsmöglichkeiten gegenübergestellt [89]. Beim ersten Kriterium, nämlich der Möglichkeit mechanische Energie einzutragen, gibt es schon erhebliche Unterschiede zu verzeichnen. Während die Rührwerksbioreaktoren einen breiten Spielraum erlauben, fallen viele Reaktoren merklich ab.

Tabelle 9-2 Einsatzbereichsmöglichkeit von 12 ausgewählten Bioreaktoren. Die Symbole beuten: $\downarrow$- niedrig; $\downarrow\downarrow$- sehr niedrig; $\uparrow\uparrow$- sehr hoch; b-batch; k-kontinuierlich.

Kriterium	Dim	Reaktortypen											
		1	2	3	4	5	6	7	8	9	10	11	12
mech. Antrieb	$\frac{kW}{m^3}$	-	-	3,5	1	1	10	10	10	10	10	10	10
belüftet(1 vvm)	$\frac{kW}{m^3}$	0,6	0,5	1	3	0,5	3,5	9	9	4,5	4,5	4,5	4,5
$k_L \cdot a$ (max.)	h^{-1}	160	150	800	1000	350	1000	$\downarrow$	$\downarrow$	2000	1500	2000	2000
OTR <	$\frac{g}{l \cdot h}$	1,5	2	6	8	2,5	8	$\downarrow$	$\downarrow$	15	10	10	15
max. Volumen	m^3	900	400	300	400	500	80	5	10	400	80	100	200
Viskosität	Pa·s	$\downarrow\downarrow$	<0,1	$\downarrow$	<0,4	$\downarrow$	$\downarrow$	$\downarrow$	$\downarrow$	>2	<2	<2	<2
Kosten (relativ)	-	1	2	7	5	3	6	8	4	9	11	12	10
Fahrweise	-	b/k	b/k	b/k	b/k	k	k	k	k	b/k	b/k	b/k	b/k
Schlankheitsgr.	-	5-10	5-10	2-6	3-6	2-6	5-10	-	-	2-3	2-4	1-3	3-5

Ein ähnliches Bild ergibt sich im belüfteten Zustand bei 1 vvm. Auch hier zeigen sich die Rührwerksbioreaktoren am leistungsstärksten.

Das Problem des Sauerstofftransportes in Bioreaktoren wurde schon häufig angesprochen. Die Wünsche, die an die erreichbaren Transferwerte gestellt werden, sind zum Teil extrem hoch gesteckt, die Leistungsfähigkeit stößt bei den einzelnen Reaktoren aber schnell an Grenzen. Ein Wert von $k_L a = 2000$ $[h^{-1}]$, den Rührwerksbioreaktoren erreichen können, muß als sehr hoher und nur unter optimalen Bedingungen erreichbarer Wert verstanden werden.

Das maximale Volumen richtet sich nach der mehr oder weniger aufwendigen Bauweise eines Reaktors. So einfache Konstruktionen, wie der Festbettreaktor oder die Blasensäule, können ohne weiteres bis zum 500 oder 900 m^3-Maßstab und darüber gebaut werden, doch wenn die Hydrodynamik (Umwurfreaktor) oder auch konstruktive Randbedingungen (Reaktionskolonne, Rohrreaktor) Grenzen setzen, muß man sich in der Baugröße einschränken.

In Abb. 9-3 ist die Leistungsfähigkeit der einzelnen Bioreaktoren in eine Sorptionscharakteristik (vgl. Kapitel 2) eingetragen. Das Bild zeigt, daß die erforderliche Leistung entscheiden kann, welcher Reaktor in die engere Auswahl kommt.

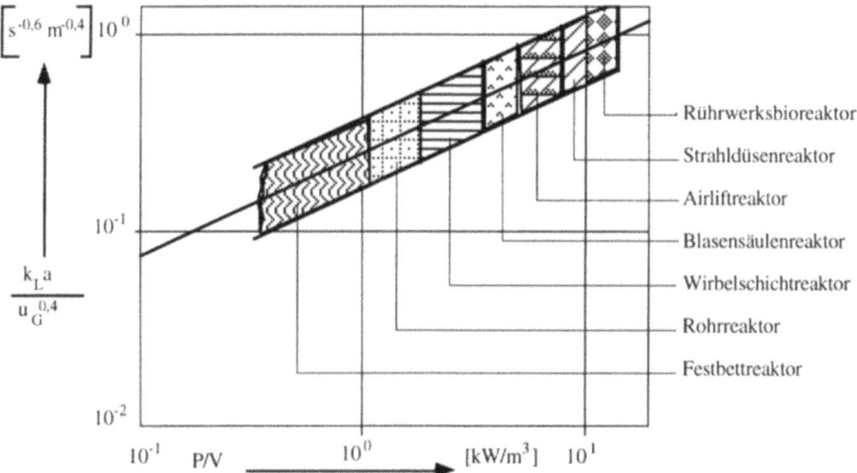

Abb. 9-3 Leistungsdarstellung verschiedener Bioreaktoren in der Sorptionscharakteristik.

Ganz wichtig ist natürlich die Frage nach den Kosten. Sie wird hier nur relativ beantwortet. Die Zahl 12 bedeutet in diesem Fall den teuersten Apparat und 1 den billigsten.

Die Frage nach der Fahrweise muß auch noch gestellt werden. Es zeigt sich dabei aber, daß alle Reaktoren sowohl batchweise (b) als auch kontinuierlich (k) betrieben werden können. Lediglich bei dem Kolonnenreaktor (6) und beim Rohrreaktor (8) wird eine kontinuierliche Fahrweise vorausgesetzt.

In Tabelle 9-3 ist die Reaktorauswahlmatrix dargestellt. Dort sind eine Reihe von Auswahlkriterien aufgeführt und die Tauglichkeit der einzelnen Reaktoren eingetragen. Ist die Viskosität sehr hoch, z.B. > 2 Pa·s, dann kommen für die gestellte Aufgabe nur der Reaktor Nr. 9 = Rührwerksbioreaktor und die Reaktoren Nr. 11 = Freie Turbulenz-Reaktor und Nr. 12 = Hubstrahlreaktor in Betracht.

Daß solche Viskositäten in der Biotechnologie nicht unüblich sind, zeigt Abb. 2-42. Melasse als häufige Kohlenstoffquelle (Einsatzstoff) liegt zwischen 1 und 3 Pa·s und Xanthan (1,5 %-ig), ein Biopolymer, bei 8 bis 9 Pa·s. Auch Pilzsupensionen können je nach Biomassekonzentration in diese Größenordnung kommen.

Bei etwas niedrigerer Viskosität bietet sich zusätzlich der Rührwerksbioreaktor mit Innenleitrohr an. Die Bioreaktoren, die links in Tabelle 9-3 aufgeführt sind, behalten also ihre Einsatzfähigkcit auch in nicderviskosen Systemen bei.

Die Frage nach der Pumpfähigkeit des Mediums bringt eine ähnliche Antwort, wie im Falle der Viskosität.

Die weiteren Kriterien sind ähnlich zu sehen, wobei einmal „ausgeschiedene" Reaktoren, bei den anderen Kriterien nicht mehr betrachtet werden müssen. Im Falle eines sehr hochviskosen Mediums werden nur noch die Reaktoren 9=Rührwerksbioreaktor, 11 = Freie Turbulenz-Reaktor und 12 = Hubstrahlreaktor betrachtet. Es sein denn, die verbliebenen Reaktoren scheiden aufgrund weiterer Kriterien nachfolgend ebenfalls aus, dann muß der beste Kompromiß gefunden werden.

Tabelle 9-3 Auswahlkriterienmatrix für 12 ausgewählte Bioreaktoren. Die Zahlen beziehen sich auf die jeweilige Reaktornummer in Abb. 9-2.

Viskosität	in Pa·s	> 2		< 2		< 0,4		< 0,1	
	Reaktor →	9/11/12		10		3/4/6/7/8		1/2/5	
Pumpfähigkeit des Mediums		s. schlecht		schlecht		gut		sehr gut	
	Reaktor →	9/11/12		10 / 1		2/4/7/8		3/5/6	
mech. Belastbarkeit des Mikroorganismus´		nicht		etwas		gut			
	Reaktor →	1 / 2		4/6/9/10		3/5/7/8/11/12			
maximale Reaktorgröße	in m³	> 500	< 400	< 300	< 100	< 10	< 5		
	Reaktor →	5	9/4/2	1/3/12	6/10/11	8	7		
Feststoffgehalt		sehr hoch -------------------------> sehr gering							
	Reaktor →	9 11 12 10 4 2 1 8 3 6 5. .7							
Schaumbildungs- neigung des Mediums		sehr groß -------------------------> sehr gerng							
	Reaktor →	10 3 9 7 11 2 1 8 12 4 5 6							
Homogenisierfähigkeit des Mediums		sehr schlecht -------------------------> sehr gut							
	Reaktor →	10 9 11 12 8 3 6 5 4 7 2 1							
Wärme- und Stofftransport		sehr groß -------------------------> sehr klein							
	Reaktor →	10 9 8 11 12 7 2 4 3 1 5 6							
Sterilitätsanforderungen		sehr groß -------------------------> sehr klein							
	Reaktor →	1 7 12 9 10 2 11 8 4 3 6 5							
biologische Sicherheit		sehr groß -------------------------> sehr klein							
	Reaktor →	1 7 12 9 10 2 11 8 4 3 6 5							

Die Antwort auf die Frage nach dem Feststoffgehalt ist so zu sehen: Ist der Feststoffgehalt sehr hoch, dann kommt der Reaktor Nr.9 besser zurecht als der Reaktor Nr.11 und dieser wiederum besser als der Reaktor Nr.12 usw., d.h., wenn aus anderen Kriterien nur noch die Reaktoren Nr.9 und Nr.11 (12) im „Rennen" sind, dann sollte die Wahl auf den Reaktor Nr.9 fallen.

Ebenso wie beim Feststoffgehalt ist die Situation bei der Schaumneigung zu sehen. Für stark schäumendes Medium eignet sich der Reaktor Nr. 10 besser als der Reaktor Nr.11 usw. Für die Homogenisierfähigkeit und den Transport von Stoffen und Wärme gilt der gleiche Zusammenhang.

Die Anwendung der Kriterienmatrix nach Tabelle 9-3 ist allgemein so zu verstehen, daß für ein betrachtetes Kriterium links stehende Reaktortypen in jedem Fall tauglich sind bzw. mit im „Rennen" bleiben. Die rechts stehenden Reaktoren sind für das betrachtete Kriterium nicht mehr oder zumindest weniger tauglich für den betrachteten Prozeß.

Wenn man die einzelnen Kriterien betrachtet und für alle einen „Durchschnittswert" bildet, dann versteht man vielleicht, warum der Rührwerksbioreaktor der am häufigsten anzutreffende Bioreaktor ist, denn er befindet sich durchschnittlich überwiegend bei den Reaktoren, die es verstehen, Extremsituationen zu meistern. Wollte man ein Gesamturteil abgeben, so lautet die Reihenfolge der am breitesten einsetzbaren Bioreaktoren 9, 11, 10, 3, 12, 2, 8, 1, 4, 6, 5, 7.

9.3 Scale-up-Kriterien für einen Bioreaktor

Am Ende der Betrachtungen müssen auch noch die Scale-up-Kriterien für die Übertragung des Versuchs-Bioreaktors auf den Produktions-Bioreaktor festgelegt werden.

Eine ganz wichtige Tatsache muß in diesem Zusammenhang gleich an den Beginn dieser Ausführungen gestellt werden. Bei allen Scale-up-Bemühungen muß zunächst herausgefunden werden, welche physikalischen Gegebenheiten die für die Reaktion maßgebenden Größen sind, denn diese müssen für den Scale-up berücksichtigt bzw. konstant gehalten werden. Hält man aber einen Zusammenhang physikalischer Geschehnisse konstant, dann verändern sich beim Scale-up eine ganze Reihe anderer, wie Abb. 9-4 [90] sehr deutlich zum Ausdruck bringt. Allgemein ausgedrückt läßt sich feststellen, daß sich beim Scale-up nur ein physikalischer Zusammenhang, eine Scale-up-Regel konstant halten läßt und man gleichzeitig alle anderen verändert!

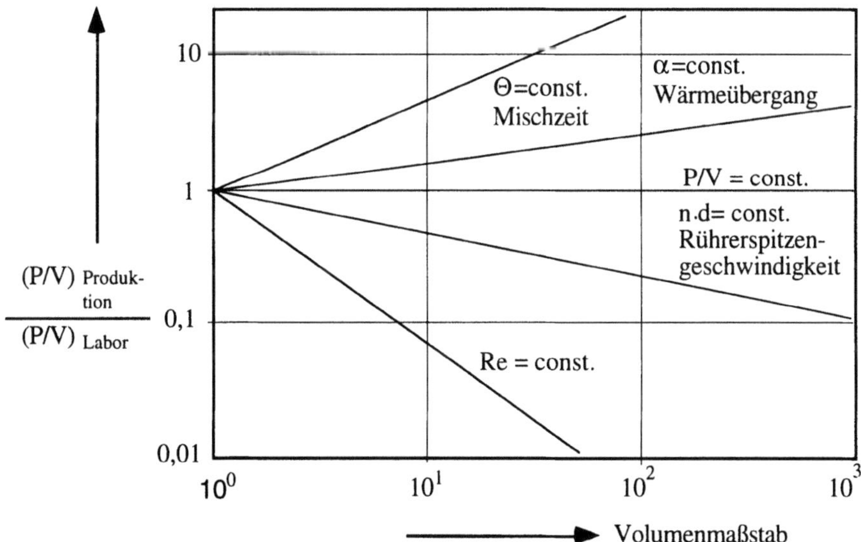

Abb. 9-4 Abhängigkeit von Scale-up-Regeln vom Maßstab.

Betrachtet man den sehr häufigen Fall des Scale-ups, daß P/V konstant gehalten wird, dann bedeutet das zugleich eine Verlängerung der Mischzeit und eine Verschlechterung des Wärmeübergangskoeffizienten, aber eine Zunahme der Reynoldszahl und der Rührerspitzengeschwindigkeit. Auf der anderen Seite läßt sich aber auch feststellen, daß manche Zusammenhänge sich erst gar nicht im Scale-up-Falle realisieren lassen. Wie Tabelle 9-4 z.B. zeigt, sind die Kriterien

- Zerkleinerung = const.
- Rühreffekt = const.
- der Wärmetransport bei ΔT = const. und u.U.
- Durchmischung = const.

nicht vergrößerbar, weil die Steigerung der spezifischen Leistung enorm wäre. Sind diese Kriterien für eine Reaktion essentiell, dann bedeutet das, daß das Gesamtreaktionsvolumen durch viele kleinere Bioreaktoren erreicht werden muß.

Tabelle 9-4 Scale-up-Kriterien (Scale-up-Regeln) für Bioreaktoren. Bei der Übertragung muß das entsprechende Kriterium konstant gehalten werden.

Aufgabe	Kriterium	Randbedingung	Folgen
Sauerstofftransfer	$k_L a$ = const.	$(P/V)^a\,(q \cdot V^{1/3})^b = c$	keine = durchführbar
Dispergierung	(P/V) = const.		τ nimmt zu
			P kann zu groß werden
Zerkleinerung	$\dfrac{\dot{V}}{\tau}$	$(P/V) \sim d^5$	riesige Leistungssteigerung
Durchmischungszahl	n = const.	$(P/V) \sim d^2$	große Leistungssteigerung
Wärmetransport I	$\dfrac{\dot{Q}}{V}$ = const. α = const.	$(P/V) \sim d^{3/m-4}$	medienspezifisch; $\Delta T \sim d$
Wärmetransport II	$\dfrac{\dot{Q}}{V}$ = const. ΔT = const.	$(P/V) \sim d^{6/m-4}$	physiologische Wirkung, große Leistungssteigerung

Es gibt also eine Reihe von Möglichkeiten für ein gestelltes Problem den geeigneten Bioreaktor auszuwählen. Je gründlicher alle Argumente und Kriterien durchleuchtet und mit Untersuchungen belegt werden, umso optimaler wird sich die Auswahl des Bioreaktors gestalten.

9.4 Auswahlverfahren für einen Bioreaktor

Anhand einiger Beispiele soll im folgenden gezeigt werden, welche Möglichkeiten der Vorgehensweise bei der Auswahl eines geeigneten Bioreaktors existieren.

Fallbeispiel I

Für den folgenden Fall soll ein geeigneter Bioreaktor ausgewählt werden:

Es handelt sich um einen aeroben Prozeß, der einen hohen Sauerstoffbedarf hat. Das kann durch einen Leistungseintrag von 1,5 [kW/m^3] und einer Begasungsrate von 0,5 [vvm] erreicht werden. Die Situation ist hier vereinfacht dargestellt. Die maßgebende Größe wäre der OTR. Dieser ist durch die Gleichungen 2.70, 2.84 und 2.108 mit der Leistungsdichte und der Begasungsrate gekoppelt.

Im Produkt werden keine Spuren von Antischaummittelsubstanzen geduldet (z.B. bei der Produktion eines Waschmittelenzymes). Dem stark schäumenden Medium muß also anders begegnet werden. Das Medium bleibt dünnflüssig ($v = 10^{-6}$ m^2/s; $\rho_L = 10^3$ kg/m^3) und ist gut suspendierbar, weil kaum Feststoffe enthalten sind. Das Koaleszenzverhalten ist gegenüber reinem Wasser etwas erhöht. Die Zellen sind etwas scherempfindlich. An die Wärmeabfuhr sind hohe Anforderungen gestellt.

Aus folgenden Daten kann das Reaktionsvolumen abgeschätzt werden: K= 400 jato; t_F = 16 h; t_R = 8 h; BST= 8000 h/a; P = 5 g/l. Die Aufarbeitungsverluste betragten 15 % und die Kontaminationsraten sind als gering einzuschätzen. Ebenso ist das Schaumverhalten zu berücksichtigen.

Folgende Daten sind der Reaktorauswahl hinzuzufügen:

- die Auslegungsparameter Temperatur und Druck,
- der Schlankheitsgrad,
- eine Skizze des Reaktors,
- die Art der Rührorgane und deren Anordnung,
- die Art des Begasungsorganes und dessen Anordnung und
- die Anordnung des Rührantriebes.

Die Kriterien „Suspendierbarkeit", „Feststoffgehalt" und „Scherempfindlichkeit" beinhalten keine großen Ansprüche an das zu wählende Reaktorsystem, so daß dafür alle in Frage kommenden Reaktoren genommen werden könnten. Auch aus der Sicht der „Steriltechnik" sowie der „aeroben Fahrweise" zeichnen sich keine besonderen Einschränkungen für den ein oder anderen Reaktor ab.

Anders sieht es dagegen aus, wenn man die Forderungen hinsichtlich „Schaumbekämpfung" und der „Wärmeabfuhr" betrachtet. Aus der Kriterienmatrix (Tabelle 9-3) läßt sich für die Fähigkeit der Schaumbeherrschung entnehmen, daß in der Reihenfolge Umwurfreaktor (2), Strahldüsenreaktor (6) und Rührwerksbioreaktor (1) mit mechanischem Schaumabscheider die geeignetsten Typen sind. Auf Grund des hohen Anspruches hinsichtlich Wärmeabfuhr zeigt sich der Umwurfreaktor (2) im dünnflüssigen Medium etwas tauglicher als der Rührwerksbioreaktor (1), so daß letztendlich der Umwurfreaktor gewählt wird, zumal auch sein Verhalten bezüglich der Scherkräfte den Anforderungen gerecht wird.

Zur Ermittlung des Reaktorvolumens müssen noch die Faktoren für die Kontaminationsrate f_K, für die Schaumneigung f_F, für den Gas-hold-up f_G und für die Einbauten f_E gewählt werden. Da die Kontaminationsgefahr als gering eingestuft werden kann und die Fermentationsdauer nur 16 Stunden beträgt, findet man aus Abb. 9-1 einen f_K-Wert von 1,06, das entspricht 6 % Verluste über Kontaminationen. Für den Schaumfaktor f_F muß allerdings das starke Schaumverhalten berücksichtigt werden, insbesondere dahingehend, daß genügend Raum im Umwurfreaktor zur Verfügung gestellt wird, um dessen vorteilhafte Fahrweise zur Schaumeingrenzung voll ausschöpfen zu können (vgl. Abschnitt 3.4.3, Abb. 3-26). Aus diesem Grund wird ein Fakter von $f_F = 1,3$ gewählt, d.h., 30 % Zuschlag. Zur Ermittlung des Gas-hold-ups muß zunächst der Gasanteil abgeschätzt werden. Mit Gleichung 2.81 läßt sich φ_G ermitteln. Dazu ist aber der spezifische Leistungseintrag ε [W/kg] sowie die Gasleerrohrgeschwindigkeit u_G [m/s] und der Koaleszenzfaktor erforderlich. Aus dem angegebenen Leistungseintrag pro Volumen errechnet sich mit der Dichte ρ_L die massenbezogene Leistungsdichte

$$\varepsilon = \frac{1{,}5\cdot 10^3}{10^3} = 1{,}5 \ [\text{W/kg}].$$

Die Gasleerrohrgeschwindigkeit erhält man aus Gleichung 2.81. Näherungsweise läßt sie sich aus dem Reaktionsvolumen, das aus Gleichung 9.2 ohne die Faktoren f_F, f_G und f_E abschätzen. Ebenso läßt sich mit Tabelle 9-2 und Verdopplung des Flüssigvolumens die Anzahl näherungsweise finden. Man erhält schließlich

$$u_G = \frac{0{,}5}{60} \sqrt[3]{\frac{4\cdot 297\cdot 3^2}{\pi}} = 0{,}068 \ [\text{m/s}]\ .$$

Der größere Schlankheitsgrad von $f_S = (H/D) = 3$ wurde dabei wegen der dadurch günstigeren Wärmeaustauschfläche gewählt. Mit einem etwas über reinem Wasser liegenden Koaleszenzfaktor von $f_{KZ} = 1,1$ (gewählt, vgl. Abschnitt 2.1.5.1, Gleichung 2.81) erhält man für den Gasanteil

$$\varphi_G = \sqrt{1{,}5^{0,5}\cdot 0{,}068} \cdot 1{,}1 = 0{,}32$$

und schließlich für den Faktor f_G

$$f_G = 1 + 0{,}032 = 1{,}32.$$

Der Faktor f_E für die Einbauten muß im Einzelfall bestimmt werden. Da beim gewählten Umwurfreaktor nur das Innenleitrohr, das Begasungsrohr und der Rührer mit kurzer Welle vorhanden sind, wird ein Zuschlag von 10 % angenommen.

Mit den so gewählten Faktoren und der aus Gleichung 1.2 gefundenen Brutto-Raum-Zeit-Ausbeute von $RZA_B = 0{,}21.10^{-3}$ [t/m$^3\cdot$h] ermittelt sich das Gesamtreaktorvolumen zu

$$V_{R,B} = \frac{K \cdot f_F \cdot f_K \cdot f_G \cdot f_E}{BST \cdot RZA_B \cdot \alpha} = \frac{400 \cdot 1,3 \cdot 1,06 \cdot 1,32 \cdot 1,1}{8000 \cdot 0,21 \cdot 10^{-3} \cdot 0,85} = 560 \text{ m}^3.$$

Da der Umwurfreaktor gewählt wurde, kann aus Tabelle 9-2 eine vorgeschlagene Maximalgröße von etwa 100 m^3 entnommen werden. Das ergibt letztendlich eine Wahl von 6 Reaktoren zu je 93 m^3.

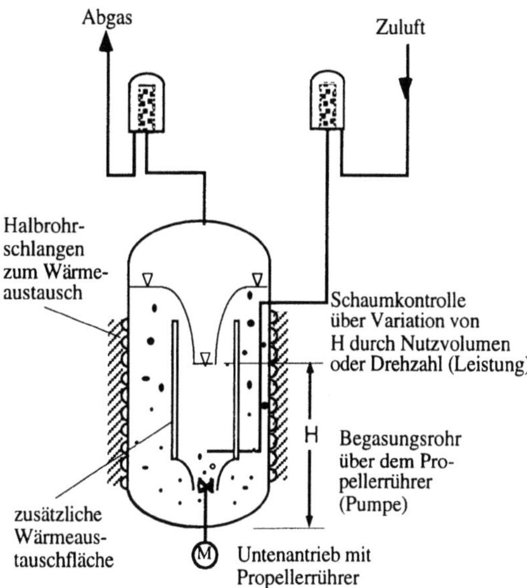

Umwurfbioreaktor mit unten angetriebenem Propellerrührer (Pumpe)

Größe: 93 m^3

Anzahl: 6 Stück

Kontaminationsfaktor: $f_K = 1,05$

Schaumfaktor: $f_F = 1,30$

Schlankheitsgrad: $f_S = 3,0$

Material: 1.4571

Berechnungstemperatur: 200 °C

Berechnungsdruck: 4 bar

Oberflächen: 240 Korn

Abb. 9-5 Ausgewählter Bioreaktor für das Fallbeispiel I.

Für die Auslegungstemperatur wird zugrunde gelegt, daß die maximale Betriebstemperatur 130 °C sein darf, woraus eine Auslegungstemperatur von 200 °C als Standardwert resultiert.

Gemäß Abschnitt 5.1.5 ist bei der Druckbetrachtung die Summe aller möglichen Partialdrücke zu berücksichtigen, so daß sich ein notwendiger Mindestdruck von 3,5 bar ergibt. Gewählt wird ein Standardwert von 4 (oder 6 bar).

Da die Wärmeabfuhr ein großes Problem darstellt, wird - wie schon erwähnt - hinsichtlich des Schlankheitsgrades dieser Sachverhalt unterstützt, indem die schlankste Ausführung mit einem Schlankheitsgrad von 3 gewählt wird.

Letztendlich resultiert der in Abb. 9-5 dargestellte Bioreaktor als Vorschlag für das genannte Problem. Es handelt sich um den klassischen Umwurfreaktor mit Innenleitrohr, einem an dem hier sinnvollen Untenantrieb angebrachten Propellerrührer als Pumpaggregat und einem Begasungsrohr, das in diesem Fall knapp über dem Propeller angebracht ist. Anstelle des Begasungsrohres wäre auch ein Begasungsring über oder unterhalb des Propellers geeignet.

Die Wärmeabfuhr erfolgt einerseits über den Reaktormantel und außen angebrachten Halbrohrschlangen und wird andererseits zusätzlich durch eine Wärmeaustauschfläche am Innenleitrohr unterstützt (Sondermaßnahme). Die Schaumkontrolle läßt sich durch die Variation der Höhe „H" über das Nutzvolumen (Vorsorge über Faktor f_F) und/oder über die Drehzahl, sprich den Leistungseintrag, durchführen.

Fallbeispiel II

Für den folgenden Fall soll ein geeigneter Bioreaktor ausgewählt werden:

Ein aerober Prozeß mit hohem Sauerstoffbedarf ((P/V) = 1 kW/m^3; u_G = 0,05 m/s. Der Prozeß neigt nur unwesentlich zur Schaumbildung. Das Medium bleibt dünnflüssig, ist gut suspendierbar, weil kaum Feststoffe enthalten sind, die Viskosität ist < 0,1 Pa·s und die Dichte ρ_L = 10^3 [g/l]. Dennoch sollte ein hoher Homogenisierungsgrad angestrebt werden.

Die Zellen sind sehr scherempfindlich und an die Wärmeabfuhr sowie an den OTR sind mäßige Anforderungen gestellt.

Aus folgenden Daten kann das Reaktionsvolumen abgeschätzt werden: K= 3500 jato; t_F = 14 h; t_R = 6 h; BST= 8000 h/a; P = 50 g/l.

Die Aufarbeitungsverluste werden mit 25 % angegeben und das Kontaminationsrisiko kann als sehr hoch bezeichnet werden.

Folgende Daten sind der Auswahl des Bioreaktors hinzuzufügen:

- die Auslegungsparameter Temperatur und Druck,
- der Schlankheitsgrad,
- eine Skizze des Reaktors,
- die Art des Begasungsorganes und dessen Anordnung und
- die Art des Energieeintrags.

In diesem Fall stellen die Kriterien „Suspendierbarkeit", „Feststoffgehalt" und „Schaumbildung" keine großen Ansprüche an das zu wählende Reaktorsystem, so daß dafür jeder Reaktor genommen werden kann. Auch aus der Sicht der „Wärmeabfuhr" zeichnen sich keine besonderen Einschränkungen für den ein oder anderen Reaktor ab.

Anders sieht es dagegen aus, wenn man die Forderungen hinsichtlich „Sauerstoffversorgung", „Scherempfindlichkeit" und „Kontaminationsrisiko" betrachtet. Aus der Kriterienmatrix (Tabelle 9-3) läßt sich für das Verhalten hinsichtlich „Scherempfindlichkeit" entnehmen, daß in der Reihenfolge Blasensäule (1), Airliftreaktor (8) und Mammut-Schlaufen-Reaktor (10) die geeignetsten Typen sind. Auf Grund des hohen Anspruches hinsichtlich Sauerstoffversorgung und vor allem auch der Steriltechnik, zeigt sich der Airliftreaktor (2) etwas tauglicher als der Mammut-Schlaufen-Reaktor (10) und die Blasensäule (1), so daß letztendlich der Airliftreaktor ausgewählt wird. Zur Reduzierung des Kontaminationsrisikos wird ein Innenleitrohr statt eines äußeren Umlaufes gewählt.

Zur Ermittlung des Reaktorvolumens müssen noch Faktoren für die Kontaminationsrate f_K, für die Schaumneigung f_F, für den Gas-hold-up f_G und für die Einbauten f_E gewählt werden. Da die Kontaminationsgefahr als hoch eingestuft werden kann, muß ein hoher f_K -Wert gewählt werden. Es handelt sich aber um einen Kurzzeitprozeß (14 h), deshalb wird aus Abb. 9-1 ein Wert von 1,24 gefunden. Das entspricht 24 % Verluste über Kontaminationen. Für den Schaumfaktor f_F reicht in diesem Fall ein Zuschlag von 15 %, d.h., f_F = 1,15. Zur Ermittlung des Gas-hold-up-Faktors, des Faktors für die Einbauten und der RZA_B geht man in gleicher Weise wie im Fallbeispiel I vor. Daraus folgt: f_G = 1,34; f_E = 1,1; RZA_B = 2,5·10^{-3} [kg/l.h]. Der Koaleszenzfaktor beträgt in diesem Fall f_{KZ} = 1,5 (vgl. Abschnitt 2.1.4.1, Gleichung 2.81).

Mit den so gewählten Faktoren ermittelt sich das Gesamtreaktorvolumen zu

$$V = \frac{K \cdot f_F \cdot f_K \cdot f_G \cdot f_E}{BST \cdot RZA_B \cdot \alpha} = \frac{3500 \cdot 1,15 \cdot 1,24 \cdot 1,34 \cdot 1,1}{8000 \cdot 2,5 \cdot 10^{-3} \cdot 0,75} = 490 \text{ m}^3.$$

Da der Airliftreaktor gewählt wurde, kann aus Tabelle 9-2 eine vorgeschlagene Maximalgröße von etwa 400 m^3 entnommen werden. Das ergibt letztendlich einen Reaktor von 490 m^3.

Für die Auslegungstemperatur wird wieder zugrunde gelegt, daß die maximale Betriebstemperatur 130 °C sein darf, woraus eine Auslegungstemperatur von 200 °C als Standardwert resultiert.

Gemäß Abschnitt 5.1.5 ist bei der Druckbetrachtung die Summe aller möglichen Partialdrücke zu berücksichtigen, so daß sich ein notwendiger Mindestdruck von 3,5 bar ergibt. Gewählt wird ein Standardwert von 4 (oder 6) bar.

Hinsichtlich des Schlankheitsgrades des Reaktors sollte berücksichtigt werden, daß der Sauerstoffeintrag einer gewissen Forderung unterliegt und deshalb die Gaseintragstiefe groß gewählt werden soll, um genügend Energie eintragen zu können (vgl. Abschnitt 3.1). Deshalb wird ein Schlankheitsgrad von 5 bis 7 gewählt. Der Freiheitsgrad, der in dieser Angabe steckt, kann dazu genutzt werden, räumliche Gegebenheiten zu berücksichtigen (Raumhöhe).

Letztendlich resultiert der in Abb. 9-6 dargestellte Bioreaktor als Vorschlag für das genannte Problem. Es handelt sich um einen Airliftreaktor mit Innenleitrohr. Das Begasungsrohr, das in diesem Fall knapp unter dem Innenleitrohr angebracht ist, versorgt einen Begasungsring oder eine Begasungsfritte zur Erzielung geeignet kleiner Primärgasblasen.

Die Wärmeabfuhr erfolgt ausschließlich über den Reaktormantel und außen angebrachten Halbrohrschlangen.

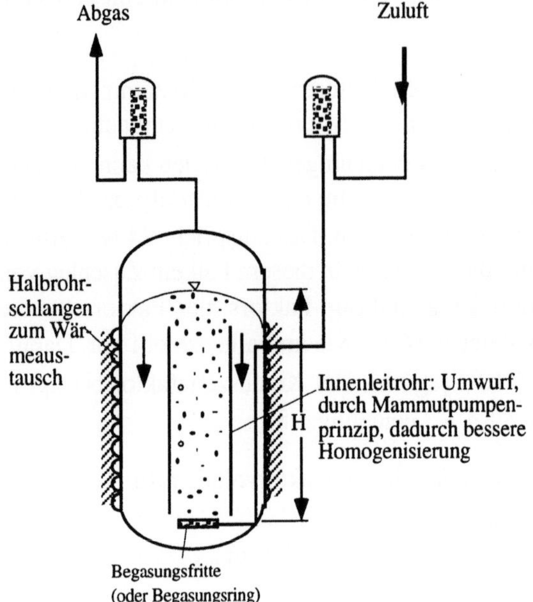

Abb. 9-6 Ausgewählter Bioreaktor für das Fallbeispiel II.

Fallbeispiel III

Für den folgenden Fall soll ein geeigneter Bioreaktor ausgewählt werden:

Ein aerober Prozeß mit mittlerem Sauerstoffbedarf. Es wird ein Biopolymer produziert, das sehr schnell zu einer hochviskosen Brühe führt (η > 2 Pa·s). Es ist schwierig, den Sauerstoff einzubringen, man benötigt viel Energie (ε = 2,5 [W/kg], u_G = 0,01 [m/s]). Dennoch sollte die örtliche Energiedichte nicht zu groß werden. Das Medium besitzt kaum Feststoffe, so daß hinsichtlich Suspendierbarkeit keine Probleme zu erwarten sind. An die Homogenisierfähigkeit sind allerdings aufgrund der extrem steigenden Viskosität höchste Anforderungen gestellt. Mit Schaumbildung ist nur in geringem Umfang zu rechnen. Zur Wärmeabfuhr reicht die Reaktorwandfläche nicht aus, d.h., es müssen zusätzliche Möglichkeiten geschaffen werden.

Folgende Daten stehen zur Abschätzung des Reaktorvolumens zur Verfügung: K= 350 jato; t_F = 75 h; t_R = 15; BST= 8000 h/a; P= 2 g/l.

Die Aufarbeitungsverluste betragen 30 %. Die Kontaminationsrate ist als mäßig einzustufen.

Folgende Daten sind der Reaktorauswahl hinzuzufügen:

- die Auslegungsparameter Temperatur und Druck,
- der Schlankheitsgrad,
- eine Skizze des Reaktors,
- die Art der Rührorgane und deren Anordnung,
- die Art des Begasungsorganes und dessen Anordnung,
- die Anordnung des Rührantriebes und
- die Anordnung der Kühlfläche(n).

Auch in diesem Fall stellt das Kriterium „Suspendierbarkeit", weil kaum ein „Feststoffgehalt" vorliegt, keine größeren Ansprüche an das zu wählende Reaktorsystem, so daß dafür jeder Reaktor genommen werden kann. Auch aus der Sicht der „Schaumbildung" zeichnen sich keine besonderen Einschränkungen für den einen oder anderen Reaktor ab.

Anders sieht es dagegen aus, wenn man die Forderungen hinsichtlich „Sauerstoffversorgung", „Viskosität" und „Wärmeabfuhr" betrachtet. Aus der Kriterienmatrix (Tabelle 9-3) läßt sich für das Verhalten hinsichtlich „Viskosität" entnehmen, daß nur der Rührwerksbioreaktor (9), der Freie Turbulenzreaktor (11) und der Hubstrahlreaktor (12) geeignet sind. Aufgrund des hohen Anspruches hinsichtlich Sauerstoffversorgung und dadurch auch bezüglich des erforderlichen hohen Energieeintrages, zeigt sich der Rührwerksbioreaktor (9) als einziger in Frage kommender Reaktor. Die Forderung, die örtliche Energiedichte gering zu halten, kann der Rührwerksbioreaktor durch mehrstufige und großflächige Rührwerke erfüllen. Deshalb wird ein 5-stufiges Inter-MIG-Rührwerk vorgeschlagen.

Zur Ermittlung des Reaktorvolumens müssen noch die Faktoren für die Kontaminationsrate f_K, für die Schaumneigung f_F, den Gas-hold-up f_G und die Einbauten f_E gewählt werden. Da die Kontaminationsgefahr als mittel eingestuft wird, der Prozeß aber 75 Stunden Verweilzeit beansprucht, findet man aus Abb. 9-1, daß ein f_K-Wert von 1,21 ausreicht, das entspricht 21 % Verlust über Kontaminationen. Für den Schaumfaktor f_F reicht in diesem Fall ein Zuschlag von 10 %, d.h., $f_F = 1,10$. Für die restlichen Faktoren f_G und f_E sowie für die Bruttoraumzeitausbeute gilt wieder die Vorgehensweise wie im Fallbeispiel I. Man findet für Beispiel III im Einzelnen: $f_G = 1,19$ (mit $f_{KZ} = 1,5$, wegen hoher Viskosität); $f_E = 1,25$ (wegen mehrstufigem, großflächigem Rührwerk und Innenrohrschlangen); $RZA_B = 2,2 \; 10^{-5}$ [t/m^3·h].

Mit den so gewählten Faktoren ermittelt sich das Gesamtreaktorvolumen zu

$$V_{R,B} = \frac{K \cdot f_F \cdot f_K \cdot f_G \cdot f_E}{BST \cdot RZA_B \cdot \alpha} = \frac{350 \cdot 1,10 \cdot 1,21 \cdot 1,19 \cdot 1,25}{8000 \cdot 2,2 \cdot 10^{-5} \cdot 0,70} = 5625 \; m^3.$$

Da der Rührwerksreaktor gewählt wurde, kann aus Tabelle 9-2 eine vorgeschlagene Maximalgröße von etwa 400 m^3 entnommen werden. Das ergibt letztendlich 14 Reaktoren von je 400 m^3.

Für die Auslegungstemperatur wird wieder zugrunde gelegt, daß die maximale Betriebstemperatur 130 °C sein darf, woraus eine Auslegungstemperatur von 200 °C als Standardwert resultiert.

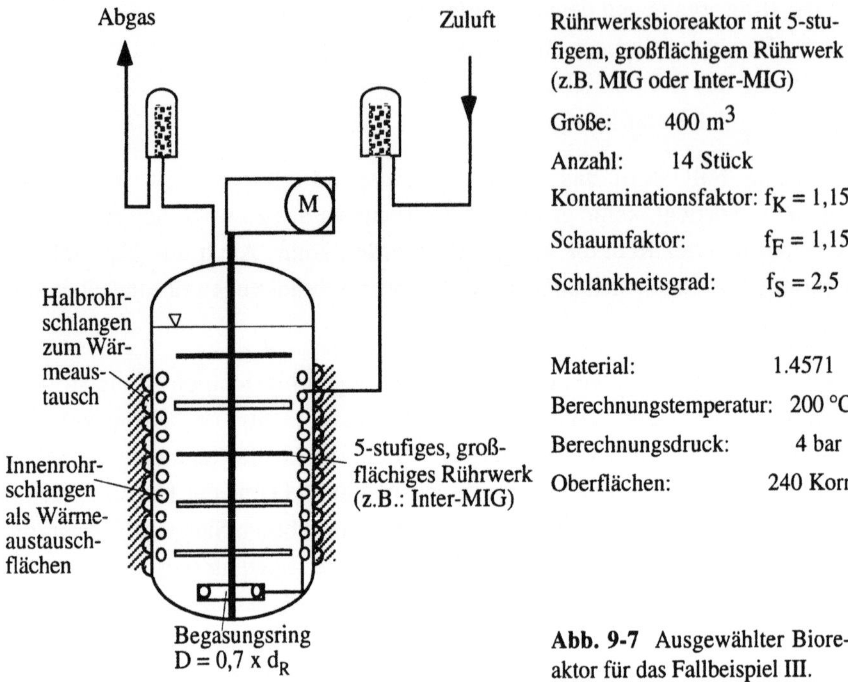

Abb. 9-7 Ausgewählter Bioreaktor für das Fallbeispiel III.

Gemäß Abschnitt 5.1.5 ist bei der Druckbetrachtung die Summe aller möglichen Partialdrücke zu berücksichtigen, so daß sich ein notwendiger Mindestdruck von 3,5 bar ergibt. Gewählt wird ein Standardwert von 4 (oder 6) bar.

Der Schlankheitsgrad des Reaktors wird mit H/D = 2,5 gewählt, was einem Standardwert eines Rührwerksbioreaktors entspricht.

Letztendlich resultiert der in Abb. 9-7 dargestellte Bioreaktor als Vorschlag für das genannte Problem. Es handelt sich um einen Rührwerksbioreaktor mit einem 5-stufigen Inter-MIG-Rührwerk. Der Begasungsring mit einem Durchmesser von 70 % des Rührerdurchmessers ist unterhalb des untersten Rührerblattes angebracht.

Die Wärmeabfuhr erfolgt über den Reaktormantel und außen angebrachten Halbrohrschlangen sowie über zusätzlich angebrachte Innenrohrschlangen.

Der ausgewählte Reaktortyp muß vor seiner Beschaffung schließlich noch exakt spezifiziert werden. Eine solche Spezifikation dokumentiert man vorteilhafterweise in sogenannten „Technischen Blättern" [91], die notwendige und wesentliche Bestandteile einer „Ausschreibung" sind. Im folgenden Abschnitt wird auf den Inhalt und Umfang einer solchen Ausschreibung eingegangen.

9.5 Ausschreibung eines Bioreaktors

Vor einer Bestellung eines Apparates bzw. einer Anlage steht zunächst die Frage nach den möglichen Anbietern bzw. Lieferanten und ganz besonders natürlich nach dem zu erwarteten Kostenumfang. Um aber bei verschiedenen Anbietern vergleichbare Angebote einholen zu können und Mißverständnisse von vornherein zu vermeiden, ist es notwendig, ein Pflichtenheft zu erstellen, in dem alle technischen Details spezifiziert sind und jeder Anbieter vom gleichen Sachverhalt ausgehen kann. Ein Bestandteil eines solchen Pflichtenheftes sind Technische Blätter [91] und die wiederum gehören zu den Ausschreibungsunterlagen, die jedem Anbieter zugehen, um ihm die Möglichkeit zu geben, ein klar abgegrenztes Angebot erstellen zu können. Dadurch läßt sich anschließend ein sauberer Angebotsvergleich durchführen.

Im Pflichtenheft wird zunächst der Gegenstand, in diesem Fall der Bioreaktor oder eines seiner peripheren Einheiten (Sterilfilter, Vorlage, o.ä.) näher bezeichnet und auch spezifiziert. Des weiteren werden Details angegeben wie Stutzen, Flansche u.ä. sowie deren Stückzahlen, Abmessungen, Ausführung, Verwendungszweck sowie Material und Oberflächenqualitäten.

Im nächsten Abschnitt werden detaillierte Auslegungsdaten festgehalten. Das sind im Einzelnen die Außenabmessungen des Apparates (Bioreaktors), dessen Material, dessen technische Ausführung (Doppelmantel o.ä., Antriebstechnik und Leistung, Isolation (technische Ausführung und verwendetes Material), verschiedene Optionen, wie Ausführung der statischen Dichtungen, Form der Dichtungsnuten und auch Toleranzen, Hinweise auf Totraumfreiheit bzw. die Realisierung dieser Forderung, dessen Auslegungsdruck und Auslegungstemperatur). Es werden Hinweise über Schweißtechniken, Oberflächengestaltung (Schleifen, Polieren, Rauhtiefen), gewünschte Beschichtungsmaßnahmen und erforderliche Wärmebehandlungen gegeben.

Der folgende Abschnitt gibt Randbedingungen z.B. für Rührer an, falls ein Rührwerksbioreaktor gewählt wurde. Darin ist genauestens die Ausführung des Rührwerks beschrieben, dessen Form, dessen Abmessungen, in welchen Bereichen die Drehzahl variiert werden soll und auf welche Art und Weise dies erreicht werden soll, die Leistung des Rührwerks (angegeben wird dabei die installierte Leistung), die Einbauposition des Rührwerks (oben, unten etc.) und Angaben über den Motortyp. Darüberhinaus werden Angaben benötigt über die Art und die Materialpaarungen der dynamischen Rührwerkswellenabdichtung, z.B. doppelt wirkende Gleitringdichtung. Außerdem über die eventuell erforderlichen Strombrecher, deren Montageart und exakte

Spezifikation. Zusätzliche Hinweise auf gewünschte Probeläufe, auf die selbstverständlichen Betriebsanweisungen und Reserveteile erleichtern später die Vergabeverhandlungen enorm.

Im weiteren wird dann schließlich noch auf alle für eine Auftragsabwicklung erforderlichen „Nebensächlichkeiten(!)" eingegangen. Das sind je nach Projektanforderungen im Einzelnen: Angaben und Anzahl über mitzuliefernde Unterlagen wie die maßstäblichen Ausführungszeichnungen für die Abnahmekontrolle, Zusammenstellungs- und Schnittzeichnungen mit den Hauptabmessungen, Einzelteilzeichnungen der Verschleißteile, eine Ersatzteilliste (Vorschlag), Unterlagen über die Festigkeitsberechnung, Prüf- und Abnahmepapiere, Werkstoffnachweise, Maßblätter, Fundamentpläne und Belastungsangaben (falls erforderlich), Protokoll des Abnahmeversuches, Betriebsvorschriften, Schmier- und Wartungspläne, Aufstellungspläne, Meß- und Regeltechnische Einrichtungen, Elektrische Schaltpläne, Fließbilder, Rohrpläne sowie Material- und Fertigungsterminlisten.

Ein wichtiger Abschnitt gibt Hinweise und Randbedingungen bezüglich der Prüfung von Druckbehältern. Er regelt die Zuständigkeit, d.h., wer die Prüfung durchführen soll. Z.B. ein bestimmter TÜV, ein Sachverständiger oder ein Sachkundiger. Das hängt von der Prüfgruppe ab, die ebenfalls gemäß der Druckbehälterverordnung anzugeben ist. Welche zerstörungsfreien Prüfungen sind durchzuführen und auch den Einsatzbereich, ob der Behälter (Bioreaktor) für bestimmte kritische Fälle eingesetzt werden soll, z.B. für brennbare Flüssigkeiten.

Letztendlich gibt es noch Hinweise, die unmißverständlich Anforderungen hinsichtlich Oberflächenbehandlung, Oberflächenschutz und Korrosionsbeständigkeit sowie Versandvorschriften regeln.

9.6 Abschließende Betrachtung zur Reaktorauswahl oder „Die Magie des Rührwerksbioreaktors"

Betrachtet man die Vielzahl an Typen von Bioreaktoren (Kapitel 3 und Abb. 9-2) und differenziert dann noch ihr Leistungsvermögen, wie es in den Tabellen 9-2 und Abb. 9-3 dargestellt ist, so liegt die Vermutung nahe, daß sich diese Vielfalt in der Praxis widerspiegeln sollte und zwar nach dem Motto „für jede Spezialaufgabe der spezielle Bioreaktor". Doch eine Marktanalyse belehrt den Beobachter eines anderen. Vor allem dann, wenn man die Bereiche Brautechnik und andere historisch verankerte Technologien außer Betracht läßt, zeichnet sich ein einseitiges Bild ab.

Der Rührwerkskessel, der sich in der chemischen Industrie schon zu einem Allroundreaktor entwickelt hatte, übernahm auch in der Biotechnologie die führende Rolle. Dabei war zu Beginn der Entwicklung sicherlich nicht die Tatsache maßgebend, daß die Eigenschaften der Rührwerkskessel für biotechnologische Reaktionen besonders ideal waren, sondern mehr der anerkannte technische Entwicklungsstand dieser Apparate.

Erst mit fortschreitender Entwicklung der Biotechnologie ging man allmählich daran, für verschiedene Reaktionstypen den passenden Reaktor zu suchen. Es wurde eine Vielzahl von Reaktoren und auch Reaktorvarianten entwickelt, und man sollte annehmen, daß zusehends verschiedene Bioreaktortypen in der großtechnischen Produktion auftauchen würden. Doch der Rührwerksbioreaktor behauptet bis heute standhaft seine Führungsposition. Nicht, weil er in jedem Fall den geeignetsten Reaktor darstellte, sondern, weil sein wesentlichster Vorteil, sich in allen Maßstäben technisch bereits bewährt zu haben, größeres Gewicht erhielt, als so manches bessere Versuchsergebnis anderer Bioreaktoren im Klein- und Pilotmaßstab. Bisher war man also nur selten bereit, das Risiko, einen neuen Bioreaktortyp im großtechnischen Maßstab einzusetzen für einen vermeintlichen wirtschaftlichen Vorteil, auf sich zu nehmen. Ein anderer und vielleicht nicht unerheblicher Grund ist natürlich darin zu sehen, daß die Flexibilität, die ein Rührwerksbioreaktor bietet, sich dann besonders auszahlt, wenn in einer einmal erstellten Anlage plötzlich ein anderer Prozeß gefahren werden soll. Daß ein solcher Sachverhalt nicht selten ist, zeigen die vielen Beispiele aus der Praxis. Dort zahlte es sich im Nachhinein aus, den für ein spezielles Verfahren etwas ungünstigeren Rührwerksbioreaktor gewählt zu haben.

Dieser Umstand wird auch in Zukunft dem Rührwerksbioreaktor eine vorrangige Position einräumen, auch wenn im Einzelfall von den Forschungs- und Entwicklungsingenieuren andere Bioreaktoren favoritisiert werden. Die „magischen Kräfte" des Rührwerksbioreaktors werden es anderen Bioreaktoren weiterhin schwer machen, sich auf breiter Front durchzusetzen.

9.7 Hersteller und Lieferanten von Bioreaktoren und peripheren Einheiten

Die Anbieter und Hersteller von Bioreaktoren sind aus verschiedenen Bereichen gekommen. Je nachdem, wo zunächst Reaktoren zur Führung biotechnologischer Reaktionen eingesetzt werden sollten. Sollte der Reaktor zur Gewinnung von Lebensmitteln dienen, waren die Lieferanten Firmen, die auch andere Apparate und Maschinen für die Lebensmittelindustrie lieferten. Das gleiche galt für die Pharma- und für die chemische Industrie. Speziell für die chemische Industrie, in der auch die Pharmasparten stark vertreten sind, stiegen zusehends die Erwartungen an die Biotechnologie, damit auch die Zahl immer empfindlicherer biotechnologischer Verfahren, die höhere Sterilitätsanforderungen stellten, und somit nahmen die Anforderungen an die Verfeinerung der Konstruktionen zu. Dadurch entstanden Firmen, die sich hinsichtlich dem Bau von

Bioreaktoren spezialisierten. Ausgehend vom chemischen Apparatebau modifizierte man diese Apparate sukzessive aufgrund zunehmender Erfahrungen mit biotechnologischen Verfahren.

Die auf den Seiten 355 und 356 dargestellten Listen geben ohne Anspruch auf Vollständigkeit eine Übersicht über Hersteller, Planer und Lieferanten von Bioanlagen, Bioreaktoren bzw. peripheren Einheiten [50].

Die Tabellen sind dabei hinsichtlich Lieferspektren differenziert, so daß es möglich erscheint, vom Anbieter schlüsselfertiger Anlagen bis hin zur selbständigen Zusammenstellung aller erforderlichen Unterlieferanten zu wählen. Sogar für den Interessenten an biotechnologischen Anlagen, der noch gar nicht weiß, welche Produkte er produzieren soll (will), bietet diese Darstellung die Möglichkeit eines Einstiegs in diese Technologie, denn über die Anbieter von Auftragsforschung, Markt- und Verfahrensstudien (Wirtschaftlichkeitsanalyse) lassen sich die erforderlichen Informationen und Randbedingungen beschaffen.

Über die Chancen, Risiken und Zukunft der Biotechnologie und damit auch der Bioreaktoren, wurde und wird eine Menge philosophiert und dennoch kann kaum einmal eine konkrete Aussage gemacht werden. Sicher kann aber eines festgestellt werden: Die Biotechnologie wird sukzessive im Rahmen ihrer immensen Möglichkeiten auf den Gebieten der Pharmatechnologie, der chemischen Industrie und des Umweltschutzes weiter an Boden in dem Umfang gewinnen, wie es wirtschaftlich tragbar wird, auf andere Verfahren umzustellen, oder aber „äußere Randbedingungen", wie die Umwelt, und damit auch durch öffentlichen Druck sowie über den Gesetzgeber andere Denkweisen notwendig machen.

Lieferant / Land-Ort	Planung u. Engng Reaktor	Planung u. Engng Anlage	Verfahren Planung	Labor Planung	Maßstab Produkt.	Maßstab Pilot	Maßstab Labor	periphere Einheiten Sterilfilt	periphere Einheiten Kessel	periphere Einheiten Armatur	Forschg/Entwicklg Auftrags-	Forschg/Entwicklg Studie
Alfa Laval D-21509 Glinde		X	X		X	X						
Almatec Maschbau Gmb.. D-47475 Kamp-Lintfort					X Pumpen	X Pumpen	X Pumpen					
Apparatebau Harrislee D-24955 Harrislee	(P),F,V				X	X	X		P,F,V			
B. Braun Melsungen D-34212 Melsungen	P,V	((X))			(X)	X	X		P,V			
B. Braun-Diessel D-31134 Hildesheim	P,F,V	(X)			(X)	X	X		P,F,V			
Berghof Membrantechnik D-72800 Eningen					X Filtration	X Filtration	X Filtration					
BIDECO Ltd. CH-8600 Dübendorf	X	X	X	X	X	X		P	P			X
Bioengineering AG CH-8636 Wald	P,(F),V				(X) ((F))	X	X	P,F,V Gehäuse	P,(F),V	P,F,V		
Burgmann Dichtungen G. D-82515 Wolfratshausen					X GLRD	X GLRD	(X) GLRD					
Domnick Hunter D-47807 Krefeld			X		X	X	X	P,F,V				
EKATO GmbH D-79650 Schopfheim					X Rührwerk	X Rührwerk						
F.H. Papenmeier GmbH D-58239 Schwerte					X Schaugl	X asarmatur en	X			P,F,V Schaugl		
Garlock GmbH D-41468 Neuss					X	X				P,F,V Ventile		
GBF mbH D-38124 Braunschweig			((P))		((X))	(X)					X	X Fermen tation
GEA-FINNAH GmbH D-48683 Ahaus												
Gebr. Huber D-81375 München	X	X	X		X Bodensanierung	X					X	
Gebr. Müller GmbH D-74653 Ingelfingen					X	X	X			F,V,P Ventile		
Infors AG CH-Basel	P,(F),V					(X)	X		(P),V			

Lieferant Land-Ort	Planung u. Engng Reaktor	Anlage	Verfahren Planung	Labor Planung	Maßstab Produkt.	Pilot	Labor	periphere Einheiten Sterilfilt	Kessel	Armatur	Forschg/Entwicklg Auftrags-	Studie
Ingold-Mettler-Toledo G.. D-61449 Steinbach					X Sonden	X Sonden	X Sonden			P,F,V		
Inst. f. Getreideverarb. G.. D-14558 Bergholz-Reh-brücke			X Algen								X Algen	(X) Algen
Ismatec Labortech. GmbH D-97877 Wertheim						((X)) Pumpen	X Pumpen					
Johnson Pumpen GmbH D-32009 Herford					X Pumpen	X Pumpen	X Pumpen					
KSB Aktiengesellschaft D-67227 Frankenthal					X Pumpen	(X) Pumpen						
Millipore GmbH D-6236 Eschborn					X	X nur	X Filtereinheiten	P,F,V komplett				
NAUE GmbH D-64331 Weiterstadt					(X) Gehäuse	X	X	P,F,V Gehäuse	P,F,V	P,F,V		
Netzsch Mohnopumpen D-84478 Waldkraiburg					X Pumpen	X Pumpen						
Netzsch Mohnopumpen G D-84478 Waldkraiburg					X Pumpen	X Pumpen						
Pall GmbH D-63303 Dreieich					X	X nur	X Filtereinheiten	P,F,V komplett				
PHILIPP HILGE GmbH D- 55294 Bodenheim					X Pumpen	(X) Pumpen						
Ringspann GmbH D-61348 Bad Homburg					X	X Drehmomentmessung	((X))					
Satorius GmbH D-3400 Göttingen					X	X nur	X Filtereinheiten	P,F,V komplett				
Seitz-Filter-Werke GmbH D-55543 Bad Kreuznach					X	X nur	X Filtereinheiten	P,F,V komplett				
Steinbeißstiftung (FHT) D-68163 Mannheim	X	X	X	X	X	X	X				X	X
Südmo Schleicher AG D-73469 Riesburg					X	X Aseptikarmatu ren	X			P,F,V		
Umweltschutz Nord Gm.. D-27767 Ganderkesee	X	X			X Bodensanierung	X					X	

P - Planung, Koordination; F - Fertigung, Herstellung; V - Vertrieb, Beschaffung; X - Service; () - begrenzter Service; (()) - sehr begrenzter Service

Literaturverzeichnis

[1] Mößner, G.; Ramspeck, W.; Sittig, W.: Chemische Technik, 8. Jahrgang Nr. 7, S. 329 - 336, (1979)

[2] Fonds der Chemischen Industrie Frankfurt; Folienserie 20; Biotechnologie/Gentechnologie (1989)

[3] Lehninger, A.L.: Bioenergetik - Molekulare Grundlagen der biologischen Energieumwandlung; Georg Thieme Verlag Stuttgart (1974)

[4] Schick, J.H.: Patentschrift 27 00 698; Verfahren zur mikrobiologischen Gewinnung von Einzellerprotein auf Basis von Äthanol (1980)

[5] Mersmann, A.: Auslegung und Maßstabsvergrößerung von Rührapparaten; Chemie Ingenieur Technik, 47. Jahrgang, Nr. 23, S. 953 - 996 (1975)

[6] EKATO-Rührtechnik: Firmenschrift EKATO, 7860 Schopfheim (1980)

     EKATO-Handbuch der Rührtechnik; Firmenschrift EKATO, 7860 Schopfheim (1990)

[7] Kochner, A.: Untersuchungen der Auswirkung von mechanischen Belastungen auf die Leistungsfähigkeit von Mikroorganismen; Diplomarbeit, Fachhochschule für Technik Mannheim (1987)

[8] Brauer, H.: Grundlagen der Einphasen und Mehrphasenströmungen; Verlag Sauerländer, (1971)

[9] Große, D.: Fachhochschule für Technik Mannheim; Institut für Technische Mikrobiologie; persönliche Mitteilung (1992)

[10] MBC-Praktikum: Fachhochschule für Technik Mannheim; Auswertung WS 92/93 (1993)

[11] Liepe, F.; Mensel, W.; Möckel, H.O.; Platzer, B.; Weißgräber, N.: Verfahrenstechnische Berechnungsmethoden, Teil 4, Stoffvereinigung in fluiden Phasen; VCH·Verlagsgesellschaft, Weinheim (1988)

[12] Henzler, H.J.: Verfahrenstechnische Auslegungsunterlagen für Rührbehälter als Fermenter; Chem. Ing. Tech. 54, Nr. 5, S. 462 - 476 (1982)

[13] Kipke, K.D.: Tropfenverteilung in gerührten Flüssig-Flüssig-Dispersionen; Sonderdruck aus vt „Verfahrenstechnik" 15, Nr.8, Seite 563 - 566 (1981)

[14] Shinnar, R.; Church, J.M.: Industrial and Engineering Chemestry, Vol. 52, No. 3 (1960)

[15] Appelt, H.: Untersuchung der Auswirkung mechanischer Belastungen auf die Stabilität eines nicht-biologischen Testsystems; Diplomarbeit, TH Köthen (1992)

[16] Albring, W.: Angewandte Strömungslehre, 4. Auflage; Verlag Theodor Steinkopf, Dresden (1970)

[17] Steingaß, M.:Sojaöl als Nährstoff für aerobe Fermentationen - Untersuchungen der Tröpfchengrößenverteilung und des Sauerstoffeintrages; Diplomarbeit, Fachhochschule für Technik Mannheim (1990)

[18] Zehner, P.: Zur Überflutung fremdbegaster Rührer; Chem. Ing. Tech., MS 1684 (1988)

[19] Metz, B; Suidam van, I.C.:Morphology of molds I; Biotech. and Bioeng., Vol. XXIII (1981)

[20]   Tschammer, J.: Mischzeitbestimmung durch Neutralisationsmethode; Studienarbeit Fachhochschule für Technik Mannheim (1993)

[21]   Yonsel, S.; Schlüter, V.; Posten, C.; Deckwer, W.D.: Scale-up von Bioreaktoren - Modellbildung und Kultivierung der Hefe Trichosporon cutaneum; Bioverfahrenstechnik-Postersession GVC-Jahresttreffen Wien (1992)

[22]   Yagi, H.; Yoshida, F.: Gas Absorption by Newtonian and Non-Newtonian Fluid in Sparged Agitated Vessels; Ind. Engng. Chem. Prog. Des. Dev. 14, 4, S. 488 - 493 (1975)

[23]   Rols, J.-L. et al.; Mechanism of Enhanced Oxygen Transfer in Fermentation Using Emulsified Oxygen Vectors; Biotech. and Bioengng, 35, S. 427 - 435 (1990)

[24]   Yoshida, F. et al.: Oxygen Adsorption into Oil-in-Water Emulsions; Ind. Engng. Chem. Proc. Des. Dev., 9, 4, S. 570 - 577 (1970)

[25]   Yoshide, T. et al.: Oxygen Transfer in Hydrocarbon Fermentation by Candida rugosa; J. Fermentation Technol., 55, 1, S. 76 - 83 (1977)

[26]   Cherry, R.S.; Papoutsakis, E.T.: Hydrodynamic effects on cells in agitated culture reactors; Bioprocess Engineering 1, S. 29 - 41 (1986)

[27]   Calderbank, P.H.: Physical Rate Processes in Industrial Fermentation, Part I; Trans. Instn. Chem. Engrs., Vol. 36 (1958)

[28]   Mlyneck, Y.; Resnick, W.: Drop Sizes in an Agitated Liquid System; AICHE Journal 18, 1, S. 122 - 127 (1972)

[29]   Moser, A. et al.: Sauerstofftransport und Austauschflächen in Öl-Wasser-Dispersionen; Verfahrenstechnik 9, 11, S. 553 - 565 (1975)

[30]   Mersmann, A.: Stoffübertragung; Springer Verlag Berlin-Heidelberg-New York-Tokio (1986)

[31]   Zlokarnik, M.: Auslegung und Dimensionierung eines mechanischen Schaumzerstörers; Chem.-Ing.-Tech. 56, Nr. 11, S. 839 - 844 (1984)

[32]   Jost, R.: Untersuchungen einer chemischen Schaumzerstörung durch eine Dispergierscheibe im Schaum; Diplomarbeit, Fachhochschule für Technik Mannheim (1992)

[33]   Bühler, H.: Messen in der Biotechnologie; Hüthig Verlag Heidelberg (1985)

[34]   Zlokarnik, M.: Modellübertragung in der Verfahrenstechnik; Chem.-Ing.-Tech. 55, Nr. 5, S. 363 - 372 (1983)

[35]   Hess, N.: Verfahrenstechnische Untersuchungen im Schüttelkoben zur Optimierung eines Fermentationsprozesses; Diplomarbeit, Fachhochschule für Technik Mannheim (1992)

[36]   Laufhütte, H.-D.; Mersmann, A.: Die lokale Energiedissipation im turbulent gerührten Fluid und ihre Bedeutung für die verfahrenstechnische Auslegung von Rührwerken; Chem.-Ing.-Tech. MS 1423 (1985)

[37]   Schmitt, V.: Untersuchungen von Rührergeometrien sowie Begasungsorganen in hochviskosen Medien; Diplomarbeit, Fachhochschule Darmstadt (1987)

[38]   Henzler, H.-J.; Kauling, J.: Scale up of mass transfer in highly viscous liquids; 5th European Conference on Mixing; Würzburg (1985)

[39]   Büchs, J.; Storhas, W.; Zehner, P.: Scale up von Fermentationsprozessen in der industriellen F & E-Praxis; Dechema/GVC-Vortrags- und Diskussionstagung (Lüneburg, 1991)

[40]   Weide, H.; Páca.; J., Knorre, W.: Biotechnologie; VEB Gustav Fischer Verlag; Jena (1987)

[41]   Lamadé, S.; Eisenmann, A.: Chemie Technik, Sonderdruck 16 Heft 4, S. 16 - 21 (1987)

[42]   VDI-Wärmeatlas: VDI-Verlag GmbH; Düsseldorf (1990)

[43]   Storhas, W.: GVC-Bioverfahrenstechnik (Fachausschußsitzung) Heidelberg (1988)

[44]   Gengenbach, R.: 1. Taunustagung, Membrantechnologie, Bad Soden (Millipore) (1989)

[45]   Storhas, W.; GVC-Bioverfahrenstechnik (Fachausschußsitzung); Zellkulturtechnik, Würzburg , VDI Preprint (1990)

[46]   Batzler, J.: Untersuchungen zum Verhältnis von Reaktionswärme zum Sauerstoffverbrauch bei mikrobiellen Stoffumsetzungen; Diplomarbeit, Fachhochschule für Technik Mannheim (1990)

[47]   Reh, L.: Wirbelschichtreaktoren für nichtkatalytische Reaktionen; Ullmann 4. Auflage (1973)

[48]   Präve, P. (Hrsg): Dechema Fachausschuß „Technik biologischer Prozesse" (Präve, P.): Standardisierungs- und Ausrüstungsempfehlungen für Bioreaktoren und periphere Einrichtungen; Studien zur Forschung und Entwicklung; ISBN 3-926959-28-2 (1991)

[49]   Kochner, A.: Studienarbeit, FH Mannheim (1987)

[50]   Deckwer, W.D.; Luttmann, R.; Reng, H.G.; Yonsel S.: Bioreaktoren: Ein Leitfaden für Anwender; GBF Texte 4 (1987)

[51]   AD (Ausrüstung von Druckbehältern)-Merkblätter; Vereinigung der Technischen Überwachungsvereine e.V.; Postfach 10 38 34; 4300 Essen 1

[52]   Busak + Luyken, Stuttgart; Handbuch für Dichtelemente (1988)

[53]   Zlokarnik, M.: Chem. Ing.-Tech. 56, Nr. 11, S. 839 - 844 (1984)

[54]   Nassauer J.: Adsorption - Haftung; D-8050 Freising-Weihenstephan (Eigenverlag). Druck: M. Schadel GmbH & Co. KG Bamberg (1985)

[55]   Bauer, A.: Dichtigkeitsuntersuchungen in der Biotechnologie im Hinblick auf die „Freisetzungsproblematik"; Diplomarbeit, Fachhochschule für Technik Mannheim (1991)

[56]   Driesel, A.J. (Herausgeber): Sicherheit in der Biotechnologie, Bd. 1: Biologische Grundlagen, Bd. 2: Technische Grundlagen, Bd. 3: Rechtliche Grundlagen; Hüthig Buch Verlag Heidelberg (1991/1992/1992)

[57]   Gengenbach, R., Storhas, W.: Eine neue Variante für die konstruktive Gestaltung von Kondensatablaßstellen in biotechnologischen Anlagen; Patentanmeldung NAE-Nr. 384/88, BASF AG Ludwigshafen (1988)

[58]   Sponda, A.: Entwicklung einer sterilen Magnetkupplung für Fermenter in der Biotechnologie und Pharmazie; Diplomarbeit, Fachhochschule für Technik Mannheim (1993)

[59]	Ohlenbostel, B.; Weigand, F.: Dokumentation über UV-Bestrahlung;Fa. IHLE GmbH, 4000 Düsseldorf

[60]	Wallhäuser, K.H.: Praxis der Sterilisation, Desinfektion, Konservierung; Thieme Verlag, Stuttgart (1984)

[61]	Mattut, A.: Optimierung von Sterilisationsprozeßführungen, Diplomarbeit, Fachhochschule für Technik, Mannheim (1986)

[62]	Horak, F.P.: Über die Rekationskinetik der Sporenabtötung und chemischer Veränderungen bei der thermischen Haltbarmachung von Milch zur Optimierung von Erhitzungsverfahren, Dissertation, TH München-Weihenstephan (1980)

[63]	Crüger, W.: Jahrbuch Biotechnologie, Band 2, (1988/89); S. 411 - 443

[64]	Brenneisen, R.: Ermittlung der Auslegungsparameter für den Sterilisationsprozeß von biotechnologischen Verfahren, Diplomarbeit, FH Darmstadt (1988)

[65]	Schubert, H., Ehlermann, D.: Chem.-Ing.-Tech. 60 (1988) Nr. 5, S. 365 - 384

[66]	Levenspiel, O.: Chemical Reaction Engineering; John Wiley & Sons, New York (1972)

[67]	Kulozik, U.: Verfahrenstechnik kontinuierlicher Fermentationen; VDI-Forschungsberichte, Reihe 17, Biotechnik Nr. 77 (1992)

[68]	Hagen, J.; Hopp, V. (Hrsg): Chemische Reaktionstechnik - Eine Einführung mit Übungen; VCH Verlagsgesellschaft mbH, Weinheim (1992)

[69]	Schügerl, K.: Grundlagen der chemischen Technik - Bioreaktionstechnik Band 1; Otto Salle Verlag GmbH & Co, Frankfurt am Main, Verlag Sauerländer AG, Aarau (1985)

[70]	Jakubith, M.: Chemische Verfahrenstechnik; VCH Verlagsgesellschaft mbH, Weinheim (1991)

[71]	Sinclair, C.G.; Kristiansen, B.; Bu´Lock, J.D. (Hersg): Fermentationsprozesse - Kinetik und Modelling; Springer Verlag Berlin Heidelberg New York London Paris Tokyo Hong Kong Barcelona Budapest (1993)

[72]	Moser, A.: Bioprozeßtechnik: Berechnungsgrundlagen der Reaktionstechnik biokatalytischer Prozesse; Springer Verlag Wien (1981)

[73]	Sukatsch, D.A.; Nesemann, G.: Chemie-Technikm, 6. Jhg. Nr. 7,S. 261 - 265 (1977)

[74]	Metz, H.: Chemie-Technik, 10. Jhg. (1981) Nr. 7

[75]	Huber, H.: Untersuchungen zum Leistungseintrag und zum Sauerstoffübergang in gerührten Bioreaktoren, Diplomarbeit, Fachhochschule für Technik Mannheim (1989)

[76]	Büchs, J.: (BASF AG Ludwigshafen) Persönliche Mitteilung (1991)

[77]	Storhas, W.: Dechema Kurs „Sicherheit in der Biotechnologie" (1990)

[78]	Meiners, M.: Chemie-Technik, 11. Jhg Nr. 12, S. 1351 - 1353 (1982)

[79]	Storhas, W.; Hetzel, E.: Automatisierung von Sterilisationsprozessen; GVC-Jahrestagung, Goßlar (1985)

[80]	Kottmann-Rexerodt, R.: (BASF AG Ludwigshafen) Persönliche Mitteilung (1982)

[81]	Hartmann & Braun AG: Elektrische- und Wärmetechnische Messungen; Handbuch

[82]		Firmenschrift, Fa. Bioengineering; CH- Wald (1993)

[83]		Schlegel, H.G.: Allg. Mikrogiologie; Thieme Verlag Stuttgart (1985)

[84]		Bayer, P. v.: Trübungsmessung in Fermentern; Giovanola Firmenschrift (1979)

[85]		Rieg, F.; Sanden, W. von der: Werkstatt und Betrieb, 122. Jhg /4Carl Hanser Verlag, München (1989)

[86]		Reuss, M.: Einfluß der Intensität der Stoffverteilung auf die mikribielle Stoffumsetzung in gerührten Bioreaktoren - Sauerstofftransport bei mycelbildenden Mikroorganismen in gerührten Bioreaktoren; Dechema Kurs, ETH Zürich (1986)

[87]		Onken, U.; Weiland P.: Adv. Biotechnol. Proc. 1, (1983), 67

[88]		Onken, U.; Kiese, S.; Jostmann, Th.: Biotechnol. Letters 6 (1984)

[89]		Sittig, W.; Heine, H.: Chem.-Ing.-Tech., 49 (1977) Nr. 8, S. 595 - 605

[90]		Herbst, H.: Xanthanproduktion im Rührfermentern - Maßstabsübertragung und Produktcharakterisierung, Dissertation; TU Braunschweig (1989)

[91]		Claus, M.: BASF; Persönliche Mitteilung (1991)

[92]		Dubbel, Taschenbuch für den Maschinenbau I; Springer Verlag (1970)

[93]		Jackson, A.T.: Verfahrenstechnik in der Biotechnologie; Springer Verlag, Berlin Heidelberg New York London Tokyo Hong Kong Barcelone Budapest (1993)

[94]		Präve, P. (Hrsg): Jahrbuch der Biotechnologie 1986/1987; Carl Hanser Verlag, München Wien (1986)

[95]		Präve, P. (Hrsg): Jahrbuch der Biotechnologie Band 2 1988/1989; Carl Hanser Verlag, München Wien (1988)

[96]		Zehner, P.: Modellbildung für Mehrphasenströmungen in Reaktoren; Chem. Ing. Tech. 60, Nr. 7, S. 531 - 539 (1988)

[97]		Calderbank, P.H.: Mass Transfer in Fermentation Equipment; Biochemical and Biological Engineering Science, Vol. 1; Ed. N. Blakebrough, Acad. Press, p. 101 - 179 (1967)

[98]		Schügerl, K.: Grundlagen der chemischen Technik - Bioreaktionstechnik Band 2; Otto Salle Verlag GmbH & Co, Frankfurt am Main, Verlag Sauerländer AG, Aarau (1991)

[99]		Nienow, A.W.; Warmoeskerken, M.M.C.G.; Smith, J.M.; Kunno, M.: On the Flooding/Loading Transition and the Complate Dispersal Condition in Aerated Vessels Agitated by a Rushton-Turbine; 5th European Conference on Mixing, Würzburg, West Germany (1985)

[100]		Wolf, K.: Turbulenzgeschehen in Rührfermentern; BioEngineering; 3/93, 9. Jhg. (1993)

[101]		Weiß, S. (Hrsg): Verfahrenstechnische Berechnungmethoden, Teil 5, Chemische Reaktoren - Ausrüstung und ihre Berechnung - VCH-Verlagsgesellschaft, Weinheim (1987)

[102]		Heft, J.: Reaktionstechnische Untersuchungen an einem Umlaufreaktor für hochviskose Fermentationsmedien; Diplomarbeit, Fachhochschule für Technik Mannheim (1991)

[103]		Sittig, W.: Fermentation reactors, Chemtec, October (1983)

[104]   Kurpiers, P.; Steiff, A.; Weinspach, P.M.: Zum Überflutungsverhalten ein- und mehrstufiger Rührbehälter; Synopse 1307; Chem.-Ing.-Tech. 57, Nr. 1; S. 62 - 63 (1985)

[105]   Sano; Usui: Effects of Paddle Dimensions and Buffle Conditions on the Interrelations among Discharge Flow Rate, Mixing Power and Mixing Time in Mixing Vessels; Journal of Chemical Engineering of Japan, Vol. 20, No. 4 (1987)

[106]   O´Connel; Mack: Simple Turbined in Fully Buffeld Tanks; Chemical Engineering Progress, page 358 (1950)

[107]   Schatz (Gleichung von Hausen, Hannover): Vorlesungsmanuskript, Fachhochschule Augsburg (1971)

[108]   Sano; Usui: Interrelations among Mixing Time, Power Number and Discharge Flow Rate Number in Buffled Mixing Vessels; Journal of Chemical Engineering of Japan, Vol. 18, No. 1 (1985)

[109]   Schmitt, B.: Untersuchung des Stofftransports von Sauerstoff und Öl in einem Fermentationssystem; Diplomarbeit, Fachhochschule für Technik Mannheim (1993)

[110]   Institut für Lebensmittel- und Umweltforschung e.V. Arthur-Schemeret-Allee 40-41, O-1505 Bergholz-Rehbrücke

[111]   Flaschel, E.: Zum Verhalten von Flüssig-Feststoff-Wirbelschichten mit Einbauten; Dechema/GVC-Vortrags- und Diskussionstagung, Potsdam (1993)

[112]   Falkner, K.: Untersuchungen zur Medienoptimierung und Fermentation mit Rhodococcus erythropolis; Diplomarbeit Fachhochschule für Technik Mannheim (1993)

[113]   Naue Firmenkatalog; Fa Naue Weiterstadt (1994)

[114]   Karrer, D.; Puhar, E.: Der total gefüllte Bioreaktor; Chem. Ind. XXXI Januar (1978)

[115]   Allée, A.; Heng, F.; Wandrey, C.; Weuster-Botz D.; Franke, H.J.; Bielfeldt, U.: Interdisziplinäre Entwicklung einer Biotechnik-Pumpe mit inhärentem Sicherheitssystem; VDI-Z 135, Nr. 6 Juni (1993)

[116]   Deindoerfer, F.H.; Humphrey, A.E.: Microbiological Process Discussion - Analytical Method for Calculating Heat Sterilization Times; Appl. Microbiol. Journal (1959)

[117]   Mersmann, A.; Großmann, H.: Dispergieren im flüssigen Zweiphasensystem; Chem.-Ing.-Tech. 52, Nr. 8, S. 621 - 628 (1980)

[118]   Baerns, M.; Hofmann, H.; Renken, A.: Chemische Reaktionstechnik; Georg Thieme Verlag Stuttgart New York (1992)

[119]   Fink, R.: Über lagerungsbedingte Veränderungen von UHT-Vollmilch und deren reaktionskinetische Beschreibung; Dissertation, Technische Universität München, Fakultät für Brauwesen, Lebensmitteltechnologie und Milchwirtschaft Weihenstephan (1984)

[120]   Menkel, F.: Einführung in die Theorie von Bioreaktoren; R. Oldenbourg Verlag, München (1992)

[121]   Günther, M.: Untersuchung von Sterilisationen in einer kontinuierlichen Sterilisationsanlage; Diplomarbeit Berufsakademie Mannheim (1986)

[122]   Nassauer, J.: Über die Verweilzeitverteilung in Rohrleitungssystemen und Plattenapparaten; Dissertation Technische Universität München, Fakultät für Brauwesen, Lebensmitteltechnologie und Milchwirtschaft Weihenstephan (1978)

[123]   Schumpe, A.; Quicker, G.; Deckwer, W.D.: Gas Solubilities in Microbial Culture Media; Adv. Biochem. Engng., Nr. 24, S. 1- 38 (1982)

[124]   Käppeli, O.; Fiechter, A.: A convenient Method for the Determination of Oxygen Solubility in Different Solutions; Biotechnology and Bioengineering, 23, S. 1897 - 1901 (1981)

[125]   Poetzsch, E.: Praktische Erfahrungen mit Reaktoren zur Bodensanierung; 418. Dechema Kolloquium 3. März (1994)

[126]   Schuster, E.: Kombinierte Bodensanierung durch Wäsche und Biologie; 418. Dechema Kolloquium 3. März (1994)

[127]   Storhas, W.; Suhr, H.; Speil, P.; Wehnert, G.: Bioreaktor mit In-situ-Mikroskopsonde und Meßverfahren; Patentanmeldung P 39 33 909.2 (1989)

Autorenverzeichnis

Sachverzeichnis

Schließlich möchte ich mich ganz besonders bei den Firmen bedanken, die mich mit Bildmaterial für dieses Buch unterstützten:

Firma	Anschrift
A/SNunc	Postbox 280; Kampstrupvej 90; DK-4000 Roskilde
Alfa Laval GmbH	Wilhelm-Bergner-Str. 1; D-21509 Glinde
Almatec Maschinenbau GmbH	Carl-Friedrich-Gauß-Str. 5; D-47475 Kamp-Lintfort
Amicon	Neuer Weg 2; D-58453 Witten
Armaturen-Vertriebsgesellschaft Alms mbH	Holterkamp 1; D-40880 Ratingen
B.Braun Melsungen AG	Schwarzenberger Weg 73-79; D-34212 Melsungen
Bernath Atomic GmbH & Co. KG	Gottlieb-Daimler-Str. 11-15; D-30974 Wennigsen
Bioengineering AG	Sagenrainstr. 7; CH-8636 Wald
Burgmann Dichtungswerke GmbH & Co.	Äußere Sauerlacher Str. 6-10; D-82515 Wolfratshausen
Domnick Hunter GmbH	Kimplerstr. 282; D-47807 Krefeld
Ekato Rühr- und Mischtechnik GmbH	Käppelemattweg 2; D-79650 Schopfheim
F.H. Papenmeier GmbH & Co. KG	Talweg 2; D-58239 Schwerte
Garlock GmbH Armaturen	Welserstr. 1; D-41468 Neuss
GEA FINNAH GmbH	Einsteinstr. 18; D-48683 Ahaus
Gebr. Huber Gesellsch. f. Versorgungs- u. Geot. mbH	Tannenwaldstraße 2; D-81375 München
Gelman Sciences (Deutschland) GmbH	Arheiliger Weg 6A; D-64380 Roßdorf
GEMÜ Gebr. Müller Apparatebau GmbH & Co. KG	Criesbach, Neuer Wasen 6; D-74653 Ingelfingen
ICI Bio Products & Fine Chemicals	PO Box 1; GB Billingham, Cleveland TS23 1LB
IHV Dipl.Ing. Behrens GmbH	Kennedyallee 100; D-60596 Frankfurt
Ingold-Mettler-Toledo Prozeßanalytik GmbH	Siemensstraße 9; D-61449 Steinbach
Institut für Getreideverarbeitung GmbH	Art.-Scheunert-Al. 40-41; D-14558 BergholzRehbrücke
ISMATEC Laboratoriumstechnik GmbH	Vier Morgenstr. 23; D-97877 Wertheim
Johnson Pumpen GmbH	Goltzstraße 22; D-32051 Herford
KSB Aktiengesellschaft	Johann-Klein-Str. 9; D-67227 Frankenthal
NAUE GmbH	Am Rotböll 5; D-64331 Weiterstadt
Netzsch Mohnopumpen GmbH	Liebigstr. 28; D-84478 Waldkraiburg
Pall GmbH Filtrationstechnik	Philipp-Reis-Str. 6; D-63303 Dreieich
Philipp Hilge GmbH	Hilgestraße; D-55294 Bodenheim/Rhein
Ringspann GmbH	Schaberweg 30-34; D-61348 Bad Homburg
Satorius AG	Weender Landstr. 94-108; D-37075 Göttingen
Schmalenberger GmbH & Co.	Postfach 23 80; D-72013 Tübingen
Seitz-Filter-Werke GmbH & Co.	Planiger Str. 137; D-55543 Bad Kreuznach
Storck Pumpen GmbH	Postfach 10 12 62; D-32512 Bad Oeynhausen
Südmo Schleicher AG	Industriestr. 1; D-73469 Rießbürg
Tecnomara Deutschland GmbH	Ruhberg 4; D-35461 Fernwald
Umweltschutz Nord GmbH & Co.	Industriepark 6; D-27767 Ganderkesee
Wilo GmbH	Postfach 30 04 47; D-44236 Dortmund

Umwelt-Bioverfahrenstechnik

von Peter Kunz

1992. XII, 230 Seiten. Gebunden.
ISBN 3-528-06451-X

Aus dem Inhalt: Umweltbioverfahrenstechnik-eine Definition – Mikroorganismen im produktiven Bereich – Verminderung von Emissionen – Entsorgung der biologischen Schlämme – Mikrobieller Stoffwechsel – Zelle und Zellbestandteile – Mikroorganismen – Reaktionstechnik – Mikrobielle Systeme – Bioreaktor-Systeme – Biologische Verfahren im konventionellen Umweltschutz an Fallbeispielen – Behandlung von lösemittelhaltiger Abluft – Stickstoff- und Phosphorelimination aus Wasser und Abwasser – Anaerobe Sulfidfällung zur Immobilisierung von Schwermetallen – Minimierung von biologisch erzeugtem Klärschlamm – Kompostierung von Naßmüll – Bodensanierung mit in-situ-Verfahren – Ansatzpunkte für Produktionsverfahren mit Hilfe von Mikroorganismen – Wasserkreislaufsysteme-Non-Bioreaktoren nach gleichen Kriterien – Mikrobielles Leaching-Laugung von Metallen – Mikrobielle Entrostung von Oberflächen – Mikrobielle Entfettung von Oberflächen – Mikrobielle Stabilisierung von Kühlschmiermitteln – Energieträger aus Abfallsubstraten.

In zunehmendem Maße werden in der industriellen Produktion und in der Entsorgung umweltverträgliche Techniken, die häufig auf dem Einsatz von Mikroorganismen beruhen, eingesetzt. Dieses Lehrbuch führt in die Grundlagen und Anwendungen der biologischen Technik ein, stellt ihre Möglichkeiten und Grenzen vor und zeigt neue Lösungs- und Entwicklungsansätze der Bioverfahrenstechnik aus dem Blickwinkel der Umweltvorsorge auf.

Das Buch ist aus Vorlesungen und Kursen entstanden, die der Autor in verschiedenen Instiutionen gehalten hat.

Verlag Vieweg · Postfach 58 29 · 65048 Wiesbaden

vieweg

Wenn Ihr Plan z.B. lautet: Mit der Produktion einer Mixtur von Mikroorganismen, die organische Verbindungen abbauen, eine effiziente Methode für die Reinigung von verstopften Abläufen, Fettabscheidern etc. ohne Gewässerbelastung finden...

...sieht die Bioengineering Anlagen-Lösung z.B. so aus: Eine Fermenter-Anlage mit Bioreaktoren von 50, 300 oder 750 l Volumen. Alle Einheiten mit Zuluft- und Ablufteinrichtung sowie Luftkühler ausgerüstet. Zuleitung der Korrekturmittel (Säure, Lauge, Antischaum, Precursor) aus Vorlagebehältern. Komplette Meß- und Regeltechnik für Erfassen, Steuern und Regeln von pH, pO_2, Drehzahl, Temperatur, Antischaum-Einrichtung, Reaktordruck. Ueberwachung der Sterilisation, Datenerfassung und Regulierung mittels Zentral-Computer.

Bioengineering AG 'schmiedet' Hightech-Fermenter-Anlagen auch für Ihre alltäglichen Aufgaben.

Bioengineering AG — Die Spezialisten mit weltweit anerkannter Erfahrung.

Bioengineering AG   Design and Manufacture of Microbiological Plants   Sagenrainstrasse 7   CH-8636 Wald, Switzerland   Telephone 055 95 35 81   Telefax 055 95 49 64